MOUVEMENTS DES CORPS CÉLESTES

MOUVEMENTS DES CORPS CÉLESTES

Dynamique orbitale, trajectoires interplanétaires, expansion de l'univers

Guy STEVINS

ACADEMIA
A B
BRUYLANT

S'il n'y avait sur Terre qu'un seul endroit
d'où les étoiles peuvent être observées,
tous les hommes de la Terre y afflueraient.
Sénèque (v. 02-65)

Ce qui paraît un miracle n'en est pas vraiment un.
Simon Stevin (1548-1620)

Le mystère éternel du monde, c'est son intelligibilité.
Albert Einstein (1879-1955)

L'auteur tient à remercier les éditeurs et ayants droit qui l'ont aimablement autorisé à reproduire gracieusement des éléments d'ouvrages antérieurs dans le strict respect de la législation sur le droit d'auteur.

D/2000/4910/22 ISBN 2-87209-607-8

© **BRUYLANT-ACADEMIA s.a.**
29, Grand'Place
B-1348 Louvain-la-Neuve

Imprimé en Belgique.

Table des matières

★
★ ★

AVANT - PROPOS

Longtemps, l'homme a rêvé de monter vers la Lune ou de s'envoler plus loin encore . . . Mais pour y parvenir, il fallait d'abord rassembler tant de connaissances scientifiques et technologiques que plusieurs siècles furent nécessaires à l'aboutissement de cette quête. Théories de la gravitation, mécanique céleste, perturbations, propulsion et contrôle d'attitude des fusées, trajectoires balistiques et réactions de gravitation ... ces matières très ardues, réservées à des ouvrages spécialisés sont généralement inaccessibles aux profanes.

Ce livre a pour but de présenter un condensé didactique de ces différentes matières permettant à un lecteur possédant les connaissances en mécanique et en mathématiques du niveau *bac* + 2, de comprendre et de calculer, avec des moyens simples, les trajectoires non propulsées des sondes interplanétaires comme celle de Voyager 2. Un programme a été écrit dans ce but sur base de l'approximation des coniques juxtaposées. Ce livre est articulé en sept chapitres, divisés chacun en trois sections et une annexe. Les sections - s'étendent sur une vingtaine de pages et comprennent une dizaine d'articles repérés par un numéro à trois niveaux : n° de chapitre et n° de section, suivi du n° de l'article proprement-dit. Les annexes sont identifiées par le numéro du chapitre en chiffres romains.

Avant de se lancer dans l'étude des trajectoires interplanétaires, il faut, bien sûr, introduire le mouvement képlérien et les théories de la gravitation et des perturbations d'orbites. Ces éléments, ainsi que leur application aux constituants du Système solaire, font l'objet des **chapitres 1 à 4**. La présentation générale des bases physiques et mathématiques de l'astronomie classique et de la mécanique céleste intègre ainsi dans cette première partie la relativité générale, la spectrographie et la théorie nucléaire, ainsi que la description de notre voisinage immédiat : le Système solaire et la Galaxie.

Les **chapitres 5 et 6** traitent des mouvements et des trajectoires des satellites artificiels et des sondes interplanétaires. La charnière entre les théories de base et l'exploration spatiale trouve ainsi, naturellement, sa place au milieu du XXe siècle.

Des compléments aux théories classiques sont toutefois nécessaires. En premier lieu, la phase propulsée des lancements demande l'emploi d'une forme particulière, *à masse variable*, de la mécanique. En effet, pour s'affranchir de la pesanteur terrestre, les poussées élevées à fournir par les moteurs-fusées chimiques requièrent des débits énormes d'ergols.

L'autre différence réside dans l'approche essentiellement périodique que réserve l'astronomie classique au traitement des mouvements et des perturbations planétaires et qui en fait le domaine de prédilection des développements en série dont la longueur détermine la précision. Au contraire, pour les trajectoires interplanétaires, les différents arcs balistiques ne sont généralement parcourus qu'une seule fois et des perturbations importantes sont rencontrées au voisinage des corps survolés. Ces perturbations non périodiques sont appelées *réaction de gravitation* et sont au coeur des méthodes de trajectographie utilisant l'assistance gravitationnelle. La détermination précise de ces trajectoires ne peut être réalisée que grâce à de puissants moyens numériques.

Des éléments de planétologie ont également été traités dans la dernière section 6.3 du chapitre 6, pour bien marquer l'appartenance nouvelle de l'astronomie planétaire au domaine de l'exploration spatiale.

Enfin, le sujet des *mouvements des corps célestes* ne peut passer sous silence l'expansion cosmologique de l'univers. **Le chapitre 7**, consacré à la cosmologie scientifique et au modèle standard du *Big Bang*, constitue ainsi la troisième partie de cet ouvrage. La cosmologie est une science physique très complexe qui a connu un développement important depuis le milieu des années 1960 et qui tente d'allier deux théories réputées incompatibles : la relativité générale et la mécanique quantique.

Ce livre retrace aussi, au fil des théories de la gravitation et de la cosmologie, le parcours intellectuel de l'humanité qui, en vingt-cinq siècles, de Thalès de Milet à von Braun, a permis cette formidable aventure qu'est la conquête de l'espace.

G.S.

Note : Le programme permettant le calcul des trajectoires interplanétaires du chapitre 6, avec ou sans assistance gravitationnelle, est appelé *programme **Space** (version 3.2 du 08.97)* et est écrit en langage GWBASIC. Il utilise l'approximation des coniques juxtaposées.

Chapitre 1

ÉVOLUTION des IDÉES en ASTRONOMIE

Les astronomes de l'Antiquité décrivaient l'Univers avec la Terre en son centre, sept astres errants en mouvement autour d'elle et un ensemble d'étoiles piquées sur la sphère céleste en rotation rapide. Ces corps errants sont le Soleil, la Lune et les cinq planètes visibles de la Terre à l'oeil nu (de Mercure à Saturne). Les astronomes grecs, principalement *Aristote* (-383 à -321) et *Claude Ptolémée* (v. 90 - 168), poussèrent très loin l'étude des mouvements planétaires et de la cartographie. Cette histoire extraordinaire fait l'objet de la **section 1.1**.

Après mille ans d'oubli, ce n'est véritablement qu'au XVe siècle, que les grands voyages d'exploration remirent à l'honneur les travaux des astronomes grecs, lorsqu'un besoin nouveau de précision pour la navigation océanique relança les recherches astronomiques. La philosophie de *Nicolas Copernic* (1473 - 1543), les mathématiques de *Johannes Kepler* (1571 - 1630), la lunette et l'inertie de *Galilée* (*Galileo Galilei* : 1564 - 1642) préparèrent l'entrée en scène d'*Isaac Newton* (1642 - 1727) et de l'attraction universelle. C'est l'objet de la **section 1.2**.

À partir de Newton, l'astronomie se développa sans interruption, conduisant à la maîtrise quasi parfaite des mouvements au sein du Système solaire. Devenue au fil des siècles un moteur puissant pour la recherche fondamentale en mathématique et en physique, elle ouvrit la voie à l'électromagnétisme, à la mécanique quantique et à la relativité. L'histoire de cette découverte fondamentale pour l'esprit humain et l'évolution des sciences qui en a résulté sont esquissées dans la **section 1.3**.

Enfin l'**annexe I** aborde les autres domaines des sciences et rappelle les principaux jalons du savoir au cours des trois derniers siècles. Ces domaines sont l'archéologie, l'anthropologie, la paléontologie et finalement la biologie et ses progrès récents en génétique.

L'histoire merveilleuse de l'astronomie est celle de la quête de la connaissance qui anime les hommes depuis l'aube des temps et que symbolise l'*arbre de la connaissance* de la Genèse.

Comme dans toutes les histoires vraies, le dénouement est loin de répondre aux attentes initiales. L'homme s'imaginait être et rester le centre de la création. Hélas, au fil de l'avancement des recherches, l'homme tombait de plus en plus bas : ni sa Terre, ni son Soleil, ni même sa Galaxie n'ont une place quelque peu privilégiée, ce sont au contraire des structures cosmiques tout à fait banales, dans un univers démesuré. De plus, les cieux ne représentent même plus le modèle de la perfection et de la stabilité : siège de phénomènes d'une rare violence, l'univers qu'il découvre est en perpétuelle évolution : les étoiles naissent et meurent et les galaxies se fuient à des vitesses inimaginables. Même sur sa propre Terre, tout est sujet à évolution. Les espèces naissent, se transforment puis disparaissent. *Démocrite* (v. -450 à -370) avait raison : l'espèce humaine est bien le résultat du hasard et de la nécessité. Suprême abattement, sa lignée comprendrait, non pas des dieux ou des géants, comme le croyait la mythologie, mais plutôt poissons, lémuriens et quelques singes comme ancêtres.

Heureusement, malgré la modestie de ses origines et de sa situation, l'homme découvre deux signes d'encouragement : d'une part il occupe le sommet des êtres conscients et d'autre part, il constate, avec *Albert Einstein* (1879 - 1955), que le plus étonnant de tout, c'est que l'univers lui soit intelligible.

La quête se poursuit donc avec enthousiasme, le nouvel objectif est d'atteindre la compréhension la plus complète possible du monde.

□

1.1
L'astronomie dans l'Antiquité

1.1.1 L'aube de la civilisation

Il est généralement admis que l'ancêtre de l'homme a commencé à se distinguer du singe il y a environ cinq millions d'années. Ce lointain aïeul d'Afrique, l'*australopithèque*, isolé à l'est de la *Rift Valley*, a dû s'adapter à un environnement rude et dangereux de savane sèche, tandis que le singe continuait son évolution normale dans la forêt équatoriale. Des changements décisifs dans l'anatomie des hanches et du larynx permirent la station verticale et une meilleure communication orale. Le perfectionnement de la *parole* est vraisemblablement à la base du fantastique développement du cerveau, qui dépasse 700 cm^3 chez le premier homme, *Homo habilis*, apparu il y a quatre millions d'années. La fabrication d'outils primitifs s'organise, mais c'est son successeur, *Homo erectus*, qui améliore l'outillage biface, part à la conquête de l'ancien monde et maîtrise le feu. Il y a 500 000 ans, *Homo sapiens* prend le relais : sa capacité crânienne dépasse 1200 cm^3, il vénère ses morts et invente l'expression artistique. Enfin, *Homo sapiens sapiens*, l'homme moderne, apparaît il y a 50 000 ans. Il achève la colonisation du monde et entreprend la révolution du *Néolithique* après la dernière glaciation, en introduisant l'élevage et en découvrant l'agriculture, probablement vers le sixième millénaire.

Dès la plus lointaine préhistoire, l'homme ne put s'empêcher de prendre conscience de son insignifiance et de son impuissance face au monde hostile qui l'entourait. Vaincre la faim, le froid et les ténèbres, c'était son lot quotidien et, par comparaison, la féerie de la voûte étoilée et la régularité du retour du Soleil dispensant chaleur et lumière, était un bienfait sans cesse renouvelé.

Les cieux apparurent dès lors assez tôt comme le siège de la perfection et de la beauté, dignes de l'être suprême, par opposition au monde terrestre, où règnent l'insécurité et la souffrance. Cette opposition apparut sans doute de plus en plus clairement au fil des étapes jalonnant le progrès de l'humanité, . . . ou bien est-ce là uniquement l'oeuvre de la réflexion des philosophes grecs qui inclurent ce concept dans le sens même du mot *cosmos* qui signifie *ordre* et *beauté* ?

La stabilité des premières communautés agricoles était faible car l'agriculture primitive épuise rapidement la fertilité du sol. Ces limitations sont moins importantes dans les vallées alluviales du Croissant fertile (Nil, Tigre-Euphrate), de l'Indus et du Fleuve Jaune, où la crue annuelle dépose des couches nouvelles de limon fertile. Des communautés plus stables florissaient dans ces vallées et, par irrigation et drainage, elles étendirent progressivement leurs superficies de culture. Les progrès techniques tels que l'araire, la roue, la traction animale et le métal permirent à ces communautés de s'agrandir, de villages en villes et de villes en cités, en pratiquant une agriculture à plus grande échelle. Un système administratif à base religieuse se mit en place afin d'organiser les activités complexes de ce nouveau mode de vie : comptabiliser les besoins, les moyens et la production, prévoir les saisons et s'assurer la bienveillance des cieux pour garantir les récoltes.

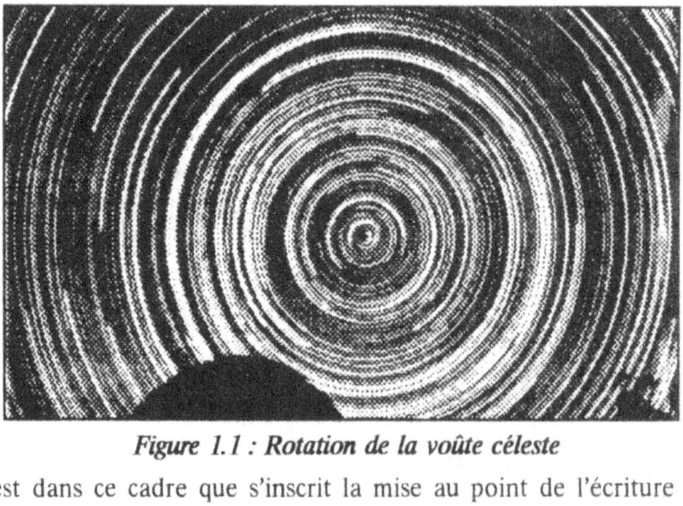

Figure 1.1 : Rotation de la voûte céleste

C'est dans ce cadre que s'inscrit la mise au point de l'écriture vers le quatrième millénaire. La classe des prêtres-scribes s'est rapidement trouvée dépositaire des acquis de l'esprit humain, elle en contrôlait la conservation et la transmission à son profit, se réservant ainsi la pérennité des progrès réalisés. Les prêtres-scribes s'attribuent les sciences abstraites (philosophie, mathématiques), tandis que les techniques (construction, métallurgie, matériaux, colorants, moyens de levage . . .) restent l'apanage des artisans et sont transmises oralement.

Extrêmement compliquée à ses débuts, sous la forme *idéographique*, l'écriture pouvait compter des milliers de signes différents. C'est toujours le cas de l'écriture chinoise qui compte plus de 10 000 signes. Un premier pas vers la simplification conduit à une notation mi-idéographique et mi-syllabique : ce sont les *hiéroglyphes* égyptiens ou de l'Indus et l'écriture *cunéiforme* des chaldéens, systèmes comprenant encore de l'ordre de 500 signes distincts. Vers 1300 avant J.-C., au moment où en Asie Mineure, les Hittites maîtrisaient le fer, un petit peuple de navigateurs et de commerçants, les Phéniciens, inventa l'écriture *alphabétique* - une trentaine de symboles - qui connaîtra une expansion considérable.

1.1.2 L'observation des cieux

Avant d'aborder l'histoire de l'astronomie, il convient de recenser les objets célestes qui font l'objet de cette passionnante histoire et de décrire succinctement ce que l'observation à l'oeil nu devrait permettre de saisir plus ou moins aisément : il s'agit des périodicités courtes ou longues et de leur corrélation avec d'autres phénomènes physiques tels que les saisons ou l'alternance jour / nuit.

a. Observation directe

C'est d'abord le Soleil, lié au cycle jour/nuit ou lumière/ténèbres, qui est le plus souvent identifié comme source de lumière et de chaleur. Le Soleil est sans doute à l'origine du premier instrument de mesure au monde, le *gnomon*, qui n'est en fait que la pointe nue du cadran solaire, son ombre permet de déterminer l'heure et le jour. Ensuite c'est la Lune, plus familière et bien utile qui éclaire les nuits la moitié du temps, plus énigmatique aussi, avec ses disparitions régulières. Sa périodicité fournit un repère temporel à l'échelle humaine, d'où la présence du mois lunaire dans la plupart des calendriers antiques.

Mais le spectacle le plus fascinant est sans conteste celui du ciel nocturne étoilé et de sa multitude de points plus ou moins lumineux, piqués sur la voûte céleste. Les étoiles occupent toujours la même position les unes par rapport aux autres, de sorte qu'elles semblent tourner en bloc, comme si elles étaient toutes fixées à l'intérieur d'une immense sphère en rotation autour de la Terre. L'axe de rotation de cette sphère correspond, dans l'hémisphère nord, à une petite étoile, l'étoile polaire, qui matérialise la direction du Pôle Nord. Cette propriété ne se retrouve pas dans l'hémisphère sud. Les étoiles *circumpolaires*, proches du pôle, décrivent des cercles complets autour de l'étoile polaire (voir Fig. 1.1). Elles sont d'autant plus nombreuses que la latitude d'observation est élevée. Les étoiles plus éloignées du pôle présentent des levers et des couchers.

L'observation des étoiles a vraisemblablement conduit à la création du deuxième instrument de mesure : l'*alidade* qui consiste simplement en une ligne de visée matérialisée par un cran de mire et une pointe, le tout monté sur un support articulé, par exemple un quart de cercle, afin de mesurer l'inclinaison par rapport au plan de l'horizon.

b. Phénomènes plus complexes

Un phénomène plus lent et plus difficile à identifier est le fait que de nuit en nuit, le panorama céleste se décale très lentement et fait un tour complet en une année de près de 360 jours. Cette période est à l'origine du choix du degré comme unité d'angle. Dans les régions tempérées, elle est liée à l'alternance des saisons et au cycle de la végétation. Cet effet est nettement moins net dans les régions équatoriales. Le calendrier de Bali comprend 6 mois de 35 jours : cette petite île sur l'équateur connaît trois récoltes de riz par an, et les saisons y sont peu marquées.

Il est donc possible d'utiliser le passage d'étoiles caractéristiques à tel endroit et à tel moment pour fixer les dates dans l'année : par exemple le passage à l'horizon en même temps que le Soleil (lever ou coucher héliaque). La position des étoiles peut être définie par rapport à l'axe des pôles et au plan de l'équateur, au moyen de deux angles. Le premier est la déclinaison, complément de la hauteur par rapport au pôle : cet angle est mesuré directement avec l'alidade et le quart de cercle. Le deuxième angle est l'angle horaire, dans le plan équatorial, qui est fonction du jour, de l'instant et du lieu d'observation (voir chapitre 4.1.2 b). L'observation astronomique est donc confrontée depuis le début des temps à trois problèmes majeurs :

- les instruments optiques de visée : alidades, quarts de cercle, puis lunettes et télescopes,
- les techniques mathématiques associées à la détermination des positions angulaires : division du cercle, coordonnées géographiques, équatoriales, trigonométrie sphérique,
- les instruments de mesure du temps : gnomon, clepsydres, cadrans solaires, puis sabliers, pendules et chronomètres.

c. Les planètes

En plus du Soleil et de la Lune, cinq autres astres errants, les planètes, se déplacent dans le même sens par rapport au fond d'étoiles en présentant des mouvements très étranges, voire aberrants, dans un plan voisin de celui du Soleil. Mercure et Vénus, à certaines périodes, se lèvent avant le Soleil, puis se laissent rattraper par lui. Ensuite, ils réapparaissent après le coucher du Soleil, se couchent de plus en plus tard, le rattrapent et disparaissent à nouveau. Vénus s'écarte nettement du Soleil, c'est l'astre le plus éclatant après la Lune. C'est l'étoile du berger, visible en plein jour, le matin ou le soir, à certaines périodes de l'année.

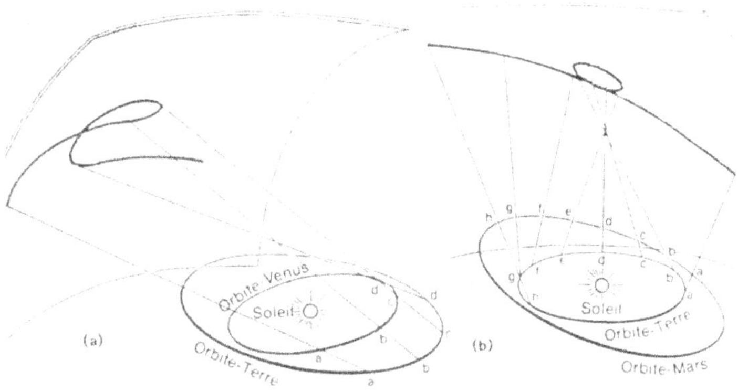

Figure 1.2 : Mouvement apparent des planètes
(a) Vénus (b) Mars

Mars, Jupiter et Saturne, au contraire, se déplacent presque régulièrement parmi les étoiles fixes, décrivant un tour complet en respectivement 2, 12 et 29 années. *Presque*, car à un certain moment, leur déplacement apparent s'arrête, s'inverse pendant quelque temps, puis reprend dans le sens initial. C'est le phénomène de rétrogradation (voir Fig. 1.2), qui a considérablement perturbé tous les astronomes jusqu'au XVe siècle, et qui est dû au mouvement de l'observateur terrestre autour du Soleil.

1.1.3 L'héritage du Croissant fertile

Née dans les grandes vallées alluviales de l'hémisphère nord, l'agriculture sédentaire constitue un moteur puissant pour le développement des mathématiques et de l'astronomie, car il faut assurer la gestion des cités et fixer la chronologie officielle en concordance avec les saisons. Les données font défaut pour l'Extrême-Orient et l'Amérique précolombienne. Il semble toutefois que les apports principaux de ces civilisations ne remontent pas avant le premier millénaire. En Égypte, c'est au cinquième millénaire que remonte cette épopée.

a. L'Égypte pharaonique

La crue annuelle du Nil a lieu avec une très grande régularité, fin mai, comme un don des cieux. Déterminer la longueur de l'année civile fut dès lors chose aisée. Sa durée, initialement de 360 jours, fut adaptée à 365 jours, vraisemblablement au début du quatrième millénaire. C'est une année solaire, appelée *année vague*, qui est décomposée en 36 décans de dix jours, avec cinq jours additionnels (dits *épagomènes*) intercalés avant la crue du Nil.

Le début de chaque décan est marqué par le lever héliaque d'une étoile déterminée : celui de Sirius (*Sothis*) marque le début de l'année, le 19 juillet. Mais l'année est trop courte d'un quart de jour par an, avec pour conséquence que la crue du Nil se déplace à travers tout le calendrier en une période, dite *sothiaque*, de 1461 ans. Il est vraisemblable que les Égyptiens furent très tôt au courant de la durée plus correcte de 365.25 jours pour l'année solaire. Ils furent sans doute les premiers à l'avoir connue. Mais le conservatisme du clergé s'opposa à une telle modification. Cette réforme ne fut finalement introduite que sous *Jules César* (de -100 à -43), et appliquée à l'ensemble du monde gréco-romain.

En revanche, l'astronomie égyptienne s'est montrée assez peu curieuse des autres mystères du ciel : ni les planètes, ni la Lune, ni les éclipses n'ont véritablement retenu l'attention, la prédiction des années d'abondance ou de disette était plus importante. Pour le reste, les Égyptiens ont atteint une bonne maîtrise de la géométrie et de l'architecture, comme en témoignent leurs pyramides et toutes leurs constructions monumentales. Le verre est inventé vers 1600 avant J.-C.. Enfin, le système de numération décimal est peu pratique, à l'image de celui des Romains.

b. Sumer - Chaldée - Mésopotamie

L'astronomie des Sumériens et des Chaldéens s'oriente principalement sur la Lune, sur les éclipses et sur les mouvements étonnants des planètes. Le mois lunaire est la base du calendrier : initialement, l'année comprend 354 jours, répartis en douze mois de 29 et 30 jours. Ensuite, elle est ramenée à 360 jours. L'influence de l'astronomie se retrouve dans le système de numération babylonien : c'est un système sexagésimal (base 60) à deux symboles (1 et 10), permettant une forme assez lourde de numération de position. Des tables numériques allant jusqu'aux racines cubiques sont disponibles. Comme chez les Égyptiens, l'erreur de plusieurs jours par an conduit rapidement au décalage des saisons, mais les Chaldéens compensent régulièrement en ajoutant un treizième mois lorsque les astronomes - mages en indiquent la nécessité (les années longues sont appelées *embolismiques* chez les Hébreux). La semaine babylonienne comprend sept jours, chaque jour est consacré à une planète ou à la Lune. Les observations astronomiques sont organisées par les prêtres qui tentent également de percer l'influence des planètes sur les événements terrestres, principalement sur le destin de leurs princes : astrologie et astronomie sont, à l'origine, indissolublement liées.

L'astronomie chaldéenne puis babylonienne a légué à la postérité les planètes, l'écliptique et le zodiaque, la polaire, ainsi qu'une vingtaine de constellations. La découverte du *saros*, période de 233 lunaisons liée à la rotation de la ligne des noeuds de la Lune, et clé du cycle des éclipses, doit peut-être également leur être attribuée.

1.1.4 Le miracle grec

À partir du VIIe siècle avant J.-C., et pendant huit siècles, survint la plus invraisemblable des aventures intellectuelles de l'humanité : c'est le miracle grec, ainsi qualifié par *Ernest Renan* (1823 - 1892), qui constitue le véritable départ de la pensée scientifique occidentale. Avec les Écoles *ionienne* et *pythagoricienne*, les Grecs eurent l'intuition géniale que la nature pouvait être décomposée en différentes parties, que ces parties étaient intelligibles à la raison humaine et qu'elles étaient soumises à des règles mathématiques simples qu'ils se fixèrent de découvrir. Souvent, les explications sont fausses ou puériles, mais cette méthodologie extraordinairement moderne conduira à des résultats remarquables.

a. École ionienne

C'est à *Thalès de Milet* (v. -625 à -545) qu'est généralement attribuée l'introduction en Grèce des mathématiques et de l'astronomie. Thalès avait longuement étudié ces disciplines en Mésopotamie et en Égypte où il avait mesuré la hauteur des pyramides au moyen de leurs ombres. Il démontra quelques uns des théorèmes de géométrie qui furent repris par la suite par *Euclide* (v. -330 à -275), et qui constituent les fondements de la géométrie universelle. De même en astronomie, ses études, dégagées des mythes astrologiques de l'Orient, devinrent la base de la première théorie cohérente des éclipses, intégrant la lumière solaire et les ombres portées, premières manifestations des effets à distance entre corps matériels. Utilisant la période du saros, qu'il avait découverte ou empruntée à Babylone, il aurait, d'après *Hérodote* (v. -480 à -425), prédit une éclipse de Soleil à Milet en 585 avant J.-C..

Son élève *Anaximandre* (-610 à -547), s'inspirant sans doute des modèles babyloniens, construisit à Sparte des sphères armillaires avec lesquelles il visualisait le mouvement des planètes, l'obliquité de l'écliptique et la succession des solstices, des équinoxes et des saisons. Pourtant, sa représentation du monde est primitive : la Terre est un disque cylindrique plat, isolé dans l'espace et surmonté d'une cloche d'air. Les activités de l'École ionienne cessèrent de manière violente en 494 avant J.-C. avec la destruction de Milet par les Perses de *Xerxès* (v. -518 à 464).

b. L'École de Pythagore

Pythagore de Samos (v. -570 à -480) semble avoir voyagé dans tout le Moyen-Orient ainsi qu'en Inde et en Gaule. Il installa son École à Crotone, en Italie méridionale, vers -530. Il démontra quelques théorèmes sur les triangles rectangles et imposa le schéma classique de la géométrie : axiomes, théorème, hypothèse, thèse et démonstration. Il découvrit les règles numériques de l'acoustique par des expérimentations sur les cordes vibrantes.

Ceci le conduisit à l'idée fondamentale que la nature pouvait être décrite par des nombres. Le mysticisme des nombres peut être interprété au sens large comme étant la recherche des lois mathématiques décrivant la nature. Pour les pythagoriciens,

> *les formes mathématiques sont des idées abstraites et, contrairement aux faits concrets, elles sont éternelles et complètes, donc universelles.*

La Terre devint sphérique par idéal avec *Parménide* (v. -544 à -450), ou peut-être est-ce lorsque des navigateurs eurent rapporté les changements de position de la Polaire qu'ils avaient observés au cours de leurs voyages en Mer du Nord. Le mouvement des corps célestes est reproduit au moyen de sept sphères concentriques. Le mouvement de chaque planète est obtenu par la combinaison de deux rotations uniformes autour de la Terre immobile. Assez bon pour la Lune et le Soleil, ce système ne donnait pas satisfaction pour les planètes. Aux pythagoriciens sont dues également la découverte de Saturne, et l'identification de Vénus avec *Heosphoros (Lucifer)*, l'étoile du matin, et avec *Hesperos (Vesper)*, l'étoile du soir.

L'École de Pythagore fut détruite par les habitants de Crotone en 501 avant J.-C..

1.1.5 L'École d'Athènes

Quand l'Ionie succomba, tout son savoir se perpétua à Athènes. Mais la liberté d'esprit n'y était pas totale car *Anaxagore* (-500 à - 428) y fut menacé de mort pour avoir estimé les dimensions du Soleil nettement supérieures à celles du Péloponnèse. Le calendrier lunaire d'Athènes comprenait 354 jours mais était compensé tous les deux ans par un mois intercalaire de 22 ou 23 jours. *Oenopide de Chios* (v. -470 à -405) découvrait l'obliquité de l'écliptique vers -430 et *Méton* (v. -465 à -385) proposait vainement son calendrier luni-solaire basé sur le cycle de 19 ans (235 lunaisons) qui porte son nom.

Platon (v. -426 à -346) fut l'élève de *Socrate* (v. -470 à -400) . C'est le plus grand philosophe mystique grec. Il adopta la philosophie pythagoricienne et assigna aux astronomes la tâche de modéliser les irrégularités planétaires en n'utilisant que des mouvements circulaires uniformes. La mystique des chiffres est, chez Platon, remplacée par le mysticisme des idées : au sommet est *l'idée du bien*.

Le mouvement harmonieux des planètes est réglé par le moteur *non - mu*, émanation de l'être suprême bon et parfait. Pour Platon comme pour Pythagore, la Terre est sphérique. L'objection habituelle des habitants des antipodes qui vivraient la tête en bas était réfutée par Platon qui défendait la chute des graves vers le centre : en d'autres termes, l'attraction centrale.

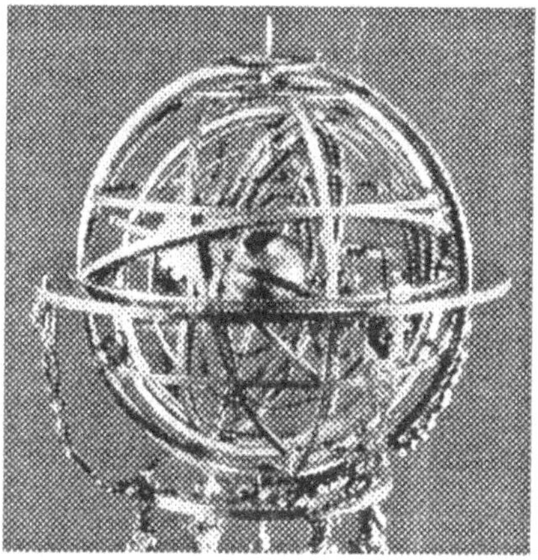

Figure 1.3 : Sphère armillaire,
illustration du modèle d'Eudoxe

Son élève, *Eudoxe de Cnide* (-406 à -355), est connu pour ses travaux sur les projections, sur la section d'or et par quelques théorèmes du cinquième livre de géométrie. Vers -370, il établit le modèle astronomique des *sphères homocentriques* (voir Fig. 1.3) comprenant 27 sphères : quatre par planète, trois pour la Lune et le Soleil et une pour la sphère céleste. Ce modèle est imparfait : il ne rend pas compte des variations d'éclat de Vénus et de Mars.

Aristote (-383 à -321) fut le plus grand des philosophes antiques de la nature. Élève de Platon, il fut le précepteur d'*Alexandre le Grand* (-355 à -322) et l'inventeur du raisonnement par syllogisme. Il appuya la sphéricité de la Terre par les trois arguments devenus classiques :

- la variation de hauteur de la Polaire avec la latitude du lieu,
- en mer, l'apparition des voiles des navires avant leur coque,
- l'ombre circulaire de la Terre sur la Lune lors des éclipses.

Il améliora la théorie d'Eudoxe et la transforma en un véritable modèle physique du système planétaire. Le système d'Aristote comprend 56 sphères cristallines s'entraînant mutuellement, la dernière étant la sphère *primaire*, entraînée par le moteur non-mu de Platon. Les défauts du modèle d'Eudoxe subsistent.

Ainsi furent posées les fondations de l'astronomie : un espace absolu dans lequel un moteur céleste entraîne en permanence toute une machinerie de sphères emboîtées. Pour Aristote, le mouvement exige en permanence une force pour être entretenu. Cette erreur conceptuelle allait paralyser la mécanique pendant près de vingt siècles. Mais *Johann Goethe* (1749 - 1832) ne disait-il pas :

" Les vices (les erreurs) d'un homme lui sont communs avec ceux de son temps, mais ses vertus (sa clairvoyance) lui sont propres . . . "

1.1.6 La période hellénistique et l'École d'Alexandrie

Après les conquêtes d'Alexandre le Grand en 333 avant J.-C., le centre scientifique grec se déplaça vers Alexandrie en Égypte, où fut installée la *Bibliothèque*. Les grands noms de l'École d'Alexandrie sont nombreux : Euclide et les Éléments de Géométrie, *Archimède de Syracuse* (-286 à -211) avec la statique et la théorie des fluides, *Apollonius de Perga* (-262 à -180) qui étudia les coniques et les excentriques, et bien plus tard, *Diophante d'Alexandrie* (v. 325 - 410), qui inventa les équations algébriques dans son traité *Les Arithmétiques*.

En astronomie, *Hipparque de Nicée* (v. -190 à -120) créa la trigonométrie sphérique et les coordonnées géographiques. À Rhodes, il identifia la précession des équinoxes, fixa l'échelle de luminosité des étoiles, établit un catalogue de plus de mille étoiles et fournit la première détermination de la distance Terre - Lune (60 rayons terrestres).

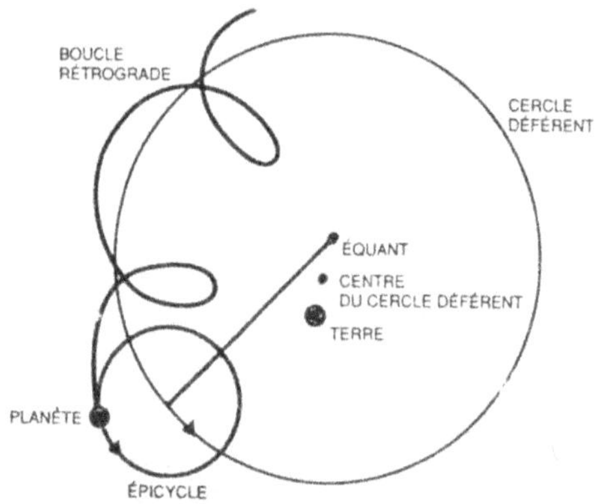

Figure 1.4 : Exemple d'épicycles d'après Ptolémée

L'univers aristotélicien atteignit son apogée au IIe siècle après J.-C., avec *Claude Ptolémée* (v. 90 - 168) qui fit la synthèse de toutes les connaissances acquises au fil des siècles.

Les faiblesses du modèle d'Aristote liées aux variations d'éclat furent corrigées par un nouveau modèle basé sur le principe des épicycles et des excentriques. Le Soleil, la Lune et les planètes tournent dans l'espace d'une façon régulière suivant des cercles appelés épicycles (voir Fig. 1.4). À son tour, le centre de chaque épicycle se déplace à vitesse constante autour de la Terre immobile, le long d'une circonférence plus grande appelée *déférent*. Pour améliorer la précision du modèle, Ptolémée fut amené à s'écarter de plus en plus de l'idéal des mouvements uniformes circulaires.

Les cercles déférents sont excentrés et la vitesse du centre des épicycles est constante, tantôt vue de la Terre (qui n'est pas au centre du déférent) et tantôt vue de l'équant (symétrique de la Terre par rapport au centre). Le catalogue d'étoiles qu'il publia comprend celui d'Hipparque. Les positions sont données avec une précision de 10 à 15 minutes d'arc. Son oeuvre majeure, *La synthèse mathématique*, reprenant l'ensemble de ses travaux, ne parvint que tardivement en Occident par le biais de sa traduction en arabe. La postérité en a conservé le titre arabe *Almageste*, c'est-à-dire *Le Grand Livre*.

Les sources historiques sont contradictoires au sujet de la fin de la Bibliothèque d'Alexandrie. D'après la version arabe, elle a été détruite en 389, lors d'une émeute des chrétiens. Pour les chrétiens, en revanche, elle a été incendiée en 640 par les sarrasins d'Omar.

1.1.7 Théories grecques modernes

a. Théories héliocentriques

D'autres théories furent proposées par d'éminents chercheurs grecs. Le bouillonnement des idées était tel qu'il eût d'ailleurs été bien surprenant de ne pas trouver la bonne théorie parmi tant de théories énoncées.

Héraclide du Pont (-388 à -312) attribuait à la Terre un mouvement de rotation en 24 heures. Ensuite, il suggéra de faire tourner Mercure et Vénus autour du Soleil. Selon certaines analyses, dans ce système, toutes les planètes tourneraient autour du Soleil. C'est du moins ce qu'il est permis de penser à la lecture de *Geminus* (v. -110 à -60), qui écrivait, aux environs de l'an 70 avant J.-C. :

> *" Héraclide disait que même si la Terre se meut d'une certaine manière alors que le Soleil, à certains égards est stable, l'apparente irrégularité du Soleil peut être maintenue. "*

Ce qu'Héraclide en pensait, au juste, restera probablement inconnu.

Selon *Aristarque de Samos* (- 309 à - 229), les étoiles et le Soleil sont fixes, les planètes, y compris la Terre, décrivent des orbites circulaires dans le plan de l'écliptique, autour du Soleil qui occupe le centre du monde. La Terre est également animée d'un mouvement de rotation diurne. Ce système fut critiqué par Archimède et faillit valoir à son auteur une accusation d'impiété. Trois objections rendaient ce système inacceptable :

- Aristote avait en effet démontré que la Terre ne tournait pas,
- des raisons religieuses imposaient la Terre au centre du monde,
- aucune observation ne pourrait jamais trancher qui était en mouvement par rapport à l'autre (relativité des mouvements).

Les deux premiers arguments ne semblent pas très rationnels et le troisième, pourtant plus sérieux, ne résista pas à la lunette d'approche.

Ce système fut adopté, semble-t-il, par l'astronome mésopotamien *Séleucos de Babylone* (v. -200 à -150) une centaine d'années plus tard.

b. Les dimensions de la Terre

Les dimensions de la Terre furent également un sujet d'importantes recherches en Grèce. Cinq évaluations du méridien ont été faites durant l'Antiquité, variant pratiquement du simple au double. Les trois premières sont dues à Aristote (60 000 km), à Archimède (46 000 km) et au géographe *Dicéarque* (v. -346 à -284) trouvant 36 000 km. Les méthodes utilisées ne sont pas connues. La quatrième, due à *Erathostène* (v. -284 à -192), est basée sur la mesure de l'arc de méridien entre Alexandrie et Syène (voir chapitre 4.1.9) et donne pratiquement la valeur moderne de 40 000 km.

Enfin, la dernière valeur est due à *Posidonius d'Apamée* (-134 à -50) : basée sur l'arc court entre Alexandrie et Rhodes, elle conduit à une estimation de 26 000 km, soit une erreur de plus de 30%. C'est cette valeur qui fut reprise par Ptolémée dans l'Almageste et qui sera utilisée pendant quinze siècles, en particulier par *Christophe Colomb* (1451 - 1506) pour la préparation de son expédition vers l'ouest.

1.1.8 Un millénaire de léthargie

Après la prise d'Athènes par *Lucius Sylla* (-137 à -77) en 86 avant J.-C., Rome reprit l'héritage grec mais en accentuant l'organisation administrative, juridique et sociale plutôt que les sciences et la philosophie. Archimède figure ainsi parmi les victimes des légionnaires romains lors de la prise de Syracuse en 214 avant J.-C.. Le seul apport des Romains à la science des astres est l'introduction du calendrier julien en 46 avant J.-C., par Jules César, conseillé par l'astronome égyptien *Sosigène d'Alexandrie* (v. -90 à -30). L'année civile romaine commençait aux ides de mars, d'où les noms de septembre à décembre pour les septième . . . et dixième mois de l'année. Le dernier mois de l'année, février, comptait 22 jours et se prolongeait, comme en Égypte, par six jours de fête. Le jour supplémentaire fut donc obtenu en dédoublant, un an sur quatre, le dernier de ces jours, appelé le *sextile*. L'année devenait ainsi *bissextile*. La semaine babylonienne de sept jours fut préférée par les chrétiens à la semaine romaine de huit jours, car elle correspondait mieux à la séquence biblique. Le septième jour, *domine die*, devint le jour du Seigneur. L'essor du Christianisme entraîna chez les pères de l'Eglise un renouveau des théories de la Terre plate entourée d'eau. L'Empire d'Occident perdant tout lien avec la culture grecque, cette situation s'y maintint pendant près de mille ans. À Byzance toutefois, les racines de la science étaient plus profondes qu'à Rome.

La synthèse des univers grec et chrétien fut accomplie progressivement aux Ve et VIe siècles.

Chez Aristote, Dieu n'apparaissait pas dans le modèle. Le rôle de Dieu était bien plus explicite dans l'univers chrétien : "*Dieu créa le Ciel et la Terre*". Saint *Augustin d'Hippone* (354 - 430) fut très marqué par la destruction de Rome par les Visigoths en l'an 410. Il transposa au christianisme la conception de Pythagore en élevant la perfection du cosmos au niveau de la spiritualité de la *cité de Dieu - Civitae Dei*, lieu de perfection et de félicité par opposition à la *cité terrestre*, lieu de souffrances et d'horreurs. Le modèle chrétien du monde est généralement attribué au moine arménien *Denys le Petit* (v. 500 - 545). Les sphères cristallines d'Aristote, adaptées aux épicycles de Ptolémée sont maintenues en mouvement par une hiérarchie *motrice* comprenant huit niveaux d'êtres célestes, dont les derniers, les Anges, sont chargés du mouvement de la Lune et du contrôle des âmes à la séparation entre la zone céleste et la zone sublunaire. Chaque enveloppe était d'une épaisseur suffisante pour loger les épicycles de Ptolémée et absorber l'excentricité des sphères intérieures. La neuvième sphère, la sphère *primaire* ou *primum mobile*, est entraînée en rotation uniforme en un jour par les Séraphins. Au-dessus de cette hiérarchie, le dixième ciel ou *Empyrée*, situé à distance finie, est réservé au Créateur suprême. Après avoir créé le monde, Dieu est maintenant présent en personne. Il veille aux affaires d'un univers hiérarchisé, secondé dans sa tâche par une armée d'anges. *Jean Philoponos* d'Alexandrie (490 - 566) s'opposait à cette conception physique du monde et fut déclaré hérétique par l'Eglise. Il défendait l'*impetus*, impulsion motrice initiale, ne déclinant pas avec le temps, donnée par Dieu, de même qu'il avait donné aux objets pesants une tendance à tomber vers la Terre. À Denys le Petit est également attribué le concept d'*Ère chrétienne - Anno Domini*, plaçant le début de la chronologie (l'an 1), à la date estimée de la naissance du Christ. Cette réforme fut introduite à Byzance en 532 et reprise en Occident par *Alcuin* (v. 735 - 804), à l'occasion du couronnement de *Charlemagne* (742 - 814) comme empereur, à Aix-la-Chapelle, le 25 décembre de l'an 800 après J.-C..

1.2
De Copernic à Newton

1.2.1 Le moyen âge occidental

a. Le relais de l'Islam

Parallèlement à la chute de l'Empire romain d'Occident et au déclin de l'Empire d'Orient, l'Empire islamique, mené par les Arabes, prit son essor au VIIe siècle et s'étendit de l'Inde à l'Espagne. Le flambeau de la civilisation et des sciences passa d'abord aux mains des califes omeyyades hellénisés de Damas puis des califes abbassides de Bagdad.

Entre 700 et 1000, tous les trésors de la pensée indienne et grecque furent traduits en arabe. Les arithmétiques de *Diophante* (v. 325 - 410) et la numération indienne furent reprises par *Ibn Musa (Al-Khwarizmi* : v. 780 - 835), dont est issu le mot *algorithme*. En 976, *Muhammed Ibn Ahmad* (v. 940 - 1007) remarqua qu'il conviendrait, pour améliorer la numération de position, d'employer un symbole particulier pour *garder le rang*. Ce symbole, un petit rond représentant le vide, fut appelé *sifr* en arabe, d'où le mot *chiffre* : sifr devint *zephyrum* en latin et finalement *zefiro* puis *zero* en italien. Enfin, le mot arabe *al jabr* qui signifie restitution, achèvement, conduisit au mot *algèbre*. La traduction des oeuvres de *Claude Ptolémée* (v. 90 - 168) n'eut lieu que vers l'an 900, elle est l'oeuvre de *Honaïn Ibn Ishaq* (v. 809 - 873) et de son école. En 829, le calife *Al-Mamoun* (786 - 833) créa à Bagdad une Maison de la Sagesse, comprenant un observatoire astronomique équipé d'instruments de grandes dimensions (20 m) pour l'édition d'un nouveau catalogue d'étoiles.

La mesure du méridien terrestre entre Palmyre et Sinjar donna une valeur de 35 000 km. *Al-Battani* (*Albatenius* : v. 858 - 929) y fonda la trigonométrie et introduisit les notations modernes de sinus et cosinus. La science islamique atteignit son apogée vers l'an 1000 avec *Ibn Sina (Avicenne* : 980 - 1037) qui fut le plus grand médecin et philosophe aristotélicien de l'Islam, et avec *Al-Biruni* (973 - 1050) qui généralisa les lois de la triangulation et nota que l'hypothèse héliocentrique d'*Aristarque de Samos* (-309 à -229) était aussi vraisemblable que celle de la Terre fixe.

L'influence culturelle de Bagdad déclina à partir du moment où les Turcs seldjoukides, d'abord mercenaires, s'assurèrent progressivement le contrôle du Califat d'Orient. La plupart des savants se réfugièrent alors au Caire où le calife *Al-Hakim* (v. 970 - 1021) avait fondé une Maison de la Science. Les *Tables* astronomiques *Hakimites* y furent établies par *Ibn Younous* (979 - 1007). Un autre groupe de savants apparut dans le Califat de Cordoue (qui englobait l'Andalousie, indépendante depuis 756). L'université de Cordoue fut créée en 970 et l'astronomie y apparaît un siècle plus tard avec la publication en 1080, des *Tables Tolédanes* par *Al-Zarqali* (*Arzachel* : 1029 - 1087). Le système de Ptolémée fut critiqué par *Averroës* (1126 - 1198), qui rejeta la théorie des épicycles, et tenta, en vain, de revenir au système d'*Eudoxe de Cnide* (de -406 à -355). Il jugeait, en effet, que les planètes devaient tourner autour d'un corps central réel et non autour d'un point immatériel. La science musulmane resta florissante dans les cités andalouses reconquises par les chrétiens, notamment à Tolède, reprise dès 1085. L'Espagne fut ainsi la voie principale par laquelle la science antique pénétra dans l'Occident barbare.

Lorsque le Mongol *Huleghu Khan* (v. 1217 - 1265), petit fils de *Genghis Khan* (*Temudjin* : 1160 - 1227), écrasa le Califat de Bagdad en 1258, un observatoire fut fondé à Maragheh puis à Tabriz, où *Nasir Al-Din Al-Tusi* (1201 - 1274) publia les *Tables Ilkhaniennes* et démontra l'équivalence entre excentriques et épicycles. Il est ainsi possible de supprimer l'équant en le remplaçant par un épicycle supplémentaire.

La dernière période d'essor de la science musulmane se situe vers 1433, lorsque le Tartare *Ulugh Beigh* (1393 - 1449), petit fils de *Timour Lang* (*Tamerlan* : 1336 - 1405), fonda un observatoire gigantesque à *Samarcande*. Un double quart de cercle, construit en tranchée, avait un diamètre de près de 50 mètres. Le catalogue d'étoiles qui y fut établi constitue, pour le moyen âge, la meilleure mise à jour du catalogue de Ptolémée.

b. La période scolastique

Le renouveau de la science du XIe au XIIIe siècle est contemporain de l'expansion des métiers et du commerce, de la construction des cathédrales et de la fondation des universités. À partir de 1085, les lettrés d'Europe affluèrent à Tolède pour prendre connaissance de la science arabe.

L'*Almageste* de Ptolémée fut traduite de l'arabe en latin par *Gérard de Crémone* (1114 - 1187). En 1202, le mathématicien *Leonardo Fibonnaci* (1175 - 1240) introduisit en Europe les chiffres hindous et l'algèbre arabe. L'anglais *de Sacrobosco* (1190 - 1250) introduisit la trigonométrie d'Al-Battani et les travaux d'Al-Zarqali. La meilleure connaissance d'*Aristote* (de -383 à -321) exerça une influence très nette sur la philosophie scolastique et l'aristotélisme succéda à la première orientation platonicienne de l'Eglise. À Oxford, *Roger Bacon* (1214 - 1294) critiqua les savants qui fondaient leurs opinions sur l'argument d'autorité. Pour lui, toute théorie devait être conforme à l'expérimentation.

La cosmologie d'Aristote s'intégra à la théologie occidentale avec *Albert le Grand* (1193 - 1280) et surtout avec *Thomas d'Aquin* (1228 - 1274) qui reprirent l'image du monde de *Denys le Petit* (v. 500 - 545) et sa hiérarchie d'anges moteurs. La première preuve de l'existence de Dieu, disait Saint Thomas, est que le mouvement des corps célestes requiert un moteur permanent, c'est-à-dire la main de Dieu. Un tel argument mettait en difficulté toute théorie rationnelle de la mécanique céleste.

D'autres penseurs ressuscitèrent la théorie de l'impetus de *Jean Philoponos* (490 - 566) et s'opposèrent à l'argumentation de Thomas en affirmant qu'un contact physique n'était pas nécessaire pour provoquer le mouvement : le magnétisme était un exemple d'action à distance. Ces penseurs étaient : *Guillaume d'Ockham* (v. 1295 - 1349) d'Oxford, *Jean Buridan* (v. 1300 - 1366), recteur de l'université de Paris, *Nicole d'Oresme* (v. 1325 - 1382), évêque de Lisieux et le cardinal allemand *Nicolas de Cusa* (1401 - 1464). Les théoriciens de l'impetus étaient également partisans de la rotation de la Terre, de l'infinité de l'univers et de la pluralité des mondes. Dieu étant infini, il était en effet justifié de postuler un univers infini.

1.2.2 La Renaissance européenne aux XVe et XVIe siècles

a. Les grandes découvertes

Après la chute de Constantinople en 1453, le monopole des épices d'Orient est entièrement aux mains de l'Islam. À l'extrême sud de l'Europe, à Sagres, l'infant *Enrique de Portugal - Henri le Navigateur* (1394 - 1460) - rassemble à partir de 1415, savants, techniciens et navigateurs afin de contourner l'Afrique, c'est-à-dire le verrou musulman, par la mer.

La technologie navale européenne s'était déjà enrichie aux siècles précédents de la boussole, originaire de Chine via l'Islam, et du gouvernail d'étambot (vers 1350). La caravelle apparaît entre 1350 et 1450. Avec finalement trois mâts et cinq voiles, dont une latine, elle est légère, rapide, très maniable et remonte très bien au vent.

De plus, assez haute sur l'eau, elle domine pratiquement tous les autres bâtiments de l'époque. Avec quelques pièces légères d'artillerie, la voilà équipée en canonnière pour conquérir le monde.

L'exploration de l'Afrique débuta bien plus tôt, par les expéditions légendaires aux pays de *Pount* ou d'*Ophir*. Au VIe siècle avant J.-C., le pharaon *Nechao* (v. -650 à -593) l'aurait fait contourner par l'Est en trois ans, et le Carthaginois *Hannon* (v. -540 à -490) l'aurait explorée par l'Ouest, vraisemblablement jusqu'au Sénégal. Après l'occupation de Madère en 1418, *Gil Eannes* (v. 1400 - 1455) franchit en 1434 le redouté cap *Bojador* au Sahara Occidental, là où s'inversent les courants. Le cabotage est terminé, il faut affronter la haute mer ! À la mort d'Enrique, ses caravelles sont dans le Golfe de Guinée. L'équateur est franchi en 1471 par *Pedro Escobar* (v. 1430 - 1480). En 1481, *Jean* II (1455 - 1495) fait construire la forteresse de *São Jorge da Mina* (Saint Georges de la Mine) au Ghana, premier établissement colonial destiné au ravitaillement des flottes vers le Sud, ainsi qu'à la traite des esclaves.

Les Tables Tolédanes furent publiées en latin vers 1250 par le juif espagnol *Ben Saïd* (v. 1210 - 1260) sous le titre de *Tables Alphonsines*. À Vienne, l'allemand *Georg Peuerbach* (1423 - 1461) s'attacha à l'amélioration des observations et de la mesure du temps. Il semble avoir découvert la déclinaison magnétique vers 1450. Son élève *Johannes Müller* de Königsberg (*Regiomontanus* : 1436 - 1476) eut le privilège de pouvoir étudier l'Almageste dans sa version grecque. Engagé à Esztergom par *Mathias* I *Corvin* (1440 - 1490), roi de Hongrie, il établit en 1467 les *Tables Directionum*, basées sur les mesures de Peuerbach. Avec son associé *Bernhard Walther* (1430 - 1504), il composa et publia ensuite divers almanachs et éphémérides à Nuremberg. Ses *Éphémérides de 1470 à 1506* furent très renommées auprès des explorateurs portugais et espagnols. Regiomontanus est le premier occidental à utiliser la trigonométrie sphérique. Il est également le premier à prendre en compte la réfraction atmosphérique et à se servir d'une horloge mécanique.

L'imprimerie connaît un développement prodigieux dès 1454. À Bologne, la *Géographie* de Ptolémée connaît six éditions successives entre 1477 et 1500. Les cartes et portulans, gardées secrètes par les premiers navigateurs de Sagres, sont publiées en Italie, à Saint-Dié, à Nuremberg et circulent dans tous les ports européens.

En 1480, le géographe allemand *Martin Behaïm* (*Martin de Bohème*: 1459-1507) explore les Açores et accompagne *Diogo Cão* (v. 1445 - 1495) sur l'estuaire du Congo en 1483. Enfin, en 1492, il dessine le célèbre globe terrestre de Nuremberg. En 1488, *Bartholomeo Diaz* (v. 1450 - 1500) atteint et dépasse le Cap des Tempêtes, rebaptisé Cap de Bonne Espérance. Les explorateurs portugais de Jean II ont pris l'habitude de dresser des *padrôes*, bornes de pierre d'environ deux mètres de haut, qui marquent la souveraineté du Portugal sur les territoires découverts.

L'ère des *descubridores* (les découvreurs) s'ouvre alors : en 1492, *Christophe Colomb* (v. 1451 - 1506) cingle vers l'Inde par l'Ouest, avec l'accord des rois catholiques. Avec ses trois célèbres caravelles, il découvre Hispañiola (Saint Domingue), Juana (Cuba) et diverses îles des Caraïbes. En 1498, *Vasco de Gama* (v. 1469 - 1524) contourne l'Afrique et atteint Calicut, en Inde. Il est suivi en 1500, par *Pedro Cabral* (v. 1460 - 1526) qui découvre le Brésil et en prend possession pour le Portugal. En 1521, le tour du monde de *Fernand de Magellan* (1480 - 1521) par l'Ouest démontre pratiquement la rotondité de la Terre. Ensuite vinrent les *conquistadors Hernan Cortès* (1485 - 1547 : empires Aztèque et Maya - Mexique en 1521) et *Alfonzo Pizarro* (v. 1475 - 1541 : empire Inca - Pérou en 1531).

b. L'exploration du monde

Au XVIe siècle, les grandes explorations maritimes entraînent un formidable engouement pour tout ce qui touche aux formes et à la représentation du monde. En 1533, le belge *Gemma Frisius* (1508 - 1555), cosmographe de *Charles-Quint* (1500 - 1558), avait remplacé l'arpentage par la triangulation, technique mise en pratique dès 1552 par le français *Jean Fernel* (1497 - 1558) pour la mesure du méridien Paris - Amiens, puis par le flamand *Willebrord Snell* (dit *Snellius* : 1580 - 1626). En 1569, *Mercator* de Gand (*Gerhard Kraemer* : 1512 - 1594) développait la projection cylindrique (projection *conforme* qui conserve les angles), permettant de représenter par une ligne droite toute route maritime à cap constant appelée *loxodromie*. En 1585, il publia à Anvers le premier atlas mondial qui connut un succès immédiat et de nombreuses rééditions.

Mais depuis les premiers explorateurs portugais, deux siècles plus tôt, le problème de la détermination de la longitude à la mer n'était toujours pas résolu de manière satisfaisante. La méthode classique consistait en effet à observer une éclipse de Lune. L'écart par rapport aux éphémérides en un lieu connu permettait le calcul de l'écart en longitude. Les scientifiques consultés par Charles-Quint avaient bien proposé deux méthodes nouvelles, mais les moyens disponibles à l'époque ne permettaient pas de les mettre en oeuvre avec suffisamment de précision. Ces méthodes étaient :

- observation de la Lune sur fond d'étoiles : méthode très compliquée établie en 1524 par *Peter Bennewitz* (1495 - 1552) d'Ingolstad,
- méthode de Frisius en 1530, utilisant une horloge mécanique réglée sur un méridien de référence.

En 1598, le roi d'Espagne *Philippe* II (1527 - 1598) créa un prix important (1 000 couronnes) à qui résoudrait ce problème. Il fut imité peu après par les États généraux des Pays-Bas qui offrirent 10 000 florins. Il faudra encore près de deux siècles avant d'atteindre l'objectif (voir section 1.3.2).

1.2.3 Le modèle de Copernic

a. Copernic, chanoine polonais

La Terre immobile au centre de l'univers, est-il rien de plus évident pour les sens ? C'est pourtant par le rejet de cette évidence que commence la science moderne !

Né à Torun en 1473, *Nicolas Copernic* (1473 - 1543) étudia à Cracovie puis en Italie jusqu'en 1506. Devenu chanoine de Frauenburg, c'est en travaillant à la réforme du calendrier qu'il composa, de 1531 à 1543, son oeuvre maîtresse *De revolutionibus orbium caelestium*. Le Soleil, immobile, occupe la place centrale et les planètes sont en mouvement circulaire uniforme, la sphère des étoiles est fixe. Toutefois, les orbites restent excentrées et comprennent encore déférents et épicycles. En faisant tourner la Terre sur elle-même et autour du Soleil, Copernic simplifiait grandement le système de Ptolémée : l'épicycle principal de chaque planète, correspondant à la révolution de la Terre, disparaissait et les rayons des déférents pouvaient être calculés. Toutefois, il subsistait encore 34 sphères. Afin de ne prendre aucun risque inutile avec l'Inquisition, la préface, rédigée par le théologien *Osiander* (*Andreas Hosemann* : 1498 - 1552), présentait la nouvelle théorie comme modèle de calcul, plutôt que comme modèle du monde. Mais pour Copernic, il s'agissait bien d'un modèle physique avec le Soleil au centre, tel Dieu illuminant le monde. En réalité, il était très âgé lors de la publication de son livre en 1543 et ne le vit imprimé que sur son lit de mort.

L'oeuvre de Copernic n'eut que peu de succès : l'opposition de l'Église catholique fut très vive, ainsi également que celle des protestants. Ses disciples furent *Georg Rethicus* (1514 - 1576), son assistant, qui supervisa pendant deux ans la rédaction et l'impression du livre, et *Erasme Reinhold* (1511 - 1553) qui publia en 1551 les *Tables Prussiennes* dites *Pruténiques*, basées sur le nouveau modèle. Ces Tables ne sont pas meilleures que les précédentes, mais nettement plus aisées à calculer.

b. La fin du XVIe siècle

Deux disciples préservèrent de l'oubli la théorie de Copernic. *Michael Mästlin* (1550 - 1631) en Allemagne et *Giovanni Benedetti* (1530 - 1590) en Italie furent professeurs respectivement de *Johannes Kepler* (1571 - 1630) et de *Galilée* (*Galileo Galilei* : 1564 - 1642). Après les découvertes de Galilée, le livre de Copernic fut mis à l'index par l'Église en 1616. Le belge *Simon Stevin* (1548 - 1620) de Bruges publia en 1586, un ouvrage important sur la statique des corps. Il comprit intuitivement le parallélogramme des forces et réalisa plusieurs expériences sur la chute d'objets de masses différentes, qui furent ensuite attribuées à Galilée. En 1608, il introduisit le système fractionnaire décimal : la numération prenait enfin sa forme moderne.

Le 04 octobre 1582, eut lieu la réforme grégorienne, qui se préparait depuis plusieurs siècles, et à laquelle avaient travaillé le cardinal *Pierre d'Ailly* (1350 - 1420), Regiomontanus et Copernic (voir aussi chapitre 4, annexe IV.4 b).

1.2.4 Tycho Brahé et Johannes Kepler

a. Tycho Brahé

L'imprécision des tables disponibles au XVIe siècle était manifeste pour les navigateurs espagnols et portugais. *Tycho Brahé* (1546 - 1601) est renommé pour la précision de ses mesures qui atteignait la *minute* d'arc, grâce à des instruments de grandes dimensions et par l'emploi de corrections de réfraction. À Augsburg en 1570, il construisit un quadrant de six mètres de rayon. Il eut la chance d'observer au Danemark deux événements astronomiques importants : la supernova de 1572, visible en plein jour pendant plus d'un mois et la grande comète de 1577. Il montra par l'absence de parallaxe de la première, qu'elle appartenait à la sphère céleste et que, par conséquent cette dernière n'était pas immuable. Il montra également que la trajectoire de la comète était nettement ovale et traversait les sphères d'Aristote et de Saint Thomas. Ces sphères ne pouvaient donc pas avoir de réalité physique.

Sa réputation lui valut le don d'une île entière, l'île de Hveen, et de tous ses revenus, par *Frédéric* II (1534 - 1588), roi de Danemark et de Norvège. Il y construisit l'important observatoire d'Uranienborg où il travailla plus de vingt ans, de 1576 à 1597, à rassembler d'inestimables observations planétaires. Il fut ensuite nommé mathématicien impérial par l'empereur d'Autriche *Rodolphe* II (1552 - 1612) et s'installa à Prague en 1599.

Le modèle proposé par Tycho Brahé reste irrémédiablement aristotélicien. La seule concession faite à Copernic est que les planètes tournent autour du Soleil, mais ce dernier tourne autour de la Terre.

b. Johannes Kepler

Johannes Kepler (1571 - 1630) est né à Weil en Wurtenberg et était, à vingt-cinq ans, mathématicien provincial de Styrie à Graz. En 1596, il publia son premier ouvrage d'astronomie *Podromus dissertationum cosmographicarium*, ouvrage assez romantique, où il présente une thèse pythagoricienne sur l'harmonie entre les sphères planétaires et les cinq polyèdres réguliers dits *platoniques*. Le jeune Kepler énonce déjà dans ce livre, ce qui deviendra ultérieurement sa première loi : les planètes se meuvent dans des plans passant par le Soleil : ces plans font entre eux des angles petits mais constants. Kepler dut quitter Graz pour cause de protestantisme.

Nicolas COPERNIC
(1473 - 1543)

Astronome polonais auteur du premier modèle moderne héliocentrique du Système solaire.

GALILÉE (1564 - 1642)

Physicien et astronome italien qui découvrit les satellites de Jupiter, abjura le système de Copernic en 1633 sous la pression de l'Inquisition. Réhabilité en 1983.

Johannes KEPLER
(1571 - 1630)

Astronome allemand qui établit expérimentalement les trois lois fondamentales du mouvement elliptique à partir des observations astronomiques de Tycho Brahé.

Le 04 février 1600 eut lieu non loin de Prague, une entrevue historique. Ce jour-là, Kepler proposa ses services à Tycho Brahé qui cherchait un assistant pour établir de nouvelles éphémérides de la planète Mars. La collaboration courte et tumultueuse de ces deux personnalités hors du commun allait donner à l'astronomie une accélération considérable. À la mort de Tycho Brahé, Kepler se retrouva dépositaire de ses inestimables observations. Poursuivant l'étude de Mars, après quatre années et neuf cents pages de calcul, et à l'encontre de ses propres convictions, Kepler dut se résigner à faire tomber le dernier bastion aristotélicien. Les orbites planétaires n'étaient pas circulaires mais bien elliptiques. Le Soleil n'était pas au centre, mais bien à l'un des foyers de l'ellipse. Kepler publia ses découvertes en 1609 dans *Astronomia nova*. La troisième loi reliant période de révolution et grand axe, fut publiée en 1618 dans *Harmonice Mundi*. Enfin, des éphémérides nouvelles couronnèrent ces découvertes en 1627 : ce sont les *Tables Rudolphines*, d'une précision inégalée.

Par ces trois lois, le Système solaire entre en scène et se révèle dans sa grande simplicité : les épicycles et les excentriques tombent à jamais dans le néant, et deux mille ans d'obsession des mouvements circulaires parfaits prennent définitivement fin.

> " *Les travaux de Kepler montrent*, disait *Einstein* (1879 - 1955), *que la connaissance ne peut dériver de l'expérience seule : il lui faut également la comparaison de ce que l'esprit a conçu avec ce qu'il observe.* "

Kepler disparut en 1630 et est enterré à Regensburg (Ratisbonne).

1.2.5 Galileo Galilei

Il semble que la lunette d'approche fut inventée vers 1590 en Italie, mais son intérêt militaire fit que son principe resta secret jusqu'en 1608, lorsqu'il fut diffusé par deux opticiens hollandais qui s'en disputaient la paternité. Le bruit fait autour de cette affaire arriva aux oreilles de Galilée, professeur de mathématiques à Pise, grand expérimentateur et bricoleur de génie. Il retrouva le principe des lentilles convergentes et divergentes à utiliser et construisit lui-même diverses lunettes de grossissement allant de 3 à 30. Le 07 janvier 1610, il dirigea pour la première fois sa lunette vers le ciel et récolta en très peu de temps, une riche moisson d'informations qui rendirent caduques de très anciennes controverses :

- les planètes ont un diamètre apparent, les étoiles n'en ont pas,
- les planètes inférieures ont des phases, comme la Lune,
- Jupiter possède quatre satellites respectant les lois de Kepler. Baptisés *médicéens* par Galilée, Io, Callisto, Ganymède et Europe sont appelés aujourd'hui satellites *galiléens*,

- Saturne a un aspect *triple* : les anneaux ont été vus comme deux *anses*. Ils seront identifiés par le néerlandais *Christian Huygens* (1629 - 1695), cinquante ans plus tard,
- la Voie lactée est constituée d'une multitude d'étoiles,
- le Soleil tourne sur lui-même en un peu moins d'un mois, il présente des taches irrégulières,
- la Lune présente des reliefs, comme la Terre.

Bien que n'ayant, semble-t-il, jamais cru aux lois de Kepler, Galilée est conforté dans l'idée que le modèle héliocentrique de Copernic est le bon. Avec l'autorisation du Pape, il entreprend la rédaction, en italien, d'un livre de vulgarisation intitulé *Dialogue sur les deux systèmes du monde* qui fera l'objet d'un procès retentissant, et sera mis à l'Index, de 1633 à 1835. Condamné à renier le système héliocentrique, Galilée fut assigné à résidence jusqu'à sa mort et ne sera réhabilité par l'Église qu'en 1983, 350 ans plus tard.

" *E pur si muove - Et pourtant, elle se déplace !* "

pense-t-il, en renonçant officiellement à ses idées. Seule, sa grande renommée scientifique lui avait évité le bûcher de l'Inquisition. En 1600, le moine bénédictin *Giordano Bruno* (1548 - 1600) avait été brûlé vif à Rome pour avoir préféré Copernic, et avoir prétendu que l'univers était infini, en perpétuelle évolution et peuplé d'êtres vivants.

Ceci constitue un des épisodes les plus désastreux de l'histoire des idées. Il eut pour effet de déplacer durablement le centre de l'activité scientifique vers l'Europe du Nord, où le protestantisme se montra nettement plus ouvert aux nouvelles conceptions de la science et du monde. Galilée joua un rôle important dans la fondation de la mécanique rationnelle par l'étude de la chute des corps, du mouvement des projectiles et par sa contribution au principe d'inertie.

1.2.6 Sociétés savantes et observatoires nationaux

En France, *René Descartes* (1596 - 1650) basa sa méthode scientifique non pas exclusivement sur l'expérience, comme Bacon mais en introduisant des principes généraux qui fondent la recherche déductive. Il jeta les bases de la géométrie analytique et contribua également à la mécanique classique. Il énonça le principe de conservation de la quantité de mouvement, ainsi que le principe d'inertie sous sa forme moderne :

" *en l'absence de force, un corps est soit immobile, soit en mouvement rectiligne et uniforme.* "

En revanche, sa théorie des tourbillons allait engourdir les esprits en France pendant près d'un siècle. Ses ouvrages, publiés aux Pays-Bas, furent interdits à Paris en 1663, cette interdiction ne fut levée qu'en 1740, afin de renforcer l'opposition au système d'*Isaac Newton* (1642 - 1727) qui commençait à se répandre en France avec *Voltaire* (*François Marie Arouet* : 1694 - 1778).

Les sociétés savantes les plus anciennes virent le jour en Italie vers 1550, mais les incertitudes religieuses et politiques leur donnèrent une vie éphémère. En Angleterre et en France, les sociétés savantes furent créées vers 1640, à l'initiative de quelques savants distingués. Elles obtinrent un statut officiel, la *Royal Society* en 1660 et l'*Académie des Sciences* en 1668. Une de leurs premières activités consista à lancer la construction des grands observatoires nationaux : celui de Paris en 1667 - 1672 (directeur *Jean Dominique Cassini* : 1625 - 1712) et celui de Greenwich en 1675 - 1676 (architecte *Christopher Wren*, 1632 - 1723, directeur *John Flamsteed*, 1646 -1719). L'Observatoire de Paris réalisa d'emblée une découverte fondamentale en physique en 1676 : la vitesse de la lumière y fut déterminée par le danois *Ölaus Röemer* (1644 - 1710), grâce aux anomalies apparentes du mouvement des satellites galiléens. La valeur obtenue était environ 30 % plus faible que la valeur moderne.

Huygens perfectionna les lentilles et les lunettes astronomiques et identifia les anneaux de Saturne en 1659, Cassini décrivant leur structure. En 1670, *Jean Picard* (1620 - 1682) réalisa, à la demande de l'Académie des Sciences, la triangulation de l'arc de méridien entre Paris et Amiens. La première mesure précise des dimensions du globe, à moins de 2 % près était ainsi obtenue. En 1672, Flamsteed d'une part, Cassini et *Jean Richer* (1630 - 1696) de l'autre, mesuraient pour la première fois l'unité astronomique par la parallaxe de la planète Mars. Le premier réalisait deux visées de Mars au cours d'une même nuit, les deux autres l'observaient simultanément de Paris et de Cayenne. Les résultats sont similaires : 21 000 rayons terrestres. Il subsiste une erreur de l'ordre de 20 millions de km.

Astronome complet, Huygens apporta une amélioration fondamentale à la mesure du temps et, par la même occasion, une contribution importante à la dynamique des corps. En 1656 en effet, il réalisa au moyen du pendule la régulation d'une horloge mécanique, comme l'avait suggéré Galilée. Cette étude lui permit d'établir la théorie dynamique du mouvement circulaire et d'en quantifier les effets centripète et centrifuge.

Avec ces éléments, l'anglais *Robert Hooke* (1635 - 1703) déduisit que la force de pesanteur devait varier comme l'inverse du carré du rayon pour les corps en mouvements circulaires. Toutefois, ne disposant pas de moyens mathématiques suffisants, il fut incapable d'étendre cette théorie aux mouvements elliptiques. Dès 1670, l'allemand *Gottfried Leibnitz* (1646 - 1716) établissait les principes du calcul différentiel et intégral et de l'analyse mathématique.

Il apparaît ainsi que, vers 1680, tous les éléments théoriques et expérimentaux convergeaient pour permettre la synthèse générale de la mécanique et du mouvement des corps célestes. L'histoire de ce travail magistral, qui est l'oeuvre de Newton, est évoquée à l'article 1.2.8. La loi d'attraction universelle et ses conséquences fondamentales pour les sciences font l'objet des chapitres suivants.

1.2.7 L'échelle terrestre du temps

a. Chronologie des civilisations

Les érudits des langues anciennes imaginaient qu'il était possible, à partir des textes sacrés, de déterminer avec plus ou moins de précision une chronologie des temps anciens.

Mercator s'y essaya en synchronisant les événements au moyen des éclipses. Le plus érudit de tous fut sans conteste l'italien protestant *Giuseppe Scaligero* (1540 -1609) qui proposa en 1584 une chronologie comparée des civilisations antiques. Le repérage du temps étant basé sur la succession des jours à partir d'une origine arbitraire qu'il avait choisie en l'an 4713 avant J.-C., afin qu'elle soit antérieure à tout événement historique de n'importe quelle civilisation connue (voir chapitre 4.1.6 b). L'archevêque *James Ussher* (1581 - 1656) poussa l'érudition et la précision jusqu'à fixer, en 1654, la date et l'heure de la création biblique au 26 octobre de l'an 4004 avant J.-C., à 9 heures du matin, alors que pour les hébreux, c'est le 7 octobre de l'an 3761 avant J.-C.. Enfin, Newton lui-même s'y intéressa également dans les dernières années de sa vie et tenta d'y appliquer ses théories astronomiques. Curieusement, il se référa au récit légendaire de la Toison d'Or contant l'exploration des côtes de la mer Noire par *Jason* et les Argonautes.

b. Catastrophisme et fixité des espèces

Déjà dans l'antiquité, *Hérodote* (v. -480 à -425) avait décrit les processus d'érosion modifiant en permanence les formes de la Terre. Le danois *Nicolas Stenon* (1638 - 1686) fut chargé d'explorer les grottes des lacs de Garde et de Côme et y découvrit de nombreux fossiles. Ses résultats, publiés en 1669, décrivaient la formation des couches géologiques, distinguaient les couches volcaniques des couches sédimentaires et expliquaient la formation des roches sédimentaires, éruptives et métamorphiques, ainsi que des fossiles. Il jetait ainsi les bases de la géologie moderne.

Les processus de transformation géologique, tout comme ceux des espèces vivantes, se chiffrent en millions d'années ou plus : ils ne peuvent s'accommoder de la brièveté supposée de la Terre, illustrée par le calcul de l'évêque Ussher.

Tout modèle évolutif était ainsi exclu pour des raisons de dogmatisme religieux. Aussi les géologues en étaient-ils réduits à imputer les transformations observées à des cataclysmes soudains : c'est l'hypothèse du *catastrophisme*. De la même manière, les naturalistes étaient contraints d'adopter l'hypothèse de la *fixité* des espèces végétales et animales.

1.2.8 Enfin, Newton vint . . .

Tous les ingrédients sont donc réunis, à partir de 1650, pour aborder la synthèse du mouvement des corps célestes. Ces ingrédients sont :

- lois de Kepler du mouvement elliptique,
- principe d'inertie de Galilée et de Descartes,
- lois de Descartes sur la quantité de mouvement et
- cinématique du mouvement circulaire de Huygens.

Plusieurs savants postulaient l'existence d'une attraction exercée par le Soleil sur les planètes. Le médecin italien *Alfonso Borelli* (1608 - 1679) écrivait en 1679 :

"Supposons qu'une planète tende vers le Soleil et qu'en même temps, dans son mouvement circulaire, elle s'éloigne du corps qui en occupe le centre. Si ces deux forces contraires sont égales, elles s'équilibrent et les planètes continuent leur révolution autour du Soleil. "

Cette même année 1679, ces éléments conduisaient Hooke, Wren et *Edmund Halley* (1656 - 1742) à la déduction que la force émanant du Soleil devait décroître comme le carré de la distance. En 1685, ils se demandaient si cette force ne pourrait pas conduire à des orbites planétaires exactement elliptiques, comme prévu par Kepler. Hooke pensait que c'était aisé à démontrer et s'engageait, pour 40 shillings, à en fournir la démonstration dans les semaines suivantes. Quelques mois plus tard, sans nouvelles de Hooke, Halley rendait visite à Newton, professeur à la chaire lucasienne de mathématiques de l'université de Cambridge et lui posa la même question. Et à sa plus grande stupéfaction, Newton lui répondait :

" Bien sûr, ce sont des ellipses, je l'ai calculé il y a quelques années, j'ai la démonstration là, quelque part, parmi mes papiers. Laissez-moi quelques jours et je les retrouverai. "

Newton se référait au travail qu'il avait effectué vingt ans plus tôt, en 1667, lorsque étudiant, il avait dû se mettre au vert pendant deux ans au manoir familial de *Woolsthrope* by Colsterworth, l'université ayant dû fermer ses portes à cause d'une épidémie de peste. Ce jeune génie de 23 ans conçut pendant cette période, non seulement les lois de la mécanique et de l'attraction universelle, mais également les concepts fondamentaux du calcul différentiel.

La légende veut que la révélation de la gravitation lui vint au pied d'un pommier, dans son village natal. Il entrevit la Lune qui tombait comme la pomme, mais sa vitesse horizontale était si grande, que l'arrondi de la Terre se dérobait sous elle. Peut-être n'est-ce là qu'une fable. Toutefois, à Voltaire, sa mère Hanna aurait donné le fait pour authentique. L'arbre de Woolsthrope resta un mémorable lieu de pèlerinage jusqu'en 1812, lorsqu'un orage le détruisit.

Le jeune génie n'était toutefois pas encore prêt pour faire connaître ses idées. En effet, l'outil mathématique qu'il devait développer pour bâtir sa théorie, le calcul des fluxions ou calcul différentiel, n'était pas parfaitement au point. De plus, la théorie comportait encore quelques points faibles : elle ne s'appliquait convenablement qu'à des masses ponctuelles et non pas à des corps volumineux et quelques anomalies subsistaient dans le traitement du mouvement de la Lune. Aussi Newton rangea-t-il ses notes pour plus tard . . .

Lorsqu'il fut remis de sa surprise, Halley demanda avec insistance à Newton, réticent, de compléter sa théorie afin de la faire connaître au monde. À dater de ce jour, Halley n'eut de cesse de mener à bien la publication de ce travail. Il s'institua maître d'oeuvre, dessinateur, critique scientifique et littéraire, correcteur, secrétaire . . . et bailleur de fonds, car la publication était à charge d'auteur. Les deux années qui suivirent furent certainement la période la plus intense de la vie de Newton, accouchant avec concentration et ferveur de cette oeuvre magistrale de la pensée humaine qui vit le jour en 1687, sous le titre *Principiae mathematicae philosophiae naturalis*. C'est l'oeuvre scientifique la plus importante depuis le début des temps. Elle marque véritablement l'envol de la pensée scientifique occidentale.

□

1.3
La période moderne

1.3.1 Un siècle de gravitation

a. Sir Isaac Newton

Isaac Newton (1642 - 1727) fut le premier savant à être anobli. Il débuta à l'université de Cambridge, puis devint président de la *Royal Society* et termina sa carrière avec le titre lucratif de gouverneur de l'Hôtel royal des Monnaies. Il était très imbu de sa personne et condescendait parfois à reconnaître les mérites de ses prédécesseurs :

> " *si j'ai vu plus haut que les autres* ", disait-il, " *c'est que j'étais monté sur des épaules de géant* ".

Ce n'était pas un homme agréable et sa vie fut marquée par des disputes homériques pour défendre l'originalité de ses découvertes. Contre *Robert Hooke* (1635 - 1703) d'abord, qui cria au plagiat lors de la sortie en 1686 de l'épreuve des *Principiae*, contre *Gottfried Leibnitz* (1646 - 1716) ensuite, pour la découverte du calcul différentiel et enfin contre l'Astronome royal *John Flamsteed* (1646 - 1719) qui tardait à publier les résultats de ses observations dont Newton avait un urgent besoin pour ses travaux. Newton inventa également le télescope, fit d'importantes découvertes en optique et en mathématique et s'intéressa à la chronologie biblique, étayée par l'astronomie.

b. La théorie de Newton s'impose

La méthode de Newton pour la détermination des orbites paraboliques fut appliquée intensivement aux comètes par *Edmund Halley* (1656 - 1742) qui remarqua la périodicité de 76 ans de l'une d'entre elles.

Il prédit son retour pour 1759 et depuis lors, la célèbre *comète de Halley* rappelle à chaque génération la contribution de cette éminente personnalité. Halley étudia également la détermination de l'unité astronomique à partir du passage de Mercure devant le disque solaire prévu en 1753, et de ceux de Vénus, prévus en 1761 et 1769.

La théorie de la gravitation de Newton n'a pas été acceptée d'emblée par les savants de son époque. Il est en effet difficile pour l'esprit humain de concevoir ces interactions curieuses que sont les forces d'attraction qui possèdent l'étrange propriété d'ubiquité, agissant instantanément en tout point et à grande distance, sans support ni contact matériel, en traversant tout obstacle interposé entre les corps.

En France, les idées de *René Descartes* (1596 - 1650) constituaient un frein à la propagation de la nouvelle théorie. *Alexis Clairaut* (1713 - 1765) et *Jean d'Alembert* (1717 - 1783) furent les premiers à accepter et à développer en France les théories de Newton.

Ce n'est véritablement qu'après 1760 que cette théorie s'imposa progressivement, sous l'influence de d'Alembert et de l'*Encyclopédie* (1751 - 1772), mais aussi, sans doute, après le retour de la comète de Halley, et avec la franche collaboration scientifique qui règna entre les deux grands pays en guerre à l'occasion des passages de Vénus. En 1780, *Pierre-Simon de Laplace* (1749 -1827) publia sa magistrale *Exposition du Système du Monde*. Le succès de la théorie de Newton fut total en 1846, lorsque *Urbain Le Verrier* (1811 - 1877) permit par calcul la découverte de Neptune.

1.3.2 Le point à la mer

De tous temps, le problème de la détermination de la longitude à la mer (voir section 1.2.2 b) s'est posé avec acuité. Les navigateurs portugais espagnols et néerlandais en ont souffert et en souffrent encore au XVIIe siècle. Les prix offerts en Espagne et aux Pays-Bas sont restés sans effet.

Galilée (*Galileo Galilei* : 1564 - 1642) avait proposé vers 1640, une méthode basée sur les éphémérides des satellites de Jupiter, ainsi que l'amélioration des horloges au moyen du pendule. Cette *pendule* ne fut toutefois réalisée qu'en 1656 par *Christian Huygens* (1629 - 1695) qui établit en 1679 la théorie du ressort spiral avec balancier circulaire, pour la régulation des horloges miniatures, appelées *montres*. Leur invention est attribuée, vers 1505, à *Peter Henlein* (1480 - 1542) de Nuremberg. Au début du XVIIIe siècle, les horloges connurent en Angleterre d'importantes améliorations de précision et de fiabilité. En 1704, le suisse *Nicolas Fatio de Duiller* (1664 - 1753) déposa à Londres un brevet pour des paliers en rubis. En 1715, *George Graham* (1673 - 1751) inventa l'échappement à ancre. En 1725 ou 1726, *John Harrison* (1693 -1776) réalisa le pendule compensateur, toutefois, cette dernière invention est également attribuée à Graham.

En 1714, le parlement anglais fonda le *Bureau des Longitudes*, à la demande de la *Royal Society* qui était alors présidée par Newton. Ce Bureau instaura une série de trois prix (10 000, 15 000 et 20 000 £) pour qui fournirait la longitude à la mer avec une précision meilleure que respectivement 1 degré, 40 et 30 minutes, c'est-à-dire un chronomètre avec une stabilité de l'ordre d'une seconde par jour. Un prix similaire de 100 000 livres fut offert par l'Académie des Sciences en 1716.

Les Tables lunaires publiées par Flamsteed en 1735 et améliorées en 1753 par *Leonhard Euler* (1707 - 1783) de Bâle et *Tobias Mayer* (1723 - 1762) de Göttingen n'apportèrent pas de solution définitive, mais Euler et Mayer se partagèrent le premier de la série des prix anglais. À Paris, *Pierre Augustin Caron* (1732 - 1799) dit *Beaumarchais*, mit au point vers 1745, un modèle performant d'échappement pour montres.

Il faudra plus d'un demi siècle pour atteindre l'objectif. Pour les deux passages de Vénus devant le Soleil, toutes les sociétés scientifiques du monde, de la Russie aux colonies d'Amérique en passant par les sociétés royales française et anglaise, furent mises à contribution. Toutefois, le premier passage en 1761 fut un échec, à cause principalement de l'imprécision sur la longitude des stations d'observation.

Le prix français fut décerné en 1769 à *Pierre Le Roy* (1717 - 1785), tandis que cette même année, le chronomètre du suisse *Ferdinand Berthoud* (1727 - 1807) fut utilisé à Saint Domingue pour l'observation du deuxième passage de Vénus. Les prix anglais furent attribués à Harrison en 1765 pour son quatrième modèle et en 1773 pour son cinquième chronomètre. Ce dernier modèle fut utilisé à Tahiti en 1769 pour l'observation de Vénus, lors du premier voyage de *James Cook* (1728 - 1779). Il s'avéra précis à moins de 10^{-6}, c'est-à-dire meilleur que le dixième de seconde par jour. La précision sur l'unité astronomique atteignait 2 %, soit 3 millions de km.

La production industrielle des chronomètres prit encore quelques décennies et ce n'est qu'à l'aube du XIXe siècle que le positionnement des navires à la mer fut possible avec toute la précision souhaitée.

Les méthodes modernes de localisation à la surface du globe sont exposées au chapitre 5.3.7 / 8.

1.3.3 Évolution de la Terre

a. Recensement du monde vivant

Un inventaire de la faune et de la flore méditerranéennes avait été dressé par les anciens. *Aristote* (-383 à -321) avait adopté les concepts de genre (*genos* - famille) et d'espèce (*eidos* : forme), décrits initialement par *Platon* (v. -426 à -346). Le traité de science naturelle de *Pline l'Ancien* (23 - 79) était le plus complet et le plus connu.

Les premiers documents imprimés furent l'oeuvre, en 1555, de l'encyclopédiste-naturaliste suisse *Konrad Gesner* (1516 - 1565). Ils comprenaient encore de nombreux êtres fantastiques ou mythologiques hérités de l'antiquité, tels que gorgones, licornes ou sirènes . . .

Le concept moderne d'espèce fut introduit par l'anglais *John Ray* (v. 1627 - 1705). Tant pour le règne végétal que pour le règne animal, l'espèce désigne une collection d'individus qui engendrent par la reproduction d'autres individus semblables à eux-mêmes. Ray était partisan de la fixité des espèces, ce qui permettait l'inventaire international du monde vivant. Il élimina les êtres mythiques et mit définitivement en doute tout être vivant relevant de la génération spontanée. Il fut le premier à considérer les formes fossiles trouvées dans les roches comme des restes d'êtres vivants.

C'est avec son successeur, le suédois *Carl von Linné* (1707 - 1778), que l'oeuvre de recensement va trouver son aboutissement. Homme de bibliothèque, il envoya aux quatre coins du monde une armée d'assistants qui lui rapportèrent des milliers de spécimens. Il découvrit la sexualité des plantes et put étendre ainsi la notion d'espèce à l'ensemble du monde vivant. Il dut bien admettre une certaine forme d'évolution, mais se rallia au catastrophisme (voir section 1.2.7 b). Le couronnement de son oeuvre est la nomenclature internationale formée d'un binôme en latin moderne : le premier terme désignant le genre, le second un élément spécifique caractérisant l'espèce. En 1758, il avait répertorié et baptisé près de 18 000 espèces végétales et animales. Il savait convaincre les gouvernements d'attacher à chaque voyage d'exploration un de ses assistants naturalistes. Ce fut le cas en particulier des voyages de Cook en Océanie et dans l'Antarctique.

b. Le concept d'évolution

Contemporain de Linné, le grand naturaliste français *Buffon* (*Georges-Louis Leclercq*, comte de : 1707 - 1788) ne partageait pas la passion classificatrice, qu'il qualifiait de réductrice, de son éminent confrère scandinave. Il était surtout mal à l'aise avec la durée trop courte de la vie terrestre. Il entreprit de mesurer le temps nécessaire à des boules de fer portées au rouge pour refroidir jusqu'à une température propice à la vie. En extrapolant au diamètre de la Terre, il obtint un âge minimum de 80 000 ans. Il semble qu'il avait initialement trouvé trois millions d'années, mais face à l'énormité de ce chiffre, il avait prudemment modéré ses extrapolations. Buffon avait rompu avec tous ses prédécesseurs et ouvert les barrières du temps. Sa théorie, publiée en 1749, comprenait sept époques et présentait un monde de changement et de progrès préfigurant l'évolution : 1° formation de la Terre et des planètes, 2° refroidissement et formation des chaînes de montagnes, 3° apparition de l'eau liquide et de la vie marine, 4° volcanisme et tremblements de Terre, 5° animaux terrestres, 6° séparation des continents et 7° apparition de l'homme.

Même erronée ou imprécise, la théorie de Buffon fait entrer la Terre et toutes les créatures vivantes sur la scène de l'Histoire. La durée était devenue suffisante pour que l'érosion puisse modeler la surface terrestre et pour qu'un grand nombre d'espèces animales aient pu naître et s'éteindre, laissant des traces fossilisées.

Quelques années plus tard, en France, *Jean-Baptiste de Monet*, chevalier de *Lamarck* (1744 - 1829) proposa une autre vision évolutive des espèces vivantes appelée *transformisme* : c'est une évolution continue (ou linéaire) qui conduit des classes les plus simples (invertébrés) aux classes plus complexes des mammifères en passant par les poissons, les reptiles et les oiseaux. Certaines anomalies de continuité l'amenèrent à introduire le principe d'*hérédité des caractères acquis* pour expliquer les déviations par rapport à l'échelle linéaire. Permettant l'adaptation aux conditions de l'environnement, ce principe expliquait le long cou des girafes et la myopie des taupes.

Son successeur le baron *Georges Cuvier* (1769 - 1832) recensa plus de 50 000 espèces et 18 000 ossements fossiles mais reprit les vues classiques du catastrophisme comme mode d'évolution.

1.3.4 L'astronomie aux XVIIIe et XIXe siècles

Les travaux de Newton marquent la charnière entre les deux premières grandes périodes de l'astronomie. La phase de l'astronomie descriptive est tournée en 1687, et s'ouvre pour deux bons siècles la période de l'astronomie analytique ou mécanique céleste.

a. Mécanique céleste et analyse mathématique

Les trajectoires coniques, solutions du problème des deux corps sont étudiées en détail au chapitre 2.1. Toutefois, ces trajectoires simples ne constituent que des solutions approchées, car il y a en général plus de deux corps en interaction, de plus ces corps ne sont jamais exactement assimilables à des points massiques. C'est le problème général des perturbations d'orbite, faisant l'objet du chapitre 3, auquel vont se frotter les meilleurs esprits pendant plus de deux siècles.

Ces études, au-delà de leur intérêt purement théorique, ont pour principale motivation l'analyse la plus détaillée et la plus précise possible des mouvements et des structures observés dans le Système solaire. L'objectif principal est de comprendre l'extraordinaire régularité des mouvements célestes, mais également d'établir des éphémérides précises pour la navigation et pour le point à la mer.

- **Détermination d'orbite**

Le calcul des éphémérides demande au préalable la détermination des éléments d'orbite à partir des données d'observation. Ces méthodes sont décrites au chapitre 2.2. Elles résultent des travaux de *Johannes Kepler* (1571 - 1630) et de Newton, de Euler, de Laplace et de *Karl Friedrich Gauss* (1777 - 1855), pour ne citer que les principaux.

- **Problème des *N* corps**

Ces perturbations sont provoquées tout d'abord par la présence d'autres corps. Le problème des ***N*** corps a fait l'objet d'éminentes contributions à travers toute l'Europe : *Louis Lagrange* (comte de : 1736 - 1813) à Milan, *Karl Jacobi* (1804 - 1854) à Koënigsberg, *Joseph Liouville* (1809 - 1882) et *Henri Poincaré* (1854 - 1912) à Paris ... Le mouvement complexe de la Lune est maîtrisé par les travaux de *Charles Delaunay* (1816 -1872), de *George Hill* (1838 - 1914) et enfin de *William Brown* (1866 - 1938).

- **Forme et composition des corps**

D'autres perturbations sont provoquées par le centre d'attraction lui-même, qui n'est jamais parfaitement sphérique ni homogène. Les noms suivants sont liés à ces études : *Alexis Clairaut* (1713 - 1756), *Adrien Legendre* (1752 - 1833), Jacobi, *Édouard Roche* (1820 - 1883).

- **Perturbations**

Ensuite, c'est la théorie proprement dite des perturbations qui suscite les travaux fondamentaux d'Euler, de Laplace, de Gauss.

À noter que ces études et théories dépassent le cadre strict de l'astronomie et s'inscrivent dans le développement général de la mécanique et des mathématiques universelles. Elles atteindront un niveau de perfection inégalé à la fin du XIXe siècle avec la découverte par calcul d'une nouvelle planète, Neptune, et avec l'établissement d'éphémérides lunaires de haute précision.

b. Précision des observations

La précision des observations astronomiques avait fait un grand bond en avant grâce à la lunette d'approche de Galilée. Toutefois, plus fines étaient les observations, plus difficile était l'interprétation des écarts qui apparaissaient immanquablement par rapport à la théorie.

- **Corrections de réfraction**

Les observations utilisées par Kepler avaient une précision de la minute d'arc, grâce aux corrections expérimentales de réfraction introduites par *Tycho Brahé* (1546 - 1601). La théorie complète de la réfraction a été établie en 1790 par Laplace (voir chapitre 4.1.8).

- **Erreurs d'aberration**

L'aberration est due au temps mis par la lumière pour traverser la lunette, qui elle-même est en mouvement avec la Terre. Cet effet, qui atteint environ 20 secondes d'arc, a été découvert en 1726 par *James Bradley* (1693 -1762), le troisième Astronome royal de l'Observatoire de Greenwich.

- **La nutation**

Les mouvements périodiques de l'axe des pôles terrestre ont été également découverts par le même Bradley en 1735. Ce mouvement, dû principalement aux effets de la Lune sur le renflement équatorial terrestre, se répercute sur toutes les observations.

1.3.5 Les techniques d'observation

a. Lunettes et télescopes

Les astronomes furent confrontés aux problèmes des aberrations de sphéricité et de chromatisme des lentilles réfractrices pour lunettes et au manque de réflectivité des miroirs métalliques pour télescopes. Les aberrations sphériques conduisirent, au XVIIe siècle, à la construction de lunettes à très longues focales, très peu maniables. C'étaient des engins de près de 50 m de long que Huygens et *Jean Dominique Cassini* (1625 - 1712) utilisaient à l'Observatoire de Paris, pour traquer les planètes.

Les aberrations chromatiques, limitant le champ utile des lentilles, furent progressivement éliminées au cours du XVIIIe siècle par les opticiens anglais qui développèrent des groupements de lentilles compensées. Ils utilisaient des combinaisons de verres différents tels le *crown-glass*, verre blanc de qualité et le *flint* à base de plomb, dispersif et réfringent.

L'appareil optique le mieux adapté à l'observation des étoiles est le télescope, concentrant par réflection sur un miroir parabolique, la plus grande quantité possible de lumière des objets faiblement lumineux. L'idée date de l'époque de Newton, qui fut le premier à fabriquer en 1667, un télescope de bonne qualité, équipé d'un miroir de bronze de 4 cm de diamètre. L'anglais *James Gregory* (1638 - 1675) en 1663 et le français *Jean Cassegrain* (1625 - 1712) en 1672, avaient émis des idées similaires qui, semble-t-il, n'étaient pas réalisables à l'époque. Les différences résident dans la technique d'observation de l'image au foyer : Newton utilise un miroir sphérique et renvoie latéralement le faisceau convergeant par un petit miroir plan.

Dans les versions Gregory et Cassegrain, le faisceau est renvoyé dans l'axe, vers l'arrière, à travers une ouverture dans le miroir principal. Toutefois, dans cette configuration, et afin de limiter la dimension de l'obstacle dans le champ, le miroir de renvoi doit être conique (voir annexe IV.5).

La réalisation de tels miroirs n'était pas possible au XVIIe siècle. À partir de 1856, les miroirs de télescopes allaient connaître une amélioration fondamentale, avec la technique du dépôt sur support de verre d'une couche réflectrice d'argent, mise au point par les allemands *Justus von Liebig* (1803 - 1873) et *Carl von Steinheil* (1808 - 1870).

b. Les étoiles - la Galaxie

En France, l'observation astronomique était principalement axée vers les objets du Système solaire, comprenant la recherche des comètes et des astéroïdes. Afin de bien documenter ce type de recherche, *Charles Messier* (1730 - 1817) composa en 1784 un catalogue d'une centaine de nébuleuses. Le but était de les identifier aisément pour les éliminer des programmes d'observation. C'est ainsi que la nébuleuse d'Andromède est codifiée M 31, M 33 est la nébuleuse du Triangle et M 55 celle des Chiens de Chasse (la lettre M réfère au catalogue de Messier).

En Angleterre, l'allemand *William Herschel* (1738 - 1822) se spécialisa dans la construction de grands télescopes et dans l'observation des étoiles. Son premier modèle avait un miroir de 16 cm de diamètre et lui permit de découvrir la planète Uranus en 1781. Nommé Astronome royal l'année suivante, il poursuivit ses observations durant quarante années, principalement avec un télescope de 66 cm qui lui permit de résoudre la Voie lactée en ses diverses composantes individuelles. Au cours de plusieurs compilations stellaires (*sky reviews*), Herschel catalogua et identifia divers types d'objets stellaires tels que les étoiles doubles en mouvement képlérien, les étoiles variables, les amas d'étoiles ainsi que de nombreuses autres nébuleuses. Il inaugura la technique statistique du comptage d'étoiles, qui confirma la forme aplatie de la Voie lactée. Il lui fut toutefois impossible de résoudre le mystère des nébuleuses par manque d'informations de distance. Son fils *John Herschel* (1792 - 1871) compléta ses observations pour l'hémisphère austral.

C'est le grec *Démocrite* (v. -460 à -370) qui le premier émit l'hypothèse que la bande laiteuse barrant le ciel à la manière d'une *traînée lactée* était vraisemblablement constituée d'une multitude d'étoiles. En 1750, *Thomas Wright* (1711 - 1786) les avait imaginées réparties en anneau autour du Système solaire. Le philosophe *Emmanuel Kant* (1724 - 1804) préférait, en 1755, l'idée d'un disque vu par la tranche. Kant postulait aussi l'existence d'autres groupements similaires, les nébuleuses, qu'il baptisa *îles d'univers* (*Weltinseln*).

Il fallut toutefois plus d'un siècle et demi pour que ces spéculations géniales puissent être confrontées au verdict de la réalité, avec la mise en service des télescopes géants au début du XXe siècle (voir chapitre 4.3.1). La Voie lactée était bien une île d'univers. Elle fut baptisée la *Galaxie*.

En 1845, l'anglais *William Parsons* (Lord *Rosse* : 1800 - 1867) mit en service un très grand télescope de 1.8 m de diamètre qui lui permit d'identifier des structures spirales dans certaines nébuleuses, parmi lesquelles les trois nébuleuses citées précédemment : M 31, M 33 et M 35.

1.3.6 Progrès des sciences physiques

La période mécaniste des sciences physiques trouve ses racines dans les travaux de quelques grands chercheurs répartis épisodiquement au fil des siècles. *Archimède de Syracuse* (-286 à -211) est le premier à avoir eu des idées saines au sujet des lois de la physique concernant le centre de gravité et les leviers. Il fallut attendre le XVIe siècle pour que reprenne la progression des idées sur des bases cohérentes. C'est la succession des *Simon Stevin* (1548 - 1620), Galilée, Huygens et Descartes qui permit d'aboutir à la formulation des lois de Newton. Cette solide construction mathématique est à la base du progrès des sciences modernes.

- **Thermodynamique - énergie - entropie**

Très curieusement, après Newton, la *Royal Society* s'orienta vers les sciences appliquées, avec la machine à vapeur de *James Watt* (1736 - 1819) et la révolution industrielle pour résultat. Un nouveau concept apparut lors de l'étude des machines thermiques : la chaleur est une forme d'énergie, tout comme le travail mécanique et l'énergie cinétique. Le principe de conservation de l'énergie s'imposa progressivement. Toutefois, contrairement aux autres formes d'énergie, la chaleur en est une forme irréversible. Le concept d'entropie fut introduit en 1865 par *Rudolf Clausius* (1822 - 1888) et l'aspect statistique de la cinétique des gaz fut ajouté ultérieurement par *Ludwig Boltzmann* (1844 - 1906).

- **Chimie, structure atomique de la matière et spectroscopie**

Dans le domaine de la chimie, diverses expérimentations en Angleterre et en France permirent à *Antoine Lavoisier* (1743 - 1794) de découvrir la loi des proportions définies, jetant ainsi les bases de la chimie moderne. Cette théorie se perfectionna au XIXe siècle, principalement avec *John Dalton* (1766 - 1844), *Joseph Gay-Lussac* (1788 - 1850), *Amédée Avogadro* (1776 - 1856), conduisant à la classification périodique des éléments de *Dmitri Mendeléev* (1834 - 1907). L'interprétation correcte des spectres solaires découverts vers 1820 par *Joseph von Fraunhofer* (1787 - 1826) fut donnée quarante ans plus tard par *Gustav Kirchhoff* (1824 - 1887) et la théorie de la spectroscopie. L'analyse spectrale permet l'identification des constituants chimiques des étoiles. Face aux phénomènes discontinus révélés par la chimie et par la spectroscopie, la réalité de la structure atomique des corps s'imposa petit à petit.

- **Électromagnétisme - lois de Maxwell**

Les grecs de l'antiquité connaissaient les propriétés électrostatiques de l'ambre, mais au fil des siècles, d'autres matières furent identifiées et d'autres propriétés comme le magnétisme furent mises en évidence. *Michael Faraday* (1791 - 1867) fournit les descriptions expérimentales les plus complètes qui permirent à *James Clerk Maxwell* (1831 - 1879) de formaliser et d'unifier ces théories. Une des propriétés de la nouvelle théorie prévoit l'existence d'ondes électromagnétiques. Elle furent produites par *Heinrich Hertz* (1857 - 1894) en 1888 puis par *Guglielmo Marconi* (1874 - 1937).

- **Géologie**

Au tournant du XXe siècle, la radioactivité naturelle offre une nouvelle et puissante méthode pour dater les formations géologiques. La surprise est de taille : Buffon n'aurait osé en rêver autant, car c'est en milliards d'années qu'il faut compter l'âge de la Terre. La faune et la flore ont disposé de tout le temps voulu pour se développer et évoluer. Les continents aussi évoluent presque sous nos yeux. L'hypothèse de dérive des continents, introduite par *Alfred Wegener* (1880 - 1930) vers 1925, sur base de la similitude des côtes africaine et sud-américaine, a trouvé une pleine confirmation après 1960, avec la tectonique des plaques.

1.3.7 Relativité et gravitation

La théorie ondulatoire de la lumière se heurtait depuis Newton à plusieurs obstacles importants dont le principal était le besoin d'un milieu matériel pour supporter les vibrations. Le concept d'éther, introduit spécialement dans ce but, conduisait lui-même à d'autres difficultés.

- **Relativité restreinte**

Dans la théorie de l'électromagnétisme, la vitesse de la lumière apparaît comme une propriété intrinsèque du vide ou du milieu traversé. Elle ne peut donc pas se prêter aux combinaisons vectorielles comme le prévoit la mécanique de Newton (relativité de Galilée). Cette difficulté fut mise en évidence par les célèbres expériences d'*Albert Michelson* (1852 - 1931) et *Edward Morley* (1838 - 1923) en 1887.

Albert Einstein (1879 - 1955) en tira les conclusions en 1905 en postulant l'invariance de la vitesse de la lumière dans le vide et en retenant la transformation de Lorentz (*Hendrik Lorentz* : 1853 - 1928) pour décrire la combinaison des mouvements dans cette nouvelle relativité qui fut qualifiée de *restreinte*. Le temps se dilate, tandis que les longueurs se contractent : c'est à ce prix que la vitesse de la lumière reste constante. Une nouvelle mécanique relativiste se développe : elle conduit en particulier à la célèbre équation d'Einstein traduisant l'équivalence de la masse et de l'énergie.

- **Relativité générale**

Cette nouvelle mécanique relativiste rend caduque la loi d'attraction de Newton, car aucune interaction naturelle ne peut, en vertu du postulat d'invariance, se propager plus vite que la lumière, ce qui est le cas dans la théorie de Newton.

La phase suivante s'ouvre en 1915 avec l'équation relativiste du champ de gravitation d'Einstein. Le *principe de Relativité générale* s'énonce de la manière suivante :

> *" tous les systèmes de référence sont équivalents pour la formulation des lois de la nature. "*

La gravitation apparaît, en vertu de ce principe, comme une manifestation de la courbure de l'espace provoquée par la présence de matière. La loi de gravitation de Newton en est la solution particulière correspondant aux champs faibles. Elle reste parfaitement applicable au Système solaire : c'est l'objet du chapitre 2.3.

L'équation d'Einstein s'applique non seulement aux champs moyens ou forts, mais également à l'ensemble de l'univers. La cosmologie dispose donc d'une solide base théorique qui conduit au modèle standard relativiste de type *Big Bang*, traité au chapitre 7.

1.3.8 Théorie quantique

La découverte de la radioactivité en 1896 par *Henri Becquerel* (1852 - 1909) conduisit en peu d'années à une vision totalement différente de l'infiniment petit, caractérisé par des phénomènes d'un type nouveau, de nature discontinue. La théorie quantique voit le jour avec *Max Planck* (1858 - 1947) et Einstein dans les premières années du XXe siècle. Le *quantum* d'énergie est la plus petite partie d'énergie qui peut être échangée lors d'un phénomène physique.

Le modèle atomique rudimentaire de *Ernest Rutherford* (1871 - 1937) cède la place en 1913 au modèle de *Niels Bohr* (1885 - 1962). La dualité onde-particule est mise en évidence par *Louis de Broglie* (1892 - 1987) en 1924 et la mécanique quantique doit devenir ondulatoire. La révolution quantique est consommée en 1926 avec les relations d'incertitude de *Wernher Heisenberg* (1901 - 1976), l'équation d'onde de *Erwin Schrödinger* (1887 - 1961) et l'interprétation de Copenhague. En 1934, le dernier des constituants fondamentaux de la matière, le *neutron*, est découvert par *James Chadwick* (1891 - 1974). Quelques années plus tard, *Paul Dirac* (1902 - 1984) et *Wolfgang Pauli* (1900 - 1958) apportent leur touche finale.

La mécanique quantique constitue un monde particulièrement flou et aléatoire : les particules n'y ont plus une position et une vitesse données, mais bien un état quantique, qui est une combinaison des deux.

L'interprétation de Copenhague convient, de plus, qu'il n'y a pas un état unique pour résultat d'une expérience, mais bien un certain nombre d'états possibles ainsi que leurs probabilités respectives. Cette interprétation conduit à divers paradoxes dont le plus connu est celui du *chat de Schrödinger* (à la fois mort et vivant).

L'interprétation de *Richard Feynman* (1918 - 1988) - l'*intégrale de chemins* - a été introduite en 1948. La particule ne suit pas un chemin unique entre deux points mais parcourt toutes les trajectoires possibles. La probabilité est l'intégrale de tous ces chemins différents.

La mécanique quantique présente un concept très éloigné du déterminisme de Newton et d'Einstein pour qui :

" *Dieu ne joue pas aux dés* ".

Toutefois, quelles que soient les difficultés conceptuelles que cette théorie présente, comme les paradoxes précités, son pouvoir prédictif a toujours été confirmé par l'expérience.

Elle a profondément influencé la vie quotidienne de l'homme du XXe siècle. Ses réalisations sont exceptionnelles, allant du transistor à la miniaturisation extrême des circuits intégrés et des ordinateurs, du laser aux caméras thermiques ultrasensibles. L'atome constitue une source d'énergie quasi inépuisable, c'est le moteur du Soleil. Mais il a également conduit aux armes de destruction massive que sont les bombes thermonucléaires.

1.3.9 Évolution des idées en physique et en cosmologie

L'étape conceptuelle suivante est celle du *champ unitaire*, décrivant de manière uniforme les différentes interactions de la physique. Einstein s'attela à ce problème dès 1915, mais la découverte des forces nucléaires faibles et fortes et des effets quantiques eurent raison de sa perspicacité. Il fallut d'abord passer, en 1948, par l'électrodynamique quantique (QED) de Feynman, pour atteindre une première étape d'unification *électrofaible* avec *Steven Weinberg* (n. 1933), *Abdus Salam* (1926 - 1996) et *John Ward* (n.v. 1940), en 1968 - 1971. Les particules nouvelles prédites par cette théorie ont été produites au CERN en 1982 par *Carlo Rubbia* (n. 1934). La force nucléaire forte est décrite depuis 1971 par la chromodynamique quantique (QCD) ou théorie des quarks, de *Murray Gell-Mann* (n. 1929) et *Sheldon Glashow* (n. 1932).

Les étapes suivantes comprennent d'une part la théorie de *Grande Unification* (GUT), qui vise la réunion des théories électrofaible et chromodynamique, et d'autre part, la gravitation quantique, pour laquelle la géométrodynamique de *John Wheeler* (n. 1911) et *Bernard de Witt* (n. v. 1938) constitue une première ébauche.

La plupart de ces théories prédisent, entre autres, la désintégration du proton après 10^{30} années. Plusieurs expériences, organisées en vue de vérifier ou d'invalider ces prédictions, ont montré que le proton vivait plus vieux que 10^{32} ans.

Une nouvelle branche de la physique s'est ouverte en 1924, avec la mise en service des télescopes géants construits par l'américain *George Hale* (1868 - 1938) : la *cosmologie* a pour objet l'univers dans son ensemble. Réunissant le potentiel théorique de la relativité générale et les observations lointaines permises par les nouveaux télescopes, elle confirme la banalité du Soleil et de la Voie lactée au sein d'une multitude de galaxies. Elle s'appuie sur une nouvelle loi observationnelle : la récession des galaxies, découverte par *Edwin Hubble* (1889 - 1953) en 1929. Le phénomène de base, l'explosion primordiale de *Georges Lemaître* (1894 - 1966), appelée *Big Bang*, est conforté dans les années 1960 par deux autres éléments observationnels : l'abondance des éléments légers et le rayonnement de fond cosmologique à 3 K. La cosmologie permet aux physiciens d'embrasser en une seule branche astrophysique et physique quantique, l'infiniment grand et l'infiniment petit. L'univers des premiers instants est si dense et si chaud qu'il constitue le meilleur laboratoire de physique des hautes énergies dont ils peuvent rêver.

Malheureusement, en cette fin de XXe siècle, la gravitation ne s'est pliée à aucune forme d'unification : la version quantique reste encore à imaginer. *Stephen Hawking* (n. 1942) y travaille à Cambridge. D'autres théories sont à l'étude : supergravité, supersymétrie, supercordes, espace-temps fractal et relativité d'échelle, etc . . .

À l'aube du XXIe siècle, la physique théorique est fondamentalement relativiste et quantique. Thèbes, Milet, Alexandrie, Cambridge, Paris, Berlin . . , la gravitation continue de défier l'entendement, même après les extraordinaires découvertes de ces trois derniers siècles.

Le mouvement des corps célestes a, de tout temps, aiguisé la curiosité des hommes. La gravitation reste, comme elle a toujours été, aux avant-postes des progrès de l'esprit.

□

Annexe I
La place de l'homme

I1 Archéologie et préhistoire I2 Anthropologie I3 Évolution et hérédité I4 Paléontologie - anthropogenèse I5 Biologie et génétique.

Ce premier chapitre consacré à l'histoire de l'astronomie serait incomplet s'il ne retraçait, ne fût-ce que succinctement, les étapes des autres sciences naturelles. Celles-ci participent également à la longue évolution de l'esprit, à la découverte des êtres vivants, de l'homme et de son berceau, la planète Terre.

Le XIXe siècle devait progressivement abandonner la fixité héritée des récits sacrés et faire apparaître des reliefs géologiques, des espèces animales et végétales et une humanité en évolution continue, pour les premiers depuis des milliards d'années, pour l'homme depuis quelques millions d'années.

I.1 Archéologie et préhistoire

À Rome, pendant plus de 1 000 ans, les entreprises de construction s'étaient approvisionnées systématiquement en matériaux antiques : ce n'étaient après tout que des temples païens : leur destruction était encouragée par la Papauté. Les marbres romains s'exportaient même très loin de l'Italie : il y en a dans la cathédrale d'Aix-la-Chapelle et dans celle de Westminster.

a. Archéologie - histoire et / ou préhistoire : Winckelmann - Schliemann

Le père fondateur de l'archéologie est le prussien *Joachim Winkelmann* (1717 - 1768), grand admirateur du corps masculin et passionné de sculpture grecque. Il édita plusieurs volumes traitant d'art antique et réussit à analyser les objets d'art découverts à Herculanum et à Pompéi, ces deux cités englouties sous la lave du Vésuve en l'an 79, qui furent redécouvertes vers 1760.

Un siècle plus tard, un autre mécène allemand prit le relais. *Heinrich Schliemann* (1822 - 1890) avait acquis une belle fortune personnelle comme négociant aux quatre coins du monde. Épris dès le plus jeune âge de l'épopée d'*Homère* (v. -890 à-830) qu'il connaissait de mémoire, il avait appris près de dix langues étrangères dont le grec ancien et l'arabe. À 47 ans, il abandonnait les affaires et épousait une jeune grecque, jolie et cultivée. En 1871, ils partaient tous deux à la recherche de la légendaire cité de Troie, qu'il situait dans le village turc d'Hissarlic, à six kilomètres du détroit des Dardanelles. Contrairement à Winckelmann qui faisait de l'archéologie en chambre, Schliemann était un homme de terrain, il dirigeait un chantier de fouilles la pelle à la main et, son épouse à ses côtés, houspillait la centaine d'ouvriers turcs dans leur propre sabir. Grâce à sa connaissance parfaite des textes anciens, ses succès furent immenses : Troie et le trésor de Priam, comprenant plus de neuf mille objets qu'il réussit à évacuer discrètement hors de Turquie, ainsi que Mycènes et le trésor d'Agamemnon.

En vérité, Schliemann s'était légèrement trompé dans la datation des sites découverts. Dans sa hâte, il avait trop creusé : ses découvertes étaient environ mille ans plus anciennes que l'époque de l'Iliade. Qu'importe, Schliemann avait ajouté aux grandes civilisations historiques, deux nouvelles civilisations plus anciennes, qu'il fallut bien qualifier de préhistoriques.

b. Les trois âges de la préhistoire

Les voyageurs, missionnaires, marchands et explorateurs avaient rapporté en Europe des objets anciens fabriqués par les hommes. Au moyen âge, ces curiosités étaient rassemblées en collections dans les églises, monastères ou universités. À partir du XVIIIe siècle, elles furent exposées dans les musées publics, dont le premier s'ouvrit à Londres en 1759.

Le bond en avant revint à un dilettante, homme d'affaires et numismate danois, *Christian Thomsen* (1788 - 1865), nommé secrétaire de la commission des antiquités danoises, à qui fut confiée la tâche ingrate de classer et d'identifier tous ces objets hétéroclites qui s'entassaient sur les étagères poussiéreuses. N'ayant aucun texte ni exemple pour le guider, il fit appel à son bon sens de commerçant et rassembla, en 1819, tous les objets en trois vitrines : les objets de pierre, ceux de bronze et ceux en fer. Il avait l'intuition que les objets semblables devaient appartenir à une même époque. Pourtant, ses contemporains pensaient que ces catégories d'objets étaient plutôt liées à la classe sociale de leurs utilisateurs : la pierre à la classe la plus pauvre et les autres aux classes supérieures.

Thomsen publia le résultat de ses études en 1836. Ce travail est considéré aujourd'hui comme la fondation de la préhistoire et de sa subdivision en trois âges : âge de la pierre, âge du bronze et âge du fer.

I.2 Anthropologie

a. Le tribunal de Valladolid

La découverte des Amériques et l'apparition de nouvelles populations aux Indes occidentales posait pour la première fois la question de l'humanité des populations sauvages. Le défenseur le plus efficace des indiens fut *Bartolomé de Las Casas* (1474 - 1566), entré dans les ordres en 1512 et qui, dès 1514, mit tout en oeuvre pour améliorer le sort des indiens et veiller à assurer les conversions par des méthodes pacifiques. Il fut nommé évêque de Chiapa en 1537 pour mieux protéger les indiens.

Le point culminant de sa lutte fut la convocation par *Charles-Quint* (1500 - 1558), en 1550, de l'assemblée de Valladolid. Le but de cette docte assemblée était de déterminer comment aborder la conquête de territoires nouveaux afin ". . *que conquêtes, découvertes et peuplements se fassent selon la justice et la raison*". Malheureusement, les débats s'enlisèrent et la commission ne remit jamais de conclusions.

Las Casas apparaît ainsi définitivement comme la voix de la conscience qui avait frappé l'humanité des indiens du sceau de l'Église. La conquête des Philippines en 1570 fut d'ailleurs relativement paisible. Après 1573, le mot *conquête* fut banni des documents officiels espagnols et remplacé par le terme *pacification*.

Deux siècles plus tard, *Carl von Linné* (1707 - 1778) apportait une réponse nette aux indécis de Valladolid en classant tous les hommes dans une seule espèce : *Homo sapiens*.

b. Populations et sociétés humaines

L'anglais *Thomas Malthus* (1744 - 1834) appliqua en 1798 la théorie du libéralisme aux espèces vivantes. Bien qu'extrêmement vivaces, toutes les espèces, tant végétales qu'animales et humaines, sont confrontées à une limitation généralisée des ressources en espace et en nourriture. Il en résulte un énorme gaspillage de graines et d'oeufs, une importante mortalité infantile et des épidémies et guerres diverses. Ces catastrophes pour la vie des individus sont les moyens d'autorégulation qu'utilise la nature pour maintenir l'équilibre entre besoins et ressources.

L'étape suivante est le fait d'un avocat américain, *Lewis Morgan* (1818 - 1881) qui se passionna pour les indiens d'Amérique. Il prit la défense des Iroquois et obtint du parlement en 1846, l'autorisation de rachat, par les indiens, de leurs terres ancestrales. Il découvrit que le système héréditaire des Iroquois était matriarcal, les enfants étant élevés dans la tribu de la mère et héritant exclusivement d'elle. Ce système est commun aux autres nations indiennes et même aux aztèques.

Morgan adressa alors un questionnaire anthropologique aux missions et agences fédérales de l'ouest des États-Unis, puis, avec l'appui de la *Smithsonian Institution* et des Affaires étrangères, à toutes les ambassades et légations américaines dans le monde. Les résultats dépassèrent toutes les espérances et firent l'objet de deux livres de Morgan : le premier, publié en 1870, consacré aux règles d'héritage et de consanguinité, le second décrivant les étapes du progrès des sociétés humaines. Il y distingue les trois stades suivants : l'état sauvage de chasseurs-cueilleurs, l'état barbare, avec la domestication des animaux et la maîtrise du fer et enfin l'état civilisé, débutant par l'invention de l'écriture. Des exemples de chacun de ces états peuvent être trouvés de nos jours dans le monde. Les thèses de Morgan furent reprises et amplifiées ultérieurement par *Karl Marx* (1818 - 1883), ce qui est vraisemblablement la cause du peu de retentissement que ces idées eurent dans la communauté scientifique occidentale.

I.3 Évolution et hérédité

a. Darwin et la sélection naturelle

Au XIXe siècle, deux théories coexistaient : la théorie orthodoxe de la fixité des espèces associée au catastrophisme et celle du transformisme (ou évolution continue) de *Jean-Baptiste de Monet*, chevalier de *Lamarck* (1744 - 1829), à laquelle l'anglais *Erasmus Darwin* (1731 - 1802) ajoutait la compétition pour la survie, dans la ligne du libéralisme et de Malthus.

En 1831, le petit-fils d'Erasmus, *Charles Darwin* (1809 - 1882) embarquait à bord d'un bateau de l'Amirauté britannique, le *Beagle*, chargé d'une mission géographique en Amérique du Sud. Il découvrit de nombreuses espèces animales inconnues, en particulier différentes variétés de pinsons aux îles Galapagos. Ces observations lui donnèrent l'idée d'une nouvelle théorie de l'évolution des espèces qu'il résuma, en 1842, puis en 1844 sans se décider à la publier. Quelques années plus tard, le naturaliste anglais, *Alfred Wallace* (1823 - 1913) aboutit aux mêmes conclusions sur base de ses voyages en Amazonie et aux îles Moluques. Tous deux avaient été impressionnés par le traité de Malthus qui, par extrapolation aux populations animales, les conduisit à postuler la *sélection naturelle* comme moteur d'évolution. En 1858, les communications de Darwin et Wallace furent présentées ensembles à la *Royal Society*. Le livre de Darwin *De l'origine des espèces* fut publié en 1859.

La théorie de l'évolution et de la sélection naturelle fut mal reçue par la communauté scientifique et donna lieu, dans un premier temps, à d'innombrables et virulentes critiques. Pourtant, cette théorie s'inscrivait dans le mouvement irréversible des recherches sur l'hérédité et sur la génétique.

b. Théorie chromosomique de l'hérédité

C'est au moine morave *Gregor Mendel* (1822 - 1884) que sont dues les premières expériences concernant l'évolution héréditaire des plantes. En croisant deux variétés de pois (de senteur) différant par un ou par deux caractères, il lui fut possible d'établir, en 1875, les lois de conformation des hybrides aux générations suivantes. Les travaux de Mendel sont restés méconnus pendant plusieurs décennies, jusqu'en 1911 lorsque *Thomas Morgan* (1866 - 1945) les compléta en une véritable théorie *chromosomique de l'hérédité*, qui déboucha vers 1940 sur la théorie synthétique de l'évolution. Dans la reproduction sexuée, qu'il étudia par des expériences sur la mouche commune (*Drosophila*), les caractéristiques d'un individu sont portées par quelques dizaines de paires de chromosomes (23 paires chez l'homme). Les chromosomes de chaque paire proviennent des deux parents et sont dits homologues. Les facteurs héréditaires sont liés aux *gènes*, qui sont les constituants des chromosomes. Les caractères étudiés par Mendel étaient associés à des gènes situés sur des chromosomes différents, tandis que l'étude de Morgan porte sur des gènes situés sur le même chromosome, en particulier sur le chromosome sexuel (Y ou X).

La génétique et l'embryologie modernes apportent des éléments nouveaux qui semblent multiplier les possibilités de mutation et d'évolution. Des exemples, tant d'évolution graduelle (ou continue), que d'évolution ponctuée (sauts brusques) sont présents dans la nature. Toutes les théories évoquées comportent une part de vérité, mais aucune n'est complète. L'origine des espèces reste parsemée de nombreuses inconnues.

I.4 Paléontologie - anthropogenèse

La paléontologie est la science qui étudie les manifestations de la vie sur Terre. Elle tente de classer et de reconstituer les acteurs de la vie et leur décor et d'établir leur ordre de succession en un vaste arbre généalogique. Le fil conducteur est à rechercher dans les sept époques de *Buffon* (*Georges-Louis Leclercq*, comte de : 1707 - 1788), dans les fossiles classés par *Georges Cuvier* (1769 - 1832) et dans les principes de géologie de l'anglais *Charles Lyell* (1797 - 1875).

Les premières traces de vie, les bactéries, apparaissent il y a 3.5 milliards d'années, les premières espèces multicellulaires vers un milliard, les mammifères vers 500 millions et les primates vers 70 millions d'années.

Le premier primate, le *Purgatorius*, dont quelques dents et mâchoires ont été découvertes aux États-Unis en 1965, ressemblait à une musaraigne et côtoyait les dinosaures. Une dizaine de sortes d'"écureuils" semi-arboricoles se succèdent dans les forêts de séquoias du continent euraméricain non séparé.

Ils cèdent ensuite la place, il y a 20 millions d'années, à plusieurs sortes de petits singes à queue, tel l'*Aegiptopithecus* et le *Kenyapitecus*.

L'australopithèque apparaît il y a environ 5 à 6 millions d'années dans l'est et le sud africains : c'est un hominidé qui adopte la station debout et dont le cerveau, bien que du type hominien, a un volume réduit d'environ 500 cm^3. Il semble fabriquer des outils rudimentaires d'os et de pierre, comme ceux retrouvés sur le site de l'*Omo* en Éthiopie. Un squelette presque complet d'une femelle a été mis à jour en 1971 dans l'Afar éthiopien par *Louis Leakey* (1903 - 1972) et *Yves Coppens* (n. 1934) : c'est l'*Australopithecus afarensis*, baptisé familièrement *Lucy*.

Ensuite, vers 4 millions d'années, apparaît l'espèce humaine avec *Homo habilis*, dont les ossements ont été découverts en 1960 par Leakey, à Olduvai en Tanzanie, dans le Rift africain. Il a une capacité cérébrale de 700 cm^3 et dispose d'une industrie de galets taillés. Son successeur *Homo erectus* ressemble déjà à *Homo sapiens*, sa capacité cérébrale atteint 1 000 cm^3. Il se lance à la découverte du monde, car à partir de 2 millions d'années, ses restes se retrouvent dans le monde entier.

La coexistence entre australopithèques et *Homo habilis* se fait dans une période de transformations climatiques : à partir de 2.2 millions d'années, la grande faille de l'Est-africain, la *Rift Valley*, s'est formée et la forêt à l'est est devenue savane sèche. De ce côté de la faille, il semble n'y avoir aucun ossements de pré-gorilles ou de pré-chimpanzés. Au contraire, à l'ouest, il semble n'y avoir aucun restes d'hominidés. D'où l'hypothèse que gorilles et chimpanzés seraient restés dans une zone à climat équatorial humide, tandis que australopithèques et hommes se seraient trouvés isolés par un accident tectonique et confrontés à des conditions climatiques plus rudes et dangereuses, les obligeant à développer de meilleures performances. La maîtrise du feu semble dater d'environ 600 000 ans.

La vie sociale ne peut se développer qu'avec des moyens de communication entre individus. Ce sont des moyens chimiques dans certaines espèces telles que termites ou fourmis. Chez *Homo*, c'est le langage articulé qui assure cette fonction. L'extraordinaire développement du cerveau est vraisemblablement dû au perfectionnement du langage articulé qui conféra une mémoire à l'humanité en permettant de poursuivre une conversation et un apprentissage par-delà les générations, pour toujours grossir l'héritage culturel. Toutefois, cette hypothèse pose problème car elle semble impliquer une évolution à partir de caractères acquis.

Cette évolution de la lignée humaine ne représente que quelques millions d'années. C'est une durée très faible pour aboutir à ces observateurs qui s'interrogent sur l'origine et le destin de la Terre et de l'univers.

I.5 Biologie et génétique

La caractéristique fondamentale de tous les organismes vivants est leur capacité de s'autorépliquer. Le constituant de base est la cellule : c'est une machinerie chimique complexe qui tient dans un diamètre de 50 micromètres. La cellule normale (eucaryote) comprend un noyau contenant les chromosomes. Un organisme vivant comprend de une cellule, pour les organismes unicellulaires, à plusieurs dizaines de milliers de milliards de cellules (50×10^{12} pour l'homme).

L'autoreproduction des cellules doit être très efficace et absolument exempte d'erreurs pour assurer la cohérence de l'ensemble. Certaines cellules primitives (procaryotes) n'ont pas de noyau, c'est le cas des bactéries.

a. La double hélice de l'ADN

Le pas décisif dans la compréhension du mécanisme de la reproduction cellulaire a été franchi en 1953 par *Francis Crick* (n. 1916) et *James Watson* (n. 1928) avec la découverte de la double hélice de l'ADN, c'est-à-dire la structure générale des chromosomes occupant le noyau des cellules. ADN est l'abréviation mondialement utilisée pour *Acide Désoxyribonucléique*.

La meilleure représentation de la double hélice est celle d'une échelle de corde en colimaçon. Les échelons sont formés de deux bases, chacune accrochée à une des cordes de l'échelle. Il n'y a que quatre bases différentes, notées A, C, G et T. Les échelons ne peuvent être formés que des paires A T ou C G. L'autoreproduction se déroule de la manière suivante : l'ADN s'ouvre comme une fermeture-éclair, chaque demi-échelon ne comprenant plus qu'une seule base. Par le jeu de la complémentarité des bases, chacun des morceaux prélève alors, parmi les matériaux disponibles dans le noyau, les éléments qui lui sont nécessaires pour se compléter. Le processus se termine donc avec deux molécules identiques à la première.

La séquence des bases est lue tout d'abord par groupes de trois. Chaque triplet ainsi formé est appelé *codon* : c'est le code permettant de réaliser la synthèse des acides aminés. Les codons permettent 64 combinaisons différentes ($64 = 4^3$), parmi lesquelles il n'y en a que 20 qui correspondent aux acides aminés existant dans la nature.

Les gènes sont des mots (longs ou courts) dont les lettres sont les codons décrits ci-dessus. Les gènes constituent le code permettant la synthèse des protéines, celles-ci pouvant être représentées comme des séquences d'acides aminés.

La description de l'ensemble des gènes d'une espèce est appelé *génome*, il comprend de 50 000 à 100 000 éléments pour les mammifères. La connaissance du génome humain ainsi que celui de quelques autres espèces est d'un intérêt primordial pour l'humanité.

Le processus de construction d'un être vivant est cependant encore très loin d'être compris. Les groupes de gènes semblent se répartir en une hiérarchie assez complexe comprenant : des gènes temporisateurs, des gènes architectes et des gènes constructeurs. Les deux derniers agissent dans l'espace (le volume) de l'être vivant en développement. Les gènes temporisateurs ont pour fonction de régler les durées des phases successives de développement de l'embryon puis du jeune, jusqu'à la réalisation de l'organisme adulte.

Les organismes plus simples, tels que algues, champignons ou levures, utilisent d'autres modes d'autoreproduction. Le virus est un prédateur formé d'un ADN ou ARN (hélice simple similaire à celle de l'ADN) isolé qui se reproduit en s'introduisant dans une cellule étrangère.

b. Origine de la vie

La vie biologique est le résultat d'une longue évolution nécessitant la présence d'eau liquide et de molécules organiques comme conditions initiales : l'oxygène et le carbone doivent donc être présents en grandes quantités. De plus, des conditions stables de température et de pression sont absolument nécessaires.

Les acides aminés peuvent être obtenus dans différentes situations primitives pouvant correspondre aux conditions terrestres prébiotiques ou à l'environnement interplanétaire. De grosses molécules organiques ont en effet été découvertes dans des météorites ou détectées par spectrographie dans des poussières cosmiques ou les comètes.

La théorie de l'origine extraterrestre de la vie ou *panspermie* a été défendue par plusieurs personnalités de premier plan, comme lord *Kelvin* (*William Thomson* : 1824 - 1907), le chimiste suédois *Svante Arrhenius* (1859 - 1927) et plus récemment par l'astrophysicien *Fred Hoyle* (n. 1915).

La vie peut également être née sur la Terre. Dès 1953, des acides aminés simples étaient synthétisés en laboratoire par *Stanley Miller* (n. 1930) dans une atmosphère prébiotique, démontrant cette possibilité. Trois hypothèses sont disponibles pour imaginer les conditions prébiotiques terrestres : elles peuvent être trouvées dans les mers ou les mares tièdes, dans des sources hydrothermales en eaux profondes, là où naissent les plaques tectoniques, ou enfin dans les profondeurs de la Terre.

Mais les acides aminés ne représentent que le matériau brut le plus simple de la vie. Sans ADN et sans protéines, les acides aminés ne représentent pas la vie. La synthèse de l'ADN et des protéines par voies prébiotiques fait aujourd'hui l'objet d'actives recherches.

c. Questions sans réponse

Les organismes complexes du règne animal ont vu se développer des organes nettement plus spécialisés que les végétaux. Que ce soit le coeur, les poumons / branchies, les capteurs tels l'oeil ou le programmateur central (le cerveau), ces organes sont d'une extraordinaire complexité.

Les progrès réalisés à ce jour dans la compréhension de la machine vivante ne peuvent cacher les difficultés qui subsistent et pour lesquelles aucune voie claire ne semble se dessiner.

La première question est : comment passer des composants à la machine, c'est-à-dire à la cellule, y compris sa membrane semi-perméable ?

La deuxième question est celle du fonctionnement du code génétique et sa traduction en développement d'un embryon jusqu'au stade adulte.

Enfin, les deux dernières questions concernent le cerveau :

- le fonctionnement du cerveau, même celui des invertébrés les plus simples, demeure inconnu.

- la fonction cognitive des espèces supérieures reste une énigme totale.

Chapitre 2

Le PROBLÈME des DEUX CORPS

L'évolution de l'astronomie moderne au cours des derniers siècles peut se résumer par l'abandon successif de points d'observation (référentiels) simples mais conduisant à des mouvements très complexes. C'est ainsi que la Terre plate (point de station - référentiel topocentrique) fut remplacée par la Terre ronde en rotation diurne (référentiel géocentrique), immobilisant les étoiles et la sphère céleste. Ensuite, avec *Nicolas Copernic* (1473 - 1543) et *Johannes Kepler* (1571 - 1630), le Soleil prit la place centrale (référentiel héliocentrique), la Terre se rangea au sein des planètes, avec la Lune comme satellite. Le Système solaire apparut alors dans toute la splendeur de sa simplicité.

Le **chapitre 2** est consacré aux théories de la gravitation. La première d'entre elles, l'attraction universelle d'*Isaac Newton* (1642 - 1727) déboucha sur les fondements de la mécanique classique et du calcul différentiel, c'est l'objet de la **section 2.1**. Elle est suivie de la **section 2.2**, consacrée à la détermination d'orbites. La seconde théorie de la gravitation est celle de la relativité générale d'*Albert Einstein* (1879 - 1955) qui débouche sur des équations fondamentales mêlant infiniment petit et infiniment grand, c'est la **section 2.3**. Enfin, l'**annexe II** rassemble quelques éléments de la théorie des changements de coordonnées, des tenseurs et de la géométrie de *Bernhard Riemann* (1826 - 1866).

□

Isaac NEWTON (1642-1727)

Astronome anglais, père de la mécanique classique et du calcul différentiel. Il unifia la chute des corps et les mouvements planétaires par l'effet d'une cause unique : la force de gravitation.

Albert EINSTEIN (1879-1957)

Physicien allemand auteur des théories de la relativité. La relativité abolit le caractère absolu du temps et conduit à l'équivalence de la masse et de l'énergie. La relativité générale ou théorie de la gravitation place l'origine de la gravitation dans la courbure de l'espace-temps.

2.1
L'attraction universelle selon Newton

2.1.1 L'attraction universelle

a. Lois de Newton

Pour la formulation des lois qui portent son nom, *Isaac Newton* (1642 - 1727) développa deux nouvelles branches des mathématiques : l'analyse vectorielle et l'analyse infinitésimale, le *calcul des fluxions*. Il est également le fondateur de la physique et en particulier de la mécanique classique.

La première loi de Newton est le principe d'inertie énoncé précédemment par *Galilée* (*Galileo Galilei* : 1564 - 1642) et *René Descartes* (1596 - 1650). La deuxième loi de Newton établit la proportionnalité entre la variation de la quantité de mouvement d'un corps et l'impulsion de la force qui lui est appliquée. C'est la loi d'inertie qui introduit la notion de masse caractérisant la quantité de matière contenue dans le corps. En pratique, cette loi indique que l'accélération est proportionnelle à la force appliquée au corps. La troisième loi de Newton est le principe d'action et de réaction.

Newton partage l'invention de l'analyse infinitésimale avec *Gottfried Leibnitz* (1646 - 1716). L'analyse moderne a retenu la notation df / dx de Leibnitz, mais le calcul des fluxions a laissé la notation *pointée*, utilisée pour représenter dans certains cas, les dérivées par rapport au temps. Ainsi, dans l'Eq. (21.1), $\vec{r}$ représente le vecteur position, la vitesse $\vec{v} = \dot{\vec{r}}$ est sa dérivée première par rapport au temps. L'accélération est la dérivée seconde de $\vec{r}$ par rapport au temps, elle est notée $\ddot{\vec{r}} = \dot{\vec{v}}$. La loi d'inertie, traduisant l'effet des forces appliquées sur la modification du mouvement du point matériel produit une variation de la quantité de mouvement $m\,\vec{v}$. Cette loi s'exprime mathématiquement par la formule vectorielle suivante :

$$\sum_i \bar{F}_i = \frac{d(m\bar{v})}{dt} = m \frac{d^2\bar{r}}{dt^2} \equiv m \ddot{\bar{r}} , \qquad (21.1)$$

La loi d'attraction de Newton exprime la proportionnalité de la *force d'attraction* avec l'inverse du carré de la distance entre les corps, la force est orientée suivant la ligne joignant ces corps. Sur la Fig. 2.1, les deux corps sont notés ***O*** et ***R*** , et leurs masses sont respectivement ***M*** et ***m*** .

$$\bar{F}_{12} = - \frac{G\,M\,m}{r^2}\,\bar{u}_r = - \bar{F}_{21} , \qquad (21.2)$$

$$avec \quad G = 6.67259\ 10^{-11}\ m^3\ kg^{-1}\ s^{-2} . \qquad (21.3)$$

G est la constante universelle de gravitation, dont la valeur a été mesurée très précisément en laboratoire par l'anglais *Henry Cavendish* (1731 - 1810). Lorsque le centre des coordonnées est placé sur l'un des corps (le corps ***O*** par exemple, appelé *centre d'attraction*), cette équation peut être écrite d'une autre manière :

$$\ddot{\bar{r}} = - \frac{\mu}{r^3}\,\bar{r} \quad avec \qquad \mu = G\,M . \qquad (21.4)$$

Dans l'Eq. (21.4), $\bar{r}$ représente le vecteur position du corps ***R***, de masse ***m***, par rapport à l'autre corps. La constante μ est la *constante locale* de gravitation associée au centre d'attraction de masse ***M*** .

*Par extension, μ représente également la constante locale du Système solaire : **M** étant alors la masse du Soleil.*

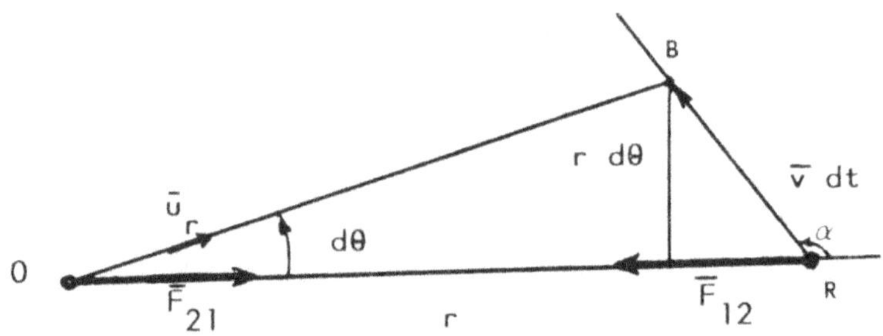

Figure 2.1 : Attraction universelle

b. Potentiel - Laplacien

L'Eq. (21.84), à l'article 2.1.9, permet de vérifier que la fonction U_e définie par l'Eq. (21.5) satisfait à la définition requise pour le potentiel, car son gradient correspond à l'accélération décrite par l'Eq. (21.4) :

$$U_e = -\frac{GM}{r} = -\frac{\mu}{r} . \tag{21.5}$$

La fonction **1 / *r*** étant harmonique, il est aisé de vérifier que son laplacien est nul : c'est l'Eq. (21.8 a) de *Pierre-Simon de Laplace* (1749 - 1827), voir Eq. (21.85). Mais elle n'est applicable que pour les points situés à l'extérieur du corps : U_e est le potentiel à l'extérieur.

À l'intérieur d'un corps homogène, le potentiel se présente de manière différente, car ce ne sont que les parties intérieures qui contribuent à l'attraction (voir chapitre 3.2.1 et développement de l'Eq. (32.6)). En effet, toutes les parties extérieures s'équilibrent pour donner une résultante nulle. En notant ϱ la masse spécifique, ou densité de masse, la masse M_{int}, intérieure à un point ***R***, situé à distance ***r***, s'écrit :

$$M_{int} = \frac{4}{3} \pi \varrho r^3 . \tag{21.6}$$

Le potentiel U_i en un point intérieur est alors :

$$U_i = -\frac{2}{3} \pi \varrho G r^2 , \tag{21.7}$$

et répond à l'Eq. (21.8 b) de Poisson (*Denis Poisson* : 1781 - 1840) :

$$\begin{aligned} &\text{Eq. de Laplace :} \quad && \nabla^2 U_e = 0 , \\ &\text{Eq. de Poisson :} \quad && \nabla^2 U_i = -4 \pi \varrho G . \end{aligned} \tag{21.8}$$

2.1.2 Résolution du problème des deux corps

a. Formulation générale

Une formulation globale de la gravitation universelle, établie pour un système quelconque à ***N*** corps, est donnée au chapitre 3.1.1 et comprend les Eqs. (31.1 à 7). De manière générale, ce problème est caractérisé par les éléments suivants :

- toutes les forces d'attraction sont égales et opposées deux à deux, la résultante est nulle, le centre de masse est donc animé d'un mouvement rectiligne uniforme comme l'indique l'Eq. (31.2),
- le moment cinétique total $\bar{J}$ est constant dans le temps : le système possède un invariant vectoriel et donc un plan caractéristique, voir Eq. (31.3),
- la gravitation dépend d'un potentiel scalaire par l'Eq. (21.5) : il existe donc un invariant scalaire (énergie), décrit par l'Eq. (31.7).

b. Forces centrales

Pour le problème des deux corps, la résolution peut être poursuivie car il n'y a qu'un seul couple de forces d'attraction, et une seule droite joignant les corps : la force de gravitation est dite *centrale*. Le problème des deux corps consiste dès lors à étudier le mouvement relatif d'un corps autour de l'autre. Il y a dans ce cas, un seul vecteur position et un seul vecteur vitesse : ces deux vecteurs définissent le plan invariant qui est le plan du mouvement. De plus, la constance du moment cinétique entraîne, par les Eqs. (21.69 et 70), la constance de la vitesse aréolaire $\bar{h}$. La Fig. 2.1 illustre ce fait et permet d'établir l'équation suivante pour le triangle $O\ R\ B$:

$$|\bar{h}| = 2\ \frac{d\ (Aire\ ORB)}{dt} = r\ v_n = r\ v\ \sin\alpha\ , \tag{21.9}$$

relation pouvant également être déduite des Eqs. (21.74 et 75). La constance de la vitesse aréolaire est une propriété caractéristique des forces centrales : c'est la deuxième loi de Kepler (*Johannes Kepler* : 1571 - 1630) qui permet d'obtenir l'équation des trajectoires planétaires.

c. Trajectoires planétaires

Dans le cas d'une accélération centrale $F_C\ \bar{u}_r$, les Eqs. (21.75 et 76) permettent d'écrire l'équation scalaire suivante :

$$\ddot{r} - \frac{h^2}{r^3} = F_C\ . \tag{21.10}$$

D'autre part, l'Eq. (21.75) permet d'éliminer le temps, une équation différentielle ne contenant que les variables d'espace est ainsi obtenue. En utilisant la notation *accentuée* pour indiquer les dérivées par rapport à l'angle polaire θ, les formules de changement de variables sont :

$$u = \frac{1}{r}\ ; \quad \dot{r} = -\,u'\,h \quad et \quad \ddot{r} = -\,u''\,\frac{h^2}{r^2}\ , \tag{21.11}$$

et conduisent à l'équation générale (21.12) établie par *Jacques Binet* (1786 - 1856), applicable à tous les cas de forces centrales :

$$u'' + u = -\,r^2\,\frac{F_C}{h^2} = \frac{\mu}{h^2}\ . \tag{21.12}$$

C'est une équation linéaire non homogène, dont diverses solutions exactes sont disponibles. Ces solutions sont présentées au chapitre 3, annexe III.2. Dans le cas de la loi de Newton, le second membre est constant. L'*équation de Binet* prend alors la forme de l'Eq. (21.12 b), dont la solution générale est :

$$u = \frac{1}{r} = A \cos(\theta - \theta_o) + \frac{\mu}{h^2} . \qquad (21.13\ a)$$

L'angle $\theta - \theta_0$, rapporté au périastre, porte le nom d'*anomalie vraie*.

Dans l'ensemble de ce livre, l'anomalie vraie est notée $\boldsymbol{\theta}$, *et non pas* $\mathbf{v}$ *(lettre grecque* ***nu****), comme le veut la pratique astronomique, ceci afin d'éviter toute confusion avec la notation* $\mathbf{v}$ *utilisée pour la vitesse.*

Le *périastre* est le point de la trajectoire le plus proche du centre d'attraction, la vitesse y est maximale. L'équation différentielle de départ (21.4) est vectorielle et du deuxième ordre, ce qui implique six conditions initiales : par exemple la connaissance d'un point $\bar{r}$ et de la vitesse $\bar{v}$ en ce point. Trois de ces conditions servent à définir les constantes h, A et θ_0 du mouvement plan, les trois autres servent à déterminer la position du plan dans l'espace et le temps de passage en chaque point.

Lorsque le rayon passant par le périastre est choisi comme origine des angles, l'équation des trajectoires prend la forme connue :

$$r = \frac{p}{1 + e \cos\theta} , \qquad (21.13\ b)$$

la longueur p est appelée *paramètre* de l'orbite et le nombre sans dimension e est l'*excentricité* :

$$p = \frac{h^2}{\mu} \quad \text{et} \quad e = p\,A . \qquad (21.14)$$

C'est l'équation des coniques en coordonnées polaires : une *circonférence* si $e = 0$, une *ellipse* pour $e < 1$, une *parabole* si $e = 1$ et une *hyperbole* si $e > 1$. Pour l'ellipse et l'hyperbole, les demi-grands axes valent :

$$a = \frac{p}{|1 - e^2|} \quad \text{et} \quad b = \sqrt{p\,a} \quad \text{ou} \quad p = \frac{b^2}{a} . \qquad (21.15)$$

Ainsi sont donc établies les deux premières lois de Kepler :

- ***Première loi de Kepler :***

  " La trajectoire d'un corps céleste soumis à l'attraction d'un centre d'attraction est une conique plane dont un foyer est occupé par le centre d'attraction. "

- ***Deuxième loi de Kepler :***

  " La vitesse aréolaire est constante, c'est-à-dire que les rayons vecteurs balayent des aires égales en des temps égaux. "

Cette théorie s'applique à la Terre comme à la Lune, et aux autres planètes. La comparaison suivante est faite par Newton :

- l'accélération g_L exercée par la Terre sur la Lune est liée à la lunaison (période T_L de 28 jours) et à la distance moyenne Terre - Lune a_L : c'est l'accélération compensant l'effet centrifuge,
- c'est également le résultat obtenu en partant de l'accélération de la pesanteur au sol g_T (à une distance $r = R_T$), compensé par le carré du rapport des distances :

$$g_L = (\frac{2\pi}{T_L})^2 a_L = g_T(\frac{R_T}{a_L})^2 \equiv 9.8 \times 2.7\ 10^{-4}\ m/s^2\ . \tag{21.16}$$

Cette démonstration confirme le caractère universel de la théorie de la gravitation. La pesanteur et la chute des *graves* ainsi que le mouvement des corps célestes résultent d'un seule et unique cause.

Voici les résultats auxquels était arrivé Newton en 1667. Il ne s'estimait toutefois pas satisfait : d'une part, le mouvement de la Lune n'est pas assez bien rendu par la théorie des deux corps et d'autre part, cette théorie ne concernait que des points massiques, et son application à la pesanteur terrestre demandait des travaux supplémentaires pour étendre son application aux corps réels (voir chapitre 3, articles 3.2.1 et 3.2.2).

2.1.3 Mouvement du centre de masse, mouvements relatifs

a. Centre de masse

L'équation du centre de masse (ou barycentre) est donnée par les Eqs. (31.2), au chapitre 3.1.1, pour le cas général comprenant N corps. Le mouvement R du centre de masse est donc un mouvement non accéléré, c'est-à-dire rectiligne et uniforme. Le centre de masse est également le centre d'un système de référence galiléen.

b. Mouvement par rapport au centre de masse

Il est donc tout à fait justifié de choisir le centre de masse C comme centre du système de référence. Ce choix permet de travailler en grandeurs scalaires. L'équation du centre de masse devient :

$$m_1\, r_1 = m_2\, r_2 \quad ou \quad \frac{r_1}{m_2} = \frac{r_2}{m_1} = \frac{r}{M}\ , \tag{21.17}$$

où M représente la masse totale des deux corps.

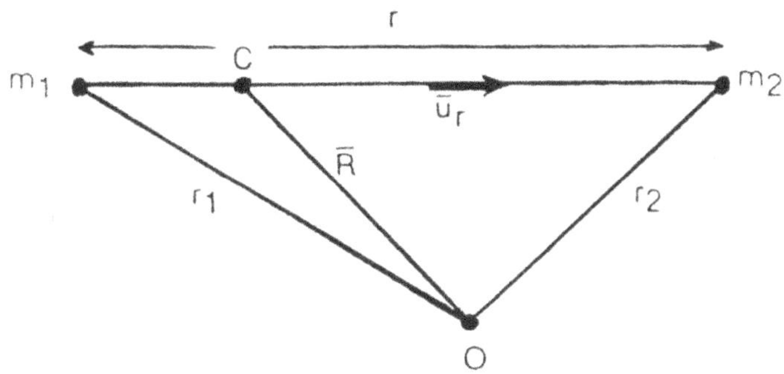

Figure 2.2 : Mouvement du centre de masse

Les relations suivantes en découlent aisément, ϕ_1 et ϕ_2 représentant les accélérations scalaires :

$$\phi_1 = \frac{\mu_1}{r_1^2} \quad et \quad \phi_2 = -\frac{\mu_2}{r_2^2}\,,$$
$$avec \quad \mu_1 = \frac{G\,m_2^3}{M^2} \quad et \quad \mu_2 = \frac{G\,m_1^3}{M^2}\,, \tag{21.18}$$

Les deux corps subissent donc des accélérations constamment orientées vers le centre de masse et inversement proportionnelles au carré de leur distance à ce point. Ils sont donc chacun soumis à une force centrale. Conformément à l'article 2.1.2 c, la trajectoire de chacun des deux corps célestes est une conique plane, le centre de masse occupant un des foyers. De plus, comme les deux corps et leur centre de masse sont toujours colinéaires et que r_2 est proportionnel à r_1 , les coniques décrites par les deux corps sont des figures semblables, telles que $e_1 = e_2 = e$; les périastres étant opposés comme l'illustre la Fig. 2.3.

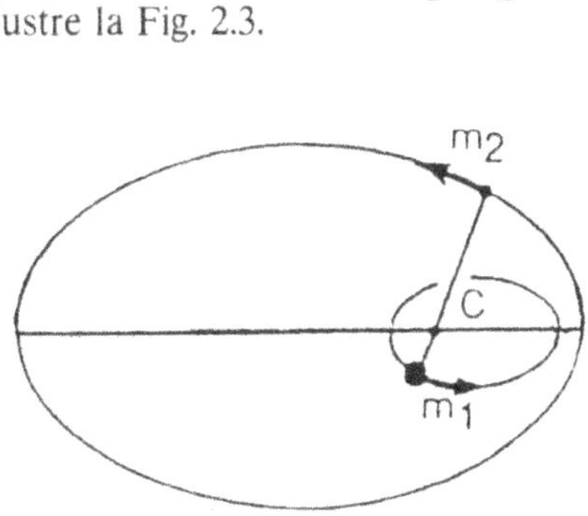

Figure 2.3 : Mouvement des deux corps

c. Mouvement relatif d'un des deux corps par rapport à l'autre

Le corps m_1 peut être choisi comme centre d'un référentiel relatif, en mouvement par rapport au centre de masse, mais à tout instant parallèle au référentiel inertiel centré en C. La relation vectorielle $\bar{r}_{12} = \bar{r}_2 - \bar{r}_1$, dérivée deux fois par rapport au temps, conduit à la formule vectorielle de composition des accélérations $\bar{\Phi}_{12} = \bar{\Phi}_2 - \bar{\Phi}_1$. Les Eqs. (21.18) donnent :

$$\bar{\Phi}_{12} = -\frac{\mu_{12}}{r^2}\,\bar{u}_{12}\,, \quad \textit{avec} \quad \mu_{12} = G\,(m_1 + m_2)\,. \tag{21.19}$$

En conclusion, le mouvement relatif d'un corps autour de son centre d'attraction est celui d'un corps soumis à une force centrale d'attraction newtonienne, la masse totale du système étant concentrée dans le centre d'attraction.

Il est donc possible d'englober dans une même étude le mouvement de chaque corps autour du centre de masse et le mouvement relatif d'un corps autour de l'autre, seule la constante locale de gravitation diffère : les trajectoires sont semblables.

2.1.4 Expression des constantes en fonction des conditions initiales

a. Expression des vitesses

La vitesse du corps apparaît en général parmi les conditions initiales, il est intéressant de disposer d'une expression explicite de la vitesse. L'Eq. (21.74), à l'article 2.1.9, s'écrit sous la forme suivante au moyen des Eqs. (21.11, 13, 14 et 21.75) :

$$\bar{v} = \sqrt{\frac{\mu}{p}}\; e \sin\theta\; \bar{u}_r + \frac{\sqrt{\mu\, p}}{r}\; \bar{u}_n\,, \tag{21.20}$$

$$\textit{et donc} \quad v^2 = \frac{\mu}{p}\,(1 + e^2 + 2\,e\cos\theta)\,.$$

L'Eq.(21.20 b) peut également s'écrire sous la forme classique connue sous le nom d'*équation de l'énergie*, l'énergie totale étant calculée au périastre :

$$\frac{k}{a} = \frac{2}{r} - \frac{v^2}{\mu} \quad \textit{ou} \quad \frac{\mu}{r} - \frac{v^2}{2} = k\,\frac{\mu}{2a}\,. \tag{21.21}$$

k prend les valeurs **1**, **0** ou **- 1** suivant qu'il s'agit d'une ellipse, d'une parabole ou d'une hyperbole.

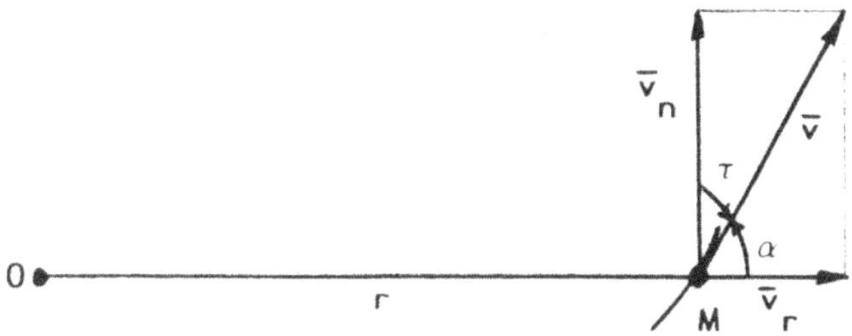

Figure 2.4 : Décomposition de la vitesse

L'expression de l'inclinaison τ de la trajectoire est obtenue en faisant le rapport des composantes de la vitesse :

$$\sin\tau = \sqrt{\frac{\mu}{p}}\,\frac{e\sin\theta}{v}\,,\quad \cos\tau = \frac{\sqrt{\mu\,p}}{r\,v} \qquad (21.22)$$
$$\tan\,\tau = \frac{e\,\sin\,\theta}{1 + e\,\cos\,\theta}\,.$$

La vitesse v_0 de trajectoire circulaire est, pour un mobile situé à la surface d'un corps céleste de rayon R, la vitesse minimale à acquérir pour ne pas retomber sur ce corps : c'est la vitesse de satellisation qui est obtenue à partir de l'Eq. (21.21), en prenant $a = r = R$. La vitesse minimale permettant d'atteindre une portion infinie de trajectoire est la vitesse dite de *libération* ou d'*évasion*. Elle est notée v_L et est obtenue, à la surface d'un corps de rayon R, au périastre d'une trajectoire parabolique :

$$v_0^2 = \frac{\mu}{R} \quad \textit{et} \quad v_L^2 = 2\,\frac{\mu}{R} = 2\,v_0^2\,. \qquad (21.23)$$

b. Détermination d'orbites et expression des constantes

- **Paramètre** :
$$p = \frac{h^2}{\mu} = \frac{r^2\,v^2\,\cos^2\tau}{\mu}\,. \qquad (21.24)$$

- **Excentricité** :
$$e^2 = 1 - p\,(\frac{2}{r} - \frac{v^2}{\mu})\,. \qquad (21.25)$$

- **Orientation du périastre** :
une direction quelconque ($\vec{r}$) est l'origine des angles, il vient :
$$\cos\,\theta = \frac{1}{e}\,(\frac{p}{r} - 1)\,. \qquad (21.26)$$

Les Eqs. (21.24 à 26) permettent de déterminer tous les éléments de l'orbite lorsque le couple vectoriel ($\vec{r}$, $\vec{v}$) est connu, ou lorsque les trois valeurs scalaires r , v et τ sont données dans le plan.

Le problème est nettement plus compliqué, en revanche, lorsque seules les directions angulaires sont connues. Il a été résolu au XVIIIe siècle par Laplace, et quelques années plus tard par *Karl Friedrich Gauss* (1777 - 1855). Un problème similaire se pose lorsque l'orbite est observée en perspective, comme c'est le cas pour les étoiles doubles : l'orbite apparente est une ellipse, mais le centre d'attraction ne se trouve pas à son foyer.

Les méthodes de détermination d'orbites sont rassemblées à la section 2.2, ainsi d'ailleurs que la méthode originale utilisée par Kepler.

c. Grandeurs vectorielles

La description des orbites coniques peut être simplifiée par l'emploi des deux grandeurs vectorielles définies ci-dessous et qui s'appliquent même aux cas limites où certains éléments prennent des valeurs nulles, unitaires, infinies ou indéfinies :

- **vecteur excentricité $\bar{e}$:**
  grandeur : excentricité e,
  direction : pointe vers le périastre.

$$\bar{e} = \frac{\bar{v} \times \bar{h}}{\mu} - \bar{u}_r \, . \qquad (21.27)$$

- **vecteur orientation $\bar{N}$:**
  grandeur : vitesse aréolaire h,
  direction : pointe vers le noeud ascendant ($\bar{u}_p$ est le vecteur unitaire du pôle du plan de référence, voir chapitre 3.3.2, Fig. 3.11).

$$\bar{N} = \bar{u}_p \times \bar{h} \, . \qquad (21.28)$$

- **séries f et g :**

Les *séries* ***f et g*** sont des expressions permettant de décomposer un vecteur en fonction de deux vecteurs $\bar{r}_0$ et $\bar{v}_0$ de base, d'après la relation suivante :

$$\bar{r} = f \, \bar{r}_0 + g \, \bar{v}_0 \, . \qquad (21.29)$$

Les fonctions f et g sont obtenues sous forme de séries du temps, ou bien sous forme analytique, en fonction de la différence des anomalies.

- **variables universelles et unifiées :**

Afin d'éviter l'emploi de jeux de formules différents suivant la nature de la conique considérée, certains auteurs se sont attachés à développer des formulations valables dans le plus large éventail de cas possibles. C'est le cas des variables *universelles* (notées x et y), qui furent introduites en 1912 par le finlandais *Karl Sundman* (1878 - 1949). Les variables *unifiées*, en revanche, se veulent également utilisables pour des orbites quasi circulaires, c'est-à-dire lorsque l'excentricité est très proche de zéro.

2.1.5 Caractéristiques des orbites elliptiques

Les coniques sont des courbes planes du second degré possédant de nombreuses propriétés géométriques décrites en annexe IV.5. De manière générale, ces courbes peuvent être définies comme étant le lieu des points tels que le rapport des distances de ces points à un point fixe appelé *foyer* et à une droite fixe dénommée *directrice* est une constante appelée *excentricité*. L'équation en coordonnées polaires en découle aisément :

$$e = \frac{r}{d - r\cos\theta} \quad avec \quad p = e\,d\,, \tag{21.30}$$

d'où l'Eq. (21.13 b) utilisée précédemment.

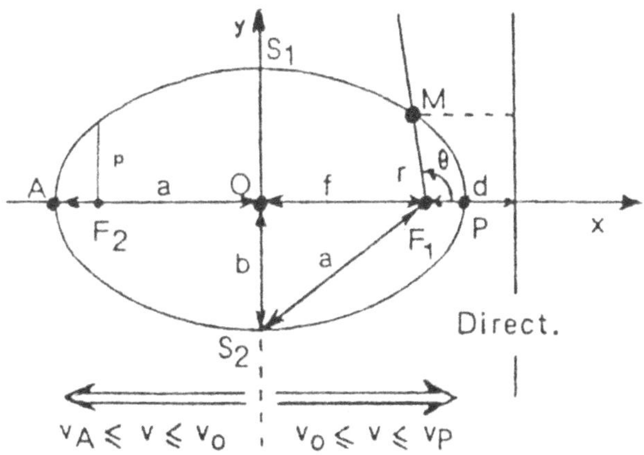

Figure 2.5 : Caractéristiques géométriques des orbites elliptiques

Un changement de coordonnées simple permet de retrouver la forme classique en axes rectangulaires, avec ***a*** le demi-grand axe, ***b*** le demi-petit axe et *f* l'abscisse du foyer principal :

$$x = f + r\cos\theta \quad et \quad y = r\sin\theta\,, \qquad et \quad \frac{x^2}{a^2} \pm \frac{y^2}{b^2} = 1\,, \quad avec : \tag{21.31}$$

$$b^2 = a^2\,|1 - e^2|\,, \quad p = \frac{b^2}{a} = a\,|1 - e^2| \quad et \quad f = ae\,. \tag{21.32}$$

Pour l'ellipse, l'excentricité est inférieure à l'unité.

a. Points particuliers des orbites elliptiques

Le *périastre* ***P*** est le point le plus proche du foyer. L'anomalie y est nulle et la vitesse maximale. À l'*apoastre* ***A***, l'anomalie vaut π, c'est le point le plus éloigné du foyer et la vitesse y est la plus faible.

$$r_P = a\,(1 - e) \quad , \quad r_A = a\,(1 + e)\ , \tag{21.33}$$

$$v_P = \sqrt{\frac{\mu}{a}\,\frac{1 + e}{1 - e}} \quad et \quad v_A = \sqrt{\frac{\mu}{a}\,\frac{1 - e}{1 + e}}\ . \tag{21.34}$$

Les Eqs. (21.34) sont reprises sous une autre forme au chapitre 5.2.1, pour faire apparaître l'influence du rapport des rayons $r_A\,/\,r_P$.

Aux sommets S_1 et S_2 du petit axe, la vitesse est égale en grandeur à la vitesse circulaire en ces points, avec :

$$\cos\theta_S = -\,e \quad et \quad v_S^2 = \frac{\mu}{a}\ . \tag{21.35}$$

b. Anomalie excentrique

Un point ***M*** de l'ellipse est caractérisé par un angle ***E*** appelé *anomalie excentrique*, défini par les relations suivantes, illustrées par la Fig. 2.6.

$$x = a\,\cos E \quad et \quad y = b\,\sin E\ . \tag{21.36}$$

Le rayon polaire satisfait aux équations suivantes :

$$r\,\sin\,\theta = b\,\sin\,E \quad et \quad r\,\cos\,\theta = a(\cos\,E\,-\,e)\ . \tag{21.37}$$

L'expression du rayon polaire en fonction de l'anomalie excentrique est obtenue en sommant les carrés des Eqs. (21.37) :

$$r = a\,(1 - e\,\cos E)\ . \tag{21.38}$$

L'ellipse est donc également le lieu des points tels que la somme des distances à deux points fixes (foyers) est une constante de valeur $2\,a$. En effet, la distance par rapport au deuxième foyer correspond à l'anomalie excentrique $E_2 = \pi - E_1$, ce qui entraîne :

$$r_1 + r_2 = 2\,a\ . \tag{21.39}$$

Pour exprimer l'anomalie vraie en fonction de l'anomalie excentrique, les Eqs. (21.38 et 37 b) sont utilisées. Le quotient de leur différence et de leur somme conduit à l'équation suivante :

$$\tan\frac{\theta}{2} = \sqrt{\frac{1 + e}{1 - e}}\;\tan\frac{E}{2}\ . \tag{21.40}$$

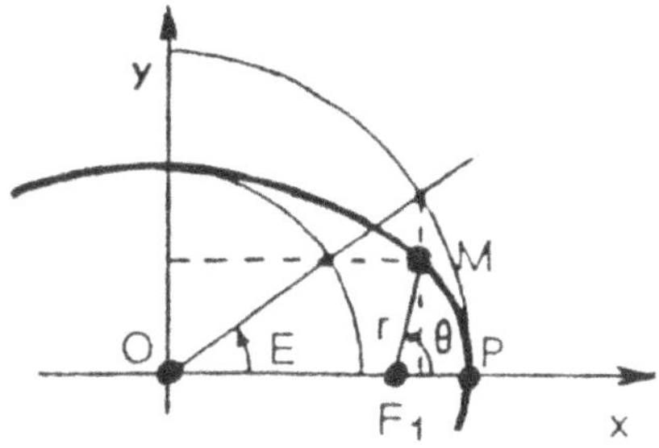

Figure 2.6 : Anomalie excentrique

À remarquer que les deux anomalies sont toujours comprises dans un même quadrant. L'Eq. (21.40) permet également d'exprimer simplement la différentielle de l'anomalie vraie, en effet :

$$d\theta = \frac{b}{r}\, dE\ . \qquad (21.41)$$

c. Détermination du temps - équation de Kepler

La vitesse angulaire est dérivée des Eqs. (21.13, 14 et 75) :

$$\frac{d\theta}{dt} = \dot{\theta} = \frac{\sqrt{\mu\, p}}{r^2} = \sqrt{\frac{\mu}{p^3}}\ (1 + e \cos\theta)^2\ . \qquad (21.42)$$

Pour l'orbite circulaire, la vitesse angulaire est constante :

$$\dot{\theta}_0 = \frac{v_0}{R}\ . \qquad (21.43)$$

La période T_0 de révolution d'une orbite elliptique est l'intervalle de temps entre deux passages successifs au même point. L'aire balayée par le rayon polaire au cours d'une révolution complète, est égale à l'aire $\pi\, a\, b$ de l'ellipse. Il vient :

$$\frac{h}{2}\, T_0 = \pi\, a\, b \quad , \quad T_0 = 2\,\pi \sqrt{\frac{a^3}{\mu}}\ . \qquad (21.44)$$

C'est la ***troisième loi de Kepler*** qui s'énonce :

" le carré de la période de révolution est proportionnel au cube du grand axe. "

Le *moyen mouvement* n est la vitesse angulaire moyenne le long de l'orbite, tandis que M est l'*anomalie moyenne*, c'est-à-dire la valeur qu'aurait l'anomalie vraie si le mouvement était circulaire :

$$n = \frac{M}{t} = \frac{2\,\pi}{T_0} = \frac{h}{a\, b} = \sqrt{\frac{\mu}{a^3}}\ . \qquad (21.45)$$

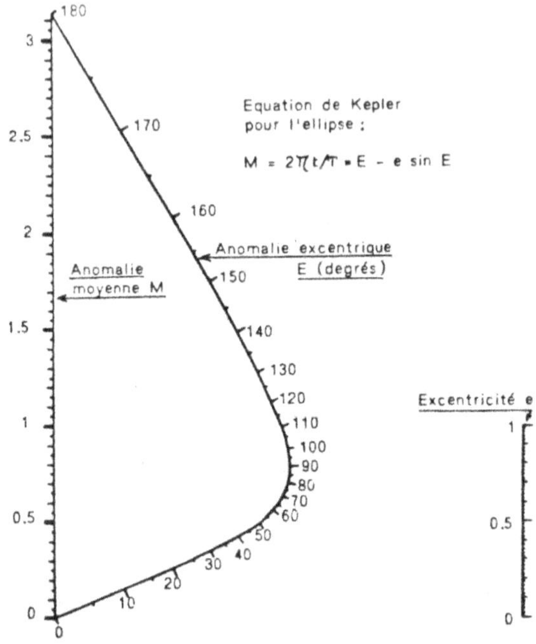

Figure 2.7 : Nomogramme de l'Eq. de Képler pour les orbites elliptiques

La vitesse aréolaire s'exprime en fonction du moyen mouvement :

$$h = n\,a\,b\,. \qquad (21.46)$$

L'Eq. (21.48) de Kepler est obtenue en calculant par intégration l'aire du secteur elliptique S_E .

$$t = 2\,\frac{S_E}{h}\,. \qquad (21.47)$$

Après passage à l'anomalie excentrique par l'Eq. (21.41), il vient :

$$M = n\,t = E - e\,\sin E\,. \qquad (21.48)$$

L'Eq. (21.48) permet de déterminer l'anomalie excentrique à partir d'une observation rapportée au périastre, lorsque les paramètres de l'orbite (période et excentricité) sont connus.

Comme c'est une équation transcendante, le calcul de l'anomalie est plutôt malaisé lorsque le temps est fixé, comme c'est le cas pour l'établissement des éphémérides. L'usage de méthodes itératives s'impose donc. Deux formules itératives sont données ci-dessous, à titre d'information. La première est la méthode classique due à Newton :

$$E_{i+1} = E_i + \frac{n(t-t_i)}{1-e\cos E_i} \quad ou \quad E_{i+1} = nt + e\sin E_i \,. \tag{21.49}$$

Le processus itératif peut être initié à partir d'une valeur E_0, obtenue par exemple, à partir du nomogramme de la Fig 2.7.

2.1.6 Caractéristiques des trajectoires hyperboliques

L'hyperbole est une conique à deux branches dont toutes les caractéristiques géométriques peuvent être déduites de celles de l'ellipse, en accordant une attention particulière au signe du grand axe (**k** = - **1** dans l'Eq. de l'énergie (21.21)). La vitesse sur une trajectoire hyperbolique est toujours supérieure à la vitesse de libération. Lorsque le rayon polaire tend vers l'asymptote, la vitesse et l'argument tendent vers des valeurs constantes données par les Eqs. (21.50) :

$$v_\infty = \sqrt{\frac{\mu}{a}} \quad et \quad \cos\theta_\infty = -\frac{1}{e}\,. \tag{21.50}$$

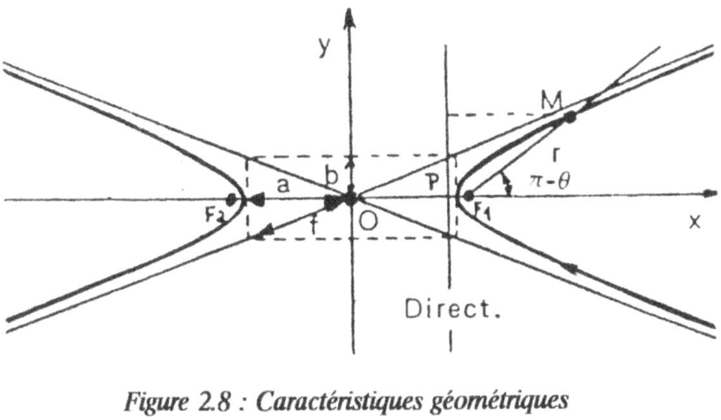

Figure 2.8 : Caractéristiques géométriques des orbites hyperboliques

Le mouvement tend vers un mouvement uniforme et dirigé suivant l'asymptote. Le corps céleste quitte progressivement la zone d'influence du centre d'attraction. La trajectoire physique se limite donc à la branche contenant le périastre.

$$r_p = a\,(e-1) \quad et \quad v_p = \sqrt{\frac{\mu}{a}\,\frac{e+1}{e-1}}\,, \tag{21.51}$$

$$\text{et} \quad \frac{1}{a} = \frac{v^2}{\mu} - \frac{2}{r} \quad \text{ou} \quad \frac{\mu}{r} - \frac{v^2}{2} = -\frac{\mu}{2a} . \qquad (21.52)$$

La deuxième branche correspond au mouvement des corps dans un hypothétique champ de forces répulsives.

- **Anomalie excentrique**

Pour l'hyperbole, l'anomalie excentrique H est définie par les équations suivantes :

$$x = a \cosh H \quad \text{et} \quad y = b \sinh H , \qquad (21.53)$$

le rayon polaire s'exprime alors au moyen des expressions suivantes :

$$r \cos\theta = a\,(e - \cosh H) \quad \text{et} \quad r \sin\theta = b \sinh H . \qquad (21.54)$$

Les équations finales sont obtenues par le même schéma de calcul que pour l'ellipse :

$$r = a\,(e \cosh H - 1) , \qquad (21.55)$$

$$\tan\frac{\theta}{2} = \sqrt{\frac{e+1}{e-1}} \tanh\frac{H}{2} . \qquad (21.56)$$

- **Équation de Kepler**

Le secteur hyperbolique S_H a pour expression :

$$S_H = \frac{a\,b}{2}\,(e \sinh H - H) , \qquad (21.57)$$

et l'équation de Kepler s'écrit :

$$n\,t = e \sinh H - H . \qquad (21.58)$$

Des méthodes itératives sont également nécessaires pour résoudre cette équation. Les deux méthodes correspondant aux Eqs. (21.49) sont :

$$H_{i+1} = H_i + \frac{n\,(t - t_i)}{e \cosh H_i - 1} \quad \text{et} \quad H_{i+1} = e \sinh H_i - n\,t . \qquad (21.59)$$

2.1.7 Trajectoires paraboliques

Les Eqs. (21.60 a et c) représentent la parabole, sous formes polaire et cartésienne respectivement. Les formules générales de l'ellipse restent applicables avec $e = 1$ et $k = 0$, les demis axes a et b n'ont plus de sens (il sont infinis), en revanche, le paramètre p reste utilisable.

$$r = \frac{p}{1 + \cos\theta} , \quad r_P = \frac{p}{2} , \quad y^2 = -2\,p\,x . \qquad (21.60)$$

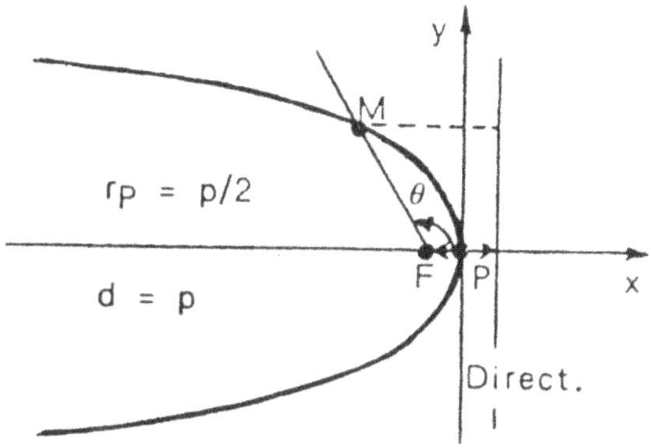

Figure 2.9 : Trajectoires paraboliques

La caractéristique principale des trajectoires paraboliques est que la vitesse v est en tout point égale à la vitesse de libération, d'après l'Eq. (21.21). La dépendance du temps peut être obtenue directement sans devoir définir une anomalie excentrique. Par transformation de l'Eq. (21.75) et passage à la variable $x = \tan(\theta/2)$, il vient :

$$\frac{d\theta}{\cos^4 \frac{\theta}{2}} = 2\,(1 + x^2)\,dx = 4\sqrt{\frac{\mu}{p^3}}\,dt\,, \qquad (21.61)$$

$$2\sqrt{\frac{\mu}{p^3}}\,t = \tan\frac{\theta}{2} + \frac{1}{3}\tan^3\frac{\theta}{2}\,. \qquad (21.62)$$

L'Eq. (21.62) constitue l'équation de Kepler pour la parabole.

2.1.8 Trajectoires verticales

Les trajectoires rectilignes verticales correspondent à des cas de dégénérescence des équations générales, lorsque le petit axe b est nul :

$$b = p = 0 \;\;,\;\; e = 1 \;\; et \;\; \theta = \pi\,. \qquad (21.63)$$

L'équation générale en coordonnées polaires n'a plus de sens, tout comme l'anomalie vraie. Toutefois, l'anomalie excentrique reste utilisable, mais elle n'a plus aucune signification angulaire. Elle est notée ω, quelle que soit la conique envisagée.

- **Cas elliptique**

Les Eqs. (21.64) décrivent les trajectoires verticales de type elliptique. Les équations a et c sont obtenues à partir des Eqs. (21.38 et 48). L'Eq. de la vitesse (21.64 b) est obtenue par dérivation des deux autres :

$$r = a\,(1 - \cos\omega)\ , \quad v = \sqrt{\frac{\mu}{a}}\ \cot\frac{\omega}{2}\ , \qquad (21.64)$$
$$t = \frac{1}{n}\,(\omega - \sin\omega)\ .$$

Ces équations permettent la description complète du mouvement, qui se limite à un ou deux tronçons de trajectoire rectiligne. Ces cas correspondent à un corps abandonné en un point (apoastre), avec vitesse nulle et qui tombe vers la surface du corps, ou bien à un corps lancé verticalement de la surface avec une vitesse inférieure à la vitesse de libération. Ce corps s'élève jusqu'à l'apoastre où sa vitesse s'annule, puis il retombe.

- **Cas hyperbolique**

Les trajectoires verticales hyperboliques correspondent à un corps lancé verticalement avec une vitesse supérieure à la vitesse de libération. Les équations paramétriques sont :

$$r = a\,(\cosh\omega - 1)\ , \quad v = \sqrt{\frac{\mu}{a}}\ \coth\frac{\omega}{2}\ , \qquad (21.65)$$
$$t = \frac{1}{n}\,(\sinh\omega - \omega)\ .$$

D'autres cas de dégénérescence de l'équation générale peuvent également être envisagés : ils se ramènent alors aux asymptotes de l'hyperbole d'excentricité infinie. Ces trajectoires correspondent à des vitesses initiales infinies, ou physiquement très grandes, avec périastre très éloigné : ce sont des trajectoires rectilignes en l'absence de champ d'attraction.

- **Cas parabolique**

La vitesse étant en tout point égale à la vitesse de libération, il en résulte des simplifications importantes :

$$v = \frac{dr}{dt} = \sqrt{\frac{2\,\mu}{r}}\ , \quad \sqrt{r}\,dr = \sqrt{2\,\mu}\,dt\ . \qquad (21.66)$$

La dépendance du temps peut donc être obtenue de manière explicite :

$$r^3 = \frac{9}{2}\,\mu\,t^2\ , \quad v^3 = \frac{4\,\mu}{3\,t}\ , \qquad (21.67)$$
$$\text{ou} \quad v = \frac{2}{3}\,\frac{r}{t}\ .$$

Le temps est à compter positivement pour les trajectoires d'évasion. L'instant t_0 de départ de la surface du corps est :

$$t_0 = \sqrt{\frac{2\,R^3}{9\,\mu}}\ . \qquad (21.68)$$

Lorsque deux corps au repos sont situés à très grande distance l'un de l'autre, ils se mettent en mouvement l'un vers l'autre sous l'action de la gravitation. Ils se déplacent alors le long de la ligne des centres, sur une trajectoire rectiligne parabolique. Cette phase de chute libre est comprise dans les Eqs. (21.67), le temps, compté négativement, varie de $-\infty$ au départ, jusqu'à $-t_0$ lors de la rencontre.

2.1.9 Quelques rappels

a. Expression de l'accélération en coordonnées polaires (r, θ)

- **Quelques définitions**
  - **Cas des deux corps (mouvement relatif) :**

moment cinétique : $$\bar{J} = \bar{r} \times m\, \bar{v}\,. \tag{21.69}$$

vitesse aréolaire : $$\bar{h} = \bar{r} \times \bar{v} = \frac{\bar{J}}{m}\,. \tag{21.70}$$

  - **Cas des N corps :**

moment cinétique : $$\bar{J} = \sum_i (\bar{r}_i \times m_i\, \bar{v}_i)\,. \tag{21.71}$$

centre de masse (barycentre) : $$\bar{R} = \frac{\Sigma_i\, m_i\, \bar{r}_i}{\Sigma_i\, m_i}\,. \tag{21.72}$$

La vitesse et l'accélération en coordonnées polaires et leur décomposition dans un système local d'axes orthogonaux est d'un grand intérêt. Les deux premiers axes sont choisis dans le plan du mouvement et sont représentés à la Fig. 2.10 : ce sont les vecteurs *unitaires* suivants :

$\bar{u}_r$, dans la direction de $\bar{r}$,
$\bar{u}_n = \bar{u}_\theta / r$, perpendiculaire à $\bar{u}_r$ et orienté dans le sens antihorlogique direct (angles θ croissants),
et $\bar{u}_z$, perpendiculaire au plan du mouvement.

- **vitesse** : comme la direction de $d\,\bar{u}_r$ coïncide avec celle de l'axe $\bar{u}_n$, et que les triangles $O\,U\,U'$ et $O\,P\,N$ sont semblables, il vient :

$$|d\bar{u}_r| = d\theta\,, \quad \frac{d\bar{u}_r}{dt} = \dot{\theta}\,\bar{u}_n \quad et \quad \frac{d\bar{u}_n}{dt} = -\,\dot{\theta}\,\bar{u}_r\,. \tag{21.73}$$

Une première dérivation par rapport au temps donne :

$$\bar{v} = \frac{d\bar{r}}{dt} = \frac{dr}{dt}\,\bar{u}_r + r\,\frac{d\bar{u}_r}{dt} = \dot{r}\,\bar{u}_r + r\,\dot{\theta}\,\bar{u}_n\,. \tag{21.74}$$

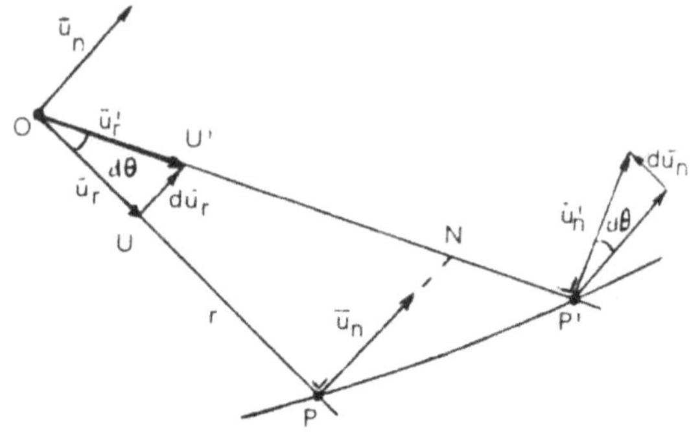

Figure 2.10 : Vitesse et accélération en coordonnées polaires

Ces relations permettent d'exprimer la vitesse aréolaire $\bar{h}$:

$$\bar{h} = \bar{r} \times \bar{v} = r^2 \, \dot{\theta} \, \bar{u}_z \, . \tag{21.75}$$

- **accélération** : dériver une deuxième fois par rapport au temps donne :

$$\frac{d^2\bar{r}}{dt^2} = (\ddot{r} - r \, \dot{\theta}^2) \, \bar{u}_r + (r \, \ddot{\theta} + 2 \, \dot{r} \, \dot{\theta}) \, \bar{u}_n \, . \tag{21.76}$$

À noter que la composante normale s'écrit également :

$$\left(\frac{d^2\bar{r}}{dt^2}\right)_n = \frac{1}{r} \, \frac{d \, (r^2 \, \dot{\theta})}{dt} = \frac{\dot{h}}{r} \, . \tag{21.77}$$

Par conséquent, en cas d'accélération ou de force *centrale*, la vitesse aréolaire est constante lorsque la composante normale est nulle.

b. Repère en mouvement

Lorsque l'origine d'un repère est en mouvement par rapport à un repère fixe, les équations de la dynamique sont altérées par le mouvement et des forces *complémentaires* apparaissent. Ces forces sont fictives et ne font que traduire le mouvement du repère considéré, appelé repère *relatif*.

La position d'un point $\boldsymbol{M}$ est :

repère relatif : ***repère absolu*** :

$$\overline{O'M} = \sum_i x^i \, \bar{u}_i \qquad \overline{OM} = \sum_i x_o^i \, \bar{e}_i \, . \tag{21.78}$$

Le problème consiste maintenant à déterminer les caractéristiques dynamiques - vitesse et accélération - dans le repère fixe. Les éléments relatifs sont connus par leurs expressions classiques. La dérivation par rapport au temps a lieu comme pour l'établissement des Eqs. (21.74 et 76). Elle conduit à dériver les vecteurs de base relatifs $\bar{u}_i$.

Le vecteur $\bar{\omega}_e$ qui apparaît alors traduit la rotation du repère relatif :

$$\bar{v}_{abs} = \bar{v}_{rel} + \bar{v}_e \quad , \quad \bar{v}_e = \bar{v}_{o'} + (\bar{\omega}_e \times \bar{r}) \; . \tag{21.79}$$

$$\begin{aligned} \bar{\Phi}_{abs} &= \bar{\Phi}_{rel} + \bar{\Phi}_e + \bar{\Phi}_c \, , \\ \bar{\Phi}_e &= \bar{\Phi}_{o'} + [\bar{\omega}_e \times (\bar{\omega}_e \times \bar{r})] \quad , \quad \bar{\Phi}_c = 2\,(\bar{\omega}_e \times \bar{v}_{rel}) \; . \end{aligned} \tag{21.80}$$

$\bar{v}_e$ et $\bar{\Phi}_e$ sont la vitesse et l'accélération d'*entraînement*. $\bar{\Phi}_c$ est l'accélération complémentaire de Coriolis (*Gaspard Coriolis* : 1792 - 1843).

c. Champ vectoriel dérivant d'un potentiel scalaire

Par définition, un champ vectoriel $\bar{F}\,(x, y, z, t)$ dérive d'un potentiel scalaire $U\,(x, y, z, t)$, lorsque la relation suivante peut être écrite :

$$\bar{F} = -\,\overline{grad}\; U \quad ou \quad \bar{F} = -\,\bar{\nabla}\, U \; . \tag{21.81}$$

- **Gradient** : l'opérateur vectoriel gradient - $\overline{grad}$ ou $\bar{\nabla}$ (*nabla*) - est un vecteur défini en coordonnées cartésiennes. Les composantes du gradient sont les dérivées partielles du champ scalaire par rapport aux coordonnées d'espace.
- **Laplacien** : le laplacien est la divergence ($\overline{div}$ ou $\bar{\nabla}$) du champ vectoriel : en cas de potentiel, c'est la divergence du gradient. Il est noté ∇^2 (*nabla carré*) ou Δ (*laplacien*). Les formules suivantes donnent l'expression de ces deux opérateurs pour différents systèmes de coordonnées :

- **coordonnées cartésiennes** : potentiel $U\,(x, y, z)$:

$$\overline{grad}\, U = \frac{\partial U}{\partial x}\bar{u}_x + \frac{\partial U}{\partial y}\bar{u}_y + \frac{\partial U}{\partial z}\bar{u}_z \quad et \quad \nabla^2 U = \frac{\partial^2 U}{\partial x^2} + \frac{\partial^2 U}{\partial y^2} + \frac{\partial^2 U}{\partial z^2} \; . \tag{21.82}$$

- **coordonnées sphériques** : potentiel $U\,(r, \varphi, \theta)$:

$$\overline{grad}\; U = \frac{\partial U}{\partial r}\,\bar{u}_r + \frac{1}{r}\frac{\partial U}{\partial \varphi}\,\bar{u}_\varphi + \frac{1}{r\cos\theta}\frac{\partial U}{\partial \theta}\,\bar{u}_\theta \, , \tag{21.83}$$

et lorsque le potentiel n'est fonction que du rayon :

$$\overline{grad}\; U(r) = \frac{dU}{dr}\,\bar{u}_r \quad et \quad \nabla^2 U(r) = \frac{d^2 U}{dr^2} + \frac{2}{r}\frac{dU}{dr} \; . \tag{21.84}$$

Les fonctions scalaires dont le laplacien est identiquement nul en tout point de l'espace sont appelées *fonctions harmoniques*. La fonction $k\,/\,r$ est donc harmonique : c'est le *potentiel de gravitation*. Cette propriété présente, pour certains, un aspect *ésotérique* liant la loi de Newton (1642 - 1727) aux trois dimensions de l'espace euclidien :

$$\frac{\nabla^2 U}{k} = \sum_{i=1}^{N} \left(\frac{3x_i^2}{r^5} - \frac{1}{r^3}\right) = \frac{3}{r^3} - \frac{N}{r^3} \; (= 0 \; pour \; N = 3) \; . \qquad (21.85)$$

Dans l'Eq. (21.85), le premier coefficient 3 découle de la dérivation du *carré* présent dans la loi de Newton, tandis que le second résulte du *nombre de dimensions* de l'espace. La fonction **k / r** n'est donc potentiel de gravitation que dans un espace à *trois* dimensions. Ces considérations indiquent que toute tentative d'adaptation de la loi de gravitation par modification de l'exposant conduit pour cette raison à des difficultés insurmontables.

□

2.2
Détermination d'orbites

2.2.1 Position du problème

L'objectif principal des techniques de détermination d'orbites consiste, à partir d'un certain nombre d'observations, à calculer les éléments de l'orbite inconnue d'un corps céleste, répondant à un modèle donné de trajectoire. L'objectif final est de prédire les positions futures des corps sous forme d'éphémérides, afin de permettre la prévision des événements astronomiques comme les saisons, les éclipses ou les occultations. D'autres utilisations sont possibles, c'est le cas par exemple de la localisation des observateurs à la surface de la Terre.

De l'Antiquité au XVIe siècle, le modèle applicable aux planètes est le système des épicycles mis au point par l'astronome *Claude Ptolémée* (v. 90 - 168). À partir du XVIIe siècle, le modèle mathématique est l'orbite képlérienne (*Johannes Kepler* : 1571 -1630).

Jusqu'au milieu du XXe siècle, les seules données d'observation disponibles étaient fournies par les méthodes optiques et consistaient exclusivement en données angulaires. De nombreuses méthodes ont été développées au cours des trois derniers siècles pour résoudre le problème à partir d'un minimum de trois observations angulaires. Ces techniques se sont avérées fondamentales pour la détermination des trajectoires des planètes, des comètes et des astéroïdes découverts au cours de cette période. De nouvelles techniques de détection utilisant les ondes électromagnétiques permettent d'obtenir aujourd'hui des informations de distance et de vitesse radiale pour les engins artificiels et pour certains corps du Système solaire.

Un premier calcul doit fournir les éléments d'une première orbite à partir d'un minimum de données, permettant d'obtenir l'éphéméride de base.

Ensuite, des observations complémentaires permettent d'améliorer la précision des éléments. Cette phase est appelée *restitution d'orbite*. Des techniques d'optimisation par *moindres carrés* sont généralement employées pour la réduction des observations qui peuvent être très nombreuses pour les satellites ou les corps périodiques du Système solaire.

Les éléments permettant de décrire complètement une orbite conique sont au nombre de six (voir chapitre 3.3.2 b et Fig. 3.11). Leur détermination demande six équations *indépendantes* obtenues à partir des observations du corps céleste :

- **problème classique** : données : trois directions en fonction du temps ($3 \times 2 + 2 = 8$ éléments),
- **problème direct** : données : la position $\vec{r}$ et la vitesse $\vec{v}$ à un instant et en un point donnés ($2 \times 3 = 6$ éléments) : résolution immédiate, voir chapitre 2.1.4 b,
- **problème de Gauss** : données : deux positions $\vec{r}_1$ et $\vec{r}_2$, en fonction du temps ($2 \times 3 + 1 = 7$ éléments) : *Karl Friedrich Gauss* (1777 - 1855),
- **problème de Gibbs** : données : trois positions coplanaires $\vec{r}_1$, $\vec{r}_2$ et $\vec{r}_3$, indépendamment du temps ($3 \times 3 - 1 = 8$ éléments) : *Josiah Willard Gibbs* (1839 - 1903).

La détermination d'orbites est un problème mathématique très ardu et à ce titre sollicita, pendant près de deux siècles, l'esprit des plus grands mathématiciens. Déjà *Isaac Newton* (1642 - 1727) s'était penché sur ce problème. Il avait mis au point une méthode géométrique de détermination d'orbites paraboliques et avait reconnu que ce problème présentait une très grande difficulté. Par la suite, les mathématiciens *Leonhard Euler* (1707 - 1783), *Johann Lambert* (1728 - 1777), *Louis Lagrange* (comte de : 1736 - 1813), *Pierre-Simon de Laplace* (1749 - 1827), Gauss, Gibbs et bien d'autres produisirent d'éminentes contributions à sa résolution.

2.2.2 Les précurseurs

Les précurseurs en matière de détermination d'orbite furent sans conteste les astronomes grecs de l'Antiquité. En effet, le système conçu par *Hipparque de Nicée* (v. -190 à -120) et Ptolémée, bien qu'étant plutôt un modèle de calcul qu'un véritable modèle de trajectoire, comprenait une détermination assez bonne (de l'ordre du pour-cent) des rayons des cercles fictifs attribués aux planètes. Le système héliocentrique de *Nicolas Copernic* (1473 - 1543) conserva les données numériques du système grec, et devint le modèle représentatif des mouvements réels des corps autour du Soleil. Aucun élément nouveau n'y étant ajouté, les éphémérides du XVIe siècle restent aussi peu satisfaisantes que celles issues des théories grecques.

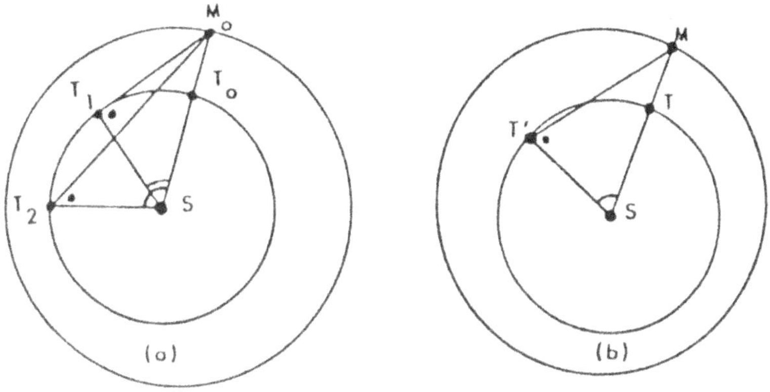

Figure 2.11 : Détermination des orbites planétaires méthode de Kepler

a. Kepler

Disposant des observations de *Tycho Brahé* (1546 - 1601), d'une précision meilleure que la minute d'arc, Kepler se proposa, au début du XVIIe siècle, de rechercher la courbe plane qui conviendrait le mieux pour représenter le mouvement de la planète Mars. Il procéda en deux étapes, la première consistant à modéliser séparément le mouvement de la Terre. Sélectionnant une série de mesures angulaires de Mars, séparées par k révolutions, et comprenant une opposition Terre - Mars (voir Fig. 2.11), il obtint, par résolution de triangles, la distance Soleil - Terre en chacun des points (à un facteur constant près). Il lui fut ainsi possible d'établir avec précision, des tables du mouvement de la Terre. L'orbite obtenue pouvait être représentée graphiquement par un cercle excentré, parcouru à vitesse non uniforme, l'excentricité valant **1 / 59 = 0.017** du rayon moyen.

La deuxième étape consiste à reprendre ce même processus mais pour différentes oppositions Terre - Mars. Kepler obtint ainsi les distances relatives de Mars au Soleil en chacun des points considérés, ce qui lui permit d'établir avec précision la table de mouvement de la planète Mars.

À ce stade, il entreprit une longue recherche en vue d'ajuster une courbe à cette trajectoire. Après plusieurs mois de tâtonnements et d'essais infructueux, c'est l'ellipse qui s'imposa. Comme l'ellipse convenait également très bien pour le mouvement de la Terre, Kepler généralisa ce résultat à l'ensemble des planètes et établit, en 1609, les lois qui portent son nom. Les tables astronomiques qu'il publia en 1627 s'avérèrent nettement plus précises que toutes celles utilisées précédemment, confirmant ainsi le bien-fondé du modèle d'orbite elliptique.

b. Newton

Les *Principiae*, publiés en 1687 par Newton, comprennent une méthode pour la détermination des orbites paraboliques à partir de trois observations angulaires. La solution dépend d'une construction graphique qui, par approximations successives, conduit aux éléments recherchés. Cette méthode approchée fut utilisée intensivement par *Edmund Halley* (1656 - 1742) pour le calcul des trajectoires des comètes, et en particulier de celle à laquelle il a donné son nom. La méthode de Newton resta en usage pendant près d'un siècle, non sans avoir été améliorée successivement par Euler en 1744, Lambert en 1761, Lagrange en 1778 et enfin par *Wilhelm Olbers* (1758 - 1840) en 1797, qui lui donna sa forme analytique finale, similaire à la méthode de Gauss décrite aux articles 2.2.4 et 2.2.5.

2.2.3 Méthode de Laplace

Les méthodes de calcul développées par Newton et ses successeurs restaient très imparfaites puisqu'elles se limitaient aux orbites paraboliques. La première méthode analytique complète, applicable à tous les types d'orbites coniques, a été publiée par Laplace en 1780. Elle demande la connaissance d'un minimum de trois observations angulaires.

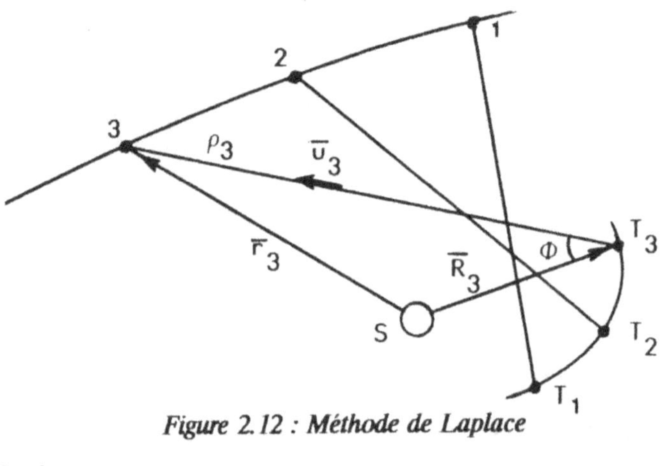

Figure 2.12 : Méthode de Laplace

a. Principe

Le principe de base consiste à déterminer la position $\bar{r}$ et la vitesse $\bar{v}$ au point intermédiaire, afin d'être ramené au problème direct dont la solution algébrique est donnée en section 2.1.4 b. La méthode est caractérisée par la résolution des équations dynamiques du mouvement en ce point, sur base d'une estimation des dérivées secondes obtenue à partir des trois séries de mesures disponibles.

La méthode de Laplace est exposée dans de nombreux ouvrages : voir par exemple Moulton 1914 et Danjon 1959 pour les orbites solaires, ainsi que Bates 1971 pour les satellites artificiels. Les trois observations angulaires comprennent les ascensions droites α et les déclinaisons δ. Les cosinus directeurs u sont donnés par :

$$u_{xi} = \cos\delta_i \cos\alpha_i \ , \ u_{yi} = \cos\delta_i \sin\alpha_i \ , \ u_{zi} = \sin\delta_i \ . \qquad (22.1)$$

Dans un premier tour de calcul, ces visées sont supposées prises à partir du centre de la Terre. La Fig. 2.12 montre qu'en chacun des trois points observés, les relations suivantes sont applicables :

$$\bar{r} = \rho\ \bar{u} + \bar{R} \quad et \quad r^2 = \rho^2 + R^2 - 2R\rho \cos\Phi \ . \qquad (22.2)$$

$\bar{R}$ représente la position, supposée connue, des points d'observation. Lorsque le corps inconnu est en orbite autour du Soleil, $\bar{R}$ représente le mouvement de la Terre par les Eqs. (21.1 et 2).

b. Position et vitesse en un point

Un double dérivation de l'Eq. (22.2 a) conduit à :

$$\bar{v} = \dot{\bar{r}} = \dot{\rho}\ \bar{u} + \rho\ \dot{\bar{u}} + \dot{\bar{R}} \ , \qquad (22.3)$$

$$\ddot{\bar{r}} = \ddot{\rho}\ \bar{u} + \rho\ \ddot{\bar{u}} + \ddot{\bar{R}} + 2\ \dot{\rho}\ \dot{\bar{u}} \ . \qquad (22.4)$$

Les conditions dynamiques du problème des deux corps sont alors introduites dans l'Eq. (22.4) et permettent d'écrire la relation vectorielle de base :

$$\ddot{\rho}\ \bar{u} + 2\dot{\rho}\dot{\bar{u}} + \rho(\ddot{\bar{u}} + \mu\frac{\bar{u}}{r^3}) = -(\ddot{\bar{R}} + \mu\frac{\bar{R}}{r^3}) \ . \qquad (22.5)$$

L'Eq. (22.5) correspond, au point considéré, à un système de trois équations à quatre inconnues r, ρ, $\dot{\rho}$ et $\ddot{\rho}$, les dérivées première et seconde des cosinus directeurs pouvant être déterminées numériquement. Ces trois équations sont linéaires en ρ et en ses dérivées : elles peuvent être exprimées analytiquement au moyen des formules de *Gabriel Cramer* (1704 - 1752), si le déterminant D_0 n'est pas nul :

$$\rho = \frac{1}{D_0}(\mu\frac{D_1}{r^3} - D_2) \ , \quad \dot{\rho} = \frac{1}{D_0}(\mu\frac{D_3}{r^3} - D_4) \ . \qquad (22.6)$$

Dans ces équations, les éléments D_i sont les déterminants rassemblant les coefficients numériques présents dans les Eqs. (22.5). Les Eqs. (22.2 b et 6 a) constituent un système de deux équations non linéaires à deux inconnues r et ρ, qui se traduit par une équation du huitième degré en r. La racine de cette équation peut être obtenue par approximations successives, conduisant à la détermination des deux inconnues r et ρ.

Les grandeurs recherchées, $\bar{r}$ et $\bar{v}$ au point intermédiaire, peuvent alors être calculées à partir des Eqs. (22.2 a et 3), permettant la détermination des éléments d'orbite par les Eqs. (21.24, 25, 26 puis 13 b).

c. Commentaires

Lorsqu'une première orbite est déterminée au moyen de la procédure décrite ci-dessus, il y a lieu de répéter plusieurs fois ce cycle de calculs, afin d'augmenter la précision des résultats, en améliorant l'estimation des dérivées et en tenant également compte du fait que l'observateur est situé à la surface et non au centre de la Terre. Un des inconvénients de la méthode apparaît lors de ces itérations, car tous les déterminants D_i changent de valeurs à chaque cycle. De plus, la méthode est en défaut lorsque le déterminant D_0 est nul. Ce cas se présente lorsque les trois directions mesurées sont coplanaires pour un observateur supposé fixe. C'est le cas, en particulier, lorsque le corps céleste inconnu se déplace dans le même plan que l'observateur. Il en découle que la méthode est mal conditionnée pour la détermination des orbites proches du plan de l'écliptique, ce qui est le cas des planètes.

En pratique, la méthode de Laplace ne s'est pas révélée très satisfaisante pour le calcul des orbites solaires. Malgré l'important volume de calculs, la précision finale est relativement médiocre, même après de nombreuses itérations. La cause de cette faiblesse est liée au choix de la vitesse instantanée comme étape vers la solution. En effet, une vitesse instantanée n'est jamais accessible directement à l'observation. Cette difficulté se manifeste par la présence des dérivées première $\dot{\bar{u}}$ et seconde $\ddot{\bar{u}}$ dans les coefficients des Eqs. (22.5). La précision des mesures pouvant être du même ordre de grandeur que l'écart angulaire entre mesures proches, des erreurs importantes peuvent entacher le calcul numérique des dérivées. De plus, ces effets dépendent de la disposition des trois points observés.

2.2.4 Le problème classique de Gauss

La méthode de Gauss pour la détermination d'orbites a été développée au début du XIXe siècle, à l'occasion de la découverte de Cérès, le premier des astéroïdes, observé en 1800 par *Giuseppe Piazzi* (1746 - 1826). Cet astéroïde avait été perdu de vue après quelques observations et une éphéméride la plus précise possible était nécessaire afin de le retrouver. Gauss proposa de déterminer les éléments d'orbite à partir de la position des deux points extrêmes $\bar{r}_1$ et $\bar{r}_3$, au lieu de la position $\bar{r}_2$ et de la vitesse $\bar{v}_2$ au point intermédiaire, comme c'est le cas de la méthode de Laplace. C'est le *problème classique de Gauss* qui est décrit ci-dessous.

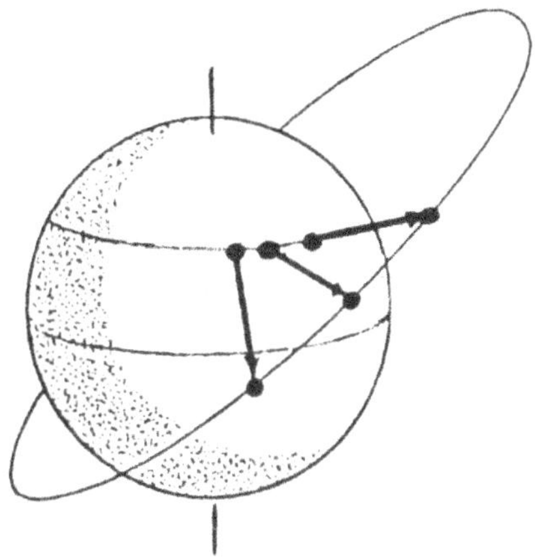

Figure 2.13 : Observateurs à la surface d'un corps

a. Deux positions connues

Deux positions connues permettent sans difficulté de définir le plan d'orbite. Seuls les éléments géométriques de l'orbite dans le plan restent à déterminer : demi-grand axe $\boldsymbol{a}$ (ou paramètre $\boldsymbol{p}$), excentricité $\boldsymbol{e}$ ainsi que position (anomalies vraies θ_1 ou θ_3) et époque du passage au périastre (anomalie moyenne $\boldsymbol{M}$).

Pour autant que le paramètre $\boldsymbol{p}$ ait pu être déterminé, il est aisé de calculer les autres éléments géométriques : les anomalies vraies s'obtiennent par somme et différence des équations obtenues en chacun des points à partir de l'Eq. (21.26), sachant que la différence des anomalies est connue. $\boldsymbol{e}$ peut être alors calculé par cette même équation, puis $\boldsymbol{a}$ par l'Eq. (21.32 c). Enfin, le passage à l'anomalie excentrique (21.40 et 48) complète la résolution. La difficulté du problème de Gauss réside dans la détermination du paramètre $\boldsymbol{p}$, c'est l'objet de l'*équation de Gauss* décrite ci-dessous.

b. Équation de Gauss

La résolution s'articule sur l'introduction du rapport β_{13} des aires du secteur curviligne S_{13} à celle du triangle T_{13} comme variable auxiliaire. Cette nouvelle variable permet d'introduire simplement la caractéristique principales des orbites képlériennes, à savoir : la constance de la vitesse aréolaire, directement proportionnelle à l'aire du secteur curviligne, voir Eq. (21.14 a) :

$$\beta_{13} = \frac{S_{13}}{T_{13}} = \frac{\sqrt{\mu\, p}}{r_1\, r_3\, \sin\theta_{13}}\, t_{13}\,. \tag{22.7}$$

L'Eq. (22.7) permet le calcul de $\boldsymbol{p}$ lorsque le rapport β_{13} et connu. La détermination de ce rapport est le coeur de la méthode de Gauss (voir Moulton 1914, articles 135 à 137, ou Bates 1971, chapitre 5, ou Danjon 1959, articles 93 à 95). Deux équations ne comprenant chacune que deux inconnues sont établies : le rapport β_{13} et l'écart E_{13} entre les anomalies excentriques.

La première équation est obtenue en écrivant l'Eq. (21.13 b) en chaque point, puis en éliminant la somme des anomalies vraies au moyen d'une forme dérivée des Eqs. (21.37 et 38). Il vient :

$$\beta^2 = \frac{m}{\ell + \sin^2\frac{E}{4}} \quad avec \quad \ell = \frac{r_1 + r_3}{4\sqrt{r_1 r_3}\cos\frac{\theta}{2}} - \frac{1}{2}, \qquad \text{et} \quad m = \frac{\mu}{(2\sqrt{r_1 r_3}\cos\frac{\theta}{2})^3} t^2 . \tag{22.8}$$

La deuxième équation est établie de la même manière en partant de l'Eq. de Kepler (21.48) et conduit à :

$$\beta^3 - \beta^2 = m \frac{E - \sin E}{\sin^3\frac{E}{2}} . \tag{22.9}$$

L'élimination de E entre les deux Eqs. (22.8 et 9) conduit à l'équation recherchée, appelée *équation de Gauss* :

$$\beta^3 - \beta^2 - \beta A - \frac{A}{9} = 0 \quad avec \quad A = \frac{m}{\frac{5}{6} + \ell + \xi} . \tag{22.10}$$

ξ est le résidu du développement de ces formules en série de ($\sin^2 E/2$). C'est donc un terme du quatrième ordre qui peut être négligé lors de la première itération. La résolution de l'Eq. (22.10) est facilitée par une table de racines (Danjon 1959, Table XXXVI) établie par Gauss.

2.2.5 Méthode de Gauss

a. Formulation générale

Comme dans la méthode de Laplace, le point de départ est un ensemble de trois positions angulaires et le temps en chacun des points. Les équations de base de la méthode de Gauss expriment que les trois positions inconnues du corps sont coplanaires : le déterminant des 3 × 3 coordonnées doit être nul. Développé par rapport à une des coordonnées ($\boldsymbol{x}$ par exemple), cette relation s'écrit :

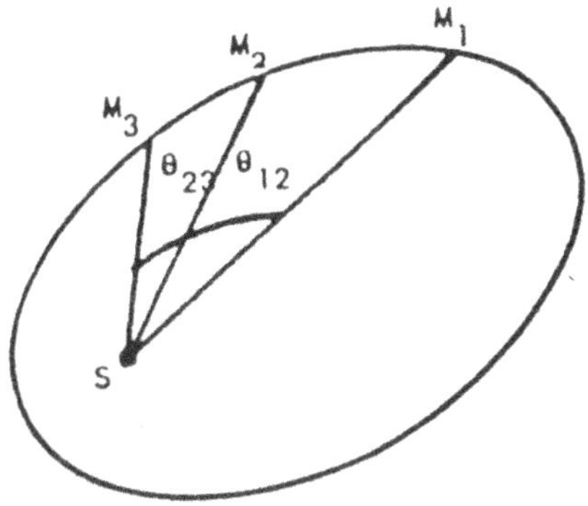

Figure 2.14 : Méthode de Gauss

$$x_1(y_2z_3 - y_3z_2) - x_2(y_1z_3 - y_3z_1) + x_3(y_1z_2 - y_2z_1) = 0 \,. \quad (22.11)$$

Les termes entre parenthèses représentent l'aire des projections des triangles concernés sur le plan Oyz. Ces relations restent valables si les projections sont remplacées par les triangles eux-mêmes. Il en résulte trois équations, la première en x, la deuxième en y et la dernière en z :

$$x_1\, T_{23} - x_2\, T_{13} + x_3\, T_{12} = 0 \,. \quad (22.12)$$

Dans le système des Eqs. (22.12), les coordonnées inconnues x_i, y_i et z_i des trois positions peuvent s'exprimer par les Eqs. (22.2), en fonction des distances géocentriques ρ_i. Il est ainsi possible de transformer ce système de manière à expliciter ces inconnues ρ_i en fonction de quantités connues par les données d'observation, ainsi que des rapports des aires des deux triangles intermédiaires T_{12} et T_{23} par rapport à celle du triangle total T_{13}. L'estimation la plus correcte possible de ces rapports permet dès lors la résolution du problème initial puisqu'elle permet de déterminer les coordonnées des trois points et de se ramener au problème classique de Gauss.

b. Aires des triangles

Trois méthodes sont disponibles pour estimer les aires des triangles, suivant le type de données initiales disponibles.

- **Développement en série**

Les aires des triangles font l'objet d'un développement en série du temps limité au deuxième ordre, à partir de l'aire des secteurs coniques. La distance r_2 au point central apparaît comme quatrième inconnue non linéaire, alors que les inconnues ρ_i, apparaissant par le biais des Eqs. (22.2 a), se présentent linéairement. Il existe donc une formule explicite de Cramer donnant ρ_2 en fonction de r_2.

$$\frac{T_1}{T_3} = \frac{t_1}{t_3} [1 + \frac{\mu}{6 r_2^3} (t_3^2 - t_1^2)..]$$

$$\text{et} \quad \frac{T_2}{T_3} = \frac{t_2}{t_3} [1 + \frac{\mu}{6 r_2^3} (t_3^2 - t_2^2)..] . \qquad (22.13)$$

Associée à l'Eq. (22.2 b), cette relation permet, comme pour la méthode de Laplace, de déterminer ρ_2 (et ensuite r_2), par recherche des racines d'une équation du huitième degré. Les Eqs. (22.12) transformées permettent alors aisément de calculer les autres distances géocentriques ρ_1 et ρ_3, puis de déterminer les positions des deux autres points r_1 et r_3.

- **Formules de Gibbs**

En 1888, Gibbs a démontré une formule ne faisant intervenir que les trois vecteurs $\bar{r}_i$. C'est l'Eq. (22.14) qui constitue historiquement la première contribution des États-Unis à la mécanique céleste (Bates 1971, chapitre 2.10) :

$$p (\bar{r}_1 \times \bar{r}_2 + \bar{r}_2 \times \bar{r}_3 + \bar{r}_3 \times \bar{r}_1) = \\ = r_3 (\bar{r}_1 \times \bar{r}_2) + r_1 (\bar{r}_2 \times \bar{r}_3) + r_2 (\bar{r}_3 \times \bar{r}_1) . \qquad (22.14)$$

Cette formule permet également de déterminer les rapports des triangles par développements en série poussés jusqu'au quatrième ordre :

$$\frac{T_1}{T_3} = \frac{t_1}{t_3} \frac{1 + \frac{\mu}{12 r_3^3} (t_2 t_3 - t_1^2)}{1 - \frac{\mu}{12 r_2^3} (t_1 t_2 + t_3^2)} ,$$

$$\text{et} \quad \frac{T_2}{T_3} = \frac{t_2}{t_3} \frac{1 + \frac{\mu}{12 r_1^3} (t_1 t_3 - t_2^2)}{1 - \frac{\mu}{12 r_2^3} (t_1 t_2 + t_3^2)} . \qquad (22.15)$$

Les Eqs. (22.15) requièrent la connaissance des trois positions r_1 à r_3 et ne peuvent donc être utilisées que lorsqu'une première approximation a été obtenue par une autre méthode.

- **Rapport β des aires du secteur curviligne à celle du triangle**

Enfin, puisque la détermination finale de p requiert la résolution de l'Eq. (22.10), la meilleure valeur des rayons héliocentriques est obtenue en calculant l'aire des triangles à partir de l'aire du secteur curviligne. En général, deux itérations sont suffisantes.

$$\frac{T_i}{T_3} = \frac{t_i}{t_3} \frac{\beta_3}{\beta_i} . \qquad (22.16)$$

c. Commentaires

La méthode de Gauss est nettement plus rapide que celle de Laplace : d'une part, les valeurs numériques intermédiaires sont constantes pour toutes les itérations et, d'autre part, la convergence est assez rapide. Toutefois, il n'y a pas d'amélioration pour les orbites très proches de l'écliptique.

Un exemple complet de détermination d'orbite est donné dans Danjon 1959, article 97 : le résultat final est obtenu en quatre itérations seulement. Les résultats sont généralement très bons si les observations sont sensiblement équidistantes et lorsqu'elles sont séparées par quelques dizaines de jours pour les astéroïdes et les comètes.

2.2.6 Restitution d'orbite

a. Corrections différentielles

Les méthodes de calcul exposées précédemment, permettent par un processus itératif plus ou moins rapide, d'obtenir les éléments d'orbite à partir d'un strict minimum d'observations. Ces éléments permettent à leur tour d'établir une éphéméride prédisant les positions futures du corps en vue d'observations ultérieures.

Plutôt que de reproduire les calculs compliqués des paragraphes précédents pour chaque groupe de six mesures, en vue par exemple d'établir des moyennes plus précises, il est nettement plus efficace d'utiliser les nouvelles mesures pour améliorer la précision de la solution déjà connue. Le mécanisme de calcul repose sur la comparaison entre les mesures réalisées et la prédiction de ces mesures, obtenue par modélisation de l'orbite. La différence obtenue est un *résidu* $\boldsymbol{\Delta m}$ qui est interprété comme résultant d'une erreur sur les paramètres orbitaux.

Les équations du mouvement sont linéarisées au voisinage de la solution connue et expriment la sensibilité des mesures aux valeurs des éléments de l'orbite. Un *vecteur d'état* $\bar{X}$, est défini pour décrire la trajectoire. Il comprend au minimum les six éléments de l'orbite et peut englober d'autres paramètres dynamiques ou caractéristiques des observations (par exemple les coordonnées de la station), à déterminer au moyen des mesures. Ce processus porte le nom d'*ajustement d'orbite* ou *identification des paramètres orbitaux* par la méthode des *corrections différentielles*.

$$\Delta m_k = \sum_{i=1}^{N} \frac{\partial m_k}{\partial x_i} \Delta x_i \quad (k = 1 \text{ à } M) , \qquad (22.17)$$

$$ou \quad \overline{\Delta m} = B\, \overline{\Delta X} .$$

Pour chaque type d'observation, les écarts linéarisés répondent aux Eqs. (22.17), données en notations classiques et matricielles.

Dans cette équation, Δm_k est le résidu (écart) entre valeurs observée et prédite de la k^e mesure, Δx_i est la variation du i^e élément du vecteur d'état $\bar{X}$. B est la matrice des $M \times N$ coefficients b_{ki} (dérivées partielles de m_k par rapport à x_i) représentant les sensibilités de la k^e mesure au i^e élément. Le vecteur $\Delta\bar{X}$ comprend les inconnues de ce système d'équations linéaires, il est appelé *vecteur corrections différentielles*, car il permet après résolution du système, de corriger les éléments déterminés précédemment :

$$\bar{X}_1 = \bar{X}_0 + \overline{\Delta X} . \tag{22.18}$$

Les dérivées partielles sont des fonctions complexes des éléments et de la nature des mesures concernées. Leur calcul est très lourd par la voie analytique. En revanche, il est aisé de les calculer numériquement : il suffit en effet de faire varier légèrement (de l'ordre de 1%) la valeur de chaque élément x_i pris séparément et de relever la variation correspondante Δm de la mesure concernée. Les dérivées partielles s'obtiennent alors approximativement par calcul du rapport $\Delta m_k / \Delta x_i$. Lorsqu'il y a autant de mesures que de composantes au vecteur d'état, le système (22.17) comprend autant d'équations que d'inconnues et peut être résolu exactement.

Cette méthode est particulièrement bien adaptée au calcul automatique par ordinateur, mais elle est également utile pour des cas plus classiques. En particulier, elle a été utilisée pour accélérer la convergence de la méthode de Laplace afin, après calcul des premiers éléments $\bar{r}_2$ et ρ_2 au point central, d'ajuster les observations aux deux autres points. Cette utilisation des corrections différentielles s'est révélée très pratique et a fourni des résultats très satisfaisants.

b. Méthode des *moindres carrés*

Le nombre M de mesures est généralement bien plus grand que le nombre N d'inconnues à déterminer par les Eqs. (22.17). C'est un problème mathématique classique avec données surabondantes, dont une solution par *moindres carrés* a été mise au point il y a deux siècles par Gauss. La surabondance des données fait que ces équations ne peuvent pas être résolues exactement. Ce système est alors modifié de la manière suivante pour faire apparaître l'écart d_k (la *distance*) entre valeur mesurée et solution :

$$d_k = \sum_{i=1}^{N} b_{ki} \, \Delta x_i - \Delta m_k \quad (k = 1 \text{ à } M) , \tag{22.19}$$

$$ou \quad \bar{D} = B \, \overline{\Delta X} - \overline{\Delta m} .$$

La méthode des moindres carrés consiste à faire passer *au mieux* la trajectoire à travers l'ensemble des résidus des mesures. La solution $\Delta\bar{X}$ recherchée est celle qui rend minimale la somme pondérée des carrés des M distances entre les mesures et la solution recherchée, il vient :

$$\frac{d}{dx_n}\left[\sum_{k=1}^{M} w_k \left(\sum_{i=1}^{N} b_{ki}\,\Delta x_i - \Delta m_k\right)^2\right] = 0\ , \qquad avec \quad n = 1 \text{ à } N\ . \tag{22.20}$$

La résolution des Eqs. (22.20) conduit à écrire le *système normal* de la méthode des moindres carrés :

$$\sum_{k=1}^{M}\sum_{i=1}^{N} b_{ki}\, b_{kn}\, w_k\, \Delta x_i = \sum_{k=1}^{M} b_{kn}\, w_k\, \Delta m_k\ , \qquad avec \quad n = 1 \text{ à } N\ , \tag{22.21}$$

$$ou \qquad (B^T\, W\, B)\, \overline{\Delta X} = (B^T\, W)\, \overline{\Delta m}\ .$$

Dans les Eqs. (22.21), W est la matrice diagonale $M \times M$ de pondération des mesures, et l'indice supérieur T indique une opération de *transposition* consistant à inverser lignes et colonnes. Comme les coefficients de sensibilité sont déterminés de manière approchée et que, de plus, ils varient avec les éléments du vecteur d'état, il faut voir dans cette méthode un processus itératif qui converge rapidement vers une solution stable. La séquence de calcul se présente alors comme suit :

1 : initialisation $\bar{X} = \bar{X}_0$,

2 : simulation des observations m_k aux instants t_k , et calcul des coefficients de sensibilité b_{ki} , suivi par le calcul des résidus de mesure $\Delta\, m_k$,

3 : résolution du système normal : Eqs. (22.21),

4 : correction suivant Eq. (22.18), suivi d'un test de précision : en cas d'écart significatif, reprendre au point 2.

Il existe une formulation récursive de la méthode des moindres carrés. Cette méthode permet d'entreprendre le calcul dès que quelques mesures seulement sont disponibles, la solution étant atteinte progressivement, au rythme de l'arrivée des données. Il est possible de montrer (Zarrouati 1987) que les formules récursives utilisées dans ce cas se ramènent au calcul d'un filtre de Kalman (*Rudolf Kalman* : n. 1930) : ces deux méthodes sont donc équivalentes au plan de la précision et de la stabilité numérique.

La méthode des moindres carrés appliquée aux corrections différentielles constitue une méthode classique pour la restitution des mesures quelconques. Dans le cas des trajectoires orbitales, c'est la méthode la plus puissante et la plus utilisée.

2.2.7 Orbites des étoiles doubles

La détermination d'orbite revêt un caractère particulier pour les étoiles doubles et pour les satellites naturels des planètes du Système solaire.

Dans ces deux cas, les observations fournissent les positions (r, t) relatives apparentes d'un des deux corps par rapport au corps le plus lumineux qui est appelé corps principal. L'orbite apparente qui en est déduite est la projection de l'orbite réelle du deuxième corps sur le plan tangent à la sphère céleste, perpendiculaire à la ligne de visée.

Le problème consiste à déterminer les éléments de l'orbite réelle, par rapport à ce plan : en particulier la position de la ligne des noeuds et l'inclinaison du plan orbital.

Bien que la projection d'une ellipse soit également une ellipse (voir annexe IV.5 b), l'ensemble des propriétés des orbites képlériennes n'est pas conservé par projection. C'est le cas en particulier des foyers qui ne sont pas conservés et de toutes les propriétés qui leurs sont liées.

La projection conserve les propriétés de symétrie et les rapports de surfaces : le centre, les propriétés des diamètres conjugués et la loi des aires, l'Eq. (21.75), sont conservés. Toutefois, la constante des aires est différente, elle est multipliée par le cosinus de l'inclinaison (voir Eq. (IV.36)).

a. Lissage initial

La principale difficulté de ce type de détermination d'orbite provient de la faible précision des écarts angulaires mesurant la distance entre deux objets très proches. Si aucune précaution n'est prise, les résultats sont souvent décourageants et peu reproductibles. Il dès lors nécessaire de procéder à un lissage préalable des données brutes.

C'est le but de la méthode de *William Herschel* (1738 - 1822) qui améliore la précision des distances polaires en ajustant l'orbite apparente pour vérifier la loi des aires. Par le passé, le lissage se faisait de manière plutôt empirique en cherchant une valeur moyenne acceptable pour la constante des aires. Actuellement, les techniques de moindres carrés sont préférées.

Les deux méthodes de résolution décrites ci-dessous s'appliquent à des séries d'observations plus longues qu'une période orbitale : la période est donc connue et l'orbite apparente complète peut être dessinée.

b. Méthode géométrique

La droite joignant le centre à l'étoile est la projection du grand axe. L'excentricité de l'orbite réelle peut être calculée par l'Eq. (21.32 d). L'Eq. (21.32 a) permet alors de calculer le rapport de dilatation des cordes parallèles au petit axe, dont la projection est la conjuguée de celle du grand axe.

La projection du cercle directeur peut donc être obtenue. Le grand axe de l'ellipse projection du cercle directeur est la ligne des noeuds. Le rapport de ces deux grands axes est le cosinus de l'inclinaison. Cette résolution géométrique est peu utilisée en pratique, car elle est trop sensible aux imprécisions des mesures angulaires et n'utilise pas du tout les informations temporelles.

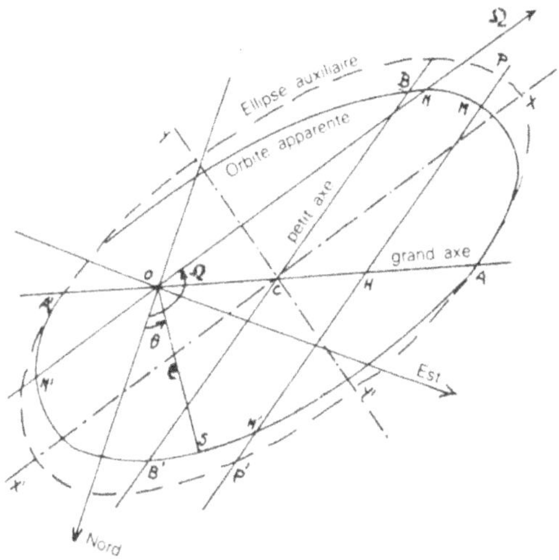

Figure 2.15 : Étoiles doubles - ellipse en projection

c. Méthode des points opposés

Cette méthode, mise au point par *André Danjon* (1890 - 1967) en 1937, n'utilise que les données d'observation temporelles. Elle évite ainsi les sources d'imprécisions signalées ci-dessus. Dans une ellipse képlérienne, l'écart des anomalies moyennes entre passages en deux points opposés n'est fonction que de l'anomalie moyenne et de l'excentricité.

En comparant la courbe expérimentale :

$$n\,(\Delta t - \frac{T}{2}) = \Delta M - \pi = f\,(M,\, e)\ , \qquad (22.22)$$

avec un réseau de courbes paramétrées en e, comme celui de la Fig 2.15, il est possible d'obtenir une bonne détermination de l'excentricité et du temps de passage au périastre. Les anomalies vraies peuvent alors être obtenues par inversion de l'équation de Kepler (Eqs. (21.48, 49) ou nomogramme de la Fig. 2.7), puis par application de l'Eq. (21.40).

Les positions angulaires étant connues dans les deux plans, les coordonnées x et y dans le plan apparent ainsi que les coordonnées X et Y dans le plan orbital peuvent être calculées en deux points. Les Eqs. (22.25 à 27) ci-après, permettent alors de déterminer tous les éléments orbitaux.

2.2.8 Méthode de Thiele - Innes à trois positions

La méthode de *Thiele* (v. 1850 - 1915) et *Innes* (v. 1870 - 1935) aborde la détermination d'orbite avec deux éléments simplificateurs :

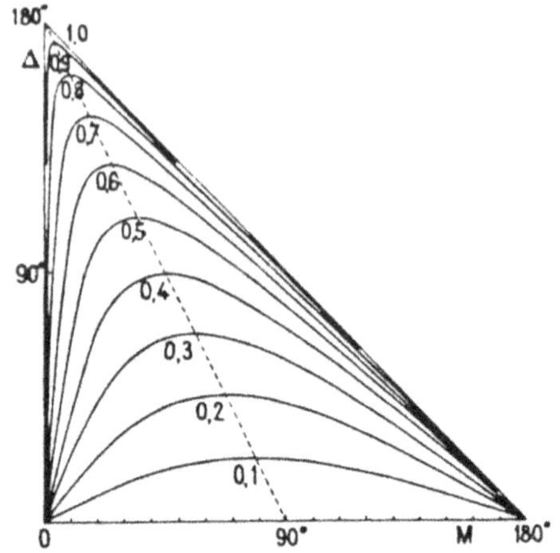

Figure 2.16 : Méthode des points opposés de Danjon

Elle suppose le plan d'orbite déjà déterminé, ainsi que connue ou estimée la constante des aires. Cette méthode a été développée spécialement pour le cas des étoiles doubles. Elle consiste à prélever trois positions (ρ, θ, t ou x, y et t) dans les éléments apparents traités et lissés.

a. Anomalies excentriques

Dans le plan apparent, les coordonnées des points sont x_i, y_i et t_i, h' est la constante des aires et T_{ik} est l'aire du triangle entre les points i et k :

$$E_{ik} - \sin E_{ik} = n\left(t_{ik} - \frac{2\,T_{ik}}{h'}\right), \quad i \neq k : 1 \text{ à } 3, \tag{22.23}$$

$$E_{13} = E_{12} + E_{23}\,.$$

Ce système doit être résolu par itérations successives, en ajustant la constante apparente des aires h'. Si de plus, seule une portion d'orbite a été observée, l'anomalie moyenne doit également être ajustée à chaque itération. Ensuite, l'excentricité e et l'anomalie excentrique E_2 au point central découlent des Eqs. (22.24) :

$$\begin{aligned} e\sin E_2 &= \frac{T_{13}\sin E_{12} - T_{12}\sin E_{23}}{T_{12} + T_{23} - T_{13}}\,, \\ e\cos E_2 &= \frac{T_{23}\cos E_{12} + T_{12}\cos E_{23} - T_{13}}{T_{12} + T_{23} - T_{13}}\,. \end{aligned} \tag{22.24}$$

Les anomalies excentriques et vraies en chaque point, ainsi que la position et le temps de passage au périastre peuvent alors être calculés.

b. Éléments de Thiele

x et y étant les coordonnées spatiales du corps dans le plan apparent, Thiele et Innes décrivent tout d'abord la transformation vers les coordonnées X et Y dans le plan de l'orbite vraie :

$$x = \frac{1}{a}(A\,X + F\,Y) \quad , \qquad y = \frac{1}{a}(B\,X + G\,Y) \,. \tag{22.25}$$

Les quatre constantes A, B, F et G sont les éléments de Thiele qui permettent de passer d'un plan à l'autre par une transformation linéaire. Les éléments apparents connus permettent la détermination de ces éléments et des coordonnées X et Y de l'orbite vraie :

$$\begin{aligned} X &= \cos E - e \quad , & Y &= \sqrt{1-e^2}\,\sin E \,, \\ A &= \frac{x_1 Y_3 - x_3 Y_1}{X_1 Y_3 - X_3 Y_1} \,, & F &= \frac{X_1 x_3 - X_3 x_1}{X_1 Y_3 - X_3 Y_1} \,, \\ B &= \frac{y_1 Y_3 - y_3 Y_1}{X_1 Y_3 - X_3 Y_1} \,, & G &= \frac{X_1 y_3 - X_3 y_1}{X_1 Y_3 - X_3 Y_1} \,. \end{aligned} \tag{22.26}$$

Les Eqs. (22.27) fournissent les formules de liaison entre ces divers éléments. Elles montrent que les quatre éléments d'orbite a, i, Ω et ϖ peuvent être remplacés par les quatre éléments de Thiele.

$$\begin{aligned} A &= a\,(\ \cos\varpi\,\cos\Omega - \sin\varpi\,\sin\Omega\,\cos i\ ) \,, \\ B &= a\,(\ \cos\varpi\,\sin\Omega + \sin\varpi\,\cos\Omega\,\cos i\ ) \,, \\ F &= a\,(-\sin\varpi\,\cos\Omega - \cos\varpi\,\sin\Omega\,\cos i\ ) \,, \\ G &= a\,(-\sin\varpi\,\sin\Omega + \cos\varpi\,\cos\Omega\,\cos i\ ) \,. \end{aligned} \tag{22.27}$$

La méthode de Thiele-Innes a été développée au début du siècle dans le but d'améliorer la détermination d'orbites des étoiles doubles, principalement en vue d'une application classique lorsque trois observations sont disponibles. Mais ce n'est pas là le vrai mérite de la méthode, car en pratique, de nombreuses observations restent souhaitables pour des raisons de précision. La période de certaines étoiles doubles se comptant en dizaines d'années et pouvant atteindre cinquante ans, les méthodes précédentes demandaient l'accumulation d'observations pendant des durées excessives avant d'être applicables. Le principal avantage de la méthode de Thiele-Innes est de pouvoir être mise en oeuvre rapidement, sans devoir nécessairement attendre qu'une orbite entière soit observée.

□

2.3
La gravitation selon Einstein

2.3.1 Mystérieuse gravitation

La propriété fondamentale du champ de gravitation est qu'il agit sur tous les corps, indépendamment de leur constitution matérielle et de leur état physique ou chimique. En revanche, une hypothétique vitesse de propagation du phénomène n'a jamais pu être mise en évidence. Cet aspect est étudié à l'annexe III.3 du chapitre 3. De même, aucun affaiblissement de la gravitation n'a été décelé lorsqu'un obstacle s'interpose entre deux corps célestes comme c'est le cas lors des éclipses.

Il en résulte que la gravitation est complètement décrite sous la forme d'un champ d'accélération, et qu'en conséquence, la masse pesante est identique à la masse inerte. C'est le *principe d'équivalence*, vérifié à 10^{-3} par *Isaac Newton* (1642 - 1727), au moyen du pendule. En 1909, le physicien hongrois baron *Lorand von Eötvös* (1848 - 1919) montra au moyen d'une balance de torsion, l'équivalence des deux masses à mieux que 10^{-7}. En 1980, l'équivalence est vérifiée avec une précision de 10^{-11} et des mesures spatiales (satellite *STEP*) permettent d'envisager une précision de 10^{-17} vers 2005.

Jusqu'au début du XXe siècle, les savants se sont contentés d'enregistrer cette propriété. L'interprétation de cette identité par *Albert Einstein* (1879 - 1955) lui fit énoncer la propriété fondamentale suivante :

> *" dans un référentiel quelconque, un observateur privé de points de repère extérieurs à son référentiel, est incapable de distinguer un champ de gravitation d'un champ d'accélération. "*

Cette propriété est illustrée par les expériences de pensée - *gedanken Experiment* - d'Einstein, représentées à la Fig. 2.17 et mettant en oeuvre des observateurs enfermés dans un ascenseur ou une fusée en mouvement uniformément accéléré, ou bien des êtres plats vivant à l'intérieur d'une surface cylindrique en rotation uniforme. Ces observateurs, s'estimant immobiles, interprètent les étranges propriétés de l'espace par un état particulier, un *champ de gravitation*, qui rend compte, pour les premiers, de l'accélération constante et pour les seconds, des accélérations centrifuge et de Coriolis (*Gaspard Coriolis* : 1792 - 1843). Il est bien évident qu'un observateur *extérieur* interprète bien plus simplement l'état de ces espaces en mouvement relatif par rapport à son propre repère extérieur. Il pourrait expliquer à ces êtres comment annuler (ou *réduire*) leur champ de gravitation par un judicieux changement de référentiel.

L'histoire de l'astronomie est d'ailleurs jalonnée de telles transformations de coordonnées, puisque de *Claude Ptolémée* (90 - 170) à Newton en passant par *Johannes Kepler* (1571 - 1630), les référentiels, d'abord géographique puis géocentrique, ont été successivement abandonnés au profit du référentiel de Newton, centré au centre de masse du Système solaire. Le champ de gravitation résiduel qui subsiste après ces différentes transformations est qualifié d'*irréductible* car il n'est plus possible de l'expliquer par un mouvement relatif du référentiel final.

L'objet de la relativité générale est de traiter le champ de gravitation comme s'il était réductible, par un changement de référentiel, non pas en vue d'annuler un mouvement, mais en introduisant une caractéristique supplémentaire au référentiel : la courbure de l'espace-temps. La gravitation apparaît alors comme effet de cette courbure.

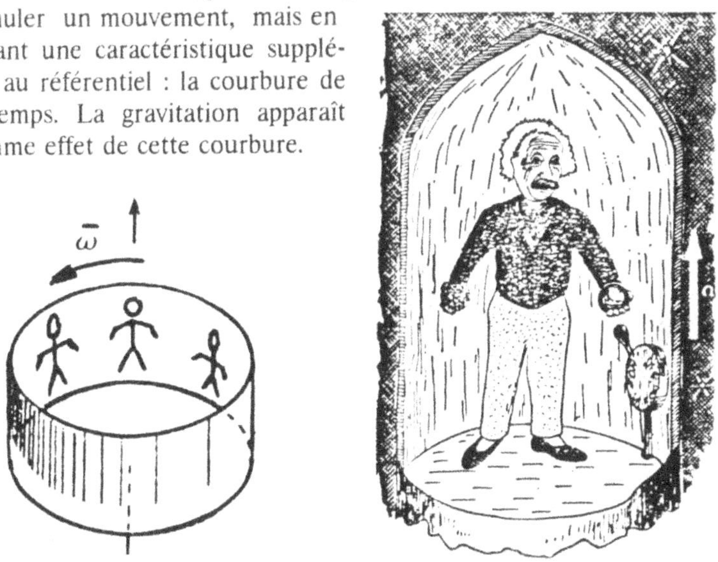

Figure 2.17 : Expériences de pensée d'Einstein

2.3.2 Équations générales de la relativité

a. Position du problème

Le référentiel (système d'axes) $O'\tilde{x}_1$ est en mouvement rectiligne à vitesse $\vec{v}$, par rapport à un autre référentiel $O x_1$. La vitesse $\vec{v}$ est orientée suivant la direction commune des axes $O x_1$ et $O'\tilde{x}_1$. La forme classique du mouvement relatif comprend les quatre équations suivantes :

$$\tilde{x}_1 = x_1 - x_{10} - \int v\, dt\,, \quad \tilde{x}_2 = x_2\,, \quad \tilde{x}_3 = x_3 \quad et \quad \tilde{t} = t\,. \tag{23.1}$$

Les équations en x_2 et x_3 (c'est-à-dire **y** et **z**) traduisent le fait que ces coordonnées ne sont pas altérées par le mouvement. La dernière équation n'était pas explicitée en mécanique classique, elle doit être ajoutée pour des raisons qui apparaîtront ci-dessous. Enfin, la première équation est une équation intégrale qui conduit à abandonner les référentiels globaux $O x_1$ et $O'\tilde{x}_1$, pour passer à des référentiels locaux. Pour la facilité, seules les équations en x_1 et en t sont présentées ci-dessous sous forme matricielle :

$$\begin{pmatrix} d\tilde{x}_1 \\ d\tilde{t} \end{pmatrix} = \begin{pmatrix} 1 & -v \\ 0 & 1 \end{pmatrix} \begin{pmatrix} dx_1 \\ dt \end{pmatrix}. \tag{23.2}$$

À la fin du XIXe siècle, il apparut clairement que ces équations étaient en défaut pour la lumière, dont la vitesse c reste invariante quelle que soit la vitesse (uniforme) de la source (voir article 2.3.3 b). Ce système doit donc être modifié pour tenir compte de cette donnée expérimentale indiscutable. C'est le but du système des Eqs. (23.4) : un facteur de proportionnalité $1 / \beta$ est introduit dans la première équation, tandis que la deuxième est rendue arbitraire par deux coefficients a et b dépendant de la vitesse.

Avant d'écrire le système résultant, il est utile de transformer la variable temps afin de lui donner la dimension d'une longueur, pour la rendre homogène avec les trois autres coordonnées.

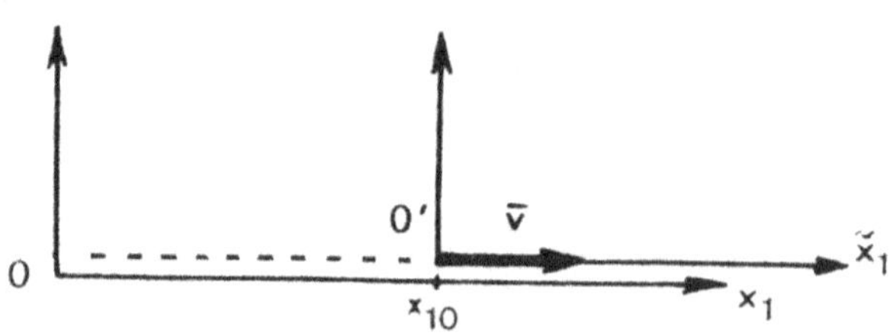

Figure 2.18 : Mouvement relatif de O' x̃ suivant O x

La convention introduite par le lithuanien *Hermann Minkowski* (1864 - 1909) remplace le temps t par une quatrième variable d'espace, notée x_4, définie par les Eqs. (23.3) :

$$x_4 = j\,c\,t \quad et \quad \tilde{x}_4 = j\,c\,\tilde{t}\,, \tag{23.3}$$

où $j = \sqrt{-1}$ est le nombre imaginaire. Le choix de cette convention est justifié par le fait que l'axe imaginaire est orthogonal aux trois axes d'espace. Par conséquent, si ces trois axes constituent un système cartésien (trirectangulaire), le nouveau référentiel à quatre dimensions est également cartésien. Les équations générales de la relativité s'écrivent alors :

$$\overline{d\tilde{x}} = \frac{1}{\beta}\begin{pmatrix} 1 & v' \\ a & b \end{pmatrix}\overline{dx} \quad et \quad \overline{dx} = \frac{\beta}{b - a v'}\begin{pmatrix} b & -v' \\ -a & 1 \end{pmatrix}\overline{d\tilde{x}}\,, \tag{23.4}$$

$$avec \quad v' = j\,\frac{v}{c}\,. \tag{23.5}$$

Le but de la théorie de la relativité est d'établir les spécifications permettant de déterminer les trois fonctions arbitraires a, b et β, en vue de mettre les Eqs. (23.4) en concordance avec les résultats expérimentaux sur la lumière, ou afin de réduire le champ de gravitation.

b. Quelques rappels

• Jacobiens

Quelques éléments de la théorie des changements de coordonnées de *Karl Gustav Jacobi* (1804 - 1851) sont donnés en annexe II.2 et 3.

• Métrique dans l'espace de Riemann

Les définitions et quelques propriétés des tenseurs sont rassemblées en annexe II.4. En particulier, le *tenseur métrique fondamental* g_{ik} y est décrit plus en détail. La relation métrique d'un espace courbe de Riemann (*Bernhard Riemann* : 1826 - 1866) est :

$$ds^2 = \sum_{i\,k} g_{ik}\,dx^i\,dx^k\,. \tag{23.6}$$

À noter la position haute des indices des variables indépendantes, à ne pas interpréter comme des exposants : ils mettent en évidence leur caractère contrevariant, voir annexe II.1 c.

Dans l'espace plat de la géométrie d'*Euclide* (-330 à -275), l'expression du tenseur métrique est particulièrement simple pour autant que le repère choisi soit orthogonal :

$$ds^2 = \sum_i dx^i\,dx^i \quad car \quad g_{ik} = \delta_i^k = \begin{matrix} 1 & si & i = k\,, \\ 0 & si & i \neq k\,. \end{matrix} \tag{23.7}$$

La métrique euclidienne s'y ramène à la relation de *Pythagore* (v. -570 à -480). δ_i^k est le symbole de Kronecker (*Leopold Kronecker* : 1823 - 1891) valant **1** pour $i = k$ et **0** pour $i \neq k$.

c. Formulation générale des équations de la relativité

Le choix des trois fonctions arbitraires a, b et β est réalisé en deux étapes. La première vise à maintenir l'orthogonalité des deux axes et à conserver l'invariance de l'élément de volume en imposant que le Jacobien (déterminant de la transformation) soit égal à l'unité :

$$\tilde{g}_{14} = 0 \;:\; a = -\, b\, v' , \tag{23.8}$$

$$\beta^2 = b - a\, v' = b\,(1 - \frac{v^2}{c^2}) . \tag{23.9}$$

Ce choix fixe la valeur des fonctions a et β et ne laisse plus ouverte que la forme de la fonction b. Les équations générales (23.4) prennent la forme suivante :

$$\overline{d\tilde{x}} = \frac{1}{\beta}\begin{pmatrix} 1 & v' \\ -b v' & b \end{pmatrix}\overline{dx} \quad et \quad \overline{dx} = \frac{1}{\beta}\begin{pmatrix} b & -v' \\ b v' & 1 \end{pmatrix}\overline{d\tilde{x}} . \tag{23.10}$$

La forme de cette dernière transformation suggère d'emblée deux cas particuliers :

- pour $b = 1$, une *transformation orthonormée* est obtenue par l'égalité des termes diagonaux. Cette transformation est associée à la relativité restreinte, ses paramètres caractéristiques sont notés avec l'indice **0** pour les différencier du cas général :

$$\beta_0^2 = 1 - \frac{v_0^2}{c^2} , \tag{23.11}$$

- pour $\beta = 1$, *une transformation remarquable* sans déformation de l'axe d'espace $O'\,\tilde{x}_1$, de telle sorte que la première des Eqs. (23.10 a) se ramène à la forme classique de *Galilée* (Eq. (23.2 a) (*Galileo Galilei* : 1564 - 1642)). Il vient :

$$\frac{1}{b} = 1 - \frac{v^2}{c^2} . \tag{23.12}$$

Cette transformation s'écarte peu de l'espace euclidien et des conditions d'orthogonalité, d'autant moins que la vitesse est faible par rapport à la vitesse de la lumière. Cette transformation remarquable conduit à la théorie de la gravitation et à la solution de *Karl Schwarzschild* (1873 - 1916), développée à l'article 2.3.6.

2.3.3 Mouvements rectilignes uniformes - relativité restreinte

La théorie de l'électromagnétisme de *James Clerk Maxwell* (1831 - 1879) a mis en évidence, vers 1860, une propriété fondamentale de la lumière dont la vitesse c ne dépend que des caractéristiques physiques du vide et est totalement indépendante de la vitesse de la source. Le concept d'*éther*, postulé pour résoudre cette énigme, a été abandonné suite aux mesures interférométriques négatives d'*Albert Michelson* (1852 - 1931) en 1881, confirmées en 1887 par *Edward Morley* (1838 - 1923).

a. Transformation de coordonnées

Lorsque la vitesse relative $\vec{v}_0$ entre les deux systèmes de coordonnées est constante, la vitesse de la lumière est un invariant dans ces deux systèmes. Cette invariance peut s'écrire de manière élémentaire en exprimant que dans chaque référentiel, les surfaces d'onde observées un temps infiniment petit après l'émission sont confondues :

$$\begin{aligned} ds^2 &= \sum_{i=1}^{4} dx^i\, dx^i = \sum_{i=1}^{3} dx^i\, dx^i - c^2\, dt^2 = \\ &= \sum_{i=1}^{4} d\tilde{x}^i\, d\tilde{x}^i = \sum_{i=1}^{3} d\tilde{x}^i\, d\tilde{x}^i - c^2\, d\tilde{t}^2 . \end{aligned} \quad (23.13)$$

Cette équation est la relation métrique de l'espace-temps. Elle signifie que les deux tenseurs fondamentaux g_{ik} et $\tilde{g}_{ik}$ sont diagonaux : $g_4 = g_1 = \tilde{g}_4 = \tilde{g}_1 = 1$: la transformation est donc orthogonale. De plus, tous les termes de la matrice jacobienne sont constants et les Eqs. (23.10) sont applicables à l'ensemble de l'espace, quel que soit le point où elles sont calculées :

$$\bar{\tilde{X}} = \frac{1}{\beta_0} \begin{pmatrix} 1 & v'_0 \\ -v'_0 & 1 \end{pmatrix} \bar{X} \quad et \quad \bar{X} = \frac{1}{\beta_0} \begin{pmatrix} 1 & -v'_0 \\ v'_0 & 1 \end{pmatrix} \bar{\tilde{X}} , \quad (23.14)$$

Les Eqs. (23.14) décrivent la *transformation de Lorentz*, du nom du physicien hollandais *Hendrik Lorentz* (1853 - 1928) qui établit ces équations en 1904, sur base d'idées que *George FitzGerald* (1851 - 1901) avait émises dix ans plus tôt. En effet, pour obtenir l'invariance de la vitesse de la lumière quelle que soit la vitesse constante de la source, il faut introduire des contractions des longueurs et des dilatations des intervalles de temps pour compenser le mouvement des observateurs.

Les référentiels en mouvement relatif rectiligne et uniforme sont appelés *systèmes d'inertie*. Ils peuvent être choisis cartésiens, et le passage d'un système d'inertie vers un autre se fait par une transformation orthogonale.

En particulier, il sera toujours possible de trouver un intervalle d'espace-temps Δx, suffisamment petit et tel que la vitesse puisse y être regardée comme constante. Cet espace constitue un système d'inertie local possédant le caractère cartésien, avec l'orthogonalité des quatre axes. La transformation (23.14) est donc applicable à partir de ce système d'axes.

- **Définition : temps propre**

Le *temps propre* τ est le temps invariant correspondant à l'invariant de métrique ds : il est défini par la relation suivante :

$$ds = (j)\, c\, d\tau \quad ou \quad d\tau = (-j)\,\frac{ds}{c}\,. \tag{23.15}$$

Les parenthèses entourant le facteur imaginaire j ont pour but d'attirer l'attention sur une définition légèrement différente du temps propre donnée par l'Eq. (23.23), *dans le cadre de la cosmologie.*

Pour une particule en mouvement $\vec{v}_0$ par rapport au référentiel $O\,x_1\,x_4$ mais au repos par rapport au référentiel $O'\,\tilde{x}_1\,\tilde{x}_4$ en mouvement avec elle, le temps propre s'écrit, en introduisant l'Eq (23.15) dans la relation métrique (23.13) :

$$d\tau = d\tilde{t} = \beta_0\, dt\,. \tag{23.16}$$

D'après cette équation, le temps propre apparaît comme une mesure invariante du temps, dans l'espace d'inertie en mouvement avec le corps.

b. Conséquences fondamentales

- **Vitesse de la lumière**

La vitesse de la lumière apparaît comme vitesse limite pour la propagation ou pour le mouvement des corps ou des phénomènes physiques. En effet la transformation (23.14) est singulière pour $v_0 = c$, le facteur β_0 s'annule : un mobile atteignant la vitesse de la lumière voit sa dimension augmenter dans le sens du mouvement, tandis que le temps s'arrête.

À noter que la nouvelle loi de composition des vitesses prend la forme scalaire suivante :

$$v' = \frac{v_1 + v_2}{1 + \dfrac{v_1 v_2}{c^2}}\,. \tag{23.17}$$

- **Relation masse - énergie**

La théorie de la relativité restreinte, publiée en 1905, a été suivie par divers compléments et perfectionnements :

- Minkowski introduisit en 1908 le concept d'espace-temps et la définition (23.3) de la nouvelle coordonnée de temps,

- *Paul Langevin* (1872 - 1946) et Einstein établirent les règles de la dynamique relativiste avec introduction des quadrivecteurs, dont le résultat le plus étonnant est la célèbre équation d'Einstein :

$$E_0 = m\,c^2\ , \tag{23.18}$$

par laquelle est mise en évidence l'énorme quantité d'énergie *intrinsèque* que possède un corps par le biais de sa masse. Cette équation fournit la réponse à d'innombrables questions que se posaient les physiciens du XIXe siècle sur l'origine de l'énergie dégagée lors des divers processus physiques et chimiques et principalement sur l'origine de l'énergie du rayonnement des étoiles (voir chapitre 4.3.7).

- **Gravitation**

La relativité restreinte laisse subsister un important point d'ombre : si les équations de l'électromagnétisme et de la mécanique classique s'intègrent parfaitement dans la nouvelle théorie, il n'en est pas de même de l'attraction newtonienne. En effet, cette attraction, qui se transmet instantanément, est en contradiction flagrante avec la limite absolue qu'est la vitesse de la lumière (voir chapitre 3, annexe III.3). Une adaptation ou une extension du principe de relativité restreinte s'avère donc nécessaire.

2.3.4 Spécifications de l'équation du champ de gravitation

Le problème de la gravitation peut être décrit en ces termes : pourquoi les corps célestes présentent-ils des mouvements orbitaux, alors qu'à l'échelle cosmique et vu leur isolement, ils semblent constituer de façon idéale le modèle de la *particule libre* devant, par le principe d'inertie, être animée d'un mouvement rectiligne et uniforme ? La solution de Newton renonce au caractère libre des corps, par l'intervention d'une force agissant à distance, mais dont le caractère physique reste mystérieux.

La théorie de la Relativité générale a été publiée en 1915. Cette création *ex nihilo* d'Einstein contient une approche toute différente : les corps célestes sont considérées comme des *particules libres* dont les trajectoires naturelles sont les *géodésiques* de l'espace-temps à quatre dimensions. La gravitation est donc, suivant cette approche, une caractéristique intrinsèque de l'espace, c'est-à-dire de sa *géométrie*, liée au contenu matériel.

Les éléments principaux du calcul tensoriel, appelé aussi *calcul différentiel absolu*, et de la géométrie de Riemann figurent en annexe II, ainsi qu'au chapitre 7.2. L'intérêt majeur du calcul tensoriel est qu'une équation tensorielle, telle l'Eq. (II.23), est totalement indépendante du système de coordonnées dans lequel elle est écrite.

L'équation de champ recherchée doit fixer la géométrie en fonction de la matière et répondre aux quatre spécifications décrites ci-après :

1. **Principe de relativité générale**

   Tous les systèmes de référence sont équivalents pour la description des lois de la nature. C'est pourquoi la forme retenue est celle d'une équation tensorielle qui possède la propriété intrinsèque de rester valable en cas de changement de système de référence. Cette propriété est vérifiée pour les équations de l'électromagnétisme, mais pas pour la loi de Newton.

2. **Principe de Mach**

   Le système de référence (et donc l'espace) est défini par rapport à des repères qui ne peuvent être que des masses existantes. Ce principe, énoncé par *Ernst Mach* (1838 - 1916), est traduit par une relation de proportionnalité entre deux tenseurs : d'une part le *tenseur de gravitation* $E_{\mu\nu}$ *(tenseur d'Einstein)*, représentant la géométrie locale de l'espace-temps et, d'autre part, le *tenseur impulsion-énergie* $T_{\mu\nu}$, traduisant la répartition des masses et donc des énergies en présence.

3. **Conservation de l'énergie**

   Les grandeurs conservatives de la mécanique des fluides sont rassemblées dans le tenseur impulsion-énergie $T_{\mu\nu}$: ce sont la masse, la quantité de mouvement (impulsion) et l'énergie. Pour être homogènes, ces grandeurs sont normalisées sous forme de densités d'énergie : la masse est multipliée par c^2, en accord avec l'Eq. (23.18), tandis que la quantité de mouvement est multipliée par c. Afin de satisfaire aux lois de conservation, ce tenseur doit être à *divergence nulle* (voir annexe II.4 b, Eq. (II.24)).

4. **Gravitation de Newton**

   La loi de Newton en $1/r^2$ doit, bien entendu, être retrouvée comme approximation, lorsque les champs de gravitation sont faibles, puisque cette théorie s'est révélée excellente pour décrire le mouvement des corps du Système solaire.

2.3.5 Relativité générale

a. Équation du champ de gravitation

Le tenseur d'Einstein a été construit de la manière suivante : dans l'espace courbe de Riemann, il n'existe qu'un seul tenseur symétrique d'ordre deux en liaison avec la courbure locale, et ne dépendant que du tenseur fondamental $g_{\mu\nu}$: c'est le tenseur $R_{\mu\nu}$ décrit par *Gregorio Ricci* (1853 - 1925) - voir annexe II.6 c, Eq. (II.45).

La caractéristique de divergence nulle est obtenue par un terme correctif $g_{\mu\nu} R/2$, où apparaît le tenseur fondamental et le rayon de courbure local R. Enfin, une constante d'intégration Λ, appelée *constante cosmologique*, fut ajoutée ultérieurement (en 1917) pour lever certaines difficultés rencontrées dans les applications cosmologiques (voir chapitre 7.2.4 b). Le mathématicien français *Elie Cartan* (1869 -1951) a démontré en 1922 que le tenseur d'Einstein est bien le tenseur le plus général présentant les propriétés requises. L'équation du champ de gravitation ainsi obtenue est :

$$R_{\mu\nu} - g_{\mu\nu}\left(\frac{R}{2} - \Lambda\right) = -\kappa T_{\mu\nu}, \tag{23.19}$$

$$\text{avec} \quad E_{\mu\nu} = R_{\mu\nu} - g_{\mu\nu}\frac{R}{2} \quad \text{et} \quad \kappa = \frac{8\pi G}{c^4}. \tag{23.20}$$

Comme $R_{\mu\nu}$ est un tenseur composé d'éléments quadratiques et de dérivées du deuxième ordre, l'équation d'Einstein, appliquée dans un espace-temps riemannien à quatre dimensions, correspond, en théorie, à un système de *seize* équations différentielles quadratiques du deuxième ordre, dont les inconnues sont les *seize* fonctions $g_{\mu\nu}$, décrivant la géométrie de l'espace-temps. Vu la symétrie (μ, ν) - (μ, ν), il y a, au maximum, *dix* composantes différentes et *dix* équations indépendantes. La valeur du coefficient de proportionnalité κ est obtenue à partir de l'Eq. (21.8 b) de Poisson (*Denis Poisson* : 1781 - 1840). Les fonctions $g_{\mu\nu}$ jouent le rôle du potentiel : elles sont appelées *potentiels de métrique*.

b. Métrique F.L.R.W.

Dans la plupart des cas, il y a symétrie sphérique, et la métrique peut être grandement simplifiée en choisissant les coordonnées sphériques :

$$x^1 = r \text{ , longitude } x^2 = \varphi \text{ , colatitude } x^3 = \theta \text{ et } x^0 = x^4 = jct \text{ .} \tag{23.21}$$

La métrique la plus générale concerne principalement la cosmologie. Elle porte le nom de *métrique F-L-R-W*, pour *Alexandre Friedmann* (1888 - 1925), *Georges Lemaître* (1894 - 1966), *Howard Robertson* (1903 - 1961) et *Arthur Walker* (v. 1900 - 1970).

Les lettres grecques *en indice signifient qu'il y a quatre dimensions d'espace-temps. La coordonnée temps est notée indifféremment* x^4 *ou encore* x^0. *L'indice* **4** *était utilisé initialement. L'indice* **0** *s'est imposé, principalement en cosmologie mathématique* (*voir chapitre* 7.2).

Métrique F-L-R-W

$$ds^2 = a(r,t)c^2dt^2 - R^2(t)[b(r,t)dr^2 + r^2(d\theta^2 + \sin^2\theta \, d\varphi^2)], \tag{23.22}$$

$$\text{avec} \quad g_0 = g_4 = a(r,t) \quad \text{et} \quad g_1 = R^2(t)\, b(r,t).$$

Figure 2.19 : Le temple de la gravitation
d'après George Gamow (1904 - 1968)

Dans sa version statique, cette métrique s'applique parfaitement à la solution du problème des deux corps.

La succession des signes affectant les termes carrés associés aux quatre coordonnées - temps puis espace - c'est-à-dire la séquence des indices **0, 1, 2, 3**, est appelée *signature* de la métrique. Dans l'espace-temps de Minkowski, la signature est - + + +, tandis qu'en relativité générale et en cosmologie relativiste, la signature retenue est la séquence + - - - de l'Eq. (23.22). Cette convention permet de traiter le terme de métrique et surtout le temps propre comme deux grandeurs *réelles* :

$$d\tau = \frac{ds}{c} \,. \qquad (23.23)$$

Compte tenu des simplifications introduites par le choix des coordonnées sphériques, le problème général est réduit de dix à trois fonctions inconnues $R(t)$, $a(r, t)$ et $b(r, t)$. De plus, la métrique du problème des deux corps est stationnaire : R peut être pris égal à l'unité. Il ne subsiste dès lors, que deux fonctions inconnues à déterminer :

$$g_0 = g_4 = a(r) \quad et \quad g_1 = b(r) \quad avec \quad R = 1 \,. \qquad (23.24)$$

2.3.6 Métrique de Schwarzschild

a. Solution de Schwarzschild

En 1916, Schwarzschild réussit la première résolution complète des équations de champ pour un corps sphérique homogène.

Cette solution est établie pour un espace extérieur vide, c'est-à-dire avec T_{ik} nul à l'extérieur du centre d'attraction. Cette solution a été trouvée initialement avec une valeur nulle de la constante cosmologique. Toutefois, la résolution complète avec constante non nulle est donnée au chapitre 7.2.5 et conduit aux résultats suivants :

$$R = 1 \;, \quad a = \frac{1}{g_1} = g_0 = g_4 = 1 - \frac{2GM}{rc^2} \; ... \; (- \frac{\Lambda r^2}{3}) \;. \qquad (23.25\ a)$$

Cette expression peut également être écrite en faisant apparaître le potentiel de gravitation newtonien, issu des Eqs. (21.5 et 23 b) :

$$g_4 = 1 - \frac{2\,U}{c^2} = 1 - \frac{v^2{}_L}{c^2} \;. \qquad (23.25\ b)$$

Ces résultats sont entièrement compatibles avec les Eqs. (23.10 et 12), ce qui permet une interprétation simple et directe de l'espace-temps courbe de Schwarzschild : le champ ressenti par un observateur situé en ***O'*** , sous l'influence d'un corps isolé en ***O*** est équivalent à la deuxième transformation décrite à l'article 2.3.2 c.

Si les deux corps sont initialement très éloignés l'un de l'autre et abandonnés sans vitesse initiale, ils vont, d'après la théorie classique, se mettre en mouvement vers le centre d'attraction, suivant une trajectoire verticale parabolique (voir section 2.1.8). La vitesse varie peu et reste en tout point égale à la vitesse de libération.

b. Méthode approchée

Dans l'espace-temps à quatre dimensions, déformé par un champ de gravitation faible, les dérivées premières des trois composantes spatiales (indices m = 1, 2 et 3) peuvent être, en première approximation, négligées par rapport à l'invariant ds . En effet, l'Eq. (23.23) permet d'écrire :

$$\frac{dx^m}{ds} = \frac{1}{c}\,\frac{dx^m}{d\tau} = \frac{v_m}{c} \approx 0 \;. \qquad (23.26)$$

Ces termes sont négligeables vu la petitesse du rapport des vitesses. Cette approximation permet de ne conserver que la composante du temps dans le deuxième terme de l'Eq. (II.17) des géodésiques : les indices i et k sont pris égaux à 4. Pour un champ de gravitation stationnaire, cette équation se réduit à la forme suivante pour m = 1 , 2 et 3 :

$$\frac{d^2x^m}{ds^2} = -\,\Gamma^m_{44}\,(\frac{\partial x^4}{ds})^2 \approx \frac{1}{2}\,\frac{\partial g_4}{\partial x^m} = grad_m\,\frac{g_4}{2} \;, \qquad (23.27)$$

dans laquelle g_4 est supposé indépendant du temps, et dx^4 / ds égal à l'unité, en vertu de l'Eq. (23.23). Mais les dérivées secondes des variables spatiales sont aussi proportionnelles à l'accélération de gravitation :

$$\frac{d^2x^m}{ds^2} = \frac{\phi_m}{c^2} = -\frac{1}{c^2}\, grad_m\, U\,. \qquad (23.28)$$

L'Eq. (23.25 b) peut alors être obtenue en intégrant les deux gradients apparaissant aux Eqs.(23.27 et 28), la constante d'intégration étant égale à l'unité, compte tenu des conditions aux limites, pour r tendant vers l'infini.

c. Trous noirs

Les Eqs. (23.25) font une fois de plus apparaître le caractère limite de la vitesse de la lumière. La métrique est singulière lorsque la vitesse d'évasion atteint cette valeur. D'autre part, un corps céleste ayant une densité telle que toute sa masse serait concentrée dans un corps de rayon inférieur au rayon critique noté R_c :

$$R < R_c = \frac{2\,G\,M}{c^2}\,, \qquad (23.29)$$

constituerait un piège gravifique pour tout rayonnement et pour tout corps se trouvant entre la surface du corps et cette distance critique. Les hypothétiques corps célestes de ce type sont appelés *trous noirs*. Ces corps avaient déjà été mentionnés en 1783 par l'anglais *John Mitchell* (v. 1740 - 1795), ainsi que par *Pierre-Simon de Laplace* (1749 - 1827), qui les appelait *corps obscurs*.

2.3.7 Orbites relativistes

Dans l'espace-temps déformé par le champ de gravitation, les corps livrés à eux-mêmes parcourent des trajectoires naturelles, appelées géodésiques, dont l'équation générale (tensorielle) est donnée en annexe II, ce sont les Eqs. (II.17). Le tenseur métrique fondamental étant défini complètement par les Eqs. (23.25), tous les éléments permettant le calcul de ces équations sont disponibles.

Les conditions initiales du mouvement doivent permettre de se rapprocher le plus possible de la forme des Eqs. (21.13). Le corps est supposé être en orbite dans le plan équatorial ($\theta = \pi / 2$), et sa vitesse initiale est comprise dans ce plan. La longitude φ de l'Eq. (23.21 c) correspond à l'angle polaire θ de la théorie classique. Les conditions initiales sont donc :

$$\theta_0 = 0 \quad et \quad \frac{d\theta}{ds}\Big|_0 = 0\,. \qquad (23.30)$$

La deuxième équation issue des Eqs. (II.17) s'écrit, pour $m = 2$:

$$\frac{d^2\theta}{ds^2} + \frac{2}{r}\frac{dr}{ds}\frac{d\theta}{ds} = 0\ ,\quad d'où\quad \frac{d^2\theta}{ds^2} = \frac{d\theta}{ds} = 0\ , \tag{23.31}$$

$$car\quad \Gamma_{33}^{2} = -\sin\theta\cos\theta = 0 \quad et \quad \Gamma_{12}^{2} = \Gamma_{21}^{2} = \frac{1}{r}\ . \tag{23.32}$$

Il en résulte que l'accélération angulaire en latitude est nulle : le mouvement est et reste dans le plan équatorial. Dans ces conditions, seules restent en jeu les coordonnées polaires r et φ, comme dans la théorie de Newton. Les coefficients $\Gamma_{i\ k}^{\ m}$ se simplifient donc comme suit :

$$\Gamma_{11}^{1} = \Gamma_{14}^{4} = \Gamma_{41}^{4} = -\frac{R_c}{2\,r\,(r-R_c)}\ ,\quad \Gamma_{13}^{3} = \Gamma_{31}^{3} = \frac{1}{r}\ ,$$

$$\Gamma_{22}^{1} = -(r-R_c)\ ,\quad \Gamma_{23}^{3} = \Gamma_{32}^{3} = \cot\theta = 0\ , \tag{23.33}$$

$$\Gamma_{33}^{1} = -(r-R_c)\sin^2\theta = R_c - r \quad et \quad \Gamma_{44}^{1} = \mu\,(r-R_c)\ .$$

Les Eqs. (II.17), écrites pour $m = 3$ et 4 conduisent à :

$$\frac{d^2\varphi}{ds^2} + \frac{2}{r}\frac{dr}{ds}\frac{d\varphi}{ds} = 0 \quad d'où \quad \frac{d\varphi}{ds} = \frac{A}{r^2}\ , \tag{23.34}$$

$$\frac{d^2t}{ds^2} + \frac{R_c}{r(r-R_c)}\frac{dr}{ds}\frac{dt}{ds} = 0 \quad d'où \quad \frac{dt}{ds} = B\,\frac{r}{r-R_c}\ . \tag{23.35}$$

L'équation en $m = 1$ est remplacée par l'Eq. (23.22) de la métrique :

$$1 = c^2\,\frac{r-R_c}{r}\left(\frac{dt}{ds}\right)^2 - \frac{r}{r-R_c}\left(\frac{dr}{ds}\right)^2 - r^2\left(\frac{d\varphi}{ds}\right)^2 . \tag{23.36}$$

Une relation polaire en (r, φ) est obtenue en introduisant les Eqs. (23.34 b et 35 b) dans l'Eq. (23.36), puis en substituant $d\varphi$ à ds par l'Eq. (23.34 b). L'introduction de la variable auxiliaire $u = 1/r$ et une dérivation par rapport à φ conduisent à l'équation différentielle souhaitée :

$$u'' + u = -\frac{R_c}{2A^2} + \frac{3}{2}R_c u^2 \quad avec \quad A = -j\frac{h}{c}\ . \tag{23.37}$$

La constante A est proportionnelle à la vitesse aréolaire, comme il découle de l'Eq. (23.37 b). Le terme constant est donc équivalent à celui de l'Eq. (21.12) de Binet (*Jacques Binet* : 1786 - 1856). La contribution de la courbure de l'espace-temps aux mouvements planétaires est donc entièrement décrite par le terme quadratique supplémentaire :

$$u'' + u = \frac{\mu}{h^2} + \frac{3\,\mu}{c^2}u^2\ . \tag{23.38}$$

Une méthode de résolution de cette équation est fournie par la théorie des perturbations de l'annexe III.2 b au chapitre 3 : voir l'Eq. (III.21).

Cette équation peut également être intégrée par approximation en utilisant la solution classique tirée de l'Eq. (21.13) comme première approximation du terme en u^2. Une intégrale particulière u_1 est :

$$u_1 = \frac{3\,\mu^3}{c^2\,h^4}\left(1 + \frac{e^2}{2} - \frac{e^2 \cos 2\varphi}{6} + e\,\varphi \sin \varphi\right) . \qquad (23.39)$$

Vu la petitesse du coefficient, les termes constants et périodiques sont absolument négligeables. Toutefois, le dernier terme présente un caractère cumulatif pouvant, après un temps suffisamment long, conduire à des valeurs mesurables. Considérant ce terme comme seul complément relativiste et notant N le nombre d'orbites parcourues pendant la période considérée :

$$r = \frac{1}{u} = \frac{p}{1 + e \cos(\varphi - \delta\varpi)} \quad \textit{avec} \quad \delta\varpi \approx 6\,\pi\,N\,\frac{\mu}{p c^2} . \qquad (23.40)$$

Ce complément relativiste se traduit par une avance du périastre dans le plan de l'orbite. Très lent dans le champ faible du Soleil, cet effet n'est observable que pour un très grand nombre de révolutions et si l'orbite est suffisamment excentrique, comme c'est le cas pour Mercure. Pour cette planète, le déplacement angulaire du périhélie, non explicable par les perturbations des autres planètes, atteint 43 secondes d'arc (″) par siècle, en parfait accord avec l'Eq. (23.40).

Ainsi donc, alors que la loi de Newton était exclusivement basée sur des données astronomiques expérimentales, l'équation d'Einstein découle de considérations purement théoriques. Or, il se trouve que cette loi coïncide avec celle de Newton, à quelques différences près, indécelables dans la plupart des cas pratiques. Pour ces cas, elle rend compte de tous les mouvements expliqués antérieurement par Newton et, lorsque les différences sont significatives, elle explique les déviations pour lesquelles la théorie classique était en défaut.

2.3.8 Autres effets relativistes

a. Effet Einstein, lentilles gravitationnelles

Dans l'espace euclidien classique, la déviation gravitationnelle au voisinage d'un astre est donnée par l'Eq. (62.1) du chapitre 6.2.1. Appliquée à un rayon lumineux à proximité d'un astre de rayon R, cette formule conduit à une déflexion $\delta\,\alpha_E$ égale à :

$$\delta\alpha_E = \frac{2\,\mu}{c^2\,R} = \frac{R_c}{R} . \qquad (23.41)$$

En effet, reprenant l'Eq. (23.36) avec deuxième membre nul (l'invariant $d\,s$ est nul pour un rayon lumineux), l'équation de la trajectoire est :

$$u'' + u = \frac{3\,\mu}{c^2}\,u^2 \,. \tag{23.42}$$

La solution u_0 de l'équation homogène est la trajectoire rectiligne qui peut être introduite comme première approximation dans le terme en u^2. Une intégrale particulière u_1 peut alors être trouvée :

$$u = u_0 + u_1 \;, \quad avec \quad u_1 = \frac{\mu}{c^2 R^2}(1 + \cos^2\varphi) \quad et \quad u_0 = \frac{\sin\varphi}{R} \,. \tag{23.43}$$

La déflexion maximale $\delta\alpha_R$ du rayon est trouvée à l'infini ($u = 0$). En négligeant les termes du deuxième ordre, il vient :

$$\delta\alpha_R = 2\,|\theta_\infty| \approx \frac{4\,\mu}{c^2\,R} = 2\,\delta\alpha_E \,. \tag{23.44}$$

Ce résultat est double de la valeur obtenue en théorie newtonienne à l'Eq. (23.41). Cette caractéristique de la gravitation est appelée *effet Einstein* et est à l'origine des *lentilles gravitationnelles*. Elle correspond, pour le Soleil, à une déviation de 1.75″, valeur angulaire mesurable lors d'éclipses totales, mais à la limite de résolution des instruments, au début du XXe siècle. Les mesures accumulées depuis lors s'échelonnent de 1.61 à 1.98″.

Ces mesures préfiguraient la découverte, en 1980, des lentilles gravitationnelles provoquées par les champs de gravitation intenses des galaxies (voir chapitre 7.1.7).

b. Décalage spectral gravitationnel

Dans la métrique de Schwarzschild, la variable t n'est pas un temps véritable, mais une coordonnée de repérage temporel des événements. La durée propre séparant deux événements en un même point s'écrit alors :

$$ds = c\,d\tau = \sqrt{1 - \frac{R_c}{r}}\;c\,dt \,. \tag{23.45}$$

Cette équation, appliquée à la période d'une oscillation lumineuse émise à la surface extérieure r_e d'une étoile et captée en un point d'observation éloigné r_o, permet d'écrire l'expression du décalage spectral :

$$\frac{\lambda_o}{\lambda_e} = \frac{\Delta s_o}{\Delta s_e} = \frac{\Delta\tau_o}{\Delta\tau_e} = \frac{\sqrt{1 - \frac{R_c}{r_o}}}{\sqrt{1 - \frac{R_c}{r_e}}}\;\frac{\Delta t_o}{\Delta t_e} \approx \frac{1}{\sqrt{1 - \frac{R_c}{r_e}}} \,. \tag{23.46}$$

Pour écrire l'Eq. (23.46), l'observateur est supposé immobile par rapport à l'étoile et r_o est supposé être très grand par rapport à r_e et R_c.

Cet effet, appelé *décalage gravitationnel*, est pratiquement inappréciable pour le Soleil : il est de l'ordre du millionième (10^{-6}). Ce n'est que pour des corps hyperdenses qu'il devient significatif. Le cas limite est celui du trou noir pour lequel le décalage gravitationnel est infini.

2.3.9 La physique après Einstein

Après les bouleversements apportés à la mécanique et à la physique par les théories d'Einstein, il est utile, pour conclure cette section, de rappeler cet extrait d'une conférence prononcée vers 1910, par *Henri Poincaré* (1854 - 1912).

> " *Supposons que d'ici quelques années, ces théories subissent de nouvelles épreuves et qu'elles en triomphent, notre enseignement courra alors un grand danger : quelques professeurs voudront, sans doute, faire place aux nouvelles théories. Au moins, on voudra ouvrir aux enfants des aperçus avant de leur enseigner la mécanique* ordinaire. *On les avertira qu'elle a fait son temps, qu'elle était bonne tout au plus pour cette vieille* ganache *de Laplace.*
>
> *Est-il bon de les avertir qu'elle n'est qu'approchée ? Oui, mais plus tard, quand ils s'en seront pénétrés jusqu'aux moelles, quand ils auront pris le pli de ne penser que par elle, quand ils ne risqueront plus de la désapprendre, alors seulement on pourra, sans inconvénient, leur en montrer les limites. C'est avec la mécanique ordinaire qu'ils doivent vivre, c'est la seule qu'ils auront jamais à appliquer. L'autre n'est qu'un luxe, et l'on ne doit penser au luxe que quand il ne risque plus de nuire au nécessaire.* "

Le conseil de Poincaré était excellent et a été suivi. Pourtant, il n'avait pas entièrement raison, car certains de ses auditeurs de 1910 ont peut-être, quelques dizaines d'années plus tard, fabriqué des particules relativistes dans de gigantesques accélérateurs. D'autre part, l'expansion de l'univers, entraîne les objets les plus lointains à des vitesses fantastiques, proches de celle de la lumière.

Les théories de la relativité sont venues très tôt, à une époque où elles n'étaient pas vraiment nécessaires, sorties du néant par le génie d'Einstein. Pourtant, une trentaine d'années plus tard, la physique ne pouvait plus s'en passer. Les découvertes les plus importantes, et souvent les plus bénéfiques pour l'humanité, ne sont bien souvent que les conséquences de spéculations purement abstraites, entreprises dans un but désintéressé. En modifiant profondément la mécanique et la physique modernes, la relativité s'est révélée d'une fécondité inépuisable pour la science et la philosophie.

□

Annexe II
Éléments de la géométrie de Riemann

II.1 Espace euclidien

a. Espace vectoriel

Un espace vectoriel sur le corps des nombres réels est constitué d'un opérateur *multiplication* par un scalaire, agissant sur un *groupe abélien*, lui-même formé d'un opérateur *addition commutative* agissant sur un ensemble de N-uples de nombres réels appelés *vecteurs*.

Le nombre de dimensions de l'espace est le nombre maximum N de vecteurs indépendants qui peuvent être trouvés. Ce nombre peut être infini. Tout groupe de N vecteurs indépendants (notés $\bar{e}_i$) forme une *base* de l'espace vectoriel et permet de construire tous les autres par combinaisons linéaires, au moyen des deux opérations disponibles. La nature vectorielle est notée par un tiret surmontant le symbole utilisé, voir Eq. (II.1) :

$$\bar{A} = \sum_i A^i \, \bar{e}_i \,. \tag{II.1}$$

Pour une base donnée, les N nombres réels A^i décrivant le vecteur sont appelés composantes du vecteur dans cette base.

- **Espace métrique, longueur, angle**

L'espace vectoriel est doté d'une métrique lorsqu'il est pourvu d'un opérateur *produit scalaire* commutatif. Le produit scalaire transforme deux vecteurs en un scalaire, d'après l'Eq. (II.2 a). La norme d'un vecteur (module, valeur absolue ou *longueur*) est la racine carrée du produit scalaire du vecteur par lui-même, voir par exemple l'Eq. (23.6) ci-après.

$$\bar{A} \cdot \bar{B} = \sum_{ik} g_{ik} \, A^i \, B^k \quad , \quad g_{ik} = g_{ki} = \bar{e}_i \cdot \bar{e}_k \,. \tag{II.2}$$

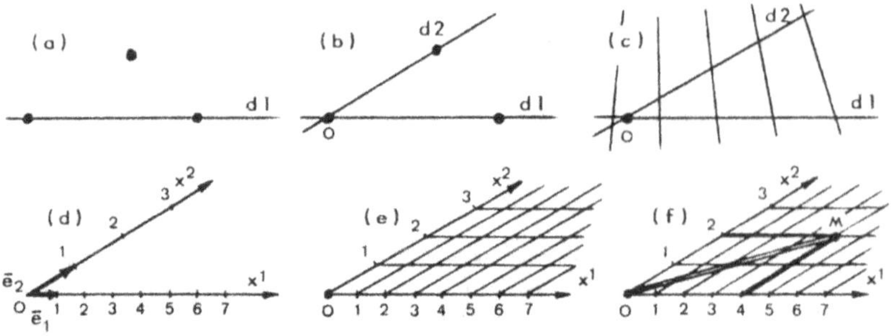

Figure 2.20 : Repère euclidien

(a) par deux points passe une et une seule droite (axe) $\mathbf{d_1}$,
(b) tracer une deuxième droite (axe) $\mathbf{d_2}$, concourante en **O**,
(c) le plan euclidien est décrit par l'ensemble des droites ayant un point sur chacun des deux axes,
(d) les deux axes sont gradués en reportant un segment (unitaire) bout à bout, à partir de **O**,
(e) en chaque graduation, tracer la parallèle à l'autre axe,
(f) les coordonnées de **M** sont : **(4, 2)**.

Le tableau g_{ik} est appelé *tenseur métrique fondamental* : c'est une forme bilinéaire de coefficients a priori arbitraires. La signature de la métrique est la séquence des signes des termes diagonaux. L'invariant de métrique s'écrit :

$$ds^2 = \sum_{ik} g_{ik}\, dx^i\, dx^k \,. \tag{23.6}$$

Le paramètre s est appelé paramètre de métrique ou abscisse curviligne.

L'angle θ entre deux vecteurs $\bar{A}$ et $\bar{B}$ est défini par :

$$\cos\theta = \frac{\bar{A}\cdot\bar{B}}{|\bar{A}|\;|\bar{B}|}\,. \tag{II.3}$$

Deux vecteurs non nuls sont orthogonaux si leur produit scalaire est nul.

b. Espace géométrique

• Espace ponctuel, caractéristique affine

Un espace ponctuel est un ensemble de points constituant l'espace géométrique. Cet ensemble doit être suffisamment dense pour que les points se joignent de manière continue pour former lignes, surfaces ou hypersurfaces. Il doit également pouvoir être divisé en intervalles aussi petits que nécessaire, afin d'y permettre l'analyse infinitésimale. Cette propriété élémentaire confère à l'espace ponctuel une caractéristique *affine*. La géométrie analytique y est possible. En un point quelconque O, les N vecteurs de base constituent un repère. Dans l'espace euclidien, les axes de coordonnées peuvent être les droites définies par les vecteurs de base, les lignes-coordonnées sont également des droites (*Euclide* : v. -330 à -275).

Le repère local peut être étendu à l'ensemble de l'espace : le point $\boldsymbol{O}$ est l'origine du repère *global* (système *global* d'axes $O\,\bar{e}^1\,\bar{e}^2\,\bar{e}^3$). La position d'un point $\boldsymbol{M}$ est le vecteur-position $\bar{r} = \overline{OM}$: c'est un vecteur *lié* dont les composantes sont les *coordonnées* du point. L'existence de droites et de parallèles (cinquième postulat de la géométrie euclidienne) est fondamental comme l'illustre la construction du système global de coordonnées sur la Fig. 2.20.

- **Espace métrique**

L'espace affine est doté d'une structure métrique lorsque le tenseur métrique fondamental g_{ik} est connu. Dans un espace euclidien, il est toujours possible de définir un repère fixe trirectangulaire appelé *repère cartésien* (les vecteurs de base forment alors un *trièdre orthonormé*). C'est le résultat de la transformation suivante appliquée au repère de la Fig 2.19 :

$$\tilde{x}^1 = x^1 + 2\,x^2\cos\theta\;, \qquad \tilde{x}^2 = 2\,x^2\sin\theta\;, \qquad \tilde{g}_{ik} = \delta_i^k = \begin{cases} 1 & si\;\; i = k\;, \\ 0 & si\;\; i \neq k\;, \end{cases} \tag{II.4}$$

où le vecteur $\bar{e}_2$ a subi une rotation d'un angle θ en sens direct et a vu sa longueur réduite de moitié. Le symbole δ_i^k est le symbole de Kronecker (*Leopold Kronecker* : 1823 - 1891). Les nouveaux vecteurs de base sont orthonormés. La longueur $s = r = OM$ s'exprime alors par la relation de *Pythagore* (v. -570 à -480) :

$$s^2 = r^2 = \sum_i (x^i)^2 \;, \quad ds^2 = dr^2 = \sum_i (dx^i)^2\,. \tag{II.5}$$

c. Composantes contrevariantes, covariantes

Le passage d'une base vectorielle $\bar{e}_i$ à une autre $\bar{\bar{e}}_k$ se fait par une transformation linéaire. Les Eqs. (II.4) en sont un exemple :

$$\bar{\bar{e}}_i = \sum_k a_{ik}\,\bar{e}_k \;, \quad \bar{e}_k = \sum_i \tilde{a}_{ki}\,\bar{\bar{e}}_i\,. \tag{II.6}$$

- **Composantes contrevariantes**

Il est aisé de montrer que les composantes du vecteur se transforment à l'inverse des vecteurs de base. Le vecteur est alors, pour cette raison, appelé vecteur *contrevariant* et ses composantes sont également qualifiées de contrevariantes : l'indice est noté en haut, à la manière d'un exposant. Ce sont les projections du vecteur parallèlement aux axes.

- **Composantes covariantes**

Les composantes *covariantes* d'un vecteur sont les produits scalaires du vecteur par les vecteurs de base. Ces composantes se transforment comme les vecteurs de base, d'où leur dénomination : l'indice est noté en bas. Ce sont les projections du vecteur perpendiculairement aux axes. Dans un repère cartésien, les deux types de composantes sont identiques.

II.2 Coordonnées curvilignes

a. Changement de coordonnées

Le schéma de la Fig. 2.20 ne peut rendre compte de tous les systèmes de coordonnées envisageables. C'est le cas des systèmes curvilignes tels que coordonnées sphériques ou cylindriques, ou encore les coordonnées polaires qui ont permis l'étude du problème des deux corps au chapitre 2. Un changement de variables, défini par N équations de transformation, continues et suffisamment dérivables, conduit à un nouveau système de *coordonnées curvilignes*, notées $\tilde{x}$:

$$x^i = x^i\,(\,\tilde{x}^1, \tilde{x}^2, \ldots \tilde{x}^N\,) \quad , \quad i = 1 \text{ à } N\,. \tag{II.7}$$

Dans les transformations de coordonnées décrites par les Eqs. (II.7), les coefficients constants des Eqs. (II.6) sont remplacés localement par les dérivées partielles :

$$\tilde{a}_{ik} \rightarrow \frac{\partial \tilde{x}^k}{\partial x^i} \quad et \quad a_{ki} \rightarrow \frac{\partial x^i}{\partial \tilde{x}^k}\,. \tag{II.8}$$

Le tableau carré des dérivées partielles est la matrice $[\,J\,]$ de *Karl Jacobi* (1804 - 1851). Son déterminant J, appelé jacobien, est toujours différent de zéro : la transformation inverse est toujours possible.

Les *lignes-coordonnées* $\tilde{r}$ sont courbes et le repère $O\,\bar{\tilde{e}}^1\,\bar{\tilde{e}}^2\,\bar{\tilde{e}}^3$ n'est plus global mais uniquement *local*. La base vectorielle $\bar{u}_m = \bar{\tilde{e}}_m$ résultant de la transformation est appelée *base naturelle* du repère curviligne :

$$\bar{u}_m = \bar{\tilde{e}}_m = \frac{\partial\, \bar{r}}{\partial \tilde{x}^m} = \sum_i \frac{\partial x^i}{\partial \tilde{x}^m}\, \bar{e}_i\,. \tag{II.9}$$

La base vectorielle et le repère varient en chaque point. Cet inconvénient majeur se traduit par les difficultés suivantes :

- il n'y a pas de représentation simple de la droite. La droite doit être redéfinie d'une manière plus générale : c'est la géodésique,
- il n'y a pas de représentation simple des parallèles,
- il n'y a donc pas de vecteurs libres, mais uniquement des vecteurs liés (vecteur en un point déterminé),
- pour faire de l'analyse mathématique en coordonnées curvilignes, il faut donc définir une procédure pour déplacer les vecteurs parallèlement d'un point à un autre point voisin : c'est le *transport parallèle*,
- le transport parallèle permet alors de définir une nouvelle forme de dérivation par rapport aux coordonnées : c'est la *dérivée covariante*,
- la *géodésique* (droite) est définie comme étant une courbe dont la tangente se transporte parallèlement à elle-même.

b. Symboles de Christoffel - connexion

La variation des vecteurs de la base naturelle implique le calcul des vecteurs-dérivées secondes. Les composantes contrevariantes de ces vecteurs sont appelées *connexions* ou symboles de Christoffel de deuxième espèce $\Gamma_{i\ k}^{\ m}$ (*Elwin Christoffel* : 1829 - 1900) :

$$\frac{\partial^2 \bar{r}}{\partial \tilde{x}^i \, \partial \tilde{x}^k} = \sum_m \Gamma_{i\ k}^{\ m} \, \bar{u}_m \quad , \tag{II.10}$$

Ce sont des tableaux à N^3 composantes (N^2 dérivées secondes (i, k) × N vecteurs naturels $\bar{u}_m$). Compte tenu de ces définitions, la variation des vecteurs de la base naturelle est :

$$d\bar{u}_i = \sum_{k\,m} \Gamma_{i\ k}^{\ m} \, d\tilde{x}^k \, . \, \bar{u}_m \quad ou \quad du_i^m = \sum_k \Gamma_{i\ k}^{\ m} \, d\tilde{x}^k \quad . \tag{II.11}$$

Ces formules décrivent la caractéristique *affine* de l'espace associé au système de coordonnées. En effet, elles illustrent comment la connexion $\Gamma_{i\ k}^{\ m}$ permet l'analyse infinitésimale dans l'espace ponctuel. Dans un repère cartésien, toutes les connexions sont nulles en tous points. Dans le repère global fixe, le développement de l'Eq. (II.10) est :

$$\Gamma_{i\ k}^{\ m} = \sum_\alpha \frac{\partial^2 x^\alpha}{\partial \tilde{x}^i \, \partial \tilde{x}^k} \, \frac{\partial \tilde{x}^m}{\partial x^\alpha} \, . \tag{II.12}$$

Chez les anglo-saxons, ce symbole $\Gamma_{i\ k}^{\ m}$ s'appelle également *connexion affine* ou *affinité*.

II.3 Le transport parallèle pour remplacer le 5e postulat

L'espace affine construit jusqu'ici est suffisamment général pour s'adapter à n'importe quel système de coordonnéees curvilignes. Malheureusement, des vecteurs liés ne se prêtent pas sans difficultés au calcul différentiel car la différence de deux vecteurs liés ne peut être calculée qu'en un même point. Il faut donc définir une procédure pour transporter un vecteur d'un point P (x^i) en un point voisin Q $(x^i + dx^i)$. La Fig. 2.21 illustre la procédure retenue. Le parallélisme se comprend au sens usuel, par la conservation des composantes en repère fixe. Malheureusement, la variation des vecteurs de base entraîne une variation des composantes curvilignes.

$$\bar{A}_P \equiv \bar{A}_{P//Q} = \sum_i A^i \, \bar{u}_i \quad , \quad \bar{A}_{QP} = \sum_i A^i \, (\bar{u}_i + d\bar{u}_i) \; , \tag{II.13}$$

Dans l'Eq. (II.13), $\bar{A}_{P//Q}$ représente le vecteur $\bar{A}_P$ transporté parallèlement de P vers Q. $\bar{A}_{QP}$ est, en Q, le vecteur ayant les mêmes composantes que le vecteur de départ $\bar{A}_P$. Il vient :

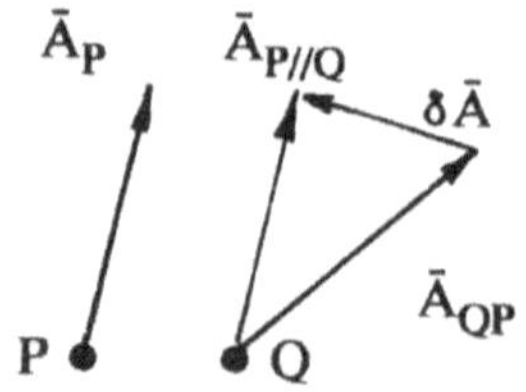

Figure 2.21 : Transport parallèle

$$\bar{A}_{P//Q} = \bar{A}_{Q\,P} + \delta\bar{A} \quad avec \quad \delta\bar{A} = -\sum_i A^i\, d\bar{u}_i \,. \qquad \text{(II.14)}$$

À noter que le transport parallèle défini ci-dessus conserve l'échelle : dans un espace métrique, la longueur du vecteur est conservée.

$$\delta A^m = -\sum_{ik} A^i\, \Gamma^m_{i\,k}\, d\bar{x}^k \,. \qquad \text{(II.15)}$$

- **Dérivée covariante**

Les Eqs. (II.14) permettent de déduire l'expression de la dérivée *absolue* (par rapport au repère fixe), appelée également dérivée *covariante* et notée $\Delta\bar{A}$ ou $\Delta\bar{A} \,/\, \partial\bar{x}^k$.

$$\frac{\Delta A^m}{\partial\,\bar{x}^k} = \frac{\partial A^m}{\partial\,\bar{x}^k} - \frac{\delta A^m}{\partial\,\bar{x}^k} \,. \qquad \text{(II.16)}$$

- **Équation des géodésiques**

Les éléments sont maintenant en place pour définir les *géodésiques*. Les lignes curvilignes correspondant aux droites euclidiennes sont les géodésiques : ce sont des courbes $\bar{x}(\lambda)$ dont la tangente se transporte parallèlement en tout point. L'Eq. (II.17) des géodésiques est obtenue en annulant la dérivée covariante du vecteur tangent $d\,\bar{x}(\lambda) \,/\, d\lambda$:

$$\frac{d^2\bar{x}^m}{d\lambda^2} + \sum_{ik} \Gamma^m_{ik}\, \frac{d\bar{x}^i}{d\lambda}\, \frac{d\bar{x}^k}{d\lambda} = 0 \,. \qquad \text{(II.17)}$$

Dans tout système, la droite est, bien entendu, une géodésique.

II.4 Calcul tensoriel

a. Définition

L'approche la plus générale en matière de multiplication de vecteurs conduit à la notion de *tenseur* : le tenseur est une forme multilinéaire obtenue par multiplication de vecteurs, composante à composante.

Ainsi, le tenseur du deuxième ordre A^{ik}, deux fois contrevariant, est le tableau $N \times N$ construit avec les composantes x^i et y^k de deux vecteurs contrevariants $\bar{X}$ et $\bar{Y}$:

$$A^{ik} = x^i\, y^k \,. \qquad \text{(II.18)}$$

Les tenseurs covariants ou mixtes sont construits de la même manière.

Les indices covariants et contrevariants occupent les mêmes positions que dans les vecteurs d'origine. Le vecteur est un tenseur du premier ordre, le scalaire est considéré comme tenseur d'ordre zéro. Le produit de deux tenseurs est également un tenseur, mais d'ordre supérieur :

$$A^i\, B_{jk} = C^i_{jk} \,. \tag{II.19}$$

Les propriétés des tenseurs résultent de leur comportement en cas de changement de coordonnées. Ces propriétés, reprises aux Eqs. (II.20) pour les tenseurs contrevariants et (II.21) pour les tenseurs covariants (exemple du tenseur fondamental), constituent la définition générale des tenseurs :

$$\tilde{A}^{ik} = \sum_{m\,n} A^{mn} \frac{\partial \tilde{x}^i}{\partial x^m} \frac{\partial \tilde{x}^k}{\partial x^n} \,. \tag{II.20}$$

$$\tilde{g}_{ik} = \sum_{\alpha\,\beta} g_{\alpha\beta} \frac{\partial x^\alpha}{\partial \tilde{x}^i} \frac{\partial x^\beta}{\partial \tilde{x}^k} \,, \tag{II.21}$$

Les équations de transformation de la connexion sont différentes des Eqs. (II.20 et 21). La connexion n'est donc pas un tenseur, elle traduit l'effet de la courbure éventuelle des lignes-coordonnées ou de l'espace.

b. Propriétés

Toute combinaison linéaire de tenseurs de même ordre et de même nature est un tenseur :

$$A^{ik} + B^{ik} = C^{ik} \,. \tag{II.22}$$

Un tenseur dont toutes les composantes sont nulles dans une variété x^i est également nul dans toute autre variété. Toute équation tensorielle :

$$A = B \quad ou \quad A - B = 0 \,, \tag{II.23}$$

est conservée lors d'un changement quelconque de coordonnées. Elle traduit donc une caractéristique universelle indépendante du système particulier de représentation : modélisation d'une loi physique ou propriété intrinsèque de l'espace. Il en résulte également que l'Eq. (21.2) de l'attraction universelle d'*Isaac Newton* (1642 - 1727) n'est pas une équation tensorielle par la présence du carré de la distance en dénominateur.

- **Contraction - divergence**

La *contraction* est une opération applicable aux tenseurs *mixtes* d'ordre supérieur ou égal à deux. La contraction consiste à égaler deux indices opposés (covariant et contrevariant), puis à faire la sommation sur cet indice.

La *divergence* d'un vecteur contrevariant est obtenue par contraction de sa dérivée covariante :

$$div_k\, A^k_i = \sum_k \frac{\Delta\, A^k_i}{\partial \tilde{x}^k} \quad , \quad div_k\, \bar{V} = \sum_k \frac{\partial V^k}{\partial \tilde{x}^k} \,. \tag{II.24}$$

L'Eq. (II.24 b) est la définition classique en repère euclidien.

- **Dérivée covariante de tenseurs**

Les règles de dérivation covariante des Eqs. (II.15 et 16) permettent d'écrire l'Eq. (II.25 a). Ces règles peuvent être appliquées aux tenseurs d'ordre supérieur. Dans l'Eq. (II.25 b), il y a autant de termes correctifs que d'indices, les signes + concernent les indices contrevariants, les signes - les indices covariants.

$$\frac{\Delta \tilde{\bar{A}}}{\partial \tilde{x}^k} = \sum_m \frac{\partial \tilde{A}^m}{\partial \tilde{x}^k}\, \bar{u}_m + \sum_i \tilde{A}^i \frac{\partial \bar{u}_i}{\partial \tilde{x}^k} ,$$
$$\frac{\Delta \tilde{A}^m_n}{\partial \tilde{x}^k} = \frac{\partial \tilde{A}^m_n}{\partial \tilde{x}^k} + \sum_i \Gamma^m_{i\,k} \tilde{A}^i_n - \sum_i \Gamma^i_{n\,k} \tilde{A}^m_i . \qquad \text{(II.25)}$$

À noter que la dérivée covariante est un tenseur, ce qui n'est pas le cas de la dérivée classique.

c. Tenseur métrique fondamental

- **Formes contrevariante et mixte**

Le tenseur g_{ik} peut être organisé suivant un tableau carré $N \times N$ dont le déterminant, supposé non nul, est noté g . Si G^{ik} est le mineur correspondant à l'élément g_{ik} , il vient :

- **Tenseur contrevariant fondamental : ($g \neq 0$)**

$$g^{ik} = (-1)^{i+k} \frac{G^{ik}}{g} . \qquad \text{(II.26)}$$

À noter que le tableau des mineurs G^{ik} n'est pas un tenseur.

- **Tenseur mixte fondamental :**

C'est le tenseur mixte obtenu par multiplication contractée des deux autres tenseurs fondamentaux. Il se réduit au symbole δ de Kronecker.

$$g^k_i = \sum_m g^{km} g_{im} = \delta^k_i . \qquad \text{(II.27)}$$

- **Transposition d'indice**

Le tenseur métrique permet la transposition des indices, c'est-à-dire qu'il permet, à partir d'un tenseur donné, de construire l'ensemble de la famille comprenant les trois types de tenseurs définis précédemment.

Les équations de définition sont :

$$A^i = \sum_k g^{ik} A_k \quad , \quad B^i_k = \sum_m g^{im} B_{km} , \qquad \text{(II.28)}$$

$$\text{et} \quad A_i = \sum_k g_{ik} A^k \quad , \quad B^k_i = \sum_m g_{im} B^{km} . \qquad \text{(II.29)}$$

d. Symboles de Christoffel - connexion

Symboles de Christoffel de *première espèce* : en complément aux Eqs. (II.10 et 11), les symboles *de première espèce* sont les composantes covariantes du vecteur dérivée seconde :

$$\Gamma_{ik,m} = \frac{\partial^2 \bar{r}}{\partial \tilde{x}^i \, \partial \tilde{x}^k} \cdot \bar{u}_m \, . \tag{II.30}$$

Tenseur de torsion : les Eqs. (II.10 et 12) montrent clairement que la connexion est symétrique en i et k. Leur différence constitue le tenseur de torsion $T_i{}^m{}_k$ qui est nul :

$$T_{i\,k}^{\,m} = \Gamma_{i\,k}^{\,m} - \Gamma_{k\,i}^{\,m} \quad (= 0) \, . \tag{II.31}$$

Détermination de la connexion : lorsque le tenseur métrique est connu, il est possible d'exprimer les symboles de Christoffel en fonction de la variation des éléments de ce tenseur. Les Eqs. (II.10, 11 et 31) et quelques calculs astucieux permettent d'écrire :

$$\Gamma_{ik,m} = \frac{1}{2} \left(\frac{\partial g_{km}}{\partial x^i} + \frac{\partial g_{mi}}{\partial x^k} - \frac{\partial g_{ik}}{\partial x^m} \right) , \quad \Gamma_{ik}^m = \sum_n g^{mn} \, \Gamma_{ik,n} \, . \tag{II.32}$$

II.5 Courbes et surfaces

a. Courbes et courbure

Le vecteur-position $\bar{L}$ décrivant une courbe répond à une équation vectorielle paramétrique (paramètre λ ou $\tilde{x}$), de la forme de l'Eq. (II.33) :

$$\bar{L} \equiv [\, x^1(\lambda) \, , \, x^2(\lambda) \, , \, x^3(\lambda) \,] \equiv [\, x^1(\tilde{x}) \, , \, x^2(\tilde{x}) \, , \, x^3(\tilde{x}) \,] \, . \tag{II.33}$$

La courbure K d'une courbe est l'inverse du rayon du cercle osculateur (cercle contenant la tangente et une sécante voisine). Le trièdre local de *Jean Frenet* (1816 - 1890) comprend, en chaque point de la courbe, la tangente $\bar{t} = d\bar{L}/ds$, la *normale principale* $\bar{n}$ dans le plan osculateur et la *binormale* $\bar{b} = \bar{t} \times \bar{n}$, perpendiculaire à ce plan. Une caractéristique additionnelle des courbes gauches est la *torsion* T qui marque la tendance de la courbe à s'écarter du plan osculateur.

La torsion est le module de la dérivée de la *binormale* $\bar{b}$ par rapport à s.

$$T = \left| \frac{d\,\bar{b}}{d\,s} \right| \, . \tag{II.34}$$

b. Théorie des surfaces

Les surfaces s'étudient par des méthodes similaires à celles décrites pour les courbes, mais avec les deux paramètres $\tilde{x}^1$ et $\tilde{x}^2$:

$$\bar{S} \equiv [\, x^1(\tilde{x}^1, \tilde{x}^2), \, x^2(\tilde{x}^1, \tilde{x}^2), \, x^3(\tilde{x}^1, \tilde{x}^2) \,] \, . \tag{II.35}$$

En chaque point, le plan tangent est défini par les deux vecteurs dérivées partielles de $\bar{S}$ qui en constituent la base vectorielle locale (notée $\bar{u}_1$ et $\bar{u}_2$). Une courbe gauche, située sur cette surface $\bar{S}$, est notée $\overline{L/S}$: c'est l'intersection de la surface avec le cylindre vertical construit sur la courbe plane $\bar{L}$ décrite par les deux premières composantes x^1 et x^2 de l'Eq. (II.33). La tangente à cette courbe est :

$$\frac{d\,\overline{L/S}}{d\lambda} = \sum_{m,k=1}^{2} \frac{\partial \bar{S}}{\partial \bar{x}^m}\frac{\partial \bar{x}^m}{\partial x^k}\frac{dx^k}{d\lambda} = \sum_{m,k=1}^{2} \frac{\partial \bar{x}^m}{\partial x^k}\frac{dx^k}{d\lambda}\,\bar{u}_m \ . \quad \text{(II.36)}$$

La courbure K en un point quelconque M est fonction de l'orientation (α, β) de la courbe considérée. Elle est donnée par les Eqs. (II.37 et 38) dues à *Leonhard Euler* (1707 - 1783) :

$$K(\alpha,\beta) = \frac{L\,\alpha^2 + 2\,M\,\alpha\beta + N\,\beta^2}{E\,\alpha^2 + 2\,F\,\alpha\beta + G\,\beta^2} \quad avec : \quad \text{(II.37)}$$

$$\alpha = \frac{dx^1}{d\lambda}\Big|_M = x^{1\prime}\ , \quad \beta = \frac{dx^2}{d\lambda}\Big|_M = x^{2\prime}, \quad \bar{n} = \frac{\bar{u}_1 \times \bar{u}_2}{|\bar{u}_1 \times \bar{u}_2|}\ ,$$
$$E = \bar{u}_1.\bar{u}_1 = g_{11}\ , \ F = \bar{u}_1.\bar{u}_2 = g_{12}\ , \ G = \bar{u}_2.\bar{u}_2 = g_{22}\ , \quad \text{(II.38)}$$
$$L = \frac{\partial^2 \bar{S}}{\partial (x^1)^2}\Big|_M . \bar{n}\ , \quad M = \frac{\partial^2 \bar{S}}{\partial x^1 \partial x^2}\Big|_M . \bar{n}\ , \quad N = \frac{\partial^2 \bar{S}}{\partial (x^2)^2}\Big|_M . \bar{n}\ .$$

- **Courbure de Gauss**

L'Eq. (II.37) est bornée et possède un maximum et un minimum. Il est donc possible de définir la courbure moyenne K_S de la surface en un point. Au sens de *Karl Friedrich Gauss* (1777 - 1855), la courbure est définie par la limite du rapport d'une aire arbitraire entourant le point considéré sur la surface et de l'aire décrite par l'extrémité de l'indicatrice du vecteur normal à la première. Une autre forme de la courbure de Gauss est donnée par l'écart angulaire $\Delta\alpha$ résultant du transport parallèle d'un vecteur le long d'un contour fermé C sur la surface (rapporté à la surface S délimitée par le contour C).

$$K_S = \frac{L\,N - M^2}{E\,G - F^2}\ . \quad \text{(II.39 a)}$$

$$K_S = \frac{d\alpha}{dS}\ . \quad \text{(II.39 b)}$$

II.6 L'espace courbé d'une surface

a. Un espace non-euclidien

L'Eq. (II.35) de la surface $\bar{S}$ peut être interprétée comme un changement de coordonnées curvilignes de même nature que celui de l'Eq. (II.7) :

$$x^1 = x^1\,(\bar{x}^1, \bar{x}^2)\ , \ x^2 = x^2\,(\bar{x}^1, \bar{x}^2)\ , \ x^3 = x^3(\bar{x}^1, \bar{x}^2)\ . \quad \text{(II.40)}$$

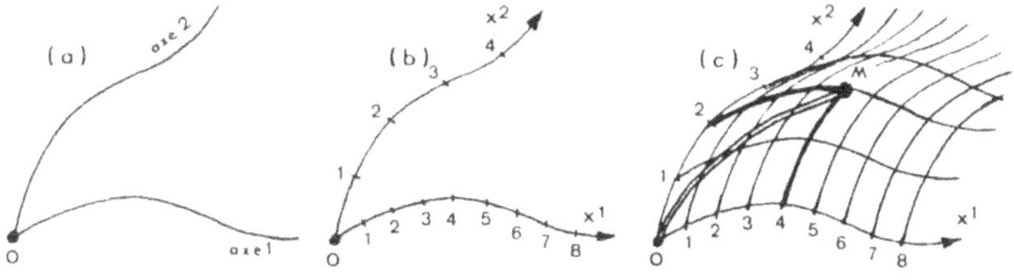

Figure 2.22 : Repère curviligne sur une surface

(a) deux courbes quelconques forment les axes,
(b) graduation curviligne uniforme le long de chaque axe,
(c) tracer le quadrillage curviligne adéquat,
les coordonnées de **M** sont : **(4, 2)** .

La différence fondamentale est que la structure qui en résulte (l'*espace* de la surface) a une dimension de moins que la structure initiale. Dans cet espace, seules des coordonnées curvilignes $\tilde{x}^1$ et $\tilde{x}^2$ sont disponibles : les équations $\tilde{S}(\tilde{x}^1, \tilde{x}^2)$ (II.35) définissant la surface sont inconnues et inaccessibles. En conséquence :

dans les expressions suivantes, les coordonnées cartésiennes x^1, x^2 et x^3 n'étant plus disponibles, le tilda n'a pas d'utilité pour distinguer les variables curvilignes.

À l'exception des Eqs. (II.7 et 12), qui ne sont pas disponibles, toutes les formules précédentes peuvent être appliquées, les sommations concernant les variables x^i ne portant plus que sur les valeurs i = **1, 2** des indices. L'espace étant supposé métrique, les symboles de Christoffel sont fonctions des variations du tenseur métrique fondamental par les Eqs. (II.32).

L'ectoplasme à deux dimensions faisant partie intégrante de la surface ne peut pas voir la surface de l'extérieur. Sa perception ne peut qu'être bidimensionnelle. En choisissant un repère cartésien en un point, il assimile localement la surface à un plan, le plan tangent. Les seules grandeurs qui lui sont accessibles sont les composantes tangentielles, situées dans ce plan tangent. En particulier, la direction du vecteur-dérivée seconde de la position (inaccessible), est indéterminée par rapport à ce plan.

b. Tenseur métrique local

Les ectoplasmes bidimensionnels de cette surface connaissent les espaces vectoriels et le produit scalaire. Ils sont donc capables de tracer des axes de coordonnées, de graduer ceux-ci en abscisse curviligne s et de se pourvoir d'un repère orthonormé, du moins localement. Le long des deux axes de coordonnées, ils sont assurés que le tenseur métrique g_{ik} est bien euclidien, du moins localement.

Ils tracent des perpendiculaires en des points équidistants de ces deux axes et tentent de dessiner un quadrillage orthogonal, comme illustré à la Fig. 2.22. Mais ils sont bien forcés de convenir que leur construction n'est pas uniformément euclidienne. En effet, tout en parcourant les lignes-coordonnées $x^2 = x_0{}^2$ puis $x^1 = x_0{}^1$, ils constatent que :

$$g_{11}\,(x^1, x_0^2) = (\frac{ds_1}{dx^1})^2 \quad , \quad g_{22}\,(x_0^1\,, x^2) = (\frac{ds_2}{dx^2})^2 . \qquad \text{(II.41)}$$

Ces équations indiquent que les échelles de longueur ne sont pas constantes. Pour une surface sphérique, elles varient d'un parallèle à l'autre. Le tenseur métrique y vaut : $g_{11} = g_{11}\,(x^2)$ et $g_{22} = 1$. Sur la surface d'un ellipsoïde à trois axes inégaux, g_{11} et g_{22} sont tous deux fonctions des deux variables x^1 et x^2. En revanche, sur toute la surface d'un cylindre vertical ou d'un cône, il est possible de trouver un repère tel que le tenseur métrique reste partout euclidien : ces surfaces sont *développables*.

Ceci montre que des mesures locales d'angle et de distance permettent de déterminer le tenseur métrique fondamental.

c. Courbure de la surface

• **Tenseurs de courbure** : l'Eq. (II.10) de la dérivée seconde est incomplète lorsque la base naturelle ne comprend que deux dimensions. Il subsiste une composante *inconnue* $h_{ik}\,\bar{n}$, perpendiculaire au plan tangent $\bar{u}_1\,\bar{u}_2$, en effet :

$$h_{ik} = \frac{\partial^2 \bar{S}}{\partial x^i\,\partial x^k} \cdot \bar{n} = \bar{n} \cdot \sum_m \Gamma_{ik}^m\,\bar{u}_m + h_{ik}\,\bar{n} \cdot \bar{n} . \qquad \text{(II.42)}$$

Les termes h_{ik} ne peuvent pas être déterminés individuellement. En revanche, il est possible de calculer le numérateur de l'Eq. (II.39 a) de Gauss, sous forme d'une composante d'un tenseur covariant du quatrième ordre : le tenseur de Riemann-Christoffel R_{mijk} :

$$\begin{aligned} L\,N - M^2 &= R_{1212} = h_{11}h_{22} - h_{12}h_{21} , \\ R_{ijkm} &= h_{ik}h_{jm} - h_{ij}h_{km} . \end{aligned} \qquad \text{(II.43)}$$

Une forme mixte de ce tenseur est :

$$R_{ijk}^m = \sum_n (\,\Gamma_{ij}^n\,\Gamma_{kn}^m - \Gamma_{ik}^n\,\Gamma_{jn}^m\,) + \frac{\partial\,\Gamma_{ik}^m}{\partial x^i} - \frac{\partial\,\Gamma_{ij}^m}{\partial x^k} . \qquad \text{(II.44)}$$

L'Eq. (II.44) montre que la courbure de Gauss peut être déterminée lorsque le tenseur métrique fondamental est connu en chaque point de la surface. Le tenseur de Riemann-Christoffel comprend donc, sous forme tensorielle, les caractéristiques de la courbure de la surface. Ce tenseur est appelé *tenseur de courbure* de Riemann-Christoffel.

- **Tenseur de Ricci**

Le tenseur de *Gregorio Ricci* (1853 - 1925) est le tenseur du deuxième ordre obtenu par contraction du tenseur de Riemann-Christoffel :

$$R_{ik} = \sum_n R_{ik\,n}^{\;n} = \frac{1}{2\,g}\,\frac{\partial^2 |g|}{\partial x^i\,\partial x^k} - \frac{1}{2\,g^2}\,\frac{\partial |g|}{\partial x^i}\,\frac{\partial |g|}{\partial x^k} + \sum_{mn} \Gamma_{in}^{m}\,\Gamma_{mk}^{n} - \sum_m \left[\frac{\Gamma_{ik}^{m}}{2\,g}\,\frac{\partial |g|}{\partial x^m} + \frac{\partial\,\Gamma_{ik}^{m}}{\partial x^m} \right]. \qquad \text{(II.45)}$$

- **Invariant de courbure *R***

L'*invariant de courbure* ***R*** en un point est le résultat de la double contraction du tenseur de courbure mixte $R^{m\,n}_{\;i\;k}$

$$R = \sum_{ik} R_{ik}^{ik}\,. \qquad \text{(II.46)}$$

Ce scalaire caractérise également la courbure de la surface.

II.7 Espace de Riemann

L'espace de Riemann (*Bernhard Riemann* : 1826 - 1866) est un espace métrique, exactement comme la surface étudiée dans l'article précédent. Le nombre de dimensions ***N*** est quelconque. Toutes les étapes qui ont été décrites précédemment peuvent être, en effet, appliquées à un espace plus général à trois, quatre ou ***N*** dimensions. Il n'y a aucune référence à un repère global caractéristique d'un espace euclidien d'ordre *supérieur*. Seules ***N*** coordonnées curvilignes x^i sont disponibles, sans qu'il soit nécessaire de préciser le repère par rapport auquel elles se réfèrent.

En un point quelconque régulier, l'espace est *localement* euclidien. En étendant la détermination du tenseur métrique à des domaines plus grands, apparaissent éventuellement des variations spatiales des composantes du tenseur métrique $g_{ik}\,(x^1, x^2, \ldots, x^N)$. Ces variations contiennent les informations de planitude ou de courbure caractérisant le système de coordonnées curvilignes et/ou l'espace de Riemann qu'il décrit.

Par généralisation, l'espace-temps à quatre dimensions de la relativité peut être considéré comme une hypersurface d'un espace euclidien à cinq dimensions, espace qui nous est totalement inaccessible. La perception limitée et locale que nous avons de cette hypersurface est celle de l'espace euclidien constitué par l'hyperplan tangent local.

L'espace de Riemann est caractérisé par deux propriétés remarquables découlant de la méthodologie adoptée :

- le transport parallèle conserve l'échelle d'après l'Eq. (II.13),
- la symétrie $\boldsymbol{i\,k}$: le tenseur de torsion $T_{i\ k}^{\ m}$ est identiquement nul, voir Eq. (II.31).

D'autres conventions peuvent conduire à d'autres types d'espaces : par exemple, l'espace général de *Herman Weyl* (1885 - 1955) présente une torsion non nulle. Il ne conduit pas à des équations satisfaisantes pour la relativité générale.

□□

Chapitre 3

ORBITES RÉELLES PERTURBÉES

Les solutions du problème des deux corps, aboutissement des travaux de *Johannes Kepler* (1571 - 1630), d'*Isaac Newton* (1642 - 1727) et d'*Albert Einstein* (1879 - 1955), exposées au chapitre 2, ne constituent que des solutions idéalisées au problème général de la mécanique céleste, car les conditions de validité de ces solutions sont rarement vérifiées en pratique. En effet, ces solutions ne concernent qu'un hypothétique système céleste, constitué en tout et pour tout de deux corps rigoureusement équivalents à des points massiques et qui ne sont soumis qu'à un champ de gravitation, à l'exclusion de toute autre interaction. Ces conditions ont pour unique raison de garantir que la résultante des forces appliquées à chacun des corps est centrale. C'est en effet le caractère *central* de l'accélération qui conduit aux lois de Kepler, par application des lois de la dynamique. Dès que les accélérations ne sont plus centrales, des écarts apparaissent par rapport à ces lois. Le but du troisième chapitre est d'étudier ces écarts et, de manière générale, toutes les perturbations d'orbite.

Ces perturbations sont provoquées tout d'abord par la présence d'autres corps : c'est l'objet de la **section 3.1**, puis par le centre d'attraction lui-même, s'il n'est pas parfaitement sphérique ou homogène : c'est l'objet de la **section 3.2**. Ensuite la théorie proprement dite des perturbations est abordée à la **section 3.3** et appliquée aux cas précédents. L'**annexe III** rassemble divers sujets n'ayant pas trouvé leur place dans les autres sections c'est le cas de la précession et des méthodes numériques.

Ces études, au-delà de leur intérêt purement théorique, avaient pour principale motivation, aux XVIIIe et XIXe siècles, l'analyse la plus détaillée et la plus précise possible des mouvements et des structures observés au sein du Système solaire. L'objectif était, d'une part, l'établissement d'éphémérides précises pour la navigation et pour le point à la mer et d'autre part, l'explication de l'extraordinaire régularité des mouvements célestes ou, en termes plus généraux, l'étude de la stabilité à long terme du Système solaire.

Les contributions les plus éminentes sont dues à *Leonhard Euler* (1707 - 1783) à Bâle, *Louis Lagrange* (comte de : 1736 - 1813) à Milan, *Pierre-Simon de Laplace* (1749 - 1827) à Paris et *Karl Friedrich Gauss* (1777 - 1855) à Braunschweig. Elles dépassent le cadre strict de l'astronomie et s'inscrivent dans le développement général de la mécanique et des mathématiques universelles.

□

3.1
Le problème des *N* corps

Le problème des ***N*** corps consiste, en toute généralité, à déterminer les mouvements de ***N*** corps en interaction de gravitation. Ce problème a été formulé pour la première fois avec précision par *Isaac Newton* (1642 -1727) en 1687. Depuis lors, le problème des ***N*** corps a inspiré et même frustré de nombreuses générations d'astronomes et de mathématiciens, à la recherche des conditions de stabilité du Système solaire. Il suffit pour s'en convaincre de considérer que le champ de gravitation dans lequel se meut l'un des corps est continûment variable, de par le mouvement des ***N* - 1** autres. De plus, si le corps considéré en vient à frôler l'un des autres corps du système, sa trajectoire peut être totalement modifiée : de quasi circulaire autour d'un des corps par exemple, elle peut devenir elliptique avec faible ou forte excentricité, ou même hyperbolique. Dans ce cas, elle s'évade de l'attraction du premier corps pour aller évoluer dans d'autres zones du système. Ce type de comportement s'appelle *réaction de gravitation* et fait l'objet du chapitre 6.2.

Les principaux pionniers des études théoriques sur le problème des ***N*** corps et sur les perturbations générales et planétaires sont *Leonhard Euler* (1707 - 1783), *Louis Lagrange* (comte de : 1736 - 1813), *Pierre-Simon de Laplace* (1749 - 1827), *Karl Friedrich Gauss* (1777 - 1855), *Karl Jacobi* (1804 - 1851) à Königsberg, *Simon Newcomb* (1835 - 1909), *Heinrich Bruns* (1848 - 1919) et *Henri Poincaré* (1854 - 1912). Au XXe siècle, avec la découverte des grandes structures stellaires telles les galaxies et les amas, le problème des ***N*** corps s'est étendu aux cas des systèmes contenant de très nombreux corps, par une approche de type statistique. C'est le cas du théorème du viriel ou des études de *Jan Oort* (1900 - 1992) à Leyde, sur la structure gravitationnelle des galaxies.

Enfin, des recherches poussées ont également été effectuées vers les systèmes plus accessibles ne comprenant que quelques corps. C'est en particulier le cas du problème des trois corps, dont l'étude débouche sur plusieurs applications intéressantes dans le Système solaire, comme le mouvement très complexe de la Lune. Le problème des trois corps a lui-même été subdivisé en sous-problèmes plus aisés à résoudre : problème *restreint* des trois corps pour lequel l'un des corps a une masse infinitésimale et ne perturbe pas la marche des deux autres, problème *restreint circulaire*, ou encore problème *restreint plan*. Le problème des trois corps a fait l'objet de nombreux travaux en vue de déterminer des familles de trajectoires stationnaires ou périodiques. Les grands noms qui se sont distingués dans ces études sont : Lagrange, Jacobi, *Joseph Liouville* (1809 -1882), *George Hill* (1838 - 1914), *Forest Moulton* (v. 1860 - 1935), *George Darwin* (1845 - 1912) et *Karl Sundman* (1878 - 1949).

3.1.1 Problème général des N corps

a. Dix intégrales premières

L'ensemble des forces de gravitation, répondant à l'Eq.(21.2) de Newton, est décrit par un système de ***N*** équations différentielles vectorielles du deuxième ordre. La solution complète d'un tel système requiert **6 *N*** intégrales premières.

$$m_i \ddot{\bar{r}}_i = \sum_{k \neq i} G \frac{m_i \, m_k}{r_{ik}^3} \bar{r}_{ik} \, . \tag{31.1}$$

En considérant l'ensemble des corps comme un ensemble de systèmes binaires et en appliquant la théorie des deux corps à chaque doublet, deux conclusions importantes peuvent être énoncées. Il apparaît d'une part que la résultante des forces est nulle, c'est-à-dire que le centre de masse est en mouvement rectiligne uniforme (deux constantes vectorielles). En effet, l'Eq. (21.72) entraîne :

$$\sum_i m_i \ddot{\bar{r}}_i = M \ddot{\bar{R}} = 0 \quad \text{et donc} \quad M \bar{R} = \bar{A} \, t + \bar{B} \, . \tag{31.2}$$

D'autre part, les Eqs. (21.69 et 31.1) permettent d'écrire :

$$\frac{d\bar{J}}{dt} = 0 \, . \tag{31.3}$$

De toute évidence, le moment cinétique du système complet est constant, puisqu'il est constant pour chaque doublet. Cette propriété entraîne l'existence d'un plan invariant, perpendiculaire à la direction invariante du vecteur moment cinétique total, passant par le centre de masse. Voici donc trouvées trois constantes vectorielles ou neuf constantes scalaires.

Une dernière constante scalaire peut encore être déterminée en calculant l'expression de l'énergie. Les grandeurs suivantes sont définies : *l'énergie cinétique totale* T, *l'énergie potentielle totale* U, ainsi que l'énergie potentielle U_i d'un corps i et celle U_{ik} d'un doublet $(i\ k)$:

$$U_{ik} = -\frac{G\, m_i\, m_k}{r_{ik}} \quad , \quad U_i = \frac{1}{2}\sum_{k \neq i} U_{ik} = \sum_{k > i} U_{ik} \, , \tag{31.4}$$

$$T = \sum_i \frac{1}{2}\, m_i\, v_i^2 \quad et \quad U = \sum_i U_i \, . \tag{31.5}$$

Pour un champ de forces dépendant d'un potentiel :

$$m_i\, \ddot{\bar{r}}_i = -\overline{grad}\, U_i \, , \tag{21.81}$$

il vient, après dérivation de l'Eq. (31.5 a) par rapport au temps :

$$\dot{T} = \sum_i m_i\, \dot{\bar{r}}_i\, \ddot{\bar{r}}_i = -\sum_i \dot{\bar{r}}_i\, \overline{grad}\, U_i = \sum_i \Big(\sum_{m=1}^{3} \dot{x}_i^m \frac{\partial U_i}{\partial x^m} \Big) \, , \tag{31.6}$$

$$d'où \quad \dot{T} = \sum_i \dot{U}_i = \dot{U}_i \quad et \quad T + U = E \, . \tag{31.7}$$

C'est l'équation générale de l'énergie dont l'Eq. (21.21) est la forme particulière pour le mouvementképlérien.

Les Eqs. (31.2, 3 et 7 c) portent ainsi à dix le nombre de constantes arbitraires. En explicitant chacune de ces constantes, Euler obtint dix équations auxquelles répond le système : ce sont les *dix* intégrales premières du problème des N corps, or la résolution complète en demande $6\,N$.

b. Discussion

Jacobi a montré en 1843 qu'il était encore possible de réduire de deux unités l'ordre du système, au moyen d'une procédure d'élimination et de changement de variables : en effet, le temps n'apparaît pas explicitement dans les équations. Les travaux de Bruns et de Poincaré, à la fin du XIXe, ont montré qu'il n'y avait pas d'autre intégrale que celles énoncées ci-dessus, lorsque les coordonnées ou les éléments sont utilisés comme variables indépendantes. Il en est de même lorsque toutes les masses, sauf une, sont négligeables. Le problème des N corps ne possède donc pas de solution mathématique générale et ne peut être ramené en-dessous de l'ordre $6\,N - 12$.

Dans le problème des deux corps, les propriétés des forces centrales permettent de déterminer l'équation de la trajectoire de chaque corps et donc trois constantes d'intégration supplémentaires. Cela conduit à treize conditions alors que *douze* suffisent. Dans ce cas, l'équation de l'énergie n'est pas indépendante des autres équations, comme le montre le calcul de l'Eq. (21.21).

c Potentiel de perturbation

Un corps est choisi au hasard comme centre d'attraction et est numéroté 1 . Les accélérations de gravitation sont :

$$\bar{\Phi}_i = \sum_{k \neq 1, \neq i} \frac{G\, m_k}{r_{ik}^3}\, \bar{r}_{ik} + \frac{G\, m_1}{r_{i1}^3}\, \bar{r}_{i1} \;, \qquad (31.8)$$

$$\bar{\Phi}_1 = \sum_{k \neq 1, \neq i} \frac{G\, m_k}{r_{1k}^3}\, \bar{r}_{1k} + \frac{G\, m_i}{r_{1i}^3}\, \bar{r}_{1i} \;. \qquad (31.9)$$

Les termes en $k = 1$ et $k = i$, sortis des signes de sommation et regroupés, représentent la composante centrale d'attraction liant le corps i au corps 1 . Le terme restant est donc l'*accélération perturbatrice* provoquée par les N - 2 autres corps. Il vient :

$$\bar{\Phi}_{i\, rel} = \bar{\Phi}_i - \bar{\Phi}_1 = -\, G\, \frac{m_1 + m_i}{r_{1i}^3}\, \bar{r}_{1i} - G \sum_{k \neq 1, \neq i} m_k \left(\frac{\bar{r}_{1k}}{r_{1k}^3} - \frac{\bar{r}_{ik}}{r_{ik}^3}\right) . \qquad (31.10)$$

En notant $U_{k(1i)}$ le potentiel de perturbation du corps k sur le couple $(1, i)$:

$$U_{k(1i)} = G\, m_k \left(\frac{1}{r_{1k}} - \frac{1}{r_{ik}}\right) , \qquad (31.11)$$

l'accélération perturbatrice de l'ensemble des corps sur le corps i s'écrit :

$$\bar{\Phi}_{P(1i)} = -\sum_{k \neq 1, \neq i} \overline{grad}\; U_{k(1i)} \;. \qquad (31.12)$$

3.1.2 Théorème du viriel

Le théorème du viriel est une propriété statistique des systèmes composés d'un grand nombre de corps, considérés comme *particules libres*. Le *viriel* est la quantité énergétique W égale, en un point quelconque, à la somme des produits scalaires de la force appliquée et du vecteur position de chacun des corps. En notant T l'énergie cinétique, U l'énergie potentielle et I le moment d'inertie, il vient :

$$W = \sum_k \bar{F}_k\, \bar{r}_k = \sum_k m_k\, \ddot{\bar{r}}_k\, \bar{r}_k \quad et \quad I = \sum_k m_k\, \bar{r}_k^{\,2} \;, \qquad (31.13)$$

$$\frac{1}{2}\, \frac{d^2 I}{dt^2} = \sum_k m_k (\dot{\bar{r}}_k^{\,2} + \ddot{\bar{r}}_k\, \bar{r}_k) = 2\, T + W \;. \qquad (31.14)$$

La dérivée seconde du moment d'inertie ne peut pas être positive, sinon la dérivée première augmenterait indéfiniment : au moins un des corps s'éloignerait sans limite (c'est-à-dire serait expulsé du système).

D'autre part, un système stable peut être décrit en calculant les moyennes temporelles des différentes grandeurs pour un temps suffisamment long. Les grandeurs moyennes ainsi obtenues sont surmontées d'un *tilde* (~). En particulier, la valeur moyenne de la dérivée seconde du moment d'inertie ne peut être que nulle car l'intervalle de temps tend vers l'infini, tandis que les rayons vecteurs sont finis et la somme porte sur un nombre fini de termes. En conséquence, la condition nécessaire (mais non suffisante) de stabilité du système est :

$$\frac{d^2 \tilde{I}}{dt} = 0 \; . \qquad (31.15)$$

Pour des corps en interaction de gravitation, les forces dérivent d'un potentiel en $1 / r$ et le viriel est égal à l'énergie potentielle :

$$\tilde{W} = \tilde{U} \; , \qquad (31.16)$$

Les Eqs. (31.7 b, 14 et 16) permettent alors d'écrire :

$$\tilde{U} = -2 \tilde{T} = 2 \tilde{E} \; . \qquad (31.17)$$

Cette dernière équation est connue sous le nom de *théorème du viriel*. Elle peut s'interpréter de la manière suivante :

> *l'énergie potentielle moyenne est finie et vaut deux fois l'énergie cinétique moyenne. La constante d'énergie totale* **E** *est dès lors* ***négative*** *: c'est la caractéristique des systèmes stables.*

À noter que d'autres formes d'énergie peuvent intervenir, telles l'énergie thermique Θ ou la pression extérieure p sur un gaz de volume V. Le théorème général s'écrit, γ étant le rapport des chaleurs spécifiques :

$$2 T + U + 3 (\gamma - 1) \Theta - 3 p V \; . \qquad (31.18)$$

Le théorème du viriel peut également être généralisé en introduisant des forces ne dépendant pas d'un potentiel.

3.1.3 Ensembles à symétrie sphérique

a. Corps intérieurs à un ensemble sphérique

Les grands ensembles stellaires comportant un très grand nombre de corps peuvent être traités comme un fluide homogène caractérisé par une densité de masse ϱ, la pression étant nulle car les corps ne s'entrechoquent pas en permanence. Pour des ensembles sphériques, il est aisé de montrer (voir section 3.2.1) qu'un corps déterminé n'est influencé que par les corps se trouvant dans la partie de la sphère intérieure par rapport à lui-même.

L'influence gravitationnelle des corps extérieurs s'annule en effet grâce à la symétrie sphérique de l'ensemble.

La gravitation newtonienne se traduit dès lors, par une force proportionnelle à la distance entre le corps et le centre de symétrie :

$$\ddot{\bar{r}} = - C \, \bar{r} \, , \quad avec \quad C = \frac{4}{3} \pi \, \varrho \, G \, . \tag{31.19}$$

Les propriétés spéciales des forces centrales sont d'application. Le moment cinétique est constant, ainsi que la vitesse aréolaire. Le mouvement est plan. L'Eq. (31.7) de l'énergie est applicable et la fonction potentielle est égale à :

$$U = - \frac{1}{2} C \, r^2 \, . \tag{31.20}$$

La résolution de l'Eq. (31.19) est immédiate dans un système d'axes cartésiens $O\,x\,y$, la solution est donnée par l'Eq. (31.21) :

$$\begin{aligned} \ddot{x} + Cx = 0 \, , \quad x = A \cos nt + B \sin nt \, , \\ avec \quad n = \sqrt{\frac{4}{3} \pi \varrho G} \, . \\ \ddot{y} + Cy = 0 \, , \quad y = A' \cos nt + B' \sin nt \, , \end{aligned} \tag{31.21}$$

L'élimination du temps est aisée et conduit à une forme quadratique en x^2, $x\,y$ et y^2 : c'est l'équation d'une ellipse. Une rotation des axes fait alors disparaître le terme en $x\,y$, et donne $A = a$, $B' = b$ et $A' = B = 0$. Cette transformation conduit à la forme classique de l'ellipse centrée, donnée par les Eqs. (21.31 c).

Cette solution peut également être obtenue par intégration de l'Eq. (21.12), comme illustré par l'Eq. (III.20) de l'annexe III.2. La dépendance du temps est nettement plus aisée que dans l'équation de Kepler (*Johannes Kepler* : 1571 - 1630), il vient :

$$E = M = n \, t \quad , \quad T = \sqrt{\frac{3 \, \pi}{\varrho \, G}} \quad , \quad \tan \theta = \frac{b}{a} \tan E \, , \tag{31.22}$$

$$et \quad v^2 = n^2 \left(y^2 \, \frac{a^2}{b^2} + x^2 \, \frac{b^2}{a^2} \right) , \tag{31.23}$$

Les corps circulent tous individuellement sur des orbites elliptiques planes. Tous les corps se meuvent de concert car la vitesse angulaire moyenne (moyen mouvement) est identique pour toutes les orbites.

Ce n'est qu'en cas de collision ou de rencontres proches qu'une trajectoire individuelle peut éventuellement acquérir une excentricité élevée et conduire le corps à sortir de l'ensemble homogène. Dans ce cas, la portion de trajectoire extérieure est képlérienne : elle peut donc être parabolique ou hyperbolique suivant la valeur de la vitesse de sortie.

b. Grandeurs moyennes

Le théorème du viriel peut être appliqué sans restriction aux systèmes sphériques. En effet, à l'exception des corps en mouvement d'évasion, les systèmes peuvent être regardés comme des états stationnaires, la période de révolution de l'ensemble étant unique et constante. En notant M la masse totale et R le rayon du système, l'Eq. (31.17) permet d'obtenir la moyenne spatiale et temporelle de la vitesse :

$$M \tilde{V}^2 = \frac{G M^2}{R} , \quad ou \quad \tilde{V}^2 = \frac{G M}{R} . \tag{31.24}$$

C'est l'équation de la vitesse circulaire du mouvement képlérien. Ceci permet de conclure que la révolution d'ensemble des systèmes sphériques présente les mêmes caractéristiques moyennes que celles du mouvement circulaire.

L'Eq. (31.24) traduit également l'équilibre statistique entre les forces centrifuges moyennes, en V^2 / R, et les forces moyennes de gravitation, en $G M / R^2$. Enfin, en se plaçant en un point r situé à l'intérieur d'un ensemble sphérique quelconque (non homogène), il est permis d'écrire :

$$M(r) = \frac{r \tilde{V}^2}{G} , \quad \tilde{U}(r) = - \int \frac{\tilde{V}^2}{r} dr ,$$
$$et \quad \varrho(r) = \frac{1}{4\pi G} \frac{1}{r^2} \frac{d}{dr} (r \tilde{V}^2) . \tag{31.25}$$

Ces relations permettent de décrire très simplement les caractéristiques moyennes des structures distribuées à symétrie sphérique.

3.1.4 Solutions de Lagrange : les trois corps en triangle

Lorsque trois corps célestes sont en présence, il existe une solution théorique due à Sundman. Toutefois, les formules mathématiques qu'il élabora sont tellement complexes qu'elles ne permettent ni de calculer la position des corps dans l'espace, ni de tirer des conclusions sur les propriétés et le caractère des mouvements. C'est pourquoi les formules de Sundman n'ont trouvé aucune application pratique à ce jour.

a. Résultante centrale

Il est possible d'imaginer certains systèmes spéciaux de trois corps célestes jouissant de la propriété particulière d'être chacun soumis, à tout instant, à une force centrale. L'étude de ces cas particuliers a été menée à bien par Lagrange en 1772. Ces cas sont très rares car de nombreuses conditions doivent être réalisées pour que les forces restent centrales.

Néanmoins des exemples existent dans le Système solaire.

Les trois corps ont des masses notées respectivement m_1, m_2 et m_3 et O est leur centre de masse (Fig. 3.1). Chacun de ces corps doit être soumis à une force centrale de la forme suivante :

$$\bar{F}_1 = G\, m_1 \left(\frac{m_2}{r_{12}^3}\, \bar{r}_{12} + \frac{m_3}{r_{13}^3}\, \bar{r}_{13}\right) = -\frac{\mu_1\, m_1}{r_1^3}\, \bar{r}_1 \,. \qquad (31.26)$$

Comme la résultante des forces de gravitation est nulle et que le centre de masse est immobile ou en mouvement rectiligne uniforme, il vient :

$$\sum_i m_i\, \bar{r}_i = \sum_i \mu_i\, \frac{m_i}{r_i^3}\, \bar{r}_i = 0 \,, \quad d'où \quad \frac{\mu_i}{r_i^3} = K \,, \qquad (31.27)$$

$$avec \quad \frac{\mu_i}{r_i^3} = K \,. \qquad (31.28)$$

L'introduction de cette constante K dans l'Eq. (31.26) conduit à :

$$\bar{r}_1 \left(\frac{K}{G} - \frac{m_2}{r_{12}^3} - \frac{m_3}{r_{13}^3}\right) + \bar{r}_2\, \frac{m_2}{r_{12}^3} + \bar{r}_3\, \frac{m_3}{r_{13}^3} = 0 \,. \qquad (31.29)$$

Cette équation correspond à trois équations vectorielles par permutation des indices **1, 2** et **3**. Elle représente donc un système de neuf équations scalaires à neuf variables qui doivent être vérifiées à tout instant, il doit donc admettre une infinité de solutions. Ce système vérifiant aussi l'Eq. (21.72) du centre de masse, cette dernière équation peut être introduite à la place d'une des équations, celle de $\bar{F}_3$, par exemple.

b. Solutions triangulaires

Les Eqs. (31.29) peuvent être résolues par analogie avec l'équation du centre de masse en égalant les coefficients des termes $m_i\, \bar{r}_i$.

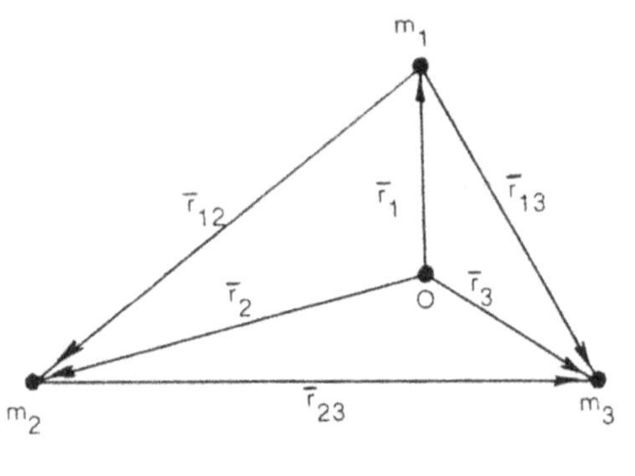

Figure 3.1 : Problème des trois corps : vecteurs de référence

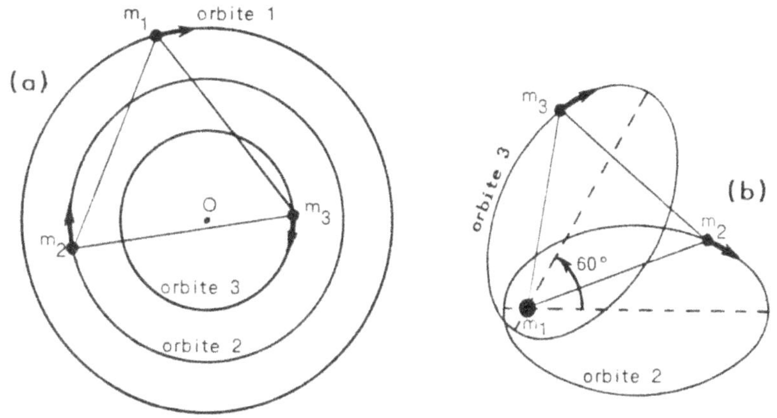

Figure 3.2 : Solution en triangle équilatéral :
(a) circulaire ; (b) elliptique

Cette solution entraîne l'égalité des distances séparant les corps et à une disposition en *triangle* équilatéral. Si $\boldsymbol{R}$ est cette distance, l'Eq. (31.29) permet d'écrire, avec $\boldsymbol{M} = \boldsymbol{\Sigma}\, \boldsymbol{m_i}$:

$$K = \frac{G\,M}{R^3} \quad d'où \quad \mu_i = G\,M\,(\frac{r_i}{R})^3 \,. \qquad (31.30)$$

Les forces étant centrales et inversement proportionnelles au carré de la distance des corps au point fixe, les trajectoires des trois corps sont des coniques planes, conformément aux lois de Kepler (Fig 3.2).

Le corps $\boldsymbol{m_1}$ étant choisi comme centre d'attraction, les mouvements relatifs des deux autres corps sont régis par des équations identiques à celles du problème des deux corps. Les corps décrivent des coniques planes identiques (mais non confondues). La masse totale du système est concentrée dans le centre d'attraction qui occupe un des foyers des trajectoires.

La position en triangle équilatéral impose deux conditions spatiales : le problème est, en effet, entièrement défini lorsque position $\bar{r}_2$ et vitesse $\bar{v}_2$ initiales (relatives) du corps $\boldsymbol{m_2}$ sont donnés. Il faut imposer que les grands axes soient égaux et que $r_{23} = r_2 = r_3$. Quelques considérations géométriques simples permettent de montrer que ces conditions ne sont vérifiées que pour des trajectoires coplanaires. Le plan de mouvement du troisième corps $\boldsymbol{m_3}$ est le plan $(\bar{r}_2, \bar{v}_2)$ et sa position définie par l'égalité des distances $\boldsymbol{R}$ (en réalité, il y a deux positions possibles). La dimension du grand axe est obtenue par l'Eq. (21.21). Les vitesses des deux corps sont égales et décalées de 60 degrés. Les orbites sont illustrées à la Fig. 3.2 b. Les grands axes font entre eux un angle de 60 degrés.

3.1.5 Solutions de Lagrange : les trois corps en ligne

a. Équation de Lagrange

Une seconde méthode de résolution du système d'Eqs. (31.29) consiste à imposer que les trois corps restent colinéaires à tout instant, les trajectoires étant coplanaires. Les équations vectorielles se réduisent à un système d'équations scalaires homogènes à trois inconnues, les Eqs. (31.31).

$$\begin{aligned} & X \frac{K}{G} r_{12}^3 + m_2 + \frac{m_3}{(1+R)^2} = 0 , \\ & (X+1) \frac{K}{G} r_{12}^3 - m_1 + \frac{m_3}{R^2} = 0 , \\ & X = - \frac{m_2 + m_3 (1+R)}{m_1 + m_2 + m_3} . \end{aligned} \quad \text{avec} \quad R = \frac{r_{23}}{r_{12}} , \quad \text{et} \quad X = \frac{r_1}{r_{12}} , \tag{31.31}$$

L'Eq. (31.32) de Lagrange est obtenue en éliminant X et $K r^3_{12} / G$ entre les trois Eqs. (31.31) :

$$\begin{aligned} & R^5 (m_1 + m_2) + R^4 (3m_1 + 2m_2) + R^3 (3m_1 + m_2) - \\ & - R^2 (m_2 + 3m_3) - R (2m_2 + 3m_3) - (m_2 + m_3) = 0 . \end{aligned} \tag{31.32}$$

C'est une équation du cinquième degré qui n'admet qu'une seule racine réelle positive du rapport R. Les positions de deux des trois corps étant connues, cette valeur tirée de l'équation de Lagrange permet de fixer la position du troisième. Cette équation correspond en réalité à trois équations différentes, suivant la notation m_1, m_2 ou m_3 attribuée au troisième corps. Trois solutions sont donc ainsi obtenues, correspondant à trois positions possibles du troisième corps, une de chaque côté des deux premiers, et la troisième entre les deux.

Il est aisé de montrer que les trajectoires doivent être semblables et coplanaires, ce qui entraîne une condition vectorielle sur la vitesse. De plus, trois autres conditions sont imposées par la position du troisième corps déduite de l'équation de Lagrange.

L'existence de la solution *en ligne* requiert donc *six* conditions. Un exemple de solution en ligne est illustré à la Fig. 3.3 b.

b. Stabilité des solutions de Lagrange

Les solutions particulières au problème des trois corps sont connues sous le nom de *points de Lagrange* : points L_1, L_2 et L_3 pour les trois solutions en ligne et points L_4 et L_5 pour les solutions en triangle équilatéral.

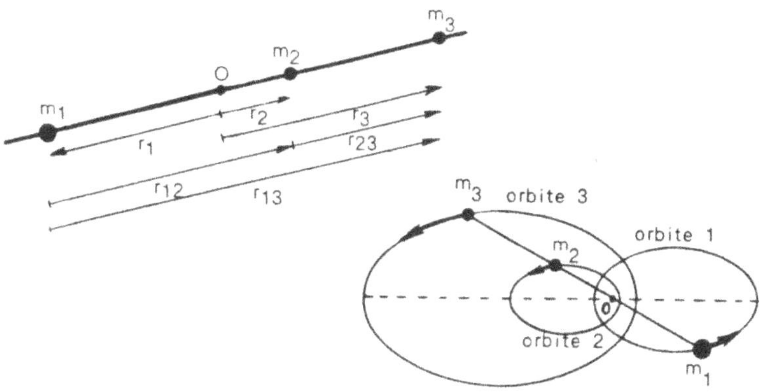

Figure 3.5 : Solutions en ligne

La stabilité de ces solutions a été étudiée par Liouville en 1845 et par Moulton en 1904. Il en ressort que les solutions en triangle (L_4 et L_5) sont stables pour autant que le rapport α des masses des corps principaux soit suffisamment petit, inférieur à la valeur critique de *Routh* (1831 - 1907) :

$$\alpha = \frac{m_2}{m_1 + m_2} < \alpha_R = 0.0385 . \qquad (31.33)$$

Les oscillations stables ont lieu perpendiculairement au plan orbital, suivant l'axe $O\bar{z}$.

Pour les solutions en ligne, Moulton a montré que, bien que généralement instables, les points L_1 , L_2 et L_3 peuvent, dans certains cas, osciller sur des orbites elliptiques dans le plan orbital, le grand axe étant aligné sur l'axe $O\bar{y}$. En revanche, de nombreuses simulations numériques ont montré que ces trajectoires oscillantes ne duraient jamais plus de quelques orbites avant de diverger. Les solutions en ligne sont donc à considérer comme instables.

3.1.6 Problème restreint circulaire

Une autre direction de recherche a été approfondie à la fin du XIXe siècle par plusieurs chercheurs : Jacobi, Poincaré, Hill et d'autres. Le problème *restreint* des trois corps comprend une hypothèse supplémentaire : le troisième corps est de masse si faible qu'il ne perturbe pas le mouvement des deux autres, leur mouvement est donc parfaitement képlérien. L'objectif de l'étude est d'obtenir une ou plusieurs équations additionnelles décrivant l'ensemble des mouvements possibles du troisième corps.

a. Intégrale de Jacobi

Le problème restreint *circulaire* comporte l'hypothèse supplémentaire que le mouvement des deux corps principaux est rigoureusement circulaire. L'étude complète peut être trouvée au chapitre 7 de Moulton, 1914. Les équations du mouvement sont écrites dans l'espace relatif en rotation à vitesse uniforme $\boldsymbol{n}$, dont l'origine est le centre de masse et l'axe $O\,\bar{x}$ la droite joignant les deux corps. Cette formulation conduit à l'Eq. (31.34) : c'est l'*intégrale de Jacobi*.

$$\frac{v_{rel}^2}{2} - \frac{m_1}{r_1} - \frac{m_2}{r_2} = \frac{n^2}{2}\,(x^2 + y^2) + C\,. \tag{31.34}$$

L'intégrale de Jacobi peut être regardée comme étant l'équation de l'énergie, écrite dans l'espace relatif en rotation uniforme. L'étude de cette intégrale a permis à Hill de présenter une discussion intéressante portant sur les surfaces à *vitesse nulle*, dont les intersections avec les plans $O\,\bar{x}\,\bar{y}$ et $O\,\bar{x}\,\bar{z}$ sont représentées à la Fig. 3.4.

Comme la vitesse apparaît au carré dans l'Eq. (31.34), les surfaces à vitesse nulle constituent la séparation entre une zone effective où ce terme est positif (vitesses réelles) et une zone il est négatif (pas de solution).

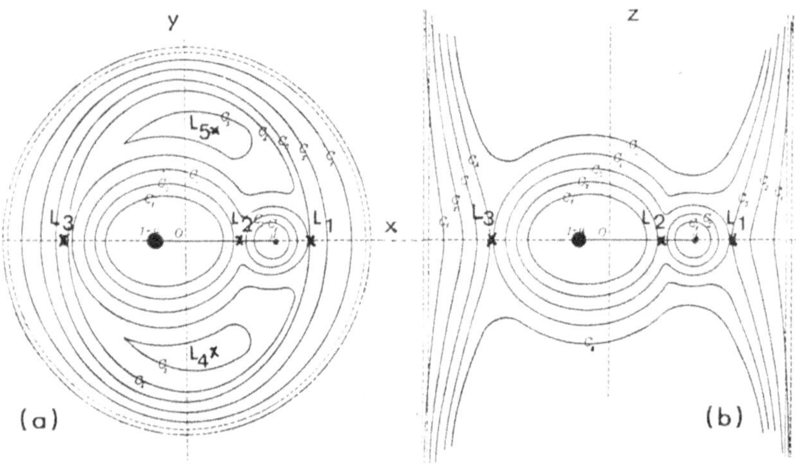

Figure 3.4 : Intégrale de Jacobi - Surfaces à vitesse nulle :
*Intersections avec le plan **(a)** $O\,\bar{x}\,\bar{y}$, **(b)** $O\,\bar{x}\,\bar{z}$*

Il est aisé de montrer que les zones effectives sont situées à l'intérieur des courbes entourant les deux corps principaux et à l'extérieur des courbes externes.

Pour les grandes valeurs de la constante C, il y a trois zones utiles, sans interconnexion (courbes C_1 et C_2). Si le troisième corps est à proximité d'un des deux corps principaux et si les conditions initiales referment le contour autour de ce corps, alors le troisième corps est essentiellement un satellite, captif de la zone d'influence de ce corps. Pour des valeurs plus faibles de la constante C, la région intérieure est une sorte d'ovoïde entourant les deux corps principaux (courbe C_3). Le troisième corps circule autour de l'ensemble des deux autres corps, mais sans trop s'éloigner. Enfin, pour des valeurs encore plus faibles (courbes C_4 et C_5), la trajectoire du troisième corps est limitée à une portion de l'espace entourant les points doubles L_4 et L_5. Ces points correspondent aux solutions triangulaires de Lagrange.

Les autres points doubles où se rejoignent les zones centrales, ainsi que ceux où elles touchent les zones externes, correspondent aux solutions en ligne L_2, L_1 et L_3. D'après les équations du mouvement, ces points sont caractérisés par une accélération relative nulle et donc par une vitesse relative constante. Ce sont donc bien les points d'équilibre définis à l'article 3.1.5.

Remarque : stabilité

Un critère de stabilité a pu être dégagé de nombreuses simulations numériques effectuées sur ordinateur :

$$S = \bar{J}^2 E < S_{cr} , \tag{31.35}$$

où S est un paramètre caractérisant la stabilité, $\bar{J}$ le moment cinétique et E l'énergie totale, décrits par les Eqs. (21.69 et 31.7).

b. Critère de Tisserand

L'Eq. (31.34) de Jacobi permet de déduire une relation invariante en cas d'altération de la trajectoire du troisième corps sous l'influence du deuxième. Il faut exprimer l'intégrale de Jacobi dans l'espace en rotation :

$$\bar{v}_{rel} = \bar{v}_{abs} - (\bar{n} \times \bar{r}) . \tag{31.36}$$

En introduisant cette relation dans l'intégrale de Jacobi, il vient :

$$\frac{v_{abs}^2}{2} - \frac{m_1}{r_1} - \frac{m_2}{r_2} = T + U = -\frac{\mu}{2a} = C + \bar{n}\,\bar{h} . \tag{31.37}$$

Cette relation, due à *Félix Tisserand* (1845 - 1896), conduit à l'Eq. (31.38), qui constitue le *critère de Tisserand* :

$$\frac{R}{a} + 2 \cos i \sqrt{\frac{p}{R}} = C^{te} , \tag{31.38}$$

où R est le rayon (demi-grand axe) de l'orbite du deuxième corps.

C'est une relation approchée entre les trois éléments suivants de l'orbite du troisième corps, avant et après perturbation : le demi-grand axe $\boldsymbol{a}$, l'excentricité $\boldsymbol{e}$ et l'inclinaison $\boldsymbol{i}$ du plan d'orbite par rapport au plan de la trajectoire initiale. L'approximation n'est valable que pour autant que celle du problème restreint circulaire soit applicable.

Des exemples d'utilisation du critère de Tisserand sont, d'une part, l'identification des comètes après et avant perturbation par Jupiter ou par d'autres planètes, et d'autre part l'évaluation des modifications de trajectoire subies par les sondes artificielles lors des réactions de gravitation sur les planètes ou sur la Lune, voir chapitre 6.2.6 et Tables 6.IV à VI.

c. Lobes de Roche

Pour des corps gazeux ou liquides, les surfaces à vitesse nulle représentent également les formes extérieures d'un ou des corps en équilibre. Le troisième corps est, dans ce cas, constitué d'une parcelle infinitésimale de matière d'un des deux corps, sans mouvement par rapport à celui-ci. Ces surfaces sont dès lors des équipotentielles d'équilibre.

Le contour C_2 en forme de *huit* marque la séparation extrême entre les deux corps et délimite les *lobes de Roche*, du nom du physicien français *Edouard Roche* (1820 - 1883) qui les a étudiés vers 1860. Aucune matière gazeuse ou liquide ne peut se maintenir en équilibre à l'extérieur de ces lobes, puisque le carré de la vitesse y est négatif.

3.1.7 Problème des trois corps : état de la question

a. Solutions périodiques

Les études principales ont été menées par Poincaré, George Darwin et Moulton avant l'ère spatiale. Darwin a étudié le cas où le rapport α des masses est de un à dix (α = **1 / 11**). D'autres cas remarquables ont également été analysés : masses égales (α = **1 / 2**), ainsi que le cas Soleil - Jupiter (α = **0.000 95**) ou celui du couple Terre - Lune (α = **0.012**). De nombreuses familles d'orbites périodiques ont été identifiées (voir Roy, 1978).

La période *relative* de ces solutions porte, dans le Système solaire, le nom de période *synodique* T_R : au terme de cette période, les trois corps se retrouvent dans les mêmes positions relatives :

$$n_R = n_1 - n_2 \ , \quad T_R = \frac{T_1 \, T_2}{T_2 - T_1} \ , \tag{31.39}$$

où l'indice 2 se rapporte au deuxième corps et l'indice 1 au troisième. L'Eq. (31.39) s'applique à tout système comprenant trois corps.

b. Problème restreint elliptique

Un problème plus général a également été examiné : celui où les deux corps principaux sont en mouvement elliptique. Dans ce cas, l'intégrale de Jacobi ne peut pas être trouvée. De plus, des études numériques additionnelles (Roy, 1978) indiquent que le problème restreint circulaire ne peut même pas être considéré avec certitude comme une approximation fiable du cas elliptique. En effet, l'approximation ne reste valable que pendant un laps de temps limité, n'excédant pas quelques périodes de révolution des deux corps principaux.

c. Bilan des recherches

L'étude mathématique du problème théorique des ***N*** corps conduit donc globalement à un échec, compte tenu de l'extraordinaire diversité des configurations et des mouvements possibles. D'autres méthodes de résolution doivent dès lors être mises en oeuvre : développements en série, méthode des perturbations, méthodes des sphères d'influence, intégration numérique. Ces méthodes font l'objet des sections suivantes.

Toutefois, les études théoriques se poursuivent avec l'appui des puissants moyens de calcul disponibles aujourd'hui : recherche d'orbites périodiques en problème restreint circulaire ou non, recherche de configurations hiérarchisées à trois ou plus de trois corps etc . . . Certaines configurations spéciales des corps, disposés en polyèdres réguliers, peuvent conduire à des systèmes calculables : ces figures sont la transposition à ***N*** corps, des solutions de Lagrange pour le problème des trois corps.

3.1.8 Structures distribuées

La dynamique des grandes structures distribuées, comme les galaxies, a fait l'objet de diverses tentatives de modélisation, principalement avec les travaux de *James Jeans* (1877 - 1946) et de *Sir Arthur Eddington* (1882 - 1944). L'étude de ces structures fait appel à des modèles dont la densité de masse présente une symétrie sphérique. Ce type de répartition présente l'avantage important de conserver les deux propriétés fondamentales des sphères homogènes décrites à la section 3.2.1. Elles se comportent, en effet, comme des points massiques pour les objets extérieurs, mais le plus important est leur comportement vis-à-vis des objets intérieurs : seules les parties intérieures sont à prendre en compte.

La méthode mathématique utilisée consiste à assimiler la structure répartie comme un gaz dont les étoiles seraient les particules, et à traiter ce gaz d'après les règles de la dynamique statistique et de la théorie de *Ludwig Boltzmann* (1844 - 1906), pour obtenir des relations analogues à celles de l'hydrodynamique.

Les relations principales sont les dimensions, la fonction de répartition de masse (la statistique d'étoiles), les gradients de vitesse et la masse totale.

Le champ des vitesses qui en découle est décrit par l'Eq. (31.40 a) :

$$\tilde{V} = \frac{a\,r}{1 + r'^2} \quad avec \quad r' = \frac{r}{r_0} \;, \qquad \tilde{U}\,(r, z) = \frac{\tilde{U}_0\, e^{-\lambda z^2}}{1 + r'^2} \,. \tag{31.40}$$

Il présente un maximum en r_0, vers le milieu du disque puis, comme la masse diminue nettement au-delà, la vitesse décroît jusqu'à la limite du disque. Le potentiel de gravitation est déduit de l'Eq. (31.25 b), pour la dépendance en r. Le système étant supposé de révolution autour de l'axe z, le potentiel est séparable en ces deux variables, et la dépendance de la coordonnée z est choisie sur des bases théoriques et empiriques. Connaissant l'expression du potentiel, il est possible d'étudier les écarts des orbites par rapport au mouvement circulaire moyen. Ces écarts se traduisent par des oscillations périodiques lentes autour des positions moyennes. Les périodes sont du même ordre de grandeur que celle de la révolution complète de la structure.

Toutefois l'application des Eqs. (31.25) à ce modèle conduit à des résultats anormaux pour la masse, qui diminue comme $1 / r$, et pour la densité de masse ϱ, qui devient négative lorsque r est suffisamment grand. C'est pourquoi d'autres modèles sont proposés, comme celui des Eqs. (31.41) :

$$\varrho = \frac{\varrho_0}{1 + r'^2} \quad et \quad M = 4\,\pi\,\varrho_0\, r_0^3\,(r' - \arctan r')\,. \tag{31.41}$$

Pour les valeurs faibles du rayon r ($r' \ll 1$), la masse varie avec le volume, comme le cube du rayon, c'est ce qui apparaît lorsque la fonction **arctan** est remplacée par son développement $r' - r'^3 / 3$. Pour les valeurs très grandes ($r' \gg 1$), la masse est proportionnelle au rayon, ce qui signifie, par l'Eq. (31.25 a), que la vitesse moyenne tend asymptotiquement vers une valeur constante.

3.1.9 Modèles d'univers newtonien

Un grand ensemble homogène d'objets cosmiques en interaction gravitationnelle, étoiles ou galaxies, est caractérisé par sa densité de masse ϱ, spatialement constante. Deux de ces corps, par exemple des étoiles ou galaxies G_1 et G_2, sont séparées par la distance D.

L'interaction gravitationnelle de l'un sur l'autre demande de considérer une sphère de rayon D, centrée sur l'un des deux. La masse de matière à prendre en compte pour décrire les effets mutuels est la masse comprise dans cette sphère (voir théorie du point massique de Newton pour les points intérieurs, décrite à la section 3.2.1).

L'effet des masses extérieures à cette sphère s'annule par symétrie. L'application des formules classiques de Newton (chapitre 2.1) requiert une force centrale en $1 / D^2$ qui ne peut être maintenue que si la densité de masse ϱ varie en même temps que se déplacent les constituants cosmiques. L'hypothèse supplémentaire qui doit donc être faite est que la masse totale ϱD^3 reste constante. L'Eq. (21.21) de l'énergie conduit à :

$$v^2 = D^2 \times \frac{8}{3}\pi G \varrho \left[1 - k \frac{D}{R_M} \right] \quad avec \quad R_M = 2a . \qquad (31.42)$$

Cette équation fait apparaître une relation apparente de proportionnalité entre vitesse et éloignement, avec constante notée H. Cette constance n'est qu'approchée, car la densité varie avec le temps :

$$H^2(t) = \frac{8}{3}\pi G \varrho_c(t) , \qquad (31.43)$$

où ϱ_c est la *densité critique* :

$$\varrho_c = \varrho \left[1 - k \frac{D}{R_M}\right] . \qquad (31.44)$$

La vitesse des corps en présence doit être interprétée comme étant une vitesse radiale, alignée sur la droite $G_1 G_2$. Le modèle comprend donc le mouvement radial de l'objet extérieur, soumis à l'attraction de la masse sphérique centrée sur l'autre.

Il y a *effondrement* ou *expansion* suivant que la vitesse est dirigée vers l'intérieur ou vers l'extérieur. La grandeur de la vitesse détermine la nature de la conique, caractérisée par une valeur entière **0** ou **± 1** du paramètre k :

- **univers infini parabolique** : pour $k = 0$, la vitesse d'expansion est égale à la vitesse de libération. La densité de masse est égale à la densité critique,
- **univers infini hyperbolique** : pour $k = -1$, la vitesse est toujours supérieure à la vitesse de libération,
- **univers elliptique spatialement borné** : pour $k = 1$, la distance séparant les deux objets ne peut dépasser R_M, sinon le carré de la vitesse serait négatif. R_M est donc un rayon maximum : l'univers est borné.

Trois modèles d'univers newtonien sont donc disponibles. Ils constituent la base d'une cosmologie classique faisant l'objet d'une discussion plus détaillée au chapitre 7.1.8.

□

3.2
Influence de la forme et de la composition des corps célestes

Le but de cette section est, d'une part, d'examiner sous quelles conditions les corps célestes peuvent être assimilés à des points massiques, ensuite d'étudier les écarts qui apparaissent lorsque ces conditions ne sont pas exactement remplies. De plus, comme l'observation du Système solaire indique que les corps célestes peuvent être animés d'un mouvement de rotation sur eux-même, les formes d'équilibre que peuvent prendre des masses fluides sous l'effet combiné d'une rotation et de l'interaction de gravitation seront également étudiées.

3.2.1 Potentiel d'attraction des corps sphériques homogènes

La masse d'une enveloppe sphérique homogène de densité de masse ϱ, d'épaisseur E, et de rayon R s'exprime par :

$$M = 4\,\pi\,R^2\,\varrho\,E\,, \tag{32.1}$$

et, comme le montre la Fig. 3.5 a, le potentiel de gravitation pour l'unité de masse en un point quelconque P s'écrit :

$$U = -\,G\,\frac{M}{2}\int_0^{\pi}\frac{\sin\theta}{D}\,d\theta\,, \quad avec: \tag{32.2}$$

$$D^2 = r^2 + R^2 - 2\,r\,R\cos\theta\,, \quad et \quad \frac{dD}{d\theta} = \frac{r\,R\sin\theta}{D}\,. \tag{32.3}$$

Le potentiel s'écrit donc :

$$U = -\frac{\mu_E}{2}\int_0^\pi \frac{1}{r\,R}\,\frac{dD}{d\theta}\,d\theta = -\frac{\mu_E}{2\,r\,R}\,(D_{Max} - D_{min})\,. \qquad (32.4)$$

Deux cas sont à distinguer, suivant que le point P est extérieur ou intérieur à l'enveloppe :

$$D_{Max} - D_{min} = \begin{cases} 2\,R \;:\; U_e = -\dfrac{\mu_E}{r} \;:\; \textit{extérieur}\,. \\ 2\,r \;:\; U_i = -\dfrac{\mu_E}{R} \;:\; \textit{intérieur}\,. \end{cases} \qquad (32.5)$$

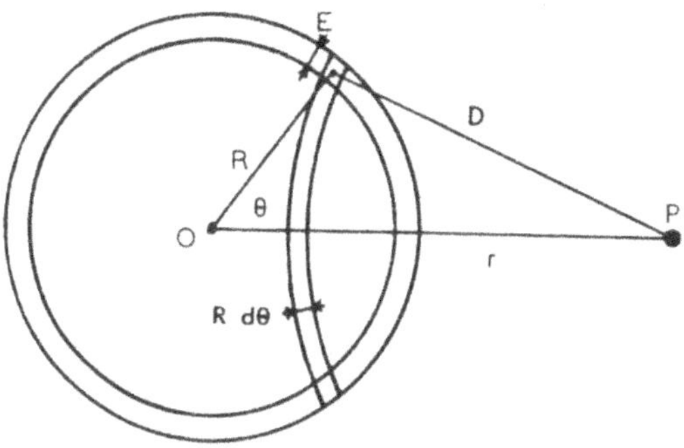

Figure 3.5 : Enveloppe sphérique homogène
(a) Potentiel

- **Points extérieurs**

Pour un point extérieur, l'Eq. (32.5 a) est identique à l'Eq. (21.5), tout se passe donc comme si la masse totale de l'enveloppe était concentrée en son centre : c'est le *modèle du point massique*. Cette propriété reste valable pour toute structure à symétrie sphérique pour laquelle la masse spécifique n'est fonction que du rayon R : c'est le cas de la sphère homogène, ou de la sphère formée d'un ensemble d'enveloppes concentriques homogènes.

- **Points intérieurs**

En tout point P situé à l'*intérieur* d'une enveloppe sphérique, le potentiel est constant. Le champ de forces y est donc *nul*. Par conséquent, en un point donné, les parties du corps situées à l'extérieur n'engendrent aucun champ d'attraction. Un point intérieur à une structure à symétrie sphérique n'est donc influencé que par les parties qui lui sont intérieures :

$$\bar{F}_{int} = -\frac{GM_{int}}{r^3}\,\bar{r} = -\frac{GM}{R^3}\,\bar{r}\,, \qquad (32.6)$$

$$\text{car} \quad M = \frac{4}{3}\pi\varrho\,R^3 \quad \text{et} \quad M_{int} = M\,\frac{r^3}{R^3}\,.$$

La divergence de ce vecteur fournit l'Eq. (21.8 b), écrite sans démonstration au chapitre 2.1.1 :

$$div\ \bar{F}_{int} = \nabla^2 U_i = \Delta U_i = -\frac{3GM}{R^3} = -4\pi\varrho G\,, \qquad (21.8\ b)$$

c'est l'équation de Poisson (*Denis Poisson* : 1781 - 1840), exprimant le laplacien du potentiel en un point intérieur.

- **Champ des vitesses**

En vertu de ce qui précède, le champ des vitesses d'une sphère homogène comprend une montée proportionnelle au rayon r, puis la vitesse retombe en $1/\sqrt{r}$, en accord avec l'Eq. (21.23 a), à l'extérieur du corps.

3.2.2 Modèle du point massique de Newton

La démonstration présentée à l'article précédent permet d'appliquer la théorie de l'attraction universelle à des corps pondéreux. Toutefois, ces éléments faisaient défaut à *Isaac Newton* (1642 - 1727) en 1667, lorsqu'il jeta les bases de sa théorie. La méthode géométrique qu'il développa en 1687 dans les *Principiae* est exposée succinctement ci-dessous. La propriété des points intérieurs est quasi immédiate, cependant, la démonstration est plus compliquée pour les points extérieurs, les plus importants.

a. Points intérieurs

Les deux masses élémentaires interceptées sur l'enveloppe sphérique par l'angle solide $d\varphi\ d\theta$, centré au point P considéré, sont données par l'Eq. (32.7 a) et illustrées par la Fig. 3.5 b. Elles sont proportionnelles au carré des distances, et le facteur de proportionnalité est le même : c'est le cosinus de l'inclinaison α de la surface interceptée par rapport au plan tangent. Un raisonnement similaire peut être tenu en considérant les anneaux circulaires interceptés. Les masses élémentaires sont alors données par l'Eq. (32.7 b) et conduisent aux mêmes propriétés.

$$dm_i = D_i^2\ \frac{\varrho\ E}{\cos\alpha}\ d\varphi\ d\theta \quad , \quad dm_{ai} = 2\ \pi\ D_i^2\ \frac{\sin\theta}{\cos\alpha}\ \varrho\ E\ d\theta\ . \qquad (32.7)$$

Les forces d'attraction agissant sur chacune des deux masses opposées sont égales et de signes opposés : leur résultante est donc nulle. Il n'est pas nécessaire d'exécuter l'intégration, car cet effet est valable pour tous les couples élémentaires.

- **Enveloppe ellipsoïdale**

Newton a démontré la même propriété pour une enveloppe ellipsoïdale, au moyen des propriétés des diamètres conjugués.

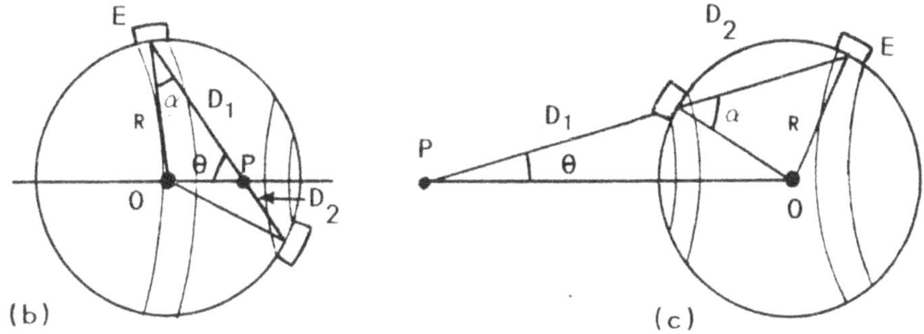

Figure 3.5 : Enveloppe sphérique homogène
(b) point intérieur (c) point extérieur

b. Points extérieurs

Pour les points extérieurs, les effets des deux masses élémentaires s'additionnent, puisqu'elles se trouvent du même coté du point P. Il y a lieu de considérer les anneaux circulaires générés par la rotation autour de l'axe $\bar{PO} = \bar{u}_r$ comme le montre la Fig. 3.5 c. Les forces élémentaires d'attraction sont obtenues par projection sur l'axe $\bar{u}_r$:

$$dF_{ir} = \frac{G\,dm_i}{D_i^2}\cos\theta \quad , \quad dF_{1+2\,r} = 4\pi\varrho G E\,\frac{\cos\theta\,\sin\theta}{\cos\alpha}\,d\theta\,. \tag{32.8}$$

$$\sin\theta = \frac{R}{r}\sin\alpha \quad et \quad d\theta = \frac{R}{r}\,\frac{\cos\alpha}{\cos\theta}\,d\alpha\,. \tag{32.9}$$

Le changement de variables décrit par les Eqs. (32.9) permet d'intégrer l'Eq. (32.8 b) et conduit aux Eqs. (32.10) :

$$\bar{F} = \bar{u}_r\,\frac{MG}{r^2}\int_0^{\pi/2}\sin\alpha\,d\alpha = \frac{MG}{r^2}\,\bar{u}_r\,. \tag{32.10}$$

Newton ne disposait pas des recettes du calcul intégral lui permettant de résoudre simplement cette intégrale et de vérifier qu'elle était constante. Il contourna la difficulté en considérant deux points distincts P_1 et P_2. Il démontra que le rapport des attractions en ces points était le même que celui des carrés des distances au centre O, concluant ainsi que le modèle du point massique pouvait être appliqué.

- **Limitations - anneaux - plaques circulaires**

Le modèle du point massique est strictement limité aux ensembles sphériques. Il n'est malheureusement pas applicable aux ellipsoïdes, comme l'illustre l'article 3.2.4. De plus, le domaine d'application de ce modèle sous-entend un espace *tridimensionnel* : il n'est en effet pas possible de déduire une propriété similaire à deux dimensions, pour des *plaques circulaires* ou pour des *anneaux* par exemple. Ainsi est mise en évidence une autre caractéristique étonnante de l'espace tridimensionnel, provenant du fait qu'il possède une dimension de plus que l'exposant de gravitation. Cette particularité a déjà été rencontrée dans l'Eq. (21.85), au chapitre 2, article 2.1.9 c.

3.2.3 Masse de Jeans, limite de Roche, contraction de Helmholtz

La gravitation est la plus faible de toutes les interactions : à titre d'exemple, sa grandeur est 10^{-36} fois celle de la force électromagnétique. Mais contrairement aux autres, elle s'étend à grande distance, et surtout elle est *additive*. Ces deux propriétés permettent de compenser sa petitesse en rassemblant suffisamment de matière.

a. Masse de Jeans

James Jeans (1877 - 1946) détermina en 1928 ce qu'il fallait comprendre par *suffisamment* de matière : c'est la masse minimale que doit atteindre un agrégat de matière pour former un système gravitationnel lié : l'énergie potentielle U doit être prédominante par rapport à l'énergie thermique interne Θ. Pour un agrégat sphérique de masse totale M et de rayon R, d'après les Eqs. (31.17 et 24), il y a agrégation gravitationnelle lorsque :

$$U = \frac{G M^2}{R} \geq \Theta \approx p R^3 . \qquad (32.11)$$

L'Eq. (32.6 c) permet d'éliminer le rayon R. La condition d'agrégation s'écrit alors de manière approchée :

$$M >> M_J \approx \frac{1}{\varrho^2} \left(\frac{p}{G}\right)^{\frac{3}{2}} \quad d'où \quad N_J \approx 10^{\frac{3}{2} 36} = 10^{54} . \qquad (32.12)$$

M_J est la *masse de Jeans*. D'après l'Eq. (31.12 a), le rapport des deux interactions varie comme la puissance 2 / 3 de la masse. Le calcul du nombre de particules élémentaires N_J correspondant à la masse de Jeans, illustre comment un rapport aussi petit que 10^{-36} peut être compensé par la concentration d'un nombre suffisant de particules.

b. Limite de Roche

Édouard Roche (1820 - 1883) détermina, vers 1860, le rayon orbital minimum L en-dessous duquel un satellite naturel ne peut subsister sous l'effet du gradient de gravité induit par le centre d'attraction.

Le satellite est supposé constitué de deux sphères jointives, de masses m et de rayons r. La condition pour que ces deux sphères restent en contact est que leur attraction mutuelle soit supérieure à l'attraction différentielle qu'elles subissent de la part du centre d'attraction (masse M et rayon R). La *limite de Roche* répond à l'équation suivante :

$$k \frac{G\, m^2}{4\, r^2} = \frac{4\, G\, m\, M\, r}{L^3} . \qquad (32.13)$$

Le coefficient k caractérise la cohésion interne des matériaux constitutifs du satellite. Il est égal à l'unité pour un satellite gazeux ou liquide. En utilisant les indices 0 et s, respectivement pour caractériser le centre d'attraction et le satellite, il vient:

$$L \approx 2.5\ R \left(\frac{1}{k}\, \frac{\varrho_0}{\varrho_s}\right)^{\frac{1}{3}} . \qquad (32.14)$$

Ainsi, lorsque les masses spécifiques sont comparables, un satellite présentant une faible cohésion interne à un moment donné de son évolution, ne peut pas subsister comme corps céleste s'il se trouve à moins de 2.5 rayons de son centre d'attraction. Cette règle est vérifiée dans tous les systèmes de satellites et d'anneaux du Système solaire. Les principaux anneaux de Saturne s'étendent en effet de 1.1 à 2.5 fois le rayon de la planète. Ceci traduit l'impossibilité de constituer un satellite homogène en-dessous de la limite de Roche.

- **Remarque : Lobe de Roche**

Pour les corps célestes fluides, le lobe de Roche est défini par la surface équipotentielle la plus grande pouvant constituer la surface extérieure du corps. Ce problème a été étudié dans le problème restreint des trois corps, à la section 3.1.6 c.

c. Contraction de Helmholtz

L'énergie décrite par l'Eq. (31.24) peut être, pour une étoile, interprétée comme étant un travail mécanique fourni pour comprimer la masse considérée, de l'infini à sa dimension actuelle. En 1854, *Hermann von Helmholtz* (1821 - 1894) s'est proposé de déterminer l'élévation de température qu'aurait enregistrée une masse gazeuse soumise à un tel processus de contraction. En appelant k_T le facteur de conversion d'énergie mécanique en énergie thermique ($1 / k_T$ = **4 187** ***Joule kcal*** $^{-1}$) et γ la chaleur spécifique de la matière chauffée (eau : γ = **1** ***kcal K*** $^{-1}$ ***kg*** $^{-1}$), il vient :

$$\Delta T = k_T \frac{G M}{\gamma R} . \tag{32.15}$$

Les écarts de température introduits par cette contraction sont énormes et peuvent atteindre plusieurs dizaines de millions de degrés. Helmholtz mit ainsi le doigt, dès le milieu du XIXe siècle, sur la source principale de l'énergie des étoiles. En effet, des températures aussi élevées sont propices aux réactions nucléaires de fusion de l'hydrogène en hélium. Une légère perte de masse permet, par l'Eq. (23.18) d'*Albert Einstein* (1879 - 1955), la libération d'énormes quantités d'énergie, pendant des périodes très longues. Une analyse plus fine concernant l'équilibre des corps gazeux compressibles soumis à la gravitation est donnée à l'article 3.2.8, et conduit à des résultats similaires.

3.2.4 Potentiel d'attraction des corps quelconques

a. Attraction d'un corps quelconque

Comme le montrera l'article suivant, les corps homogènes animés d'un mouvement de rotation autour d'un de leurs axes n'ont pas une forme parfaitement sphérique. Le potentiel de gravitation doit donc prendre en compte des contributions supplémentaires, appelées harmoniques, décrivant les caractéristiques géométriques du corps.

Les coordonnées sphériques sont décrites par l'Eq. (23.21) : rayon polaire r, longitude φ et colatitude θ. Le but est de calculer le potentiel élémentaire d'attraction dû à l'élément dm d'un corps de coordonnées x', y', z' ou R, φ', θ' en un point P, de coordonnées x, y, z ou r, φ, θ (Fig. 3.6). Le système d'axes $O\,x\,y\,z$ est choisi principal d'inertie, c'est-à-dire qu'il est centré au centre de masse, les trois axes rectangulaires étant orientés suivant les axes principaux d'inertie du corps. Le potentiel élémentaire est :

$$dU = -\frac{G\,dm}{D} = -\frac{G\,dm}{r} \frac{1}{\sqrt{1 - 2\frac{R}{r}\cos\psi + (\frac{R}{r})^2}} . \tag{32.16}$$

Le dénominateur peut être développé au voisinage de $R / r = 0$, au moyen des polynômes P_n développés par le mathématicien français *Adrien Legendre* (1752 - 1833). Le potentiel s'écrit :

$$dU = -G \frac{dm}{r} \sum_{n=0}^{\infty} P_n (\frac{R}{r})^n , \tag{32.17}$$

L'expression du potentiel est obtenue en intégrant l'Eq. (32.17) par rapport aux coordonnées x', y' et z', dans tout le volume du corps.

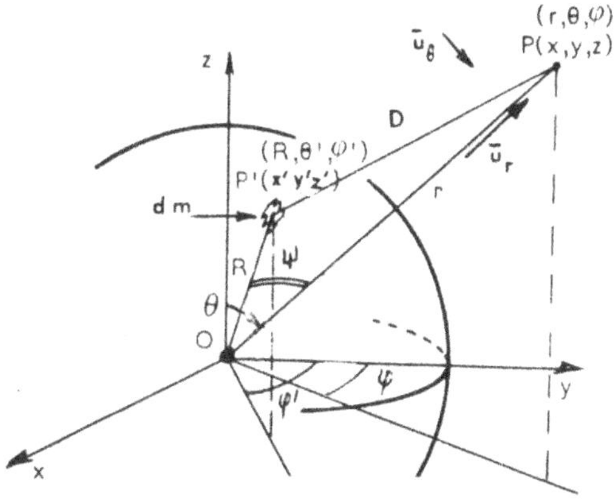

Figure 3.6 : Potentiel élémentaire

$$\text{avec } P_o = 1 \;,\; P_1 = \cos\psi \;,\; P_2 = \frac{3\cos^2\psi - 1}{2} \;,$$

$$\text{et } \cos\psi = \bar{u}_R\, \bar{u}_r = \frac{x\,x' + y\,y' + z\,z'}{r\,R} \;.$$

Le terme principal U_0 est égal au potentiel newtonien. Le premier harmonique est proportionnel aux coordonnées du centre de masse, il est donc nul par le choix du système d'axes. Le second harmonique comprend des termes non nuls, proportionnels aux moments d'inertie (*A*, *B* et *C*) :

$$U_2 = -\frac{\mu}{2\,r^3}\,[\,(A - C)\,(3\cos^2\theta - 1) + (A - B)\,(3\cos^2\varphi\,\sin^2\theta - 1)\,]\;. \qquad (32.18)$$

En éliminant l'angle ψ des polynômes de Legendre et en remplaçant les coordonnées *x, y, z* et *x', y', z'* par leurs expressions en coordonnées sphériques, il est possible d'obtenir le développement en série de fonctions sphériques sous la forme des Eqs. (32.19).

$$P_n = \sum_{k=0}^{n} P_{nk}(\theta)\, P_{nk}(\theta')\, \cos k(\varphi - \varphi')\;, \qquad (32.19)$$

$$P_{00} = 1 \;,\quad P_{10} = \cos\theta\;,\quad P_{11} = \sin\theta\;,$$

$$P_{20} = \frac{3\cos^2\theta - 1}{2}\;,\; P_{21} = \sqrt{3}\,\sin\theta\,\cos\theta\;,\; P_{22} = \frac{\sqrt{3}}{2}\,\sin^2\theta\;,$$

$$P_{30} = \frac{5\cos^2\theta - 3}{2}\,\cos\theta\;,\quad P_{31} = \sqrt{\frac{3}{2}}\,\frac{5\cos^2\theta - 1}{2}\,\sin\theta\;, \qquad (32.20)$$

$$P_{32} = \frac{\sqrt{15}}{2}\,\cos\theta\,\sin^2\theta\;,\quad P_{33} = \frac{15}{4}\,\sin^3\theta\;.$$

Les fonctions P_{n0} sont appelées *fonctions zonales*. Ces fonctions ont la même forme que les polynômes de Legendre et sont indépendantes de la longitude. Elles traduisent les phénomènes à symétrie de révolution autour de l'axe de rotation Oz.

Les fonctions P_{nn} sont appelées *fonctions sectorielles*. Elles contiennent la longitude, affectée d'un coefficient maximum et traduisent la symétrie équatoriale et les défauts de symétrie de révolution. Les fonctions P_{nk} (avec $k \neq 0$ et $k \neq n$) sont les *fonctions tessérales* : elles traduisent les défauts de symétrie équatoriale et toutes les autres irrégularités du corps.

b. Potentiel d'un ellipsoïde de révolution

Les caractéristiques d'un corps de révolution doivent être indépendantes de la longitude θ : dans le développement en fonctions sphériques, seules les fonctions zonales doivent être présentes. Le potentiel est :

$$U = -\frac{G}{r}\sum_{n=0}^{\infty}\left(\frac{R}{r}\right)^n P_{n0}(\theta)\iiint_{x'y'z'} P_{n0}(\theta')\,dm\,. \tag{32.21}$$

$$et \quad P_{20}(\theta') = \frac{2\,z'^2 - x'^2 - y'^2}{2\,R^2}\,. \tag{32.22}$$

$$U = -\frac{\mu}{r}\left[1 + \frac{C-A}{2\,r^2}(1-3\cos^2\theta) + K_3\left(\frac{R}{r}\right)^3 P_{30} + \ldots\right]. \tag{32.23}$$

Pour l'ellipsoïde de révolution, $a = b = \mathrm{R}$ et c sont les demis axes, α est l'aplatissement. Les formules classiques des moments d'inertie sont :

$$C = \frac{2a^2}{5} \quad et \quad A = \frac{a^2+c^2}{5} \quad d'où \quad C - A = \frac{a^2-c^2}{5}\,, \tag{32.24}$$

$$\alpha = \frac{a-c}{a} \quad et \quad C - A \approx \frac{2}{5}\,\alpha\,a^2\,, \tag{32.25}$$

En notant J_2 le deuxième harmonique zonal du potentiel, il vient :

$$J_2 = \frac{C-A}{R^2} \approx \frac{2}{5}\,\alpha\,. \tag{32.26}$$

L'expression finale ainsi obtenue est :

$$U = -\frac{\mu}{r}\left[1 + J_2\left(\frac{R}{r}\right)^2\frac{1-3\cos^2\theta}{2} + J_3\left(\frac{R}{r}\right)^3\frac{5\cos^2\theta-3}{2}\cos\theta\ \ldots\right]. \tag{32.27}$$

Enfin, l'accélération perturbatrice due au second harmonique zonal du potentiel s'obtient en calculant le gradient de U. L'Eq. (21.83) conduit à :

$$\bar{\Phi}_2 = -\frac{\mu}{r^2} J_2 \left(\frac{R}{r}\right)^2 \frac{3}{2} \left[(1 - 3\cos^2\theta)\, \bar{u}_r + \sin 2\theta\, \bar{u}_\theta \right] . \quad (32.28)$$

La théorie développée ci-dessus s'applique bien entendu au mouvement relatif d'un corps ponctuel, ou d'une sphère homogène (corps ***P*** sur la Fig. 3.6), autour d'un centre d'attraction ellipsoïdal. Lorsque deux corps ellipsoïdaux sont en présence, le terme du second ordre doit être dédoublé pour tenir compte des deux aplatissements. En général, ce cas ne se présente que très rarement. En effet, ou bien les corps sont très éloignés, mais les rapports $(R_T / r)^2$ sont alors négligeables, ou bien les corps sont proches mais de dimensions très différentes : dans ce cas, une des perturbations est négligeable par rapport à l'autre.

3.2.5 Équilibre des corps homogènes en rotation

a. Équilibre hydrostatique d'un fluide homogène en rotation uniforme

Bien que les corps célestes observés dans le Système solaire soient très proches de la forme sphérique, ils s'en écartent légèrement à cause du mouvement de rotation qui les anime presque tous. La question qui se pose dès lors est de déterminer les formes que peut prendre un corps céleste fluide et homogène, en rotation uniforme autour de l'axe $O\bar{z}$ et dont toutes les parties s'attirent suivant la loi de Newton. $P\,(x, y, z)$ est un point quelconque d'une masse fluide en équilibre (Fig. 3.7). Ce point est soumis à une force résultante par unité de masse notée $\bar{F}$ et à une pression p . En partant de l'équation fondamentale de l'hydrostatique :

$$\bar{F} = \overline{grad}\, \frac{p}{\varrho} , \quad (32.29)$$

la surface isobare ($dp = 0$) du fluide peut aisément être caractérisée par :

$$dp = \varrho\, (F_x\, dx + F_y\, dy + F_z\, dz) = 0 . \quad (32.30)$$

La surface considérée étant décrite par l'Eq. (32.31), il vient :

$$S\,(R, \varphi, \theta) = 0 , \quad (32.31)$$

$$dS = \frac{\partial S}{\partial x} dx + \frac{\partial S}{\partial y} dy + \frac{\partial S}{\partial z} dz = 0 . \quad (32.32)$$

La comparaison des deux équations précédentes conduit aux équations d'équilibre souhaitée : ce sont les Eqs. (32.33) :

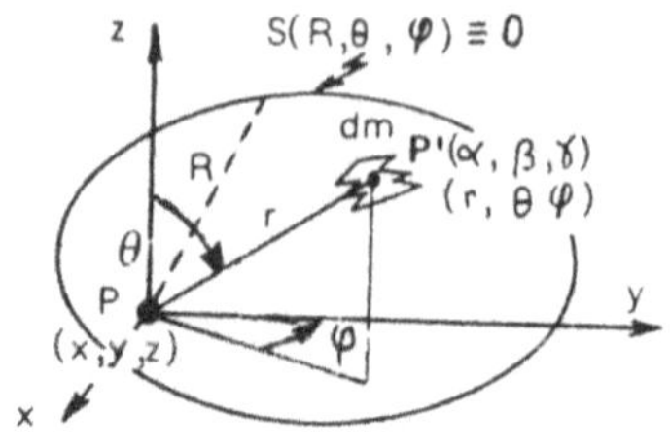

Figure 3.7 : Fluides en rotation

$$\frac{F_x}{\frac{\partial S}{\partial x}} = \frac{F_y}{\frac{\partial S}{\partial y}} = \frac{F_z}{\frac{\partial S}{\partial z}} . \tag{32.33}$$

Cette équation générale ne permet malheureusement pas de déduire la ou les formes que peut prendre la surface extérieure, car la composante d'attraction présente dans la résultante $\bar{F}$ dépend également de sa forme, et d'une manière assez compliquée, comme cela apparaîtra ci-dessous. Il est bien évident que de nombreuses figures sont susceptibles d'être figures d'équilibre. C'est le cas des ellipsoïdes qui feront l'objet d'une étude particulière, car c'est la figure qui correspond le mieux aux observations. L'anneau de révolution peut également être figure d'équilibre.

b. Attraction en un point intérieur d'un corps quelconque

La force d'attraction $\bar{F}$ subie par un élément intérieur quelconque $P\ (x, y, z)$ de masse unitaire, de la part de l'élément $P'\ (\alpha, \beta, \gamma)$, peut s'écrire, d'après la Fig. 3.7 :

$$\bar{F} = G\iiint \frac{\bar{r}}{r^3}\, dm \quad et \quad F_z = G \iiint \frac{z}{r^3}\, dm . \tag{32.34}$$

Avec P pour centre, cette équation s'écrit en coordonnées sphériques :

$$F_z = G\, \varrho \iiint_\tau \sin\theta\, \cos\theta \;\; dr\, d\varphi\, d\theta . \tag{32.35}$$

Le domaine d'intégration τ est défini par : φ de 0 à $2\,\pi$, θ de 0 à π et r de 0 à R , où R est la distance du point P considéré jusqu'à la surface extérieure du corps, fonction de φ et de θ par l'Eq. (32.31).

L'intégration sur $d\,r$ conduit à :

$$F_z = G\, \varrho \iint_{\varphi\,\theta} R(\varphi\, , \theta)\, \sin\theta\, \cos\theta\; d\varphi\; d\theta . \tag{32.36}$$

3.2.6 Équilibre des ellipsoïdes

a. Ellipsoïdes quelconques

Pour un ellipsoïde d'axes ***a, b*** et ***c***, le calcul de l'intégrale décrite par l'Eq.(32.36) est dû à *Louis Lagrange* (1736 - 1813) et peut être trouvé dans Tisserand 1888. Les résultats complets figurent aux Eqs. (32.37).

$$\frac{F_z}{z} = -\frac{3GM}{c^3}\int_0^1 \frac{s^2\ ds}{\sqrt{(1+\lambda^2 s^2)(1+\lambda'^2 s^2)}}\,,$$
$$\frac{F_x}{x} = -\frac{3GM}{c^3}\int_0^1 \frac{s^2\ ds}{\sqrt{(1+\lambda^2 s^2)^3(1+\lambda'^2 s^2)}}\,, \qquad (32.37)$$
$$\frac{F_y}{y} = -\frac{3GM}{c^3}\int_0^1 \frac{s^2\ ds}{\sqrt{(1+\lambda^2 s^2)\ (1+\lambda'^2 s^2)^3}}\,.$$

$$avec \quad \lambda^2 = \frac{a^2 - c^2}{c^2}\,, \quad \lambda'^2 = \frac{b^2 - c^2}{c^2}\,, \qquad (32.38)$$
$$et \quad M = \frac{4}{3}\,\pi\,\varrho\,a\,b\,c\,.$$

Ces formules sont exploitées ci-dessous dans les deux cas suivants : l'ellipsoïde de révolution ($a = b$) au b ci-après, et le sphéroïde ellipsoïdal ($a \approx b \approx c$) à l'article 3.2.7.

La résultante à prendre en compte dans l'Eq. (32.33) comprend la force d'attraction $\bar{F}$ $(F_x\,,\ F_y\,,\ F_z)$ et la force centrifuge $\bar{C}$. L'équation d'équilibre des formes ellipsoïdales d'axes ***a, b*** et ***c*** , s'écrit donc :

$$\frac{a^2}{c^2}\left(\frac{F_x}{x} + \omega^2\right) = \frac{b^2}{c^2}\left(\frac{F_y}{y} + \omega^2\right) = \frac{F_z}{z}\,. \qquad (32.39)$$

$$car \qquad \bar{C} = \omega^2\,x\,\bar{u}_x + \omega^2\,y\,\bar{u}_y + 0\,\bar{u}_z\,. \qquad (32.40)$$

Il est aisé de vérifier à partir des Eqs. (32.6 b et 39) que la sphère n'est forme d'équilibre que lorsque la vitesse de rotation est nulle. Cette forme simple n'est malheureusement pas la forme d'équilibre des corps en rotation, comme c'est le cas de la Terre ou des autres planètes.

L'étude générale de l'équilibre des ellipsoïdes quelconques est très complexe. Elle a été menée à bien par *Karl Jacobi* (1804 - 1854). Les trois conclusions principales de cette étude sont résumées ci-dessous :

- l'équilibre est possible moyennant certaines conditions peu contraignantes liant la masse et les moments d'inertie,
- l'axe de rotation est toujours le plus petit des trois axes,
- enfin, deux cas nettement distincts sont possibles :
  - l'ellipsoïde est de révolution,
  - les axes de l'ellipsoïde sont très différents, le plus grand étant d'environ 40% supérieur à l'axe de rotation. Cette figure d'équilibre est très différente des formes observées dans la nature.

b. Ellipsoïde de révolution

Pour un ellipsoïde de révolution ($a = b$), les Eqs. (32.37) peuvent être intégrées exactement par changement de variables $\tan s' = \lambda\, s$:

$$\frac{F_x}{x} = \frac{F_y}{y} = -\,2\pi\varrho G\,\frac{1+\lambda^2}{\lambda^3}\left(\arctan\lambda - \frac{\lambda}{1+\lambda^2}\right)$$
$$\text{et} \quad \frac{F_z}{z} = -\,4\pi\varrho G\,\frac{1+\lambda^2}{\lambda^3}\,(\lambda - \arctan\lambda)\;. \qquad (32.41)$$

En introduisant ces expressions dans l'Eq. (32.39), le critère de stabilité recherché pour l'ellipsoïde de révolution est :

$$\Omega^2 = \frac{\omega^2}{2\pi\varrho G} = \frac{3+\lambda^2}{\lambda^3}\arctan\lambda - \frac{3}{\lambda^2}\;. \qquad (32.42)$$

La fonction réduite Ω^2 est proportionnelle au rapport de la force centrifuge et des forces d'attraction internes. Le deuxième membre de cette équation est négatif lorsque le plus grand des trois axes est l'axe de rotation ($c > a$ *ou* b).

Ceci montre que l'ellipsoïde allongé n'est jamais une figure d'équilibre, mais que cet équilibre est possible pour un ellipsoïde aplati, avec le petit axe orienté suivant l'axe de rotation. Dans ce cas, la fonction Ω^2 est toujours positive, s'annule pour $a = b = c$ (sphère) et pour $c = 0$ (plaque sans épaisseur). Sa valeur maximale est :

$$\Omega_M^2 = 0.225 \quad \textit{pour} \quad \lambda_M = 2.5\;. \qquad (32.43)$$

Cette équation signifie que les conditions d'équilibre de l'ellipsoïde de révolution aplati sont très larges : il n'y a pas de limite à l'aplatissement, un disque plat peut être figure d'équilibre. La seule condition est que la vitesse de rotation ne soit pas trop élevée. Cette dernière condition signifie que les forces centrifuges ne doivent pas être supérieures aux forces internes de cohésion du fluide.

3.2.7 Sphéroïdes non homogènes : relation de Clairaut

La masse spécifique des corps célestes n'est en général pas constante : la forme d'équilibre n'est donc pas exactement ellipsoïdale. *Alexis Clairaut* (1713 -1756) a démontré que le sphéroïde peut être la figure d'équilibre d'une masse fluide hétérogène et discontinue, en rotation autour de son axe, ce qui généralise la théorie précédente en lui conférant la valeur d'une très bonne approximation. Il est possible d'exploiter cette approximation pour évaluer le coefficient J_2 du deuxième harmonique zonal du potentiel. Le corps est considéré comme étant un sphéroïde quasi ellipsoïdal et sa surface est supposée équipotentielle, c'est-à-dire que le potentiel au pôle ($\theta = 0$) est égal au potentiel à l'équateur ($\theta = \pi / 2$). L'expression du potentiel avec accélération centrifuge est :

$$-U' = \frac{1}{2}\omega^2 r^2 \sin^2\theta + \frac{\mu}{r}\left[1 + \frac{C-A}{2\,r^2}\,(1-3\cos^2\theta)\right], \qquad (32.44)$$

$$\text{et} \quad (C-A)\left(\frac{1}{c^3} + \frac{1}{2a^3}\right) = \frac{1}{c} - \frac{1}{a} - \frac{\omega^2 a^2}{2\,\mu}. \qquad (32.45)$$

Après simplification et approximations (α petit), cette relation conduit à l'Eq. (32.46) qui constitue la *relation de Clairaut* :

$$C - A \approx \frac{2\,a^2}{3}\left(\alpha - \frac{\sigma}{2}\right) \quad \text{et} \quad J_2 \approx \frac{2}{3}\left(\alpha - \frac{\sigma}{2}\right), \qquad (32.46)$$

où σ est le rapport de la force centrifuge à la pesanteur à l'équateur :

$$\sigma = \frac{\omega^2\,a^3}{\mu}. \qquad (32.47)$$

La relation de Clairaut est préférable à l'Eq. (32.26) pour l'ellipsoïde. En effet, elle ne fait pas appel à l'hypothèse d'homogénéité des corps et est donc d'une portée plus générale. En revanche, elle ne s'applique qu'à des corps très peu différents de la sphère.

3.2.8 Corps fluides compressibles : modèle du polytrope sphérique

a. L'hypothèse *polytrope*

L'équilibre interne des corps compressibles peut être étudié à partir d'un modèle simple qui fournit une image approchée de la structure interne du corps.

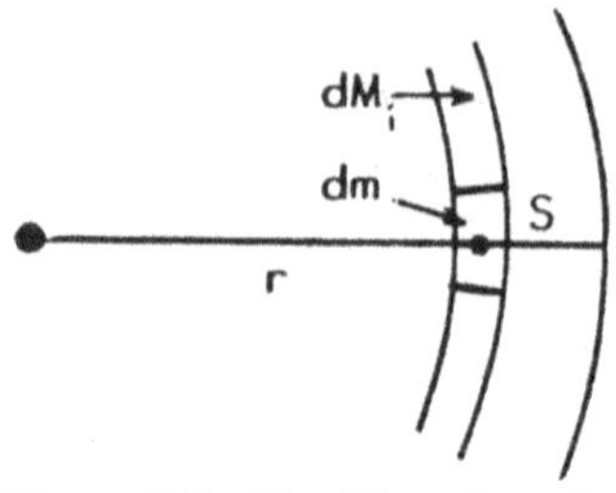

Figure 3.8 : Equilibre du polytrope

C'est le cas, par exemple, des astres gazeux tels les étoiles ou les planètes géantes. Le *polytrope* est un corps céleste sphérique et autogravitant, constitué d'un gaz parfait en équilibre convectif, suivant une loi polytropique, d'après les équations suivantes :

$$p = \varrho R_0 T \quad : \quad gaz \quad parfait \ , \tag{32.48}$$

$$p = K \varrho^{\gamma} \quad avec \quad \gamma = 1 + \frac{1}{n} \ . \tag{32.49}$$

Ces hypothèses impliquent les simplifications suivantes : la forme sphérique signifie l'absence de rotation. Le corps est isolé et ne subit l'effet d'aucun corps extérieur. L'équilibre convectif signifie que la circulation interne du fluide est stable. Enfin, les pertes d'énergie par rayonnement et la production d'énergie thermonucléaire sont négligées. De plus, la pression, la température et la masse spécifique ne dépendent que du rayon r.

$$dm = \varrho S \, dr \quad et \quad dM_i = 4 \pi \varrho r^2 \, dr \ , \tag{32.50}$$

L'équilibre entre les forces de pression et d'attraction sur l'élément $d\,m$ permet d'écrire les équations suivantes (voir Fig 3.8) :

$$\frac{dp}{dr} = - \frac{G M_i \varrho}{r^2} \ , \quad \frac{1}{r^2} \frac{d}{dr} \left[\frac{r^2}{\varrho} \left(\frac{dp}{dr} \right) \right] = - 4 \pi \varrho G \ . \tag{32.51}$$

L'Eq. (32.51 b) correspond à l'Eq. (21.8 b) de Poisson (*Denis Poisson* : 1781 - 1840), en coordonnées sphériques - voir Eq. (21.85), avec un potentiel d'attraction égal à :

$$U = \frac{p}{\varrho} \ , \tag{32.52}$$

le fluide étant supposé *incompressible*.

b. Equation de Emden

L'Eq. (32.51 b) est modifiée pour introduire une fonction réduite θ caractérisant la température interne en fonction d'une distance réduite x, d'après les équations suivantes :

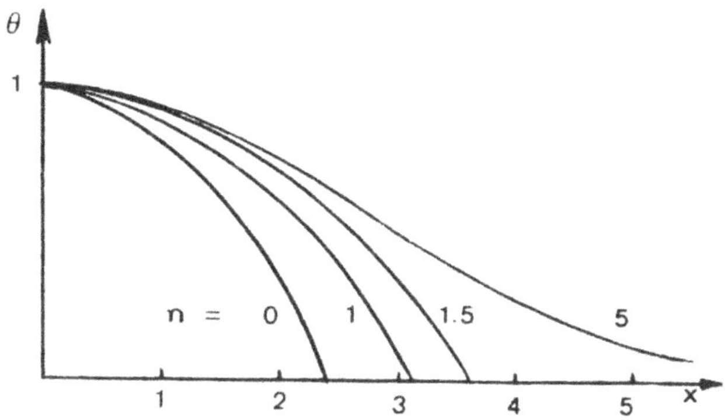

Figure 3.9 : Fonction de Emden

$$T = T_0\,\theta \quad , \quad \varrho = \varrho_0\,\theta^n \quad , \quad p = p_0\,\theta^{n+1} \,, \tag{32.53}$$

$$et \quad r = \alpha\,x \,, \quad avec \quad \alpha^2 = \frac{(n+1)\,p_0}{4\,\pi\,G\,\varrho_0^2} \,. \tag{32.54}$$

Il en découle l'équation (32.55) de Emden (*Robert Emden* : 1862 - 1940) :

$$\frac{d}{dx}\,[\,x^2\,\frac{d\theta}{dx}\,] + x^2\theta = 0 \quad ou \quad \theta'' + \frac{2}{x}\,\theta' + \theta^n = 0 \,. \tag{32.55}$$

La masse spécifique ϱ_0 au centre de l'astre est obtenue par calcul de la masse totale $\boldsymbol{M}$. L'Eq. (32.50 b) est intégrée par parties, après substitution de l'expression de θ^n issue de l'Eq. (32.55 b). La pression p_0 et la température T_0 découlent alors des Eqs. (32.54 et 48) :

$$M = 4\pi\varrho_0 R^3\,(\frac{-\theta'_s}{x_s}) \quad , \quad p_0 = \frac{G\,M^2}{4\pi R^4 (n+1)}\,(\frac{1}{\theta'^2_s}) \,,$$

$$et \quad T_0 = \frac{G\,M}{R\,R_0\,(n+1)}\,(\frac{-1}{x_s\theta'_s}) \quad . \tag{32.56}$$

La fonction de température θ varie assez peu, de l'unité ($\theta_0 = 1$) au centre du corps, à la valeur zéro à la surface extérieure ($\theta_s = 0$).

Les solutions analytiques de l'équation de Emden ne sont connues que pour les trois valeurs entière suivantes : $n = 0$, $n = 1$ et $n = 5$. Ce sont les Eqs. (32.58). Pour les corps réels, à base principalement d'hydrogène et d'hélium, l'indice polytropique vaut environ $n = 1.5$ et une intégration numérique est nécessaire. Les résultats sont représentés à la Fig. 3.9. Les valeurs à la surface de l'astre sont :

$$n = 1.5 \;, \quad x_s = 3.6 \quad et \quad \theta'_s = -\,0.2 \,. \tag{32.57}$$

$$
\begin{aligned}
n = 0 \ &: \ \theta = 1 - \frac{x^2}{6} \quad , \quad x_S = \sqrt{6} \ , \\
n = 1 \ &: \ \theta = \frac{\sin x}{x} \quad , \quad x_S = \pi \ , \\
\text{et} \quad n = 5 \ &: \ \theta = \left(1 + \frac{x^2}{3}\right)^{-\frac{1}{2}} , \quad x_S = \infty \ .
\end{aligned}
\qquad (32.58)
$$

La comparaison de l'Eq. (32.56 c) avec l'Eq. (32.15) de Helmholtz montre qu'à une constante près, les deux formules s'accordent sur une dépendance de la température centrale en ***M / R***, c'est-à-dire sensiblement comme le produit de la masse spécifique par le carré du rayon.

Pour un astre du type du Soleil, avec un rayon de l'ordre du million de kilomètres, la température atteint quelques dizaines de millions de degrés. Dans une telle fournaise, les réactions de fusion thermonucléaire sont bien actives.

c. Polytrope ellipsoïdal

En général, la forme des astres n'est pas exactement sphérique : il est alors approprié de considérer des coordonnées ellipsoïdales telles qu'un pseudo-rayon reste constant sur un ellipsoïde équipotentiel quelconque. Le fait que les autres coordonnées n'apparaissent pas entraîne des contraintes sur la valeur des aplatissements. L'extension des calculs précédents est alors possible en cette nouvelle variable. La rotation du corps peut être introduite par un terme centrifuge supplémentaire dans l'expression du potentiel, comme cela a été fait dans l'Eq. (32.44). Lorsque le corps est polytrope, l'Eq. (32.55) de Emden reste valable en cette nouvelle variable. Il est donc permis de considérer les résultats des Eqs. (32.51 à 58) comme représentatifs des sphéroïdes ellipsoïdaux en rotation lente.

3.2.9 Équilibre d'un corps fluide sous l'effet d'un deuxième corps

Les formes d'équilibre des corps fluides homogènes ou compressibles en rotation sont sphéroïdales, comme le plus souvent observé dans la nature, ou bien ellipsoïdales, avec une préférence marquée pour les formes de révolution.

Lors de l'établissement de l'Eq. (32.39) d'équilibre de l'ellipsoïde, la présence éventuelle d'un deuxième corps et de son champ de gravitation a été négligée, ce qui en général est justifié. Toutefois, cet effet doit être pris en compte lorsque les deux corps sont proches et de masses comparables : c'est le cas, par exemple, pour le couple Terre - Lune.

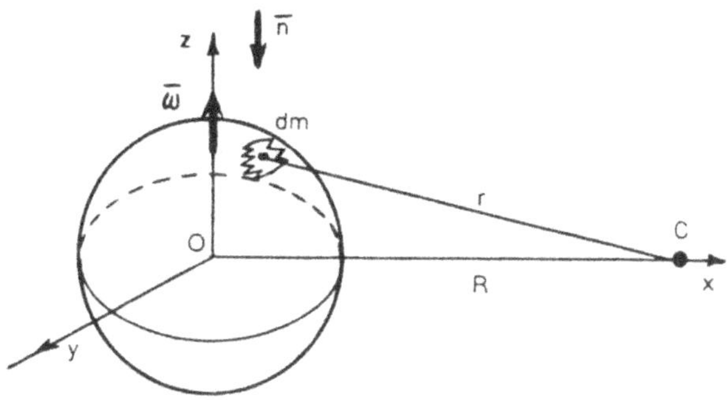

Figure 3.10 : Corps fluide en rotation sous l'effet d'un centre d'attraction

Le cas envisagé est celui d'un corps homogène entraîné dans un mouvement circulaire *synchrone*, dans le plan équatorial de son centre d'attraction $\boldsymbol{C}$ (Fig. 3.10). Sa vitesse de révolution est supposée égale à sa vitesse de rotation autour de son axe $\boldsymbol{O\,\bar{z}}$. La droite des centres $\boldsymbol{O\,C}$ reste donc immobile par rapport au sphéroïde et est choisie comme axe $\boldsymbol{O\,\bar{x}}$. La force apparaissant dans les Eqs. (32.33) comprend l'ensemble des forces gravifiques et centrifuges locales, ainsi que l'attraction du centre $\boldsymbol{C}$ et la force d'entraînement $\bar{F}_e$, due au mouvement du système d'axes. Il vient :

$$\bar{F}_e = -n^2\,\bar{R} = -\frac{\mu_C}{R^2}\,\bar{u}_x \quad car \quad n^2 = \omega^2 = \frac{\mu_C}{R^3}\,. \tag{32.59}$$

La force d'attraction du corps extérieur est obtenue en développant en série l'équation de $1/r$, pour x/R, y/R et z/R petits. En se limitant aux termes du deuxième ordre, il vient :

$$\frac{1}{r} = \frac{1}{R}\,\frac{1}{\sqrt{1-\dfrac{2x}{R}+\dfrac{x^2+y^2+z^2}{R^2}}} \approx \frac{1}{R}\,\left(1+\frac{x}{R}+\frac{x^2}{R^2}-\frac{y^2+z^2}{2\,R^2}\right)\,. \tag{32.60}$$

Les trois composantes de cette force, obtenues à partir de l'Eq. (21.81) permettent d'écrire l'Eq. (32.39) d'équilibre de l'ellipsoïde comme suit :

$$(1+\lambda^2)\left(\frac{F_x}{x}+\frac{3\,\mu_C}{R^3}\right) = (1+\lambda'^2)\frac{F_y}{y} = \frac{F_z}{z}-\frac{\mu_C}{R^3}\,. \tag{32.61}$$

Il reste à introduire les composantes principales d'après les Eqs. (32.37). En se limitant au cas de sphéroïdes peu différents de la sphère, ces équations, développées en série puis intégrées, conduisent aux équations suivantes :

$$\frac{F_z}{z} = -\frac{\mu}{c^3}\left(1 - \frac{3\,\lambda^2 + 3\,\lambda'^2}{10}\ldots\right),$$
$$\frac{F_y}{y} = -\frac{\mu}{c^3}\left(1 - \frac{3\,\lambda^2 + 9\,\lambda'^2}{10}\ldots\right), \tag{32.62}$$
$$\frac{F_x}{x} = -\frac{\mu}{c^3}\left(1 - \frac{9\,\lambda^2 + 3\,\lambda'^2}{10}\ldots\right).$$

En négligeant les termes du troisième ordre en λ et λ', les équations d'équilibre (32.61) se réduisent aux deux relations suivantes :

$$\lambda^2 \approx 10\,\frac{M\,c^3}{m\,R^3} \approx 4\,\lambda'^2 > 0\,. \tag{32.63}$$

$$d'où \quad a > b > c\,. \tag{32.64}$$

Il en résulte tout d'abord que l'axe de rotation c est le plus petit des trois axes, comme le montrent les Eqs. (32.64). En notant, comme dans l'Eq. (32.25), les aplatissements α et β, il vient :

$$\alpha = 4\,\beta \quad avec \quad \beta = \frac{b-c}{c}\,. \tag{32.65}$$

a, le plus grand des axes, est orienté vers le centre d'attraction. L'aplatissement de la section contenant le centre d'attraction est quatre fois plus grand que l'aplatissement de la section perpendiculaire.

□

3.3
Perturbations des éléments

Les chapitres précédents ont mis en évidence les deux sources principales d'écarts par rapport aux mouvements képlériens : présence de corps extérieurs et non-sphéricité du centre d'attraction dû à son mouvement de rotation. Il existe d'autres causes opposant une résistance au mouvement : la pression de radiation, le frottement du milieu interplanétaire ou atmosphérique, la présence de champs magnétiques etc . . .

La solution complète du mouvement perturbé implique la résolution du système de trois équations différentielles du deuxième ordre des Eqs. (33.1). La résolution exacte est impossible par des moyens analytiques, car l'accélération perturbatrice dépend d'une manière complexe de la position et du temps, comme l'a montré la section 3.1 dans le cas des N corps.

Toutefois, des solutions exactes existent pour certaines valeurs des paramètres. Ainsi, lorsque toutes les masses sauf deux sont nulles, et lorsque le centre d'attraction est parfaitement sphérique et homogène, la solution exacte est l'orbite képlérienne. L'objectif souhaité est d'obtenir des solutions approchées pour des systèmes qui ne s'écartent que très faiblement des solutions exactes connues. Cette approche est particulièrement appropriée pour la plupart des problèmes de mécanique céleste, compte tenu du caractère nettement dominant des forces d'attraction centrales. C'est d'ailleurs cette caractéristique qui a permis à *Johannes Kepler* (1571 - 1630) de déduire ses célèbres lois, la précision limitée des observations de Mars disponibles à l'époque, masquant pratiquement tous les écarts dus aux perturbations.

Le premier à s'être penché sur les perturbations d'orbite est *Isaac Newton* (1642 - 1727), préoccupé par la complexité du mouvement de la Lune.

Les méthodes générales pour l'étude des orbites perturbées découlent des techniques de résolution des équations différentielles non homogènes à coefficients constants. Ce sont en fait les mouvements de la Lune et ceux des N corps dans le Système solaire qui, historiquement, ont été les premiers problèmes de mécanique à faire appel à l'étude systématique des perturbations. Ces méthodes ont été développées dès le XVIIIe siècle par *Leonhard Euler* (1707 - 1783), *Louis Lagrange* (comte de : 1736 - 1813), *Pierre-Simon de Laplace* (1749 - 1827), *Karl Friedrich Gauss* (1777 - 1855), et finalisées au début du XXe siècle par *Henri Poincaré* (1854 - 1912).

3.3.1 Méthodes générales d'étude du mouvement perturbé

La formulation générale du mouvement perturbé est donnée par l'Eq. (33.1) :

$$\ddot{\bar{r}} + \mu \frac{\bar{r}}{r^3} = \bar{P} . \qquad (33.1)$$

C'est une équation différentielle issue de l'Eq. (21.4) mais comprenant un terme non homogène supplémentaire : le vecteur $\bar{P}\ (\bar{r})$ représente l'ensemble des accélérations perturbatrices et est généralement une fonction compliquée de la position. La solution d'un tel problème est une combinaison linéaire de la solution de l'équation homogène (21.4) et d'une solution particulière de l'équation générale (33.1).

a. Méthode des petits paramètres - développement en série de puissances

Comme les accélérations perturbatrices sont supposées très petites par rapport aux termes principaux, les méthodes de résolution par développement en série sont utilisables. L'accélération perturbatrice $\bar{P}$ est écrite sous la forme :

$$\bar{P}(\bar{r}) = \alpha\ \bar{p}(\bar{r}) , \quad avec \quad \alpha = \left| \frac{P_{Max}}{\mu / r_{Max}^2} \right| , \qquad (33.2)$$

où α est une amplitude constante et $\bar{p}\ (\bar{r})$ l'expression fonctionnelle de la perturbation. La forme $\bar{p}\ (\bar{r})$ fluctue autour de l'unité, tandis que l'amplitude traduit la petitesse de la perturbation. Un développement en série en puissance de α des coordonnées (x , y , z ou r , φ et θ) convergera donc d'autant plus vite que α est petit. Cette méthode est illustrée ci-dessous au moyen d'une équation dont les solutions homogène et générale existent sous forme analytique : l'Eq. (33.3 a) représente le mouvement amorti du ressort simple.

C'est la loi de *Robert Hooke* (1643 - 1703) pour l'équation homogène et le mouvement amorti pour l'équation générale. Le développement en série de la solution est obtenu en posant l'Eq. (33.3 d) et en identifiant à zéro les coefficients des puissances successives de α : c'est l'Eq. (33.3 e) qui correspond bien à la solution analytique (33.3 c).

$$\ddot{x} + \omega^2 x = -2\,\alpha\dot{x}\ ,\ x_H = A\sin(\omega t + B)\ \ et\ \ x = e^{-\alpha t}x_H\ ,$$
$$x = x_H \sum_{k=0}^{\infty} a_k\,\alpha^k\,t^k \quad avec \quad a_k = \frac{(-1)^k}{k!}\ . \tag{33.3}$$

Pour le mouvement des corps célestes, le problème est nettement plus complexe car il y a trois équations simultanées à résoudre et la perturbation dépend d'une manière compliquée du carré de la position.

b. Séries périodiques

Les fonctions périodiques (fréquence Ω), présentent l'avantage de conduire à des développements en séries périodiques rapidement convergentes, de fréquences $k\,\Omega$:

$$x = \sum_{k=0}^{\infty} (a_k \sin k\Omega t + b_k \cos k\Omega t)\ . \tag{33.4}$$

Ce développement s'appelle série de Fourier (*Joseph Fourier* : 1768 - 1830) et converge en général rapidement. C'est donc ce type de développement qu'il convient de choisir lorsque la perturbation est périodique.

Toutefois, cette condition n'est pas suffisante. En effet, ce n'est pas parce que le mouvement perturbé s'exprime par un développement périodique qu'il est lui-même périodique. Ce n'est le cas que si le développement est convergent. C'est un problème très délicat qui n'est pas encore entièrement résolu pour le Système solaire (voir chapitre 4.2.4 d).

c. Classification des méthodes de perturbation

L'étude des perturbations, en tant que méthode de résolution des équations différentielles non homogènes se subdivise en deux grandes familles :

- les *méthodes analytiques (general perturbations)*, faisant l'objet de la présente section,
- les *méthodes numériques (special perturbations)*, traitées succinctement en annexe III.5 et 6.

Lorsqu'elles sont appliquées aux problèmes de mécanique céleste, ces méthodes font parfois l'objet d'une classification différente :

- **perturbations des coordonnées** : ce sont les méthodes des petits paramètres ou des développements en série, ainsi que toutes les méthodes numériques,

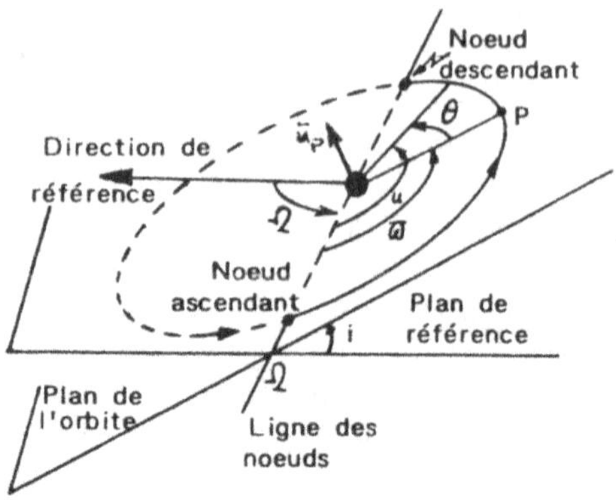

Figure 3.11 : Éléments d'orbite

- **perturbations des éléments** : ce sont : la méthode géométrique de Newton, et la méthode de variation des constantes arbitraires. Cette dernière est exposée ci-dessous : elle a été retenue, compte tenu de sa signification physique et de ses qualités didactiques.

3.3.2 Perturbations des éléments : éléments osculateurs

a. Variation des constantes arbitraires

La méthode des perturbations des éléments est principalement due à Lagrange. La solution générale du problème simplifié est supposée connue : elle dépend d'un certain nombre de constantes d'intégration arbitraires. L'idée de Lagrange est de rechercher la solution complète en considérant ces constantes comme variables : le problème est de les déterminer. Cette méthode généralise une méthode similaire utilisée pour l'étude des équations linéaires et non homogènes. Son principal avantage est que ces constantes ont très souvent un sens physique bien déterminé, par exemple les éléments de l'orbite képlérienne. La méthode indique alors l'effet de la perturbation sur l'évolution de ces paramètres physiques, directement observables. Cette méthode conduit aux *équations planétaires de Lagrange* - Eqs. (33.8 à 10) - lorsque les perturbations dérivent d'un potentiel, et à la *formulation de Gauss* - Eqs. (33.16 à 20) - dans le cas de perturbations quelconques.

b. Éléments osculateurs - orbite osculatrice

Les éléments décrivant complètement une orbite conique sont au nombre de six (Fig. 3.11) : deux d'entre eux caractérisent la position du plan dans l'espace (inclinaison i entre plan d'orbite et plan de référence, ainsi que longitude Ω entre noeud ascendant et direction de référence).

Les quatre autres servent à décrire la conique dans son plan (argument ϖ du périastre par rapport au noeud ascendant, demi-grand axe a et excentricité e), ainsi que la position du corps sur cette orbite : anomalie vraie θ, excentrique E ou moyenne M, ou bien le temps rapporté au périastre.

Pour des raisons de symétrie qui apparaîtront plus loin, ces six éléments sont notés C_i et classés dans l'ordre suivant : a, e, i, ϖ, Ω, θ : demi-grand axe, excentricité, inclinaison, argument du périastre, longitude du noeud et anomalie vraie.

À un instant donné, si la position et la vitesse sont connues, les Eqs. (21.24 à 26) déterminent entièrement une orbite képlérienne appelée *orbite osculatrice* à l'instant considéré. Cette conique est tangente à la trajectoire réelle du corps, mais n'a pas la même courbure. Le terme osculateur est donc improprement utilisé. Ses éléments sont les *éléments osculateurs* : ce sont les éléments orbitaux du mouvement képlérien que décrirait le corps si toutes les perturbations s'annulaient à partir de l'instant considéré. En général, ils diffèrent des éléments qui seraient trouvés un instant plus tôt ou un instant plus tard : l'orbite osculatrice varie donc continuellement.

c. Méthode géométrique de Newton

La méthode géométrique de Newton peut être illustrée comme suit : la perturbation $\bar{P}$ agit tangentiellement à la trajectoire, dans la direction de la vitesse, suite par exemple à une propulsion ou à un freinage axial. Cette perturbation n'entraîne pas de variation immédiate de la position, mais bien un changement de la vitesse $d\bar{v} = \bar{P}\,dt$. La dérivation de l'Eq. (21.21) de l'énergie conduit à la relation :

$$\frac{da}{dt} = 2v\,\frac{P}{\mu/a^2}\,. \tag{33.5}$$

La variation du grand axe en fonction du temps est proportionnelle à la vitesse instantanée et à la grandeur de la perturbation, rapportée à l'attraction centrale.

3.3.3 Méthode de Lagrange

L'équation du mouvement d'un corps céleste soumis à une force centrale et à une perturbation quelconque $\bar{P}$ est donné par les Eqs. (33.1). La solution de l'équation homogène (second membre nul) est connue. C'est la conique képlérienne caractérisée par les six éléments C_i constants, c'est-à-dire telle que : $d\,C_i\,/\,d\,t = 0$.

La méthode de la variation des constantes arbitraires de Lagrange consiste à résoudre le système d'Eqs. (33.6), plus simples que les Eqs. (33.1), avec des petites composantes p_i de la perturbation P :

$$\frac{dC_i}{dt} = p_i \qquad (i = 1 \text{ à } 6) \,. \tag{33.6}$$

Au prix d'un travail mathématique assez complexe (voir par exemple le chapitre X de Moulton 1914 et Zarrouati 1987, p. 145), Lagrange obtient les Eqs. (33.7) :

$$\sum_{j=1}^{6} [C_i \,,\, C_j] \frac{\partial C_j}{\partial t} = \frac{\partial\,(U-T)}{\partial C_i} \qquad (i = 1 \text{ à } 6) \,,$$

$$avec \quad [C_i \,,\, C_j] = \sum_{k=1}^{3} \left(\frac{\partial x_k}{\partial C_i}\frac{\partial \dot{x}_k}{\partial C_j} - \frac{\partial \dot{x}_k}{\partial C_i}\frac{\partial x_k}{\partial C_j} \right) , \tag{33.7}$$

$$et \quad U - T = \frac{\mu}{2a} + R \,.$$

La fonction U - T est la fonction hamiltonienne (*William Hamilton* : 1805 - 1865), R est le potentiel de perturbation et les quantités $[\,C_i \,,\, C_j\,]$ sont les *crochets de Lagrange.*

Des calculs supplémentaires conduisent finalement aux équations planétaires décrites par les Eqs. (33.8 à 10) :

$$\frac{da}{dt} = \frac{2}{n\,a}\frac{\partial R}{\partial M} \,,$$
$$\frac{de}{dt} = -\frac{b}{n\,a^3\,e}\frac{\partial R}{\partial \varpi} + \frac{p}{n\,a\,e}\frac{\partial R}{\partial M} \,, \tag{33.8}$$

$$\frac{di}{dt} = \frac{1}{n\,a\,b\,\sin i}\frac{\partial R}{\partial \Omega} + \frac{\cos i}{n\,a\,b\,\sin i}\frac{\partial R}{\partial \varpi} \,,$$
$$\frac{d\Omega}{dt} = -\frac{1}{n\,a\,b\,\sin i}\frac{\partial R}{\partial i} \,, \tag{33.9}$$

$$\frac{d\varpi}{dt} = \frac{b}{n\,a^3\,e}\frac{\partial R}{\partial e} - \frac{\cos i}{n\,a\,b\,\sin i}\frac{\partial R}{\partial i} \,,$$
$$\frac{dM}{dt} = n - \frac{2}{n\,a}\frac{\partial R}{\partial a} - \frac{p}{n\,a\,e}\frac{\partial R}{\partial e} \,. \tag{33.10}$$

La présence en dénominateur de l'excentricité et du sinus de l'inclinaison pose des problèmes pour les orbites circulaires lorsque l'inclinaison est faible, comme c'est le cas des planètes. Il en est de même pour les orbites paraboliques dont le grand axe est infini. D'autres jeux de variables sont possibles pour éviter ces écueils, voir les Eqs. (33.11) :

$$p \;,\; e_x = e\cos(\varpi+\Omega) \;,\; e_y = e\sin(\varpi+\Omega) \,,$$
$$i_x = i\cos\Omega \;,\; i_y = i\sin\Omega \quad et \quad L = \Omega+\varpi+M \,. \tag{33.11}$$

Comme tous les éléments apparaissant dans les seconds membres varient avec le temps, les équations planétaires de Lagrange doivent être intégrées par des procédés itératifs. Diverses méthodes de résolution sont disponibles et peuvent être trouvées dans la littérature : voir par exemple Zarrouati 1987, p. 154 à 163.

Une utilisation classique de ces formules est la détermination des effets des différents harmoniques du potentiel des corps ellipsoïdaux. Les itérations successives fournissent un grand nombre de termes analytiques décrivant de plus en plus finement l'effet complet de la perturbation.

3.3.4 Équations de Gauss

a. Dérivées des éléments par rapport au temps

Pour passer à la formulation de Gauss, il suffit de remplacer les dérivées partielles de la perturbation par leurs composantes exprimées dans un système d'axes judicieusement choisi. Toutefois, la démonstration va être reprise entièrement au moyen d'un raisonnement élémentaire permettant d'obtenir la formule générale de variation des éléments. L'effet de la perturbation est examiné pendant un intervalle de temps δt très court : le résultat est une faible modification $\delta \bar{v}$ de la vitesse du corps :

$$\delta \bar{v} = \bar{P}\,\delta t \,, \quad \delta C_i = \sum_k \frac{\partial C_i}{\partial v_k}\,\delta v_k = \delta t \sum_k \frac{\partial C_i}{\partial v_k}\,P_k \quad (i = 1 \text{ à } 6)\,. \tag{33.12}$$

Le trièdre de référence choisi est un trièdre osculateur, commun à l'orbite osculatrice et à la trajectoire réelle au point d'osculation.

- **Trièdre radial**

Le trièdre *radial* R, N, Z est formé des vecteurs unitaires $\bar{u}_r$, $\bar{u}_n$ et $\bar{u}_z$. L'accélération perturbatrice se décompose en une composante *centrale* $\bar{R}$, une composante *normale* $\bar{N}$ et une composante $\bar{Z}$ perpendiculaire au plan osculateur suivant la *binormale*, notée $\bar{u}_z$.

- **Trièdre tangentiel**

Le trièdre *tangentiel* W, T, Z correspondant au trièdre de Frenet (*Jean Frenet* : 1816 - 1890) décrit au chapitre 2, annexe II.5 a. C'est un trièdre osculateur organisé autour du vecteur vitesse qui est ici noté $\bar{u}_T$. $\bar{u}_W$ est la normale principale. La formule générale désirée est obtenue en faisant tendre vers zéro l'intervalle de temps :

$$\frac{dC_i}{dt} = \frac{\partial C_i}{\partial v_r}\,R + \frac{\partial C_i}{\partial v_n}\,N + \frac{\partial C_i}{\partial v_z}\,Z \quad (i = 1 \text{ à } 6)\,, \qquad \text{avec} \quad \bar{P} = R\,\bar{u}_r + N\,\bar{u}_n + Z\,\bar{u}_z\,. \tag{33.13}$$

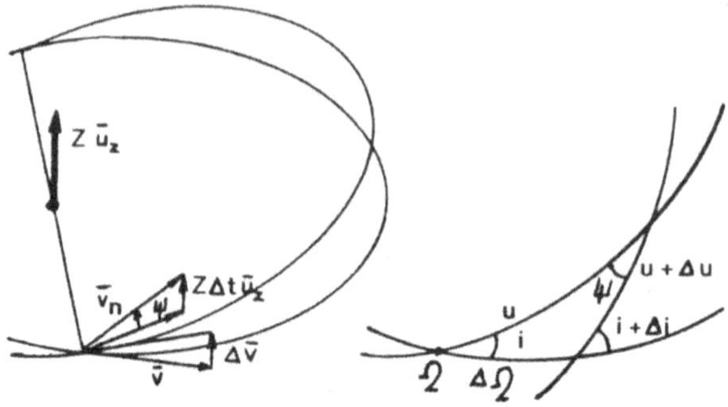

Figure 3.12 : Rotation du plan orbital sous l'effet de la composante Z

Le traitement des Eqs. (21.20, 21, 24, 25 et 44) du mouvement elliptique au moyen des Eqs. (33.13) permet d'obtenir les dérivées par rapport au temps des éléments $\boldsymbol{a}$, $\boldsymbol{e}$, $\boldsymbol{p}$ et T_0 . Les Eqs. (33.16 et 17) constituent la formulation exacte de Gauss pour ces perturbations.

Pour établir l'expression des variations angulaires, quelques considérations de trigonométrie sphérique sont nécessaires : elles sont issues de la méthode géométrique de Newton. L'anomalie $\boldsymbol{u}$ est comptée à partir du noeud ascendant. Dans les Eqs. (33.14), les dérivées des anomalies $\boldsymbol{\theta}$ et $\boldsymbol{u}$ par rapport au temps sont écrites $\tilde{\boldsymbol{\theta}}$ et $\tilde{\boldsymbol{u}}$, le tilde ~ indique qu'elles *ne* comprennent *que* les variations dues aux perturbations, et *non pas* celles dues à la croissance régulière de l'anomalie dans le mouvement orbital.

$$u = \varpi + \theta \quad et \quad \frac{d\varpi}{dt} = \frac{d\tilde{u}}{dt} - \frac{d\tilde{\theta}}{dt} . \tag{33.14}$$

La Fig. 3.12 permet alors d'écrire les Eqs. (33.15) :

$$\begin{aligned} &\psi = Z \frac{\Delta t}{v_n} , \quad \sin\Delta\Omega \sin(i + \Delta i) = \sin u \sin\psi , \\ &\cos(i + \Delta i) = \cos i \cos\psi - \sin i \sin\psi \cos u , \\ &\cos(u + \Delta u) = \cos u \cos\Delta u + \sin u \cos i \sin\Delta\Omega . \end{aligned} \tag{33.15}$$

Les Eqs. (33.18) sont obtenues en faisant tendre vers zéro tous les petits angles présents dans les Eqs. (33.15). Pour les anomalies, les Eqs. (33.19) sont obtenues à partir des Eqs. (21.13 b) et (33.14). Enfin, l'Eq. (33.20) résulte de la transformation de l'Eq. (33.10 b) de Lagrange.

À noter que le terme $\mu / a^2 = n^2 a$ *représente une forme de valeur moyenne de la composante centrale.*

$$\frac{da}{dt} = 2\sqrt{\frac{\mu}{p}}\,[\,\frac{R}{\mu/a^2}e\sin\theta + \frac{N}{\mu/a^2}(1 + e\cos\theta)\,]\,,$$
$$\frac{de}{dt} = \frac{\sqrt{\mu p}}{a^2}[\frac{R}{\mu/a^2}\sin\theta + \frac{N}{\mu/a^2}\frac{2\cos\theta + e\cos^2\theta + e}{1 + e\cos\theta}]\,, \tag{33.16}$$

$$\frac{dp}{dt} = \frac{N}{\mu/a^2}\frac{2\,r}{a^2}\sqrt{\mu p} \quad et \quad \frac{dT_0}{dt} = \frac{3\,T_0}{2\,a}\frac{da}{dt}\,, \tag{33.17}$$

$$\frac{di}{dt} = \frac{Z}{\mu/a^2}\frac{r}{a^2}\sqrt{\frac{\mu}{p}}\cos(\varpi+\theta)\,,\quad \frac{d\Omega}{dt} = \frac{Z}{\mu/a^2}\frac{r}{a^2}\sqrt{\frac{\mu}{p}}\frac{\sin(\varpi+\theta)}{\sin i}\,, \tag{33.18}$$

$$\frac{d\tilde\theta}{dt} = \frac{\sqrt{\mu p}}{a^2 e}\,[\,\frac{R}{\mu/a^2}\cos\theta - \frac{N}{\mu/a^2}\frac{\sin\theta(2 + e\cos\theta)}{1 + e\cos\theta}]\,,$$
$$\frac{d\varpi}{dt} = -\frac{d\Omega}{dt}\cos i - \frac{d\tilde\theta}{dt} \quad ou \quad \frac{d\tilde u}{dt} = -\frac{d\Omega}{dt}\cos i\,. \tag{33.19}$$

$$\frac{dM}{dt} = n + \frac{r}{ea^2}\sqrt{\frac{\mu}{a}}\,[\frac{R}{\mu/a^2}\,(\cos\theta + e\cos^2\theta - 2\,e) - \frac{N}{\mu/a^2}\sin\theta\,(2 + e\,\cos\theta)\,]\,, \tag{33.20}$$

Pour les orbites circulaires, le périastre et l'anomalie n'ont pas de signification. Les Eqs. (33.19 a et b), qui posent problème par la présence de l'excentricité en dénominateur, sont alors remplacées par l'Eq. (33.19 c). Pour les orbites paraboliques, les Eqs. (33.17) sont utilisées à la place des Eqs. (33.16). La plupart de ces équations sont antérieures à Gauss. Newton connaissait celle du grand axe dans le repère tangentiel, c'est l'Eq. (33.5), ainsi que les Eqs. (33.18) des éléments angulaires. Cinquante ans plus tard, Euler établissait les Eqs. (33.16 et 19 b) pour le grand axe, l'excentricité et l'argument du périastre. Les équations équivalentes en repère tangentiel ***W, T, Z*** sont reprises en annexe III.1, Eqs. (III.5 à 10).

b. Forme intégrable approchée

Les équations de Gauss, établies ci-dessus, sont exprimées en dérivées des éléments par rapport au temps. Elles ne sont pas directement exploitables, car elles ne contiennent pas le temps de manière explicite dans les seconds membres. Leur intégration peut être effectuée par un changement de variable du temps vers l'anomalie, en utilisant la relation suivante :

$$(\frac{d\theta}{dt})_{tot} = (\frac{d\theta}{dt})_{osc} + \frac{d\tilde\theta}{dt} \quad : \quad \xrightarrow[ordre]{1^e} \quad \approx \frac{\sqrt{\mu\,p}}{r^2}\,. \tag{33.21}$$

L'Eq. (33.21) est calculée grâce aux Eqs. (21.75 et 33.19 a), mais l'expression obtenue est compliquée. Comme les perturbations ***R*, *N*** et ***Z*** sont très faibles, il est admissible de négliger la variation perturbationnelle de l'anomalie, par comparaison à sa variation osculatrice.

*Un **premier** niveau d'approximation est introduit en utilisant l'Eq. (33.21 b) pour effectuer le changement de variable requis.*

Afin de ne pas alourdir le texte, ces équations ont été regroupées en annexe III.1, dans les Eqs. (III.1 à 4) : ce sont les Eqs. de Gauss sous forme *approchée et intégrable.*

3.3.5 Effets des perturbations sur les orbites périodiques

Comme tous les éléments osculateurs apparaissant dans les seconds membres varient avec le temps ou l'anomalie, les Eqs. (33.16 à 20 et III.1 à 10) ne peuvent, en toute rigueur, être intégrées que par approximations successives.

*Pour les seules orbites périodiques elliptiques qui sont examinées à partir d'ici, le **second** niveau d'approximation suppose que les éléments présents dans les seconds membres restent constants.*

Cette approximation sera vérifiée a posteriori, si les variations résultantes sont faibles et de nature périodique. Lorsque des termes non périodiques sont présents, une étude plus détaillée est nécessaire. Une procédure similaire à celle de rectification des orbites (voir annexe III.5 b) peut alors être envisagée.

a. Perturbations périodiques et séculaires

L'effet d'une perturbation sur les éléments d'orbite est obtenu par intégration des Eqs. (III.1 à 4), entre 0 et la valeur courante θ de l'anomalie. Deux cas distincts peuvent se présenter : ils sont illustrés par les Eqs. (33.22) à titre d'exemple :

$$\frac{dC}{d\theta} = K \cos^2\theta \, d\theta \quad ; \quad C = \frac{K}{2}\left(\theta + \frac{\sin 2\theta}{2}\right) . \qquad (33.22)$$

Le terme en $\sin 2\theta$, contenant la variable indépendante sous forme trigonométrique est appelé *composante périodique*. Il reprend sa valeur de départ après chaque fraction de révolution et ne modifie donc pas la valeur *moyenne* de l'élément. En revanche, le premier terme en θ est proportionnel à l'anomalie. Il grandit donc indéfiniment lorsque l'anomalie ou le temps augmente. Ce terme constitue la *composante séculaire*, notée δC_i .

La composante séculaire entraîne des modifications irréversibles de la configuration de l'orbite. Elle est déterminée en calculant l'intégrale définie des Eqs. (III.1 à 4) au cours d'une révolution entière, c'est-à-dire pour l'anomalie allant de **0** à **2** π . Dans cet exemple, la variation séculaire est égale à $K \pi$.

L'annexe III reprend quelques formules très utiles pour l'évaluation des intégrales définies des fonctions trigonométriques : ce sont les Eqs. (III.11 à 18). À remarquer que les seuls effets séculaires conduisant à des déformations importantes de l'orbite sont ceux du grand axe et de l'excentricité. En effet, les perturbations séculaires affectant les angles, bien qu'entraînant des mouvements importants du plan de l'orbite ou de la ligne des apsides, présentent cependant un caractère périodique : après une rotation complète, le plan d'orbite ou la ligne des apsides repasse par sa position initiale. Ces perturbations angulaires sont appelées *composantes à longue période.*

b. Les différentes périodes d'une orbite réelle perturbée

La définition théorique de la période : *intervalle de temps entre passages successifs au même point*, demande à être précisée pour les orbites réelles, car le corps ne repasse généralement pas au même point à la révolution suivante. Deux définitions précises qui peuvent être données sont :

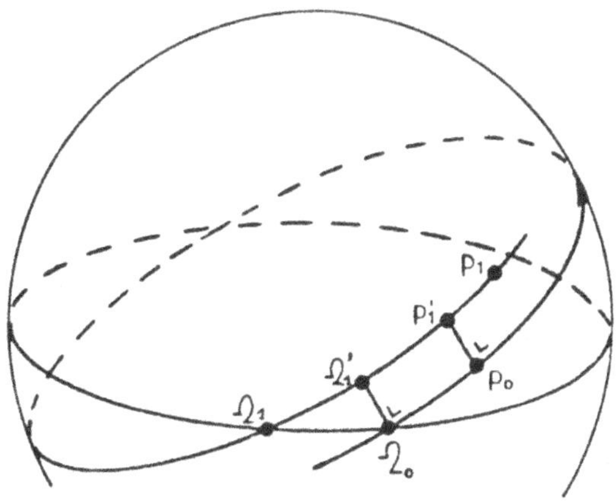

Figure 3.13 : Périodes d'une orbite réelle perturbée

- **Période osculatrice** (*notation* T *ou* T_0)

La période osculatrice est l'intervalle de temps entre passages successifs au point considéré si toutes les perturbations sont annulées à partir du premier passage en ce point. Cette période est malheureusement fonction du point choisi, et suppose l'absence de perturbation.

- **Période anomalistique** (*notation* T_P)

  La période anomalistique est l'intervalle de temps entre passages successifs au périastre (de la position P_0 à la position P_1 sur la Fig. 3.13). Cette définition n'est malheureusement pas applicable aux orbites circulaires ou quasi circulaires.

La période peut être définie par les passages successifs à travers un plan déterminé. Les deux définitions suivantes sont ainsi obtenues :

- **Période sidérale** (*notation* P_S)

  La période sidérale est l'intervalle de temps entre deux passages successifs à travers le plan central perpendiculaire au plan osculateur. (C'est le passage d'un point quelconque P_0, au point P'_1). Cette définition n'est malheureusement pas exempte d'ambiguïté, car la période sidérale dépend du point considéré.

- **Période nodale** (notation T_Ω)

  La période nodale est l'intervalle de temps entre passages successifs au noeud ascendant (intersection avec le plan de référence : passage de Ω_0 à Ω_1). C'est la seule période définie sans aucune ambiguïté. La période nodale est donc préférée aux autres. C'est également la plus aisée à mesurer par observation.

À noter également, dans le cas du problème des trois corps, la *période relative*, aussi appelée *période synodique* et définie par l'Eq. (31.39) à la section 3.1.7 a : elle est notée T_R.

3.3.6 Influence des composantes de la perturbation

a. Perturbation centrale

Lorsque l'accélération perturbatrice est centrale ($N = Z = 0$), les Eqs. (III.1 et 4) indiquent que seuls le grand axe, l'excentricité et l'argument du périastre sont affectés. En décomposant la perturbation en puissances de r, il est possible de montrer que la forme de l'orbite n'est jamais affectée, mais qu'il y a toujours un déplacement séculaire du périastre, à l'exception bien sûr du cas en $1 / r^2$. En effet, l'Eq. (III.14) montre que les perturbations séculaires δa et δe sont toujours nulles, ce qui n'est pas le cas pour l'argument du périastre, par application des Eqs. (III.18).

Lorsque la perturbation centrale R est constante, l'expression des composantes séculaires est :

$$\delta\varpi = \frac{R}{\mu/a^2}\, 2\,\pi\,\sqrt{1-e^2} \qquad et$$
$$\delta a = \delta e = \delta i = \delta\Omega = \delta T_0 = 0\,. \tag{33.23}$$

Les autres cas sont étudiés en annexe III.2.

b. Perturbation normale constante

Lorsque la perturbation est normale et constante ($R = Z = 0$), le grand axe et l'excentricité subissent des variations séculaires. En revanche, l'Eq. (III.14) montre que la variation séculaire du périastre est nulle. Il vient :

$$\frac{\delta a}{a} = \frac{N}{\mu/a^2}\, 4\,\pi\,\sqrt{1-e^2} \quad et \quad \delta e = -\frac{N}{\mu/a^2}\, 3\pi e\,\sqrt{1-e^2}$$
$$avec \quad \delta i = \delta\Omega = \delta\varpi = 0\,. \tag{33.24}$$

Les variations ne concernent que la forme de l'orbite. Deux cas sont à distinguer suivant le sens de la perturbation : lorsqu'elle est orientée dans le sens du mouvement (positive), l'orbite grandit et se circularise en spirale ($\delta a > 0$ et $\delta e < 0$). En revanche, une perturbation normale négative (freinage) entraîne l'effet inverse : le grand axe diminue et l'excentricité grandit. Le résultat est une orbite instable, caractérisée par une chute en spirale se terminant par l'écrasement à terme sur le centre d'attraction. Ces cas correspondent à des trajectoires avec propulsion ou avec freinage.

c. Perturbation orthogonale constante

Lorsque la perturbation hors plan est constante ($R = N = 0$), seuls les éléments angulaires sont affectés, comme l'indiquent les Eqs. (33.25). L'Eq. (33.25 b) et la Fig. 3.12 montrent que la variation séculaire de l'argument du périastre ne fait que compenser le mouvement de la ligne des noeuds : le périastre reste donc immobile.

$$\delta\tilde{\theta} = 0\,,\ \delta\varpi = -\,\delta\Omega\cos i\,,\ \delta i = -\frac{Z}{\mu/a^2}\,\frac{3\pi e}{\sqrt{1-e^2}}\cos\varpi\,,$$
$$\delta\Omega = -\frac{Z}{\mu/a^2}\,\frac{3\,\pi\,e}{\sqrt{1-e^2}}\,\frac{\sin\varpi}{\sin i}\,, \quad avec \quad \delta a = \delta e = 0\,. \tag{33.25}$$

Cette perturbation se traduit finalement par une rotation lente, proportionnelle à l'excentricité, du plan d'orbite autour de la ligne des apsides, sans aucune autre déformation de l'orbite.

d. Perturbation quelconque constante

La perturbation $\bar{P}_T$ est supposée constante en grandeur et en direction, ses composantes dans le système d'axes osculateurs sont (Fig. 3.14) :

$$P = P_T\cos\phi\,, \qquad R = P\cos(\beta-\theta)\,,$$
$$N = P\sin(\beta-\theta) \quad et \quad Z = P_T\sin\phi\,, \tag{33.26}$$

Les composantes $\boldsymbol{R}$ et $\boldsymbol{N}$ sont donc périodiques, tandis que Z est constante. Les Eqs. (33.25 c et d) sont applicables. Il en résulte une rotation très lente de l'orbite autour de la ligne des apsides.

L'influence combinée des deux autres composantes se traduit par des variations séculaires sur tous les éléments, à l'exception du grand axe et de la période. Il vient :

$$\delta a = \delta T_0 = 0 \quad , \quad \delta e = \frac{P_T}{\mu/a^2} 3\pi\sqrt{1-e^2}\cos\phi \, \sin\beta \; ,$$
$$et \quad \delta\tilde{\theta} = -\,\delta\beta = \frac{P_T}{\mu/a^2}\,\frac{3\,\pi}{e}\,\sqrt{1-e^2}\,\cos\phi\,\cos\beta \; . \qquad (33.27)$$

L'Eq. (33.27 d) et la Fig. 3.14 indiquent que le déplacement séculaire du périastre correspond à la variation opposée de l'angle β .

Cet angle tend asymptotiquement vers $\pi/2$, car pour cette valeur, sa variation s'annule, ainsi que le mouvement du périastre. Pour les orbites quasi circulaires, cette variation est assez rapide, car inversement proportionnelle à l'excentricité.

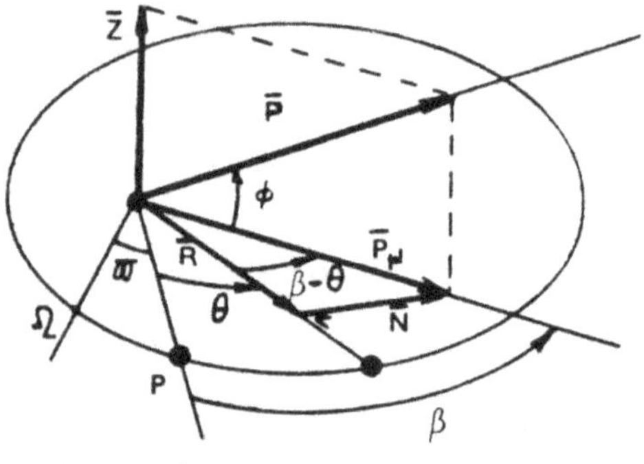

Figure 3.14 : Perturbation constante

Ensuite, le plan d'orbite tourne lentement autour de la ligne des apsides, modifiant l'angle ϕ . En l'absence des variations d'excentricité, la position finale obtenue serait la suivante : plan d'orbite parallèle ($Z = 0$, $\phi = 0$) et grand axe de l'orbite perpendiculaire à la perturbation $\bar{P}_T$. Mais, se superposant à ces mouvements, l'excentricité grandit vers l'unité. L'orbite est instable, elle s'aplatit et conduit inexorablement à l'écrasement.

3.3.7 Perturbations provoquées par un troisième corps

a. Orbites circulaires coplanaires

Lorsque le corps perturbateur est très éloigné, la perturbation peut être considérée comme constante au cours d'une révolution.

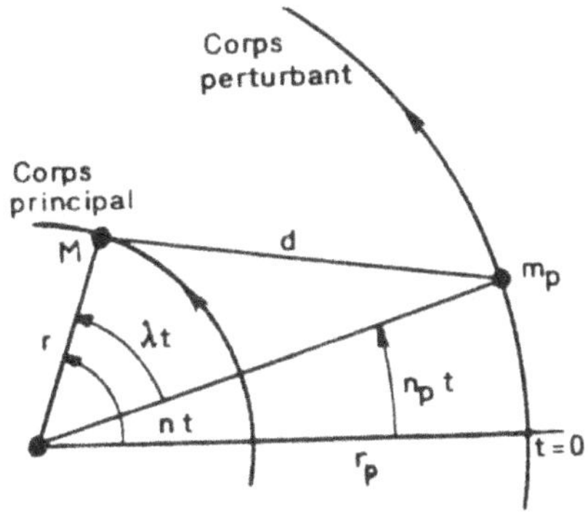

Figure 3.15 : Perturbation par un corps en orbite extérieure

Les résultats donnés par les Eqs. (33.27) sont applicables et conduisent à une orbite instable à très long terme. Toutefois, si le mouvement orbital du troisième corps est assez rapide, la Fig. 3.14 montre qu'au cours de cette orbite, l'angle β varie de 0 à 2π , et l'angle ϕ de $+i$ à $-i$ et vice-versa, en vertu de l'Eq. (33.32 a). Les perturbations séculaires sont donc en réalité des perturbations à longue période. Cette période est fonction des périodes des deux corps ainsi que de l'inclinaison des deux plans d'orbite.

Ce raisonnement ne s'applique pas aux perturbations entre corps proches comme c'est le cas des planètes, car l'accélération perturbatrice est loin de rester constante, même en première approximation. La variation peut atteindre un facteur voisin de 20 entre perturbations maximale et minimale à la conjonction et à l'opposition.

Pour les orbites circulaires coplanaires, la Fig. 3.15 permet d'écrire les relations suivantes :

$$\lambda = |n - n_p| \quad , \quad N = \frac{\mu_p}{d^3} r_p \sin \lambda t \; , \qquad \text{avec} \quad d = r_p \sqrt{1 + \left(\frac{r}{r_p}\right)^2 - 2\,\frac{r}{r_p}\cos \lambda t} \; . \tag{33.28}$$

À noter que ces formules sont également applicables en cas de perturbation par un corps parcourant une orbite intérieure. La variation élémentaire du rayon est obtenue à partir des Eqs. (33.17 a), pour $p = r$:

$$\frac{dr}{dt} = 2\,n\,\frac{\mu_p}{\mu}\,r^3\,r_p\,\frac{\sin \lambda t}{d^3} \; . \tag{33.29}$$

La variation complète de la perturbation est notée Δr et est obtenue en intégrant l'Eq. (33.29) entre 0 et t , il vient :

$$\frac{\Delta r}{r} = 2\ r\ \frac{m_p}{M}\ \frac{T_p}{|T_0 - T_p|}\ |\frac{1}{d} - \frac{1}{d_0}|\ . \tag{33.30}$$

C'est une perturbation périodique car elle s'annule chaque fois que $d = d_0$. Sa période T_R est telle que :

$$T_R = \frac{2\ \pi}{\lambda} = \frac{T_0\ T_p}{|T_0 - T_p|}\ . \tag{31.39 b}$$

Cette période correspond au retour des trois corps dans les mêmes positions relatives. Cette *période relative* est également appelée *période synodique* : voir section 3.1.7 a.

b. Résonances orbitales - commensurabilité

Une attention toute particulière doit être consacrée aux cas présentant une commensurabilité, rigoureuse ou approchée, entre les deux périodes orbitales. Il y a résonance lorsque, pour a et b ***entiers** positifs*, les relations suivantes peuvent être écrites :

$$\frac{n_1}{n_2} = \frac{T_2}{T_1} = \frac{a}{b} \quad et \quad \frac{T_R}{T_1} = \frac{a}{a-b} \tag{33.31}$$

$$ou \quad a\ T_1 = b\ T_2 = (a-b)\ T_R\ .$$

Une relation de commensurabilité existe donc lorsque, en un nombre entier de tours d'un des corps, l'autre parcourt également un nombre entier d'orbites et le système dans son ensemble retrouve les mêmes positions relatives. L'exemple est frappant lorsque ces nombres sont petits, et surtout lorsque $a - b = 1$. La caractéristique principale de ces configurations résonantes est qu'elles introduisent une réelle périodicité dans les perturbations, même si excentricité et inclinaison sont différentes de zéro.

En effet, les corps se retrouvent dans les mêmes positions relatives après $a - b$ périodes synodiques, et sont revenus chacun au même point de leur orbite individuelle, par rapport au périastre et à leur noeud commun.
Ces cas sont loin d'être de pures fantaisies de mathématiciens, c'est en effet l'observation du Système solaire qui les a suggérées aux astronomes : voir à ce sujet le chapitre 4.2.4.

3.3.8 Perturbations dues au second harmonique zonal du potentiel

a. Perturbations séculaires

L'accélération perturbatrice due au second harmonique du potentiel du centre d'attraction est donnée par l'Eq. (32.28).

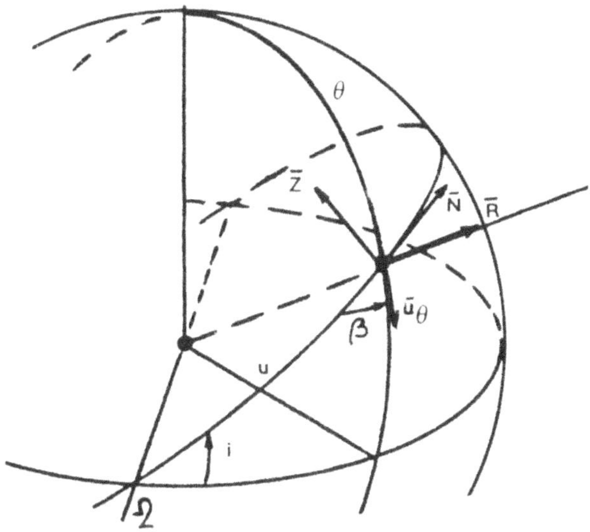

Figure 3.16 : Passage des coordonnées sphériques aux coordonnées osculatrices

L'utilisation des Eqs. (III.1 à 4) demande une conversion en coordonnées osculatrices. La Fig. 3.16 permet d'écrire les relations trigonométriques suivantes :

$$\cos\theta = \sin u \,\sin i \;,\; \sin\beta = \frac{\cos i}{\sin\theta} \;\; et \;\; \cos\beta = \frac{\sin i \,\cos u}{\sin\theta} \;, \qquad (33.32)$$

conduisant à l'expression des composantes de l'accélération perturbatrice :

$$R = \frac{A_J}{r^4}\,(3\,\sin^2 u\,\sin^2 i - 1)\;,\quad N = -\frac{A_J}{r^4}\,\sin 2u\,\sin^2 i\;,$$
$$Z = -\frac{A_J}{r^4}\,\sin u\,\sin 2i \qquad avec \qquad A_J = \frac{3}{2}\,J_2\,\mu\,R_C^2\,. \qquad (33.33)$$

Pour procéder à l'évaluation des perturbations séculaires affectant le grand axe, l'excentricité et l'argument du périastre, les Eqs. (III.15 à 18) sont utilisées.

Il est préférable de calculer tout d'abord les perturbations séculaires de p et de Ω , et de poursuivre par celles de l'anomalie et du grand axe. Les perturbations de l'excentricité et du périastre s'en déduisent alors aisément, ce sont les Eqs. (33.34) :

$$\delta a = \delta p = \delta T_0 = \delta e = \delta i = 0\;,$$
$$\delta\varpi = K_J\,(5\,\cos^2 i - 1)\;,\qquad \delta\Omega = -2\,K_J\,\cos i\;, \qquad (33.34)$$
$$\delta\tilde{\theta} = -K_J\,(3\,\cos^2 i - 1) \;\; avec \;\; K_J = \frac{3\pi}{2}J_2\left(\frac{R_C}{p}\right)^2.$$

Le second harmonique zonal ne provoque donc pas de perturbation séculaire à caractère irréversible affectant la forme de l'orbite. Les principales perturbations sont une rotation à vitesse constante du plan de l'orbite autour de l'axe de révolution du centre d'attraction.

L'analyse du mouvement $\delta\,\Omega$ de la ligne des noeuds permet d'illustrer les variations angulaires à longue période : un tour complet est effectué après $N = 2\,\pi\,/\,|\delta\,\Omega|$ révolutions. La période de cette fluctuation s'écrit :

$$T_\Omega = T_0\,\frac{\pi}{K_J\,|\cos i|}\,. \tag{33.35}$$

Une expression similaire peut être trouvée pour le mouvement de la ligne des apsides. Pour une orbite donnée, ces mouvements sont fonction de l'inclinaison. Certaines valeurs caractéristiques de l'inclinaison entraînent l'annulation de telle ou telle perturbation : c'est ainsi que :

$$\begin{aligned} \delta\Omega &= 0 \quad \textit{pour} \quad i = \pi\,/\,2 \quad \textit{ou} \quad 3\,\pi\,/\,2\,,\\ \delta\varpi &= 0 \quad \textit{pour} \quad i = 63.4^\circ \quad \textit{ou} \quad 116.6^\circ\,,\\ \delta\tilde{\theta} &= 0 \quad \textit{pour} \quad i = 54.7^\circ \quad \textit{ou} \quad 125.3^\circ\,. \end{aligned} \tag{33.36}$$

Comme le périastre se déplace en permanence, après m révolutions osculatrices ($m = 2\,\pi\,/\,|\delta\,\tilde{\theta}|$), le corps a parcouru en réalité $m \pm 1$ fois l'orbite réelle. Le signe dépend de l'inclinaison. La période anomalistique, notée T_P, est donc égale à :

$$T_p = T_0\,\frac{m}{m \pm 1} \approx T_0\,(1 \mp \frac{\delta\tilde{\theta}}{2\pi})\,. \tag{33.37}$$

L'Eq. (33.37) illustre la difficulté d'une définition précise de la période d'une orbite perturbée, comme cela a été montré à l'article 3.3.5 b.

b. Orbites circulaires

Les Eqs. (33.34) sont également applicables aux orbites circulaires, à l'exception des termes séculaires pour l'anomalie vraie et le périastre.

Pour ceux-ci, l'Eq. (33.38) doit être utilisée :

$$\delta\tilde{u} = 2\,K_J\,\cos^2 i\,. \tag{33.38}$$

Les autres conclusions du mouvement elliptique perturbé restent valables.

c. Perturbations périodiques

En plus de perturbations séculaires examinées jusqu'ici, de nombreuses perturbations périodiques affectent tous les éléments. Afin d'illustrer cette complexité, la perturbation complète affectant la ligne des noeuds est donnée par l'Eq. (33.39) :

$$\Delta\Omega = -3\,J_2\left(\frac{R_C}{p}\right)^2 \cos i \int_0^\theta \sin^2(\varpi + \theta)\,(1 + e\cos\theta)\,d\theta$$

$$= -3\,J_2\left(\frac{R_C}{p}\right)^2 \cos i\,\Big\{\frac{\theta}{2} - \frac{\cos(2\varpi + \theta)\sin\theta}{2} + \tag{33.39}$$

$$+ \frac{e}{3}\left[3\sin^2\varpi\,\sin\theta + \cos 2\varpi\,\sin^3\theta + \sin 2\varpi\,(1 - \cos^3\theta)\right]\Big\}\,.$$

Dans cette équation, le terme $\theta / 2$ représente la partie séculaire, tandis que le reste de la formule correspond aux effets périodiques. La périodicité de ces termes couvre divers sous-multiples de la période de révolution (rapports 1, 1/2, 1/3 . .). Des termes à plus longue période sont également présents.

À noter que l'effet de la non sphéricité du centre d'attraction peut être étudié très efficacement au moyen des équations planétaires de Lagrange, qui fournissent par itération, de nombreux termes analytiques, plus précis que ceux obtenus ci-dessus.

Pour les orbites circulaires, les perturbations périodiques sont nettement plus simples car l'excentricité est nulle et l'anomalie u remplace l'anomalie vraie. En simplifiant l'Eq. (33.39), seul un terme en $\sin 2u$ subsiste. La période de cette variation est la moitié de la période de révolution.

3.3.9 Commentaires

L'étude des perturbations a constitué pendant plus de deux siècles un des moteurs principaux de la recherche théorique en mathématique et en mécanique. Elle a trouvé son aboutissement à la fin du XIXe siècle avec les travaux de Poincaré et les théories du mouvement de la Lune. Différentes méthodes ont été développées : chacune d'entre elles s'adaptant spécialement à un type de problème déterminé.

La méthode des éléments osculateurs est la seule méthode analytique d'étude des perturbations. À ce titre, elle est la seule à donner une compréhension générale des phénomènes célestes analysés. La formulation de Gauss, qui a été exposée ci-dessus, est d'un emploi très général, car elle peut être appliquée à des perturbations quelconques. Toutefois, l'élimination du temps au profit de l'anomalie se fait au prix d'une approximation.

Lorsque le temps est maintenu sous forme explicite dans les équations, comme c'est le cas des équations de Lagrange, il est possible, par itération, de déduire de nombreux termes analytiques exacts.

Les autres méthodes, par variation des coordonnées, ont toutes leur domaine d'application et ont fait l'objet, par le passé, de nombreuses recherches et développements.

À noter que lorsque les perturbations sont relativement importantes, d'autres méthodes doivent être recherchées, car l'orbite képlérienne n'est plus nécessairement la meilleure trajectoire de référence.

De nos jours, ce sont bien sûr les méthodes numériques qui les ont toutes supplantées, tant pour l'établissement des éphémérides que pour la détermination des orbites de multiples corps célestes naturels ou artificiels. Il est donc impensable de terminer un exposé sur les perturbations sans passer en revue ces méthodes que tous les bureaux d'études et centres de recherche utilisent intensivement aujourd'hui. Ces méthodes ont été regroupées en annexe III.5 et 6, ainsi d'ailleurs que quelques autres matières ne cadrant pas parfaitement avec l'objet des trois sections de ce chapitre 3.

□

Annexe III
Orbites perturbées - compléments

III 1 Formulaire des perturbations III 2 Perturbations et équation de Binet III 3 Propagation instantanée de la gravitation III 4 Précession III 5 Méthodes numériques III 6 Intégration numérique III 7 Satellites co-orbitaux.

III.1 Formulaire des perturbations

a. Équations de Gauss - forme intégrable approchée

Ci-dessous sont rassemblées les formules approchées sous leur forme intégrable : ce sont les équations de *Karl Friedrich Gauss* (1777 - 1855), telles qu'elles ont été établies à la section 3.3.4. Elles correspondent aux Eqs. (33.16 à 19), après changement de variable par l'Eq. (33.21) :

$$\frac{da}{d\theta} = \frac{2\,r^2}{p}\left[\frac{R}{\mu/a^2}\,e\sin\theta + \frac{N}{\mu/a^2}(1 + e\cos\theta)\right], \qquad \text{(III.1)}$$

$$\frac{de}{d\theta} = \frac{r^2}{a^2}\left[\frac{R}{\mu/a^2}\sin\theta + \frac{N}{\mu/a^2}\,\frac{2\cos\theta + e\cos^2\theta + e}{1 + e\cos\theta}\right],$$

$$\frac{dp}{d\theta} = \frac{N}{\mu/a^2}\,\frac{2\,r^3}{a^2} \quad et \quad \frac{dT_0}{d\theta} = \frac{3\,T_0}{2\,a}\,\frac{da}{d\theta}, \qquad \text{(III.2)}$$

$$\frac{di}{d\theta} = \frac{Z}{\mu/a^2}\,\frac{r^3}{pa^2}\cos(\varpi + \theta), \quad \frac{d\Omega}{d\theta} = \frac{Z}{\mu/a^2}\,\frac{r^3}{pa^2}\,\frac{\sin(\varpi + \theta)}{\sin i}, \qquad \text{(III.3)}$$

$$\frac{d\tilde{\theta}}{d\theta} = \frac{r^2}{a^2 e}\left[\frac{R}{\mu/a^2}\cos\theta - \frac{N}{\mu/a^2}\,\frac{\sin\theta(2 + e\cos\theta)}{1 + e\cos\theta}\right], \qquad \text{(III.4)}$$

$$\frac{d\varpi}{d\theta} = -\frac{d\Omega}{d\theta}\cos i - \frac{d\tilde{\theta}}{d\theta} \quad ou \quad \frac{d\tilde{u}}{d\theta} = -\frac{d\Omega}{d\theta}\cos i\,.$$

Afin d'éviter toute ambiguïté dans les notations, la période orbitale est notée T_0 dans les Eqs. (III.2 et 33.17 b) de cette annexe.

Les règles suivantes sont applicables pour l'utilisation de ces équations :

- **Orbites elliptiques ou hyperboliques** : l'Eq. (III.4 c) n'est pas d'application : les Eqs. (III.2 a et b) de dp et dT_0 sont données pour information,
- **Orbites circulaires** : pour les anomalies, l'Eq. (III.4 c) est à utiliser en lieu et place des Eqs. (III.4 a et b),
- **Orbites paraboliques** : l'Eq. (III.2 a) de dp remplace l'Eq. (III.1 a) de da : le grand axe est infini mais le paramètre p a un sens : voir Eq. (21.14),
- **Orbites à faible inclinaison** : utiliser les éléments i_1 et Ω_1 décrits aux Eqs. (33.11).

b. Perturbations en repère tangentiel

Les Eqs. (33.16 à 20 et III.1 à 4) ont été établies à la section 3.3.4 par rapport au repère local radial R, N, Z permettant les développements les plus généraux. Lorsque les forces perturbatrices sont liées à la direction du vecteur vitesse, il est plus judicieux de choisir le repère local tangentiel noté W, T, Z, l'axe $\bar{W}$ étant dirigé à l'*opposé* du centre d'attraction. C'est le cas, par exemple, pour l'étude des perturbations dues au frottement atmosphérique ou pour l'étude de la propulsion continue.

$$R = \frac{1}{v}\sqrt{\frac{\mu}{p}}\,[\,T\,e\,\sin\theta + W\,(1 + e\cos\theta)\,]\,, \tag{III.5}$$

$$N = \frac{1}{v}\sqrt{\frac{\mu}{p}}\,[\,T\,(1 + e\cos\theta) - W\,e\,\sin\theta\,]\,. \tag{III.6}$$

Les équations correspondant aux Eqs.(33.16, 17 et 20) sont :

$$\frac{da}{dt} = 2\,v\,\frac{T}{\mu/a^2}\,,\qquad \frac{de}{dt} = \frac{\mu}{a^2 v}\,[\,\frac{2\,T}{\mu/a^2}\,(e + \cos\theta) + \frac{W}{\mu/a^2}\,\frac{r}{a}\,\sin\theta\,]\,, \tag{III.7}$$

$$\frac{dp}{dt} = 2\,\frac{p\,\mu}{v\,a^2}\,[\,\frac{T}{\mu/a^2} - \frac{W}{\mu/a^2}\,\frac{e\sin\theta}{1 + e\cos\theta}\,]\,, \tag{III.8}$$

$$\frac{dT_0}{dt} = \frac{3\,T_0}{2\,a}\,\frac{da}{dt}\,, \tag{33.17 b}$$

$$\frac{di}{dt} = \frac{Z}{\mu/a^2}\,\frac{r}{a^2}\sqrt{\frac{\mu}{p}}\cos(\varpi + \theta)\,,\qquad \frac{d\Omega}{dt} = \frac{Z}{\mu/a^2}\,\frac{r}{a^2}\sqrt{\frac{\mu}{p}}\,\frac{\sin(\varpi + \theta)}{\sin i}\,, \tag{33.18}$$

$$\frac{d\tilde{\theta}}{dt} = -\,\frac{\mu}{v a^2 e}\,[\,\frac{2T}{\mu/a^2}\,\sin\theta + \frac{W}{\mu/a^2}\,\frac{2e + \cos\theta + e^2\cos\theta}{1 + e\cos\theta}\,]\,. \tag{III.9}$$

$$\frac{dM}{dt} = n - \frac{\mu\sqrt{1-e^2}}{e\,v\,a^2}\left[\frac{2\,T}{\mu/a^2}\sin\theta\,\frac{1+e\cos\theta+e^2}{1+e\cos\theta} - \right.$$
$$\left. - \frac{W}{\mu/a^2}\cos\theta\,\frac{1-e^2}{1+e\cos\theta}\right]. \tag{III.10}$$

L'Eq. (III.7) correspond à l'Eq. (33.5) obtenue par *Isaac Newton* (1642 - 1727). Les Eqs. (33.17 b et 18) ne sont pas influencées par le changement de repère. Les formes approchées intégrables correspondant aux Eqs. (III.1 à 4) peuvent être aisément calculées par l'Eq. (33.21 b).

c. Quelques formules utiles

Pour le calcul des perturbations séculaires découlant des Eqs. (III.1 à 4) de Gauss, il est utile d'évaluer les intégrales trigonométriques afin d'exploiter au mieux les propriétés de symétrie des fonctions périodiques en vue de simplifications.

Dans la plupart des intégrations, le terme α^n décrit par l'Eq. (III.11) apparaît le plus souvent en dénominateur :

$$\alpha^n = (1 + e\cos\theta)^n . \tag{III.11}$$

Les intégrales de la forme I_n sont intégrées par passage à l'anomalie excentrique par les Eqs. (21.38 et 41). Les relations suivantes sont obtenues :

$$I_n = \int_0^{2\pi}\frac{d\theta}{\alpha^n} = \sqrt{(1-e^2)^{1-n}}\int_0^{2\pi}(1 - e\cos E)^{n-1}\,dE ,$$
$$I_1 = \frac{2\pi}{\sqrt{1-e^2}} , \quad I_2 = \frac{2\pi}{\sqrt{(1-e^2)^3}} , \quad I_3 = \frac{\pi(2+e^2)}{\sqrt{(1-e^2)^5}} \ldots \tag{III.12}$$

Lorsque les intégrants sont de la forme de l'Eq. (III.13 a), le cosinus est remplacé par l'Eq. (III.13 b) :

$$\frac{\cos^m\theta}{\alpha^n} \longrightarrow \cos\theta = \frac{\alpha - 1}{e} , \tag{III.13}$$

il en résulte une série de termes $K_i\,\alpha^{-i}$ qui peuvent être intégrés aisément au moyen des Eqs. (III.12).

Lorsque l'intégrant est une fonction *impaire* de la variable indépendante et que sa période couvre l'intervalle de 0 à 2π, alors l'intégrale sur une période est nulle : c'est l'Eq. (III.14) :

$$\int_0^{2\pi}\frac{\sin^m\theta\,\cos^k\theta}{\alpha^n}\,d\theta = 0 , \quad pour \;\; m \;\; impair . \tag{III.14}$$

Lorsque l'un au moins des deux exposants est impair, l'Eq. (III.15) est applicable :

$$\int_0^{2\pi} \sin^m(\varpi + \theta)\cos^k(\varpi + \theta)\,d\theta = 0\,. \tag{III.15}$$

De la même manière, l'Eq. (III.16) est vérifiée lorsque la *somme* des quatre exposants (entiers) est *impaire* :

$$\int_0^{2\pi} \sin^m(\varpi+\theta)\cos^n(\varpi+\theta)\sin^p\theta\,\cos^q\theta\,d\theta = 0\,, \tag{III.16}$$

$$\textit{avec} \quad m+n+p+q: \quad \textit{impair}\,.$$

Enfin, les Eqs. (III.17 et 18) rassemblent des relations classiques :

$$\int_0^{2\pi} \left\{\begin{matrix}\cos\\ \sin\end{matrix}\right\}\theta\,d\theta = 0 \quad , \quad \int_0^{2\pi} \sin(m\theta + n\varpi)\,d\theta = 0 \tag{III.17}$$

$$\int_0^{2\pi} \left\{\begin{matrix}\cos\\ \sin\end{matrix}\right\}^2\theta\,d\theta = \pi \quad , \quad \int_0^{2\pi} \left\{\begin{matrix}\cos\\ \sin\end{matrix}\right\}^4\theta\,d\theta = \frac{3\pi}{4}\,. \tag{III.18}$$

Les Eqs. (III.12 à 18) sont des relations générales qui ont été sélectionnées en fonction des formes d'intégrants rencontrés lors du calcul des perturbations séculaires.

III.2 Perturbations et équation de Binet

La forme générale de l'Eq. (21.12 a) de *Jacques Binet* (1786 - 1856), appliquée à une accélération centrale quelconque $F_c\,\vec{u}_r$, conduit à quelques résultats remarquables, lorsque l'accélération est exprimée sous forme de puissances de r ou de $1/r$.

a. Accélérations centrales

L'intégration analytique exacte de l'équation de Binet est possible dans les trois cas suivants :

- **cercle passant par le centre d'attraction :**

$$F_c \propto \frac{1}{r^5} \quad \longrightarrow \quad u'' + u = K_0\,u^3 \quad : \quad r = A\cos\theta\,. \tag{III.19}$$

Cette équation ne présente aucun intérêt physique, elle est mentionnée uniquement par souci d'être complet.

- **ellipse avec corps central au foyer :**

La forme en $1/r^2$ de la loi de gravitation de Newton conduit aux Eqs. (21.13 b et 21).

- **ellipse avec corps central au centre géométrique :**

$$F_C \propto r \longrightarrow u'' + u = \frac{K_0}{u^3} \quad : \quad u^2 = A + B\cos^2\theta \, . \qquad \text{(III.20)}$$

Cette équation correspond à l'Eq. (31.21) applicable aux structures à symétrie sphérique.

b. Perturbations centrales

L'effet général d'une perturbation centrale est un mouvement séculaire du périastre, sans aucune autre modification d'orbite. Cette propriété a été démontrée et commentée à la section 3.3.6 a. Elle s'applique à deux cas importants présentant un intérêt historique certain.

- **orbites relativistes :**

Une perturbation en $1 / r^4$ conduit aux trajectoires relativistes décrites au chapitre 2.3.7 par les Eqs. (23.38 et 40). L'intégration de l'Eq. (III.4 a) conduit à une perturbation séculaire de l'argument du périastre décrite par l'Eq. (III.21 c) :

$$F_C \propto \frac{1}{r^4} \longrightarrow u'' + u = K_0 + K\,u^2 \, , \quad \delta\varpi = 2\,\frac{K\pi}{p} \, . \qquad \text{(III.21)}$$

Ce résultat est identique à celui obtenu par la méthode d'intégration approchée de l'Eq. de Binet exposée au chapitre 2.3.7.

- **terme correctif :**

La propriété générale des perturbations centrales a conduit par le passé divers astronomes à envisager un petit terme correctif en $1 / r^3$, afin de rendre compte d'effets inexpliqués dans les mouvements des périastres, comme c'était le cas pour la Lune et pour Mercure : c'est l'Eq. (III.22) :

$$F_C \propto \frac{1}{r^3} \longrightarrow u'' + u = K_0 + K\,u \, , \quad \delta\varpi = K\pi \, . \qquad \text{(III.22)}$$

Les deux équations précédentes indiquent que ce type d'effet peut être obtenu par de nombreuses formes de perturbations centrales : le choix de l'une d'entre elles est donc totalement arbitraire.

III.3 Propagation instantanée de la gravitation

Jamais un quelconque délai dans l'action de la gravitation n'a été décelé, qui serait dû à une hypothétique vitesse de propagation du phénomène. L'étude des perturbations permet de montrer comment un tel effet aurait pu être mis en évidence.

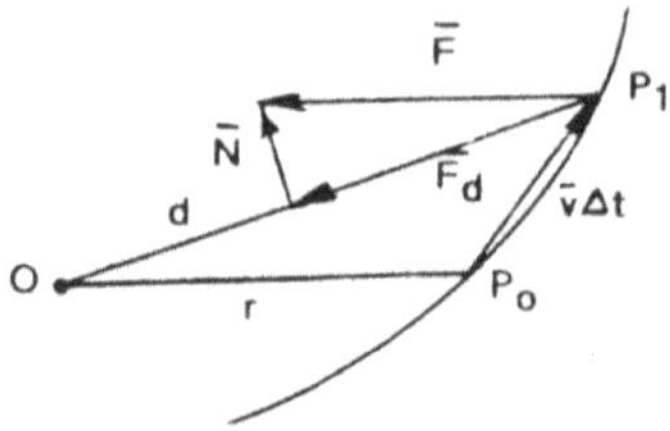

Figure 3.17 : Propagation de la gravitation

Si c représente l'hypothétique vitesse de propagation de la gravitation, le retard enregistré en un point P_1, à distance d, est donné par l'Eq. (III.23 a). Ce point subirait donc l'attraction correspondant à une position précédente P_0 située à distance r du centre d'attraction, comme illustré à la Fig. 3.17.

Pour les orbites circulaires, un raisonnement élémentaire indique que l'accélération perturbatrice comprendrait uniquement une composante normale constante :

$$\Delta t = \frac{d}{c}, \quad N = \frac{\mu\, n}{c\, r} \quad ou \quad \frac{N}{F_c} = \frac{v_0}{c}. \qquad \text{(III.23)}$$

qui, par l'Eq (33.24), conduirait à une augmentation séculaire du grand axe : l'orbite grandirait en spirale. Pour les orbites elliptiques, l'Eq. (III.24 a), qui relie les positions successives P_0 et P_1, est projetée sur l'axe $\bar{u}_d$ pour donner l'Eq. (III.24 b) :

$$\bar{d} = \bar{v}\,\Delta t + \bar{r}\ , \quad r \approx d\,(1 - \frac{v_r}{c}). \qquad \text{(III.24)}$$

Les composantes de la perturbation sont, au premier ordre :

$$\frac{R}{F_c} \approx -\frac{2\,v_r}{c}\ , \quad \frac{N}{F_c} \approx \frac{v_n}{c}\ , \quad Z = 0\ ,$$
$$\frac{\delta a}{a} = \frac{2\pi}{c}\sqrt{\frac{\mu}{p}}\,\frac{2-e^2}{1-e^2} \approx 4\pi\,\frac{v_0}{c} \quad et \quad \delta e = \frac{\pi e}{c}\sqrt{\frac{\mu}{p}}. \qquad \text{(III.25)}$$

Les Eqs. (III.1 et 2) conduisent à des variations séculaires du grand axe et de l'excentricité décrites par les Eqs. (III.25 c et d).

Appliqué à l'orbite terrestre avec une vitesse de propagation c égale à la vitesse de la lumière, cet effet se traduirait par une variation relative du grand axe de l'ordre de 10^{-3} par an. La forme de l'orbite serait donc modifiée de manière irréversible en quelques centaines d'années, ce qui est en contradiction totale avec les observations. Si elle existait, cette hypothétique vitesse de propagation devrait être nettement plus grande que la vitesse de la lumière. En conséquence, la gravitation est considérée comme agissant instantanément, quelle que soit la distance séparant les corps.

III.4 Précession de l'axe de rotation d'un ellipsoïde de révolution

Les perturbations dues au second harmonique zonal du potentiel ont été étudiées à la section 3.3.8. Il en résulte une avance du passage au noeud : ce sont les Eqs. (33.34), traduisant une rotation $\boldsymbol{\delta\Omega}$ du pôle de l'orbite autour de l'axe de symétrie. Toutefois, appliquées au système Soleil - Terre - Lune, ces perturbations sont nettement trop faibles pour expliquer le phénomène de *précession des équinoxes*, observé dès l'Antiquité. L'explication n'est donc pas fournie par la mécanique céleste. Il faut tenir compte de l'effet gyroscopique du corps en rotation uniforme $\bar{\omega} = \omega\, \bar{u}_z$. Le théorème du moment cinétique, obtenu à partir des Eqs. (21.69 ou 71) s'écrit :

$$\frac{d\bar{J}_0}{dt} = \sum_i \bar{r}_i \times m_P\, \bar{\Phi}_i = \sum_i \bar{Q}_i ,$$
$$\bar{J}_0 = C m_C \omega\, \bar{u}_z \ , \quad \frac{d\bar{u}_z}{dt} = \frac{\bar{Q}}{C m_C \omega} . \tag{III.26}$$

Un corps perturbateur $\boldsymbol{P}$ en orbite autour d'un corps en rotation $\bar{\omega}$ provoque sur ce corps une force non centrale, dont la composante principale est donnée par l'Eq. (32.28). Cette force applique un couple $\bar{Q}$ sur l'axe de rotation qui tend à aligner cet axe sur le pôle $\bar{u}_\pi$ de l'orbite. Mais l'Eq. (III.26 d) et la Fig 3.18 montrent un résultat différent : l'extrémité de $\bar{u}_z$ se déplace dans la direction du couple $\bar{Q}$, au lieu de se diriger vers $\bar{u}_\pi$.

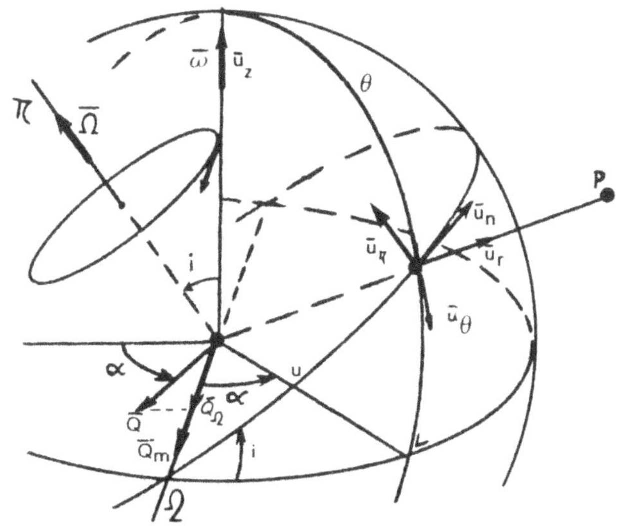

Figure 3.18 : Précession de l'axe de rotation

L'application des Eqs. (32.28 et 33.32) montre que $\bar{Q}$ tourne avec le corps perturbant, mais reste en permanence dans le plan équatorial. Son maximum et sa valeur moyenne $\bar{Q}_m$ sont dirigés vers le noeud ascendant. La valeur moyenne est obtenue par intégration de 0 à 2 π de la projection Q_Ω du couple sur la ligne des noeuds :

$$|\bar{Q}_m| = \frac{3\,\mu_C}{4}\, m_P\, J_2\, \frac{R_C^2}{r^3} \sin 2i\,. \tag{III.27}$$

Ce raisonnement peut être appliqué pour chaque orbite de P : de proche en proche, le vecteur $\bar{\omega}$ décrit un cercle autour du pôle $\bar{u}_n$ de l'orbite. La vitesse de précession s'exprime alors par la relation suivante, applicable pour des orbites proches du mouvement circulaire :

$$\Omega = \frac{3\,\mu_P}{2\,C\,\omega}\, J_2\, \frac{R_C^2}{r^3} \cos i\,. \tag{III.28}$$

Le mouvement complet comprend également des termes périodiques, provoqués par la variation du couple au cours du mouvement orbital du corps perturbant. Cette partie périodique du phénomène est appelée *nutation* (voir chapitre 4.1.4).

III.5 Méthodes numériques d'étude des perturbations

Les méthodes numériques pour la résolution des équations du mouvement des corps célestes font partie des méthodes dites de *perturbation des coordonnées*. L'étude de ces méthodes débordent le cadre des trois sections du chapitre 3, aussi sont-elle traitées succinctement dans cette annexe.

a. Méthode de Cowell

La méthode d'intégration numérique mise au point par l'astronome *Cowell* (v. 1870 - 1935) a été utilisée au début du XXe siècle pour le calcul de l'orbite du VIIIe satellite (Sinopé) de Jupiter ainsi que pour la prédiction du passage de la comète de Halley en 1910. Elle exploite une des caractéristiques principales du système des Eqs. (33.1) : le fait que le terme du premier ordre, la vitesse, n'y apparaît pas explicitement. Il n'est donc pas nécessaire d'introduire la vitesse comme variable auxiliaire, comme c'est le cas dans les méthodes classiques décrites à l'article III.6.

b. Méthode de Encke

Le principe de la méthode originale élaborée par *Johann Franz Encke* (1791 - 1865), est de calculer les coordonnées de l'orbite perturbée par rapport à l'orbite de référence qui est, en principe, l'orbite osculatrice.

Pour ce faire, l'accélération de l'écart vectoriel entre la position réelle $\bar{r}$ et la position de référence $\bar{r}_0$ est développée en série par étapes :

$$\ddot{\bar{r}} - \ddot{\bar{r}}_0 = \ddot{\bar{\rho}} = \bar{P} + \frac{\mu}{r_0^3} [\bar{r}_0 - \bar{r} \; (\frac{r_0}{r})^3] , \qquad \text{(III.29)}$$

L'originalité de la méthode consiste à développer le rapport des cubes des deux rayons suivant les Eqs. (III.30). La notation **!(*)!** signifie la factorielle des nombres *impairs* uniquement.

$$(\frac{r}{r_0})^2 = 1 + 2\,q \;, \qquad (\frac{r_0}{r})^3 = (1 + 2\,q)^{-\frac{3}{2}} = 1 - f\,q \;,$$

$$fq = \sum_{n=1}^{\infty} (-1)^{n+1} \frac{!(2n+1)!}{n\,!} q^n \quad et \quad q = \sum_{i=1}^{3} \frac{x_i}{r_0^2} (x_{0i} - \frac{x_i}{2}) \;, \qquad \text{(III.30)}$$

Le résultat final est donc :

$$\ddot{\bar{\rho}} = \bar{P} + \frac{\mu}{r_0^3} [f\,q\,(\bar{r}_0 + \bar{\rho}) - \bar{\rho}] \,. \qquad \text{(III.31)}$$

L'écart en position peut dès lors être calculé par les méthodes d'intégration numérique décrites à l'article III.6. Lorsque les écarts grandissent au-delà d'un certain seuil, de l'ordre du pour-cent du rayon de référence, il convient de réinitialiser le processus en définissant une nouvelle orbite de référence. Cette opération est appelée *rectification d'orbite.*

La puissance de la méthode de Encke est qu'elle ne détermine que de très petits écarts, puisque l'effet de la force centrale est laissé hors du calcul. À précision égale, elle s'est avérée être de *cinq* à *dix* fois plus rapide que les autres méthodes numériques, y compris celle de Cowell. À noter également la souplesse de la méthode, car le calcul de l'orbite osculatrice ou de l'orbite perturbée complète est possible en prenant la position (fixe) de départ comme orbite de référence.

La méthode de Encke peut encore être améliorée d'un facteur pouvant atteindre la *centaine* en choisissant une meilleure orbite de référence. C'est par exemple le cas pour des problèmes à quatre corps ou plus, lorsque la trajectoire de référence est une combinaison d'orbites képlériennes obtenues par la méthode des sphères d'influence (voir chapitre 6.1.1).

Pour les orbites périodiques, l'orbite de référence améliorée peut être obtenue lors d'une première étape de calcul déterminant l'effet d'une perturbation prépondérante, par exemple celui du renflement équatorial. L'étape suivante est alors consacrée à des perturbations nettement plus faibles. Elle est nettement plus rapide ou bien, à vitesse égale, elle permet d'atteindre une meilleure précision.

III.6 Méthodes générales d'intégration numérique

Les méthodes classiques d'intégration numérique sont formulées pour l'équation différentielle du premier ordre. Les Eqs. (33.1) du mouvement des corps célestes, perturbé ou non, étant du second ordre, elles doivent être réduites au premier ordre par introduction d'une variable auxiliaire vectorielle $\vec{v}$, afin d'obtenir un système de deux équations vectorielles du premier ordre, comme décrit par les Eqs. (III.32) :

$$\dot{x} = v_x \quad , \quad \dot{v}_x = -\frac{x}{r^3} + p_x = f_x(x, y, z, t) \; . \qquad \text{(III.32)}$$

Le problème consiste donc à résoudre trois systèmes de deux équations scalaires du premier ordre, un par coordonnée. Chacune de ces six équations est de la forme :

$$\dot{y} = f(x, y) \; . \qquad \text{(III.33)}$$

Les algorithmes permettant la résolution de cette équation appartiennent à deux grandes familles : les méthodes à *pas séparés* et les méthodes à *pas liés*.

a. Algorithmes à pas séparés (*one step*)

L'intégrateur est dit à pas séparés lorsque le calcul de la solution en un point dépend uniquement du point courant ou de son voisinage. Les calculs exécutés à chaque pas d'intégration sont indépendants de ceux faits aux pas précédents.

En pratique, pour obtenir le résultat y_{+1} en un point, il suffit de partir du point précédent y_0 et d'extrapoler le long de la corde joignant ces deux points. Le coefficient angulaire de cette corde est inconnu, mais la fonction f est la forme analytique de la pente de la tangente et permet de calculer différents estimateurs de la corde.

- **méthode d'Euler** (*Leonhard Euler* : 1707 - 1783) :
  utilise la pente f_0 au point précédent y_0 ,
- **méthode améliorée d'Euler** :
  le coefficient angulaire est la moyenne de la pente au point y_0 et de celle calculée au point inconnu y_1 par la méthode d'Euler,
- **méthode de Cauchy** (baron *Augustin Cauchy* : 1789 - 1857) :
  le coefficient angulaire utilisé est celui de la tangente, calculé au milieu de l'intervalle d'extrapolation par la méthode d'Euler,

- **algorithme de Runge - Kutta :**

La méthode de Runge-Kutta (*Carl Runge* : 1856 - 1927 et *Kutta* : v. 1870 - 1940) utilise le principe du développement en série de Taylor de la solution y_1 . Il existe plusieurs algorithmes d'ordres différents. Le plus connu est celui d'*ordre* 4, avec des points intermédiaires situés au milieu de l'intervalle d'intégration :

$$y_{+1} = y_0 + \frac{H}{6} (f_0 + 2 f_1 + 2 f_2 + f_3) . \qquad \text{(III.34)}$$

Chaque calcul successif de f utilise la valeur précédemment calculée : f_0 correspond à la méthode d'Euler, f_1 à celle de Cauchy, tout comme f_2, mais calculé avec f_1 comme pente. Ensuite, f_3 est calculé au point inconnu au moyen de la pente d'extrapolation f_2 .

b. Algorithmes à pas liés (*multi step*)

La méthode est dite à pas liés lorsque la détermination de la valeur en un point y_{N+m} fait appel aux résultats de l'intégration en N points précédents, suivant l'Eq. (III.35) :

$$y_{N+m} = \sum_{i=1}^{N} a_{-i} \; y_{N+m-i} + \sum_{i=0}^{N} b_{-i} \; f_{N+m-i} . \qquad \text{(III.35)}$$

Cette formule est directement calculable lorsque $b_0 = 0$, car tous les éléments du second membre sont connus. En revanche, lorsque $b_0 \neq 0$, une phase préliminaire de prédiction est nécessaire, l'algorithme est alors organisé en deux étapes suivant le principe de *prédiction - correction*. L'algorithme de Cowell est de ce type.

- première étape : *prédiction* :

Une première estimation de l'inconnue y^*_{N+1} est obtenue avec un jeu de coefficients prédictifs a^*_i *et* b^*_i tels que $b^*_0 = 0$,

- deuxième étape : *correction* :

Les coefficients a *et* b normaux sont utilisés, l'inconnue supplémentaire f_{N+1} est calculée avec la valeur y^*_{N+1} obtenue à l'étape précédente.

c. Commentaires

La méthode des pas liés présente divers avantages au plan du bon conditionnement numérique et de l'économie de calcul. En effet, deux calculs analytiques de la fonction f sont, au maximum, nécessaires par pas d'intégration. De plus, la connaissance de toute l'évolution de la dérivée f permet de caractériser facilement la qualité de l'intégration.

Enfin, lorsque x n'est pas dans la série des points calculés, une interpolation polynomiale d'ordre N permet d'obtenir la valeur correspondante de l'inconnue y avec le même degré de précision.

En revanche, le démarrage des méthodes à pas liés n'est possible qu'après plusieurs itérations préliminaires, effectuées par exemple, au moyen d'un algorithme simple à pas séparés. De plus, le pas d'intégration est fixe, ce qui n'est pas imposé pour les méthodes à pas séparés.

III.7 Satellites co-orbitaux

a. Description d'un système co-orbital

Deux satellites sont dits co-orbitaux lorsqu'ils gravitent autour d'un même corps céleste sur des orbites circulaires très voisines, telles que l'écart z entre leurs rayons orbitaux est du même ordre de grandeur que leur diamètre moyen.

L'influence mutuelle de ces corps est caractérisée par une composante principale orientée tangentiellement au mouvement (composante T). Pour les orbites quasi-circulaires, la composante N peut également être considérée comme constante et les Eqs. (33.24) sont applicables. Elles indiquent que le satellite bas, le plus rapide, s'élève progressivement tout en ralentissant ($\delta a > 0$), tandis que l'autre satellite subit une évolution inverse. Les rayons orbitaux tendent donc initialement vers une même valeur.

Pour deux corps identiques en orbite quasi-circulaire, l'Eq. (33.24 a) conduit à l'Eq. (III.36) pour décrire la perturbation relative des deux corps pendant une révolution. Le système considéré est noté x (tangentiel), z (hauteur), M est la masse du centre d'attraction, R le rayon orbital moyen et m la masse d'un satellite :

$$\delta R = \delta z = \frac{K}{x^2 + z^2} \quad avec \quad K = 8\,\pi\,R^3\,\frac{m}{M} . \tag{III.36}$$

En une révolution, le déplacement relatif Δx résulte de la différence de hauteur z entre les satellites et non de la perturbation. La configuration résultante après un grand nombre de révolutions peut être évaluée en introduisant la perturbation séculaire dans les éléments osculateurs à la fin de chaque orbite. Avec quelques approximations simples, les équations de récurrence suivantes décrivent le comportement relatif du satellite inférieur par rapport au satellite supérieur :

$$\begin{aligned} z_{i+1} &= z_i + \delta z_{i+1} , \\ x_{i+1} &= x_i - \pi\, z_i , \end{aligned} \quad avec \quad \begin{aligned} & z_0 < 0 , \; x_0 > 0 , \\ & \delta z_{i+1} = \frac{K}{x_i^2 + z_i^2} . \end{aligned} \tag{III.37}$$

Il y a trois évolutions possibles suivant que l'écart entre les rayons orbitaux s'annule ou non. Pour que l'écart s'annule, il faut que la perturbation maximale δz_{Max} soit du même ordre de grandeur que l'écart de hauteur z. L'*écart critique* z_c caractérise l'intensité de la perturbation :

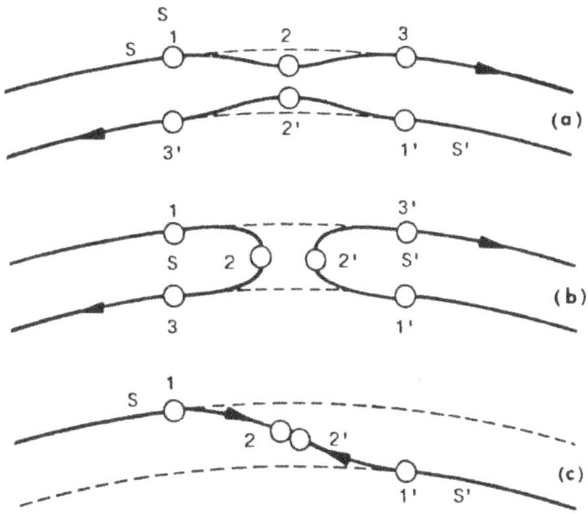

Figure 3.19 : Satellites co-orbitaux
***(a)** dépassement* ***(b)** inversion* ***(c)** collision*

$$|\delta z|_{Max} \approx \frac{K}{z^2} \approx |z| \quad ou \quad z_c = \sqrt[3]{K} = 2R\sqrt[3]{\pi\frac{m}{M}} \,. \quad \text{(III.38)}$$

b. Discussion

- **Dépassement simple :** $z_c < z_0$

Lorsque la perturbation est faible, les rayons n'atteignent jamais l'égalité et le satellite bas reste sur une orbite basse mais dépasse l'autre, c'est le *dépassement simple*. Lors du dépassement, la perturbation change de sens et l'orbite basse redescend vers sa position initiale, comme illustré par la Fig. 3.19 a.

- **Inversion d'orbite :** $z_c >> z_0$

L'égalité des rayons orbitaux peut être obtenue lorsque la perturbation est relativement forte. Dans ce cas, le satellite inférieur se place derrière l'autre, sur la même orbite. La perturbation conserve alors le même sens. Le satellite inférieur continue à s'élever et l'autre à descendre. Les deux satellites échangent leurs orbites : c'est l'*inversion d'orbite*. Ce phénomène est schématisé par la Fig. 3.19 b.

- **Rencontre et collision :**

La rencontre conduisant à la *collision* correspond à des perturbations intermédiaires, lorsque l'écart initial est du même ordre de grandeur que l'écart critique. Il y a une condition supplémentaire : la distance minimale lors du croisement doit être inférieure au diamètre moyen des corps.

□□

Chapitre 4

SYSTÈME SOLAIRE et GALAXIE

Le chapitre 4 a pour but d'appliquer la théorie de la gravitation aux objets célestes qui entourent la Terre, c'est-à-dire au *Système du monde*, cher à *Pierre-Simon de Laplace* (1749 - 1827) et aux étoiles de la sphère céleste, dite *sphère des fixes*.

La **section 4.1** présente la Terre en tant que plate-forme d'observation des corps célestes, plate-forme très imparfaite, car affectée de divers mouvements compliquant l'observation. Les différents systèmes de mesure du temps et des angles sont décrits, constituant en quelque sorte les bases de l'astronomie sphérique telle qu'elle s'est construite au cours des siècles.

La **section 4.2** présente le Système solaire sous l'angle des lois de la mécanique céleste, tel qu'il est connu principalement par l'observation astronomique : problème des trois corps du système Terre - Lune ainsi que la stabilité du Système du Monde.

La **section 4.3** est consacrée aux étoiles. En évaluant la distance des étoiles apparaît la troisième dimension de l'espace et la profondeur inimaginable de la Voie lactée qui abrite le minuscule Système solaire. C'est le gigantesque système stellaire qui est appelé la *Galaxie*.

Enfin, l'**annexe IV** comprend un formulaire d'astronomie de position et divers autres compléments.

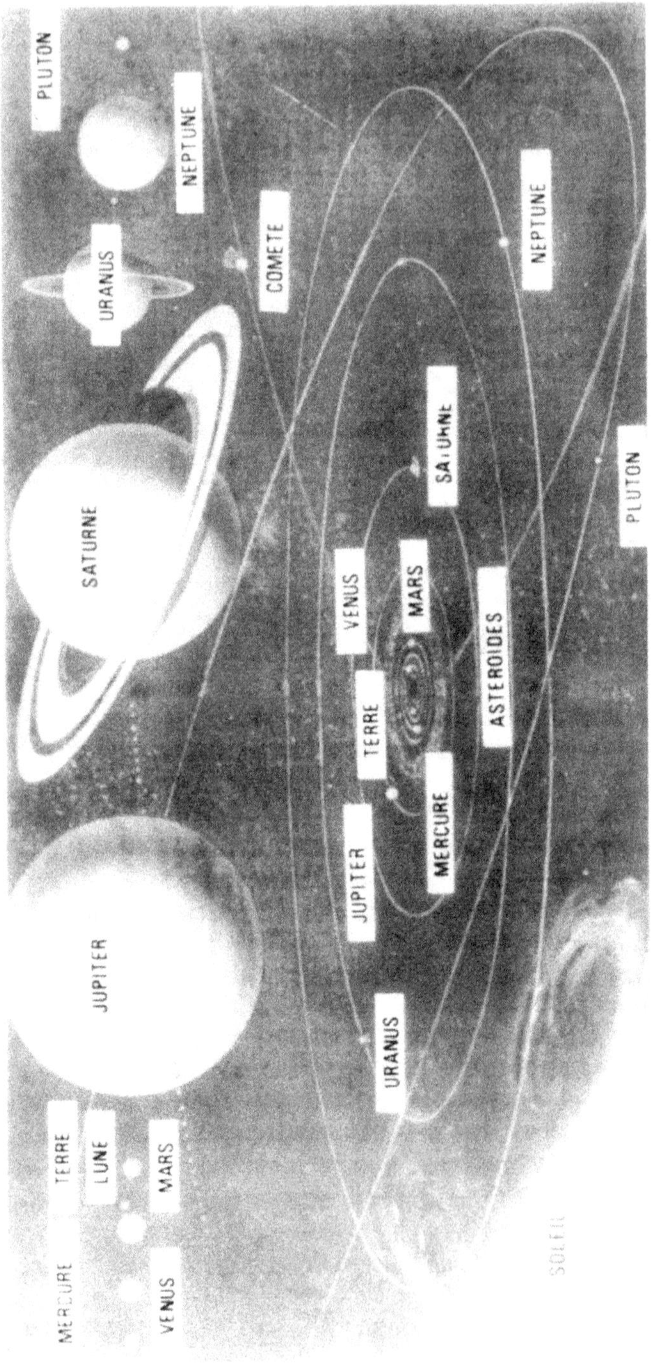

Figure 4.1 : Le Système solaire

4.1
Une plate-forme nommée Terre

Le Système solaire se compose d'une étoile, appelée Soleil, et d'un ensemble de corps célestes évoluant dans son champ de gravitation. Ces corps sont : les planètes et leurs satellites, les astéroïdes et les comètes ainsi que d'autres objets tels des météorites, des poussières et diverses autres particules, formant la matière interplanétaire.

Les quatre planètes les plus proches du Soleil, *Mercure, Vénus, la Terre* et *Mars* sont les plus petites et les plus denses. Ces planètes constituent, malgré leurs différences, un groupe relativement homogène appelé planètes *telluriques*, caractérisées par une surface solide à base d'éléments chimiques lourds comme le fer ou le silicium.

Les quatre planètes suivantes : *Jupiter, Saturne, Uranus* et *Neptune* sont au contraire très volumineuses et de faible densité. Ce sont les *planètes géantes*, constituées de gaz et de liquides à base d'éléments légers comme l'hydrogène. *Pluton*, découverte en 1930, est la plus éloignée des planètes connues, son orbite est nettement inclinée et excentrique.

Toutes les planètes se déplacent sensiblement dans le même plan et tournent dans le même sens (sens trigonométrique vu d'en haut), sur des orbites quasi circulaires de plus en plus lentes à mesure qu'elles s'éloignent du Soleil. Les neuf planètes connues sont représentées à la Fig. 4.1.

Les caractéristiques principales des constituants du Système solaire sont regroupées en fin de volume, dans les Tables A.I à A.IV. Ces tables comprennent : les constantes astronomiques internationales, les éléments des orbites planétaires, les caractéristiques géométriques et physiques des planètes et des satellites naturels.

4.1.1 Caractéristiques géométriques et dynamiques de la Terre

Troisième planète du Système solaire, la Terre est animée d'un double mouvement de rotation : le premier est la rotation diurne, qui entraîne tout le panorama céleste dans une perpétuelle sarabande, ensuite, c'est la révolution elliptique autour du Soleil, accompagnée par un unique satellite naturel, la Lune. La masse relativement élevée de la Lune (1 / 81 de celle de la Terre) et la relative proximité du Soleil confèrent à l'ensemble les caractéristiques d'un système double, dont le centre de masse, situé à 5 000 km du centre de la planète, décrit une orbite elliptique autour du Soleil (voir chapitre 2.1.2). Hélas, cette description n'est qu'approximative car l'attraction n'est pas exactement centrale, à cause de la répartition irrégulière des masses, du bourrelet équatorial terrestre et de la présence des autres corps. Les perturbations planétaires sont traitées à la section 4.2.

a. Rotation diurne

La rotation de la Terre autour de son axe constitue le phénomène le plus marquant de la vie terrestre. Son impact sur l'observation des astres a été décrit au chapitre 1.1.2 a. Elle est à la base de la détermination du temps, comme expliqué aux articles 4.1.5 à 7. Cette rotation a d'autres conséquences, moins perceptibles, mais tout aussi importantes. La Terre a un défaut de symétrie sphérique : elle est de forme ellipsoïdale et présente un bourrelet à l'équateur. Cette asymétrie, associée au mouvement de toupie, conduit à une réaction gyroscopique débouchant sur le phénomène de précession - nutation.

b. Ellipsoïde terrestre - géoïde

La Terre est une masse fluide et quasi homogène qui peut prendre la forme d'un ellipsoïde, d'après la théorie du chapitre 3.2.6 b, sous l'action conjuguée de la gravitation et de la force centrifuge, pour autant que les Eqs. (32.42 et 43) soient satisfaites, ce qui est le cas. L'ellipsoïde qui décrit la forme de la Terre a été établi initialement par *John Hayford* (1868 - 1925), la référence actuelle est l'*ellipsoïde UAI* 1976 (*Union Astronomique Internationale*), appliqué à partir de 1984 :

$$\begin{aligned} &\boldsymbol{a = b = 6\ 378\ 140\ m} , \\ &\boldsymbol{c = 6\ 356\ 755\ m} \ , \ \ \boldsymbol{et} \ \ \boldsymbol{\alpha = 1/298.257} , \end{aligned} \tag{41.1}$$

La géodésie a besoin d'une surface de référence compatible avec les références astronomiques locales matérialisées par la verticale du lieu. Cette surface est le *géoïde*, surface équipotentielle du champ de la pesanteur correspondant au niveau moyen des mers. Le géoïde est une surface expérimentale irrégulière, qui caractérise la forme de détail de la Terre.

De plus, le géoïde n'est pas immuable, car la tectonique des plaques, forme moderne de la *dérive des continents* d'*Alfred Wegener* (1880 - 1930), ainsi que les marées terrestres modifient en permanence la répartition des masses dans la croûte terrestre. Ces mouvements entraînent des variations de position des observatoires.

4.1.2 Systèmes de coordonnées

En coordonnées sphériques, une direction est définie à partir d'un plan et d'une direction de référence (voir chapitre 3.3.2 et Fig. 3.11). À l'exception des *coordonnées galactiques*, traitées à la section 4.3.5, les plans de référence sont l'écliptique et l'équateur. La direction de référence est le plus souvent la droite commune à ces deux plans : c'est la direction du noeud ascendant de l'orbite solaire apparente, c'est-à-dire la position du Soleil à l'équinoxe de printemps. Ce point est appelé *point vernal* ou *point gamma* et noté $\boldsymbol{\gamma}$, pour rappeler, par ce pictogramme, la constellation du Bélier dans laquelle il se trouvait il y a vingt siècles. Malheureusement, ce point n'est matérialisé par aucune étoile. Le sens direct ou inverse des angles se réfère au sens trigonométrique.

a. Coordonnées célestes ou écliptiques (Fig. 4.2 a)

Les références sont le plan de l'écliptique et le point vernal. Les coordonnées sont la *longitude céleste* $\boldsymbol{L}$ mesurée dans le sens direct et la *latitude céleste* $\boldsymbol{b}$. Les coordonnées célestes *héliocentriques* sont utilisées pour l'analyse des mouvements planétaires. Leur version géocentrique est préférée pour décrire les mouvements de la Lune.

b. Coordonnées équatoriales (géocentriques) (Fig. 4.2 b)

Les coordonnées équatoriales sont rapportées au centre de la Terre, le plan de référence est l'équateur. Deux systèmes sont définis, l'un fixe et l'autre en rotation avec le mouvement diurne de la Terre :

- **coordonnées uranographiques** (référence : point vernal) :

  l'*ascension droite* $\boldsymbol{\alpha}$, mesurée dans le sens direct et la *déclinaison* $\boldsymbol{\delta}$,

- **coordonnées horaires** :

  La direction de référence est mobile avec la rotation terrestre : c'est l'intersection du méridien local avec l'équateur. Les coordonnées sont l'*angle horaire* $\boldsymbol{H}$, en sens inverse et la *déclinaison* $\boldsymbol{\delta}$.

- **coordonnées géographiques terrestres**

  La position d'un point à la surface de la Terre est décrite par rapport à l'équateur et à son intersection avec le méridien fondamental de Greenwich. Ce sont la *longitude* $\boldsymbol{\lambda}$, en sens inverse et la *latitude* $\boldsymbol{\varphi}$.

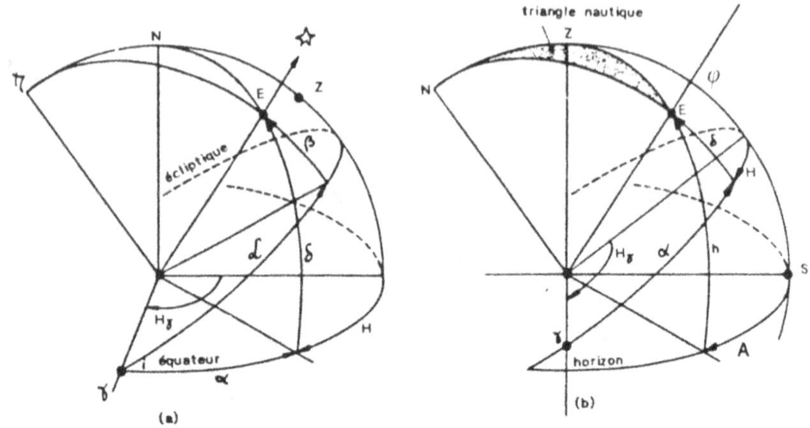

Figure 4.2 : Systèmes astronomiques de coordonnées
***(a)** coordonnées célestes et uranographiques,*
***(b)** géocentriques, horizontales*

c. Coordonnées horizontales (Fig. 4.2 b)

Les coordonnées locales horizontales (plan de l'horizon, droite Nord - Sud) sont : *azimut **A*** dans le sens rétrograde et *hauteur **h***. Les formules de passage d'un système de coordonnées à l'autre ne sont pas reprises *in extenso* dans le corps du texte, elles sont rassemblées en annexe IV.3.

4.1.3 Angle horaire sidéral et temps sidéral

a. Définition et propriétés

Le *temps sidéral* local T_S est l'angle horaire du point vernal au moment et au lieu de l'observation (il est noté ***SHA*** et compté en sens inverse chez les anglo-saxons : *sidereal hour angle*).

Le *temps sidéral fondamental* T_{SG} étant le temps sidéral au méridien *fondamental de Greenwich*, la Fig. 4.3 permet d'établir la liaison entre les systèmes équatoriaux :

$$T_S = H_\gamma = \alpha + H = -SHA \qquad (41.2)$$
$$\text{et} \quad T_{SG} = \lambda + T_S \quad \text{d'où} \quad H = T_{SG} - \alpha - \lambda .$$

L'Eq. (41.2 b) indique que les observations *méridiennes* ($H = 0$) permettent très simplement l'établissement d'un catalogue d'étoiles.

En effet, l'ascension droite est égale au temps sidéral local. Il convient toutefois d'être attentif aux unités utilisées (voir c ci-après). Inversement, le temps peut être déduit avec grande précision de l'observation méridienne d'un astre connu. Cette dernière propriété est à la base de la charge de garde-temps confiée aux astronomes depuis de nombreux siècles.

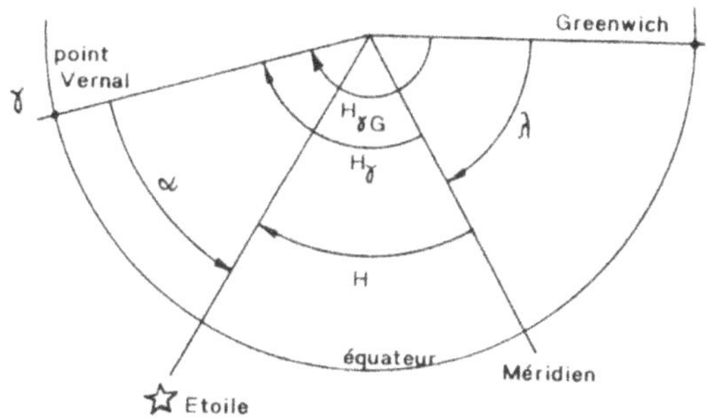

Figure 4.3 : L'observation d'un corps céleste

Pour le point à la mer, l'Eq. (41.2 d) est l'équation de base pour la détermination de la longitude d'un observateur, connaissant l'heure précise et la coordonnée constante d'une étoile, ou l'éphéméride $\alpha(t)$ d'un astre (Soleil, Lune, planète ou satellite).

b. Tables de temps sidéral fondamental T_{SG}

La conversion du temps universel en angles horaires demande quelques précautions, car le jour solaire correspond à une rotation *supérieure* à 360°. En effet, le Soleil apparent tournant dans le même sens que la Terre, le jour solaire est plus long que le jour sidéral. L'année tropique comprend donc *un* jour de plus, soit 366.242 187 4 jours sidéraux. Le temps sidéral est obtenu en multipliant le temps universel par le facteur de conversion de l'Eq. (41.3) :

$$\frac{\Delta T_S}{\Delta t_{UT1}} = 1 + \frac{1}{365.242\ 187\ 4} . \qquad (41.3)$$

Les tables de temps sidéral fondamental (moyen) sont aisées à calculer grâce à cette équation : étant basée sur la période tropique expérimentale, elle englobe donc le déplacement moyen du point vernal dû à la précession. L'Eq. (IV.19) en annexe IV.4 en fournit l'équation complète.

c. Mise en garde

La terminologie française est impropre et sujette à de nombreuses confusions : le temps sidéral est un *angle* et non un temps.

Le qualificatif *tropique* ou *nodal* (voir chapitre 3.3.5 b) serait plus approprié. L'ambiguïté provient du fait que cet angle est calculé à partir du temps universel comme l'indique l'Eq. (41.3) et qu'il s'écrit par convention en heures, minutes et secondes de temps. C'est le résultat d'une mauvaise habitude des astronomes qui conduit à mélanger des unités de même nom, mais de valeurs différentes : en effet, les minutes et secondes *de temps* sont *quinze* fois plus grandes que les minutes et secondes *d'arc*.

4.1.4 Déplacement des références

La Terre ne constitue pas une plate-forme d'observation idéale pour l'observation des corps célestes, tout au moins lorsqu'une grande précision doit être atteinte, ou lorsque des prévisions à très longue échéance sont souhaitées.

Au premier ordre, il faut tenir compte des mouvements idéalisés de la Terre : rotation diurne et mouvement képlérien. Au deuxième ordre, ce sont les effets des perturbations luni - solaires et surtout de la précession, qui entraînent tous les éléments de référence - plans et point vernal - dans des mouvements lents mais complexes. Au troisième ordre, il faut mentionner une quantité d'effets périodiques très faibles mais non négligeables : la nutation, le déplacement de l'axe des pôles, ainsi que différentes erreurs angulaires dues à l'atmosphère (réfraction), à la lumière et aux mouvements de la Terre (aberrations annuelle, solaire et galactique).

Toutes ces imperfections ont rendu difficile la vie des astronomes, mais au fil des siècles, elles ont toutes été vaincues, c'est l'objet des paragraphes suivants. L'annexe IV.2 rassemble les procédures à mettre en oeuvre pour corriger les observations de tous les effets parasites identifiés ou, inversement, pour déterminer les coordonnées *apparentes*, c'est-à-dire la direction réelle dans laquelle est observé, à un instant déterminé, un astre de coordonnées *moyennes* connues.

a. Précession

La variation séculaire de la position des étoiles a été découverte par *Hipparque de Nicée* (v. -190 à -120) qui nota un écart de deux degrés sur la longitude de *Spica* (α Virginis) par rapport à des observations faites 150 ans plus tôt. Ce phénomène porte le nom de *précession des équinoxes*, car il se manifeste pour l'observateur terrestre par un déplacement (avance) séculaire du noeud de l'orbite solaire, c'est-à-dire de l'équinoxe. Le phénomène réel est une révolution complète de l'axe des pôles terrestre en près de 26 000 ans. C'est *Nicolas Copernic* (1473 - 1543) qui, le premier, décrivit correctement cette révolution autour du pôle de l'écliptique. *Isaac Newton* (1642 - 1727) en fournit l'interprétation dynamique par la réaction gyroscopique due au bourrelet équatorial terrestre.

L'Eq. (III.28) appliquée à la Terre montre que les effets de la Lune sur l'axe de rotation de la Terre sont deux fois plus importants que ceux du Soleil. Ces deux effets cumulés atteignent en moyenne 50.2″ (secondes d'arc) par an (environ 250 μrad par an).

Un autre effet est également englobé dans les termes de précession : ce sont les variations du plan de l'écliptique dues aux perturbations séculaires de l'inclinaison qui sont regroupées sous le nom de *précession planétaire*. D'après l'Eq. (33.25 c), ces perturbations atteignent, pour Jupiter, 2″ par siècle. Les fluctuations qui en résultent concernent la latitude céleste et l'obliquité ε de l'écliptique : cette dernière a, en vingt siècles, décru de 16 minutes d'arc.

L'évolution des coordonnées (ascension droite, temps sidéral, longitude et latitude célestes), ainsi que de l'obliquité de l'écliptique, s'écrivent généralement sous la forme d'un polynôme de degré trois, caractérisé par l'Eq. (41.4), dans lequel X représente l'un de ces éléments :

$$X = X_0 + a\,T_r + b\,T_r^2 + c\,T_r^3 \,. \tag{41.4}$$

Le temps réduit T_r (voir annexe IV.4 c) est habituellement exprimé par un nombre représentant la fraction de siècle julien (36 525 jours) écoulée depuis une certaine époque de référence à laquelle correspond la constante X_0. Ces différentes perturbations constituent un phénomène lent et régulier, de type séculaire. Les éléments de référence (écliptique, équateur, point vernal) soumis à la précession sont qualifiés d'*éléments moyens*.

b. Nutation

La ***nutation*** comprend, en plus des termes dus à la réaction gyroscopique, l'ensemble des perturbations périodiques affectant la position du point vernal. La théorie élémentaire présentée au chapitre 3, annexe III.4, a été établie par Newton dans le cas simplifié où les corps perturbateurs circulent dans l'écliptique.

D'après cette théorie, les oscillations ont l'aspect de cycloïdes de périodes égales à la moitié des périodes solaire et lunaire. Leurs amplitudes ne dépassent pas 3 ″ par an. En réalité, la nutation lunaire est nettement plus importante et peut atteindre 20 ″ par lunaison, à cause des mouvements complexes du plan orbital lunaire (voir section 4.2.7) et de la ligne des noeuds. Ce phénomène à été découvert en 1735 par *James Bradley* (1693 - 1762) et interprété peu après par *Jean d'Alembert* (1717 - 1783). Les éléments subissant la précession et la nutation sont appelés *éléments vrais*.

c. Polhodie

Le déplacement relatif de l'axe de rotation terrestre (vecteur moment cinétique) au sein de la Terre est un élément supplémentaire conduisant au décalage de l'équateur et donc de la ligne des noeuds.

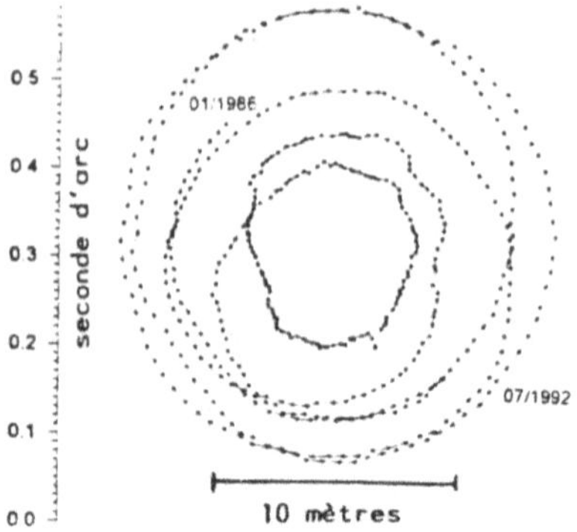

Figure 4.4 : Déplacement des références - polhodie

Ce phénomène est dû au fait que l'axe de rotation de la Terre n'est pas un axe principal d'inertie. La théorie, établie par *Leonhard Euler* (1707-1783), conduit, pour la Terre supposée rigide, à un déplacement conique de l'axe principal autour du moment cinétique qui reste immobile dans l'espace. La Terre balance donc légèrement autour de son axe de rotation. Le mouvement relatif du pôle qui en découle est une *polhodie* circulaire dont la période est d'environ 305 jours.

La polhodie expérimentale, enregistrée depuis plus d'une centaine d'années, est nettement irrégulière. La période principale est de 427 jours comme l'a montré *Seth Chandler* (1846 - 1913). L'amplitude est faible : elle ne s'écarte pas de plus de 20 m (0.6") du pôle conventionnel noté ***C I O*** (*Conventional **I**nternational **O**rigin*). Toutes les coordonnées équatoriales, horaires et géographiques, c'est-à-dire la longitude des observatoires et la mesure du temps, en sont affectées.

4.1.5 Orbite terrestre, temps solaire - temps universel

a. Équation du temps

La référence de temps, liée à la rotation terrestre pour les besoins quotidiens, est le jour solaire : c'est l'intervalle de temps entre passages successifs du Soleil au *méridien*. Le jour solaire commence donc à *midi* ! Le mouvement apparent du Soleil est irrégulier par suite de l'excentricité de l'orbite terrestre. Il est avantageusement remplacé par un Soleil fictif en mouvement uniforme, définissant le temps solaire moyen. L'écart entre les positions angulaires du Soleil moyen H_m et vrai H constitue l'*équation du temps* (41.5). Elle est obtenue en trois étapes. Premièrement, l'Eq. de Kepler (*Johannes Kepler* : 1571 - 1630) est traitée par développement en série des Eqs. (21.40 et 48), donnant respectivement les Eqs. (41.6 et 7) :

$$H_m - H = \alpha - \alpha_m = C + R\,. \tag{41.5}$$

$$\theta = E + (e + \frac{e^3}{4})\sin E + (\frac{e^2}{4} + \frac{e^4}{8})\sin 2E + \frac{e^3}{12}\sin 3E \;\ldots, \tag{41.6}$$

$$E = M + (e - \frac{e^3}{8})\ \sin M + (\frac{e^2}{2} - \frac{e^4}{6})\ \sin 2M + \\ + \frac{3e^3}{8}\ \sin 3M + \frac{e^4}{3}\ \sin 4M + \ldots\ , \tag{41.7}$$

et conduit à l'Eq. (41.8) appelée *équation du Centre* et notée C :

$$C \equiv \theta - M = \frac{8 - e^2}{4}\ e\ \sin M + \frac{30 - 11e^2}{24}\ e^2\ \sin 2M + \\ + \frac{52 + \ldots}{48}\ e^3\ \sin 3M + \frac{103 + \ldots}{96}\ e^4\ \sin 4M \;\ldots\;. \tag{41.8}$$

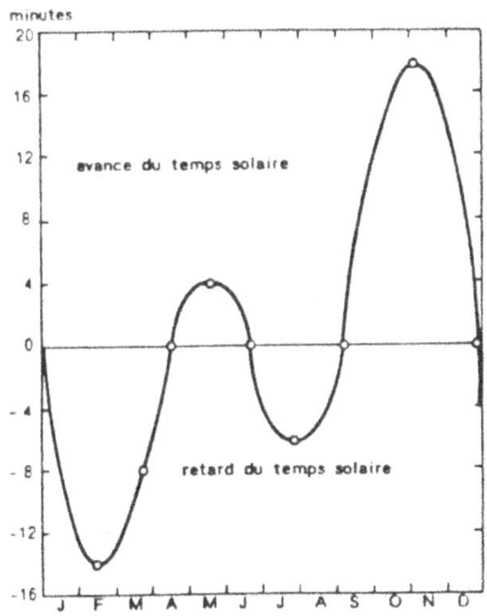

Figure 4.5 : Équation du temps

La deuxième étape consiste à déduire la longitude écliptique à partir de l'anomalie : c'est l'Eq. (33.14 a) où u représente la longitude L. Les corrections dues à la précession peuvent être introduites par l'Eq. (41.4). Enfin, la dernière étape consiste à exprimer l'ascension droite par l'Eq. (41.9) :

$$\tan\alpha = \cos\varepsilon\ \tan L\ , \tag{41.9}$$

puis à développer cette expression en série. Le résultat est la *réduction à l'équateur* notée R , c'est l'Eq. (41.10) :

$$R \equiv \alpha - L = -\tan^2\frac{\varepsilon}{2}\sin 2L + \frac{1}{2}\tan^4\frac{\varepsilon}{2}\sin 4L - \\ -\frac{1}{3}\tan^6\frac{\varepsilon}{2}\sin 6L + \ldots \quad (41.10)$$

L'équation du temps est représentée à la Fig. 4.5. Elle montre que le Soleil vrai peut être décalé d'au maximum 20 minutes par rapport au mouvement uniforme. Compte tenu des moyens de calcul modernes, l'intérêt de ces développements périodiques est surtout historique : ils ont constitués, pendant deux siècles, la base de tous les calculs *manuels* d'éphémérides.

b. Temps solaire - temps civil

Le temps solaire vrai fut d'un usage général jusqu'à la fin du XVIIIe siècle. Ce n'est qu'en 1816 que les horloges publiques de Paris furent réglées sur le temps moyen. Une cinquantaine d'années plus tard, avec l'accélération des transports par chemin de fer, l'unification de l'heure à l'ensemble du pays s'avéra nécessaire. L'adoption du temps moyen unifié était depuis longtemps un fait acquis grâce aux horloges des gares lorsqu'il fut rendu légal en 1891. Les heures étaient comptées en deux groupes de douze heures, en distinguant celles du matin et celles du soir. En 1925, s'introduisit l'usage de compter les heures de 0 à 24, et c'est à minuit que fut placé le changement de date. Le *temps civil* prit ainsi définitivement le pas sur le temps solaire moyen.

C'est également en 1891 que le méridien *fondamental*, origine des longitudes, fut choisi à *Greenwich* et que furent définis 24 fuseaux horaires. Le *temps légal* est le temps civil du fuseau sélectionné, décalé éventuellement d'un multiple ou d'une fraction d'heure. À noter que la France conserva l'heure locale de Paris jusqu'en 1911.

c. Temps universel *U T*

Aujourd'hui, les astronomes datent les phénomènes en temps civil de Greenwich (*G C T*), c'est le *temps universel* ***U T***, improprement appelé *G M T* (car ***U T* = *G M T* + 12 *h***). Le temps universel est également appelé heure *Zoulou* ***Z* = *U T*** pour la navigation aérienne et les militaires.

L'Europe Occidentale est à l'heure légale du fuseau *Alpha* ***A*** en hiver (***A* = *U T* + 1 *h***) et du fuseau *Bravo* ***B*** en été (***B* = *U T* + 2 *h***).

Le temps universel connaît trois niveaux de précision :

- ***U T* 0** : temps universel brut,
- ***U T* 1** : temps universel corrigé des mouvements du pôle,
- ***U T* 2** : temps universel corrigé des fluctuations annuelles régulières de la rotation terrestre.

Au début du siècle s'est introduit l'usage des décimales de jour ajoutées au numérotage, permettant de désigner entièrement par un simple nombre, un instant précis de la journée. La désignation complète d'une date se fait dans l'ordre suivant - voir Eq. (41.12) : année, mois, quantième, puis fraction de jour (décimale ou non), suivi du sigle *U T* s'il y a lieu.

4.1.6 Écrire l'heure et la date

a. Date et calendrier

Pour les calculs astronomiques, il est très important de disposer d'une échelle de temps uniforme, ce qui n'est vraiment pas le cas des calendriers. La désignation de la date se fait selon le *calendrier grégorien* en usage dans le monde entier. Pour les dates antérieures à sa mise en vigueur, le 05/15 octobre 1582, les astronomes se servent du calendrier *julien*, en remontant aussi loin qu'il est nécessaire. Le fait que l'année ne comprenne pas un nombre entier de jours solaires (il y a 365.242 187 4 jours dans une année tropique), entraîne l'obligation d'alterner des années de durées différentes : ce sont les années bissextiles, un an sur quatre, sauf les multiples de 100 et non de 400 et sauf les multiples de 4 000 et de 10 000, suivant l'Eq. (41.11) :

$$\mathbf{365.242\ 187\ 4 \approx 365. + \frac{1}{4} - \frac{3}{400} - \frac{5+1}{20\ 000} - 1.2\ 10^{-5}} . \qquad (41.11)$$

L'année grégorienne est légèrement trop longue : l'erreur est de un jour en 80 000 ans. Deux anomalies subsistent dans la désignation des dates : les années bissextiles *avant J.-C.* (années 1, 5, 9, etc.) ne sont pas divisibles par 4. L'introduction d'une année *zéro* et d'années *négatives* avant J.-C. élimine ce problème : ces années sont notées 0, -1, -2 . . , l'an -4 (bissextile) est ainsi équivalent à l'an 5 avant J.-C.. De même, un *jour zéro* est introduit en début d'année: c'est le 0.0 *janvier* qui correspond par convention au 31 décembre de l'année précédente.

b. Le temps des astronomes en jours juliens

L'érudit *Giuseppe Scaligero* (1540-1609), spécialiste des civilisations antiques, proposa vers 1580, la *période julienne* et le jour solaire comme base de la chronologie. Le jour solaire présente l'avantage d'être identique dans tous les calendriers.

La période julienne comprend **7 980 = 4 × 7 × 19 × 15** années : cycle des années bissextiles, semaine, cycle de *Méton* (v. -465 à -385) arrondi et période d'*indiction*. L'indiction était le recensement cadastral chez les Romains : périodicité de 15 ans à partir de 313 après J.-C.. L'origine de cette échelle devait pouvoir être considérée comme origine dans les calendriers solaires et lunaires.

Ce devait être un lundi 01 janvier d'une année bissextile, jour de nouvelle lune. Le 01 janvier 1577 étant jour de nouvelle lune, et le 01 janvier 1560 un lundi, Scaligero montra que l'année 4713 av. J.-C. était la date la plus proche pouvant être choisie comme origine.

Cette idée n'eut initialement aucun succès car, d'une part, Scaligero était protestant, et d'autre part, ses travaux ne furent publiés qu'en 1583, un an après la réforme grégorienne. Elle tomba dans l'oubli pendant près de trois siècles. Ce n'est qu'au XIXe siècle qu'apparut le besoin impératif de disposer d'une échelle de temps uniforme et donc indépendante du calendrier. Vers 1840, *John Herschel* (1792 - 1871) exhuma la période julienne au profit de l'astronomie. La période d'une orbite se réduit ainsi à une simple soustraction de deux dates exprimées en jours juliens. Le jour julien astronomique commence à midi comme le jour solaire, afin de ne pas interrompre les observations nocturnes par un changement de date.

Cette échelle est appelée *échelle des jours juliens* (notation t_J , ***J J*** ou ***J D*** pour *julian day*) - voir annexe IV.4. Son origine est fixée au lundi 01 janvier 4713 av. J.-C. à midi (aussi noté - 4712, voir ci-dessus).

$$\begin{aligned} &\textbf{1900 } \textit{janvier } \mathbf{0.5} \ : \ t_J = \mathbf{2\ 415\ 020.0}\ \ JJ\,, \\ &\textbf{2000 } \textit{janvier } \mathbf{1.5} \ : \ t_J = \mathbf{2\ 451\ 545.0}\ \ JJ\,. \end{aligned} \tag{41.12}$$

Enfin, pour les besoins de la navigation spatiale, une autre modification s'est imposée : c'est une échelle en jours *civils* évitant les nombres trop grands et obtenue en retranchant **2 400 000.5** ***J J*** à l'échelle précédente. Elle est appelée *date julienne modifiée* et notée t_{MJ} (*modified julian date* : ***M J D***).

4.1.7 Temps atomique T A I et temps universel coordonné U T C

Pour les besoins de la mécanique en général, de la mécanique céleste et spatiale en particulier, les physiciens doivent disposer d'une échelle de *temps strictement uniforme*, ce temps que Newton appelait *tempus absolutum verum et mathematicum* (temps absolu, vrai et mathématique). Pendant plusieurs siècles, la rotation de la Terre, et donc le temps solaire, constitua la meilleure échelle disponible que les astronomes étaient chargés de conserver et de diffuser aux chercheurs des autres disciplines.

Déjà au début du XIXe siècle, *Friedrich Bessel* (1784 -1846) proposait de baser la détermination du temps sur la période nodale, plutôt que sur le jour solaire. L'*année* tropique *de Bessel* débute non à midi ou à minuit, mais bien lorsque $T_S = 0$: c'est-à-dire au passage du méridien fondamental au point vernal moyen. En notation astronomique, elle est notée par un ***B*** précédant le millésime.

a. Temps des éphémérides *E T*, temps dynamique terrestre *T D T*

Les astronomes de la fin du XIXe siècle s'aperçurent toutefois que, quoi qu'ils fassent pour affiner la précision de leurs mesures (voir articles 4.1.4 et 8), les planètes n'étaient *jamais* au rendez-vous des éphémérides ! Toutefois les écarts inexpliqués sont très faibles, de l'ordre de 10^{-8} (une seconde d'arc par siècle). De plus, lorsque les mouvements de la Lune, du Soleil, de Mercure et de Vénus sont analysés sur de longues périodes, il apparaît que les écarts évoluent dans le temps de manière similaire pour ces différents astres. Plutôt que de mettre en doute la loi de Newton, il fallait donc donner raison à Bessel et retenir une nouvelle définition de la seconde. Cette définition – une fraction déterminée de l'année tropique – fut officiellement introduite en 1960, pour le *temps des éphémérides* (***E T*** *: Ephemeris Time*) qui était appelé précédemment temps *newtonien* ou temps *gravitationnel.* Toutefois, est-ce dû à son nom, ce temps n'eut qu'une durée éphémère, car les horloges atomiques l'ont supplanté quelques années plus tard. Cette dénomination a été supprimée en 1984 : à cette date, il est devenu *Temps Dynamique Terrestre T D T.*

b. Temps atomique *T A I*, temps dynamique barycentrique *T D B*

En 1974, le *Temps Atomique International* (***T A I***) a été choisi comme temps uniforme de référence par la Conférence internationale des Poids et Mesures. La seconde *atomique* ***S I*** (Système International) est dès lors définie par un nombre déterminé de périodes de l'oscillateur à cristal de césium 133. Actuellement, une centaine d'horloges au césium en assurent le maintien. L'uniformité de l'échelle TAI est de l'ordre de 10^{-14} : c'est-à-dire que la stabilité des horloges est de quelques microsecondes par an. L'astronome a perdu le monopole du temps, puisque les astres n'interviennent plus dans sa détermination, mais toute la communauté scientifique y a gagné, puisque le TAI s'est nettement rapproché du *tempus* de Newton. La comparaison du TAI avec le TDT (ancien ET) sur une longue période indique une excellente concordance, à moins de 10^{-10}. La relation s'écrit :

$$TDT = TAI + 32.184 \ (s) \, , \tag{41.13}$$

la constante numérique étant l'écart entre ET et TU1 le 01 janvier 1958, lors de la définition du TAI. Avec ce temps nouveau, il s'avéra que la rotation terrestre présentait des défauts d'uniformité, de l'ordre de 10^{-8} (une seconde par an), confirmant ainsi les soupçons des astronomes.

Mais les théoriciens ont besoin d'une échelle rigoureuse correspondant au *tempus* de Newton. Le TAI et le TDT ne conviennent pas car ils sont tous deux liés au champ de gravitation terrestre.

Pour l'étude du Système solaire, c'est le *Temps Dynamique Barycentrique* ***T D B*** qui est utilisé. Ce temps ne diffère du TAI que par la correction relativiste décrite en annexe IV.4, Eq. (IV.20).

c. Temps universel coordonné *U T C*

Afin de conserver une liaison simple et pratique entre le temps atomique et la référence quotidienne de la rotation terrestre, l'échelle du temps universel est périodiquement remise à l'heure pour ne s'écarter de TAI que d'un nombre entier de secondes. L'échelle ainsi modifiée est le *temps universel coordonné **U T C***, c'est une échelle discontinue qui ne s'écarte jamais de plus de 0.9 s de UT1 : voir Eqs. (41.14) et Fig. 4.6 :

$$UTC = TAI \pm k\ s \quad et \quad |UTC - UT1| < 0.9\ s\ , \tag{41.14}$$

Le 01 janvier 1996, l'écart entre UTC et TAI était égal à 30 secondes.

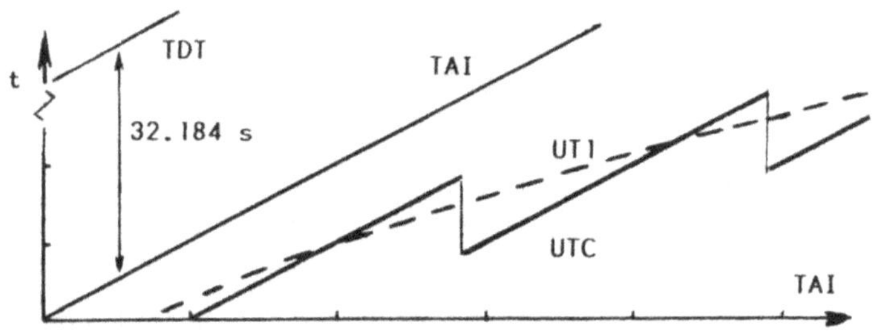

Figure 4.6 : Temps universel coordonné UTC

4.1.8 Erreurs de visée : réfraction et aberrations

a. Réfraction atmosphérique

La réfraction atmosphérique a été prise en compte pour la première fois par *Regiomontanus* (*Johannes Müller* : 1436 - 1476). Elle fut déterminée expérimentalement par *Tycho Brahé* (1546 - 1601) et la théorie complète est due à *Pierre-Simon de Laplace* (1749 - 1827).

Un rayon lumineux pénétrant obliquement dans l'atmosphère y rencontre des couches de plus en plus denses, les indices de réfraction augmentant. Comme l'illustre la Fig. 4.7, le rayon se rapproche peu à peu de la verticale, en suivant un trajet concave vers le sol. La distance zénithale z_0 mesurée est supérieure à la valeur vraie z. La correction R est toujours positive. L'azimut n'est pas affecté car le rayon lumineux reste constamment dans le plan déterminé par la verticale du lieu et la ligne de visée.

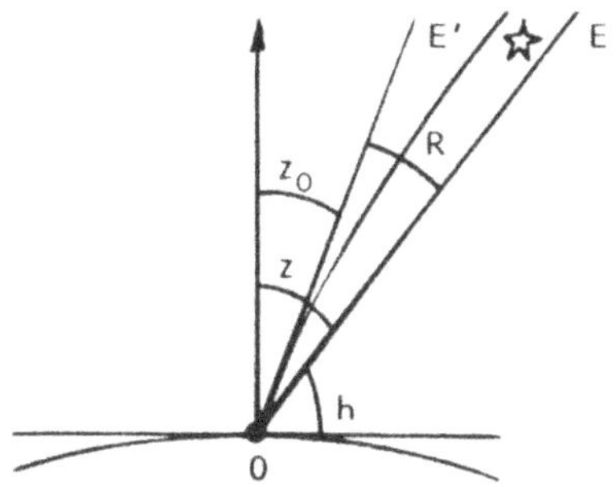

Figure 4.7 : Erreurs de réfraction

La loi de Snell - Descartes (*Willebrord Snell* dit *Snellius* : 1580 - 1626 et *René Descartes* : 1596 - 1650), appliquée à un empilement plan de lames transparentes parallèles indique que :

$$n \sin z_0 = \sin (z_0 + R) \ , \quad R = (n-1) \tan z_0 \ , \qquad (41.15)$$

où n est l'indice de réfraction par rapport au vide au point de mesure (voisin de $n \approx 1.0003$ au sol). L'amplitude de cet effet est de 300 µrad (1 minute d'arc) pour une visée à 45 degrés !

La théorie complète de Laplace tient également compte de la courbure, de la température et de la pression des couches atmosphériques. Il comprend un terme négatif supplémentaire, de grandeur mille fois plus faible, détaillé en annexe IV, Eq. (IV.9).

b. Aberrations de la lumière

L'erreur de visée appelée aberration est due à la composante transversale de la vitesse relative Terre-astre, rapportée à la vitesse de la lumière. En pratique, l'astre est observé à partir d'un point où l'observateur se trouvait précédemment. L'aberration est donc une erreur de parallaxe, égale au rapport $v \ / \ c$. Pour l'observation des corps du Système solaire, la cause principale est le mouvement orbital de la Terre dont la vitesse tangentielle atteint 30 km/s.

L'erreur qui en résulte est l'*aberration annuelle*, également appelée *aberration des fixes*, de l'ordre de $v \ / \ c \approx 10^{-4}$ **rad** $=$ **20"**. Elle a été découverte en 1726 par Bradley. Il y a quatre types d'aberrations : l'aberration diurne, l'aberration annuelle, l'aberration solaire et l'aberration galactique, suivant l'origine du mouvement considéré : rotation ou révolution de la Terre, orbite galactique du Soleil ou mouvement de la Voie lactée (voir section 4.3.5 b).

4.1.9 Cadastrer, peser, dater le Système solaire

a. Évaluer les distances

La détermination des distances relatives des planètes au Soleil est aisée. La troisième loi de Kepler, Eq. (21.44), fournit en effet une relation liant les grands axes aux périodes de révolution. Les distances ainsi obtenues sont exprimées avec la distance Soleil - Terre comme unité : c'est l'*Unité Astronomique* (*A U : Astronomical Unit*). Le rayon orbital des satellites naturels (sauf la Lune) est obtenu en valeur relative par conversion des valeurs angulaires fournies par l'observation.

La distance Terre - Lune avait été évaluée dès l'Antiquité à 60 rayons terrestres par Hipparque, qui avait noté lors d'une éclipse totale de Lune que le diamètre du cylindre d'ombre porté par la Terre était égal à trois fois le diamètre apparent de la Lune, estimé à **0.6** degrés (**0.01** rad).

La détermination des distances absolues requiert la connaissance du rayon terrestre. Les premières estimations sont dues aux grecs (voir chapitre 1.1.7 b). Vers 200 avant J.-C., *Érathostène* (de -284 à -192) obtint une très bonne estimation en mesurant un écart angulaire de 7 degrés entre la verticale et les rayons solaires tombant du zénith en deux points situés approximativement sur un même méridien, à 800 km l'un de l'autre : Alexandrie et Syène (Assouan). Comme Syène est pratiquement sur le tropique du Cancer, au solstice d'été, le Soleil de midi est au zénith et éclaire verticalement le fond des puits. Toutefois, l'estimation qui prévalut jusqu'en 1492 est celle de *Posidonius d'Apamée* (-134 à -50) : 4 600 km, soit 30% trop faible. La géodésie permit dès le XVIe siècle d'obtenir des mesures plus précises par triangulation de divers arcs de méridien : en 1552 par *Jean Fernel* (1497 - 1558), en 1610 par Snell et en 1670 par *Jean Picard* (1620 - 1682), qui obtint le résultat à 2% près.

L'unité astronomique a été évaluée dès l'Antiquité par *Aristarque de Samos* (-309 à -229) au moyen de l'observation de la Lune en quadrature. L'estimation obtenue (1 200 rayons terrestres) est 20 fois trop faible, mais restera la seule disponible jusque Kepler. Les déterminations modernes font appel à la parallaxe diurne (triangulation par observation simultanée d'un corps du Système solaire à partir de différents points de la Terre).

En 1672, la planète Mars fut visée plusieurs fois par *John Flamsteed* (1646 - 1719) en une même nuit. De même, *Jean Dominique Cassini* (1625 -1712) à Paris et *Jean Richer* (1630 - 1696) à Cayenne, visèrent Mars au même moment lors d'une opposition avec la Terre. L'unité astronomique fut estimée à 135 millions de km, l'erreur atteint 10 pour-cent. Ensuite, les passages devant le Soleil de Mercure en 1753, et ceux de Vénus en 1761/69 et en 1872/84, conduisirent à une précision meilleure que 1 pour-cent.

Une expérience similaire a été répétée en 1931 sur l'astéroïde Eros et a atteint une précision de 1 pour-mille. Ces mesures ont été confirmées, depuis lors, à mieux que 10^{-9}, par diverses mesures radar et laser.

$$\mathbf{1\ AU = 149\ 597\ 870\ \ km\ ,} \tag{41.16}$$

b. Masse des corps

La constante de gravitation G a été déterminée en 1798 par *Henry Cavendish* (1731 - 1810), grâce à de minutieuses expériences de laboratoire effectuées au moyen de balances de torsion : sa valeur est donnée par l'Eq. (21.3) :

$$G = \mathbf{6.67259\ 10^{-11}}\ \ m^3\ kg^{-1}\ s^{-2}\ . \tag{21.3}$$

La masse du Soleil est obtenue par la troisième loi de Kepler. Il en est de même pour la masse des planètes, grâce à l'observation des périodes de révolution de leurs satellites. Les masses de Vénus et de Mercure ont été estimées au XIXe siècle sur base des perturbations provoquées sur les planètes voisines et affinées par le mouvement des sondes spatiales.

c. Méthodes de datation

Les méthodes de datation modernes sont fondées sur la radioactivité. Une population d'isotopes radioactifs se désintègre selon une loi exponentielle décroissante. Au cours d'un intervalle de temps donné, une proportion fixe de la population est détruite et produit une certaine quantité d'isotopes fils. Ainsi le produit de désintégration de l'uranium ^{238}U est le plomb ^{206}Pb, et celui de l'uranium ^{235}U est le plomb ^{207}Pb.

Cette transmutation à taux fixe (un atome père donne un atome fils) joue le rôle de chronomètre. La connaissance de la constante de temps de demi-vie et du rapport de l'isotope père à l'isotope fils mesuré dans une roche, fournit l'époque depuis laquelle le processus a opéré, c'est-à-dire l'intervalle de temps pendant lequel l'isotope père radioactif s'est trouvé enfermé dans la roche ou le minéral. La demi-vie de ^{238}U est égale à 4.5 milliards d'années, celle de ^{235}U est de 713 millions d'années. L'âge des plus vieilles roches terrestres du Groenland et du Labrador, déterminé par cette méthode, atteint 4.2 milliards d'années.

L'âge du Système solaire est obtenu à partir de l'analyse des météorites de type chondrites, représentant sur Terre 80 % des chutes et dont la composition chimique est voisine de celle de la couronne solaire. Leur formation remonte à 4.55 milliards d'années, époque de la formation du Système solaire, quand les poussières du nuage présolaire se sont agglomérées pour donner les premiers corps rocheux (voir chapitre 6.3.6 b).

En revanche, la Terre est plus jeune. Son âge, c'est-à-dire la fin de la période d'accrétion, est estimé à 4.49 milliards d'années par l'analyse de la radioactivité éteinte de l'iode ^{129}I. Cet isotope produit du xénon ^{129}Xe mais sa demi-vie est si courte qu'il a complètement disparu aujourd'hui. C'est l'excès de xénon ^{129}Xe dans l'atmosphère et dans le manteau terrestre par rapport à la référence solaire, qui conduit à cet âge. La durée de la phase d'accrétion de la Terre est donc d'environ 60 millions d'années.

4.2
Le Système solaire

Le but de cette section est de présenter le Système solaire, ses constituants et leur agencement, tels que l'astronomie classique a permis de les connaître. Le but principal est l'étude du système sous l'angle des mouvements et de la mécanique céleste, méthodologie qui a dominé la recherche astronomique jusqu'il y a relativement peu d'années. Les découvertes récentes de l'exploration spatiale en matière de planétologie sont abordées plus spécialement au chapitre 6.3, dans le cadre de la discussion des missions d'exploration planétaires et de leurs résultats.

4.2.1 Description

Le Système solaire se compose d'une étoile, le *Soleil*, de neuf corps principaux, les planètes, et d'un cortège de corps de moindre importance gravitant autour du Soleil ou des planètes : satellites, comètes, astéroïdes et poussières diverses. Les caractéristiques principales des planètes et des satellites sont rassemblées dans les Tables A.I à A.IV en fin de volume.

- **Composition** : les planètes voisines de la *Terre* et certains gros satellites se distinguent des autres planètes par leur composition à base d'éléments lourds, fer et silicates, par comparaison aux gaz légers, hydrogène ou hélium, présents dans la plupart des corps célestes. *Mercure*, *Vénus*, la Terre et *Mars* sont appelées pour cette raison *planètes telluriques*. *Jupiter*, *Saturne*, *Uranus* et *Neptune* sont les géantes gazeuses.

- **Saisons** : le phénomène des saisons est lié à l'inclinaison des rayons solaires sur la surface extérieure de la planète, c'est-à-dire à l'inclinaison de l'équateur par rapport au plan orbital, ainsi qu'à l'excentricité de l'orbite. Pratiquement nulle pour la plupart des planètes, cette inclinaison est de l'ordre de 20° pour Mars et la Terre et de 270° pour Uranus.

a. Planètes telluriques et astéroïdes

- **Phases**

Les planètes intérieures à l'orbite terrestre se trouvent tantôt entre Soleil et Terre, tantôt derrière le Soleil. Ces planètes présentent donc à la Terre soit l'hémisphère à l'ombre du Soleil, soit l'hémisphère éclairé. Entre ces positions extrêmes, ces planètes ne sont visibles que partiellement, sous forme de croissant. Ce phénomène porte le nom de *phases*, il s'applique à Mercure et Vénus, ainsi qu'à la Lune.

Il y a *conjonction* lorsque la planète observée se trouve dans la direction du Soleil, *opposition* lorsqu'elle se trouve dans la direction opposée. Il y a *quadrature* lorsque la planète est à 90 degrés par rapport au Soleil. Les planètes intérieures à l'orbite terrestre ne se trouvent jamais en opposition ou en quadrature, mais en conjonction supérieure (derrière le Soleil) ou inférieure.

- **Satellites naturels**

Parmi les planètes telluriques, seules Mars et la Terre possèdent des satellites. La *Lune* est un des plus gros satellites naturels, comparé à sa planète-mère : le système Terre - Lune peut être regardé à cet égard comme un système gravitationnel double. Les deux satellites de Mars, *Phobos* et *Déïmos*, en revanche, ne sont que des rochers minuscules de forme irrégulière. Phobos tourne trois fois plus vite autour de Mars que Mars ne tourne autour de son axe.

- **Petites planètes ou astéroïdes**

La zone séparant Mars et Jupiter est occupée par une multitude de *petites planètes*, appelées aussi *astéroïdes*. C'est un ensemble de corps célestes rocheux de petites dimensions, dont quatorze seulement ont un diamètre supérieur à 60 km. Les quatre plus grosses, de diamètre voisin de 300 km, ont été découvertes au XIXe siècle et gravitent à environ 2.8 A U, ce sont : 1 *Cérès*, 2 *Pallas*, 3 *Junon* et 4 *Vesta*. Sont à signaler :

- *Éros* : s'approche à 13 millions de km de l'orbite terrestre et a été visé en 1930 pour la détermination de l'unité astronomique,
- *Objets Apollo* : objets allongés dont les orbites excentriques coupent l'orbite terrestre. *Toutatis* passe à moins de 300 000 km, l'orbite d'*Icare* est la plus excentrique ($\boldsymbol{e}$ = **0.83** et $\boldsymbol{a}$ = **0.93** ***A U***) et passe, au périhélie, à proximité (23 millions de km) du Soleil,
- *Famille d'Herculine* : une vingtaine de petites planètes, dont Pallas, Junon, Herculine, Éros et *Ida* sont constituées de deux corps de dimensions voisines, en orbite autour de leur centre de masse commun. *Dactyl* (1.5 km), le satellite d'Ida (50 km), gravite à environ 100 km,
- *Hidalgo* : la trajectoire la plus inclinée ($\boldsymbol{i}$ = **43°**).

- **Autres phénomènes**

- **Gegenschein** : à l'opposé du Soleil par rapport à la Terre, des lueurs antisolaires ou *Gegenschein* sont observées, tournant autour du Soleil avec la même vitesse angulaire que la Terre. Elles étaient attribuées par le passé, à des concentrations de poussières cosmiques occupant le point L_3 de Lagrange (*Louis de Lagrange* : 1736 - 1813). En réalité, ce phénomène est de même nature que celui des lumières zodiacales et traduit la présence de matière cosmique dans le plan de l'écliptique.

- **Météorites** : divers objets et poussières circulent autour du Soleil et provoquent par leur combustion dans l'atmosphère terrestre le phénomène d'*étoiles filantes*, accompagné éventuellement de la chute sur Terre de débris, appelés météorites. Par extension, le terme *météorite* qualifie tout objet de petite dimension entrant en collision avec un corps céleste.

b. Système solaire supérieur

La Fig. 4.8 représente la grande banlieue des deux planètes Jupiter et Saturne, avec le détail des anneaux et des satellites proches.

- **Jupiter**

Dans le cortège des planètes, Jupiter est le joyau qui éclipse tous les autres. Considéré par les anciens comme la plus splendide des lumières errantes du ciel, Jupiter est remarquable par sa taille, par ses couleurs chatoyantes et par son ensemble de satellites et d'anneaux constituant le *système jovien*. Jupiter est entouré de deux anneaux peu visibles, situés à moins de 13 000 km du sommet de l'atmosphère, et d'une nuée de satellites (16 identifiés en 1990), dont la plupart sont des rochers minuscules.

Les quatre satellites principaux, *Io, Europe, Ganymède et Callisto* sont volumineux et assez denses, comparables à la Lune. Ils ont été découverts en 1610 par *Galilée* (*Galileo Galilei* : 1564 - 1642).

- **Saturne**

Saturne apparaît à l'observateur terrestre comme un globe rosâtre, auréolé par un extraordinaire système d'anneaux. Les trois anneaux principaux, dénommés *A*, *B* et *C*, ont été observés par Galilée en 1610, mais identifiés seulement en 1655 par *Christian Huygens* (1629 - 1695). Quatre anneaux supplémentaires *D*, *E*, *F* et *G* ont été découverts par les sondes spatiales. La troisième loi de Kepler (*Johannes Kepler* : 1571 - 1630), Eq. (21.44), indique qu'un système d'anneaux ne peut pas tourner en bloc : il ne peut être constitué que d'un grand nombre de petits satellites animés chacun d'un mouvement autonome. Saturne compte de très nombreux satellites (17 identifiés en 1990). Le plus intéressant est *Titan* (2 500 km) qui possède une atmosphère d'azote et de méthane.

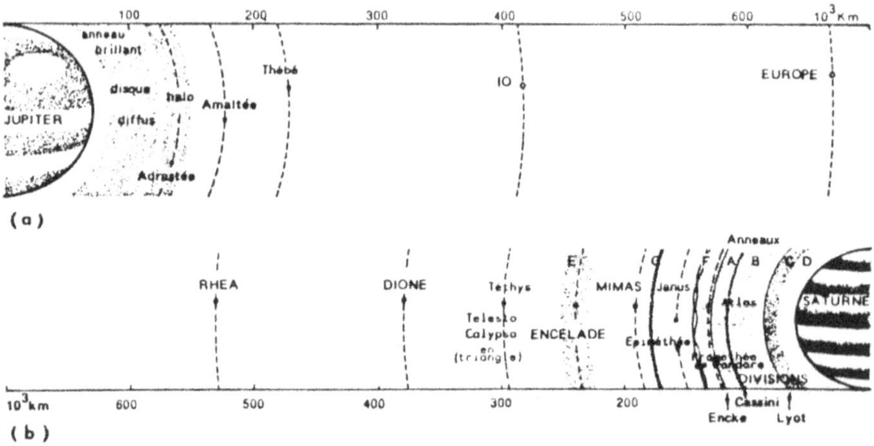

Figure 4.8 : Systèmes de satellites et d'anneaux
(a) de Jupiter (b) de Saturne

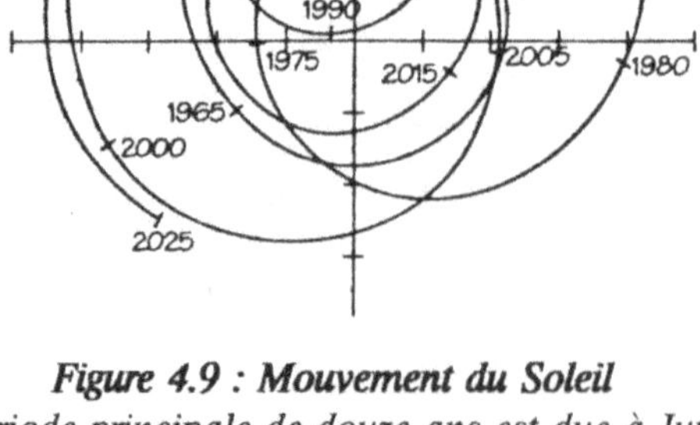

Figure 4.9 : Mouvement du Soleil
La période principale de douze ans est due à Jupiter

- **Uranus - Neptune**

Découvert en 1781 par *William Herschel* (1738 - 1822), Uranus possède 15 satellites identifiés en 1990, et quelques anneaux très fins. Cette planète connaît un phénomène excessif de saisons qui se confond avec l'alternance du jour et de la nuit.

Neptune a été découvert par calcul en 1846 (voir article 4.2.5), et possède cinq anneaux et huit satellites identifiés. Les deux satellites découverts par voies astronomiques sont *Triton* et *Néréide*. L'orbite de Triton est rétrograde.

- **Pluton**

Le système Pluton/*Charon* (découvert en 1978) constitue un système synchrone double très serré. Plus petit et plus léger que prévu par calcul, Pluton se rattache aux planètes telluriques ou aux astéroïdes. Il pourrait n'être qu'un satellite de Neptune arraché à son orbite par un cataclysme inconnu. À l'issue de la période d'éclipses (occultations) observée de 1984 à 1990, Charon se révèle presque aussi volumineux que Pluton.

c. Les comètes

Les comètes (appelées *astres chevelus* par les grecs) sont des corps célestes principalement gazeux parcourant des orbites quasi paraboliques, ou du moins très excentriques, pouvant s'éloigner à près d'une année de lumière du Soleil. Leurs orbites peuvent être totalement perturbées lors d'un passage à proximité d'une planète. Elles ne sont visibles qu'au voisinage de leur périhélie. La queue de la comète est un nuage gazeux opposé au Soleil, provoqué par la pression de radiation solaire.

- **Nuage de Oort - Ceinture de Kuiper**

L'astronome *Jan Oort* (1900 - 1992), a postulé l'existence d'un nuage cométaire circumsolaire, le *nuage de Oort*, situé à environ une année de lumière (70 000 A U), pouvant constituer le réservoir d'où viendraient les comètes périodiques. En 1951, *Gerard Kuiper* (1905 - 1973) émit pour sa part l'hypothèse qu'une ceinture cométaire quasi circulaire, la *ceinture de Kuiper*, existerait dans l'écliptique, au-delà de l'orbite de Neptune. Plusieurs objets de ce type ont été détectés entre 34 et 45 A U, depuis 1990. Pluton, Triton et Néréide pourraient également en être des représentants.

- **Comète de Halley**

La plus célèbre des comètes a été identifiée par *Edmund Halley* (1656 - 1742) au XVIIIe siècle. D'après une étude récente, la comète de Halley aurait déjà été observée au moins 30 fois. La première mention remonte à 239 avant J.-C.. Les plus célèbres observations sont celles de 1066, reproduite sur la tapisserie de Bayeux, et l'apparition de 1302, représentée par *Giotto di Bondone* (v. 1266 -1337) dans l'*Adoration des Mages*.

4.2.2 L'étoile nommée Soleil au centre du monde

Pendant des dizaines de siècles, l'homme croyait habiter le centre du monde et regardait le ciel comme immuable et éternel, à l'exception des mouvements des astres errants, dont le Soleil, dispensant chaleur et lumière pour le plus grand bénéfice des habitants de la Terre. Après *Nicolas Copernic* (1473 - 1543), le Soleil prit la place centrale du Système solaire. Ce n'est véritablement qu'au XIXe siècle que s'est posé le problème de son âge, et de manière plus générale, de la longévité des étoiles. En effet, les étoiles et le Soleil rayonnent une grande quantité d'énergie sous forme thermique et lumineuse. Chaque centimètre carré de surface terrestre reçoit chaque seconde une énergie de 0.13 joules, ceci correspond à un flux de puissance de $4.0\ 10^{26}$ watts émis par le Soleil. Cette énergie ne peut provenir que d'un réservoir dont les ressources sont limitées. Un jour, ces réserves seront donc épuisées. Toutefois, de mémoire d'astronome, le Soleil ne semble pas avoir changé depuis plusieurs millénaires, et même d'après d'autres sources, le flux de rayonnement semble être resté relativement constant depuis l'origine des temps géologiques.

Ceci ne veut pas dire un immobilisme total, au contraire ! Le Soleil fait un tour en vingt jours autour d'un axe sensiblement perpendiculaire à l'écliptique. De plus, son atmosphère, appelée couronne ou chromosphère, est le siège de phénomènes variés d'une grande beauté, mais aussi d'une terrifiante ampleur à l'échelle humaine. Un des indices très étudié de cette activité est l'importance des *taches solaires*, caractérisées par le *nombre* de Wolf (*Rudolf Wolf* : 1816 - 1893) et leur latitude héliographique moyenne. Le cycle principal dure onze ans, deux cycles successifs semblant se chevaucher avec une périodicité de vingt ans environ.

L'activité solaire se manifeste par des jets de particules et par l'émission locale, depuis les régions actives, de rayonnements à haute énergie. Les particules ionisées, essentiellement protons, électrons et ions d'hélium, sont éjectées dans toutes les directions par le *vent solaire*. Ils sont déviés autour de la magnétosphère terrestre mais peuvent atteindre la Terre dans les régions polaires, constituant les zones d'aurores polaires. Les rayonnements énergétiques contribuent à l'ionisation de l'ionosphère terrestre et à l'équilibre de l'ozone atmosphérique.

Par un mécanisme encore mal connu, ces messagers du Soleil influencent la vie sur Terre, et divers phénomènes météorologiques localisés ou globaux semblent présenter des corrélations avec l'indice d'activité solaire. Les influences cosmiques sur les paléoclimats font l'objet de la théorie controversée du météorolcgue yougoslave *Milutin Milankovitch* (1879 - 1958). Des cycles climatiques ont été mis en évidence par diverses techniques telles que l'analyse des carottes de glace du Groenland ou de l'Antarctique.

En particulier, un cycle de 314 ans a été identifié et semble bien être d'origine solaire, éclairant d'un jour nouveau le petit âge glaciaire du XVIIe siècle. À plus petite échelle, les fluctuations du diamètre solaire semblent également associées au cycle solaire.

4.2.3 Stabilité

Sous sa forme la plus stricte, le problème du mouvement des corps du Système solaire consiste à soumettre l'ensemble des corps à la loi d'attraction d'*Isaac Newton* (1642 - 1727), d'après leur position et leur vitesse à un certain moment initial. Cependant, comme cela a été montré au chapitre 3.1.1, ce problème ne peut pas être résolu globalement par les mathématiques. Une étude numérique des masses en présence permet d'envisager le problème sous un autre angle. En effet, la masse du Soleil est de loin la plus importante : elle vaut à elle seule *mille* fois la masse totale des autres corps (voir Fig. 4.9). Ceux-ci sont donc soumis à un centre d'attraction prépondérant. Les planètes, vu leur grande masse par rapport à celles des autres objets solaires, ne sont perturbées dans leur mouvement autour du Soleil que par les autres planètes. Le rapport est encore plus accentué entre les satellites et leur planète - mère. Quant aux comètes, leur masse est si faible qu'elles ne perturbent pas le mouvement des autres corps, même à faible distance. Il y a toutefois des exceptions : les systèmes Terre - Lune et Pluton - Charon sont à considérer comme des systèmes doubles et doivent faire appel à la théorie des trois corps. Le système Terre - Lune est traité séparément aux articles 4.2.6 à 8.

Le problème général du Système solaire peut donc être résolu en considérant séparément :

- le mouvement complexe du système Terre - Lune,
- le mouvement de chaque planète sous l'effet du Soleil et les perturbations des autres planètes,
- le mouvement des satellites autour de leur planète - mère et leurs perturbations par le Soleil et les planètes,
- le mouvement des comètes.

a. Ordre de grandeur des perturbations

Le calcul numérique approché peut conduire rapidement à des positions précises. L'étude approchée des influences mutuelles de Jupiter et de Saturne permet de l'illustrer : ce sont en effet les deux planètes dont les effets perturbateurs sont les plus importants. Au moment de leur opposition, les accélérations perturbatrices sont sensiblement égales à 10^{-7} m/s^2 pour Jupiter et 2.8×10^{-7} m/s^2 pour Saturne. Un calcul numérique de première approximation a pour but d'estimer les écarts entre les positions osculatrices et les positions perturbées, trois ans après l'opposition initiale.

L'ordre de grandeur des écarts est obtenu en remarquant qu'en trois ans, la distance entre les deux planètes a pratiquement doublé. Les accélérations perturbatrices étant quatre fois plus faibles et restant sensiblement orientées dans la même direction, leurs valeurs moyennes sont donc prises égales à la moitié. L'intégration sur trois ans (10^8 s) conduit à des écarts en position de l'ordre de 500 000 à 1 000 000 km. Il est alors aisé de vérifier que les perturbations estimées d'après les positions osculatrices sont précises à moins de 2 pour-mille. Les positions obtenues après ce premier tour de calcul sont donc exactes à moins de 2 000 km près. Un écart aussi faible correspond à une erreur angulaire d'environ une seconde d'arc pour un observateur terrestre. Le calcul de première approximation semble donc déjà raisonnablement précis.

b. Stabilité du Système solaire

Au début du XVIIIe siècle, Halley avait tenté de raccorder les positions présentes de Jupiter et Saturne avec des positions relevées dans l'Antiquité, et pour lesquelles des instants d'observation assez précis avaient été notés. Cette étude indiquait d'importants écarts, et la question de la stabilité du Système solaire se posait dès lors avec acuité.

En 1773, *Pierre-Simon de Laplace* (1749 - 1827) établit un théorème démontrant au premier ordre que le Système solaire était stable au sens que chaque planète restait en permanence comprise à l'intérieur d'un anneau sphérique, et qu'aucun anneau ne se coupait. Ce théorème a été étendu ultérieurement par *Denis Poisson* (1781 - 1840) au deuxième ordre des masses perturbatrices. En 1784, en utilisant les équations planétaires de *Louis Lagrange* (1736 - 1813), les Eqs. (33.16 à 20), Laplace démontra également que les excentricités et inclinaisons étaient essentiellement périodiques. Mais cette démonstration comprend toujours l'approximation du deuxième ordre des masses, c'est-à-dire une précision de l'ordre de 10^{-6}.

La théorie développée au chapitre 3.3, articles 3.3.6 c et d et 3.3.7, indique que les perturbations sont essentiellement périodiques et donc que les orbites des planètes sont *stables*, les grands axes et les périodes de révolution fluctuant peu autour de valeurs moyennes constantes.

L'astronome américain *Simon Newcomb* (1835 - 1909) montra en 1876 que, sous certaines conditions vérifiées dans le Système solaire, le problème des N corps pouvait être résolu par des séries périodiques infinies. Mais la question cruciale est celle de la convergence de ces séries. Malheureusement, *Henri Poincaré* (1854 - 1912) démontra rigoureusement en 1899 que ces séries sont divergentes . . , ce qui ne les empêche pas dans certains cas de converger. De plus, convergence ne signifie pas nécessairement stabilité. Il est en effet des cas de convergence non uniforme, conduisant à des mouvements quasi périodiques, mais pouvant diverger brutalement en présence de perturbations arbitrairement petites.

Le problème de la stabilité du Système solaire n'est donc pas entièrement résolu, bien que 4 000 ans d'observations ne semblent pas conduire à des situations inquiétantes à l'échelle de quelques millénaires.

L'objectif des études de stabilité du Système solaire couvre des périodes nettement plus longues, s'étendant sur plusieurs centaines de millions d'années. C'est aux méthodes numériques et aux ordinateurs que ce problème est soumis depuis quelques années. Le verdict n'est pas encore connu avec certitude. La stabilité semble assurée pour les planètes géantes. En revanche, les positions des planètes telluriques et de Pluton semblent imprévisibles au-delà de quelques centaines de millions d'années. Mercure et Pluton pourraient s'écarter significativement de leurs trajectoires actuelles. Les autres planètes resteraient sur des orbites quasi circulaires nettement séparées. Ce comportement est qualifié par certains de *chaotique*, mais il n'y a vraiment aucune inquiétude à avoir, même à très long terme.

4.2.4 Cas remarquables - résonances

Ce qui frappe le plus l'observateur attentif, parmi la grande variété des configurations possibles des dix corps, c'est l'harmonie et la simplicité de l'agencement réel. Tous ces corps circulent sagement loin les uns des autres, sensiblement dans le même plan et sur des orbites pratiquement circulaires, et tous dans le même sens (sens trigonométrique vu d'en haut).

a. Relation de Titius - Bode

Les dimensions de orbites planétaires se présentent suivant une progression géométrique découverte au XVIIIe siècle par *Johann Titius* (1729 - 1796) et *Johann Bode* (1747 - 1826). La règle empirique de Titius-Bode donne la distance moyenne des planètes au Soleil (en unités astronomiques - *Astronomical Unit* : ***A U***) sous forme d'une progression géométrique :

$$a\ (AU) = 0.4 + 0.3 \times 2^{n-2}\ . \qquad (42.1)$$

Cette formule, en défaut pour Mercure, connut un grand succès en 1781 lors de la découverte d'*Uranus* par Herschel : Uranus prit exactement la place $n = 8$ à la suite de Saturne. Vingt ans plus tard, ce succès fut confirmé en 1801, lorsque *Cérès*, la première des petites planètes, fut découverte par *Giuseppe Piazzi* (1746 - 1826), comblant la lacune du rang $n = 5$ entre Mars et Jupiter. Depuis un siècle, cette règle n'est plus aussi appréciée, car Neptune et Pluton ne la respectent pas. Pourtant, des relations logarithmiques similaires existent également pour les satellites principaux de Jupiter, Saturne et Uranus. Aucune explication vraiment satisfaisante n'a encore été fournie pour expliquer ces relations.

b. Résonances planétaires

Les résonances orbitales concernent aussi bien les orbites des planètes et de leurs satellites que la rotation de certaines d'entre elles. Ces relations sont déterminées par le rapport ***a / b*** des périodes ou des moyens mouvements donné par l'Eq. (33.31). Les relations de résonance les plus marquantes entre planètes sont données par les Eqs. (42.2) :

- résonance 2 / 5 entre Jupiter et Saturne,
- résonance 2 / 3 entre Neptune et Pluton, voir Fig. 4.10,
- d'autres résonances existent entre certaines comètes et Jupiter.

$$\begin{aligned} & 5\, n_S - 2\, n_J \approx 0 \quad (10^{-3} \ {}^\circ / j) , \\ et \quad & 2\, n_N - 3\, n_P \approx 0 \quad (2.5 \times 10^{-5} \ {}^\circ / j) . \end{aligned} \qquad (42.2)$$

La commensurabilité des périodes n'étant toutefois qu'approximative, il apparaît une période supplémentaire de *battement*, égale à environ 900 ans pour le premier couple et à 20 000 ans pour le second. Lorsque les équations de résonance sont écrites en valeurs de longitudes comme c'est le cas dans les Eqs. (42.4 b et 5), l'angle l est l'angle de résonance, appelé également angle de *libration*. Par le jeu des perturbations, cet angle n'augmente pas indéfiniment, mais oscille entre deux valeurs extrêmes.

À noter également que la petite planète *Eurêka* gravite à 60° sur l'orbite de la planète Mars (résonance 1 / 1 au point ***L* 4** de Lagrange).

- **Relation entre périodes de révolution et de rotation**

  - la *Lune* a la forme d'un ellipsoïde à trois axes inégaux dont le plus grand est toujours dirigé vers la Terre (voir la théorie des figures d'équilibre exposée au chapitre 3.2.9). Cette propriété est une résonance 1 / 1 et se retrouve pour la plupart des satellites naturels, comme l'indique la Table A.IV en fin de volume.
  - *Mercure* : rapport 3 / 2,
  - *Vénus* et *Terre* : suivant l'Eq. (42.3) :

$$4\, n_V - 5\, n_T - \omega_V \approx 0 \quad (- 10^{-3} \ {}^\circ / j) . \qquad (42.3)$$

- **Lacunes de Kirkwood**

Parmi les quelques 5 000 petites planètes recensées (sur 140 000), les cas suivants sont remarquables au sens de la mécanique céleste, la plupart ont été mis en évidence en 1867 par *Daniel Kirkwood* (1814 - 1895) :

- *lacunes et concentrations* : déficits d'astéroïdes ayant des périodes de révolution dans les rapports 1 / 5, 1 / 3 (*lacune de Vesta*), 2 / 5 (*lacune de Minerve*), 3 / 7 et 1 / 2 (*lacune d'Hécube*) avec celle de Jupiter : ces orbites semblent instables suite à des perturbations répétitives. Inversement, de nombreuses (153) petites planètes ont des périodes voisines des 2 / 3 de celle de Jupiter (*famille d'Hilda*).

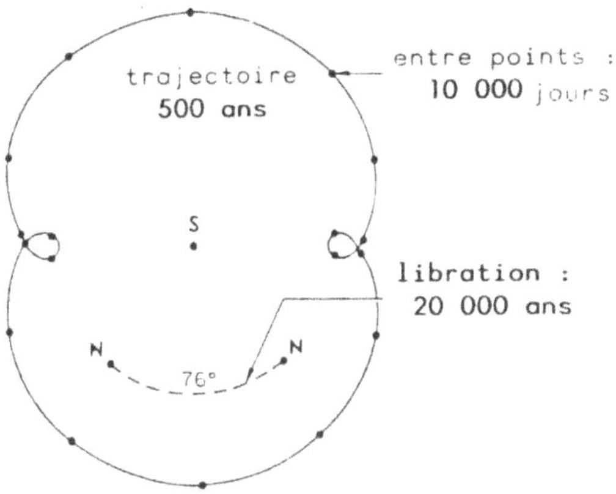

Figure 4.10 : Résonance Neptune - Pluton

- *astéroïdes grecs et troyens* (résonance 1 / 1) :

grecs : *Achille, Hector, Nestor, Agamemnon, Ulysse, Ajax, Diomède et Ménélas*,

troyens : *Patrocle, Priam, Enée, Anchise, Troïlus et Antilochus*,

gravitant sur la même orbite que Jupiter, au voisinage du troisième sommet de deux triangles équilatéraux comprenant le Soleil. Ce cas particulier correspond aux points L_4 et L_5 de Lagrange du problème des trois corps, étudié au chapitre 3.1.4.

c. Résonances entre satellites

Diverses relations de résonance ont également été identifiées parmi les satellites des planètes. Les cas suivants sont à signaler :

- **autour de Jupiter :**

- résonance entre *Io*, *Europe* et *Ganymède* suivant les Eqs. (42.4) :

$$\begin{aligned} & n_I - 3\, n_E + 2\, n_G \approx 0 \quad (10^{-7}\ °/j)\ , \\ ou\ \ & \lambda_I - 3\, \lambda_E + 2\, \lambda_G = \pi + l\ , \end{aligned} \tag{42.4}$$

découverte par Laplace en 1799. Lorsque Europe et Ganymède sont en conjonction, Io est en opposition, comme l'illustre la Fig. 4.11.

- *Métis*, le premier satellite de Jupiter, gravite à très courte distance de la planète, à environ 1.9 rayons joviens, pratiquement à la limite de *Roche* (*Édouard Roche* : 1820 - 1883), voir Eq. (32.14).

- **autour de Saturne :**

- *Titan* - *Hypérion* : résonance mixte 3 / 4 (période - apsides), découverte par *Asaph Hall* (1829 - 1907) en 1894, et décrite par l'Eq. (42.5 a),

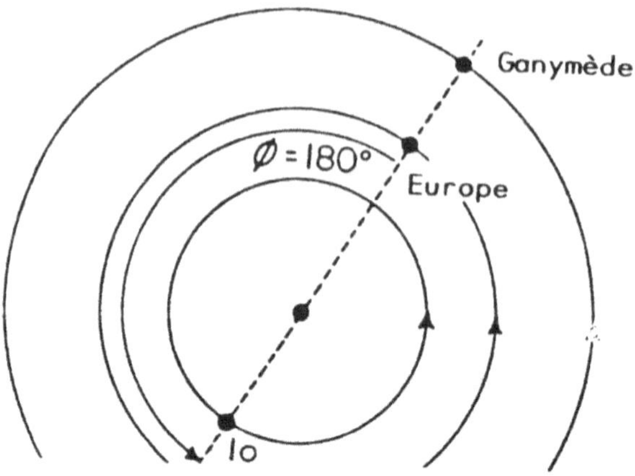

Figure 4.11 : Résonance entre Io, Europe et Ganymède

- *Mimas - Thétys* : résonance mixte 1 / 2 (période - noeuds), décrite par l'Eq. (42.5 b) :

$$\begin{aligned} 4\,\lambda_H - 3\,\lambda_T - \varpi_H &= \pi + l\,, \\ 2\,\lambda_M - 4\,\lambda_T + \Omega_M + \Omega_T &= l\,. \end{aligned} \qquad (42.5)$$

- *Thétys, Télesto* et *Calypso* gravitent sur une même orbite et forment avec Saturne deux triangles équilatéraux (points L_4 et L_5 de Lagrange : résonance 1 / 1),
- *Hélène* et *Dioné* présentent le même phénomène,
- *Épiméthée - Janus* : ce sont des satellites circulant sur une même orbite (résonance 1 / 1), ils sont appelés co-orbitaux et leurs orbites s'inversent par le jeu des perturbations, elles ont la forme caractéristique du *fer à cheval* (voir annexe III.7 et Fig. 3.19 b).
- *Atlas, Pandore* et *Prométhée* sont des satellites *bergers* : le premier pour l'anneau ***A*** et les deux autres pour l'anneau ***F*** torsadé,

- **autour d'Uranus**

  D'autres relations de résonance existent également entre les principaux satellites d'Uranus.

d. Commentaires

Ces nombreuses relations de résonances ont depuis longtemps exacerbé la curiosité et l'inventivité des astronomes, mais il faut bien convenir qu'elles constituent encore aujourd'hui un mystère irritant. Un résultat de ces recherches est l'existence d'une zone nettement instable entre Hilda et Jupiter, provoquées par les perturbations de cette planète : tous les petits corps s'y trouvant sont en effet éliminés en quelques milliers d'années.

Pour le reste, il s'agit principalement de conjectures, comme cette théorie résonante proposée en 1966 par *A. Molchanov* (n. v. 1925) et qui tend à montrer (sans démontrer) que le Système solaire serait très proche d'un système complètement résonant par suite des effets dissipatifs se manifestant dans la phase de formation.

4.2.5 Découverte de Neptune et de Pluton

a. Découverte de Neptune

Le plus grand succès de la théorie des perturbations est la découverte de Neptune. Lorsque le mouvement d'Uranus fut connu avec suffisamment de précision, après une cinquantaine d'années d'observation, des écarts anormaux ne purent être expliqués que par l'action d'un corps extérieur inconnu. Neptune fut découvert en 1846, à un demi degré de la position annoncée par *Urbain Le Verrier* (1811 - 1877), et à 2.5 degrés de celle calculée par *John Adams* (1819 - 1892). Lorsque les éléments de l'orbite de Neptune furent bien connus, ils s'avérèrent très différents de ceux prévus par les deux astronomes, comme l'illustre le tableau ci-dessous :

	Neptune	*Le Verrier*	*Adams*
a *AU*	30.04	36.15	37.20
e	0.008	0.108	0.121
M_S / m_N	19 314	9 400	6 700

Compte tenu du très grand éloignement entre les deux planètes, les perturbations se marquent surtout une cinquantaine d'années au voisinage de la conjonction. Dans le cas présent, les conjonctions se reproduisent tous les 171 ans, les dernières ayant eu lieu en 1822 et 1993. Les mesures précises disponibles de 1790 à 1845 étaient donc les plus significatives pour la recherche de Neptune. La prédiction fournie par la règle empirique de Titius - Bode s'est révélée peu fiable : 38 A U au lieu de 30. Le calcul assigne alors à l'orbite une forme elliptique prononcée, où le périhélie est orienté à peu près vers la conjonction de 1822, ce qui rapproche le corps perturbant à 32.4 A U, l'exagération de la masse fait le reste. Il eût été plus simple et tout aussi précis de travailler avec les formules du chapitre 3.3.7 et une série d'orbites circulaires dont les grands axes auraient été en diminuant.

b. Autres recherches

Fort de sa réussite, Le Verrier tenta alors vainement d'identifier une autre planète intérieure, baptisée *Vulcain*, dont l'influence aurait expliqué les perturbations du périhélie de Mercure. Sans succès, car cet effet est dû à la forte courbure de l'espace - temps au voisinage du Soleil, en vertu de la relativité générale et de l'Eq. (23.40).

Après un demi siècle d'observation, il sembla que Neptune était également perturbée. La position calculée par *Percival Lowell* (1855 - 1916) vers 1915, ne permit pas de localiser immédiatement la neuvième planète. Ce n'est qu'en 1930 que Pluton fut découvert à six degrés de la position prévue, mais sur une orbite très différente, inclinée et excentrique. La découverte eut lieu alors que Pluton se trouvait pratiquement au noeud de son orbite.

Cependant, la masse de Pluton est nettement trop faible pour perturber notablement Neptune. Des analyses récentes, basées sur le temps atomique TAI (voir section 4.1.7 b), montrent qu'il ne subsiste à l'heure actuelle aucune perturbation inexpliquée dans le mouvement des planètes extérieures. La recherche d'une dixième *planète **X*** ne se justifie donc pas.

4.2.6 Le système Terre - Lune

Troisième planète du Système solaire, la Terre est accompagnée dans son mouvement par un unique satellite naturel, la Lune. La masse relativement grande de la Lune, et la relative proximité du Soleil font de l'ensemble un système double dont le mouvement réel présente une grande complexité.

Au premier ordre, le centre de masses de ce système, soumis à une force centrale, décrit une orbite elliptique autour du Soleil (voir chapitre 2.1.3 et Figs. 2.2 et 2.3). La Terre et la Lune décrivent des orbites elliptiques autour de ce point. Ces orbites sont semblables à l'orbite de la Lune autour de la Terre supposée fixe, avec des rapports de similitude respectifs de 1 / 82 et 81 / 82. Hélas, cette théorie n'est strictement applicable que lorsque le centre de masse est en mouvement rectiligne uniforme, ce qui n'est pas le cas. De plus, le mouvement du centre de masse n'est pas exactement elliptique, car les deux corps se meuvent de manière irrégulière autour de lui. Comme ce point n'est pas un point physique, l'usage consiste à le supposer en mouvement elliptique et à traiter tous les écarts comme des perturbations. Ceci s'applique à la trajectoire de la Terre autour du Soleil, qui a été étudiée à la section 4.1.5.

Pour l'orbite de la Lune autour de la Terre, en revanche, le problème se présente de manière beaucoup plus compliquée. En effet, ce mouvement est fortement troublé par la présence du Soleil : la Lune est très loin de suivre une orbite képlérienne autour de la Terre, et de plus, ces perturbations sont observées de très près.

La théorie du mouvement de la Lune est un des problèmes les plus difficiles de la mécanique céleste et s'est développée d'une manière différente de la théorie des planètes. À noter que la Terre subit également les mêmes perturbations que la Lune, mais affectée d'un facteur 1 / 81. Toutes les composantes périodiques sont regroupées dans les termes de *nutation*.

a. Mouvements du noeud et du périgée

L'effet perturbateur F_P du Soleil résulte de l'accélération différentielle entre le centre de masse du système et la position actuelle de la Lune. L'origine des angles étant une opposition Terre - Lune, il vient :

$$F_P \approx -2\,\mu_S \frac{a_L}{a_T^3} \cos(\theta_L - \theta_T)\,,$$
$$Z = F_P \sin i \sin u \quad , \quad u = \theta_L = \theta \quad et \quad k \approx \frac{12}{13}\,, \tag{42.6}$$

qui, par application de l'Eq. (III.3 b), conduit à :

$$\delta\Omega \approx -2 \frac{M_S}{m_T} \left(\frac{a_L}{a_T}\right)^3 \int_0^{2\pi} \sin^2\theta \cos k\theta \, d\theta \,. \tag{42.7}$$

L'intégrale est de l'ordre de l'unité. Les valeurs numériques de la Table A.I permettent de montrer que la perturbation séculaire du noeud est d'environ 1.5 degré par lunaison : la ligne des noeuds fait donc un tour complet en 18 ans (voir article 4.2.7). Un résultat similaire est obtenu pour le mouvement du périgée.

b. Formes de la Terre et de la Lune

- **Non-sphéricité de la Terre**

Les perturbations provoquées par le renflement équatorial terrestre sur l'orbite de la Lune peuvent être calculées au moyen des Eqs. (33.34) et des valeurs numériques de la Table A.I. Ces perturbations de non-sphéricité sont environ mille fois plus faibles que les perturbations solaires calculées ci-dessus.

- **Forme de la Lune**

La Lune tourne autour de son axe à la même vitesse angulaire qu'elle tourne autour de la Terre. Elle présente donc toujours la même face vers la Terre. Ce cas particulier a été étudié au chapitre 3.2.9 : la figure d'équilibre correspondante est un sphéroïde ellipsoïdal à trois axes inégaux. L'application de l'Eq. (32.63) montre que l'écart relatif entre le plus grand des axes et l'axe de rotation est de l'ordre de 4.0×10^{-5}, c'est-à-dire seulement 70 m. Des différences aussi faibles sont noyées dans les aspérités du relief. La Lune peut donc être considérée comme une sphère parfaite au plan de la mécanique céleste.

c. Marées océaniques - marées terrestres

La théorie du point précédent peut être appliquée à la Terre supposée recouverte uniformément d'eau. Sous l'effet de l'attraction lunaire, cette masse d'eau peut prendre la forme d'un ellipsoïde à trois axes dont le plus grand est constamment orienté vers la Lune et tourne à la même vitesse.

Il y a donc deux zones de marée haute, une à chaque extrémité de cet axe. Le calcul de l'Eq. (32.63) conduit à un écart de l'ordre de 1 m seulement. Comme la Terre tourne sur elle-même et que la marée haute reste fixe par rapport à la Lune, les marées océaniques se déplacent par rapport à la Terre et forment deux ondes de marée passant en un point de la Terre en un peu plus d'un jour.

La croûte terrestre subit également le même type d'effet. Comme elle est constituée de matériaux rocheux rigides, ce sont principalement des tensions périodiques très intenses qui s'y produisent. Les marées terrestres se traduisent également par des déplacements très faibles : ils sont de l'ordre du centimètre.

4.2.7 Théorie de la Lune

a. Périodicités du mouvement lunaire

Avant d'aborder les perturbations proprement dites, il convient de définir les différentes périodes que connaît le mouvement lunaire : elles sont au nombre de cinq :

Révolution	*Référence*	*Durée (jours solaires)*
synodique	**Soleil**	**29.530 588 9**
sidérale	**étoiles**	**27.321 661 5**
tropique	**point vernal**	**27.321 9**
anomalistique	**périgée**	**27.554 549 9**
draconistique	**noeud Terre-Lune**	**27.212 220 8**

Il est aisé de vérifier que 235 périodes synodiques correspondent bien à 19 années terrestres (18.999 831), comme l'avait découvert l'astronome athénien *Méton* (v. -465 à -385).

b. Équations du mouvement

La position de la Lune est généralement décrite en coordonnées écliptiques géocentriques : *longitude* $\boldsymbol{L}$, *latitude* $\boldsymbol{b}$ et *parallaxe horizontale équatoriale*, égale au rapport du rayon équatorial terrestre à la distance de la Lune. Ces trois quantités sont affectées d'inégalités nombreuses dont les principales sont décrites ci-dessous. Les anomalies moyennes sont notés $\boldsymbol{M_S}$ et $\boldsymbol{M_L}$, respectivement pour le Soleil et pour la Lune. Les angles $\boldsymbol{d}$ et $\boldsymbol{f}$ sont des différences de longitudes moyennes : $\boldsymbol{d}$ entre la Lune et le Soleil et $\boldsymbol{f}$ entre la Lune et son noeud ascendant. L_0 est la longitude moyenne :

$$L = L_0 + [A \sin M_L + A' \sin 2M_L] + B \sin 2d + \\ + C \sin(2d - M_L) - D \sin M_S - E \sin 2f \,. \qquad (42.8)$$

Les six constantes sont exprimées en *milliradians* (10^{-3}) :

$$A = 109.760\,3 \quad B = 11.489\,50 \quad D = 3.230\,604$$
$$A' = 3.728\,023 \quad C = 22.235\,50 \quad E = 1.994\,911\,.$$

La latitude lunaire a pour expression simplifiée :

$$b = [\,A_1 \sin(M_L + f) + A_1' \sin(M_L - f)\,] + B_1 \sin(2d + f) + \\ + [C_1 \sin(2d + f - M_L) + C_1' \sin(2d - f - M_L)] + F \sin f + \\ + G \sin(2d - f)\,. \tag{42.9}$$

avec sept constantes en *milliradians* (10^{-3}) :

$$A_1 = 4.897\,394 \quad C_1 = 0.966\,912 \quad F = 89.502\,23$$
$$A'_1 = 4.846\,779 \quad C'_1 = 0.808\,087 \quad G = 3.022\,910$$
$$B_1 = 0.568\,977\,.$$

Enfin, la distance Terre - Lune D_L s'écrit :

$$D_L = D_1 - E_1 \cos M_L\,, \tag{42.10}$$

avec $D_1 = 385\,000.53$ et $E_1 = 20\,905.36$ *(km)* .

- ***équation du Centre*** : les termes en A et A' représentent l'Eq. (41.8) : c'est le mouvement képlérien de la Lune autour de la Terre,
- ***variation*** : les termes en B traduisent la perturbation tantôt centrale, tantôt en quadrature, que subit la Lune de la part du Soleil au cours d'une lunaison (synodique),
- ***évection*** : les termes en C sont les corrections à l'équation du centre pour tenir compte de la fluctuation de l'excentricité de l'orbite lunaire,
- ***équation annuelle*** : le terme en D traduit l'influence de la proximité du Soleil, liée à l'excentricité de l'orbite terrestre,
- ***réduction à l'écliptique*** : le terme en E traduit le fait que l'inclinaison de l'orbite varie autour d'une valeur non nulle.
- ***terme principal de la latitude*** : terme en F ,
- ***grande inégalité de latitude*** : terme en G .

Les Eqs. (42.8 à 10) représentent les termes prépondérants. Les développements complets contiennent plus d'un millier de termes, d'amplitude plus faible.

c. Historique

La première théorie de la Lune est due à Newton dans les *Principiae*. Newton qualifiait ce problème comme "la plus horrible (*awfull*) histoire qui puisse se rencontrer". Ensuite, les améliorations se succédèrent avec en 1752 *Alexis Clairaut* (1713 - 1765), en 1753 puis 1772 *Leonhard Euler* (1707 - 1783) et *Tobias Mayer* (1723 - 1762). À noter que Clairaut tenta d'abord de modifier la loi de Newton avec un petit terme en $1/r^3$ comme évoqué en annexe III.2 b, par l'Eq. (III.22).

La théorie analytique fait des progrès énormes en 1802 avec Laplace, en 1824 avec *Charles Damoiseau* (baron de : 1768 - 1846), en 1846 avec *de Pontécoulant* (1795 - 1874) et en 1860 avec *Peter Hansen* (1795 - 1874). La première théorie très précise est due à *Charles Delaunay* (1816 - 1872), malheureusement elle ne converge que très lentement. Elle donna lieu en 1865 aux Tables de *Radau* (v. 1820 - 1885), utilisées dans la Connaissance des Temps jusqu'en 1925.

Elle a été supplantée dans les éphémérides par les travaux de *George Hill* (1838 - 1914) et la théorie rapidement convergente de *William Brown* (1866 - 1938), publiée de 1897 à 1919. L'orbite de référence est appelée *orbite variationnelle de Hill* et est décrite dans un système d'axes géocentrique en rotation uniforme avec le Soleil moyen. Les trois équations de la Lune comprennent près de 1500 termes, dont de nombreux termes planétaires rendant compte des perturbations de l'orbite terrestre. Cette théorie a été améliorée en 1953 : c'est l'*Improved Lunar Ephemeris I L E* en usage actuellement.

4.2.8 Les éclipses

Les éclipses présentent dans l'histoire des civilisations une importance capitale pour la pensée moderne : c'est en effet de leur observation que les grecs déduisirent la rotondité de la Terre, la distance Terre - Lune et la propagation rectiligne de la lumière. Mais surtout, ils apprirent à exercer leur esprit par l'observation et la déduction logique.

a. Éclipses de Soleil et de Lune - description

Les *éclipses de Soleil* se produisent lorsque la Lune s'interpose entre Soleil et Terre, au voisinage de la Nouvelle Lune. Leur effet spectaculaire est dû à une coïncidence fortuite : les diamètres apparents des deux astres sont pratiquement égaux à 9 mrad, soit un demi degré. Un calcul plus poussé donne pour le Soleil une variation de 31.5 à 32.5 et pour la Lune de 29.5 à 33.5 minutes d'arc, suite à l'excentricité des orbites et au lieu d'observation. L'éclipse est *partielle* lorsque l'alignement des trois corps n'est qu'approximatif. En cas d'un alignement quasi parfait, l'éclipse est *totale* lorsque le diamètre apparent de la Lune est supérieur à celui du Soleil, et *annulaire* dans le cas inverse.

Les *éclipses de Lune* ont lieu lorsque la Terre s'interpose entre Soleil et Lune, en période de Pleine Lune, et projette son ombre vers la Lune. Lorsque l'alignement n'est pas parfait, le phénomène est peu marquant car c'est la pénombre qui estompe la Lune, comme le ferait un léger voile nuageux. Nettement moins spectaculaires que celles de Soleil, les éclipses de Lune n'en ont pas moins permis au grec *Hipparque de Nicée* (v. -190 à -120) d'estimer la distance Terre - Lune à 60 rayons terrestres par la mesure de leur durée (voir section 4.1.9 a).

Il découvrit également que la Terre était ronde et environ trois fois plus grande que la Lune. En une année civile, il y a entre quatre et sept éclipses dont au minimum deux de chaque type.

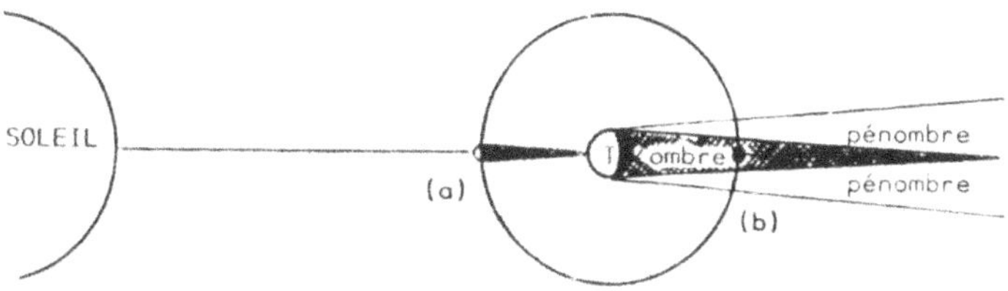

Figure 4.12 : Schémas d'éclipses
(a) de Soleil (b) de Lune

b. Conditions d'éclipse - le Saros

La condition principale à remplir pour avoir éclipse est l'alignement entre les trois corps. Vu l'écart relativement important (5°) entre les deux plans orbitaux, les conditions favorables ne se rencontrent qu'au voisinage de la ligne des noeuds, c'est-à-dire que la Lune doit être à moins de 10 degrés d'un noeud.

La périodicité de l'occurrence de ces conditions doit donc être recherchée pour une commensurabilité approchée entre période synodique et période draconistique (nodale). De nombreux couples semblent convenir : 11/12, 12/13, 23/25, 24/26, 47/51, 105/114, 117/127, 129/140, 211/229, 223/242, 246/267 etc . . . Le couple 223/242 convient d'autant mieux qu'il correspond à 239 révolutions anomalistiques et, à 10.3 jours près, à un nombre entier (18) d'années solaires. En un *saros* de 6 585 jours, les trois corps se retrouvent presque dans les mêmes positions relatives, Terre et Lune étant au même endroit de leurs orbites par rapport au noeud et au périastre. Cette périodicité remarquable est connue depuis plus de 2500 ans. *Thalès de Milet* (v. -625 à -545) semble l'avoir appris des babyloniens et utilisé pour prédire une éclipse de Soleil vers l'an -585 en Ionie.

Les séries d'éclipses se répètent de manière pratiquement identique tous les 18 ans. Mais comme il y a un écart d'un tiers de jour, les régions de la Terre intéressées par le phénomène sont décalées d'environ 120° vers l'ouest d'une période à l'autre. Pour un lieu donné, la période est donc de trois saros. Une périodicité beaucoup plus longue a été détectée, comprenant 72 saros ou 1 298 ans, pendant lesquels chaque éclipse de la série passe de partielle à totale ou annulaire, ou bien de pénombre à ombre partielle puis totale, et inversement.

c. Calcul des éclipses

Le calcul est relativement simple pour les éclipses de Lune car d'une part une grande précision n'est pas requise, et d'autre part, la zone de visibilité couvre un hémisphère. Il en va tout différemment pour les éclipses de Soleil, à cause des nombreuses phases qu'elles comportent et de la haute précision demandée par le dessin de la zone de visibilité. La méthode utilise les éléments de *Friedrich Bessel* (1784 - 1846) rapportés au plan passant par le centre de la Terre et normal à la droite des centres Soleil - Lune. Pour les éclipses centrales, un premier calcul porte sur la détermination de la ligne de centralité, graduée en temps, puis éventuellement sur la largeur de la bande de totalité. Les éclipses de l'Antiquité, calculées en 1887 par *Theodor von Oppolzer* (1841 - 1886) constituent des jalons précieux pour la chronologie. Elles permettent également d'étudier le ralentissement de la rotation terrestre en évaluant le décalage UT - TDT à des époques très anciennes.

4.2.9 Les éphémérides

L'éphéméride d'un corps céleste est la variation dans le temps de ses coordonnées angulaires équatoriales : ascension droite α et déclinaison δ. Les éphémérides donnent deux positions par jour pour le Soleil et les planètes, à 0.00 ou à 12.00 heure UT, et 24 positions par jour pour la Lune, une par heure.

En premier lieu, le mouvement dans le plan d'orbite est déterminé pour des instants équidistants au moyen de l'équation de Kepler : ce sont les Eqs. (21.40, 48 et 49) du chapitre 2.1.5. Ce premier stade correspond, pour les corps en orbite quasi circulaire, à l'éphéméride du Soleil, présentée lors de l'étude de l'équation du temps à la section 4.1.5, ou encore à l'éphéméride de la Lune. Dans ce dernier cas, il faut tenir compte d'un très grand nombre de termes vu la complexité des perturbations (voir articles 4.2.6 et 7).

En deuxième lieu, pour les planètes, le mouvement de la Terre doit également être pris en compte, ainsi que les écarts angulaires entre les deux plans orbitaux. Il y a donc *deux* équations du *centre* à calculer avant de procéder à la *réduction* à l'équateur. Pour les corps en orbite quelconque, tels Pluton, astéroïdes et comètes, les développements en série ne sont pas appropriés et il faut résoudre les équations transcendantes de Kepler. Enfin, le temps doit être corrigé pour tenir compte du temps de parcours de la lumière.

Le calcul des éphémérides était par le passé une opération très lourde et réservée à des équipes de calculateurs professionnels. Aujourd'hui, les ordinateurs et même les calculettes peuvent se jouer des équations transcendantes et aller bien plus vite et avec plus de précision.

Les premières éphémérides semblent avoir été établies par *Eudoxe de Cnide* (-406 à -355). En Occident, celles de *Regiomontanus* (*Johannes Müller* : 1436 - 1476) en 1470 ont été abondamment utilisées par les navigateurs des XVe et XVIe siècles. *John Flamsteed* (1646 - 1719) publia de bonnes éphémérides en 1735 : ses tables de la Lune, retravaillées par Euler et Mayer, apportèrent une amélioration à la détermination du point à la mer. La découverte de l'aberration et de la nutation par *James Bradley* (1693 - 1762) en 1726 et 1735 permirent enfin l'établissement d'éphémérides précises à partir de 1750.

L'*Astronomical Ephemeris*, édité par la *Royal Society*, parut pour la première fois en 1767, à la veille des voyages de *James Cook* (1728 - 1779). En France, *la Connaissance des Temps* est publiée depuis 1679 et les États-Unis éditent le *Nautical Almanach* depuis 1875. La Connaissance des Temps ne publie plus, depuis 1980, qu'une série de coefficients numériques pour ordinateur, tandis que les éphémérides anglo-saxonnes ont gardé leur forme classique. Elles ont fusionné en 1960, et sont publiées depuis 1981 sous le nouveau titre d'*Astronomical Almanach*.

□

Edmund HALLEY(1656-1742)

Astronome anglais collaborateur de Newton pour le calcul des orbites des comètes. Il donna son nom à la comète de 1682 dont le retour prévu en 1758 lui conféra une consécration posthume.

William HERSCHEL (1738-1822)

Astronome d'origine allemande qui découvrit Uranus en 1781. Il pressentait l'existence des galaxies.

Urbain LE VERRIER (1811-1877)

Astronome français qui permit, en 1846, la découverte de Neptune par le calcul des perturbations d'Uranus.

LAPLACE (Pierre - Simon de : 1749-1827)

Académicien et mathématicien français qui appliqua la théorie des perturbations planétaires à l'étude de la stabilité du Système solaire.

4.3
Les étoiles - la Galaxie

4.3.1 Observer les étoiles au XXe siècle

L'observation des étoiles remonte à la plus haute Antiquité, mais au-delà des constellations léguées par les babyloniens et des catalogues dus à *Hipparque de Nicée* (v. -190 à -120) et à ses successeurs grecs, la connaissance autre que descriptive de la voûte céleste n'a pas fait de progrès majeurs avant le XIXe siècle. Depuis la mise en service de la lunette, le bond quantitatif permettant de découvrir la profondeur de la voûte étoilée demanda plus de deux siècles. Des améliorations significatives dans trois domaines furent nécessaires :

- technologie des lentilles et des miroirs courbes pour télescopes,
- meilleure connaissance des conditions d'observation à partir de la Terre en vue d'atteindre une plus grande précision angulaire,
- possibilité d'enregistrer, d'amplifier et d'analyser la lumière.

La réalisation de ces trois types de perfectionnements entraîna un développement rapide de l'astronomie stellaire vers la fin du XIXe siècle. Avec l'augmentation des dimensions et des masses, la complexité des instruments augmenta considérablement. Il fallut dès lors passer à une échelle différente, en rassemblant des équipes d'ingénieurs, d'astronomes et d'opticiens pour concevoir et réaliser les engins du XXe siècle. C'est principalement d'Amérique du nord que vint cette nouvelle approche, à une époque où les USA s'ouvraient à la recherche fondamentale. Elle révéla son efficacité pour la construction des nouveaux télescopes, mais aussi pour y intégrer les techniques nouvelles de photographie et de spectrographie et leur exploitation à grande échelle.

Le plus célèbre bâtisseur de télescopes est sans conteste l'astronome américain *George Ellery Hale* (1868 - 1938), qui réussit à financer les plus grands télescopes du monde, en convainquant les hommes d'affaires les plus riches à se transformer en mécènes pour l'avancement de la quête de l'univers. Ses réalisations sont les suivantes :

- lunette *Yerkes* de 1 m de diamètre : c'est encore de nos jours le plus grand engin réfracteur du monde,
- télescope de 60 pouces (1.5 m) et observatoire du *mount Wilson* en Californie du sud (altitude 2000 m), installé en 1908 avec des fonds de la famille Hale et de la Fondation Carnegie,
- télescope de 100 pouces (2.5 m), installé en 1918 au mont Wilson et financé par le milliardaire Hooker,
- télescope de 200 pouces (5.0 m), installé en 1948 au *mount Palomar* et partiellement financé par Rockefeller.

Hale fut lui-même successivement directeur des observatoires de Yerkes et du mont Wilson. C'est sous sa direction que les chercheurs *Harlow Shapley* (1885 - 1972) et *Edwin Hubble* (1889 - 1953) travaillèrent de nombreuses années avec les succès qui vont être évoqués plus loin. Les trois observatoires cités ci-dessus ont été regroupés pour former la chaîne des *Hale Observatories*, en hommage à leur éminent fondateur. Ces engins représentent l'investissement scientifique le plus gigantesque jamais réalisé à l'époque. Dûment révisés et modernisés, ils poursuivront leurs inestimables services bien au-delà du XXe siècle.

À noter que le télescope russe de 6.0 m, installé en 1974 à Zelentchuk en Arménie, est le plus grand engin monomiroir de conception classique. Son originalité est que, vu sa dimension, l'observation peut avoir lieu directement au foyer, les instruments sont suspendus par une nacelle, dans le champ incident.

Enfin, les télescopes du XXIe siècle sont en préparation. Ils sont évoqués en annexe IV.7.

4.3.2 Évaluer la distance des étoiles

L'homme ne put atteindre une bonne compréhension du domaine stellaire qu'en s'extrayant par la pensée de son poste d'observation terrestre, pour aller contempler l'espace de l'extérieur. Malheureusement, l'observation visuelle des étoiles ne fournit qu'une image bidimensionnelle de la voûte céleste, sans aucune information sur sa profondeur réelle. Les constellations sont des groupements apparents d'étoiles qui, faute de perspective, présentent au cours des âges des formes ou dessins quasi immuables pour l'observateur terrestre. La connaissance du ciel passe donc obligatoirement par la détermination des distances absolues des étoiles.

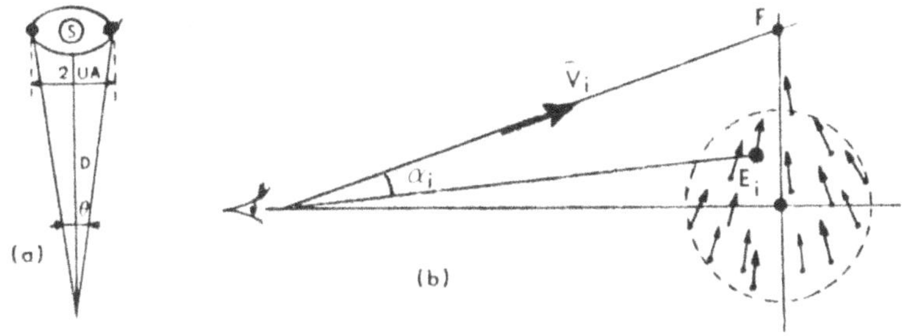

Figure 4.13 : Détermination des distances par la parallaxe
(a) Parallaxe annuelle (b) Parallaxe statistique

a. Méthodes de la parallaxe

- **Parallaxe annuelle**

Pendant près d'un siècle et demi, les successeurs d'*Isaac Newton* (1642-1727) s'efforcèrent vainement de mesurer la distance des étoiles de première grandeur, supposées les plus proches, par la *parallaxe annuelle*, méthode géométrique de triangulation, utilisant l'écart angulaire entre deux visées d'une même étoile à six mois d'intervalle. Il fallait pour réussir, maîtriser parfaitement la précision des mesures angulaires, compte tenu de l'imperfection manifeste de la plate-forme terrestre d'observation : réfraction atmosphérique, aberrations dues à la vitesse de la lumière, précession et nutation dues aux mouvements parasites des éléments de référence suite aux perturbations luni-solaires, et enfin erreurs dans la mesure du temps dues aux irrégularités de la rotation terrestre. À l'exception de cette dernière perturbation, toutes les sources d'erreurs citées ci-dessus furent maîtrisées au milieu du XVIIIe siècle, comme exposé à la section 4.1, articles 4.1.4 et 4.1.8. Après avoir vaincu tous ces pièges, ce n'est finalement qu'en 1838 que furent réalisées avec succès les premières triangulations d'étoiles. *Friedrich Bessel* (1784 -1846) mesura la parallaxe de l'étoile 61 Cygni à 0.3 seconde d'arc (1.5 µrad), soit une distance d'environ 10 années de lumière.

En découvrant ainsi la profondeur vertigineuse de l'espace, l'homme prenait enfin conscience de l'isolement extrême de la Terre dans un espace quasiment vide. Et ce n'était là qu'un début . . . Le glas a ainsi définitivement sonné pour les constellations des babyloniens et des grecs : séparées par des distances énormes, les étoiles qui les constituent n'ont absolument rien en commun. En revanche, lorsque les distances sont voisines, comme c'est le cas dans les constellations des Pléiades et des Hyades, il y a bien communauté de caractéristiques, et les astronomes parlent d'amas d'étoiles plutôt que de constellations. Le *parsec* (***par***allaxe, ***sec***onde) est la distance à laquelle l'Unité astronomique est vue sous un angle d'une seconde d'arc. Il est noté ***p c*** et constitue l'unité de distance astronomique :

$$1 \textit{ parsec } (p\ c) = 3.261\ 564 \textit{ années de lumière } (A\ L) \qquad (43.1)$$

La précision des mesures de parallaxe réalisées par le satellite Hipparcos (voir article 4.3.4) est trente fois meilleure que celle de toutes les mesures précédentes. Elle atteint 0.0015" : la précision relative est égale à 10% pour les étoiles situées à 200 A L et à 20% pour celles situées jusque 400 A L.

- **Méthode des courants d'étoiles** (parallaxe statistique)

Pour les étoiles plus lointaines, regroupées en amas, une méthode similaire permet de faire un bond supplémentaire dans les distances : c'est la méthode des courants d'étoiles (appelée aussi méthode de la parallaxe statistique, cinématique ou séculaire). Les étoiles d'un amas ouvert sont supposées être proches les unes des autres, et avoir des mouvements individuels nuls en moyenne, par rapport au mouvement d'ensemble dû à leurs mouvements propres et à celui du Soleil au sein de la Galaxie. Vues en perspective de la Terre, elles semblent provenir d'un même point de l'espace, appelé *point de convergence* (point de fuite F), décalé d'un certain angle α_i par rapport à leur position individuelle. L'Eq. (43.2) fournit la distance moyenne de l'amas à partir des vitesses angulaires apparentes (appelées *mouvements propres* μ_i) et des vitesses radiales v_{ri} mesurées par effet Doppler :

$$\tilde{D} = \frac{1}{N} \sum_{i=1}^{N} \frac{v_{ri}}{\mu_i} \tan\alpha_i \, . \qquad (43.2)$$

L'amas des Hyades a été ainsi situé à 150 A L. Le décalage spectral de la lumière émise par les sources en mouvement, découvert par *Christian Doppler* (1803 - 1853), permet la détermination précise de la vitesse radiale par analyse spectroscopique. Le décalage spectral est relié à la vitesse radiale par l'Eq. (43.3). La démonstration complète est reprise au chapitre 7.2.3, voir l'Eq. (72.19).

$$\frac{\lambda'}{\lambda} = \frac{1 \pm \frac{v_r}{c}}{\sqrt{1 - \frac{v^2}{c^2}}} \approx 1 \pm \frac{v_r}{c} \, . \qquad (43.3)$$

Ces amas proches, à leur tour, servent de repères pour estimer les distances d'étoiles plus lointaines, par divers moyens décrits ci-après.

b. Températures de couleur des étoiles

Le pas suivant est basé sur la détermination de la luminosité (éclat) absolue des étoiles. La loi de décroissance de la luminosité étant une fonction connue de la distance, l'éclat réel mesuré fournit la distance.

$$i\,D^2 = I\,D_0^2 \quad avec \quad D_0 = 10 \;\; pc\,. \tag{43.4}$$

I est l'éclat absolu de l'étoile, supposée se trouver à une distance de référence D_0 égale à 10 parsecs, et i est son éclat apparent. La luminosité des étoiles est définie par l'échelle logarithmique des magnitudes décrite par l'Eq. (43.5). C'est la loi de *Norman Pogson* (1809 - 1891), forme moderne de l'échelle subjective établie par Hipparque. Les symboles M et m représentent la magnitude absolue et la magnitude apparente :

$$m = -\,2.5 \log \frac{i}{I_0} \quad et \quad M = m + 5 - 5 \log D\,. \tag{43.5}$$

L'éclat de référence I_0 est pris égal à 100 fois l'éclat du Soleil à une distance de 10 parsecs. L'Eq. (43.6) donne les magnitudes absolue et apparente du Soleil :

$$Soleil: \; M_S = 5 \quad et \quad m_S = -\,26.5\,. \tag{43.6}$$

L'éclat absolu des étoiles peut être déduit de la classe spectrale (température de couleur) de l'étoile grâce au *diagramme H.R.*, comme exposé à l'article 4.3.6. Cette méthode permet de réaliser un bond important puisque les distances peuvent être évaluées ainsi jusqu'à 10 000 A L. Au-delà de cette distance, l'analyse spectroscopique devient trop imprécise et la méthode perd de sa fiabilité.

c. Indicateurs primaires

Les *indicateurs primaires* sont des objets stellaires dont la distance des plus proches a pu être évaluée par les méthodes éprouvées (parallaxe ou spectroscopie) et qui possèdent une caractéristique physique observable, en relation avec leur éloignement.

Les étoiles variables du type *céphéide* en sont un exemple : leurs fluctuations lumineuses (période, régularité) les rendent aisément identifiables. La période est une fonction connue de leur éclat moyen absolu : c'est ce que découvrit en 1912 l'américaine *Henrietta Leavitt* (1868 - 1921), en étudiant les céphéides du Petit Nuage de Magellan. Cette relation *période - luminosité* permet d'estimer la magnitude absolue et donc l'éloignement, à partir de la magnitude apparente. La méthode permet d'atteindre quelques dizaines de millions d'A L. La relation période - luminosité a été réétalonnée en 1948, après la mise en service du télescope de 5 m au mont Palomar. Un autre type de variable *WW Virginis* a été identifié dans les zones de population II, quatre fois moins lumineuse que les céphéides classiques (voir chapitre 7.1.3 a). Les distances estimées ont varié, de ce fait, du simple au double.

D'autres indicateurs primaires sont : les *novae* (relation entre le taux de décroissance et la luminosité maximale), les variables *RR Lyrae* (magnitude absolue moyenne constante).

4.3.3 La Voie lactée devient Galaxie

Au début du XXe siècle, la Voie lactée était représentée sous forme d'un disque héliocentrique, c'est le modèle de *Jacobus Kapteijn* (1851 - 1922). La découverte de la relation période - luminosité par Leavitt venait à point nommé pour permettre à Shapley l'évaluation de la grandeur de la Voie lactée, et en particulier les distances d'une centaine d'amas globulaires que le télescope de 1.5 m avait permis de résoudre. Ces concentrations sphériques rassemblent une centaine de milliers d'étoiles et sont liées par la gravitation, comme décrit au chapitre 3.1.3 par les Eqs. (31.19 à 21). Globalement, ces amas globulaires sont répartis dans un volume quasi sphérique de 50 000 A L de rayon.

Le disque central, la Voie lactée proprement dite, ne constituait donc qu'une partie de l'ensemble qui prit dès lors le nom de *Galaxie*. De plus, le centre de cette sphère est situé à 30 000 A L du Système solaire ! La première application des méthodes nouvelles de détermination des distances reléguait donc le Soleil dans une lointaine banlieue de la Voie lactée. Les limites de la Galaxie étaient enfin atteintes. La taille du Système solaire se réduisait au milliardième de celle de la Galaxie. Une question fondamentale restait encore à résoudre : la Voie lactée était-elle l'ensemble de l'univers, ou bien existait-il d'autres galaxies extérieures ? Shapley pensait que non. Pour lui, les nébuleuses étaient des objets intérieurs.

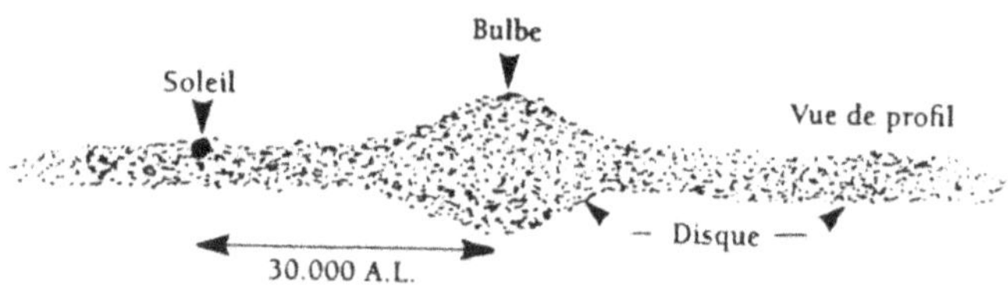

Figure 4.14 : La Voie lactée

Il utilisait comme indicateurs primaires les RR Lyrae. La distance des céphéides situées dans les amas globulaires ne fut obtenue que par le biais d'*indicateurs secondaires* moins précis, tels que l'étoile la plus lumineuse de l'amas ou la luminosité totale de l'amas. Il attribua erronément à la Galaxie un rayon de 150 000 A L, c'est-à-dire des dimensions *trois* fois trop grandes. La nébuleuse du Petit Nuage de Magellan, à 100 000 A L, était ainsi située à l'intérieur de la Galaxie. Ce devait donc, concluait Shapley, être aussi le cas des autres nébuleuses.

Le verdict de l'observation tomba en 1923, lorsque le nouveau télescope de 2.5 m du mont Wilson permit de résoudre la nébuleuse d'Andromède M 31 et d'y localiser des céphéides à plus d'un million d'A L de la Terre. Cette erreur d'appréciation conduisit Shapley à quitter l'Observatoire, laissant à Hubble le soin de poursuivre l'exploration de l'espace extragalactique.

Les caractéristiques géométriques et cinématiques générales de la Galaxie, après les travaux préliminaires de Shapley, ont fait l'objet de nombreuses recherches, dont les principales sont dues au néerlandais *Jan Oort* (1900 - 1992), dans les années 1930.

La Galaxie est un ensemble constitué d'environ 10^{11} étoiles, ainsi que de matière interstellaire, réparti en deux composantes :

- **composante sphéroïdale** : comprenant le bulbe ellipsoïdal, de rayon égal à 3 kpc (ou 10 000 A L), entouré d'un halo très peu dense, de forme sphérique et de rayon égal à 15 kpc (50 000 A L),
- **composante du disque** : système plat, de 12 kpc de rayon (40 000 AL), incluant une structure ***spirale***, à deux bras incurvés en spirale à la manière des bras d'une roue de feu.

Le Soleil fait partie d'un amas d'étoiles situé au sein du disque galactique, à une distance de 9 kpc (30 000 A L) du centre, et à environ 15 pc (50 A L) du plan galactique. Les objets du halo, aux grandes latitudes galactiques, sont des concentrations d'étoiles ayant la forme d'amas globulaires sphériques, qui circulent sur des orbites très lentes et fortement excentriques. La Galaxie est animée d'un mouvement de rotation d'ensemble. Les parties proches du centre galactique, jusque 2 000 A L environ, se comportent comme un corps rigide : la vitesse angulaire est constante, ainsi qu'il résulte de la théorie des ensembles sphériques (voir chapitre 3.1.3). En revanche, dans l'ensemble du disque à partir de 3 000 A L, les vitesses linéaires sont pratiquement constantes et atteignent environ 250 km/s.

4.3.4 Caractérisation des étoiles

a. Caractères particuliers

• Dénomination des étoiles

La dénomination des étoiles a suivi l'évolution des moyens d'observation, et au fil des siècles, plusieurs systèmes se sont succédés et se superposent aujourd'hui. Une centaine d'étoiles, parmi les plus lumineuses, portent un nom individuel. Ces dénominations trouvent leur origine dans la mythologie grecque (*Castor, Pollux*), dans le vocabulaire latin (*Regulus, Capella*), mais la plupart sont d'origine arabe (*Altaïr, Deneb, Rigel*).

Avec l'augmentation du nombre d'étoiles observées, la dénomination a été adaptée dès le XVIIe siècle et comporte une lettre grecque ou un numéro d'ordre, suivi du nom latin de la constellation au génitif (exemple : 61 *Cygni*). Ensuite, elles furent identifiées par leur numéro d'ordre dans le catalogue de base, celui de 1725 de *James Flamsteed* (1646 -1719). Depuis lors, tant de catalogues ont été publiés, enrichis, réédités, que chaque étoile porte selon les auteurs, plusieurs numéros différents, ce qui oblige à préciser le nom de l'auteur ou du catalogue concerné.

- **Étoiles doubles et multiples**

Depuis que *William Herschel* (1738 - 1822) identifia clairement quelques étoiles doubles en 1803, de nombreux objets stellaires considérés précédemment comme étoiles se sont révélés être des groupes plus ou moins serrés de deux ou plusieurs étoiles en interaction gravitationnelle. Les étoiles multiples représentent plus de la moitié des étoiles observées. Le phénomène est donc loin d'être rare dans la nature, il est aussi probable que celui de la formation d'une étoile simple. Les étoiles doubles sont classées d'après la méthode qui a permis leur détection :

- *doubles visuelles* : les deux composantes sont observées distinctement par les instruments,
- *doubles photométriques*, ou *binaires à éclipses* : étoiles variable (*Algol* ou *β Persei*), suite aux occultations périodiques d'une étoile par l'autre,
- *doubles astrométriques* : mouvement périodique observé d'une des étoiles, dû à la présence d'un compagnon non visible (*Sirius*),
- *doubles spectroscopiques* : dédoublement périodique des raies spectrales, suite à la variation des vitesses radiales - voir Eq. (43.3).

L'intérêt des doubles visuelles est considérable car leurs masses peuvent être évaluées par application de la troisième loi de *Johannes Kepler* (1571 - 1630), lorsque la distance du couple est connue. En revanche, lorsque les masses sont connues ou estimées par d'autres moyens, cette méthode, appelée *parallaxe dynamique*, permet de calculer la distance.

- **Mouvements propres**

C'est à *Edmund Halley* (1656 - 1742) qu'est due en 1718 la découverte des mouvements propres de *Sirius*, *Arcturus* et de *Aldebaran*, obtenue en comparant les positions de l'époque avec celles relevées par Hipparque quinze siècles plus tôt. L'étoile la plus rapide est l'*étoile de Barnard*, avec un mouvement propre de 10.3″ par an.

b. Catalogues stellaires

Les *catalogues absolus* rassemblent les coordonnées absolues d'un bon millier d'étoiles, convenablement réparties sur la sphère céleste, et observées dans des conditions bien homogènes, et à une époque déterminée.

Un *catalogue fondamental* est obtenu par comparaison de catalogues absolus établis pour deux époques distinctes, afin de mesurer le mouvement propre des étoiles. Il matérialise les repères fondamentaux et mentionne le système de valeurs adopté pour les constantes astronomiques. Les catalogues établis par les astronomes allemands se sont imposés par leur qualité et ont été universellement adoptés depuis le *dritter Fundamental Katalog* FK 3, publié en 1938. La cinquième édition, le FK 5, est en vigueur depuis 1984 et comprend 1535 étoiles, les positions sont rapportée aux équinoxes de 1975.0 et de 2000.0. La précision est : 0.001″ en ascension droite, 0.01″ en déclinaison et 0.003″ par an pour les mouvements propres.

Les autres *catalogues* sont dits *normaux*. Ils contiennent des centaines de milliers d'étoiles, mais les positions et autres caractéristiques sont déduites à partir du catalogue fondamental. Ce sont des éléments relatifs, dont la précision est deux fois moindre. C'est le cas du *General Catalogue* GC, contenant 30 000 étoiles, de divers catalogues photographiques dont celui de l'*Astronomischer Gezellschaft* AGK 3 qui en compte 300 000, ainsi que de divers inventaires comme le *Bonner Durchmünsterung* DB de 1860. Le catalogue des nébuleuses établit par *Charles Messier* (1730 - 1817) en 1784 contient une centaine de nébuleuses. Par la suite, les recensement les plus importants ont été faits par *Johan Dreyer* (1852 - 1926) en 1888 dans le *New General Catalogue of nebulae and clusters* NGC, puis dans différents *Index Catalogues*, et le *Catalogue of stars and associations* de 1970.

- ***Catalogue Hipparcos*** : tous les catalogues évoqués ci-dessus ont été supplantés par le catalogue Hipparcos, à la fois absolu et fondamental, publié en 1997. Ce catalogue contient, pour les 120 000 étoiles observées par le satellite astrométrique européen Hipparcos entre 1989 et 1993, les positions et parallaxes à mieux que 0.001″, ainsi que les mouvements propres à mieux que 0.001″/an. La couverture du ciel est homogène et permet le raccordement des hémisphères boréal et austral.

- ***Catalogue Tycho*** : ce catalogue a été établi à partir des données de contrôle d'attitude du satellite. Il fournit les éléments relatifs de plus d'*un million* d'étoiles, à mieux que 0.025″.

4.3.5 Caractéristiques dynamiques de la Galaxie

La détermination des caractéristiques géométriques de la Galaxie, à partir de l'observation des étoiles, est une opération particulièrement délicate liée au fait que l'observation, à partir d'un point interne à la structure, donne une vue déformée par les effets de perspective. À signaler également les *coordonnées galactiques* (équateur galactique, direction Soleil - Centre) : *longitude galactique* L mesurée dans le sens direct et *latitude galactique* b.

a. Position du Soleil

En plus de la méthode utilisée par Shapley, le moyen le plus fiable pour déterminer la position du centre galactique consiste à supposer que ce point est le centre de symétrie de la distribution des étoiles variables RR Lyrae du bulbe galactique. Cette méthode conduit à positionner le Soleil à une distance R_S donnée par l'Eq. (43.7) :

$$R_S = 8.7 \pm 0.6 \ kpc \approx 28\,000 \ A\ L \ . \qquad (43.7)$$

Il est également possible de rechercher à grande distance R_E du Soleil, les étoiles ayant une vitesse radiale nulle. Ces étoiles se trouvent dès lors à la même distance du centre galactique que le Soleil, tout en étant animées d'une même vitesse linéaire.

$$R_S = \frac{R_E}{2 \cos L} \ . \qquad (43.8)$$

La distance ainsi obtenue est égale à $R_S = 9.0 \pm 1.5 \ kpc$.

b. Mouvement du Soleil

Pour toutes les étoiles proches dont la distance a pu être mesurée avec une bonne précision, le traitement des vitesses radiales v_r , obtenues par mesure du décalage Doppler et des vitesses normales v_n résultant des mouvements propres μ permet de déduire une image cinématique de la banlieue solaire. Cette portion de l'espace galactique étant très petite par rapport à la Galaxie elle-même, il est permis d'assimiler les écarts à des différentielles. Le champ des vitesses $\vec{v}\ (x, y, z)$ est d'abord écrit en coordonnées rectangulaires galactiques centrées sur le Soleil, l'axe $S\,\bar{x}$ est orienté vers le centre galactique, $S\,\bar{x}\,\bar{y}$ est le plan galactique : ce sont les Eqs. (43.9) :

$$\begin{aligned} v_x &= \frac{\partial v_x}{\partial x}\,\Delta x + \frac{\partial v_x}{\partial y}\,\Delta y \ , && avec \\ v_y &= \frac{\partial v_y}{\partial x}\,\Delta x + \frac{\partial v_y}{\partial y}\,\Delta y \ , && \Delta x = r \cos L \ , \\ v_z &= \frac{\partial v_z}{\partial x}\,\Delta x + \frac{\partial v_z}{\partial y}\,\Delta y && et \quad \Delta y = r \sin L \ , \end{aligned} \qquad (43.9)$$

Il est ensuite converti en coordonnées polaires locales r et L, pour faire apparaître les composantes mesurables v_r et v_n , ce sont les Eqs. (43.10). Dans ces équations, toutes les dérivées partielles sont à prendre au centre polaire local, c'est-à-dire à la position actuelle du Soleil. Les constantes A, B, C et D sont appelées constantes de Oort. L'observation fournit les vitesses radiales par analyse du décalage spectral.

$$v_r = r\,(C\cos 2L + A\sin 2L + D)\,, \qquad et$$
$$v_n = r\,(A\cos 2L - C\sin 2L + B)\,, \qquad A - B = \frac{\partial v_x}{\partial y} = \omega_S\,. \tag{43.10}$$

$$\text{avec} \quad \begin{array}{ll} A = \frac{1}{2}\left(\frac{\partial v_x}{\partial y} + \frac{\partial v_y}{\partial x}\right) & C = \frac{1}{2}\left(\frac{\partial v_x}{\partial x} - \frac{\partial v_y}{\partial y}\right) \\ B = -\frac{1}{2}\left(\frac{\partial v_x}{\partial y} - \frac{\partial v_y}{\partial x}\right) & D = \frac{1}{2}\left(\frac{\partial v_x}{\partial x} + \frac{\partial v_y}{\partial y}\right). \end{array} \tag{43.105}$$

Les vitesses normale v_n et en élévation v_z sont déduites des mouvements propres moyens : $\mu_L \cos b$ pour v_n , et μ_b pour v_z . Les résultats sont les suivants :

$$\begin{array}{ll} A = 15\ ms^{-1}pc^{-1} = 0.32''/siècle\,, & v_z = C = D = 0\,, \\ B = -10\ ms^{-1}pc^{-1} = 0.21''/siècle\,, & \omega_S = 0.53''/siècle\,, \\ T_0 = 250.0 \times 10^6\ ans \quad et & v_S = 250.0\ km/s\,. \end{array} \tag{43.11}$$

Ces valeurs correspondent à un champ circulaire de vitesses, les mouvements moyens étant circulaires uniformes : c'est la *rotation différentielle* de la Galaxie. Se superposant à ces mouvements moyens, chaque corps possède en plus un mouvement individuel propre. Le Soleil se dirige ainsi en direction de la constellation d'Hercule à la vitesse de 20 km/s.

Le mouvement du Soleil a également été mesuré par rapport au rayonnement thermique de fond (voir chapitre 7.3.5). Il se déplace à une vitesse de 370 km/s dans une direction presque opposée à celle de son mouvement au sein de la Galaxie. La Galaxie semble donc se déplacer à une vitesse voisine de 600 km/s en direction du superamas de l'Hydre - Centaure.

c. Dynamique de la Galaxie

L'étude de la dynamique des galaxies a été évoquée succinctement au chapitre 3.1.8. La théorie statistique conduit ainsi, en tenant compte de la répartition de la matière visible (bulbe, disque, halo), à un champ de vitesses répondant à un modèle du type de l'Eq. (31.40), voir Fig. 4.15.

La courbe de vitesse présente un pic arrondi à proximité de la position du Soleil. Cette théorie est en contradiction avec les observations obtenues après 1970 pour les galaxies voisines, grâce aux mesures Doppler des nuages de gaz et d'hydrogène neutre présents à grande distance dans les disques. Les courbes de vitesses relevées présentent un plateau qui s'étend jusqu'à l'extrémité du disque visible, et même au-delà, suivant un modèle qui correspond mieux aux Eqs. (31.41).

d. Masse de la Galaxie

La concentration moyenne d'étoiles dans la Galaxie est de l'ordre de *une* étoile par *parsec cube* : une sphère de 5 pc de rayon, centrée sur le Soleil (525 pc^3), comprend 74 étoiles, soit moins de 0.15 étoile par pc^3.

Ce déficit local est attribué à la *structure spirale*, observée dans les autres galaxies, et qui semble également présente dans la Voie lactée. Le disque ceinturant le sphéroïde central n'est pas continu, mais forme plusieurs bras, vraisemblablement quatre, qui s'écartent en spirale. Le Soleil se trouverait au bord d'un des bras, dans une zone où la concentration en étoiles est plus faible. Dans l'hypothèse ancienne où seules les masses visibles sont prises en compte, il est possible d'exprimer les masses du bulbe et du disque en fonction des constantes de Oort. Cette approche conduit au modèle de *Bernhard Schmidt* (1879 - 1935) donnant une masse totale de 200 milliards de masses solaires, répartie entre le bulbe (65%) et le disque (35%). Ces valeurs semblent dépassées depuis 1980, l'estimation devant prendre en compte le champ des vitesses, constant à grande distance, comme représenté à la Fig. 4.15. La masse obtenue à partir des Eqs. (31.41) est voisine de :

$$M_G = 10^{12}\, M_S\,. \tag{43.12}$$

Ainsi se pose un nouveau problème : la répartition de masse décrite par les Eqs. (31.41) implique la présence d'une masse importante dans toute la composante sphéroïdale, débordant de loin la structure observée bulbe - disque. La nature de cette matière, appelée *matière invisible dynamique* (ou *dynamical dark matter*), est inconnue et fait l'objet des spéculations cosmologiques évoquées au chapitre 7.3.6 b.

4.3.6 Classification des étoiles : diagramme de Hertzsprung - Russell

Pour comprendre les étoiles, l'observation n'est pas suffisante, il faut de plus pouvoir enregistrer, amplifier et surtout analyser leur lumière. Ces progrès ne furent possibles que grâce aux deux avancées technologiques que sont la photographie et la spectrographie :

- **photographie** : inventée en 1816 par *Nicéphore Niepce* (1765 - 1833), elle n'atteindra sa maturité qu'après 1850. Cette découverte a bouleversé l'astronomie, car elle permet d'enregistrer simultanément tous les astres d'une même région du ciel. Elle entraîne une modification profonde des instruments : un champ large est nécessaire, et de plus, les montures doivent pouvoir suivre correctement le mouvement diurne des astres,

- **spectroscopie** : le spectre solaire fut relevé vers 1820 par *Joseph von Fraunhofer* (1787 - 1826), mais ne fut correctement interprété qu'en 1859 par *Gustav Kirchhoff* (1824 - 1887). Cette méthode d'analyse permet de rassembler des informations inestimables sur la composition atomique des sources lumineuses.

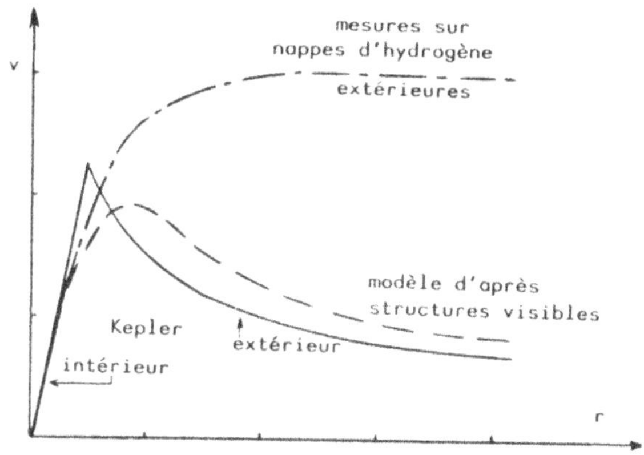

Figure 4.15 : Champ des vitesses dans la Galaxie

a. Analyser la lumière

La spectroscopie consiste en une décomposition de la lumière en ses composantes spectrales (couleurs) au moyen d'un prisme. Les solides, les liquides incandescents et les gaz à très hautes pressions et températures ont des spectres continus couvrant toutes les couleurs de l'arc-en-ciel. À pressions ou températures plus faibles, les gaz présentent des spectres constitués de raies d'émission caractéristiques de la nature chimique du gaz. Si la lumière émise par un corps incandescent (spectre continu) traverse un gaz plus froid, les raies d'absorption qui se forment correspondent aux longueurs d'onde auxquelles le gaz produirait ses raies d'émission.

Les premières analyses du spectre solaire révélèrent l'existence d'un gaz inconnu sur Terre. Il fut identifié en 1868 par *Norman Lockyer* (1836 - 1920) et baptisé *hélium* pour rappeler son origine solaire. Quelques années après la publication de la théorie de Kirchhoff, une partie du problème des nébuleuses était résolu. Deux types nettement distincts étaient identifiés : les nébuleuses gazeuses émettant uniquement des raies d'émission, et des nébuleuses de type stellaire, dont les nébuleuses spirales, présentant un spectre continu, constellé de raies d'absorption. L'ensemble des observations spectroscopiques des étoiles indique qu'elles ont toutes une composition similaire à celle du Soleil : 70% d'hydrogène H et 28% d'hélium He. Les deux pour-cents restants sont réservés aux autres éléments chimiques.

En nombre d'atomes, les pourcentages sont H : 90% et He : 9.99%. Les différences de composition résident principalement dans la ventilation des éléments chimiques lourds.

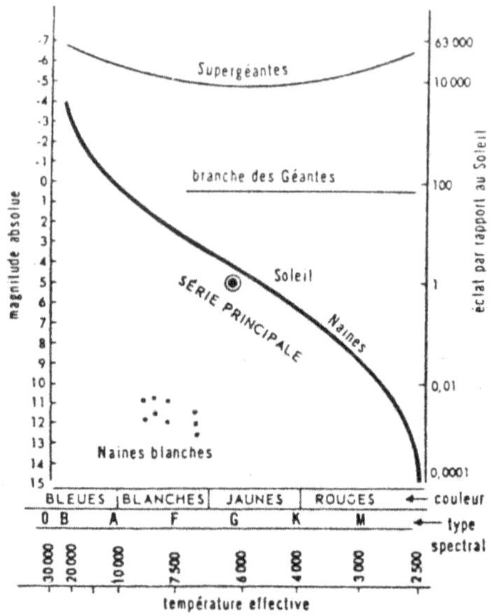

Figure 4.16 : Diagramme H.R. de Hertzsprung et Russell

L'étude des spectres permet également de déterminer les températures superficielles des étoiles en relation avec leur couleur. Les classes spectrales, étudiées d'après les raies d'absorption (classes **O, B, A, F, G, K, M, N**), sont liées aux températures et aux couleurs des surfaces stellaires.

L'analyse spectrale permit au danois *Ejnar Hertzsprung* (1873 - 1967) et à l'américain *Henry Norris Russell* (1877 - 1957) d'établir vers 1913 le diagramme ***H.R.*** qui porte leurs noms et qui présente les populations d'étoiles sur un graphique magnitudes - températures de couleur (Fig. 4.16). Sur ce diagramme, la plupart des étoiles (80%) se rangent de façon distincte, selon une *série principale* qui occupe la diagonale allant du coin supérieur gauche (étoiles bleues très lumineuses) au coin inférieur droit (étoiles rouges peu lumineuses). Le Soleil se situe au milieu de cette série principale, parmi les étoiles jaunes de magnitude moyenne. Dans la partie supérieure droite se trouvent les géantes et supergéantes rouges, et dans la partie inférieure gauche, des naines blanches. Les autres parties du diagramme sont pratiquement vides. Cette classification permet d'identifier sans ambiguïté des étoiles appartenant à la série principale et d'en déduire la magnitude absolue à partir de la température de couleur. La distance est alors obtenue par les Eqs. (43.4 et 5).

b. Longévité des étoiles

L'importance du diagramme H.R. réside également dans la place prépondérante qu'il occupe dans le schéma d'évolution des étoiles. Toutefois, cette interprétation du diagramme n'est véritablement apparue que vers 1950, lorsque les mécanismes thermonucléaires, actifs au sein des étoiles, furent bien compris.

Pour expliquer cette évolution, il importe tout d'abord de disposer d'un moyen d'estimer la masse des étoiles. En effet, la production des énormes quantités d'énergie lumineuse et calorifique au sein des étoiles, énergie d'origine thermonucléaire, n'est pas inépuisable : la masse de l'étoile traduit la réserve de combustible nucléaire disponible. C'est l'observation des étoiles doubles qui permet l'estimation de la masse (par la troisième loi de Kepler) lorsque les grands axes et les périodes sont mesurables. *Arthur Eddington* (1882 - 1944) a montré en 1924 que, pour les étoiles doubles de la série principale, la relation entre masse et luminosité absolue est donnée par l'Eq. (43.13 a) :

$$I \approx K\, m^3 \qquad et \qquad T_v \approx k\, I^{-2/3} \,. \tag{43.13}$$

Cette équation signifie qu'une étoile *mille* fois plus lumineuse que le Soleil ne possède que *dix* fois plus de combustible, alors qu'elle consomme *mille* fois plus d'énergie. Sa longévité T_v est donc environ *cent* fois plus courte. La longévité d'une étoile est donc fonction de son éclat, comme l'indique l'Eq. (43.13 b). Il est alors possible de graduer l'axe vertical du diagramme H.R. en durée de vie relative : les étoiles très chaudes et très lumineuses ont la vie la plus courte, tandis que les étoiles moyennes ou peu lumineuses, les plus économes de leurs ressources, vivent le plus longtemps. Cette relation peut être étalonnée grâce aux caractéristiques connues du Soleil. La durée de vie du Soleil sur la série principale est estimée à environ 10 milliards d'années.

En résumé, la série principale du diagramme H.R. caractérise les étoiles adultes en phase stationnaire, phase très longue qui explique la grande majorité d'étoiles qui s'y trouvent. Lorsque la combustion de l'hydrogène en hélium est terminée, les étoiles vieillissent en quittant cette série pour évoluer vers le stade de géante rouge puis terminent leur vie sous forme de résidu très dense.

L'âge de la Voie lactée peut être estimé par l'âge de ses plus vieux constituants. Les vieux amas d'étoiles sont caractérisés par la partie supérieure de la série principale repliée vers la droite, traduisant le passage des étoiles massives vers le stade de géantes. La position de ce coude indique l'âge de l'amas, étant entendu que toutes les étoiles d'un amas sont supposées avoir le même âge. Les plus vieux amas, âgés d'environ 10 milliards d'années, sont des amas globulaires du halo de la Galaxie.

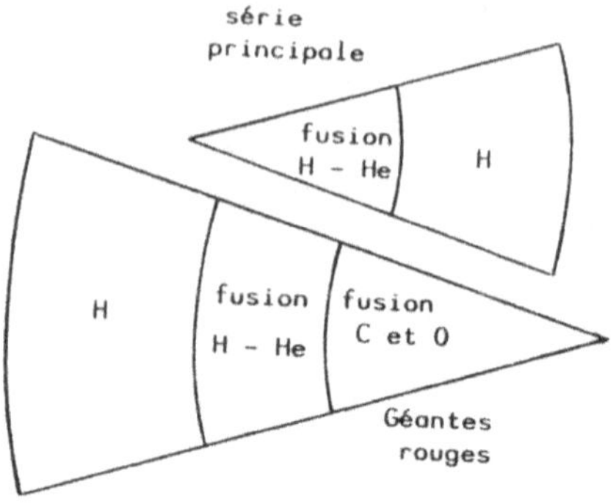

Figure 4.17 : Composition interne des étoiles

4.3.7 Nucléosynthèse stellaire

Les quelques quatre-vingt dix éléments chimiques stables existant dans la nature, sont connus depuis le XIXe siècle grâce aux travaux de classification du chimiste russe *Dmitri Mendeléev* (1834 - 1907). L'analyse spectroscopique du rayonnement électromagnétique des étoiles fournit également des données quantitatives, car l'intensité des raies est une fonction connue de l'abondance relative des éléments.

a. Abondance des éléments chimiques

La comparaison des abondances solaires et de celles trouvées dans les météorites chondritiques ont permis d'élaborer dès 1956, la table des abondances solaires, qualifiée de *cosmiques, universelles* ou *standards*. Cette table est représentée à la Fig. 4.18. Les caractéristiques principales de cette classification sont résumées ci-dessous :

- Les éléments les plus abondants sont : premièrement les deux gaz figurant en tête de la classification de Mendeléev :
  hydrogène ^{1}H : 70% de la masse et 90% du nombre d'atomes,
  hélium ^{4}He : 28% et 9.99% , viennent ensuite :
  oxygène ^{16}O (10^{-3}), *deutérium* $D = {}^{2}H$ (10^{-4}) et *carbone* ^{12}C (10^{-4}).
- Les abondances relatives décroissent lorsque les masses atomiques augmentent, toutefois, les éléments constitués d'un nombre entier de noyaux ^{4}He (particules *alpha*) sont généralement de dix à cent fois plus abondants que les autres,
- Le *fer* ^{56}Fe est le noyau le mieux lié, et donc le plus stable de la nature. Cette propriété se traduit par un pic relatif à 10^{-5}, c'est le *pic du fer*,
- Au-delà du pic du fer, les abondances tombent rapidement en-dessous de 10^{-10}, avec quelques légères fluctuations,

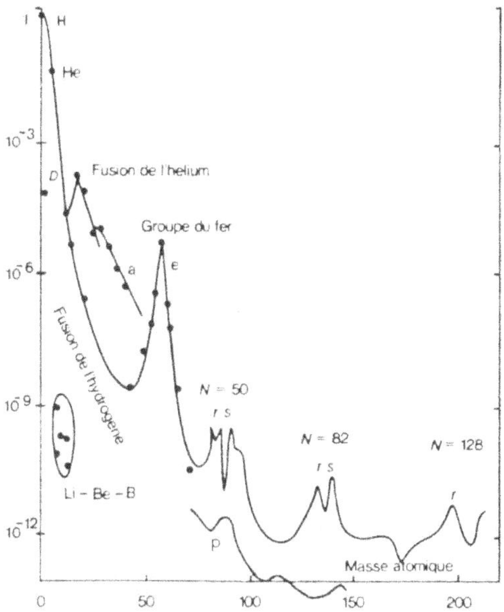

Figure 4.18 : Abondances universelles des éléments chimiques

- Enfin, les éléments légers compris entre l'hélium et le carbone : *lithium **Li***, *béryllium* ***Be*** et *bore* ***B***, sont très peu abondants, de l'ordre de 10^{-9}. Ces éléments, comme le deutérium, sont entièrement détruits par les températures extrêmes qui règnent au sein des étoiles. Ils sont produits dans le milieu interstellaire par des réactions de *spallation* (cassure) de noyaux d'oxygène, suite au bombardement de rayons cosmiques (protons) galactiques très énergétiques.

La plupart des caractéristiques énoncées ci-dessus ont trouvé une explication cohérente par la nucléosynthèse stellaire, c'est-à-dire les diverses réactions nucléaires ayant lieu au sein des étoiles. Ces divers processus ont été étudiés entre 1930 et 1960, parallèlement à la maîtrise progressive des techniques nucléaires civiles.

b. Synthèse de l'hélium - série principale

L'état stable (adulte) d'une étoile résulte de l'équilibre entre la gravitation et la pression gazeuse interne. Les conditions physiques résultant de la contraction gravitationnelle sont étudiées par la théorie du polytrope exposée au chapitre 3.2.8, qui fournit la pression interne de l'étoile et la température qui y est associée. Ces températures, de l'ordre de *un à deux cents millions* de degrés, permettent d'amorcer la réaction thermonucléaire de fusion de l'hydrogène en hélium.

Diverses réactions sont possibles, tel le *cycle du carbone* (C-N-O), mais les réactions principales sont fournies par le *cycle proton - proton*, décrit dès 1938 par *Hans Bethe* (n. 1906), et donné par les Eqs. (43.14). e représente l'électron, ν le neutrino électronique et γ le photon :

$$H + H \rightarrow D + e + \nu \quad , \quad D + H \rightarrow {}^3He + \gamma \; , \qquad \text{et} \quad {}^3He + {}^3He \rightarrow {}^4He + 2\,H + \gamma \; . \tag{43.14}$$

Seule la région centrale de l'étoile, suffisamment chaude, intervient dans ce processus. Comme aucun mélange de matière ne se produit au sein de l'étoile, le noyau se consume peu à peu, sans pouvoir puiser dans les réserves d'hydrogène trop froides, situées dans les couches extérieures. Comme la région centrale ne représente qu'environ 10% de la masse totale et que la combustion n'est jamais complète, ce processus ne peut produire qu'environ 5% de la matière stellaire sous forme d'hélium.

c. Du carbone au fer : géantes rouges et supergéantes

Aux températures de plus de cent millions de degrés régnant au coeur des étoiles géantes, la réaction de trois noyaux d'hélium ou *réaction triple alpha* conduit au carbone, comme l'a montré *R. Salpeter* (n. v. 1920) :

$$^4He + {}^4He \rightleftharpoons {}^8Be \quad \text{et} \quad {}^8Be + {}^4He \rightarrow {}^{12}C \; . \tag{43.15}$$

Le béryllium, apparaissant comme intermédiaire, est un élément très instable. La probabilité de rencontre avec un troisième noyau d'hélium est donc très faible. Mais le carbone ^{12}C possède un état excité qui favorise grandement cette réaction. L'existence de cet état particulier du carbone a été postulé par l'astronome *Fred Hoyle* (n. 1915) pour rendre compte de l'abondance du carbone dans la nature, il n'a été découvert que plus tard par les physiciens. Le verrou du carbone ainsi franchi, l'étude de la synthèse des éléments plus lourds pouvait se poursuivre. La fusion avec des noyaux d'hélium conduit alors à l'oxygène ^{16}O, puis au néon ^{20}Ne, tandis que dans les supergéantes, dont la température interne dépasse 600 millions de degrés, la fusion du carbone et de l'oxygène conduit au magnésium ^{24}Mg, au silicium ^{28}Si, au soufre ^{32}S et à d'autres noyaux intermédiaires.

Ces résultats furent publiés en 1957 dans un article célèbre connu sous le sigle B^2 F H, des initiales de ses auteurs : *Margareth Burbidge-Peachey* (n. 1925), *Geoffrey Burbidge* (n. 1925), *William Fowler* (1911 - 1995) et Hoyle.

Au-delà de l'oxygène, les réactions de fusion demanderaient des températures supérieures à 3 milliards de degrés pour vaincre la barrière de potentiel du noyau. À ces températures intervient un autre phénomène nucléaire : la *photodésintégration*, qui est plus rapide que la fusion. Dans le coeur des supergéantes atteignant de 3 à 6 milliards de degrés, la photodésintégration du ^{28}Si, associée à la capture de protons, de neutrons et de noyaux d'hélium, conduit aux éléments du pic du fer.

Enfin, des réactions de capture de neutrons, dites *processus* ***s***, conduisent à divers éléments riches en neutrons, comme le baryum, l'yttrium et le zirconium.

d. Éléments lourds - novae et supernovae

Dans les quelques heures ou secondes qui précèdent l'explosion de ces étoiles massives, ont lieu de nombreuses réactions dites de fusion explosive, mettant en jeu l'hydrogène, l'hélium, le carbone, l'oxygène, le silicium et le fer, et produisant un cocktail d'isotopes ou d'éléments impairs, ainsi que plusieurs éléments lourds, comme le nickel, le zinc et le cuivre. D'autres réactions ont lieu également pendant l'explosion, lorsque le flux de neutrons est tel que de nombreux neutrons peuvent être rapidement absorbés. Ces réactions sont appelées *processus* ***r*** et sont notamment responsables de la fabrication de l'uranium, du thorium et du plutonium dans les supernovae. Enfin, le *processus* ***p***, encore assez mal connu, pourrait conduire à d'autres éléments par capture de protons ou perte de neutrons à très haute température.

e. Bilan de la nucléosynthèse stellaire

Il existe des variations d'abondance suivant la nature du milieu étudié. La variation la plus remarquable est la faible *métallicité* (déficit en éléments lourds d'un facteur 10 à 100) des étoiles vieilles du halo de la Galaxie (population II), par comparaison aux étoiles jeunes, de type solaire, se trouvant dans le disque ou dans le bulbe galactique (population I). Dans les galaxies proches, la métallicité varie en raison inverse du contenu en gaz interstellaire. Il existe également une corrélation entre métallicité et abondance en hélium : peu d'éléments lourds correspond à un taux d'hélium plus faible, de l'ordre de 23 à 25%, tandis que les métallicités fortes correspondent aux abondances d'hélium de 27 à 28%.

Bien que la nucléosynthèse stellaire fournisse une image cohérente de la création de pratiquement tous les éléments connus dans la nature, elle est incapable de rendre compte des abondances du deutérium et surtout de l'hélium. En effet, pour ce dernier gaz, elle ne rend compte que d'environ 5%, proportion nettement trop faible par rapport aux 23 à 28% observés. Ce problème est traité au chapitre 7.3.4 c.

4.3.8 Naissance, vie et mort des étoiles

Le scénario de l'évolution des étoiles est relativement bien ordonné grâce aux enseignements quantitatifs de la spectroscopie. Les amas jeunes sont caractérisés par la présence de gaz interstellaires (nébulosités), ce qui n'est pas du tout le cas dans les amas vieux.

Ceci correspond assez bien à l'hypothèse que *Pierre-Simon de Laplace* (1749 - 1827) avait émise en 1796 en imaginant la naissance du Système solaire :

une masse de gaz se contractant sous l'effet de la gravitation et conduisant à la formation du Soleil et des planètes.

La naissance d'une étoile est un processus encore assez mal connu car la contraction d'un gaz froid n'est que peu ou pas lumineuse. Les étoiles en formation sont dites en phase *T-Tauri*. Leur rayonnement, qui a lieu dans l'infrarouge, est absorbé par l'atmosphère terrestre. Depuis 1970, divers télescopes spécialisés, sensibles aux rayonnements infrarouges et submillimétriques, sont sur orbite, chargés de ces observations délicates.

Ce qui est mieux connu, en revanche, c'est comment une étoile se stabilise sur la série principale et quelle est la source de son rayonnement. L'énergie nucléaire prend le relais de la gravitation et l'étoile s'installe sur la série principale pour un temps plus ou moins long.

Lorsque la fusion de l'hydrogène du noyau se termine, l'équilibre interne de l'étoile se modifie. L'étoile quitte la série principale pour rejoindre la zone des *géantes rouges*. La gravitation reprend son processus de contraction, avec, comme conséquence, l'escalade des pressions et des températures. Aux environs d'un milliard de degrés, la fusion de l'hélium s'amorce dans le noyau, tandis que la fusion H / He s'est déplacée vers les couches extérieures. La production globale d'énergie est devenue beaucoup plus importante que précédemment. La fusion de l'hélium produit du carbone, de l'oxygène et d'autres éléments plus lourds comme décrit ci-dessus. Les couches externes de l'étoile se dilatent considérablement et la surface rayonnante devient si grande que la température superficielle baisse. Le nouvel état d'équilibre qui est atteint est nettement moins stable : la plupart des géantes rouges présentent en effet des variations d'éclat comme les céphéides.

L'évolution finale n'est pas encore parfaitement modélisée. Elle passe, pour les étoiles les plus massives, par les stades de *novae* ou de *supernovae*, avec expulsion de gaz et de poussières d'éléments lourds dans l'espace interstellaire. La nébuleuse du Crabe par exemple, est le nuage résultant de l'explosion de l'étoile *Hôte* : la supernova observée en 1054 par les astronomes chinois, dont le centre est occupé actuellement par un pulsar.

En fin d'évolution, il ne reste de l'étoile qu'un agglomérat de matière très dense, équilibré par l'effet quantique du principe d'exclusion, comme l'ont montré l'américain Fowler, l'indien *Subrahmanyan Chandrasekhar* (1910 - 1995) et le russe *Lev Landau* (1908 -1968) :

- ***naines blanches*** (10^6 gr / cm^3) : résidus d'étoiles moyennes, lorsque ce résidu est inférieur à 1.4 masses solaires (limite de Chandrasekhar) : l'équilibre met en oeuvre le principe d'exclusion pour les électrons,

- ***étoiles à neutrons ou pulsars*** (10^{13} gr / cm^3) : résidus de novae ou de supernovae dont la masse est inférieure à environ 2.5 masses solaires (limite de Landau) : l'équilibre est dû au principe d'exclusion pour les neutrons,
- ***trous noirs*** : résidus plus massifs que 2.5 masses solaires : aucun phénomène physique ou quantique connu pour équilibrer la gravitation. Le trou noir est une aberration physique, car la densité et la courbure de l'espace-temps y sont théoriquement infinies (voir chapitre 2.3.6 c). Peut-être la nature s'arrange-t-elle, par une loi restant à découvrir, pour empêcher la matière d'atteindre ces densités extrêmes, afin de ne jamais atteindre la limite de Landau après explosion.

La masse finale du résidu d'étoile est nettement inférieure à la masse initiale de l'étoile car l'implosion est toujours précédée d'une explosion. La quantité de matière qui est perdue lors de cette phase explosive est difficile à évaluer : les limites ci-dessus semblent correspondre à des étoiles de masses initiales valant respectivement 8 et 15 masses solaires.

4.3.9 Évolution du Soleil et des planètes

L'évolution des étoiles de la Voie lactée, en particulier celle du Soleil et son influence sur les planètes, pourrait donc être schématisée de la manière suivante :

Au début, de vastes nuages irréguliers d'hydrogène et d'hélium raréfiés sont livrés au froid de l'espace et à la gravitation universelle. Dans certaines zones plus denses s'individualisent des étoiles de première génération qui prennent place sur la série principale. Ces étoiles n'ont pas toutes la même masse. Les plus grosses ont une vie très courte, les plus petites vivent plus longtemps. Le nuage galactique primitif poursuit sa contraction, s'enrichissant en éléments lourds par suite de l'explosion des étoiles massives et se condensant ça et là en nouvelles étoiles mieux pourvues en éléments lourds que les générations antérieures . . .

La naissance des systèmes planétaires semble être assez courante dès que le taux de poussières atteint un demi pour-cent. Dans la Galaxie, cette limite a été dépassée il y a environ huit milliards d'années. Le Soleil est installé depuis environ cinq milliards d'années sur la série principale : il est le fruit d'une deuxième ou même d'une troisième génération d'étoiles, compte tenu de la teneur en poussières assez élevée.

D'ici cinq milliards d'années environ, le Soleil aura épuisé l'hydrogène de son noyau. Se gonflant en géante rouge, sa surface extérieure grossira jusqu'à englober l'orbite de Mars, transformant les planètes telluriques en brasiers, ou les vaporisant dans les volutes colorées d'une nébuleuse planétaire. Le même sort attend, plus tard, les planètes extérieures.

Le Soleil mourant terminera son cycle sous forme de naine blanche. La matière constitutive de la Terre vaporisée retournera au gaz galactique et servira de matière première à de nouvelles étoiles.

À moins que les physiciens du futur ne réussissent à réactiver la fusion de l'hydrogène dans les couches périphériques du Soleil, par exemple en y expédiant quelques millions de mégatonnes de bombe H. Il y a d'ailleurs dans la Galaxie, des étoiles qui semblent poursuivre la fusion de l'hydrogène bien au-delà de la limite normale : elles s'appellent *traînardes bleues* (*blue stragglers*). Peut-être nos arrière - arrière . . . - petits enfants réussiront-ils à transformer le Soleil en étoile traînarde, ce qui pourrait encore assurer de nombreuses dizaines de milliards d'années de vie terrestre supplémentaire.

□

Annexe IV
Astronomie de position et compléments

La présente annexe IV a pour but de rassembler divers éléments numériques liés à la description du Système solaire, à l'astronomie de position et à d'autres matières connexes.

IV.1 Observations astronomiques

Comme les différentes sections du chapitre 4 l'ont montré, l'obtention de mesures astronomiques de précision à partir d'une plate-forme d'observation animée de tant de mouvements parasites, exige le respect d'une procédure complexe. La maîtrise des causes d'erreurs autres qu'instrumentales, par la connaissance précise des mouvements de la Terre s'est en effet étendue sur plusieurs siècles. Ce n'est qu'au milieu du XIXe siècle que les premiers pas dans la mesure des distances d'étoiles par la parallaxe géométrique ont pu enfin être posés. Pour les étoiles les plus proches, cet écart est de l'ordre de la seconde d'arc, alors que les erreurs d'aberration et de réfraction sont environ cent fois plus grandes.

a. Définitions

- **Éléments vrais et moyens**

Les éléments (coordonnées, plans fondamentaux . . .) sont appelés :

- éléments *vrais* lorsqu'ils sont affectés des effets complets de la précession et de la nutation,
- éléments *moyens* lorsque seule la précession entre en compte.

À noter que c'est l'écliptique moyen qui est plan de référence pour les coordonnées vraies.

- **Coordonnées apparentes**

Les coordonnées affectées de l'aberration sont dites *apparentes*.

- **Parallaxe**

Le déplacement de l'observateur (translation et rotation terrestre) produit, pour les corps du Système solaire et pour les étoiles proches, un effet de perspective variable, ou effet de parallaxe, dont il faut éventuellement tenir compte dans la réduction des observations.

b. Réduction des observations

L'exemple caractéristique permettant d'illustrer l'enchaînement de la procédure complète consiste à passer de la position moyenne (ascension droite α et déclinaison δ) d'une étoile, extraite d'un catalogue pour une certaine époque, à la position vraie apparente pour une observation à une date différente (hauteur h et azimut a). L'ensemble des corrections constitue la *réduction au jour*. Une définition précise du temps pour le changement d'époque est nécessaire, voir article IV.4. Les corrections concernées sont détaillées à l'article IV.2. Ce sont, dans l'ordre :

1. corrections de mouvement propre et de précession donnant la position moyenne héliocentrique à la date désirée,
2. correction de nutation donnant la position vraie héliocentrique,
3. corrections relativiste (éventuellement), d'aberration séculaire et de parallaxe annuelle (corps proches) donnant la position apparente vraie (géocentrique),
4. passage aux coordonnées locales (topocentriques : h et a), puis corrections d'aberration diurne (éventuellement), de parallaxe diurne (pour les corps du Système solaire), et de réfraction, donnant la position vraie (locale) et apparente, permettant la visée précise.

L'opération inverse, consistant à réduire une observation locale (h et a) en éléments moyens (α et δ) à une époque donnée porte le nom de *réduction à l'époque de référence*. Les corrections sont appliquées de la même manière en ordre inverse :

réfraction, parallaxe et aberration diurnes, passage aux coordonnées géocentriques équatoriales, parallaxe et aberration annuelles, courbure relativiste, nutation puis précession et enfin mouvement propre.

À noter que les coordonnées géographiques de la station (longitude λ et latitude φ) doivent éventuellement subir des corrections liées au déplacement de l'axe des pôles.

IV.2 Formulaire des corrections

Sauf mention explicite dans toutes les formules de cette annexe IV, les constantes angulaires sont données en microradians. La liaison avec les secondes d'arc est donnée par l'Eq. (IV.1) :

$$1'' = 4.848\ 136\ 812\ \mu\ rad\ . \qquad \text{(IV.1)}$$

Cette convention, qui est en opposition avec les formulaires classiques d'astronomie, a pour but d'éviter la confusion fréquente entre les secondes d'arc et les secondes de temps employées pour les angles équatoriaux.

a. Précession et nutation (voir section 4.1.4)

• Précession

La précession se compose essentiellement d'un mouvement du pôle de l'équateur autour du pôle de l'écliptique en 26 000 ans, associé à une légère variation de l'obliquité ε de l'écliptique. Le point vernal décrit ainsi l'équateur, dans le sens rétrograde, à raison de 50″ par an.

m : précession annuelle en ascension droite : c'est le déplacement annuel du point vernal moyen sur l'équateur moyen, compté à partir de l'intersection de cet équateur avec l'équateur vrai.

n : précession annuelle en déclinaison : c'est la variation annuelle de l'inclinaison de l'équateur moyen sur l'équateur d'origine.

En première approximation, l'effet annuel de la précession en ascension droite et en déclinaison est donné par :

$$\Delta_p\alpha = m + n \sin\alpha \tan\delta\ , \quad \Delta_p\delta = n \cos\alpha\ ,$$
$$m = 223.61546 + 0.13527\ T_r\ \ (\mu rad)\ , \qquad \text{(IV.2)}$$
$$n = 97.17121 - 0.04121\ T_r\ \ (\mu rad)\ .$$

L'obliquité moyenne de l'écliptique varie de la manière suivante :

$$\varepsilon = 409\ 092.804 - 226.966\ T_r\ \ (\mu rad)\ . \qquad \text{(IV.3)}$$

Les intervalles de temps T_r qui apparaissent dans les Eqs. (IV.2 et 3) sont exprimés en fraction de siècle julien à partir de J 2000.0 jusqu'à l'époque considérée. La méthode de détermination des intervalles de temps est présentée à l'article IV.4.

• Nutation

La nutation traduit le mouvement du pôle vrai autour du pôle moyen, suite à la rotation de la ligne des noeuds de l'orbite lunaire en 18.6 ans.

N : nutation en longitude : c'est la longitude de l'équinoxe moyen par rapport à l'équinoxe vrai,

Ω : nutation en obliquité : c'est la correction pour obtenir l'obliquité vraie à partir de l'obliquité moyenne.

Les valeurs de N et de Ω sont données par les éphémérides comme résultat d'un ensemble de huit termes correctifs (référence Danjon 1959, Table XVI).

Les corrections en ascension droite et en déclinaison sont :

$$\begin{aligned} \Delta_N\alpha &= N\,(\cos\varepsilon + \sin\varepsilon\,\sin\alpha\,\tan\delta) - \Omega\,\cos\alpha\,\tan\delta\,, \\ \Delta_N\delta &= N\,\sin\varepsilon\,\cos\alpha + \Omega\,\sin\alpha\,. \end{aligned} \qquad \text{(IV.4)}$$

b. Aberrations (voir section 4.1.8 b)

Pour les positions planétaires ou stellaires, seules doivent être prises en compte les aberrations diurne et annuelle. En effet, les aberrations dues aux mouvements du Soleil et de la Galaxie n'affectent pas les étoiles qui participent au même mouvement d'ensemble que le Soleil. En revanche, ces composantes doivent être éliminées pour l'observation des amas globulaires (aberration solaire) et des structures extérieures à la Galaxie (aberrations solaire et galactique).

- **aberration annuelle**

La position apparente est définie en coordonnées écliptiques, relativement à la position vraie de coordonnées L (longitude céleste) et b (latitude céleste), par les écarts ΔL et Δb :

$$\begin{aligned} \Delta L\,\cos b &= -\,\kappa\,\cos(L_S - L)\,, \\ \Delta b &= -\,\kappa\,\sin b\,\sin(L_S - L)\,, \\ \textit{avec}\quad \kappa &= 99.365085\ \mu rad = 20.49552''\,. \end{aligned} \qquad \text{(IV.5)}$$

L_S est la longitude du Soleil, κ est la constante d'aberration annuelle.

- **aberration diurne**

$$\begin{aligned} \Delta_A\alpha &= K_d\,\frac{\cos H}{\sin\delta}\,, \quad \Delta_A\delta = K_d\,\sin H\,\sin\delta\,, \\ K_d &= 1.5514\,\cos\varphi\ \ (\mu rad)\,. \end{aligned} \qquad \text{(IV.6)}$$

Pour des raisons pratiques, l'aberration diurne n'est pas corrigée séparément mais est englobée dans les corrections instrumentales.

c. Parallaxe

- **Parallaxe annuelle**

En coordonnées écliptiques, les corrections de parallaxe et d'aberration annuelle s'expriment par des expressions similaires. Les Eqs. (IV.5) sont applicables avec une autre valeur de la constante et en remplaçant la différence des longitudes par son complément par rapport à $\pi / 2$:

$$\begin{aligned} \Delta L\,\cos b &= \pi\,\sin(L_S - L)\,, \\ \Delta b &= -\,\pi\,\cos(L_S - L) \quad \textit{avec} \quad \pi = \frac{a_T}{D}\,, \end{aligned} \qquad \text{(IV.7)}$$

π est la parallaxe de l'étoile observée, D la distance de l'étoile et a_T l'Unité astronomique.

- **Parallaxe diurne**

La parallaxe diurne ne se manifeste que pour les corps du Système solaire, sous forme d'un abaissement de la direction par rapport à sa valeur géocentrique. La hauteur doit être relevée d'un angle P défini comme suit :

$$\sin P = r \frac{\sin \varpi}{R_T} \sin z' \quad avec \quad D = \frac{R_T}{\sin \varpi} . \qquad \text{(IV.8)}$$

r et D sont les distances de l'observateur et de l'objet au centre de la Terre, z' est la distance zénithale géocentrique de l'objet. La parallaxe horizontale équatoriale ϖ des corps est tabulée dans les éphémérides.

d. Réfraction (voir section 4.1.8 a)

L'Eq. (41.15) doit tenir compte des conditions de pression et de température pour conserver une précision suffisante. Lorsque $h > 45°$, la formule suivante garantit une précision de 0.5 µrad (0.1″) :

$$R = 288.7065 \ \tan z_0 \ p \ \frac{273}{T} \ (\mu rad) , \qquad \text{(IV.9)}$$

où p est la pression en bars, et T la température en Kelvins.

IV.3 Point nautique et formulaire

a. Point nautique

Le point nautique ou point à la mer a pour but la détermination des coordonnées géographiques du lieu à partir des observations horizontales, par moyens itératifs. Sur un bateau en perpétuel balancement, seule la hauteur de l'astre au-dessus de la ligne d'horizon peut être mesurée avec précision grâce au sextant. Une construction graphique assez simple permet alors, connaissant une position estimée P_0 au moment de la mesure, de déterminer le lieu de la position actuelle du bateau. Le point inconnu est situé sur le cercle d'où l'étoile est vue sous la hauteur h (mesure corrigée de la hauteur d'observation et de la réfraction). Ce cercle, remplacé par sa tangente, est construit de la manière suivante :

- calculer les coordonnées locales h_0 et A_0 de l'étoile pour l'instant de mesure et la position estimée. Porter cet azimut sur la carte : la droite obtenue pointe vers la projection de l'étoile.
- sur cette droite, porter une distance égale à $h - h_0$ (à l'échelle angulaire de la carte) et y tracer une perpendiculaire : c'est la *droite de hauteur*, sur laquelle se trouve la position actuelle.

La position est obtenue en répétant ces opérations avec deux ou, mieux, trois étoiles différentes.

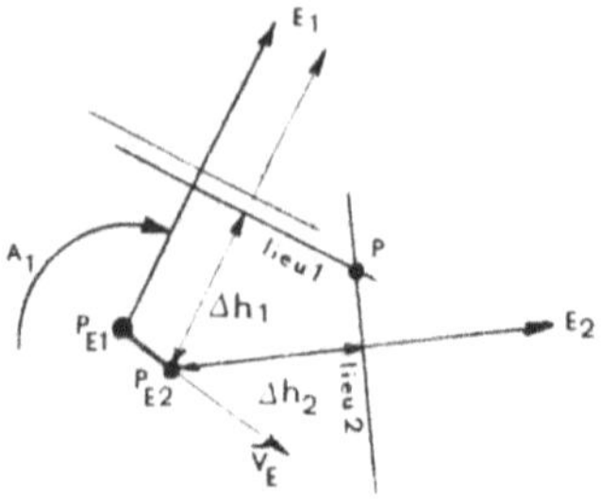

Figure 4.19 :
Le point nautique

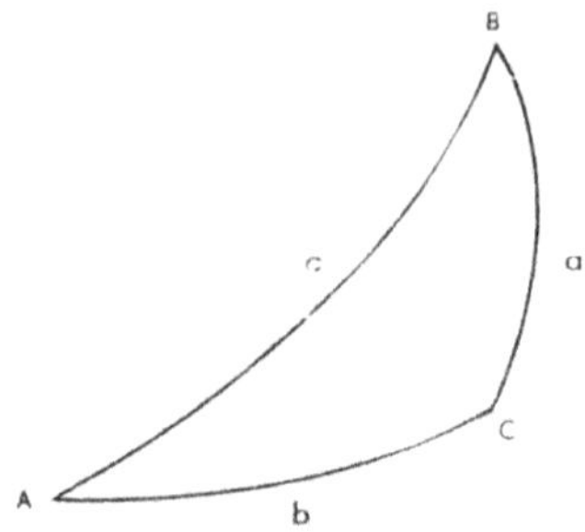

Figure 4.20 :
Triangles sphériques

La réduction des observations à un même instant de mesure est réalisée en transportant les droites de hauteur par déplacement parallèle à la route estimée du bateau.

b. Formulaire de trigonométrie sphérique

- triangles sphériques quelconques

$$\frac{\sin a}{\sin A} = \frac{\sin b}{\sin B} = \frac{\sin c}{\sin C} , \qquad \text{(IV.10)}$$

$$\begin{aligned} \cos a &= \cos b \cos c + \sin b \sin c \cos A , \\ \cos b &= \cos c \cos a + \sin c \sin a \cos B , \\ \cos c &= \cos a \cos b + \sin a \sin b \cos C . \end{aligned} \qquad \text{(IV.11)}$$

$$\begin{aligned} \cos A &= - \cos B \cos C + \sin B \sin C \cos a , \\ \cos B &= - \cos C \cos A + \sin C \sin A \cos b , \\ \cos C &= - \cos A \cos B + \sin A \sin B \cos c . \end{aligned} \qquad \text{(IV.12)}$$

- triangles sphériques rectangles

$$\cos c = \cos a \cos b , \quad \sin A = \frac{\cos B}{\cos b} , \quad \sin B = \frac{\cos A}{\cos a} , \qquad \text{(IV.13)}$$

$$\frac{\sin a}{\sin A} = \frac{\sin b}{\sin B} = \sin c , \quad \cos A = \frac{\tan b}{\tan c} , \quad \cos B = \frac{\tan a}{\tan c} . \qquad \text{(IV.14)}$$

c. Transformation de coordonnées

Coordonnées du point d'observation :
coordonnées géographiques : longitude λ et latitude φ.

Coordonnées d'un astre :
coordonnées horizontales (locales) : azimut A et hauteur h,
coordonnées équatoriales horaires : angle horaire H et déclinaison δ,
coordonnées uranographiques : ascension droite α et déclinaison δ,
coordonnées écliptiques (célestes) : longitude L et latitude b.

Les Figs. 4.2 et 3 de la section 4.1, articles 4.1.2 et 3, permettent d'écrire les relations de transformation suivantes :

Horizontales ⟶ Horaires :

(le triangle $N\,Z\,E$ de la Fig. 4.2 b est appelé *triangle nautique*)

$$\begin{aligned} \cos\delta\ \cos H &= \sin\varphi\ \cos h\ \cos A + \cos\varphi\ \sin h\ , \\ \cos\delta\ \sin H &= \cos h\ \sin A\ , \\ \sin\delta &= -\cos\varphi\ \cos h\ \cos A + \sin\varphi\ \sin h\ . \end{aligned} \qquad \text{(IV.15)}$$

Horaires ⟶ Horizontales :

$$\begin{aligned} \cos h\ \cos A &= \sin\varphi\ \cos\delta\ \cos H - \cos\varphi\ \sin\delta\ , \\ \cos h\ \sin A &= \cos\delta\ \sin H\ , \\ \sin h &= \cos\varphi\ \cos\delta\ \cos H + \sin\varphi\ \sin\delta\ . \end{aligned} \qquad \text{(IV.16)}$$

Horaires ⟶ Uranographiques :

$$\begin{aligned} &T_S = H_\gamma = \alpha + H = -SHA \\ &et \quad T_{SG} = \lambda + T_S \quad d'où \quad H = T_{SG} - \alpha - \lambda\ . \end{aligned} \qquad \text{(41.2)}$$

Uranographiques ⟶ Écliptiques (célestes) :

$$\begin{aligned} \cos b\ \sin L &= \cos\varepsilon\ \cos\delta\ \sin\alpha + \sin\varepsilon\ \sin\delta\ , \\ \cos b\ \cos L &= \cos\delta\ \cos\alpha\ , \\ \sin b &= -\sin\varepsilon\ \cos\delta\ \sin\alpha + \cos\varepsilon\ \sin\delta\ . \end{aligned} \qquad \text{(IV.17)}$$

Écliptiques ⟶ Uranographiques :

$$\begin{aligned} \cos\delta\ \sin\alpha &= \cos\varepsilon\ \cos b\ \sin L - \sin\varepsilon\ \sin b\ , \\ \cos\delta\ \cos\alpha &= \cos b\ \cos L\ , \\ \sin\delta &= \sin\varepsilon\ \cos b\ \sin L + \cos\varepsilon\ \sin b\ . \end{aligned} \qquad \text{(IV.18)}$$

IV.4 Dater les observations

a. Temps - formulaire

- **Tables de temps sidéral**

Bien qu'étant un angle, le temps sidéral est habituellement exprimé en heures, minutes et secondes de temps, car son calcul résulte d'une modification du temps universel donné par les horloges. À noter que la seconde de temps vaut 15 secondes d'arc ou 72.722 052 18 microradians.

$$\begin{aligned} T_{SG} &= UT1 + T_{SG0} + 628.331\,970\,743\ T_r + \\ &+ 6.770713 \times 10^{-6}\ T_r^2 - 0.000450767 \times 10^{-6}\ T_r^3 \quad (\ rad\ )\ , \end{aligned} \qquad \text{(IV.19)}$$

$$\begin{aligned} avec \quad T_{SG0} &= 06\ h\ 41\ m\ 50.548\ 41\ s = \\ &= 24110.548\ 41\ s = 1.753\ 368\ 559\ 56\ rad\ . \end{aligned}$$

T_r est le temps réduit, exprimé en fraction de siècle julien, voir c ci-après.

- **Correction de gravitation**

L'Eq. (IV.20) comprend la correction relativiste permettant de passer du temps dynamique terrestre TDT au temps dynamique barycentrique TDB (voir section 4.1.7 b), à partir de J 2000.0 :

$$\begin{aligned} TDB &= TDT + 0.001658 \sin(\beta + 0.0167 \sin\beta)\ (s) \\ \text{avec}\quad \beta &= 6.24004077 + 628.3019501\ T_r\ \ (rad)\ . \end{aligned} \quad \text{(IV.20)}$$

b. Échelle des jours juliens

- **Dates caractéristiques** (IV.21)

origine conventionnelle : $t_J = 0.0\ JJ$ le 1.5 janvier de l'an - 4712,
début de l'Ère chrétienne : $t_J = 1\ 721\ 058.0\ JJ$ le 1.5 janvier de l'an 0,

$$\begin{aligned} &1900\ \textit{janvier}\ 0.5 \ :\ t_J = 2\ 415\ 020.0\ \ JJ\ , \\ &2000\ \textit{janvier}\ 1.5 \ :\ t_J = 2\ 451\ 545.0\ \ JJ\ . \end{aligned} \quad \text{(41.12)}$$

- **Conversion d'une date en JJ** (voir Meeus 1986)

La date à convertir est notée $d\ M\ Y$. M et Y sont des nombres entiers représentant respectivement le mois et l'année. d est un nombre réel caractérisant le jour et les fractions de jours. La seconde apparaît comme cinquième décimale de d. L'année est supposée commencer le 01 mars, janvier et février sont les 13e et 14e mois de l'année précédente :

$$\begin{aligned} y &= Y \quad &\text{et}\quad m &= M \quad &\text{si}\quad M > 2\ , \\ y &= Y - 1 \quad &\text{et}\quad m &= M + 12 \quad &\text{si}\quad M \le 2\ . \end{aligned} \quad \text{(IV.22)}$$

Les formules de conversion sont données par les Eqs. (IV.23 et 24) dans lesquelles **ent (X)** signifie l'entier immédiatement inférieur ou égal à X :

$$\begin{aligned} &A = 0 \ \ \text{si}\ \ y \ge 0 \ \ \text{et}\ \ A = 0.75 \ \ \text{si}\ \ y < 0 \\ &B = ent\left(\frac{y}{100}\right) \quad \text{et} \quad G = 2 - B + ent\left(\frac{B}{4}\right)\ . \end{aligned} \quad \text{(IV.23)}$$

$$\begin{aligned} t_J = &\ 1\ 720\ 994.5 + ent\,(365.25\, y - A)\ + \\ &+ ent\,[\,30.61\,(m + 1)\,] + d + (G)\ , \end{aligned} \quad \text{(IV.24)}$$

G est la correction grégorienne à appliquer après le 04 octobre 1582. Le facteur 30.61 qui apparaît dans l'Eq. (IV.24) est un nombre (artificiel) de jours par mois qui, par la troncature à l'entier inférieur, permet de reproduire l'alternance des mois de 30 et de 31 jours. L'écart de 63 jours qu'introduit cet artifice est corrigé dans le terme constant.

- **Calcul de la date classique $d\ M\ Y$ à partir de t_J**

L'inversion de l'Eq. (IV.24) se fait de la manière suivante : Z est la partie entière de $t_J + 0.5$, et F en est la partie décimale. Après la réforme grégorienne ($Z \geq 2\ 299\ 161$), Z doit être remplacé par Z' :

$$\alpha = ent\left(\frac{Z - 1867216.25}{36524.25}\right) ,$$
$$puis \quad Z' = Z + 1 + \alpha - ent\left(\frac{\alpha}{4}\right) . \qquad (IV.25)$$

Les quatre grandeurs suivantes doivent alors être calculées :

$$A = 1524 + Z \ \ (ou\ Z') \ , \quad B = ent\left(\frac{A - 122.1}{365.25}\right) ,$$
$$C = A - ent\,(365.25\,B) \quad et \quad D = ent\left(\frac{C}{30.61}\right) . \qquad (IV.26)$$

La date ***d M Y*** est obtenue par les Eqs. (IV.27) :

$$d = C + F - ent\,(30.61\,D) ,$$
$$D \le 13 : \ M = D - 1 \ , \quad D > 13 : \ M = D - 13 , \qquad (IV.27)$$
$$M \ge 2 \ : \ Y = B - 4716 \ , \quad M < 2 \ : \ Y = B - 4715 .$$

Ces formules permettent, par exemple, d'identifier la date correspondant au jour t_J = 2 299 159.5 comme étant le jeudi 04 octobre 1582 et le jour suivant comme le vendredi 15 octobre. Ceci illustre la réforme grégorienne qui a raccourci de 10 jours le mois d'octobre 1582 en sautant du 04 au 15 en une nuit.

- **Remarque : jour de la semaine**

Lorsqu'une date est connue par son expression en jours juliens, le jour de la semaine s'obtient en calculant le reste de la division entière par 7 de l'expression $t_{J\,0h0} + 1.5$. Un reste nul correspond au dimanche, un reste égal à 1 au lundi, 2 au mardi, etc . . .

c. Temps julien réduit T_r *(fraction de siècle)*

La variable temporelle est habituellement réduite à des valeurs proches de l'unité par les Eqs. (IV.28), où T_r est le temps réduit, exprimé en siècles juliens à partir du début astronomique du XXe siècle, le 0.5 janvier 1900 (31 décembre 1899 à 12 h 00 UT), ou du début du XXIe siècle, le 1.5 janvier 2000 (01 janvier 2000 à 12 h 00 UT), d'après les Eqs. (41.12) au b ci-avant.

$$T_{r1900} = \frac{t_J - 2\,415\,020.0}{36\,525}$$
$$T_{r2000} = \frac{t_J - 2\,451\,545.0}{36\,525} \quad = T_{r\,01\,Jan} + \frac{N - 1}{36\,525} , \qquad (IV.28)$$

L'Eq. (IV.28 b) en permet le calcul rapide sans devoir passer par la conversion délicate en jours juliens. De nombreux chiffres significatifs sont nécessaires pour atteindre la précision désirée. Le jour est égal à 3.0×10^{-5}, la seconde de temps à 3.0×10^{-10} et la seconde d'arc à 2.0×10^{-11}.

Le temps $T_{r\,01\,Jan}$ est le temps en siècles juliens au 01 janvier de l'année considérée, à **00** ***h U T*** et ***N*** est le numéro d'ordre du jour concerné dans l'année. Comme ***d***, il comprend la fraction de jour liée à l'instant UT considéré. Les valeurs de ***B*** sont les suivantes : ***B*** = **1** pour les années bissextiles et ***B*** = **2** pour les années normales. ***M*** et ***d*** ont la même signification qu'au b ci-avant :

$$N = d + ent\,(\frac{275\,M}{9}) - B\,ent\,(\frac{M+9}{12}) - 30\,. \qquad \text{(IV.29)}$$

Les Eqs. (IV.30) permettent le calcul du temps réduit au 01 janvier. Le terme ***D*** traduit le fait que l'année julienne bissextile débute un demi jour plus tôt que l'année solaire et l'année julienne suivante un quart de jour plus tard car entretemps, un jour supplémentaire s'est intercalé. Les années paires non bissextiles sont parfaitement synchronisées avec l'année solaire et la dernière année du cycle débute un quart de jour plus tôt. C'est ce qui est repris dans le tableau ci-dessous, les expressions **4** ***k*** + ***n*** indiquant que le reste de la division entière par 4 du millésime ***X Y*** de l'année concernée est égal à ***n*** :

$$T_{r\,01\,Jan} = A.XY + \frac{D}{36525} \qquad \text{(IV.30)}$$

*Année * * X Y*	*D*
4 *k*	- 0.50
4 *k* + 1	+ 0.25
4 *k* + 2	0.00
4 *k* + 3	- 0.25

Les Eqs. (IV.30) sont applicables pour deux siècles, du 01 mars 1900 au 28 février 2100, car c'est à ce moment qu'apparaît la première rupture grégorienne du cycle julien de quatre ans. Il vient :

$$T_r = A.XY + \frac{D + N - 1}{36\,525}\,. \qquad \text{(IV.31)}$$

- **référence J 1900.0 :**

  A = **0** pour le XXe siècle, et ***A*** = **1** pour le XXIe siècle,

- **référence J 2000.0 :**

  Retrancher une unité au résultat obtenu pour J 1900.0 :

$$(T_{r\,01\,Jan})_{2000} = (T_{r\,01\,Jan})_{1900} - 1\,. \qquad \text{(IV.32)}$$

Enfin, pour les années postérieures à l'an 2000, l'expression d'une date en jours juliens peut s'écrire :

$$t_J = 2451545.0 + 0.XY \times 36525 + D + N - 1\,. \qquad \text{(IV.33)}$$

La date julienne modifiée (voir section 4.1.6 b) a la même expression mais la constante est égale à **51 544.5** .

IV.5 Coniques et miroirs

a. Définition

Une conique est une courbe plane décrite par l'équation la plus générale du second degré :

$$A\,x^2 + 2\,B\,x\,y + C\,y^2 + D\,x + E\,y + F = 0\,. \qquad \text{(IV.34)}$$

C'est également la courbe obtenue par section plane d'un cône à deux nappes : une ellipse lorsque le plan ne coupe qu'une seule nappe, une hyperbole s'il coupe les deux nappes et une parabole s'il est parallèle à une génératrice du cône. Le *cercle principal* est le cercle admettant le grand-axe comme diamètre. Toute corde passant par le centre est un diamètre.

Les coniques possèdent plusieurs propriétés géométriques remarquables, chacune d'entre elles pouvant servir de définition. Elles sont numérotées de 1 à 3 ci-dessous. La propriété qui a été choisie comme définition à la section 2.1.5 porte le numéro 1 :

1 : le lieu géométrique des points du plan tels que le rapport des distances à un point (foyer) et à une droite (directrice) est une constante (appelée excentricité).

Cette définition conduit aisément à l'équation polaire de la conique :

$$e = \frac{r}{d - r\cos\theta}\,. \qquad (21.30)$$

Dans cette équation, le produit $e\,d$ correspond au paramètre p . Un changement de variables conduit à l'équation cartésienne, avec a le demi-grand axe, b le demi-petit axe et f l'abscisse du foyer principal :

$$x = f + r\cos\theta \quad \textit{et} \quad y = r\sin\theta\,,$$
$$\textit{et} \quad \frac{x^2}{a^2} \pm \frac{y^2}{b^2} = 1\,, \quad \textit{avec} : \qquad (21.31)$$

$$b^2 = a^2\,|1 - e^2|\,,\quad p = \frac{b^2}{a} = a\,|1 - e^2| \quad \textit{et} \quad f = ae\,. \qquad (21.32)$$

b. Propriétés géométriques

- **Lieux géométriques**

Les propriétés qui découlent de la définition ci-dessus sont :

2 : lieu géométrique des points tels que la somme (ellipse) ou la différence (hyperbole) des distances aux deux foyers est une constante $2\,a$ (voir section 2.1.5 b),

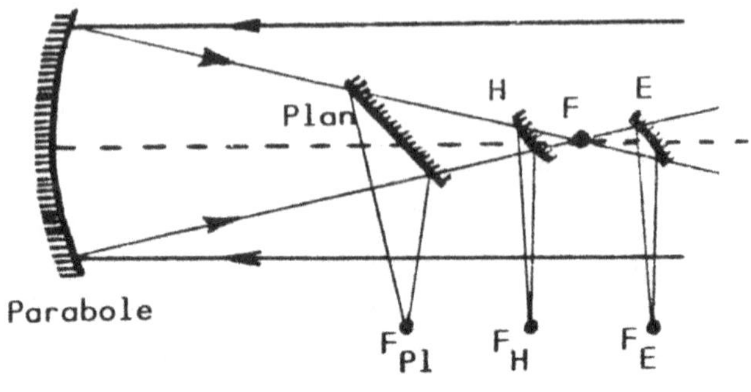

Figure 4.21 : Propriétés des miroirs coniques

3 : lieu géométrique des points équidistants d'un cercle (appelé cercle directeur) et d'un point (le foyer). Ce cercle est centré sur le deuxième foyer, et a pour rayon le grand axe **2 *a***. Le point se trouve à l'intérieur (ellipse) ou à l'extérieur (hyperbole) du cercle directeur.

La parabole est un cas dégénéré d'ellipse ou d'hyperbole avec un foyer rejeté à l'infini : le grand axe est infini, ce qui n'est pas le cas du paramètre p qui reste fini et vaut :

$$p = 2\, r_P \,. \tag{IV.35}$$

La propriété n°2 ne lui est donc pas applicable. En revanche, les deux autres propriétés se ramènent à une seule : le cercle directeur (n° 3) dégénère en une droite : c'est la directrice (n° 1).

- **Propriété des tangentes**

La tangente en un point quelconque d'une conique est la bissectrice extérieure de l'angle des deux rayons focaux issus de ce point. Cette propriété résulte des propriétés précédentes.

- **Propriétés projectives**

L'ellipse peut être considérée comme la projection d'un cercle ou d'une autre ellipse. C'est le cas en particulier à partir du cercle principal : l'ellipse est obtenue par déformation des ordonnées proportionnellement au rapport b/a , les abscisses restant inchangées : voir Eq. (21.31 b).

Diamètres conjugués : deux diamètres perpendiculaires du cercle principal se projettent suivant deux *diamètres conjugués* de l'ellipse. Une corde quelconque de l'ellipse est coupée en son milieu par le conjugué du diamètre qui lui est parallèle. Les tangentes aux extrémités d'un diamètre sont parallèles au conjugué.

Vitesse aréolaire : une orbite keplérienne vue en perspective présente des surfaces réduites par le rapport de projection. Bien que les foyers ne se conservent pas, la position du corps central est connue et les secteurs coniques observables. La vitesse aréolaire projetée reste constante mais a une valeur h' différente :

$$h' = h \cos i \,. \qquad \text{(IV.36)}$$

c. Propriété des miroirs coniques

Les propriétés intéressantes des miroirs coniques résultent des propriétés des tangentes :

- **miroirs elliptiques** : un miroir concave concentre en un foyer les rayons réels issus de l'autre foyer, le miroir convexe fait de même pour les rayons virtuels.
- **miroirs hyperboliques** : comme ci-dessus, mais un seul des deux rayons est virtuel,
- **miroirs paraboliques** : le miroir parabolique concave concentre au foyer les rayons parallèles au grand axe.

Les miroirs paraboliques et elliptiques concaves ainsi que les miroirs hyperboliques convexes sont employés dans les télescopes.

IV.6 Cadrans solaires - gnomonique

La gnomonique, ou science des cadrans solaires, est presque aussi vieille que l'humanité. L'heure solaire vraie est matérialisée par l'ombre d'une pointe nue parcourant une surface graduée. Le cadran le plus simple est constitué d'une tige verticale : c'est le gnomon. L'ombre est observée habituellement sur un plan horizontal.

Le cadran peut également être réalisé par une petite ouverture dans un bâtiment sombre, c'est alors un pinceau lumineux au lieu d'une ombre qui indique l'heure. Le cadran solaire le plus simple comprend une tige parallèle à l'axe des pôles et un plan parallèle à l'équateur : les graduations horaires forment un faisceau de droites concourant au pied de la tige. Ce principe est généralisé en remplaçant la tige par une plaque en forme de triangle rectangle dont un des angles est égal à la latitude du lieu. Le cadran plan le plus général est réalisé en pointant le pôle avec l'hypoténuse de ce triangle. Le plan du cadran peut être horizontal ou vertical (un mur par exemple).

Les cadrans verticaux présentent l'inconvénient de n'indiquer l'heure que pendant moins d'une demi-journée. Leur variété est très grande, en effet, chaque type de cadran vertical porte un nom différent suivant l'orientation du plan. Le cadran est *oriental* ou *occidental* si le plan vertical est orienté nord-sud, il est *méridional* ou *septentrional* s'il est orienté est-ouest.

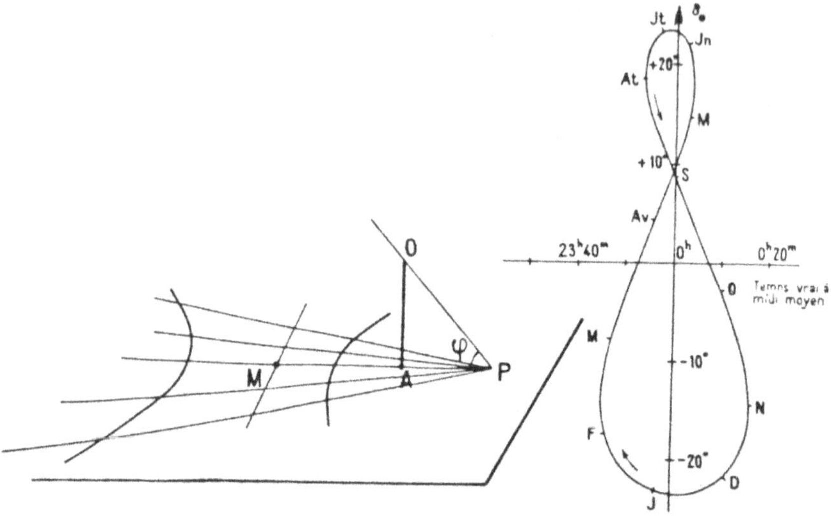

Figure 4.22 : Gnomon et méridienne de temps solaire

Il est *déclinant* si l'azimut du plan est quelconque. Dans l'hémisphère nord, les cadrans méridionaux sont les plus utiles, mais il n'est pas rare de trouver des vieilles églises avec des cadrans verticaux sur deux, voire trois murs.

Au cours d'une journée, l'ombre portée par la pointe décrit un cône d'ouverture $\pi/2 - \delta$. Le trajet de l'ombre est obtenu par l'intersection de ce cône avec la surface de référence qui peut également être cylindrique. Ce trajet est, dans la plupart des cas, représenté par une branche d'hyperbole, se ramenant à une droite aux équinoxes.

L'ombre est minimale au solstice d'été, maximale au solstice d'hiver et a une longueur moyenne aux équinoxes. Ces trois longueurs peuvent être combinées avec le décalage (angulaire) de quelques minutes donné par l'équation du temps, pour graduer le midi du cadran en temps moyen. C'est la *méridienne de temps solaire* de la Fig. 4.22 b, en forme de huit allongé.

IV.7 Télescopes du XXIe siècle

Avec la mise en service en 1974 du plus grand télescope du monde avec monomiroir, à Zelentchuk dans le Caucase arménien, la technique classique des grands miroirs monoblocs avait atteint ses limites : en effet, l'un des miroirs s'est brisé lors du refroidissement.

Bien que l'observation astronomique à partir de l'espace ouvre de nouvelles perspectives inégalées (voir chapitre 5.3.9), les observatoires terrestres n'en sont pas négligés pour autant.

Les améliorations de ces trente dernières années, bien que moins spectaculaires, se sont révélées très efficaces : elles ont porté sur la sensibilité des détecteurs à semi-conducteurs et sur les techniques de traitement numérique des images qui permettent maintenant le traitement automatique de très grandes quantités d'informations. Les détecteurs CCD (*Charge Coupled Devices*) actuels dépassent de loin les caractéristiques des plaques photographiques et approchent, dans plusieurs gammes spectrales, la sensibilité de l'oeil humain à la lumière visible : un photon par seconde.

Depuis 1980, de nouvelles techniques de construction de très grands miroirs ont été initiées. Ces techniques sont décrites succinctement ci-dessous.

a. Nouvelles technologies

Les améliorations sont de plusieurs ordres, elles concernent aussi bien l'utilisation de nouveaux types de verre, tel le *zerodur* ou le borosilicate, que les techniques de polissage ou la conception des grands réflecteurs :

- **techniques de polissage** : permettent de réaliser des miroirs à forte courbure et donc des télescopes plus compacts, moins coûteux et plus stables.

- **monomiroirs** : deux techniques sont mises en oeuvre : miroir mince sous forme d'un ménisque d'une vingtaine de centimètres d'épaisseur supporté par un système actif de vérins comme décrit ci-dessous ou bien miroir dont la partie inférieure est évidée en nids d'abeille pour réaliser la structure portante. Dans les deux cas, des miroirs de plus de 8 m de diamètre sont en construction,

- **multimiroirs** : assemblage de plusieurs miroirs de moindre dimension en un ensemble pouvant atteindre 10 mètres. La position de chaque miroir est pilotée par ordinateur afin d'assurer la continuité de la courbure,

- **miroirs liquides** : miroirs rotatifs à bain de mercure ou de gallium. La courbure naturelle est parabolique, mais l'axe est vertical, le suivi est réalisé dans le plan focal au moyen de miroirs correcteurs. Un modèle de 3 m est en service aux USA et le doublement du diamètre est en projet,

- **optique active** : technique de contrôle des fronts d'ondes par traitement d'images en vue de compenser les déformations dues aux fluctuations de température ou d'humidité par modification de la courbure des ménisques souples. Une étoile lumineuse sert de référence. Les modifications de courbure sont réalisées par un réseau d'une centaine de vérins hydrauliques pilotés par ordinateur,

- **optique adaptative** : comme ci-dessus, mais quasiment en temps réel afin d'éliminer les effets de la turbulence atmosphérique. Les corrections sont appliquées sur le miroir principal ou sur un petit miroir secondaire. La référence peut être une étoile artificielle obtenue par réflexion d'un rayon laser sur la haute atmosphère. Le centième de seconde d'arc est espéré,

- **interférométrie optique** : déjà utilisée en radioastronomie, cette technique extrêmement prometteuse permet d'améliorer encore la résolution angulaire en utilisant comme base de mesure la distance séparant deux télescopes. Cette distance peut être de quelques centaines de mètres à plusieurs milliers de kilomètres. Le français *Antoine Labeyrie* (n. v. 1940) fut, dès 1970, un des pionniers de l'interférométrie de tavelures (*speckle interferometry*) qui a déjà permis de résoudre le diamètre des étoiles proches. Des résolutions meilleures que le millième de seconde d'arc sont espérées.

b. Les télescopes géants du futur

Les nouveaux télescopes géants du XXIe siècle seront plus d'une douzaine, installés au sommet de montagnes élevées et isolées, là où la pureté de l'air permet, du sol, les meilleures observations du ciel. Les astronomes n'en deviennent pas des ermites pour autant : ces engins sont entièrement automatisés et leurs images numérisées sont acheminées par les réseaux de transmission des données.

- **Keck I et II**

  USA 1993, Mauna Kea (Hawaii) 1996 : 36 miroirs hexagonaux d'un mètre donnant un diamètre total de 10 m, montage final en interféromètre.

- HET ***(Hobby-Eberly telescope)*** et SALT ***(South African large telescope)***

  USA 1999 (Texas) et Afrique du Sud 2005 : deux télescopes identiques avec miroirs sphériques de 9.2 m comportant 91 miroirs hexagonaux, montures azimutales avec hauteur zénitale fixe (35 et 37°),

- **VLT** - ***Very large telescope***

  ESA 1997-2001, Cerro Paranal (Chili) : quatre ménisques de 8.2 mètres de diamètre, avec optique adaptative à 78 vérins actifs, montage final en interféromètre. Le ménisque de *zerodur* pèse 23 tonnes pour une épaisseur de 17 cm,

- **Gemini Nord / Sud**

  USA, Royaume-Uni, Canada, 1999-2001, Mauna Kea (Hawaii) et Cerro Pachon (Chili) : deux télescopes à miroir en nid d'abeilles de 8 mètres, un dans chaque hémisphère, montage final en interféromètre,

- **Subaru**

  Japon 1998, Mauna Kea (Hawaii) : télescope de 7.5 mètres, similaire à un élément du VLT (épaisseur : 20 cm). Le contrôle de courbure repose sur un ensemble de 264 vérins actifs,

- ***Large binocular telescope***

  USA, Italie, 1996-1997, mont Graham (Arizona) : deux miroirs en nid d'abeilles de 8.4 mètres montés en binoculaire,

- **Magellan**

  USA, Colombie 1998, Las Campanas (Chili) : miroir en nid d'abeille de 6.5 m,

- **MMT** - ***Multimirror telescope*** (conversion)

  USA, 1978 : six miroirs de 1.8 mètres. Converti en monomiroir à nid d'abeilles de 6.5 mètres en 1996,

- **NTT** - ***New technology telescope***

  ESA 1989, La Silla (Chili) : ménisque de 4 m, optique active expérimentale, résolution : 0.3 seconde d'arc.

Les télescopes terrestres sont nettement moins onéreux qu'un télescope spatial et les performances attendues sont équivalentes ou supérieures, principalement grâce aux techniques interférométriques. Ils permettront des observations cosmologiques de qualité inégalée.

La prochaine étape sera vraisemblablement la mise en oeuvre des télescopes spatiaux en réseaux interférométriques. Les performances approcheraient la microseconde d'arc (10^{-12} rad) à l'horizon 2010.

□□

Chapitre 5

SATELLITES ARTIFICIELS

5.1 : Lanceurs de satellites,
5.2 : Injection sur orbite terrestre,
5.3 : Mouvements orbitaux,
Annexe V : Satellites - compléments.

L'idée des voyages dans l'espace est née il y a bien longtemps dans l'imagination et les rêves des poètes. Il ne pouvait bien sûr s'agir que de rêves, tant que l'homme n'avait pas trouvé le moyen de s'affranchir de cette terrible barrière qu'est l'attraction de la pesanteur terrestre.

L'art des fusées est très ancien et trouve son origine en Chine, il y a plus de trois mille ans semble-t-il. La technique des fusées fut assez vite prise en charge par les armées pour aboutir au XXe siècle aux armes secrètes de la Deuxième Guerre mondiale et aux missiles intercontinentaux. Le résultat ne s'est pas fait longtemps attendre : l'ère spatiale a officiellement débuté le 04 octobre 1957 avec le lancement par l'Union Soviétique de *Spoutnik* 1, le premier satellite artificiel de la Terre.

Il est peu de sujets aussi vastes que l'astronautique, qui représente en quelque sorte le sommet des arts matériels. Pratiquement toutes les disciplines scientifiques et techniques y sont représentées : astronomie, mécanique céleste, chimie, thermodynamique, aérodynamique, turbines et tuyères, informatique, automatique, télécommunications, trajectographie, navigation inertielle, . . .

Les principes de propulsion et de conception des lanceurs spatiaux font l'objet de la **section 5.1**. La **section 5.2** est consacrée à l'injection sur orbite terrestre, tandis que la **section 5.3** traite des orbites proprement dites : mise à poste, manoeuvres orbitales, perturbations et durée de vie des satellites. Enfin, l'**annexe V** regroupe différents éléments apparentés, tels que missiles intercontinentaux et avions spatiaux pour le XXIe siècle.

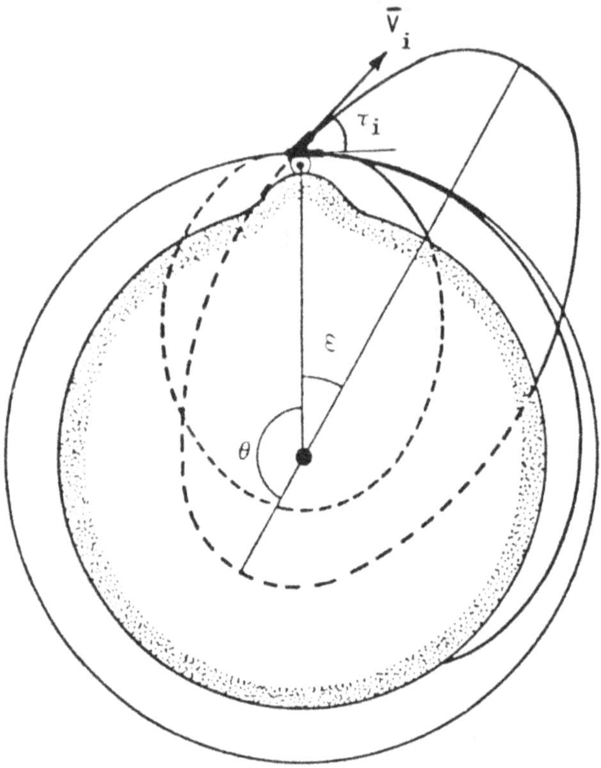

Figure 5.1 : Trajectoires balistiques

5.1
Lanceurs de satellites

Les plus anciennes mentions connues de la poudre à canon figurent dans les manuscrits chinois et indiens du IXe au XIe siècle. Décrite comme un mélange de salpêtre, de soufre et de charbon de bois, cette poudre est destinée aux fusées d'artifice. La première relation historique de l'emploi de la poudre comme propulseur de fusées à usage militaire remonte au siège de K'aifeng, capitale du Honan, royaume chinois, par les Mongols en 1232. Les Mongols introduisirent les fusées en Occident en 1241, au siège de Leignitz en Silésie (Legnica) et les Arabes les utilisèrent en 1288 au siège de Valence. Ensuite, de nombreuses armées adoptèrent le principe de ces bombes volantes et tentèrent de les perfectionner.

À l'époque, le principe de fonctionnement était mal compris : la propulsion semblait résulter des gaz prenant appui sur l'air. Le principe d'action-réaction apparaît avec *Isaac Newton* (1642 - 1727), mais ce n'est qu'à la fin du XIXe siècle que des progrès décisifs apparaissent. En 1887, le russe *Konstantin Tsiolkovski* (1857 - 1935) établit la fameuse équation du moteur-fusée, l'Eq. (51.8), et imagine l'emploi de propergols liquides. En 1925, l'allemand *Walter Hohmann* (1880 - 1945) publie une étude sur les trajectoires interplanétaires. L'américain *Robert Goddard* (1882 - 1945) lance sa première fusée à 12 mètres de hauteur en 1926, dans l'indifférence générale, puis atteint une centaine de mètres en 1930. En Russie, cette technique est développée par l'ukrainien *Sergueï Korolev* (1907 - 1966). Mal lui en prit car, en 1937, il est déporté par Staline au Goulag de la Kolyma, en Sibérie orientale.

En Allemagne, le professeur *Hermann Oberth* (1894 - 1989) réalise les effets spéciaux du film de fiction *Une femme dans la Lune*, mais c'est son élève *Wernher von Braun* (1912 - 1977) qui envoie la fusée *Mirak* 2 à 300 mètres d'altitude en 1931 : il n'a alors que 19 ans !

5.1.1 Genèse de l'ère spatiale

a. Peenemünde - le *Mittelwerke* à Nordhausen

Parmi les nombreux badauds qui, en 1931, assistent aux expériences du jeune von Braun, se trouvent trois officiers en civil, dont le capitaine ingénieur *Walter Dornberger* (v. 1895 - 1980). Il était alors directeur du *Bureau des engins balistiques spéciaux* de la Wehrmacht, créé en 1930 à Kummersdorf-West, dans la banlieue de Berlin et devint quelques années plus tard directeur de l'*Herresversuchstelle* VII, le Centre d'Expérimentation de la Wehrmacht, créé en 1937 à Peenemünde-Ost, sur la presqu'île d'Usedom en mer Baltique. En 1932, il engage Wernher von Braun, encore étudiant, comme adjoint technique. Ce dernier sera directeur technique quelques années plus tard.

Ainsi voit le jour la série des engins ***A*** (*Fernrakete **A**ggregat* - fusée à longue portée) : A 1 en 1932 (600 kg - poudre noire), A 2 en 1934 (ergols liquides) puis A 3 en 1938 (3.5 tonnes - portée 18 km). Le développement de la version suivante commence en 1940. Le **03 octobre 1942**, après trois essais infructueux, la fusée balistique ***A* 4** (13 tonnes et 14 mètres de haut), alimentée au méthanol et à l'oxygène liquide, atteint la vitesse de 1.5 km/s, monte à près de 100 km d'altitude et retombe à 200 km dans la mer Baltique. À cette occasion, le général Dornberger déclare :

"*. . . aujourd'hui, le vaisseau spatial est né . . .* "

Bien des années après, le baron Wernher von Braun rappelait souvent qu'un de ses aïeux combattit les Mongols sur le champ de bataille de Leignitz en 1241. Cette fusée A 4 légendaire est connue sous le sigle redouté de ***V* 2** (*Vergeltungswaffe* - arme de représailles). De septembre 1944 à mars 1945, près de 1 400 fusées V 2 tombent sur l'Angleterre, principalement sur la région londonienne. À partir de décembre 1944, environ 1 700 V 2 s'abattent sur la Belgique pendant l'offensive des Ardennes. Dans ses cartons, von Braun avait les plans d'une fusée intercontinentale de 130 tonnes à deux étages (la fusée ***A* 9 - *A* 10**). Le deuxième étage A 9 était un planeur hypersonique piloté, destiné à atteindre les États-Unis.

Après le bombardement de Peenemünde en août 1943, le polygone d'essai est transplanté à Blizna, en Pologne, et la production en série a lieu dans l'usine souterraine de *Mittelwerke*, à Nordhausen dans les montagnes du Harz, à 80 km à l'est de Göttingen. Sous la responsabilité des SS à partir de septembre 1944, la production y est assurée dans des conditions effroyables par les internés des camps de Dora, Nordhausen et Buchenwald. Près de 5 800 fusées A 4 y ont été produites. En mai 1944, le colonel Hohmann commandait un bataillon du 65e Corps d'Armée ayant pour mission le lancement des armes V.

Wernher VON BRAUN
(1912 - 1977)

Ingénieur allemand, directeur technique du Centre d'essai de Peenemünde où fut tirée la première fusée A 4, le 03 octobre 1942.

Le général Walter Dornberger déclara à cette occasion :

"aujourd'hui, le vaisseau spatial est né".

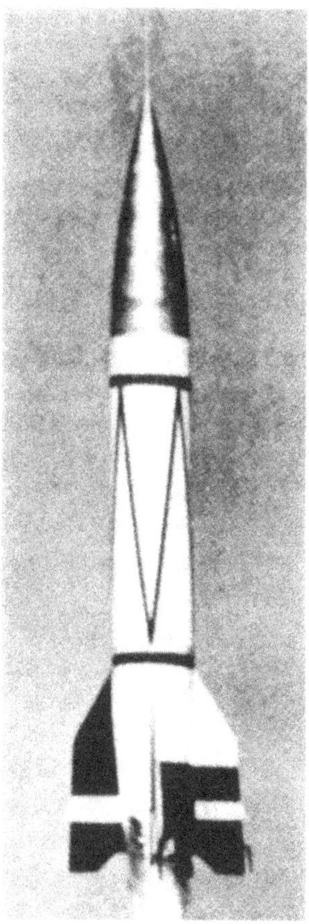

En 1945, von Braun dessinait les premières fusées intercontinentales à étages. En quittant l'Allemagne pour les États-Unis, il avait dans ses cartons les épures d'un planeur spatial piloté.

Nommé directeur technique du Marschall Space Center, *il est le concepteur des fusées* WAC Corporal, Redstone, Jupiter *et* Saturn V.

LANCEMENT
D'UNE FUSÉE A 4
(mieux connue sous le sigle V 2 *)*

En avril 1945, sentant la fin venir, von Braun, qui a été détenu un mois par la Gestapo en 1944, décide d'évacuer les 65 000 plans du dossier de fabrication et de négocier la reddition de son équipe aux troupes américaines qui ont libéré Nordhausen le 10 avril.

Fin mai, le dossier de plans et une centaine de V 2 complètes sont acheminés par Anvers vers l'*Aberdeen Proving Ground* au Maryland. Dès le 01 juillet, la zone de Nordhausen est cédée aux soviétiques. L'ancien bagnard Korolev y débarque immédiatement pour récupérer les milliers de pièces détachées ainsi que les nombreux techniciens allemands restés sur place. Quelques spécialistes s'installeront également en France, comme le professeur *Eugen Sänger* (v. 1895 - 1965).

b. La course à l'espace

En octobre 1947, la première A 4, reconstituée par les soviétiques, est lancée avec succès du Kazakhstan. L'épisode suivant se joue dans le cadre de la Guerre froide. Dès qu'ils disposent des bombes nucléaires, les soviétiques songent aux fusées nécessaires à leur lancement. Paradoxalement, c'est leur retard dans le domaine des bombes qui leur donnera une avance incontestable dans l'espace : en effet, leurs bombes n'étant pas assez miniaturisées, il leur faut d'emblée des lanceurs très puissants, capables de lancer plusieurs tonnes à l'autre bout du monde.

L'Ingénieur général Korolev reçoit carte blanche. Après trois échecs successifs, sa fusée ***R 7 - Zemiorka*** est au point en 1957. C'est une fusée trapue de 300 tonnes, à deux étages, assemblée et transportée horizontalement. Le premier étage est constitué de quatre propulseurs d'appoint installés en oblique autour du deuxième étage, l'ensemble consomme un mélange oxygène / kérosène. Le quatrième tir, le **04 octobre 1957**, place sur orbite, à 900 km d'altitude, le premier satellite artificiel de la Terre. *Spoutnik* 1 est un simple émetteur radio de 80 kg dont le célèbre *Bip-Bip* clame au monde le succès du Kremlin. La course à l'espace est ouverte. L'identité de Korolev est restée, pendant plus de quarante ans, couverte par le secret militaire le plus rigoureux, elle n'a été révélée qu'en 1990.

Pendant ce temps, von Braun et une équipe d'une centaine d'ingénieurs allemands se sont installés à Fort Bliss, au Texas où ont lieu les tirs des fusées A 4. À partir de 1950, c'est au *Redstone Arsenal* à Huntsville, qu'ils développent et expérimentent avec succès les lanceurs WAC Corporal (poudre) et Redstone (ergols liquides) au profit de l'Armée de Terre. En mai 1957, ils lancent avec succès la fusée Jupiter C à plus de 2 000 km. En revanche, le domaine spatial est confié à une autre organisation : c'est l'*US Navy* qui est chargée de développer la fusée à poudre Vanguard qui connut divers échecs lors de sa mise au point en 1957. Enfin, von Braun reçoit l'autorisation de monter un satellite sur une fusée Jupiter C. Le 31 janvier 1958, le minuscule satellite américain *Explorer* 1 est sur orbite.

5.1.2 Missiles intercontinentaux

a. Introduction

Le mouvement des corps à la surface de la Terre préoccupe les esprits depuis plus de vingt siècles. *Galilée* (*Galileo Galilei* : 1564 - 1642) puis Newton ont apporté la réponse aux interrogations de leurs prédécesseurs (voir chapitre 2.1) : tout projectile lancé dans le vide avec une vitesse initiale donnée, décrit une trajectoire conique courbée par la pesanteur. Ceci s'applique aussi bien à la pierre lancée à la volée, qu'aux flèches ou carreaux propulsés par arcs ou arbalètes, aux balles de fusil, boulets, obus et autres roquettes d'artillerie. C'est une parabole lorsque la Terre est supposée plate (voir annexe V.1), une ellipse dans le cas de forces centrales. Toutefois, la résistance de l'air masque partiellement cette remarquable simplicité.

Les Eqs. (21.76 et 77), au chapitre 2.1, fournissent l'expression générale de l'accélération en coordonnées polaires. Ces équations peuvent être adaptées pour décrire dans un système d'axes $O\bar{x}\bar{z}$, le mouvement général d'un engin propulsé dans l'air :

$$\begin{aligned} \ddot{x} &= \frac{F-T}{m}\cos\tau - \frac{\dot{x}\,\dot{z}}{r}, \quad avec\ \dot{x} = v\cos\tau = r\dot{\theta}, \\ \ddot{z} &= \frac{F-T}{m}\sin\tau - g + \frac{\dot{x}^2}{r} \quad et\ \dot{z} = v\sin\tau = \dot{r}. \end{aligned} \tag{51.1}$$

Les hypothèses sont : point matériel avec Terre plate et immobile, accélération g de la pesanteur constante. L'angle τ est l'inclinaison par rapport à l'horizontale et $\bar{F}$ représente la poussée axiale, alignée sur la vitesse. Le mouvement est parfaitement plan. L'effet du frottement de l'air est englobé dans le terme $\bar{T}$ de traînée, également aligné avec la vitesse.

Lorsqu'un engin balistique est lancé avec une inclinaison initiale τ_i non nulle, sa trajectoire elliptique coupe la surface terrestre tant que la vitesse initiale est inférieure à la vitesse de libération. Les deux points d'intersection sont : le point d'injection, situé habituellement à une altitude d'environ 80 à 100 km, et le point marquant le début de la rentrée atmosphérique. En pratique, ce dernier point correspond à l'endroit, assez mal défini, où la trajectoire s'écarte notablement de l'ellipse képlérienne. L'altitude de ce point est de l'ordre de 20 à 30 km. Les points d'intersection avec la surface terrestre n'étant pas symétriques, le calcul complet de la phase balistique comprend la détermination de deux arcs d'ellipse. Toutefois, comme cette phase représente plus de 95 % de la trajectoire complète, il est permis, sans grande erreur, de la décrire en supposant ces deux points symétriques par rapport au grand axe (voir Fig. 5.1).

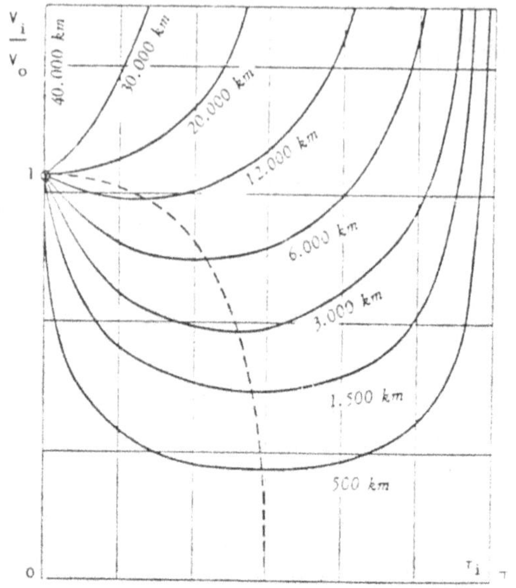

Figure 5.2 : Missiles intercontinentaux

La rotation terrestre joue tant sur la vitesse à l'injection que sur la vitesse de rentrée. Les lancements en direction de cibles situées à l'est bénéficient de l'appoint de la rotation terrestre. Mais, comme la cible s'éloigne pendant le vol balistique, ces deux effets se compensent partiellement. Ces effets ne sont significatifs que lorsque les latitudes du lancement et de la cible sont nettement différentes.

b. Caractéristiques des trajectoires

La portée angulaire est définie par l'angle au centre ε interceptant la moitié de la trajectoire balistique. La portée en distance est notée D. Les Eqs. (21.22 et 24) permettent d'écrire l'équation de la vitesse initiale v_i en fonction de l'inclinaison initiale τ_i et de la portée angulaire ε :

$$D = 2\,\varepsilon\,R_T \quad , \quad \varepsilon = \pi - \theta \quad , \quad e = \frac{\sin\tau_i}{\sin(\varepsilon + \tau_i)} \, , \tag{51.2}$$

$$v_i^2 = v_0^2 \, \frac{\sin\varepsilon}{\cos\tau_i \, \sin(\varepsilon + \tau_i)} = v_0^2 \, \left[1 - \frac{\tan\tau_i}{\tan(\varepsilon + \tau_i)} \right] . \tag{51.3}$$

Le temps de vol s'obtient aisément au moyen de l'anomalie excentrique donnée par l'Eq. (21.40) puis par l'Eq. (21.48) de Kepler (*Johannes Kepler* : 1571 - 1630). Les enseignements des Eqs. (51.2 et 3) sont les suivants :

- **portée**
  - lorsque la vitesse initiale est égale à la vitesse de satellisation, le point d'injection est sommet du petit axe et la portée est $\varepsilon = (\pi/2) - \tau_i$.

- l'antipode $\varepsilon = \pi / 2$ est atteint lorsque la composante horizontale de la vitesse initiale est égale à la vitesse de satellisation ($v_i \cos \tau_i = v_0$),
- v_0 est donc la vitesse minimale permettant d'atteindre l'antipode par une trajectoire horizontale,
- lorsque la vitesse initiale est très faible, le premier ordre du développement de l'Eq. (51.3) en série de la vitesse permet d'obtenir l'équation (V.2 b) : c'est la portée du projectile d'artillerie dans le vide.

- **trajectoires à énergie minimale**

- pour une portée imposée, la trajectoire demandant la vitesse initiale la plus faible est appelée trajectoire à *énergie minimale* ou trajectoire *optimale*. Les valeurs initiales optimales (v_m , τ_m) sont :

$$\frac{d\varepsilon}{d\tau} = \frac{\sin 2(\tau + \varepsilon)}{\sin 2\tau} - 1 \;, \quad \tau_m = \frac{\pi}{4} - \frac{\varepsilon}{2} \;, \quad \varepsilon_m = \tan \tau_m \;, \qquad (51.4)$$

$$v_m^2 = v_0^2 \, \frac{2 \sin \varepsilon}{1 + \sin \varepsilon} = v_0^2 \, \frac{\cos 2\tau_m}{2 \cos \tau_m} \;. \qquad (51.5)$$

- l'inclinaison optimale est inférieure à 45 degrés,
- pour une vitesse initiale donnée, il existe toujours deux trajectoires conduisant à une même portée : les inclinaisons correspondantes sont symétriques par rapport à l'inclinaison optimale.

5.1.3 Schémas de satellisation

Les vitesses caractéristiques découlant des Eqs. (21.23) : vitesse de satellisation v_0 et vitesse de libération v_L sont, à l'altitude de 200 km :

$$v_0 = 7.8 \; km/s \;, \quad v_L = 11.0 \; km/s \;. \qquad (51.6)$$

La valeur de 200 km correspond à l'altitude au-delà de laquelle les effets du frottement atmosphérique sont négligeables, tout au moins pour des vols comprenant une centaine de révolutions autour de la Terre. Un projectile lancé *horizontalement* d'un point surélevé de la surface terrestre, avec une vitesse initiale v_i , parcourt, en l'absence de frottement atmosphérique, les trajectoires képlériennes décrites ci-dessous. Pour les vitesses initiales faibles ($v_i < v_0$), la trajectoire est elliptique et coupe la surface terrestre. Le point de lancement ou d'injection est l'apogée de la trajectoire. La portée augmente avec la vitesse initiale, et lorsque celle-ci atteint la vitesse de satellisation, la trajectoire est circulaire : l'antipode est atteint. Cette vitesse, appelée première vitesse cosmique, est la vitesse minimale que doit acquérir un engin terrestre pour devenir un satellite artificiel.

Lorsque la vitesse initiale est comprise entre les deux vitesses caractéristiques, pour $v_0 < v_i < v_L$, la trajectoire reste elliptique mais le point d'injection occupe le périgée de la trajectoire.

Enfin, lorsque la vitesse initiale est supérieure ou égale à la vitesse de libération, $v_i \geq v_L$, la trajectoire est parabolique ou hyperbolique et ne comporte plus que la branche s'éloignant de la Terre. La vitesse de libération est la vitesse minimale nécessaire à un corps pour s'évader de la zone d'attraction de la Terre et donc pour devenir une planète artificielle, d'où son nom de deuxième vitesse cosmique.

Pour atteindre une orbite circulaire à une altitude donnée, de nombreuses trajectoires balistiques sont possibles, dont les cas extrêmes sont décrits ci-dessous. Dans un premier schéma, une trajectoire verticale culmine à vitesse nulle à l'altitude requise, puis est suivie d'une impulsion horizontale pour atteindre la vitesse de satellisation. Le second schéma retient une orbite de transfert elliptique avec point de départ immobile au périgée, l'apogée se trouvant à l'altitude désirée. À l'apogée, une impulsion de vitesse permet d'atteindre la vitesse de satellisation. Ces deux schémas peuvent être comparés en chiffrant le bilan des accroissements de vitesse car les performances d'un propulseur à réaction se mesurent, en effet, par l'augmentation de vitesse qu'il est capable de communiquer à sa charge.

L'optimisation des schémas de satellisation est étudiée à la section 5.2, articles 5.2.1/2. Il apparaît clairement que les manoeuvres optimales sont obtenues pour des impulsions horizontales de vitesse, c'est-à-dire qu'elles doivent avoir lieu aux apsides. Imaginé en 1925 par Hohmann, ces schémas sont appelés *transferts de Hohmann*. Au départ d'une altitude de 200 km, les transferts de Hohmann permettant d'atteindre les orbites circulaires situées aux altitudes de 1 000, 36 000 et 380 000 km demandent des accroissements de vitesse égaux respectivement à 8.4, 11.7 et 11.8 km/s, comme il découle de l'Eq. (52.6) et de la Fig. 5.5. Les missions spatiales circumterrestres les plus coûteuses sont donc les orbites à haute altitude, parmi lesquelles celle des satellites géostationnaires : ces orbites demandent un accroissement total de vitesse supérieur à la vitesse d'évasion.

L'altitude de référence de 200 km ne peut malheureusement pas être atteinte par un schéma de ce type, à cause des vitesses très élevées qui devraient être réalisées dans l'atmosphère dense. La prise d'altitude dans l'atmosphère doit être réalisée par un schéma proche du lancement vertical. Son prix est une perte de vitesse de l'ordre de 2.0 km/s d'après l'Eq. (V.4) en annexe V.1 ou l'Eq. (52.13) à la section 5.2.3. En compensation, il est possible, en lançant les satellites vers l'est, de bénéficier d'un appoint de vitesse dû à la rotation terrestre, permettant de gagner environ 300 m/s, comme l'indique l'Eq. (52.22).

En pratique, les bilans en vitesse donnés ci-dessus doivent donc être augmentés d'une perte de vitesse additionnelle de l'ordre de **1.7 *km/s*** .

La partie propulsée des trajectoires d'injection, fait l'objet de la section 5.2, articles 5.2.3 à 5.2.5. Un de ses objectifs principaux est de limiter au maximum la perte de vitesse, par optimisation de la loi de propulsion.

5.1.4 Propulsion à réaction

Les vitesses élevées, de l'ordre de 10 km/s, requises pour la satellisation d'engins autour de la Terre se heurtent, au niveau du sol, au mur de la chaleur situé aux environs de 3 km/s. La traversée de l'atmosphère dense à ces vitesses provoquerait un échauffement pouvant atteindre plusieurs milliers de degrés : aucun matériau ne peut y résister. C'est ainsi que les moyens de lancement imaginés à la fin du XIXe siècle par les auteurs de science-fiction, tel le canon de *Jules Verne* (1828 - 1905), sont des aberrations techniques.

Il faut donc concevoir des trajectoires de lancement qui traversent l'atmosphère rapidement mais à faible vitesse, c'est-à-dire des lancements à forte incidence, proche de la verticale, puis à communiquer la plus grande partie de la vitesse de satellisation à une altitude où le frottement de l'air devient négligeable. Comme la phase de propulsion la plus longue a lieu dans un vide d'air relatif, le mode de propulsion doit être indépendant du milieu : la propulsion à réaction par moteur-fusée s'impose donc.

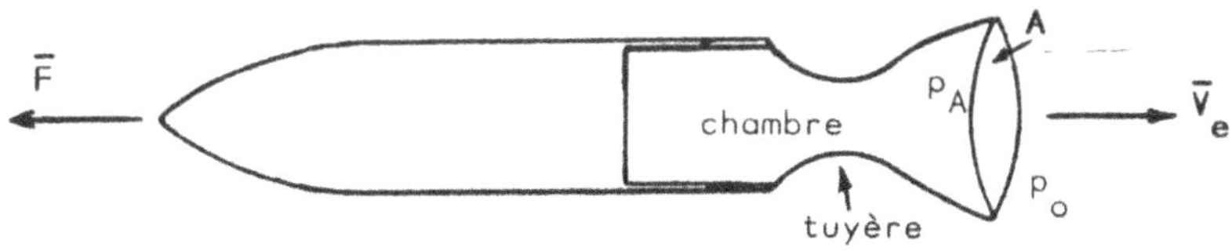

Figure 5.3 : Moteur - fusée

Les fusées chimiques conviennent parfaitement car elles peuvent délivrer des forces importantes, sous forme de poussée, pendant des durées suffisantes, de l'ordre de quelques minutes. Dans un moteur-fusée de type chimique, les ergols (carburants et comburants) brûlent dans une chambre de combustion, libérant une grande quantité de gaz à haute température. Ces gaz sont ensuite détendus dans une tuyère convergent-divergent et éjectés à très grande vitesse $\bar{v}_e$ vers l'arrière. La poussée $\bar{F}$, donnée par les Eqs. (51.7), découle de la loi de conservation de la quantité de mouvement :

$$F = \frac{dm}{dt}\, v_e - A\,(p_0 - p_A) \;=\; s\,\frac{dm}{dt}\,. \qquad (51.7)$$

- $dm\,/\,dt$ est le débit massique de la tuyère,
- $A\,(p_A - p_0)$ représente la force due à la différence de pression dans la section de sortie $\boldsymbol{A}$.

Une tuyère est dite adaptée lorsque la différence de pression est nulle. La vitesse d'éjection est alors appelée vitesse caractéristique et notée $\boldsymbol{s}$.

Par extension, la vitesse caractéristique d'une tuyère quelconque est la vitesse s qui répond à l'Eq. (51.7 b). Un mobile soumis à une poussée répondant à cette équation acquiert en fin de combustion un accroissement de vitesse donné par l'Eq. (51.8 a), où m_0 est la masse initiale et m_f la masse finale de l'engin. Cette équation a été établie en 1887 par le précurseur russe Tsiolkovski. Elle constitue la base théorique de la technique actuelle de lancement des engins spatiaux.

$$v_f = s \ln \frac{m_0}{m_f} = s \ln x \quad , \quad I_{sp} = \frac{s}{g_0} . \tag{51.8}$$

Le rapport des masses m_0 / m_f est appelé rapport propulsif et noté x, voir Eq. (51.9 a). La valeur maximale de ce rapport est de l'ordre de 10 : en effet, la masse finale comprend la charge utile ainsi que la structure des réservoirs, moteurs et systèmes de guidage (voir article 5.1.5 ci-après). Ces derniers éléments ne peuvent pas être indéfiniment allégés sans mettre en danger la résistance mécanique de l'ensemble. La structure minimale représente environ 10 % de la masse totale.

Les ergols pour moteur-fusée sont également caractérisés par leur impulsion spécifique : c'est une grandeur exprimée en secondes, qui est définie par l'Eq. (51.8 c) : c'est le rapport entre la vitesse caractéristique s et l'accélération de la pesanteur au sol. Cette grandeur présente l'avantage d'être exprimée en secondes, c'est-à-dire dans une unité commune à tous les systèmes d'unités.

La Table 5.II reprend les données numériques des principaux ergols utilisés pour la propulsion des fusées, avec leurs vitesses caractéristiques et impulsions spécifiques.

5.1.5 Fusées à étages

Les ergols chimiques classiques stockables, solides ou liquides, ont des vitesses moyennes d'éjection allant de 2 à 3 km/s, avec un grand débit. Les équipements auxiliaires sont peu importants, le rapport propulsif peut être grand et compense l'inconvénient des faibles vitesses caractéristiques. Un rapport propulsif $x = 10$ conduit à un accroissement de vitesse de près de 7 km/s : c'est une belle performance mais insuffisante pour obtenir la satellisation qui demande 9.5 km/s. Les ergols cryogéniques (hydrogène avec oxygène ou fluor liquides) ont des vitesses caractéristiques plus élevées allant de 4.2 à 4.6 km/s. La solution proposée par Tsiolkovski, consiste à fractionner le lanceur en différents étages et à abandonner au fur et à mesure les masses devenues inutiles des réservoirs, moteurs et du compartiment technique.

Une fusée à N étages est constituée, en principe, de N fusées distinctes mises à feu successivement. La charge utile finale et la masse initiale de l'ensemble définissent le facteur de croissance G par l'Eq. (51.10).

Chaque étage i est caractérisé par :

- m_0 : la masse initiale de l'étage,
- m_s : la masse de la structure (réservoirs vides et moteurs),
- m_u : la charge utile,
- m_e : la masse d'ergols,
- $m_f = m_u + m_s = m_0 - m_e$: masse finale, après combustion des ergols.

Les définitions et notations suivantes sont introduites :

- rapport propulsif x_i : $$x_i = \left(\frac{m_0}{m_f}\right)_i = (\lambda_i + \varepsilon_i)^{-1} ,$$
- facteurs de charge λ_i, de structure ε_i : $$\lambda_i = \left(\frac{m_u}{m_0}\right)_i , \quad \varepsilon_i = \left(\frac{m_s}{m_0}\right)_i , \tag{51.9}$$
- facteur de croissance G : $$G = \frac{m_u}{m_0} = \frac{1}{\lambda_1 \, \lambda_i \, \lambda_N} . \tag{51.10}$$

Le nombre *optimal* d'étages est celui qui minimise le facteur de croissance G. Les valeurs courantes du facteur de structure ε se situent autour de 10 %, les valeurs les plus faibles correspondent aux propulseurs à poudres, les plus élevées aux systèmes liquides alimentés par pression de gaz. Toutefois, le facteur d'échelle joue un grand rôle : le facteur de structure diminue nettement lorsque la masse de l'engin augmente.

Certains auteurs préfèrent l'*indice constructif* k, légèrement plus élevé (de 10 à 22 %) : la structure est rapportée à la masse des ergols au lieu de la masse totale de l'étage.

a. Étagement optimal

La détermination du nombre optimal d'étages est un problème d'extremum lié, classiquement résolu par les multiplicateurs de *Louis Lagrange* (comte de : 1736 - 1813). Avec les notations définies ci-dessus, la vitesse finale totale (9.5 m/s ou plus) est :

$$v_f + \sum_{i=1}^{N} s_i \ln (\lambda_i + \varepsilon_i) = 0 . \tag{51.11}$$

Dans chaque étage, il faut annuler la dérivée partielle (par rapport à x_i ou à λ_i) de G^{-1} augmenté d'un nombre arbitraire de fois l'Eq. (51.11). Les résultats sont :

$$s_i \, (1 - \varepsilon_i \, x_i) = K \quad ou \quad s_i \, \left(1 - \frac{k_i}{1 + k_i} \, x_i\right) K' , \tag{51.12}$$

Les Eqs. (51.12) indiquent que les étages les plus performants (s_i grand et / ou ε_i ou k_i petits) doivent être conçus avec les plus grands rapports propulsifs (x_i grand), afin de fournir les plus grands accroissements de vitesse.

Lorsque les caractéristiques technologiques de chaque étage sont supposées identiques, c'est aussi le cas du rapport propulsif : l'accroissement de vitesse est donc réparti uniformément :

$$v_f = -N\, s \ln(\lambda + \varepsilon)\ , \quad \ln\left(\frac{1}{G}\right) = -\frac{v_f}{s}\,\frac{\ln \lambda}{\ln(\lambda + \varepsilon)}\ . \qquad (51.13)$$

b. Nombre optimal d'étages

L'optimum du facteur de charge est obtenu en annulant la dérivée par rapport à λ de l'Eq. (51.13 b) : c'est l'équation transcendante suivante :

$$\lambda^{\lambda} = (\lambda + \varepsilon)^{\lambda + \varepsilon}\ , \quad \lambda_M \approx \frac{1}{e} - \frac{\varepsilon}{2}\ . \qquad (51.14)$$

Cette équation peut être résolue de manière approchée en notant que la fonction λ^{λ} présente un minimum pour $1 / e \approx 0.37$. Le minimum de G est donc obtenu au voisinage de $\lambda \approx 1 / 3$. Le nombre optimal d'étages est alors l'entier le plus proche de la valeur donnée par l'Eq. (51.15) :

$$N_{Opt} = ent\left[\frac{-v_f}{s \ln\left(\frac{1}{e} + \frac{\varepsilon}{2}\right)}\right] \approx ent_{inf}\left(1.2\,\frac{v_f}{s}\right)\ . \qquad (51.15)$$

Comme l'indique la Table 5.I, le nombre optimal d'étages est égal à 3 ou 4. Comme le minimum du facteur de croissance G est assez large, il est justifié d'arrondir à l'entier inférieur, afin de maintenir le nombre d'étages le plus bas possible.

Nombre d'étages	v_f / s 4.0	3.0	2.1
1	-	-	400*
2	4250	95	***19***
3	340	66	***19***
4	265	***65***	20
5	***260***	70	22
6	270	75	25

* G = 80, 45, 25 pour ε = 0.11, 0.10, 0.08

Table 5.I : Nombre optimal d'étages
Facteur de croissance G (ε = 12 %)

La Table 5.I est établie avec ε = 12 % et pour trois valeurs différentes du rapport v_f / s, correspondant aux quatre cas suivants :

2.1 : satellisation avec la technologie la plus avancée,
3.0 : libération avec moyens cryotechniques ou satellisation avec ergols classiques,
4.0 : libération avec ergols classiques.

Un quatrième cas, correspondant à la libération avec des ergols moins performants, tels poudres ou kérosène (rapport 5.0), n'est pas présenté, le facteur de croissance minimal valant environ 1 000.

La Table 5.I indique que la satellisation est irréalisable avec un seul étage classique. Le lanceur monoétage n'est envisageable qu'avec les composants les plus performants. En particulier, le facteur de structure doit être le plus faible possible pour maintenir le facteur de croissance à des valeurs acceptables. L'objectif industriel du début du XXIe siècle est d'atteindre $\varepsilon = 0.08$, permettant la réalisation d'un engin monoétage récupérable.

5.1.6 Technologie des lanceurs

a. Évolution des lanceurs

Pendant que se poursuivait les essais des fusées A 4 reconstituées aux États-Unis et au Kazakhstan, les pays occidentaux mettaient au point diverses fusées-sondes à poudre pour les besoins militaires ainsi que pour l'exploration de l'ionosphère. L'avantage de ce type d'ergols est sa simplicité de stockage, de transport et de mise en oeuvre. Les premières fusées occidentales à tenter la satellisation étaient de ce type. Toutefois, les fusées à poudres présentent de graves inconvénients pour cette opération : elles n'ont généralement pas un temps de fonctionnement suffisamment long pour assurer à la fois prise d'altitude et vitesse suffisantes. De plus, ces moteurs ne peuvent être allumés qu'une seule fois, comme c'était également le cas de la première génération de moteurs à ergols liquides. C'est la raison de l'introduction des phases balistiques dans les séquences de satellisation, avec les importantes pertes de vitesse par gravité que cela entraîne.

L'évolution normale des moyens de lancement commence donc par des fusées à poudre de l'ordre de vingt tonnes, destinées à satelliser de petits satellites (de 200 à 500 kg). Ce fut le cas des États-Unis (Vanguard, Scout), de la France (Diamant), et plus récemment du Japon, de la Chine et de l'Inde. Mais ce n'est qu'une étape technique, car les besoins opérationnels s'élèvent rapidement à plusieurs tonnes dès que des missions plus importantes sont envisagées : charges de télécommunication en orbite géostationnaire, sondes planétaires, vols habités . . . C'est la deuxième génération des fusées légères avec ergols liquides et une masse de l'ordre de 200 tonnes : fusées Zemiorka, Thor-Delta, Ariane 1 à 4.

Pour les besoins lourds des télécommunications et de l'exploration planétaire, les lanceurs atteignent 700 tonnes (Proton, Titan et Ariane 5).

Enfin, en vue de la construction et de l'alimentation des stations spatiales, ce sont les lanceurs très lourds, tels les 2 000 tonnes de la Navette spatiale américaine, qui sont nécessaires. Les missions habitées vers la Lune sont encore plus gourmandes : la masse de la fusée lunaire Saturn V est de près de 3 000 tonnes, tout comme celle de sa concurrente malheureuse : la fusée N 1 soviétique, abandonnée après quatre échecs successifs.

Les soviétiques se sont écartés de cette ligne d'action en sautant la première étape et en concevant un lanceur modulaire de deux étages avec propulseurs d'appoint : ils ont d'emblée opté pour une fusée de 300 tonnes, la R 7 Zemiorka, permettant de satelliser une charge de 7 tonnes en orbite basse. En 1957, c'était une performance remarquable, à mettre au crédit de l'équipe de Korolev.

La Table 5.III rassemble les informations de base des lanceurs principaux en service ou ayant marqué la conquête spatiale.

b. Technologie des propulseurs

Pour satelliser des masses de plusieurs tonnes, des techniques spéciales ont dû être mises en oeuvre, principalement sous l'impulsion du défi de la conquête lunaire :

- **Moteurs**

  - **maîtrise des moteurs cryotechniques** : Saturn V (2e et 3e étages), Proton (3e étage), Ariane 1 à 4 (3e étage) et 5, Navette spatiale, étage Centaur, Energya soviétique (abandonnée), H-II japonaise, Longue Marche III chinoise (3e étage),
  - **montage de moteurs éprouvés en faisceaux synchronisés** : fusées Zemiorka, Saturn V (1e et 2e étage),
  - **propulseurs d'appoint (ou *boosters*)** : permettant l'aide au décollage de fusées emportant plus d'ergols : fusées Zemiorka, Thor-Delta, Ariane 42P à 44L et 5, Titan, Navette spatiale. Les propulseurs d'appoint s'éteignant avant la fin de combustion du premier étage, la propulsion est étudiée en scindant le premier étage en deux sous-étages distincts.

- **Ergols**

  La nature et les performances des ergols sont d'une grande importance pour la conception des lanceurs. Trois catégories d'ergols sont habituellement distinguées, voir Table 5.II :

  - **ergols solides** : comprenant l'oxydant dans la structure de la molécule constitutive de la poudre,
  - **ergols liquides** : les oxydants sont l'oxygène liquide (à - 190° C), l'acide nitrique, ou le peroxyde d'azote (toxique). Ces ergols sont qualifiés de stockables.
  - **ergols cryogéniques** : avec hydrogène liquide (à - 255° C : non stockable).

Oxydant	*Carburant*	I_{sp} - vide (*s*)	*Notes*
oxygène liquide -183 à -219°C (O_2 - L O X)	méthanol	250	fusée A 4
	éthanol	340	
	méthane	350	
	kérosène	340	fusée R 7
	hydrogène liquide - L H 2 -253 à -259°C	460	ergols cryogéniques
fluor liquide -188 à -220°C	hydrogène liquide - L H 2 -253 à -259°C	500	ergols cryogéniques ; toxique
acide nitrique HNO_3	kérosène	300	
	térébenthine	300	
	U D M H [1]	300	toxique
peroxyde d'azote N_2O_4	hydrazine N_2H_4	350	toxique
	U D M H [1]	350	Ariane ét. 1/2
	kérosène	300	toxique
poudres composites [2]		230 - 300	solide

Notes :
1 : U D M H : diméthyle hydrazine asymétrique $(CH_3)_2$ NN H_2 ,
2 : en général avec additifs à base de limaille d'aluminium ,
3 : gaz froids : I_{sp} = **70 *s*** .

Table 5.II : Caractéristiques des ergols pour fusées

c. Autres modes de propulsion

Comme l'indique l'Eq. (51.7 b), la poussée dépend exclusivement de la vitesse caractéristique des ergols et du débit massique. Mais il est difficile d'obtenir simultanément de grandes valeurs des deux en même temps. Les performances des ergols chimiques sont moyennes mais constituent, à l'heure actuelle, le meilleur compromis possible.

Les moteurs *nucléaires* peuvent développer des températures très élevées et, de ce fait, éjecter des gaz à des vitesses considérables pouvant dépasser 10 km/s. Le débit étant très grand, les poussées sont très fortes.

FUSÉE SATURN V

Fusée américaine à trois étages utilisée pour les vols lunaires. La masse au décollage est de 2 800 tonnes. Le premier étage comprend cinq moteurs F 1 d'une poussée totale de 3 500 tonnes utilisant des ergols classiques. Le deuxième étage comprend cinq moteurs cryotechniques J2, développant une poussée totale de 500 tonnes. Le troisième étage est constitué d'un seul moteur J2.

La fusée SATURN V *peut mettre en orbite basse une charge utile de 129 tonnes (G = 22) et une charge de 55 tonnes (véhicule* APOLLO*) sur une trajectoire lunaire.*

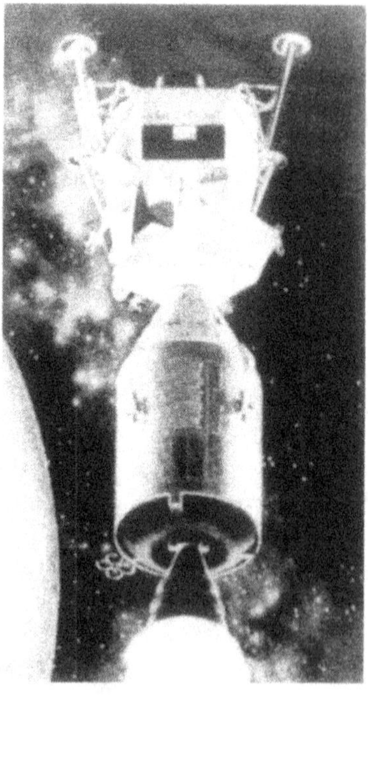

VÉHICULE APOLLO

De bas en haut :
module de service SM, module de commandement CM, module de rendez-vous et module lunaire LM.

Bien qu'apparemment idéales, ces performances cachent des inconvénients de taille, mais d'un autre ordre. D'une part, la masse des équipements auxiliaires de protection est très importante : le facteur de structure est très élevé. D'autre part, les gaz traversant le réacteur sont violemment contaminés : libérer dans l'atmosphère un sillage gigantesque de gaz radioactifs est totalement inacceptable.

D'autres technologies propulsives sont à l'étude : c'est le cas du *moteur ionique* (voir section 5.3.1 b) et de la *voile solaire* (voir section 5.3.4 c), mais ces méthodes ne délivrent que de très faibles poussées, aussi ne sont-elles pas prises en considération pour la réalisation des lanceurs proprement dits, mais plutôt comme moyens de manoeuvre ou de contrôle d'attitude. La propulsion chimique reste la technique de base pour la propulsion des lanceurs lourds des prochaines décennies.

5.1.7 Lanceurs à forte capacité

a. Fusées lunaires

- **SATURN V**

SATURN V est la fusée américaine développée par l'équipe de von Braun pour les vols lunaires habités. La masse maximale au décollage est de près de 2 800 tonnes. La fusée SATURN V place sur orbite basse une charge utile maximale de 129 tonnes et 55 tonnes sur trajectoire d'évasion (véhicule Apollo - voir ci-après).

- **Fusée N 1 soviétique**

Fin 1961, l'Union Soviétique confiait à Korolev la mission de réaliser un lanceur lunaire pouvant mettre en orbite basse 50 puis 100 tonnes, alors qu'une autre entreprise était chargée du lanceur Proton, destiné au vol circumlunaire d'un cosmonaute. Cette compétition se traduisit par le projet d'une fusée N 1 de 2 800 tonnes. Le premier étage était constitué de 30 moteurs identiques, à oxygène/kérosène, montés en deux cercles concentriques de 6 et de 24 respectivement.

Les quatre tirs d'essai, réalisés de 1969 à 1972, après le décès de Korolev, se soldèrent par des échecs dus à diverses instabilités du premier étage. La course à la Lune étant manifestement perdue pour les soviétiques, le projet N 1 a été abandonné en 1974.

- **Remarque : véhicule lunaire APOLLO**

L'engin lunaire comprend trois étages, sa masse est égale à 55 tonnes :

- module de service SM : *Service Module* : 40 tonnes,
  comprenant le module de commandement CM : *Command Module*,
- module d'alunissage LM : *Lunar Module* : 15 tonnes,
- module de rendez-vous (2.5 tonnes - compris dans le LM).

		Propuls. d'appoint	*Étage n°* 1	2	3
Diamant B **1970** m_0 =24.4T m_u =0.2 T G = 122	**dénom.** **ergols** I_{sp} **(s)** m_0 **(T)** m_e **(T)** **t (s)** **F (kN)**	----	L 17 PA/UDMH 270 20.3 18.1 150 402	Topaze solide 250 3.0 2.3 44 150	- solide 275 0.90 0.65 27 49
Ariane 1 **1980** m_0 =213 T m_u =4.5 T G = 47	**dénom.** **ergols** I_{sp} **(s)** m_0 **(T)** m_e **(T)** **t (s)** **F (kN)**	----	L 140 PA/UDMH 280 160 146.6 146 2 489	L 33 PA/UDMH 295 38.5 35.2 126 785	H 8 Cryogén. 440 9.5 8.3 570 61.8
Japon H II **1992** m_0 =269 T m_u = 10 T G = 27	**dénom.** **ergols** I_{sp} **(s)** m_0 **(T)** m_e **(T)** **t (s)** **F (kN)**	2 × prop. 273 141 118 94 3 148	LE 7 Cryogén. 446 98 86 346 1 079	LE 5 Cryogén. 452 19.7 16.7 510 121	----
Soyuz **Zemiorka** **1957** m_0 =304 T m_u =7.1 T G = 43	**dénom.** **ergols** I_{sp} **(s)** m_0 **(T)** m_e **(T)** **t (s)** **F (kN)**	4 × RD107 O_2/kéros. 315 171 157 118 4 032	RD 107 O_2/kéros. 315 101 95 286 971	RD 108 O_2/kéros. 330 25.4 23 240 298	----
Ariane44L **1989** m_0 =489 T m_u = 10 T G = 49	**dénom.** **ergols** I_{sp} **(s)** m_0 **(T)** m_e **(T)** **t (s)** **F (kN)**	4 × L 40 PA/UDMH 279 175 157 140 2 680	L 220 PA/UDMH 279 253 235 205 3 045	L 33 PA/UDMH 393 38.5 35.2 126 783	H 10+ Cryogén. 447 12.4 11.2 750 63.2
Proton **1961** m_0 =690 T m_u = 21 T G = 33	**dénom.** **ergols** I_{sp} **(s)** m_0 **(T)** m_e **(T)** **t (s)** **F (kN)**	----	6 × RD253 PA/UDMH 317 451 420 130 8 840	4 × RD 208 PA/UDMH 327 168 156 300 2 400	RD 212 PA/UDMH 325 50 46.6 250 600

Table 5.III : Caractéristiques des lanceurs de satellites

		Propuls. d'appoint	***Étage n°*** 1	2	3
TitanIIID	**dénom.**	SRM - 5½	LR 87-11	LR 91-11	----
1981	**ergols**	A A P	PA/UDMHz	PA/UDMHz	
	I_{sp} **(s)**	265	302	317	
m_0 =687 T	m_0 **(T)**	494	141	38	
m_u =14.5T	m_e **(T)**	420	134	35.1	
G = 49	**t (s)**	116	164	225	
	F (kN)	12 420	2 428	463	
Ariane 5	**dénom.**	2 × P 230	H 155	L9	----
1996	**ergols**	solide	Cryogén.	PA / MMH	
	I_{sp} **(s)**	273	431	324	
m_0 =749 T	m_0 **(T)**	550	170	11	
m_u = 18 T	m_e **(T)**	474	158	9.7	
G = 42	**t (s)**	130	590	1120	
	F (kN)	10 600	1 139	28	
Titan IV	**dénom.**	SMR - 7	LR 87-11	LR 91-11	RL10 Cent.
1989	**ergols**	P H	PA/UDMHz	PA/UDMHz	Cryogén.
	I_{sp} **(s)**	269	302	318	444
m_0 =875 T	m_0 **(T)**	631	163	39.5	23.5
m_u = 18 T	m_e **(T)**	534	154.2	35	19.9
G = 49	**t (s)**	121	190	223	600
	F (kN)	14 234	2 428	463	147
Navette	**dénom.**	2 × SRB	SSME	OMS	----
1982	**ergols**	PChl Al	Cryogén.	PA / HZ	
	I_{sp} **(s)**	265	453	283	
m_0 =2120T	m_0 **(T)**	1 180	756	84	
m_u =100 T	m_e **(T)**	1 004	720	11	
G = 21	**t (s)**	120	480	-	
	F (kN)	27 468	6 327	53	
Saturn V	**dénom.**	----	5 × F 1	5 × J 2	J 2
1967	**ergols**		O_2/kéros.	Cryogén.	Cryogén.
	I_{sp} **(s)**		285	425	425
m_0 =2782T	m_0 **(T)**		2 080	468	105
m_u =129 T	m_e **(T)**		1 940	428	90
G = 22	**t (s)**		150	367	380
	F (kN)		32 962	5 003	1 000

Abréviations :

A A P	=	acide acrylique polybutadiène acrylonitrile,
M M H	=	monométhyle hydrazine,
P A	=	peroxyde d'azote, N_2O_4 ,
PCl Al	=	perchlorate d'ammonium + poudre d'aluminium,
P H	=	polybutadiène hydroxyle,
UDMHz	=	mélange UDMH - hydrazine .

Table 5.III (suite) : Caractéristiques des lanceurs de satellite

Après freinage, 35 tonnes restent sur orbite circumlunaire (LM et orbiteur), 15 tonnes descendent vers la Lune, 7 tonnes s'y posent. Ensuite, 2.5 tonnes reviennent sur orbite pour le rendez-vous avec l'orbiteur, 15 tonnes reviennent vers la Terre et seulement 5 tonnes (module de commandement) sont récupérés, après amerrissage, dans l'océan Pacifique : c'est la *capsule* de rentrée.

b. Lanceurs lourds actuels

- **Navette spatiale**

Planeur hypersonique spatial conçu par la NASA, lancé par un moteur fusée mais revenant sur Terre en planant. La masse au lancement est égale à près de 2 000 tonnes. Le lanceur se compose d'un seul étage cryotechnique disposant, dans un premier temps, d'un appoint de poussée de 2 400 tonnes délivré par deux propulseurs d'appoint (*boosters*) récupérables, à poudre.

La vitesse atteinte à l'issue de cette phase est inférieure à la vitesse de satellisation : le réservoir vide retombe ainsi sur Terre en se consumant. La vitesse de satellisation est atteinte entre 200 et 500 km d'altitude grâce au Système de Manoeuvre Orbital *OMS*. La charge satellisée est d'environ 100 tonnes, orbiteur inclus : le facteur de croissance $\boldsymbol{G} = \mathbf{21}$ est excellent. Toutefois, la charge utile dans la soute n'est que de 28 tonnes, les performances comme lanceur de satellites sont plus faibles : $\boldsymbol{G_S} = \mathbf{76}$.

- **Fusée Energya**

Energya est un lanceur bi-étages de 2 000 tonnes pouvant satelliser 100 tonnes. Le premier étage est constitué de quatre propulseurs d'appoint fonctionnant au kérosène et délivrant une poussée totale de 3 200 tonnes. Ils sont disposés autour du corps central qui forme le deuxième étage cryotechnique. Le projet a été expérimenté avec succès en 1987 avec une navette télécommandée comme charge utile. Il a été abandonné en 1992 pour des raisons de coûts.

5.1.8 Familles Titan et Ariane

a. Famille TITAN

Les lanceurs TITAN remontent a une lignée de missiles intercontinentaux dont le premier en version III a volé en 1965. La version III D de base comprend trois étages dont les deux premiers, dénommés LR-87 et LR-91 fonctionnent avec un mélange peroxyde d'azote / hydrazine. Les versions suivantes ont deux énormes *boosters* à poudre assemblés en 5 1/2 (III D) ou 7 segments (IV). Ces propulseurs d'appoint fonctionnent en même temps que le premier étage à liquide. L'ensemble peut satelliser 14 (III D) ou 18 (IV) tonnes en orbite basse.

Le passage de la version III D à la version IV s'est avéré nécessaire pour les militaires après l'accident de la navette Challenger en 1986. Conçu de manière modulaire, TITAN peut recevoir divers étages supérieurs, tel l' *I U S* à poudre (*Inertial Upper Stage*) ou un étage cryotechnique Centaur élargi.

b. Famille ARIANE

La fusée ARIANE a été développée par l'Agence Spatiale Européenne ESA sur base de l'expérience spatiale française. Elle est optimisée pour atteindre l'orbite géostationnaire à partir de Kourou en Guyane.

- **ARIANE 1 à 3**

La masse de la version ARIANE initiale est de 210 tonnes. L'ensemble peut lancer 4.5 tonnes en orbite basse, mais la performance de base est l'injection d'une charge de 1.9 tonnes en transfert vers l'orbite géostationnaire. Un moteur d'apogée de 0.7 tonne, intégré à la charge utile, doit alors circulariser l'orbite à 36 000 km.

La version ARIANE 2 comprend un troisième étage allongé emportant 2.5 tonnes d'ergols supplémentaire (c'est l'étage H 10 d'ARIANE 4). La performance monte à 2.2 tonnes sur orbite de transfert.

ARIANE 3 reçoit en supplément deux propulseurs d'appoint à poudre (masse : 9.5 tonnes et poussée : 63 tonnes pendant 34 secondes), portant sa performance à 2.7 tonnes en transfert.

- **famille ARIANE 4 (4 à 44L)**

ARIANE 4 résulte d'un objectif de modularité en vue d'adapter le lanceur à la charge à satelliser. Le premier étage passe à 250 tonnes (L 220). Un supplément de poussée au décollage est obtenu par augmentation de la pression et du débit des moteurs. La modularité est obtenue par des propulseurs d'appoint à poudre ou à liquide, pouvant être utilisés par couples et dont les poussées respectives sont de 63 et de 68 tonnes.

La version la plus lourde (ARIANE 44 L) a une masse de 450 tonnes. Les configurations possibles et leurs performances (masse en transfert), sont données ci-dessous :

Version	***A4 0***	***A4 2P***	***A4 4P***	***A4 2L***	***A4 4LP***	***A4 4L***
Performance (kg)	1 900	2 600	3 000	3 200	3 700	4 200

Le chiffre des unités indique le nombre de propulseurs d'appoint installés (0, 2 ou 4) et la ou les lettres leur nature (***P*** = poudre et ***L*** = liquide).

- **ARIANE 5**

La version suivante de la fusée ARIANE est articulée autour d'un étage cryotechnique H 155 avec le moteur Vulcain, sa conception générale s'approche de celle de l'Energya russe ou de la fusée TITAN.

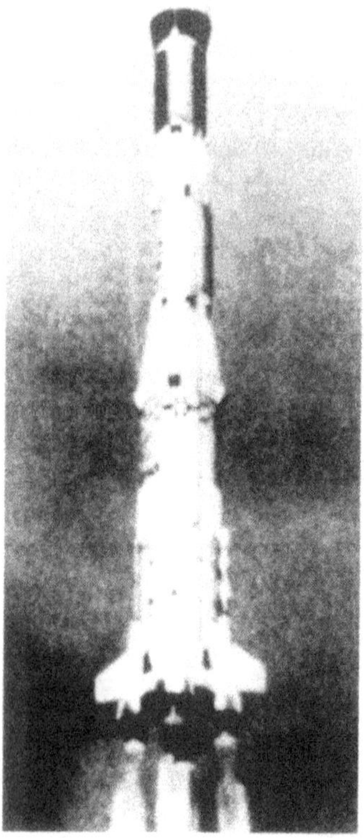

Fusée Ariane

Fusée européenne conçue pour le tir des satellites de télécommunication placés sur l'orbite géostationnaire à partir de la base spatiale équatoriale de Kourou en Guyane française.

La famille ARIANE *4 couvre la gamme de 300 à 450 tonnes au décollage. Elle peut satelliser de 1.9 à 4.2 tonnes en orbite de transfert. La charge utile comprend un moteur d'apogée de 700 kg.*

Navette Spatiale

Planeur hypersonique américain lancé verticalement par une fusée à deux étages et rentrant sur Terre en planant. L'étage principal, cryotechnique, est assisté au lancement par deux énormes fusées d'appoint à poudre récupérables.

C'est une fusée bi-étage de 800 tonnes, le premier étant constitué de deux gigantesques propulseurs d'appoint à poudre de 250 tonnes. Comme la navette spatiale, le deuxième étage n'atteint pas la vitesse de satellisation et retombe dans l'océan. Ariane 5 peut satelliser une charge utile de 18 tonnes en orbite basse et placer une charge de près de 6 tonnes sur orbite de transfert.

Ariane 5 devrait être opérationnelle avant la fin du siècle. Le premier vol d'essai s'est soldé, en juin 1996, par une explosion spectaculaire au-dessus de la base de lancement de Kourou.

Un planeur hypersonique nommé *Hermès* a été étudié de 1987 à 1993. Il a été postposé pour des raisons budgétaires.

□

5.2
Injection sur orbite terrestre

Le but de cette section est l'étude des conditions de mise en orbite des satellites artificiels. Le premier objectif : atteindre la vitesse minimale de satellisation, a fait l'objet de l'étude des lanceurs et de la propulsion chimique à la section 5.1.

Il y a toutefois d'autres conditions importantes à remplir. En effet, l'atmosphère terrestre oppose au mouvement une forte résistance, qui conduirait, aux vitesses de satellisation, à un échauffement excessif et inutile des matériaux, et à un ralentissement rapide. Ces vitesses élevées ne sont donc concevables que dans un vide d'air assez poussé, trouvé à des altitudes suffisamment élevées. Les conditions idéales d'orbitation demandent des altitudes supérieures à 200 km.

Le premier problème est donc d'atteindre cette altitude de 200 km au moyen d'une trajectoire propulsée, en minimisant les pertes dues à la prise d'altitude. Ensuite, l'altitude d'opération impartie au satellite doit être atteinte de la manière la plus économique possible, en répartissant de manière optimale les phases propulsées et balistiques. Ceci peut conduire à des contraintes particulières pour la conception des étages supérieurs et des propulseurs de manoeuvre.

Enfin, l'injection proprement dite est le point de départ d'une nouvelle trajectoire balistique qui est l'orbite réelle du satellite ou une orbite de transfert. Cette trajectoire peut différer de l'orbite visée, c'est l'objet de l'analyse de sensibilité destinée à évaluer la précision de l'injection.

5.2.1 Satellisation à coût minimal

L'objectif de cette étude est de déterminer les conditions optimales de satellisation à une altitude r_2 imposée, obtenue au moyen de deux impulsions de vitesse. La première impulsion a lieu à la surface terrestre (altitude r_1), l'engin étant initialement immobile. La seconde à lieu à l'altitude r_2 de satellisation. Le paramètre représentatif de l'écart d'altitude est noté α. Les variables indépendantes sont la vitesse initiale v_1 et l'inclinaison τ_1 . Les caractéristiques à l'altitude r_2 sont déduites des Eqs. (21.21 et 24) :

$$\alpha = \frac{r_2}{r_1} = \frac{v_1 \cos\tau_1}{v_2 \cos\tau_2} , \quad v_2^2 = v_1^2 - 2 \frac{\alpha - 1}{\alpha} v_{01}^2 . \tag{52.1}$$

En r_2 , la correction de vitesse nécessaire pour circulariser l'orbite s'exprime par :

$$\Delta v_2^2 = v_2^2 - 2 v_{02} v_2 \cos\tau_2 + v_{02}^2 . \tag{52.2}$$

Le bilan de vitesse pour la satellisation en deux impulsions est :

$$\Delta v_S = v_1 + \Delta v_2 = v_1 + v_{01} \sqrt{(\frac{v_1}{v_{01}})^2 - \frac{2 v_1 \cos\tau_1}{v_{01}\sqrt{\alpha^3}} + \frac{3 - 2\alpha}{\alpha}} . \tag{52.3}$$

Les deux variables indépendantes doivent toutefois permettre d'atteindre l'altitude r_2 , à l'horizontale ($\tau_2 = 0$) ou à vitesse nulle. La relation (52.4) exprime cette condition :

$$v_1 \geq v_{01} \sqrt{\frac{2 \alpha (\alpha - 1)}{\alpha^2 - \cos^2\tau_1}} . \tag{52.4}$$

Il n'y a aucun intérêt à prendre la vitesse initiale plus grande que la limite inférieure de l'Eq. (52.4). En effet, il faudrait dans ce cas annuler la composante verticale résiduelle en r_2 . Cette opération est plus défavorable que le gain obtenu en vitesse horizontale. Le point r_2 est alors l'apogée de la trajectoire et la vitesse y est notée v_{2A} . Le bilan des vitesses est :

$$\Delta v_S = v_1 - v_{2A} + v_{02} , \quad \frac{\Delta v_S}{v_{01}} = \frac{v_1}{v_{01}} \frac{\alpha - \cos\tau_1}{\alpha} + \frac{1}{\sqrt{\alpha}} . \tag{52.5}$$

La dérivée de l'Eq. (52.5 b) s'annule pour $\sin\tau_1 = 0$, c'est-à-dire à l'horizontale, pour $\tau_1 = 0$. Ce mode de lancement, dans lequel tous les accroissements de vitesse ont lieu à l'horizontale, a été imaginé en 1925 par *Walter Hohmann* (1880 - 1945), voir Fig. 5.4. Le bilan des vitesses est :

$$\Delta v_{SH} = v_{01} [\sqrt{\frac{2 (\alpha - 1)^2}{\alpha (\alpha + 1)}} + \sqrt{\frac{1}{\alpha}}] , \tag{52.6}$$

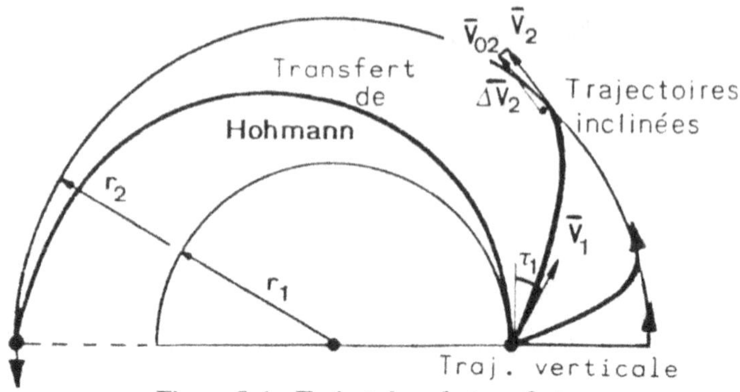

Figure 5.4 : Trajectoires de transfert

Un satellite sera donc généralement injecté sur orbite à une altitude minimale de 130 à 200 km. Si l'orbite de travail est voisine de 200 km, c'est cette altitude qui est retenue pour l'injection. Si l'altitude de travail est plus élevée, et que les contraintes permettent d'y arriver en une seule opération, le satellite est alors injecté à environ 130 à 150 km, au périgée d'une orbite de transfert dont l'apogée est à l'altitude désirée, suivant le schéma optimal décrit au paragraphe suivant.

À noter que les trajectoires avec lancement vertical (τ_1 = 90°) sont caractérisées par un bilan de vitesse défavorable :

$$\Delta v_{SV} = v_{01} \left[\sqrt{2 \frac{(\alpha - 1)}{\alpha}} + \sqrt{\frac{1}{\alpha}} \right] \approx \sqrt{2 g z} + v_{02} \, . \qquad (52.7)$$

Pour fixer les idées, l'avantage du transfert de Hohmann par rapport aux trajectoires verticales se traduit par une économie de vitesse atteignant 2.4 *km/s* à l'altitude de 500 km.

5.2.2 Transferts optimaux de Hohmann

a. Transferts à deux impulsions

Les trajectoires de transfert classiques de Hohmann ont pour but le passage entre orbites circulaires coplanaires. Ce sont des ellipses bitangentes aux circonférences de départ et d'arrivée. Le bilan d'un transfert de Hohmann vers le haut est obtenu à partir de l'Eq. (52.6). Il faut toutefois encore retrancher v_{01}, car l'engin est en orbite au lieu d'être arrêté. Pour un transfert vers le bas, les signes sont à inverser.

Comme toutes les phases de propulsion ont lieu à l'horizontale, seule l'énergie cinétique de l'orbite est modifiée. Il n'y a donc pas de perte de vitesse : c'est la raison pour laquelle ce mode de transfert est qualifié d'optimal. Le coût en vitesse de ces transferts est représenté sur la Fig. 5.5.

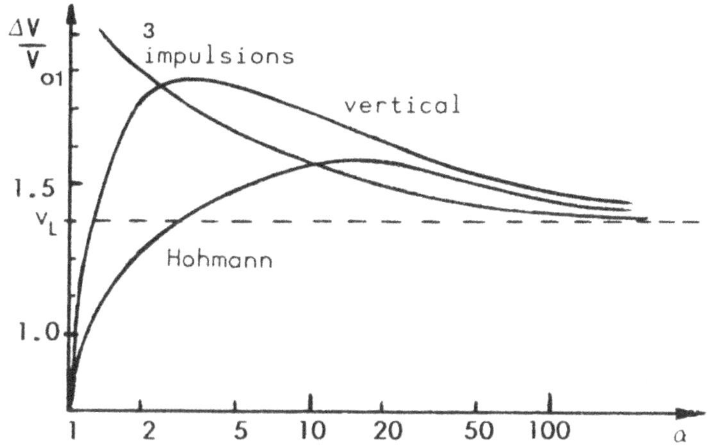

Figure 5.5 : Transferts optimaux de Hohmann

Dès que $\alpha > 3.4$, ce coût est supérieur à l'écart entre vitesse circulaire et vitesse de libération et passe par un maximum à $0.54\ v_{01}$ vers $\alpha = 16$. Ce graphique met en évidence le coût énorme nécessaire pour atteindre les très hautes altitudes. Comme le coût total de satellisation dépasse la vitesse de libération pour $\alpha > 3.4$, il est légitime de se demander si un autre schéma comportant une étape intermédiaire à très grande distance ne serait pas plus intéressant. C'est l'objet du b ci-après.

b. Transfert à trois impulsions

Dans ce schéma de transfert, une étape intermédiaire consiste à s'éloigner à très grande distance r_3 , pour ensuite redescendre vers l'altitude désirée r_2 . L'Eq. (52.8) présente le bilan de cette méthode :

$$\frac{\Delta v_{3I}}{v_{01}} = \sqrt{\frac{2\ (\beta - 1)^2}{\beta(\beta + 1)}} + \sqrt{\frac{2(\alpha + \beta)}{\alpha\ \beta}} - \sqrt{\frac{1}{\alpha}} - 1 \ , \qquad (52.8)$$

$$avec \quad \beta = \frac{r_3}{r_1} \ .$$

Les résultats sont également représentés sur la Fig. 5.5, pour β très grand ($\beta > 240$ correspond à l'extrémité de la zone d'influence terrestre, voir chapitre 6.1.1). Ce graphique indique que le transfert à trois impulsions est effectivement plus intéressant pour les hautes altitudes ($\alpha > 20$).

L'avantage reste très faible : le gain ne dépasse pas une centaine de mètres par seconde. Il existe une application pratique de ce type de transfert lorsque des trajectoires lunaires sont recherchées en vue d'obtenir la capture naturelle par la Lune (voir chapitre 6.1.2 c).

5.2.3 Trajectoires propulsées

Les trajectoires balistiques étudiées aux paragraphes précédents sont idéalisées car elles négligent la phase de propulsion atmosphérique, au cours de laquelle l'engin est accéléré pour atteindre la vitesse orbitale à l'altitude voulue, en général supérieure à 200 km pour s'affranchir des effets de l'atmosphère.

La résolution des Eqs. (51.1) peut être poursuivie sans introduire d'autres simplifications. Les Eqs. (52.9 a et b) sont obtenues en dérivant l'Eq. (51.1 b) ainsi que l'expression du carré de la vitesse. Enfin, ces deux relations permettent de séparer les variables : c'est l'Eq. (52.9 c).

$$\dot{v} = \frac{F-T}{m} - g \sin\tau \ , \quad \dot{\tau}\, v = (\frac{v^2}{v_0^2} - 1)\, g \cos\tau \ ,$$
$$\frac{dv}{v} - \frac{dv^2}{2v_0^2} = (\tan\tau - \frac{F-T}{m g \cos\tau})\, d\tau \ . \tag{52.9}$$

À ce stade, une hypothèse supplémentaire est nécessaire pour poursuivre la résolution des Eqs. (51.1 et 52.9). C'est le cas de l'hypothèse de la propulsion à accélération constante étudiée ci-dessous.

a. Trajectoires à accélération constante

La phase ascensionnelle est caractérisée par un freinage atmosphérique qui varie très rapidement, tandis que le défaut d'adaptation des tuyères compense partiellement la traînée. Dans l'hypothèse considérée, les termes $F - T$ de poussée et de traînée se combinent de telle sorte que l'accélération de l'engin reste égale à une constante $n\,g$. Bien que cette approximation ne soit pas toujours proche de la réalité, elle est nécessaire pour décrire analytiquement la phase de lancement.

- **Phase de basculement**

Les équations du mouvement sont :

$$\ddot{x} = n\, g \cos\tau - \frac{\dot{x}\,\dot{z}}{r} \ , \quad \dot{v} = g\,(n - \sin\tau) \ ,$$
$$\ddot{z} = g\,(n \sin\tau - 1) + \frac{\dot{x}^2}{r} \ . \tag{52.10}$$

L'intégration de l'Eq. (52.9 c) peut être poursuivie. Les Eqs. (52.11) donnent l'accroissement de vitesse en fonction de l'inclinaison et de la vitesse v_b en fin de basculement ($\alpha = 90°$). L'équation approchée (52.11 b) est applicable pour des valeurs de la vitesse de basculement ne dépassant pas 5 km/s.

$$\frac{v}{v_0} e^{-\frac{v^2}{2v_0^2}} = \frac{v_b}{v_0} \frac{\tan^n \alpha/2}{\sin \alpha} , \quad v \approx v_b \frac{\varepsilon^{n-1}(1+\varepsilon^2)}{2} , \tag{52.11}$$

$$avec \quad \varepsilon = \tan\frac{\alpha}{2} , \quad \alpha = \frac{\pi}{2} - \tau \quad et \quad \dot{\alpha} = \frac{g \sin \alpha}{v} .$$

Les caractéristiques en fin de basculement sont obtenues en exprimant les variations élémentaires ***dz***, ***dx***, ***dt***, puis en intégrant de 0 à $\pi / 2$:

$$\frac{dz}{d\alpha} = \frac{\dot{z}}{\dot{\alpha}} = \frac{v^2}{g \tan \alpha} \quad et \quad \frac{dx}{d\alpha} = \frac{\dot{x}}{\dot{\alpha}} = \frac{v^2}{g} , \tag{52.12}$$

$$z = \frac{v_b^2}{2g} \varepsilon^{2n-2} \left(\frac{1}{2n-2} - \frac{\varepsilon^4}{2n+2}\right) , \quad z_b = \frac{v_b^2}{4g} \frac{1}{n^2-1} , \tag{52.13}$$

$$x_b = \frac{v_b^2}{g} \frac{2n}{4n^2-1} , \quad t_b = \frac{v_b}{g} \frac{n}{n^2-1} . \tag{52.14}$$

La perte de vitesse Δv_p subie pendant la phase de basculement est :

$$\Delta v_p = \frac{v_b}{n^2-1} = n g t_b - v_b . \tag{52.15}$$

Cette perte de vitesse est à attribuer principalement au premier étage.

- **Phase quasi horizontale**

Le propulseur est supposé avoir été amené au voisinage de l'horizontale avec une vitesse plus faible que la vitesse de satellisation. Les Eqs. (52.16 à 18) sont alors vérifiées.

$$\ddot{z} = -g + \frac{v^2}{R_T + z_b} , \quad \ddot{x} = n g , \quad \Delta v = v_f - v_b , \tag{52.16}$$

$$\Delta z_f = \frac{R_T + z_b}{12 n^2 v_0^4} (v_f^4 - v_b^4 - 4 v_b^3 \Delta v - 6 v_0^2 \Delta v^2) , \tag{52.17}$$

$$\Delta x_f = \frac{R_T + z_b}{2 n v_0^2} (\Delta v^2 + 2 v_b \Delta v) , \quad \Delta t_f = \frac{\Delta v}{n g} . \tag{52.18}$$

Il n'y a, bien entendu, aucune perte de vitesse lors de cette phase.

b. Discussion

- **Traversée de l'atmosphère dense**

L'objectif poursuivi pour la traversée des trente premiers kilomètres d'atmosphère est de franchir rapidement cette zone, tout en limitant les effets de traînée, c'est-à-dire en maintenant la vitesse assez basse.

Ces conditions, bien que contradictoires, peuvent être remplies lorsque la trajectoire ne s'écarte pas trop de la verticale. L'inclinaison α doit rester petite. Les Eqs. (52.11 et 13 a) permettent de montrer qu'avec des vitesses v_b en fin de basculement allant de 4 à 8 km/s, l'inclinaison α reste inférieure à 40 degrés, pour autant que l'accélération ne dépasse pas **2** g. Malheureusement, aux faibles accélérations correspondent de fortes pertes de vitesse, comme l'indique l'Eq. (52.15). La solution de compromis consiste alors à choisir l'accélération la plus élevée permise, c'est-à-dire $n = 2$ pour la phase de basculement. Cette équation montre également qu'une pénalisation importante de vitesse (2.6 km/s) doit être consentie pour atteindre l'horizontale à la vitesse de satellisation. La vitesse de fin de basculement sera donc choisie plus faible, mais suffisante pour que la prise d'altitude conduise l'engin au-delà de l'atmosphère sensible (entre 100 et 200 km) et pour respecter la condition angulaire jusqu'à une altitude d'au moins 30 km. Les vitesses finales convenant le mieux, compte tenu de ces différentes contraintes, sont comprises entre 4 et 5 km/s.

- **Trajectoires théoriques idéales**

Ces différents éléments permettent de conclure que les trajectoires propulsées les plus intéressantes comprennent les phases suivantes :

- la phase de basculement, avec accélération égale à **2** g, atteignant à l'horizontale une vitesse v_b comprise entre 4 et 5 km/s,
- une ou deux phases avec propulsion horizontale, à plus forte accélération : la première est destinée à atteindre la vitesse circulaire, la seconde prolonge éventuellement la propulsion jusqu'à la vitesse de libération. Le choix de n n'est pas critique, si ce n'est que des petites valeurs entraînent des pertes d'altitude plus importantes, d'après l'Eq. (52.17). Une accélération de **3** g apparaît réaliste.

Ces types de trajectoires idéalisées sont illustrées plus complètement ci-après. Un autre exemple est donné au chapitre 6.1.3 avec le schéma d'alunissage des modules Apollo.

5.2.4 Exemples numériques

Les deux exemples traités ci-dessous répondent à la description des trajectoires idéalisées de l'article précédent : les trajectoires ne diffèrent entre elles que par la vitesse intermédiaire de fin de basculement :

(1) trajectoire lente : $v_b = 4\ km/s$,

(2) trajectoire rapide : $v_b = 5\ km/s$.

Les résultats des calculs d'après les Eqs. (52.12 à 17) sont repris en Table 5.IV et indiquent que les seules différences significatives entres ces trajectoires sont l'altitude de l'injection et la perte de vitesse.

	Bascul.	Horizontal $n = 3$		Total	
	$n = 2$	$\Rightarrow v_0$	$v_0 \Rightarrow v_L$	Satellis.	Libérat.
(1)	$v_b = 4$ *km/s* : trajectoire lente				
z km	135	-50	14	85	99
x km	425	800	950	1225	2175
t s	270	130	100	400	500
(2)	$v_b = 5$ *km/s* : trajectoire rapide				
z km	220	-20	14	200	214
x km	670	650	950	1320	2270
t s	335	100	100	435	535

À 30 km d'altitude, α = (1) 42° et (2) 35°, avec $v \approx 900$ m/s.
Les pertes Δv_p sont (1) : 1.3 km/s et (2) : 1.7 km/s.

Table 5.IV : Trajectoires à accélération constante

La trajectoire (1) convient bien pour une injection d'évasion (vers la Lune ou les autres planètes) : la perte de vitesse est faible et de l'ordre de 1.3 km/s seulement, c'est l'avantage que procure l'altitude faible permise pour ce type de lancement. La trajectoire (2) se prête particulièrement bien à l'injection sur orbite circulaire, à une altitude voisine de 200 km. La perte de vitesse est plus élevée, de l'ordre de 1.7 km/s.

Pour atteindre la satellisation, la synthèse est la suivante :

- le premier étage communique à l'engin une vitesse de 1.6 km/s qui l'amène à l'altitude de 60 km avec α = **53** degrés,
- le deuxième étage ajoute 3.4 km/s pour atteindre l'horizontale à 5 km/s et à l'altitude de 220 km,
- le troisième étage termine par une propulsion horizontale, avec une légère perte d'altitude.

Pour un lancement d'évasion utilisant les mêmes éléments, le schéma de propulsion est sensiblement le même : arrêt du premier étage à la vitesse de 2 km/s, à l'altitude de 90 km avec α = **68** degrés. Dans ce cas, la charge utile est plus faible puisque le dernier étage doit, à lui seul, communiquer une augmentation de vitesse de 6 km/s.

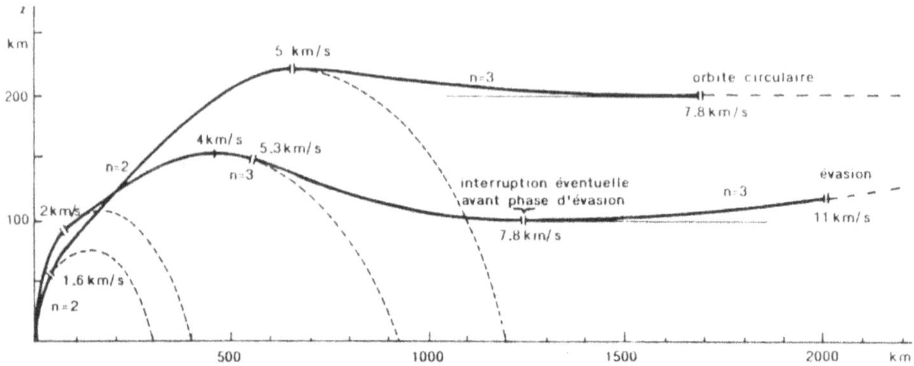

Figure 5.6 : Schémas de lancement

Ces deux types de lancement sont illustrés par la Fig. 5.6. Le premier étage retombe après usage entre 200 et 500 km du point de lancement, le second étage entre 800 et 1300 km.

5.2.5 Trajectoires d'injection

Le problème général de la propulsion est de déterminer la trajectoire permettant d'atteindre l'orbite requise avec une charge utile maximale, ou avec une consommation d'ergols ou une perte de vitesse minimale.

a. Optimisation de la trajectoire

En pratique, comme le lanceur et la charge sont imposés, la trajectoire optimale est celle qui conduit à la satellisation pour une quantité minimale d'ergols. C'est le rôle de la *loi de commande* ou *loi d'assiette* imposée au lanceur : c'est la loi optimale de variation de l'inclinaison $\tau(t)$ ou $\alpha(t)$ qui tient compte des aléas du parcours atmosphérique et de la variation de l'accélération. En effet, l'accélération varie de manière continue, en général de $n = 1.2$ à $n = 4$, suite à la consommation d'ergols. C'est cette loi qui a été ébauchée dans les paragraphes précédents. Elle est réalisée en modifiant l'orientation de la poussée.

Un lanceur est une corps solide et non un point massique, de plus, c'est un corps complexe, car son centre de masse varie constamment. Comme la structure est très allégée, elle ne peut subir de trop grands efforts aérodynamiques lors de la traversée de l'atmosphère.

C'est la raison pour laquelle une loi à incidence nulle est le plus souvent choisie pour cette phase (cas de la fusée Saturn V). En anglais, cette loi porte le nom de *gravity turn*, car la courbure de la trajectoire est entièrement due à la pesanteur, comme le montrent les Eqs. (52.9 a et b).

Comme les lancements se font à la verticale, il importe de forcer un léger écart angulaire afin d'engager la phase à incidence nulle : ce basculement est commandé à très faible vitesse, quelques dizaines de secondes après le décollage.

Pour la phase de propulsion horizontale, les critères sont différents car il n'y a pratiquement plus de frottement : la loi de commande a généralement pour objectif de conserver une trajectoire plane.

b. Phases balistiques intermédiaires

Les phases balistiques intermédiaires sont des phases non propulsées permettant d'adapter les trajectoires à certaines contraintes imposées par la nature de la mission ou par les caractéristiques du lanceur. C'est le cas des lanceurs à poudre qui ont un temps de fonctionnement trop court pour atteindre à la fois vitesse et altitude suffisantes de satellisation. C'est aussi le cas des lanceurs conçus pour les orbites basses lorsqu'ils sont utilisés pour des missions à haute altitude.

Les phases balistiques peuvent être *courtes*, lorsque la trajectoire est sécante à la surface terrestre, ou *longues* : dans ce cas, la trajectoire balistique est une orbite véritable, parcourue en entier ou non.

- **Phases balistiques courtes**

réservées en principe aux fusées à ergols solides afin d'atteindre les altitudes basses ou moyennes. La phase balistique a lieu généralement avant la mise à feu du dernier étage qui est alors chargé d'atteindre la vitesse circulaire à proximité de l'apogée de l'arc balistique (fusées Vanguard, Atlas, Diamant etc . . .). Pour la fusée Scout, elle a lieu entre les deux premiers étages.

- **Phases balistiques longues**

réservées aux propulseurs à ergols liquides. Les phases longues sont elles-mêmes subdivisées en arcs balistiques incomplets (orbites de transfert) et en orbites complètes (orbites d'attente ou de *parking*) :

- **orbites de transfert** : le plus souvent suivant le schéma optimal de Hohmann (voir articles 5.2.1 et 2) : fin de propulsion au périgée de l'orbite de transfert et apogée à l'altitude de mission.

- **orbites d'attente** : la phase balistique est souvent le seul moyen de respecter les contraintes de position du grand axe de l'orbite finale. En parcourant plusieurs fois l'orbite d'attente, l'apogée se déplace à chaque tour de ωT en longitude : il est ainsi possible de se rapprocher d'une longitude imposée. Les orbites d'attente circulaires permettent de choisir la longitude du périgée sans devoir attendre plusieurs tours. L'exemple typique de ce type de manoeuvre est celui de l'injection des sondes planétaires ou lunaires sur orbite d'évasion. Cette phase permet également d'affiner les éléments orbitaux pour assurer l'extrême précision requise pour les trajectoires d'évasion.

Un inconvénient important des phases intermédiaires est la difficulté de l'allumage des moteurs à ergols liquides en conditions d'impesanteur. Les ergols doivent préalablement être *tassés* au fond des réservoirs. Le tassement doit donc être prévu lors de la conception de l'étage, par exemple par une légère accélération délivrée par de petits propulseurs auxiliaires.

C'est la raison pour laquelle les propulseurs à poudre sont préférés pour cette phase de la mise en orbite : appelés moteurs de périgée ou d'apogée, ils sont le plus souvent intégrés à la structure du satellite. C'est toujours le cas pour les satellites géostationnaires.

5.2.6 L'injection sur orbite

À l'issue de la phase propulsée, l'engin artificiel a atteint le point d'injection $\boldsymbol{I}$, c'est-à-dire le point à partir duquel commence le vol orbital proprement dit, en l'absence de forces propulsives ou dissipatives.

Les observations effectuées au cours de la phase propulsées permettent de connaître les éléments suivants décrivant le mouvement au point d'injection : position ($\boldsymbol{r}$, $\boldsymbol{\lambda}$, $\boldsymbol{\varphi}$), grandeur $\boldsymbol{v}$ et direction (inclinaison $\boldsymbol{\tau}$ et azimut $\boldsymbol{A}$) de la vitesse ainsi que le temps (angle de temps sidéral fondamental $(T_{SG})_I$ - voir chapitre 4.1.3).

- **Plan d'orbite**

L'inclinaison $\boldsymbol{i}$ du plan d'orbite et la longitude $\boldsymbol{\Omega}$ du noeud ascendant sont déterminées par les Eqs. (52.19 b et d) :

$$\begin{aligned} \delta &= \varphi \ , & \cos i &= \cos\delta \ \sin A \ , \\ \alpha &= \lambda - T_{SG} \ , & \sin(\alpha - \Omega) &= \frac{\tan\delta}{\tan i} \ . \end{aligned} \qquad (52.19)$$

L'Eq. (52.19 c) est obtenue à partir de l'Eq. (41.2 c) du chapitre 4.1.3 a, l'angle horaire H du satellite au zénith étant nul. L'angle α - Ω est situé dans le premier ou quatrième quadrant lorsque le lancement a lieu vers le nord, et dans le deuxième ou troisième quadrant dans le cas contraire. L'Eq. (52.19 b) fait apparaître une limitation importante de l'inclinaison du plan d'orbite qui ne peut être inférieure à la latitude du point d'injection pour les lancements vers l'est. Pour les lancements vers l'ouest, la relation est : $i \le \pi - \varphi$. En d'autres termes, les orbites équatoriales ne peuvent être atteintes directement qu'à partir de sites équatoriaux, tandis que les orbites polaires peuvent l'être à partir de n'importe quel point.

- **Élements de l'orbite plane**

Les caractéristiques de l'orbite sont obtenues à partir des éléments $\boldsymbol{r}$, $\boldsymbol{v}$ et $\boldsymbol{\tau}$ à l'injection, par emploi des équations classiques des trajectoires coniques du chapitre 2.1.

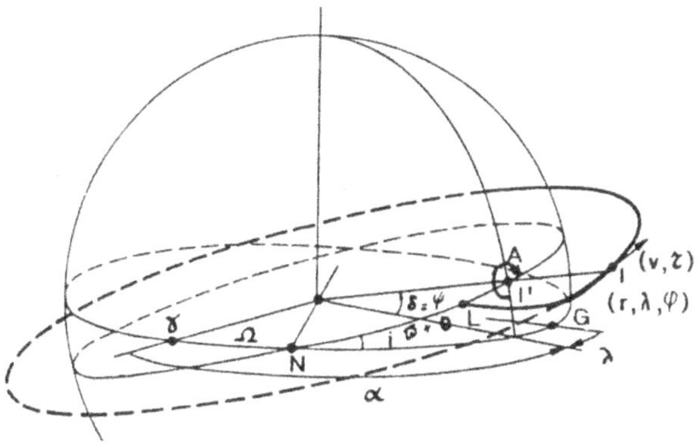

Figure 5.7 : Injection sur orbite terrestre

Ce sont, dans l'ordre, les Eqs. (21.24 et 14, 25, 21, 44 puis 22 ou 13 b), qui conduisent respectivement aux éléments suivants : paramètre $\boldsymbol{p}$ et constante des aires $\boldsymbol{h}$, excentricité $\boldsymbol{e}$, demi-grand axe $\boldsymbol{a}$, période T_0 et anomalie vraie θ_I au point d'injection.

- **Position du périgée**

Les élément décrivant le périgée dans l'espace et dans le temps sont :

- Argument ϖ du périgée :

$$\sin(\varpi + \theta_I) = \frac{\sin\delta}{\sin i} . \tag{52.20}$$

L'angle $u = \varpi + \theta$ se trouve dans le même quadrant que l'angle $\alpha - \Omega$.

- Le temps de passage t_I à l'injection, rapporté au périgée, est calculé à partir de l'anomalie vraie θ_I à l'injection, au moyen de l'équation de Kepler (*Johannes Kepler* : 1571 - 1630) : Eqs. (21.40, 48 et 49). Il vient :

$$(T_{SG})_P = (T_{SG})_I + \omega\, t_I , \qquad \text{avec} \quad \omega = 72.921\ 158\ 5\ \mu rad/s . \tag{52.21}$$

ω est la vitesse angulaire du mouvement diurne de la Terre. Lorsque l'injection a lieu au périgée, la détermination des éléments d'orbite se simplifie car l'inclinaison τ et l'anomalie θ sont nulles.

- **Périodes caractéristiques**

T = 84.4 *minutes* pour une hypothétique orbite au ras du sol,
T = 90.0 *minutes* pour a = 1.04 R_T ou z = 250 *km*,
T = *un jour sidéral* = 86 164.09 s = 23 *h* 56 *m* 04.09 *s*,
pour a = 6.62 R_T = 42 164 *km*.

- **Rotation diurne**

La rotation diurne de la Terre fournit un appoint de vitesse vers l'est dépendant de la latitude du point d'injection.

Il y a toutefois apparition d'une légère composante de vitesse normale lorsque l'azimut est différent de 90°. En effet :

$$\Delta v = \omega\ R_T \cos\varphi\ \sin A \quad avec \quad \omega\ R_T = 465\ m/s\ . \tag{52.22}$$

L'avantage des sites de lancement équatoriaux (base de Kourou en Guyane) est manifeste : ces sites bénéficient non seulement de l'appoint maximal de la rotation terrestre, mais ils permettent également des tirs directs (c'est-à-dire sans torsion de trajectoire) à toute inclinaison. Cet avantage est particulièrement important pour atteindre les orbites équatoriales, et surtout l'orbite des satellites géostationnaires.

5.2.7 Analyse de sensibilité

L'analyse de sensibilité fournit des informations précieuses sur la manière dont les erreurs de guidage durant la trajectoire propulsée et les petits changements accidentels dans les conditions de mise sur orbite affectent l'orbite finale. Elle indique également la plage de variation des éléments d'orbite lorsque les erreurs d'observation en un point peuvent être estimées. Enfin, ces techniques sont très utiles au cours du profilage d'orbite, lorsque les capacités du lanceur doivent être adaptées aux spécifications de l'orbite souhaitée.

a. Erreurs sur la vitesse d'injection

- **Erreur en grandeur**

L'injection nominale est supposée avoir lieu au périgée ($\Delta\tau = 0$). La vitesse à l'injection diffère de sa valeur nominale v_P, suite à un écart tangentiel $\Delta v = T\ \Delta t$. Les sensibilités des éléments a, e et T_0 peuvent être obtenues au moyen des formules des perturbations, exprimées de préférence dans le repère tangentiel W, T, Z, Les Eqs. (III.7 à 10) conduisent aux relations suivantes :

$$\left.\frac{\Delta a}{a}\right|_P = 2\ \frac{1+e}{1-e}\ \frac{\Delta v}{v_P}\ , \qquad \Delta e|_P = 2\ (1+e)\ \frac{\Delta v}{v_P}\ . \tag{52.23}$$

- **Erreur en direction**

Une erreur d'orientation de la vitesse peut être vue comme le résultat d'une inclinaison $\Delta\tau$ parasite due à une composante radiale Δv_r non nulle. Les Eqs. (52.24 et 25) sont calculées à partir des Eqs. (33.16 à 20) :

$$\Delta\tau = \frac{\Delta v_r}{v_P}\ , \qquad \theta_I = \Delta\theta_I = \frac{1+e}{e}\ \Delta\tau\ , \tag{52.24}$$

$$\left.\frac{\Delta a}{a}\right|_P = 2\ \frac{1+e}{1-e}\ \Delta\tau^2\ , \qquad \Delta e|_P = \frac{(1+e)^2}{e}\ \Delta\tau^2\ . \tag{52.25}$$

Le grand axe et l'excentricité sont très peu sensibles aux erreurs sur l'orientation de la vitesse mais le point d'injection n'est plus au périgée.

b. Orbites circulaires

Lors d'une injection imparfaite sur orbite circulaire, le point d'injection est périgée ou apogée suivant que la composante normale de la vitesse est supérieure ou inférieure à la vitesse v_0 de satellisation (voir Eqs. (52.23)).

$$\frac{\Delta a}{a}\Big|_0 = \Delta e\big|_0 = 2\,\frac{\Delta v}{v_0}\ , \qquad (52.26)$$

En cas d'écart en direction du vecteur vitesse, la grandeur restant égale à v_0, le point d'injection est un des sommets du petit axe de l'ellipse résultante (voir chapitre 2.1.5).

$$\frac{\Delta a}{a}\Big|_0 = 2\ \Delta\tau^2\ , \quad \Delta e\big|_0 = \Delta\tau\ . \qquad (52.27)$$

Les Eqs. (52.23 à 26) font apparaître que les éléments d'orbite sont très sensibles à la vitesse initiale. Par exemple, une erreur d'un pour mille sur la vitesse d'injection (c'est-à-dire **8** ***m/s*** pour une orbite circulaire basse) entraîne une variation d'altitude du périgée de 26 km.

Pour les orbites lunaires (***e*** = **0.97**), une erreur de **11** ***m/s*** entraîne une erreur de plus de 10 pour-cents sur le demi-grand axe, soit 50 000 km.

c. Composante perpendiculaire

Lorsqu'est présente une composante de vitesse perpendiculaire au plan d'orbite désiré ($\Delta v \approx Z\ \Delta t$), les Eqs. (33.18 et 19) et la Fig. 3.12 du chapitre 3.3.4, associées à l'Eq. (21.22 b) du chapitre 2.1.4, permettent de montrer que les sensibilités des éléments angulaires i, Ω, et ϖ décrivant le plan d'orbite, sont inversement proportionnelles au cosinus de l'inclinaison τ. C'est donc pour l'injection au périgée que les effets des erreurs de ce type sont les plus faibles.

5.2.8 Orbites non perturbées

a. Éphéméride - trace au sol

- **Éphémérides** : le calcul de l'éphéméride d'un satellite, comme décrit au chapitre 4.2.9, est un problème classique puisque les éléments descriptifs de l'orbite dans le plan et dans l'espace sont connus : voir article 5.2.6. Lorsque l'excentricité est très faible, les développements en série de l'excentricité sont avantageusement utilisés. C'est le cas des orbites planétaires ainsi que de nombreuses orbites de satellites artificiels.

Ces développements ont été établis au chapitre 4.1.5, lors de l'étude de l'*équation du Centre*, Eq. (41.8). Ces séries sont utilisables au premier ordre pour $e < 0.003$ et au deuxième ordre lorsque $e < 0.2$.

- **Trace au sol**

La trajectoire apparente ou *trace au sol* d'un satellite artificiel est le lieu des points du globe d'où il est vu au zénith. Les coordonnées géographiques des points sous le satellite sont la latitude φ, donnée par l'Eq. (52.19 a) et la longitude λ, obtenue à partir de l'Eq. (52.19 c) dans laquelle le temps sidéral fondamental est :

$$T_{SG} = (T_{SG})_P + \omega\, t \, . \tag{52.28}$$

S'il n'y avait pas de rotation diurne de la Terre, la trajectoire apparente du satellite serait la trace d'un grand cercle, c'est-à-dire une orthodromie. La rotation terrestre entraîne la compression des longitudes lorsque le satellite tourne en sens direct, et leur dilatation en cas de mouvement rétrograde.

La Fig. 5.8 illustre la trajectoire apparente d'un satellite *synchrone*, dont la période est égale à 1/12 de jour et le décalage $\omega\, T_0$ par révolution est de 30°. Pour les orbites circulaires, la graduation est uniforme en temps. Pour les orbites équatoriales, la trace au sol est confondue avec l'équateur.

b. Quelques définitions

- **Satellites à défilement**

En raison de la rotation terrestre, un satellite sur une orbite basse quelconque voit défiler sous lui une grande partie de la surface du globe. Dans la littérature spécialisée, ces orbites sont notées par l'acronyme ***LEO*** (*Low Earth Orbit*).

- **Orbites polaires**

Les orbites polaires ($i \approx 90°$) permettent le survol de l'ensemble du globe, y compris les zones de grande latitude.

- **Orbites *phasées***

Une orbite est dite phasée lorsque sa période orbitale est commensurable avec la période sidérale terrestre (jour sidéral de **86 164.1** s). Le satellite repasse régulièrement au-dessus des mêmes points de la Terre. La dénomination correcte de cette propriété est le synchronisme, mais l'habitude s'est imposée de réserver le qualificatif synchrone à des caractéristiques plus restrictives décrites ci-après.

- **Orbites *synchrones***

Les orbites synchrones sont des orbites phasées dont la période est un sous-multiple du jour sidéral.

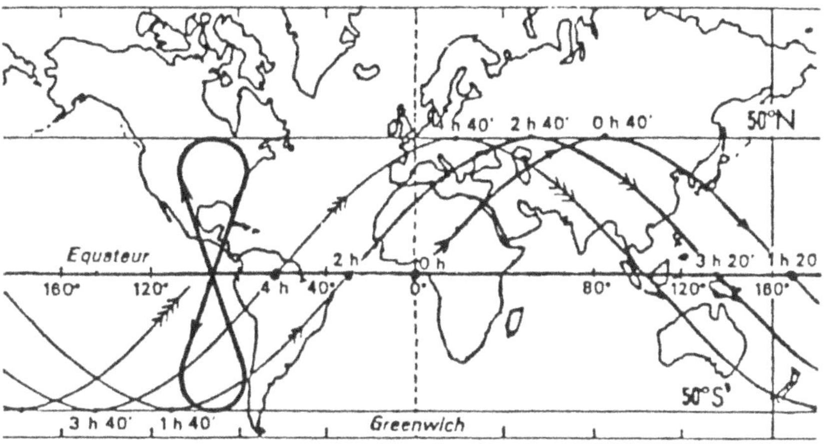

Figure 5.8 : Traces au sol des satellites en orbite terrestre

- **Orbites *héliosynchrones*** (*sunsynchronous*)

L'héliosynchronisme est une propriété liée à l'invariance de l'orientation du plan orbital par rapport à la droite Terre - Soleil. Le plan orbital doit donc tourner à la même vitesse que la Terre, c'est-à-dire environ un degré par jour. Cette propriété se traduit par le fait que chaque zone du globe est toujours survolée à la même heure locale, c'est-à-dire dans les mêmes conditions d'éclairement. Les orbites héliosynchrones sont de ce fait généralement retenues pour les missions d'observation et de surveillance.

- **Orbites *géosynchrones***

Les orbites géosynchrones sont des orbites synchrones dont la période orbitale est égale à un jour sidéral terrestre. Sur une carte du globe terrestre, la trace au sol est caractérisée par une courbe unique en forme de huit, comme l'illustre la courbe de gauche sur la Fig. 5.8.

- **Orbite *géostationnaire***

Un satellite en orbite géosynchrone équatoriale est dit *stationnaire* ou *géostationnaire*. La trace au sol est réduite à un point : le satellite est immobile pour un observateur terrestre. Cette orbite est unique et son demi-grand axe est de **42 164 *km***. Par extension, elle est appelée *l'orbite géostationnaire*. Cette propriété d'immobilité relative en fait l'orbite idéale pour les satellites de télécommunication, car les antennes de réception peuvent être fixes. Cette orbite est aussi appelée *l'orbite de Clark*, car le romancier de science-fiction *Arthur Clark* (n. 1917) est le premier a avoir décrit ses intéressantes propriétés en 1947. L'orbite des satellites géostationnaires est notée par l'acronyme ***GEO*** (*Geostationnary Earth Orbit*),

5.2.9 Satellites héliosynchrones et géostationnaires

a. Satellites héliosynchrones

La rotation du plan d'orbite est le résultat des perturbations du géopotentiel (voir section 5.3, article 5.3.4 b et chapitre 3.3.8, Eqs. (33.34)). L'héliosynchronisme peut être obtenu pour des orbites rétrogrades et quasi polaires ($i > 97°$), à des altitudes allant de 200 à 12 000 km.

Ces orbites sont réservées aux satellites d'observation de la Terre qui, pour un usage optimal de leurs moyens d'imagerie orbitent entre 400 et 800 km : c'est un compromis entre résolution, champ de prise de vue et durée de vie. De plus, les orbites doivent être phasées afin de survoler régulièrement les mêmes points du globe.

b. Satellites géostationnaires

L'injection des satellites géostationnaires nécessite généralement un changement de plan d'orbite au noeud pour atteindre le plan équatorial. La trajectoire de lancement comprend ainsi deux phases balistiques intermédiaires. Il faut donc normalement deux moteurs à poudre pour effectuer les manoeuvres au périgée et à l'apogée, sauf lorsque le troisième étage est réallumable. La mise sur orbite de transfert (***GTO*** : *Geosynchronous Transfer Orbit*) a lieu lors d'un passage au noeud : de la sorte, l'apogée est atteint au noeud suivant. La manoeuvre d'apogée comprend le changement de plan (voir section 5.3.2 a) et la première impulsion de mise à poste.

- **Mise à poste**

La fonction de télécommunication de ces satellites requiert une position (longitude) déterminée au-dessus de l'équateur. Ceci demande une ou plusieurs manoeuvres orbitales s'apparentant au rendez-vous spatial. Il est aisé de montrer que l'orbite géostationnaire est atteinte vers l'est, après une demi-orbite de transfert, à une longitude opposée ou voisine de celle de la base de lancement, suivant que la manoeuvre de périgée a lieu au premier ou au second passage au noeud. Chaque couple d'orbites de transfert décale la position relative du satellite d'environ 30° vers l'est.

L'impulsion de circularisation à l'apogée peut inclure la première correction de vitesse, de préférence en sens opposé. L'orbite obtenue est légèrement plus rapide et le satellite se déplace vers l'est. Une impulsion de 50 m/s correspond à un déplacement d'environ 5 degrés (ou 20 minutes de temps) par jour, conduisant le satellite à sa position prévue en quelques jours.

La mise à poste vers l'est est donc la plus intéressante, puisque l'impulsion finale est compensée par l'économie de vitesse réalisée lors de la manoeuvre d'apogée. En revanche, la mise à poste vers l'ouest entraîne un coût en vitesse de l'ordre de 100 m/s.

- **Maintien à poste**

Vu l'encombrement de l'orbite, et afin d'éviter les problèmes d'interférences électromagnétiques, de sévères contraintes sont imposées sur la position et sur la stabilité de ces satellites. Des corrections périodiques sont nécessaires, tous les mois environ, afin de compenser les effets des perturbations.

□

5.3
Mouvements orbitaux

L'atmosphère qui entoure la Terre a toujours formé un écran visuel et radioélectrique ne laissant passer jusqu'à la surface que de rares informations sur le monde extérieur. Le placement sur orbite de satellites autour de la Terre permet l'exploration de l'univers dans toutes les gammes du rayonnement électromagnétique, au plus grand profit de l'astronomie. Mais le fait de voir la Terre de l'extérieur et d'englober dans un seul coup d'oeil des pays ou des portions entières de continents permet de nombreuses applications nouvelles.

Sans parler du renseignement militaire, l'observation de la Terre à cette échelle permet d'améliorer la connaissance du globe tant sur le plan de la géologie que de l'agriculture ou de la météorologie. En particulier la photographie des masses nuageuses couvrant continents et océans a permis d'importants progrès dans la connaissance des climats à l'échelle du globe entier.

L'application la mieux connue est le satellite de télécommunication - *Telstar* ou *Echo*, suivis des *Intelsat* ou autres *Inmarsat* - acheminant d'un bout à l'autre de la Terre de multiples communications téléphoniques et images de télévision. De technologie similaire, les satellites de navigation servent de balises pour l'aide à la navigation maritime ou aérienne. Enfin, la géodésie a également profité de la conquête spatiale : la forme et les dimensions du globe terrestre sont mieux connues et l'observation des satellites à partir de points très éloignés a permis de raccorder les réseaux de triangulation entre tous les continents.

5.3.1 Technologie des satellites

Parmi les nombreux paramètres qui interviennent dans la conception des satellites, les éléments principaux sont cités ci-dessous :

- **rigidité mécanique** : doit tenir compte des accélérations subies lors des phases d'injection et de déorbitation,
- **alimentation électrique** : réacteur autonome chimique (pile à combustibles) ou nucléaire, ou bien cellules solaires. Dans ce dernier cas, il est nécessaire de connaître le facteur d'éclipse lié à l'orbite de travail,
- **électricité statique** : le frottement dans l'atmosphère raréfié entourant la Terre provoque l'accumulation de charges d'électricité statique pouvant être nuisible à l'électronique de bord. Ce phénomène doit être soigneusement maîtrisé.
- **contrôle d'attitude** : maîtrise à tout moment de l'attitude du satellite dans l'espace : voir ci-dessous.
- **télécommunications** : nécessaires pour les télémesures, télécommandes et pour la transmission vers le sol des résultats de la mission, ou pour la retransmission s'il s'agit de satellites de télécommunication,

a. Contrôle d'attitude

Le contrôle d'attitude des satellites a pour but d'orienter l'un des axes du satellite ou les trois, suivant des directions données, déterminées par la nature de la mission. Le but peut être d'optimiser la collecte d'énergie par panneaux solaires, ou bien d'orienter idéalement les antennes vers la Terre pour les missions lointaines, ou encore pour placer le satellite dans une position particulière que nécessitent, par exemple, les expériences astronomiques. Les repères habituels sont la Terre, le Soleil et certaines planètes ou étoiles marquantes. Le champ magnétique terrestre peut également convenir lorsqu'une grande précision n'est pas requise. Des capteurs spécialisés sont nécessaires pour localiser ces directions de référence.

- **stabilisation sur un axe par effet gyroscopique (*spin*)**

La droite satellite-repère est maintenue stable dans l'espace d'inertie par la rotation du satellite autour de son axe, orienté dans cette direction. La vitesse de rotation peut dépasser un tour par seconde. L'antenne de communication est placée dans l'axe et les cellules solaires sont disposées sur le corps cylindrique du satellite. Cette méthode n'est pas appropriée aux missions d'imagerie.

- **gradient de gravité**

Deux masses légères, écartées chacune d'environ 50 m du satellite créent un couple suffisant pour maintenir pointée vers la Terre la droite qui les joint.

- **stabilisation sur trois axes**

  - **jets de gaz** : les corrections d'attitude demandent, par axe, un couple de propulseurs opposés (gaz froid, tel que l'hydrazine N_2H_4 : impulsion spécifique $\boldsymbol{I_{sp} \approx 70}$ **à 80** $\boldsymbol{s}$). En effet, une rotation initiée par un jet de gaz doit être arrêtée par un jet équivalent du propulseur opposé.

  - **roues à inertie (*reaction wheels*)** : la stabilisation gyroscopique peut également être assurée sur plusieurs axes par un système actif de roues à inertie tournant à grande vitesse. Les roues servent également au contrôle d'attitude par modification de leur vitesse : par réaction d'inertie, le satellite est mis en rotation dans la direction opposée. Lorsqu'une roue atteint sa vitesse extrême, le contrôle n'est plus possible. Il faut alors ramener la vitesse à sa valeur nominale et compenser par des jets de gaz. Cette phase du contrôle d'attitude s'appelle *désaturation* de la roue à inertie.

b. Propulsion électrique

Le moteur électrique (ou ionique ou plasmique) est basé sur le principe de l'éjection de plasma polarisé, sous l'effet d'un fort champ électromagnétique. Les vitesses caractéristiques peuvent dépasser 100 km/s avec des ions lourds. Ce procédé souffre d'importantes limitations : débit et poussée extrêmement faibles et grande consommation en énergie électrique. Les poussées réalisées sont de l'ordre de 0.02 N (le poids d'une masse de 2 grammes) pour une consommation électrique de 1 kW.

Depuis 1980, ce type de moteur est utilisé à titre expérimental sur divers satellites russes, pour le contrôle d'attitude ou éventuellement comme moyen de manoeuvre orbital. Diverses réalisations expérimentales sont en cours en Europe et au Japon. L'objectif n'est certes pas de réaliser de nouveaux lanceurs dans un avenir proche, mais bien de disposer de moteurs capables de délivrer des poussées faibles pendant de très longues durées, de l'ordre de plusieurs mois, voire quelques années, afin de raccourcir de manière significative les trajets interplanétaires.

Les trajectoires obtenues avec une propulsion faible et continue peuvent être étudiées grâce aux équations de Gauss (*Karl Friedrich Gauss* : 1777 - 1855), exprimées par rapport au repère tangentiel (composantes $\boldsymbol{W}$, $\boldsymbol{T}$, $\boldsymbol{Z}$), voir chapitre 3.3.4. Pour une perturbation orientée suivant la direction de la vitesse, l'orbite grandit et se circularise en spirale.

En 1980, la NASA projetait d'équiper une sonde cométaire d'un moteur de ce type afin d'atteindre la comète de Halley lors de son passage de 1986. Ce projet n'a jamais vu le jour par suite de difficultés financières et technologiques.

5.3.2 Manoeuvres orbitales

L'orbite atteinte à l'injection n'est pas nécessairement l'orbite finale désirée, soit parce qu'un transfert balistique est nécessaire, soit parce que les éléments à l'injection ne sont pas suffisamment corrects. D'autre part, les perturbations modifient lentement les caractéristiques orbitales qui doivent être, dans certains cas, périodiquement ajustées à leurs valeurs nominales. Une capacité de manoeuvre en orbite est donc nécessaire pour faire face à ces différentes situations.

Ces manoeuvres sont supposées réalisées par une accélération $\bar{P}$ fournie par un système propulsif classique. Le temps de fonctionnement Δt de ce système est supposé être si court que la position du satellite peut être considérée comme invariante durant l'opération. L'impulsion de vitesse $\Delta\bar{v}$ résultante est :

$$\Delta\bar{v} \approx \bar{P}\,\Delta t\,. \tag{53.1}$$

Les Eqs. des perturbations (33.16 à 20) du chapitre 3.3 et les Eqs. (III.1 à 10) de l'annexe III sont utilisables. Ces Eqs. se simplifient car les manoeuvres sont réalisées le plus souvent aux apsides de l'orbite ($\theta = 0$ ou π). Pour des raisons évidentes liées à l'attitude du satellite, le repère tangentiel et les composantes W, T, Z sont préférés.

a. Changement de plan d'orbite

Le changement de plan d'orbite est une manoeuvre importante, en particulier pour atteindre l'orbite géostationnaire à partir des bases non équatoriales. Cette manoeuvre, qui ne doit pas modifier la grandeur de la vitesse, est exécutée à l'intersection des deux plans, c'est-à-dire au noeud :

$$\Delta v = 2\,v\,\sin\frac{\Delta i}{2}\,. \tag{53.2}$$

Pour limiter son coût en vitesse, cette manoeuvre est toujours réalisée à vitesse minimale, c'est-à-dire à l'apogée. Il faut donc préalablement veiller à faire coïncider la ligne des apsides avec la ligne des noeuds. La correction de vitesse nécessaire pour atteindre l'orbite géostationnaire est de 830 m/s à partir d'un point de latitude moyenne (30°) et de 1 220 m/s à partir d'une latitude de 45°.

b. Forme et orientation de l'orbite

- **Grand axe ou excentricité**

La modification de grand axe ou d'excentricité peut être interprétée comme un changement d'altitude. La section 5.2.2 a montré que la manoeuvre la moins coûteuse était un schéma de Hohmann exécuté aux apsides.

Les Eqs. (52.23) conduisent à :

$$\Delta v|_P = \frac{v_A}{2}\,\frac{\Delta a}{a}\,. \tag{53.3}$$

En y inversant les indices A et P, l'Eq. (53.3) représente également les modifications obtenues pour des corrections réalisées à l'apogée. Le changement d'excentricité est :

$$\Delta e|_P = 2\,(1+e)\,\frac{\Delta v}{v_P}\;,\qquad \Delta e|_A = 2\,(1-e)\,\frac{\Delta v}{v_A}\,. \tag{53.4}$$

- **Transferts de Hohmann**

Le transfert à deux impulsions de Hohmann (*Walter Hohmann* : 1880 - 1944) est normalement la manoeuvre la plus économique permettant de passer d'une orbite quasi circulaire à une autre, dans le même plan et dans le même sens. En particulier, la section 5.2.2 indique que ces transferts sont recommandés pour atteindre des altitudes élevées, en lieu et place des tirs avec injection directe.

- **Orientation du grand axe**

Toute orbite conique possède des couples de points symétriques par rapport au grand axe et ayant les mêmes grandeurs scalaires du rayon et de la vitesse. En vertu des Eqs. (21.20), chaque couple est caractérisé par les relations : $v_{r1} = -v_{r2}$ et $\theta_2 = 2\pi - \theta_1$. Faire tourner la ligne des apsides d'un angle α revient à transformer le point d'anomalie $\alpha / 2$ en son symétrique. Les formules de rotation de la ligne des apsides sont :

$$\Delta\bar{v} = -\,2\,v_r\,\bar{u}_r\;,\quad |\Delta\bar{v}| = 2\,v_P\,\frac{e}{1+e}\,\sin\frac{\alpha}{2}\,. \tag{53.5}$$

Le coût de cette manoeuvre est très élevé pour les orbites à forte excentricité.

c. Modification de la date de passage

Pour agir sur la date de passage en un point, il faut modifier la période et donc le grand axe. Deux impulsions sont nécessaires lorsque l'orbite initiale doit être conservée. Pour atteindre un écart Δt en N orbites, les Eqs. (33.17 b et 53.3) donnent :

$$\Delta v_P = v_A\,\frac{\Delta t}{3\,N\,T_0}\,. \tag{53.6}$$

La solution la plus économique consiste à fournir au périgée une impulsion horizontale modifiant la forme et donc la période de l'orbite. À chaque périgée, la date est décalée de l'écart ΔT_0. L'inversion des indices A et P donne les éléments de la manoeuvre symétrique.

Une deuxième impulsion, égale et opposée à la première, doit être appliquée au N^e passage au périgée (ou à l'apogée). La manoeuvre la plus coûteuse est celle qui est réalisée en une seule orbite. Cette technique est à la base des rendez-vous spatiaux (voir ci-dessous). Elle est régulièrement pratiquée pour la mise à poste des satellites géostationnaires. Un décalage d'une demi-heure par jour est obtenu avec un écart de demi-grand axe d'environ 600 km et une impulsion de vitesse d'environ 20 m/s.

5.3.3 Rendez-vous spatial

Les manoeuvres de rendez-vous spatial sont principalement basées sur la dernière des méthodes exposées ci-dessus. En effet, deux mobiles sur une même orbite ne peuvent se rencontrer que moyennant un changement de date de l'un d'entre eux. Une modification des dimensions Δa, au départ d'une orbite circulaire, conduit à une différence de parcours $\Delta \ell$:

$$\Delta \ell \approx 3 \pi \Delta a \,. \tag{53.7}$$

Deux types différents de manoeuvres peuvent être distingués : les manoeuvres tangentielles ($\Delta \vec{v}_n$) et les manoeuvres radiales ($\Delta \vec{v}_r$).

a. Manoeuvre tangentielle

Les Eqs. (52.26 a et 53.7) permettent de calculer l'écart en distance $\Delta \ell$ obtenu en une orbite circulaire :

$$\Delta \ell = 6 \pi a \frac{\Delta v_n}{v} \,. \tag{53.8}$$

À titre d'exemple, deux engins sur une même orbite basse à 250 km sont séparés par $\Delta \ell$ = **10 km**. L'engin n° 1 précède l'engin n°2 d'environ 1.2 seconde. Le rendez-vous peut être réalisé de deux manières différentes :

- ralentir 2 pour le placer sur une orbite plus rapide (a plus petit) : après une révolution, en remontant vers l'apogée, 2 rattrape 1,
- accélérer 1 pour le placer sur une orbite plus lente (a plus grand) : après un tour, en redescendant vers le périgée, 1 est rattrapé par 2.

Chaque variante demande deux impulsions très faibles d'environ 0.6 m/s, l'écart temporaire d'altitude n'excédant pas 3 km. En pratique, c'est l'engin n°2, situé derrière, qui ralentit pour exécuter le rendez-vous.

Malheureusement, lors de l'une de ces manoeuvres, les jets de gaz de propulsion doivent être dirigés vers la cible. Cette contrainte n'est pas acceptable dans la phase d'approche finale des cibles de grandes dimensions, comme c'est le cas des stations habitées. C'est la raison de l'utilisation des manoeuvres radiales.

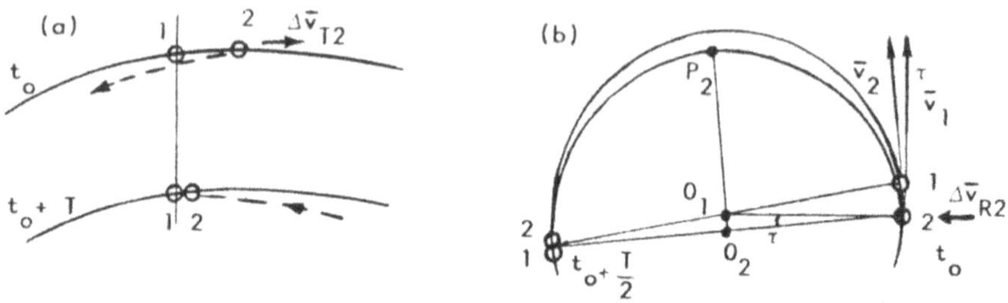

Figure 5.9 : Rendez-vous spatial :
manoeuvre (a) tangentielle (b) radiale

b. Manoeuvre radiale

Les manoeuvres radiales ont pour but d'éviter les inconvénients cités précédemment. L'association des Eqs. (52.27 et 53.7) montre qu'en une période, il n'y a pratiquement pas d'écart entre les deux mobiles (écart du deuxième ordre). Mais la géométrie de cette manoeuvre indique un effet plus important en une demi période, car le point où est exécutée la manoeuvre est un sommet du petit axe de l'ellipse résultante. La différence de trajet en une demi-orbite provient donc d'un chemin plus court et parcouru à plus grande vitesse (cas de $\Delta v_r < 0$) :

$$\Delta \ell_{\frac{1}{2}} \approx 2\, a\, \frac{\Delta v_r}{v} . \qquad (53.9)$$

Il résulte des Eqs. (53.8 et 9) que la manoeuvre radiale de rendez-vous consomme environ dix fois plus d'ergols que sa concurrente tangentielle : deux fois 6 m/s sont requis pour réduire une distance résiduelle de 10 km, mais s'il ne reste que 1 km, il suffit alors de (deux fois) 0.6 m/s . . . Cette méthode est donc appropriée pour les dernières centaines de mètres de la phase finale du rendez-vous.

5.3.4 Perturbations des orbites

Le mouvement des satellites artificiels autour de la Terre s'écarte, comme c'est le cas pour tous les corps célestes, des trajectoires coniques résultant de la solution du problème des deux corps. Les perturbations principales agissant sur les satellites en orbite terrestre ont les causes suivantes :

- la Terre n'est pas parfaitement sphérique, mais possède un bourrelet équatorial dû à la rotation diurne : le potentiel de gravitation terrestre n'est pas celui d'un point massique,

- l'attraction des corps célestes proches, Soleil et Lune, provoque sur les satellites une influence plus ou moins grande suivant l'altitude et l'excentricité de l'orbite.
- les satellites terrestres ne gravitent pas dans le vide, mais dans une atmosphère, ténue à partir de 200 km, mais suffisante pour altérer progressivement la forme de l'orbite,
- la pression de radiation solaire,
- le freinage magnétique.

Le frottement atmosphérique est une perturbation particulièrement importante car elle provoque un phénomène d'érosion d'orbite qui limite la durée de vie des satellites. Elle fait l'objet de l'article 5.3.5.

a. Perturbations luni-solaires

L'influence du Soleil est, au niveau de la Terre, moitié moindre que celle de la Lune, comme cela a été montré au chapitre 4.1.4. Pour les satellites bas, les effets cumulés de la Lune et du Soleil sont de l'ordre de 10^{-7}, ils sont totalement négligeables par rapport à ceux provoqués par la non-sphéricité de la Terre.

Pour les satellites géostationnaires, ces différents effets sont du même ordre de grandeur (10^{-4}), ce qui en rend l'étude très complexe. Compte tenu de la disproportion des périodes respectives, l'analyse faite au chapitre 3.3.6 d, avec des perturbations supposées constantes en grandeur et en direction pourrait être utilisée. Cependant, les perturbations de non-sphéricité s'y superposent et empêchent l'angle $\boldsymbol{\beta}$ (voir Fig. 3.14) d'atteindre asymptotiquement $\boldsymbol{\pi / 2}$. Cet angle varie donc continuellement entre $\mathbf{0}$ et $\mathbf{2\pi}$ en même temps que l'argument du périgée $\boldsymbol{\varpi}$. L'orbite conserve ainsi sa stabilité car l'excentricité devient périodique par le terme en $\mathbf{sin}\ \boldsymbol{\beta}$.
Les perturbations luni-solaires n'ayant pas une direction constante, l'inclinaison subit également une perturbation périodique. Les satellites géostationnaires étant astreints à maintenir une position bien définie, des corrections périodiques sont nécessaires.

b. Géopotentiel

L'effet de la non-sphéricité de la Terre a été étudié au chapitre 3.3.8 et appliqué à la Lune au chapitre 4.2.6 b. Pour les satellites bas, les Eqs. (33.34) montrent que le plan de l'orbite subit une rotation lente de l'ordre de 10 milliradians (0.7°) par révolution : un tour complet est donc accompli après environ 500 périodes, c'est-à-dire en un mois. L'Eq. (33.34 c) permet d'évaluer cet écart à environ 4 secondes par révolution. Pour les satellites géostationnaires, les effets de la non-sphéricité de la Terre sont environ cent fois plus faibles : de l'ordre de 0.1 mrad par révolution.

c. Pression de radiation solaire

Lorsque les photons lumineux émis par le Soleil frappent la surface ***S*** du satellite, il apparaît une pression dite de *radiation solaire*. Cette pression est très faible, de l'ordre de 10 µPa (10^{-10} Bar) et correspond à un rapport entre accélérations perturbatrice et centrale voisin de 10^{-6} ***S/m***, c'est-à-dire environ 10^{-8} en unités S.I.

Pour des laps de temps faibles, cette perturbation est constante en grandeur et en direction. Les Eqs. (33.27) du chapitre 3.3.6 d indiquent que l'orbite s'aplatit lentement. Toutefois, le mouvement annuel de la Terre rend périodique cette perturbation de l'excentricité.

Les parties d'orbite se trouvant à l'ombre de la Terre, doivent être éliminées du calcul, c'est la raison de la détermination du *facteur d'éclipse* de l'orbite. Ce problème ne se présente pratiquement que pour les orbites basses. En général, les paramètres d'injection sont sélectionnés pour minimiser le facteur d'éclipse, afin d'avoir l'éclairement le plus régulier possible des panneaux solaires assurant l'alimentation électrique.

La pression de radiation solaire est également appelée *vent* solaire. Le vent de l'espace pourrait, comme le vent du large, propulser des engins spatiaux au moyen d'une *voile solaire*. Certes, c'est un moyen propre et économique, puisque l'énergie est délivrée gratuitement par le Soleil, mais encore faut-il réussir à déployer une voile réflectrice très légère de plus de 300 mètres sur 300, c'est-à-dire plus d'une dizaine d'hectares, pour atteindre une poussée acceptable. L'idée d'une course à la Lune à la voile solaire trotte dans l'esprit de nombreux chercheurs de différents pays.

d. Freinage géomagnétique

Cette perturbation est liée à l'interaction du champ magnétique terrestre avec toute charge qu'un corps en orbite peut acquérir par suite de phénomènes de photo-ionisation. Cet effet est généralement négligeable (ordre de 10^{-10} ***S / m***). L'étude du freinage géomagnétique est difficile à cause de la structure complexe et variable du champ magnétique terrestre.

5.3.5 Freinage atmosphérique

Un satellite en orbite terrestre évolue non pas dans le vide, mais dans une atmosphère raréfiée qui oppose une résistance à l'avancement, faible mais de longue durée. La perturbation, opposée à la vitesse, n'affecte que la forme de l'orbite (éléments $\boldsymbol{a}$, $\boldsymbol{e}$ et $\boldsymbol{T_0}$). Pour les orbites circulaires, l'effet du freinage atmosphérique est aisément illustré au moyen de l'étude du chapitre 3.3.6 b et de l'Eq. (33.24). L'orbite reste quasi circulaire mais l'altitude diminue lentement.

Le satellite décrit une spirale et rencontre des couches d'air de plus en plus denses qui accélèrent sa chute vers la Terre. En réalité, l'entraînement partiel de l'atmosphère avec la rotation terrestre provoque une accélération perturbatrice perpendiculaire au plan de l'orbite. Cette composante Z est la cause d'une très lente rotation séculaire du plan de l'orbite.

a. Formulation de la perturbation

L'expression de la décélération ϕ_D (traînée) due au freinage atmosphérique est donnée par l'Eq. (53.10). B est le coefficient balistique (en m^2/kg), C_D le coefficient de traînée (voisin de 2) et S la section transversale du satellite. La charge transversale du satellite est le rapport m / S.

$$\bar{\phi}_D = - B \, \varrho \, v \, \bar{v} \,, \quad avec$$
$$B = C_D \frac{S}{2m} \,, \quad \varrho = \varrho_0 \exp^{-\frac{z - z_0}{H}} . \tag{53.10}$$

À l'altitude z_0 de référence (150 km), la masse spécifique de l'air est notée ϱ_0 et vaut 4×10^{-10} kg / m^3. H est la *hauteur de l'atmosphère standard* : c'est une grandeur expérimentale qui varie quasi linéairement au-dessus de 150 km :

$$z = 200 \; km \quad : \quad H = 35 \; km \,,$$
$$z = 400 \; km \quad : \quad H = 60 \; km \,.$$

La valeur de H tombe rapidement de 30 à 8 km entre 150 et 100 km d'altitude. Pour la résolution des équations des perturbations, H est supposé constant et sa valeur correspond à celle de l'altitude moyenne. La valeur de référence est l'altitude du périgée de l'orbite osculatrice. Compte tenu des incertitudes liées à la densité de l'atmosphère, elle-même tributaire de plusieurs facteurs mal connus, dont l'activité solaire, il n'est pas justifié de rechercher une plus grande précision.

Les perturbations répondent aux Eqs. (53.11), obtenues à partir de la théorie du chapitre 2.1 et de l'annexe III : Eqs. (21.21, 33 et 34, 38 et 40) et (III.1 à 10).

$$\delta a = -2 \, B \, a^2 \, \varrho_P \int_0^{2\pi} \sqrt{\frac{(1 + e\cos E)^3}{1 - e\cos E}} \exp^{-\beta\,(1 - \cos E)} \, dE \,,$$
$$\delta e = -2 \, B \, p \, \varrho_P \int_0^{2\pi} \sqrt{\frac{1 + e\cos E}{1 - \cos E}} \exp^{-\beta\,(1 - \cos E)} \, dE \,, \tag{53.11}$$
$$avec \quad \beta = \frac{a\,e}{H} .$$

L'intégration de ces équations est assez lourde et fait appel à des développement en série de e pour les orbites quasi circulaires ($e < 0.02$ et $\beta < 2$), et en série de $1 / \beta$ pour les autres cas.

- **orbites quasi circulaires**

Les calculs (voir par exemple El'Yasberg 1967) conduisent à des expressions contenant des fonctions modifiées de Bessel (*Friedrich Bessel* : 1784 - 1846). L'Eq. (53.12) est obtenue pour de très faibles valeurs de l'excentricité : $e < 0.02$ ou $\beta \leq 2$:

$$\delta z_{AP} \approx -4\,\pi\, r_{AP}^2\, B\, \varrho_P \exp^{-\beta} \left(1 \mp \frac{\beta}{2} + \frac{\beta^2}{4} \ldots\right). \qquad (53.12)$$

L'indice *AP* signifie *apsides* (périgée *ou* apogée), le signe supérieur correspond au périgée. Pour les orbites circulaires ($\beta = 0$), l'expression est plus simple et aurait pu être dérivée des Eqs. (33.24) du chapitre 3.3.6 b.

- **orbites quelconques ($\beta > 2$)**

Les Eqs. (53.11) sont intégrées en passant à une variable auxiliaire λ. En développant alors en série de $1 / \beta$, les variations d'altitude du périgée et de l'apogée sont :

$$\delta z_P \approx -r_P^2 \frac{c_D\, S}{m} \varrho_P \sqrt{\frac{2\pi}{\beta^3} \frac{1+e}{1-e}} \,, \quad \lambda = \sqrt{\frac{\Delta z}{H}} \,,$$
$$\frac{\delta z_A}{\delta z_P} = 4\,\beta \frac{1+e}{(1-e)^2} \left(1 - \frac{1}{8\beta} - \frac{e}{4\beta} \ldots\right). \qquad (53.13)$$

b. Durée de vie

Les Eqs. (53.12 et 13) introduisent deux phases bien distinctes dans la vie d'un satellite, sous l'effet du freinage atmosphérique. La première correspond à l'orbite initiale excentrique qui, sous l'effet du freinage localisé au périgée, tend à se circulariser. L'apogée descend en effet assez vite à la rencontre du périgée qui reste pratiquement constant. C'est le résultat des Eqs. (53.13). En effet, le facteur $4\,\beta$ peut dépasser la valeur 100 lorsque l'orbite est très excentrique. Mais au cours de ce processus, le satellite est freiné sur une portion de plus en plus longue de son orbite, la descente de l'apogée devient plus rapide, et celle du périgée s'amorce. Cette phase peut être calculée approximativement en répétant itérativement les Eqs. (53.13) avec correction des éléments a, e et H à chaque révolution.

Il en résulte une orbite quasi circulaire avec $e < 0.02$, pour laquelle l'Eq. (53.12) est d'application. C'est la deuxième phase de la chute, caractérisée par une orbite en spirale qui se rapproche de la surface terrestre. Lorsque l'altitude atteint environ 150 km, le freinage est tel que le satellite retombe sur Terre en quelques révolutions, en traversant des couches de plus en plus denses. La Fig. 5.10 représente les durées de vie D exprimées en jours, en fonction de l'altitude initiale du périgée, de l'apogée et de la charge transversale (ordre de grandeur 100 kg / m^2).

Avec ces valeurs, un satellite en orbite circulaire à 200 km a une durée de vie de 15 jours, tandis qu'un satellite sur une orbite d'excentricité $e = 0.01$ ($z_A = 260\ km$, $z_P = 200\ km$) a une durée de vie approximative d'un mois. Les stations orbitales ayant une charge transversale environ dix fois plus grande ont, de ce fait, une durée de vie plus grande.

Cette méthode permet de déterminer l'ordre de grandeur de la durée de vie du satellite, afin d'ajuster l'altitude de l'orbite en fonction de la durée de la mission projetée, ou bien de prévoir la date approximative de la chute dans le cas d'un objet déjà lancé.

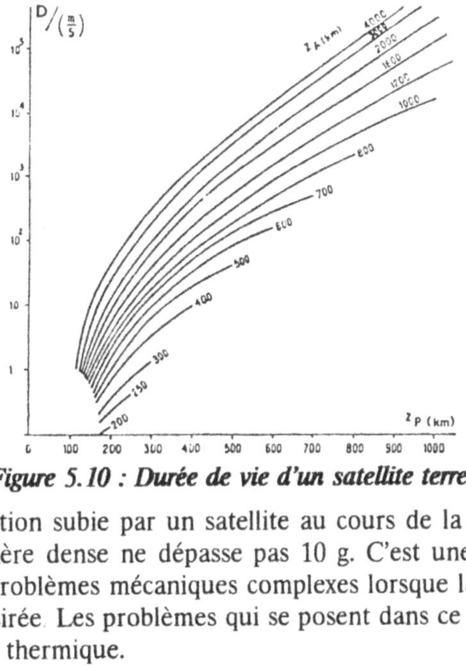

Figure 5.10 : Durée de vie d'un satellite terrestre

La décélération subie par un satellite au cours de la rentrée circulaire dans l'atmosphère dense ne dépasse pas 10 g. C'est une valeur qui n'entraîne pas de problèmes mécaniques complexes lorsque la récupération du satellite est désirée. Les problèmes qui se posent dans ce cas sont principalement d'ordre thermique.

5.3.6 Restitution d'orbite - trajectographie

a. Méthodes de trajectographie

Les véhicules spatiaux doivent pouvoir être localisés car il faut, à tout moment, pouvoir pointer vers eux les antennes de communication, afin de prévoir l'évolution de l'orbite et de la modifier en cas de nécessité. Pour ces besoins, une précision de localisation de l'ordre de 1 000 m suffit. Elle peut être atteinte par une modélisation simple comprenant l'orbite képlérienne et quelques perturbations classiques. Ces perturbations sont : quelques harmoniques du géopotentiel, frottement atmosphérique simplifié, effets luni-solaires et pression de radiation.

Lorsqu'une précision plus grande est nécessaire (15 m ou mieux), le modèle d'orbite doit alors être adapté aux trajectoires réelles et mis à jour en cours de mission. L'information contenue dans l'ensemble des mesures réalisées au cours d'un passage en visibilité d'une station constitue une *macro-mesure*. Pour les orbites basses, une station couvre environ 10 % de l'orbite complète et comprend une centaine de mesures, ou plus. Comme l'orbite n'est représentée que par quelques dizaines de paramètres, la précision obtenue est plus que suffisante.

Si M est le nombre de mesures comprises dans la macro-mesure, la précision obtenue est proportionnelle à $1 / \sqrt{M}$. En revanche, la quantité d'informations contenue dans cette macro-mesure est relativement pauvre : elle ne correspond en effet qu'à un écart sur la position, pouvant être considéré comme constant au cours du passage. Cette pauvreté de l'information se traduit par des Eqs. (22.19) très voisines les unes des autres. Un tel système est très mal conditionné et conduit à des solutions assez peu précises. L'*observabilité* des paramètres orbitaux est qualifiée de faible.

L'observabilité sera améliorée en étalant au mieux les mesures sur tout l'arc de visibilité. Le nombre de mesures a peu d'importance : il vaut mieux disposer de moins de mesures bien réparties que de beaucoup de mesures trop concentrées. Il y a donc intérêt à acquérir le satellite au plus tôt, ce qui met en évidence la nécessité de disposer d'éphémérides de bonne qualité. Il est donc évident que quelques macro-mesures sont insuffisantes et qu'une restitution précise en demande plusieurs par orbite et sur plusieurs orbites successives.

Pour atteindre de grandes précisions de restitution, deux effets entraînant des erreurs de quelques dizaines de mètres, doivent être pris en compte. La propagation des ondes dans l'atmosphère et en particulier dans l'ionosphère a un effet en f^{-2}, pouvant atteindre 15 m à la fréquence de 2 GHz. D'autre part, le mouvement des pôles (polhodie) entraîne un écart du même ordre de grandeur sur le repère inertiel terrestre.

La qualité de la restitution ne peut malheureusement pas être déduite des résidus produits par la méthode des moindres carrés qui ne fournissent comme information qu'une borne inférieure de l'erreur de restitution. La seule méthode praticable est d'évaluer la stabilité de l'ajustement en comparant les résultats obtenus sur différents arcs de trajectoire présentant des recouvrements.

b. Mesures de trajectographie

Les moyens de mesure utilisés actuellement pour la localisation des corps célestes englobent des mesures angulaires, des mesures de distance et des mesures de vitesse radiale. Ces deux dernières techniques ne sont généralement applicables qu'aux satellites en orbite autour de la Terre.

- **Mesures angulaires**

Les mesures angulaires fournissent la direction de l'axe de visée allant du point d'observation au corps céleste. Classiquement, l'instrument (lunette, télescope, cinéthéodolite) se trouve au sol.

La mesure est la détermination de l'orientation de l'axe de visée par rapport au repère local (précision 10^{-3} à 10^{-4} rad), ou bien une photographie du corps céleste sur fond d'étoiles (précision 10^{-5} rad).

Les méthodes photographiques sont simples, peu coûteuses et très précises et ont fait leurs preuves pour la détermination des orbites des planètes et des comètes. Elles ont toutefois été abandonnées pour la localisation des satellites artificiels en raison de leur lenteur.

Les mesures de direction peuvent être réalisées à partir des satellites au moyen de senseurs stellaires. Ces techniques reviennent toutes à observer la Terre sur fond d'étoiles, en tenant compte ou non de la réfraction atmosphérique pour les occultations d'étoiles.

- **Mesures de distance**

Toutes les mesures de distance consistent à déterminer la durée du trajet d'une onde électromagnétique entre l'instrument et l'objectif. La technique du radar est, à ce titre, parfaitement au point et permet d'atteindre une résolution d'environ 10 mètres. Des mesures de ce type ont permis de mesurer la distance de corps célestes proches, la Lune et Vénus. L'inconvénient principal du radar est le bilan défavorable en puissance (décroissance en $\boldsymbol{d}^{-4}$). La préférence est donc donnée aux systèmes utilisant un répéteur embarqué. Les ondes lumineuses du laser permettent également ce type de mesure, mais pour les raisons évoquées ci-dessus, il est toujours préférable d'utiliser un réflecteur embarqué (type *coin de cube*). Dans ce cas, la puissance varie en $(2\,\boldsymbol{d})^{-2}$. Des mesures laser ont été réalisées vers la Lune. Cette méthode présente toutefois l'inconvénient d'exiger un temps clair, ce qui en limite l'intérêt pratique.

Une autre technique est celle de la mesure du déphasage apparaissant entre *tons* harmoniques émis vers la cible et reçus au sol (après passage dans un répéteur). La résolution peut atteindre 1 / 100 de demi-période, mais la demi-période est la durée maximale qui peut être mesurée sans ambiguïté. L'émission simultanée de plusieurs tons est nécessaire : par exemple un ton de 10 Hz pour fixer la distance maximale (15 000 km), un ton intermédiaire de 1 kHz et un ton de 100 kHz pour obtenir une résolution finale de l'ordre de 15 m. Le déphasage peut également être déterminé à partir d'une séquence numérique pseudo-aléatoire modulant le signal émis (étalement de spectre à séquence directe). La séquence (ou le code) doit être suffisamment longue pour couvrir le déphasage complet. De plus, elle doit présenter des caractéristiques de correction d'erreurs pour faire face aux éventuels aléas de transmission.

Les différentes techniques évoquées ci-dessus fournissent des durées correspondant toujours à un trajet aller-retour. D'autres techniques permettent de ne mesurer qu'un aller ou un retour simple. Dans ce cas, le message transmis doit contenir une information de temps permettant de déterminer l'instant d'émission.

La mesure de l'intervalle de temps entre émission et réception se faisant par rapport à deux horloges différentes, une bonne précision n'est obtenue qu'avec des horloges embarquées très stables (et donc coûteuses) ou par des traitements mathématiques spéciaux.

- **Mesures de vitesse radiale**

Lorsqu'une onde se propage entre deux corps en mouvement relatif, les fréquences mesurées par l'émetteur et par le récepteur sont différentes. L'écart en fréquence donné par l'Eq.(43.3) au chapitre 4.3.2 a, est l'*écart Doppler*, proportionnel à la vitesse radiale entre les deux corps (*Christian Doppler* : 1803 - 1853). La mesure de cet écart se fait par comptage de périodes et correspond en pratique à une mesure de temps.

La précision des mesures de ce type est de l'ordre du millimètre par seconde (mm/s). Toutes les caractéristiques des mesures de distance sont donc applicables aux mesures de vitesse radiale : mesures aller - retour avec ou sans réémission, aller ou retour simple etc . . . Dans ce dernier cas, deux horloges sont nécessaires, avec les conséquences signalées ci-dessus.

5.3.7 Systèmes de localisation et de navigation

Comme la détermination des trajectoires orbitales est un sous-produit nécessaire à toutes les activités spatiales, il est très vite apparu que les satellites artificiels pouvaient servir de balises pour permettre la localisation précise d'observateurs à la surface de la Terre. Les techniques de localisation s'apparentent aux méthodes anciennes de navigation astronomique.

L'avantage des satellites artificiels et des mesures électromagnétiques est l'indépendance des conditions de visibilité optique et une précision de positionnement pouvant être nettement plus grande. Les précisions attendues peuvent atteindre les valeurs suivantes :

- mobiles marins : de 100 à 500 m,
- mobiles terrestres ou aériens : environ 10 m,
- points géodésiques : quelques centimètres.

Les équipements de première génération (1960 - 1990) utilisent principalement les mesures de vitesse radiale (écart Doppler) car cette technique est plus aisée à mettre en oeuvre.

L'avènement des techniques numériques et l'amélioration de la stabilité des horloges ont conduit au développement et à la mise en service de systèmes basés sur les mesures de distance. Les précisions se sont améliorées au fil des années et les systèmes mis en place pour le XXIe siècle sont cent fois plus précis que leurs prédécesseurs.

La détermination de la position d'observateurs terrestres englobe deux grandes familles d'applications spatiales : les applications de *localisation* pour lesquelles la position est déterminée dans un centre de calcul ou de contrôle au sol, et les applications de *navigation* pour lesquelles la position doit être disponible pour le mobile. Ces familles sont décrites ci-après.

a. Systèmes de localisation

Une première classe d'applications comprend la localisation et le suivi de balises automatiques de détresse (*Sarsat* : quatre satellites) ou de collecte de données d'environnement (*Argos* : deux satellites). Ces systèmes utilisent les mesures Doppler sur un trajet simple montant, au moyen de charges embarquées sur des satellites polaires *NOAA* et *Cospas*. Ces satellites ne font pas l'objet d'une trajectographie spéciale, la précision de la localisation des balises va de quelques centaines de mètres à quelques kilomètres, en fonction de la durée de visibilité des satellites et de la puissance d'émission des balises. Le délai moyen pour obtenir la localisation dans un des centres de calcul est de deux heures. Un système similaire dénommé *MOS* est expérimenté par le Japon. Le système *Doris* est un système de grande précision mis en oeuvre par la France pour la géodésie. Ce système donne une précision de 10 cm pour une centaine de balises, après un suivi de longue durée s'étendant sur une ou deux semaines.

Une autre classe d'applications comprend la transmission de messages courts et la localisation de terminaux équipant des mobiles, le plus souvent des transporteurs routiers.

Le satellite géostationnaire *Geostar*, en service aux USA depuis 1988 utilise les mesures de distance sur un trajet simple montant. La position est obtenue en une seconde, avec une précision de 100 mètres. La capacité du système est d'un million d'appels à l'heure.

b. Systèmes de navigation

Les systèmes de navigation ont pour but la détermination de la position par le mobile lui-même. Historiquement, ces systèmes ont été mis en oeuvre à des fins militaires dès le début des années 1960, avec pour objectifs principaux la précision, la discrétion et la non saturabilité. C'est pourquoi ils utilisent exclusivement la technique du trajet simple descendant. L'utilisateur est passif et entièrement autonome : il reçoit les signaux des satellites et détermine sa position sans émettre.

Le système *NSS Transit* (***Na**vigation **S**atellite **S**ystem*) a été mis en service de 1962 à 1965 par les États-Unis, puis ouvert aux civils pour la navigation maritime en 1967. Il offre une précision de quelques centaines de mètres, mais impose une durée de visibilité de plus de dix minutes pour exploiter les mesures Doppler, ce qui n'est garanti qu'au plus une fois par heure en tout point du globe.

Un système similaire, dénommé *Tsikada*, a été mis en service par la Russie en 1984. Il assure une précision d'environ 100 mètres pour les utilisateurs civils.

Les systèmes de navigation basés sur les mesures de distance sont le *Glonass* (Russie : ***Glo**bal **Na**vigation **S**atellite **S**ystem*) et le *GPS - Navstar* (USA : ***G**lobal **P**ositioning **S**ystem*) qui est décrit ci-après.

5.3.8 GPS - Navstar : Global Positioning System

Le système GPS Navstar répond aux exigences militaires en matière de précision, de rapidité, de disponibilité, de fiabilité, de sécurité et de résistance aux agressions. Trois facteurs interviennent dans la précision globale :

- la précision de l'orbitographie, de l'ordre du mètre, impliquant une modélisation spécifique,
- la géométrie des satellites (facteur géométrique *GDoP* : ***G**eometrical **D**ilution **o**f **P**recision*),
- la précision des mesures de distance (et donc de temps) impliquant la correction des effets de l'ionosphère et de la polhodie.

Les exigences de disponibilité et de précision conduisent à une constellation minimale de 21 satellites (18 opérationnels et 3 en réserve active), totalement opérationnelle en 1993. Les satellites sont répartis dans six plans, sur des orbites synchrones de 12 h à 26 600 km d'altitude. Ce n'est, en effet qu'à ces hautes altitudes que les perturbations du potentiel terrestre peuvent être déterminées à moins d'un mètre près.

Les mesures de distance sont basées sur des séquences ou codes pseudo-aléatoires et visent une précision de l'ordre de 5 mètres. Avec un facteur géométrique moyen de trois, la précision globale (une déviation standard) atteint 15 mètres.

Pour atteindre la précision de 5 mètres en distance, les temps de propagation doivent être déterminés à moins de 10 nanosecondes près. Ceci pose un problème aigu de stabilité d'horloge et constitue en soi un des défis technologiques relevés par le système. Les satellites emportent des horloges au césium et au rubidium de la classe 10^{-13}.

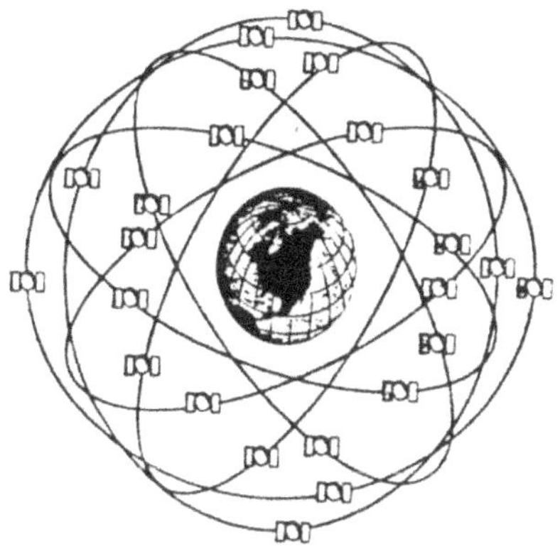

Figure 5.11 : GPS - Global Positioning System
24 satellites sur 6 orbites

L'utilisateur ne dispose pas de référence d'une telle qualité, aussi doit-il considérer l'écart de son horloge avec le temps de référence comme une inconnue supplémentaire. La localisation consiste dès lors à recevoir simultanément les messages de quatre satellites et à résoudre un système de quatre équations à quatre inconnues : les trois coordonnées ***x***, ***y*** et ***z*** et l'écart temporel. La synchronisation de l'horloge de l'utilisateur est donc un sous-produit de la localisation GPS. Une précision meilleure que 0.1 microseconde par rapport au Temps Universel Coordonné (T U C) peut être atteinte. C'est une performance meilleure de plusieurs ordres de grandeur que ce qui peut être obtenu avec les équipements transportables classiques.

Le code pseudo-aléatoire (code ***P*** : *Precision*) a une durée de 7 jours, aussi, pour se synchroniser rapidement, est-il nécessaire d'utiliser un code plus court (code ***S*** : *Standard* ou ***C/A*** : *Coarse / Acquisition*). Le message de navigation de chaque satellite comprend 22 paramètres. Il est diffusé simultanément sur deux canaux à 1.2 et 1.5 GHz, l'un avec le code *P* et l'autre avec le code *C/A*. Ce dernier a une durée de une milliseconde et est connu de tous les utilisateurs. Le code long n'est connu que des militaires et de quelques civils privilégiés. De plus, les militaires se réservent les possibilités supplémentaires suivantes :

- chiffrement du code *P* (qui devient dans ce cas code ***Y***) pour le rendre inaccessible aux utilisateurs civils,
- chiffrement supplémentaire dégradant la précision du message de navigation (en particulier les corrections de temps).

Les précisions sont de 15 mètres pour les militaires qui disposent de toutes les clés de chiffrement. Pour les utilisateurs civils, elles se réduisent à 30 mètres en mode *C/A* normal et à 75 mètres en mode *C/A* dégradé.

Les potentialités qu'offre le système GPS aux usagers civils sont considérables. En plus de la mesure précise du temps, il faut également citer le mode GPS différentiel qui, au moyen de stations additionnelles au sol, permet d'amener localement la précision à quelques mètres. D'autre part, des techniques interférométriques appliquées aux signaux GPS pendant des durées plus longues permettent d'atteindre la précision centimétrique requise par la géodésie.

En conclusion, il est permis de dire que la dimension spatiale est utilisée au mieux par le système GPS - Navstar pour répondre aux besoins militaires, et que les retombées exceptionnelles pour la communauté civile confèrent au système une dynamique propre qui se poursuivra certainement pendant les premières décennies du XXIe siècle, avec la mise en place de compléments en orbite géostationnaire pour les besoins de la navigation aérienne.

5.3.9 Applications de l'espace

L'ère spatiale a officiellement débuté le 04 octobre 1957 avec le lancement de *Spoutnik* 1, le premier satellite artificiel de la Terre. Une vingtaine d'années de recherches et d'expérimentations avaient précédé ce lancement, ce qui reporte son début réel vers 1935 avec la conception et la mise en chantier des premières fusées allemandes.

La conquête spatiale débute bien sûr par une série de premières qui, au-delà de leur aspect spectaculaire, ont pour but de tester les méthodes et les matériels. En 1957 : premier satellite terrestre, en 1960 : première récupération au sol d'un satellite artificiel (*Discoverer* 13), en 1961 : premier homme dans l'espace : *Youri Gagarine* (1934 - 1968) et en 1963, première femme dans l'espace : *Valentina Terechkova* (n. 1937).

Les *applications pratiques* des techniques spatiales couvrent principalement trois grands domaines d'activité caractérisés chacun par une famille préférentielle d'orbites terrestres, ce sont :

- les télécommunications (téléphonie, télédiffusion directe, transmission de données) utilisant des orbites synchrones et principalement l'orbite des satellites géostationnaires,
- la télédétection par observation de la surface terrestre à partir d'orbites polaires héliosynchrones. Ce domaine couvre des aspects variés comme la météorologie, les secours en mer, la surveillance et la recherche des ressources terrestres (récoltes, forêts, hydrographie, géologie . .), la localisation des mobiles . . ,
- les applications industrielles (chimie pharmaceutique, métallurgie des cristaux et des composites, micro-électronique), profitant des conditions de la microgravité offertes par les orbites terrestres, utilisent de préférence les orbites basses pour des raisons économiques.

Ce type d'activité, expérimenté avec *Skylab, Spacelab* et *Mir*, a pour but de préparer l'installation de la Station spatiale internationale ***ISS*** (***International Space Station***), mise en place à partir de 1999.

La *recherche scientifique* bénéficie, à partir de l'espace, d'une plate-forme idéale pour observer la Terre de l'extérieur, à l'abri des perturbations de l'atmosphère. La géophysique a connu des progrès rapides : meilleure connaissance des formes et dimensions de la Terre, confirmation des mouvements tectoniques de l'écorce terrestre, découverte de l'environnement physique de notre planète, ceintures de radiations, magnétosphère . .

C'est principalement l'astrophysique qui profite de cette plate-forme exceptionnelle que constitue l'espace pour l'observation de l'univers. Les télescopes et laboratoires astronomiques prévus ou en orbite sont :

- rayonnement gamma : *COS-B* (1975-1982), l'observatoire *Compton* (1990-2000), *GRASP* (1999) et *Integral* (2001),
- rayonnement X : *Einstein* (1976), *Exosat* (1983), *Rosat* (1990) et les observatoires *Newton* (XMM, 1999) et *Chandra* (AXAF, 1999),
- rayonnement ultraviolet : *IUE* (1982) et *FUSE* (1999),
- rayonnement infrarouge : IR proche : *IRAS* (1983) et *ISO* (1995-1998), IR lointain et submillimétrique : *SIRTF* (2007). Dans les mêmes gammes d'ondes, *COBE* (*Cosmic Background Explorer*, 1990-1993), et les projets *MAP* (*Microwave Anisotropy Probe*) et *Planck* prévus pour 2005 et 2007, ont pour but l'analyse du rayonnement cosmologique. Ces observatoires auraient une résolution angulaire de l'ordre de 1/6e de degré et seraient mis à poste au point L_1 , à l'opposé du Soleil,
- rayonnement visible : le télescope spatial *Hubble* (2.5 m de diamètre), est cent fois plus sensible que les télescopes classiques terrestres. Le satellite astrométrique *Hipparcos* (1990-1993), a permis d'établir un nouveau catalogue stellaire, de précision inégalée (voir chapitre 4.3.4 b) ; son successeur éventuel pourrait être le *Global Astrometric Interferometer for Astrophysics (Gaïa)*. À noter également les observatoires solaires *ISEE* 1 à 3 (1975-1978), *Ulysse* (1990, voir chapitre 6.2.8) et *SOHO* (1995), ce dernier étant positionné au point L_2 , entre Terre et Soleil,
- *STEP* pour vérifier le principe d'équivalence à mieux que 10^{-17} (2005).

Le premier objectif de la conquête spatiale a été décrit succinctement ci-dessus : c'est l'extension des connaissances scientifiques et de l'environnement terrestre au bénéfice de la vie sur Terre. Le deuxième objectif est l'exploration du Système solaire, de la Lune et des planètes voisines. Les routes interplanétaires suivies par les sondes d'exploration constituent un volet particulier de la mécanique céleste qui fait l'objet du chapitre 6.

□

Annexe V
Compléments balistiques

V 1 Projectiles d'artillerie V 2 Missiles balistiques - compléments V 3 Corps de rentrée balistique V 4 Rentrée avec faible portance V 5 Rentrée planante hypersonique V 6 Lanceurs pour le XXIe siècle.

V.1 Projectiles d'artillerie

Avec l'introduction de l'artillerie en Occident au XIIIe siècle, s'est posé véritablement le problème de la détermination des trajectoires balistiques. Déjà Galilée (*Galileo Galilei* : 1564 -1642) avait compris que ces trajectoires pouvaient être décrites idéalement par la combinaison de deux mouvements : le premier rectiligne et uniforme à l'horizontale et le second, caractérisé par une chute verticale uniformément accélérée. Cette loi peut être déduite des principes fondamentaux de la mécanique classique d'*Isaac Newton* (1642 - 1727).

a. Théorie élémentaire dans le vide

Les Eqs. (51.1) de la section 5.1.2 décrivent le mouvement général d'un point matériel. Ces équations peuvent être intégrées analytiquement en introduisant l'hypothèse du mouvement dans le vide :

$$\begin{aligned} \ddot{x} &= 0 \;, \quad x = v_i\, t \cos\tau_i \;, \\ \ddot{z} &= -g \;, \quad z = v_i\, t \sin\tau_i - \frac{g t^2}{2} \;. \end{aligned} \tag{V.1}$$

v_i et τ_i sont respectivement la vitesse et l'inclinaison initiales. L'intégration de ces équations ne présente aucune difficulté et conduit, après élimination du temps, aux Eqs. (V.2).

$$\begin{aligned} z &= x \tan\tau_i - x^2 \frac{g}{2 v_i^2 \cos^2\tau_i} \;, \\ D &= R_T \left(\frac{v_i}{v_0}\right)^2 \sin 2\tau_i = \frac{v_i^2}{g} \sin 2\tau_i \;, \quad z_F = \frac{D}{4} \tan\tau_i \;. \end{aligned} \tag{V.2}$$

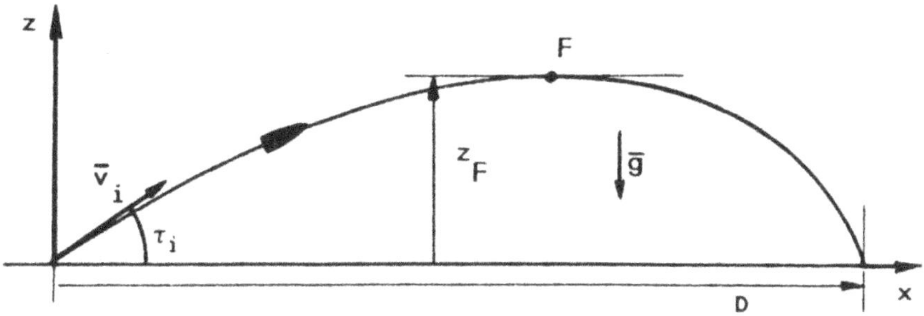

Figure 5.12 : Projectile d'artillerie

La portée D est la valeur de l'abscisse pour laquelle l'ordonnée s'annule. L'ordonnée maximale z_F est appelée flèche de la trajectoire, elle est atteinte à mi-portée. La trajectoire elliptique résultant des équations de Newton voit, sous l'effet de l'hypothèse de la Terre plate, son foyer rejeté à l'infini : l'Eq. (V.2 a) est l'équation d'une parabole. À noter que l'Eq. (V.2 b) peut également être obtenue par développement en série de l'Eq. (51.3), limité au premier ordre en v_i / v_0.

Pour une vitesse initiale imposée, la portée maximale est obtenue pour une inclinaison de 45 degrés. Dans ces conditions optimales, il vient :

$$D_m = R_T \left(\frac{v_i}{v_0}\right)^2 = \frac{v_i^2}{g} \quad , \quad \tau_m = \frac{\pi}{4} \quad et \quad z_{Fm} = \frac{D}{4} \; . \qquad \text{(V.3)}$$

Enfin, pour une trajectoire purement verticale, les Eqs. (V.1) permettent de déduire l'altitude maximale atteinte par le projectile :

$$z_m = \frac{v_i^2}{2\,g} \quad ou \quad \frac{v_i^2}{2} = g\, z_m \; . \qquad \text{(V.4)}$$

Cette équation, qui correspond au premier ordre à l'équation de l'énergie (21.21), traduit la transformation d'énergie cinétique initiale en énergie potentielle au sommet de la trajectoire.

b. Mesure des vitesses initiales

Déjà en 1680, Newton avait postulé que la résistance de l'air variait comme le carré de la vitesse. Mais tant que les portées sont faibles, le frottement de l'air peut être négligé. Ce fut longtemps le cas : les projectiles d'artillerie du début du XIXe siècle étaient tirés avec des vitesses initiales inférieures à 100 m/s et n'atteignaient qu'environ 1 000 m de portée. Les balles de fusil étaient bien lancées à 400 m/s, mais elles n'étaient destinées qu'au tir à vue. En réalité, la vitesse initiale est une grandeur très difficile à mesurer.

Les premières mesures ont été réalisées en 1742 pour des armes de petit calibre, au moyen du *pendule balistique* de *Benjamin Robins* (1707 - 1751). Cet appareil est constitué d'une plaque métallique suspendue qui réagit à la force vive (quantité de mouvement). C'est grâce à l'électricité, sur base d'une idée de *Charles Wheatstone* (1802 - 1875), que les vitesses balistiques des obus d'artillerie purent être correctement mesurées au milieu du XIXe siècle. Les premiers équipements de mesure sont dus à deux officiers ingénieurs de l'artillerie belge : *Auguste Navez* (1825 - 1903), en 1847, avec le *pendule électro-balistique*, suivi en 1864 par *Paul Le Boulengé* (1832 - 1901) et le *chronographe* qui porte son nom et qui resta en service sur divers polygones d'essais pendant près d'une centaine d'années.

À la fin du XIXe siècle, les progrès de la métallurgie et des poudres conduisirent au développement des bouches à feu modernes : en 1880, les portées dépassent 4 000 m. En vertu de l'Eq. (V.3 a), la portée théorique atteint 100 km dès que la vitesse initiale dépasse 1 000 m/s. De mars à juin 1918, la capitale française fut bombardée par les obus d'un canon à longue portée (*Ferngeschütz*) allemand appelé le *Pariser Kanone*. Installé sur la Somme, à environ 130 km de Paris, l'engin de 400 tonnes était monté sur rails et équipé d'un tube haubané de 34 m de long. Les obus, lancés à près de 1 600 m/s érodaient tellement les tubes que la durée de vie de ceux-ci était limitée à 70 coups. Actuellement, la vitesse initiale des projectiles antichars atteint également 1 600 m/s, mais la raison d'une vitesse aussi élevée est d'obtenir une grande efficacité au but pour des projectiles à énergie cinétique, et non plus d'atteindre une grande portée.

c. Tables de tir

Le calcul des tables de tir demande des modèles suffisamment précis pour prédire la portée des projectiles d'artillerie. La stabilisation par rotation maintient le projectile quasi couché sur sa trajectoire, de sorte que l'approximation du point matériel est suffisante pour obtenir une bonne modélisation. Les Eqs. (V.1 et 2) décrivent le modèle élémentaire du point matériel à deux degrés de liberté (trajectoire plane).

Pour les portées plus grandes, le mouvement de rotation de la Terre doit également être pris en compte et inclure l'accélération d'entraînement et l'accélération complémentaire de Coriolis (*Gaspard Coriolis* : 1792 - 1843), décrite au chapitre 2.1.9 b. C'est le *modèle du point matériel* comportant trois degrés de liberté.

Le modèle utilisé actuellement pour le calcul des trajectoires des projectiles d'artillerie est le modèle du point matériel *modifié* (*modified point mass model*). Il comprend deux corrections supplémentaires : l'effet de la rotation d'entraînement de l'atmosphère terrestre et la modeste force de Magnus, due à la rotation du projectile autour de son axe de symétrie, en supposant constante sa vitesse de rotation.

V.2 Missiles balistiques - compléments

La théorie élémentaire des missiles balistiques a fait l'objet de l'article 5.1.2. Les quelques compléments repris ci-dessous concernent les portées, la précision et les têtes multiples.

a. Portées des missiles balistiques

Pour les missiles balistiques, la relation entre portée et vitesse initiale est donnée par l'Eq. (51.3) et, dans le cas optimal, par l'Eq. (51.5). La forme de ces équations indique que la portée est sensiblement une fonction quadratique de la vitesse. Pour les trajectoires optimales, il vient :

v_i (km/s)	D (km)	v_i (km/s)	D (km)
0.5	25	4.0	1 800
1.0	100	5.0	3 100
1.5	230	6.0	5 100
2.0	400	7.0	8 500
3.0	1 000	8.0	20 000

Il est clair que la course aux missiles intercontinentaux, avec des portées supérieures à 5 000 km, demande des vitesses initiales proches de la vitesse de satellisation. Le lancement d'un satellite artificiel était donc, en 1957, la meilleure démonstration de maîtrise totale des missiles à longue portée.

La vitesse initiale de la fusée allemande A 4 était de l'ordre de 2 000 m/s, mais sa trajectoire complète avait lieu dans l'atmosphère relativement dense, puisqu'elle culminait à 80 km seulement. La plus grande portée qu'elle a réussi à franchir est 350 km, en bon accord avec les Eqs. (V.3).

b. Sensibilité de la portée aux éléments à l'injection

La sensibilité des orbites terrestres aux valeurs réalisées à l'injection a été étudiée à la section 5.2.7. Pour les missiles intercontinentaux, le paramètre principal est la portée, dont l'expression est donnée par les Eqs. (51.3 et 5), il vient :

$$\frac{dD}{D} = 4\,\frac{\sin\varepsilon}{\varepsilon}\,\frac{\sin(\tau_i+\varepsilon)}{\sin\tau_i}\,\frac{dv_i}{v_i} = 4\,\frac{\tan\varepsilon}{\varepsilon}\,(1+\sin\varepsilon)\,\frac{dv_m}{v_m}\,. \qquad \text{(V.5)}$$

La portée est très sensible aux écarts en vitesse initiale : une erreur de quelques m/s sur la vitesse (10^{-3}) peut résulter en écart de portée de plusieurs dizaines de kilomètres (environ 4×10^{-3}). La portée est insensible aux erreurs d'inclinaison par définition des trajectoires optimales. En effet, ces trajectoires sont telles que la dérivée de la portée par rapport à l'inclinaison est nulle.

c. têtes multiples - axe neutre

Lorsque plusieurs têtes sont larguées simultanément lors de l'injection, il est possible de les orienter toutes vers une seule et unique cible. Il suffit de leur communiquer une petite différence de vitesse $\vec{v}'$ judicieusement orientée. Si φ est l'angle que fait cette impulsion $\vec{v}'$ avec le vecteur vitesse, l'écart en portée est :

$$\Delta D \approx 2\, R_T \left(\frac{\partial \varepsilon}{\partial v} \Delta v + \frac{\partial \varepsilon}{\partial \tau} \Delta \tau \right) ,$$
$$avec \quad \Delta v \approx v' \cos\varphi \quad et \quad \Delta \tau \approx \frac{v'}{v} \sin\varphi \, . \tag{V.6}$$

Il existe donc un angle φ_N pour lequel la variation de portée est nulle :

$$\Delta D = 0 \;\; pour \quad \tan\varphi_N = -\, v \, \frac{\partial \varepsilon \,/\, \partial v}{\partial \varepsilon \,/\, \partial \tau} \, . \tag{V.7}$$

Cette direction privilégiée porte le nom d'*axe neutre*. Des leurres ou des têtes militaires multiples, injectés dans cette direction avec des écarts de vitesse v' quelconques, convergent tous vers un objectif unique. Pour les trajectoires optimales, cet axe est normal à la vitesse $\vec{v}_m$ d'injection, avec $\varphi_{Nm} = \pi / 2$. Les leurres sont donc étalés dans l'espace au moment du largage, mais étalés dans le temps, sur des trajectoires quasi confondues, au voisinage de l'objectif.

V.3 Corps de rentrée balistique

Un corps de rentrée balistique est, par définition, un corps pour lequel les effets aérodynamiques à la rentrée se réduisent à une décélération appelée traînée $\bar{\Phi}_D$, opposée à la vitesse. C'est le cas d'un corps de révolution, avec centre de gravité sur l'axe de révolution, qui reste à incidence nulle sur toute la trajectoire. Les formes habituelles des corps de rentrée sont : une ogive (cône effilé) ou une forme sphéroconique (cône trapu, comme la capsule de rentrée d'Apollo) ou une forme cylindroconique, avec ou sans jupes.

L'aérothermodynamique distingue quatre régimes d'écoulement différents au cours d'une rentrée :

- écoulement en gaz raréfié, où le libre parcours moyen des particules est de l'ordre de grandeur des dimensions du planeur,
- régime d'écoulement visqueux : la couche limite et la zone du choc se mélangent en une couche de choc très difficile à étudier,
- régime en gaz réel, avec vibrations et dissociation des molécules d'air et déséquilibre thermodynamique (80 à 50 km d'altitude),
- en-dessous de Mach 10, la transition du laminaire au turbulent apparaît à l'intrados.

Les hypothèses suivantes permettent l'étude simplifiée de ce type de mouvement :

- la décélération $\bar{\phi}_D$ est opposée au vecteur vitesse et proportionnelle à la pression dynamique, B est le coefficient balistique et C_D le coefficient de traînée : voir Eqs. (53.10 a et b),
- loi exponentielle pour la densité de l'air : Eq. (53.10 c),
- la pesanteur peut être négligée tant que la vitesse reste supersonique : la trajectoire est à incidence nulle, l'inclinaison τ reste constante.

Les Eqs. (53.10 et 51.1 d) conduisent à :

$$B\,\varrho\,v = -\frac{dv}{dz}\sin\tau \;,\quad H\,d\varrho = -\varrho\,dz$$
$$d'où\quad \frac{dv}{v} = \frac{B\,H}{\sin\tau}\,d\varrho\,. \tag{V.8}$$

En notant $x = v\,/\,v_i$, où v_i représente la vitesse de début de rentrée, l'intégration de la dernière des Eqs. (V.8) conduit à :

$$\frac{\phi_D}{g} = \frac{R_T}{H}\left(\frac{v_i}{v_0}\right)^2 \sin\tau\; x^2 \ln x\,. \tag{V.9}$$

La décélération maximale a lieu pour $x = 1\,/\sqrt{e} = 0.607$ et vaut :

$$\frac{\phi_{DMax}}{g} = 0.184\,\frac{R_T}{H}\left(\frac{v_i}{v_0}\right)^2 \sin\tau\,. \tag{V.10}$$

Pour les missiles balistiques, la vitesse est faible mais l'inclinaison à la rentrée est proche de 45 degrés : les décélérations peuvent dépasser 30 g . Pour les satellites artificiels à vitesse quasi circulaire, la rentrée est appelée rentrée *balistique rasante*. L'inclinaison est très faible, quelques degrés, et la décélération reste toujours inférieure à 10 g . C'est un résultat très important qui montre que la récupération des engins habités placés en orbite terrestre est possible sans difficultés majeures.

V.4 Rentrée avec faible portance

Pour le retour de mission en orbite très excentrique, la vitesse est proche de la vitesse de libération et les décélérations produites par le freinage atmosphérique peuvent dépasser 30 g . C'est le cas du retour des vols lunaires ou interplanétaires exposés au chapitre 6. Des techniques différentes sont nécessaires, comme les corps de rentrée à faible portance.

La portance aérodynamique est la composante normale ϕ_L du frottement atmosphérique. Située dans le plan du mouvement et proportionnelle à la pression dynamique, elle est provoquée par une légère incidence i de l'axe de symétrie du corps par rapport à la vitesse. Elle peut être positive (vers le haut) ou négative (vers le bas), suivant le signe de l'angle d'incidence.

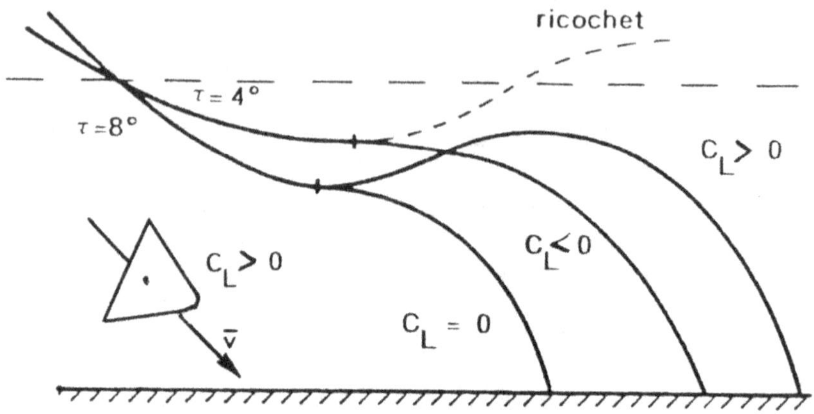

Figure 5.13 : Rentrée avec portance variable

La portance est obtenue en concevant le corps de rentrée avec une *finesse* faible, inférieure à 0.5. La finesse est le rapport des surfaces de la section transversale à la surface alaire. Cet effet peut être obtenu pour un corps de révolution par un léger excentrement du centre de gravité (finesse : Gemini 0.2 et Apollo 0.35), ou en créant une dissymétrie aérodynamique, par exemple en réalisant une coupe plane parallèle à l'axe de révolution. Les Eqs. (51.1 d et V.8 b) permettent d'écrire :

$$|\Phi_L| = \frac{C_L S}{2m} \varrho \, v^2 = v \, \dot{\tau} = v \frac{d\tau}{dz} \dot{z} = - v^2 \frac{d\tau}{dz} \sin\tau \, , \qquad \text{(V.11)}$$

$$d'où \quad \cos\tau = \cos\tau_i + \frac{C_L S}{2m} H \, \varrho \, . \qquad \text{(V.12)}$$

Comme la densité de l'air augmente, l'Eq. (V.12) montre que l'incidence peut atteindre zéro : dans ce cas, la trajectoire descendante se redresse à l'horizontale. Ensuite, la densité n'augmentant plus, la trajectoire remonte et produit un ricochet totalement symétrique. En écrivant que la portance équilibre sensiblement la pesanteur, il est possible de montrer que la décélération maximale est :

$$\Phi_{Max} \approx \frac{C_D}{C_L} g \, . \qquad \text{(V.13)}$$

C'est un effet relativement faible : de l'ordre de 4 à 5 g . L'évolution de la vitesse en fonction de l'inclinaison peut être obtenue par :

$$\dot{v} \approx v \, \dot{\tau} \frac{C_D}{C_L} \quad et \quad v \approx v_i \, e^{-\frac{C_D}{C_L}(\tau_i - \tau)} \, . \qquad \text{(V.14)}$$

En résumé, les conclusions générales des méthodes de rentrée avec portance aérodynamique sont rassemblées ci-dessous. Lorsque l'inclinaison de la trajectoire est modérée mais pas trop faible, c'est-à-dire pour les valeurs $4° < \tau < 8°$, la combinaison portance - traînée ralentit et redresse l'engin à l'horizontale. Lorsque l'inclinaison initiale est trop grande (supérieure à 8 degrés), la décélération est trop élevée. Pour des valeurs voisines de 8 degrés, la vitesse atteinte à l'horizontale est proche de la vitesse circulaire, il est possible :

- d'annuler la portance et de continuer vers le sol en mode rasant, avec une décélération maximale 10 g .
- de continuer la rentrée avec portance : il y a une légère reprise d'altitude, mais aucun risque de ricochet.

Lorsque l'inclinaison initiale est plus faible, de l'ordre de 4 degrés, la vitesse horizontale est plus grande et il faut nécessairement inverser la portance (portance négative) pour éviter le ricochet. En-dessous de 4 degrés, la vitesse ne diminue pas assez vite et le ricochet est inévitable.

En définitive, c'est un couloir d'environ quatre degrés qui est disponible pour assurer une rentrée correcte. De plus, comme le montre la Fig. 5.13 cette technique permet un certain contrôle du point de contact au sol.

V.5 Rentrée planante hypersonique

Les conditions thermiques de la rentrée ont une importance capitale lorsque la rentrée est habitée, mais également lorsque le véhicule est conçu pour servir plusieurs fois, comme c'est le cas des navettes récupérables. La simulation des conditions thermiques est très difficile, comme l'indique la complexité des quatre régimes d'écoulement décrits précédemment. L'expérience de la navette spatiale américaine a montré que des écarts importants pouvaient exister entre résultats de calculs, résultats en soufflerie et résultats en vol. Des marges de sécurité de 100 % ont parfois été nécessaires.

Les paramètres du vol plané sont la finesse f de l'engin (supérieure à l'unité), l'angle d'incidence i qui est le plus souvent maintenu constant et l'angle de gîte μ décrivant la position angulaire de l'engin autour de son axe longitudinal. Il est possible de déterminer une loi de gîte optimal moyennant quelques hypothèses.

Ces hypothèses sont : la pente est faible, l'incidence reste constante et l'équilibre vertical est réalisé (équilibre du poids par la portance). Dans ces conditions, la portée longitudinale est proportionnelle à la finesse, tandis que le déport latéral est proportionnel à son carré. Le déport latéral ***D.L.*** est la distance latérale que peut parcourir le planeur en dehors du plan orbital. C'est l'élément principal caractérisant son aptitude à s'écarter de ce plan pour rejoindre sa base de retour. Pour un angle de gîte égal à $\mu = 45°$, le déport latéral s'écrit approximativement :

$$D.L.\ (km) \approx 1\ 000\ f^2\ . \qquad \text{(V.15)}$$

La Fig. 5.14 illustre le couloir de rentrée disponible pour ramener le planeur au sol : la courbe supérieure provient de l'équation d'équilibre vertical, tandis que la courbe inférieure correspond à un flux thermique constant et représente la limite thermique que le planeur ne peut dépasser. La partie la plus étroite du couloir est située à une vitesse d'environ 7 km/s.

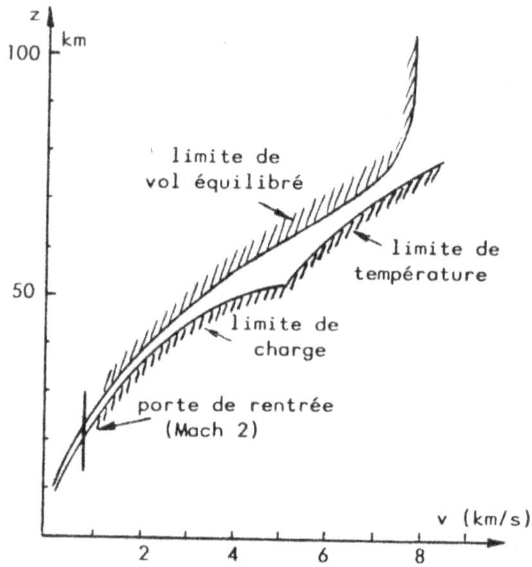

Figure 5.14 : Planeur hypersonique : corridor de rentrée

V.6 Lanceurs pour le XXIe siècle

Le premier étage des lanceurs classiques est l'étage le plus lourd et le plus coûteux. Depuis longtemps, on a tenté de le rendre récupérable. Cette idée a conduit les États-Unis à réaliser, dans les années 1980, des propulseurs d'appoint récupérables, associés à un planeur-fusée (anaérobie) hypersonique pouvant revenir au sol de manière autonome.

La solution la plus directe consiste à concevoir le premier étage comme un planeur-fusée hypersonique. Un autre concept est celui de l'avion hypersonique aérobie, consommant l'oxygène de l'air soit dans un moteur à réaction, soit sous forme d'oxygène liquide dans un moteur-fusée. Les étages suivants sont à propulsion anaérobie, fusées consommables ou planeur-fusée hypersonique.

Divers projets sont sur les tables à dessin pour d'éventuelles réalisations à l'horizon 2010 - 2020 : ce sont des versions de l'ordre de 200 à 300 tonnes à un étage (*SSTO : Single Stage To Orbit*) ou à deux étages (*TSTO : Two Stages To Orbit*).

Les États-Unis semblent avoir une préférence pour la formule SSTO, bien que les défis technologiques restent immenses et que l'étage unique sera toujours pénalisé par un facteur de croissance nettement défavorable. Il faut en effet toujours accélérer la masse totale de la structure, y compris les ergols pour le retour, jusqu'à la vitesse de satellisation. De plus, il faut ramener l'engin au sol sans dégâts.

Plusieurs démonstrateurs à l'échelle 1/3 sont à l'étude ou en expérimentation, le décollage et l'atterrissage pouvant être tant vertical (*VTOL : Vertical Take off and Landing*) qu'horizontal (*HTOL : Horizontal Take off and Landing*).

D'autres études sont en cours en Europe et au Japon : plusieurs projets sont sur les planches à dessin : le *Hotol* anglais est un SSTO / HTOL aérobie, les allemands penchent plutôt vers un TSTO / HTOL avec le *Sänger*.

L'idéal serait d'atteindre Mach 8 ou 10 (2.5 à 3 km/s) en vol atmosphérique. C'est le but du projet *Hyper-X*, successeur du *NASP* (*National Aero-Space Plane*) aux USA : c'est un avion hypersonique dont un démonstrateur en grandeur réduite pourrait atteindre Mach 10 en 2000.

Une réalisation pratique plus modeste a déjà vu le jour avec le lanceur aéroporté *Pegasus*. C'est une fusée à poudre, à trois étages mesurant 15 m de long et pesant 20 tonnes. Lancée par un gros porteur supersonique (B 52 ou Antonov) à une altitude de 12 km et à une vitesse de 500 m/s, Pegasus peut placer sur orbite basse des petits satellites d'environ 500 kg.

Mais pour que des concepts véritablement nouveaux puissent révolutionner les lanceurs spatiaux de demain, des percées technologiques sont nécessaires : des moteurs nouveaux tels le statoréacteur (*ramjet*) à combustion supersonique (*scramjet : supersonic combustion ramjet*) doivent être développés et, dans l'autre cas, de nouvelles techniques de séparation de l'oxygène atmosphérique sont souhaitables pour limiter la masse de l'usine cryotechnique à embarquer.

□□

Chapitre 6

SONDES d'EXPLORATION PLANÉTAIRE

Dans l'esprit des précurseurs qui, au début du XXe siècle, se lancèrent dans l'étude des fusées, le but premier n'était pas de tourner autour du globe, mais simplement de s'évader complètement de l'attraction terrestre pour aller à la rencontre des planètes. En effet, dès qu'une fusée est capable de propulser un engin à la vitesse de satellisation, il est relativement aisé d'atteindre la vitesse de libération et de réaliser ainsi le rêve ultime : le voyage interplanétaire. Il faut noter que la première théorie des voyages interplanétaires a vu le jour en 1911 et que la décennie suivante voyait se constituer de nombreuses *sociétés interplanétaires*. D'ailleurs, dans l'histoire de la conquête spatiale, le satellite terrestre n'apparaît que comme une étape technique vers la conquête de la Lune ou des planètes. En effet, dès 1959, c'est-à-dire moins de deux ans après le premier *Spoutnik*, la sonde *Luna* 1 était lancée vers la Lune, qu'elle frôlait à moins de 6 000 kilomètres, puis poursuivait sa route sur une orbite solaire. Un an plus tard, dès 1960, débutaient les tirs vers Vénus et Mars. Bien sûr, les succès ne furent pas immédiats, mais atteindre la Lune n'a pris que quelques années et il a fallu une dizaine d'années de mise au point pour affronter avec succès les trajets de l'ordre de deux à trois cents millions de kilomètres et survoler les planètes proches. C'est l'objet de la **section 6.1**.

Les autres planètes demandent des vitesses d'injection nettement plus élevées, c'est pourquoi il est fait appel aux réactions de gravitation permettant l'assistance gravitationnelle. Cette technique plus complexe est exposée dans la **section 6.2**. La **section 6.3** rassemble les éléments de planétologie mis en lumière par l'exploration planétaire.

Enfin, l'**annexe VI** regroupe différentes tables et valeurs numériques permettant le calcul approché des trajectoires interplanétaires les plus complexes. □

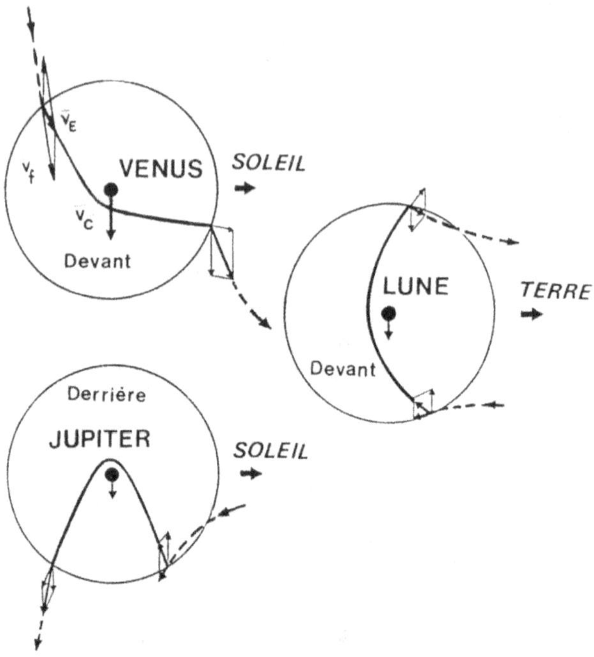

Figure 6.15 : Méthode des sphères d'influence composition des vitesses

	Terre	Lune	Mercure	Vénus	Mars	Jupiter	Saturne
R (km)	6 378	1 735	2 440	6 050	3 390	71 400	60 000
a (10^6km)	150	0.384	58	108	228	778	1 427
R_s (10^6km)	1.5	0.06	0.22	1	1	50	62
v_c (km/s)	29.8	1	47.9	35	24.1	13.1	9.5
v_{0s} (km/s)	520	290	332	573	200	1 335	743
v_{Ls} (km/s)	0.73	0.406	0.47	0.81	0.28	2.2	1.05
μ (km^3/s^2)	$4.\ 10^5$	4 905	$2.2\ 10^4$	$3.3\ 10^5$	$4.\ 10^4$	$1.2\ 10^8$	$3.8\ 10^7$
n (°/ j)	0.99	13.3	4.1	1.6	0.52	0.083	0.033
r_{cb} (*) de	0.9	14.		0.63	1.43	2.9	6.2
à	1.1	∞		0.78	1.57	11.7	15.24

avec : $\mu_S = 1.33\ 10^{11}$ km^3/s^2

(*) : r_{cb} = zone de capture balistique en AU (rayons terrestres pour Lune) : voir 6.1.2 c.

Table 6.1 : Caractéristiques des sphères d'influence

6.1
Routes directes vers Lune et planètes

6.1.1 Sphères d'influence et coniques juxtaposées

Les vols interplanétaires ou lunaires sont essentiellement différents des orbites périodiques autour de la Terre car d'une part, ils font appel à des orbites paraboliques ou hyperboliques d'évasion, et d'autre part, ils rassemblent plus de deux corps célestes (trois pour la Lune et quatre pour les planètes) dans un même problème de mécanique céleste. Comme l'a illustré le chapitre 3.1, les calculs de trajectoire sont donc particulièrement ardus, surtout dans les zones de l'espace où deux corps agissent simultanément sur la sonde avec des effets du même ordre de grandeur. Il est toutefois nécessaire de disposer de méthodes approchées pour l'étude d'avant-projet des vols spatiaux, ceci afin d'obtenir simplement et rapidement les caractéristiques générales des trajectoires, et surtout pour déterminer les conditions initiales afin d'en accélérer la résolution numérique.

Cette méthode approchée porte le nom de méthode des *sphères d'influence* ou des *coniques juxtaposées* (*patched conics*). Elle consiste à décomposer un problème complexe comprenant N corps célestes, dont la sonde de masse négligeable, en une succession de $N - 1$ problèmes des deux corps, la sonde constituant dans chaque cas le deuxième corps. La méthode définit les limites des zones où chacun des corps est prépondérant et fixe les règles de transition pour le passage d'une zone à l'autre.

a. Dimension des zones d'influence

De manière générale, en choisissant un point situé entre les deux corps, répondant à une certaine propriété d'équilibre gravitationnel, la sphère centrée sur le corps secondaire et passant par ce point peut être considérée comme délimitant deux zones distinctes appelées zones d'influence de chacun des deux corps. Comme il s'agit d'une méthode approchée de calcul, une définition plus rigoureuse de ces zones n'est pas nécessaire.

Une première méthode, suggérée par *Pierre-Simon de Laplace* (1749 - 1827), consiste à égaler les rapports entre accélérations perturbatrice et centrale dans chacune des deux zones contiguës. Par accélération perturbatrice, il faut comprendre la différence entre les accélérations des deuxième et troisième corps sous l'effet du premier. Le rayon R_S de la sphère d'influence est donné par l'Eq. (61.1 a). Une autre méthode fait appel à l'équilibre de trois corps en ligne de la théorie de *Louis Lagrange* (1736 - 1813) citée au chapitre 3.1.5. Le point L_2 de Lagrange définit la séparation des zones d'influence : l'Eq. (61.1 b), dérivée de l'Eq. (31.32), en est l'expression approchée :

$$R_S = a \sqrt[5]{\frac{1}{2}\left(\frac{m}{M}\right)^2} \; ,$$

$$R_S = a \frac{X}{1+X} \quad avec \quad X \approx \sqrt[3]{\frac{m}{3\,M}} \; . \qquad (61.1)$$

Les caractéristiques principales des sphères d'influence, calculées par cette dernière formule, sont rassemblées dans la Table 6.I. Les deux méthodes s'accordent pour attribuer un rayon de 60 000 km à la sphère d'influence de la Lune. En revanche, pour les planètes, le point de Lagrange conduit à des sphères d'influence une et demie à deux fois plus grandes que celles calculées par la première méthode.

Le franchissement de la limite entre deux zones d'influence requiert un changement de repère se traduisant par la composition vectorielle de la vitesse de l'engin avec la vitesse d'entraînement du corps céleste abordé ou quitté. La Fig. 6.1 illustre le procédé.

La composition tridimensionnelle des vitesses est étudiée à la section 6.2.2. Elle conduit dans certains cas à des modifications importantes de grandeur et d'orientation des vitesses solaires : c'est la réaction de gravitation qui est souvent recherchée aux fins d'assistance gravitationnelle.

b. Points de libration

La méthode des sphères d'influence est peu appropriée pour le calcul des trajectoires aboutissant au point L_2 de Lagrange, situé à la séparation des zones d'influence. Il correspond à des orbites quasi circulaires à 148.1 millions de km du Soleil ou à 326 000 km de la Terre, entre Terre et Lune.

Ce point est appelé *point de libration*. Il est atteint par une orbite terrestre très excentrique (e = **0.991** ou **0.964**). À l'apogée, un complément de vitesse (respectivement 250 et 600 m/s) permet de circulariser l'orbite à la vitesse appropriée (29.5 et 0.83 km/s) : le bilan de vitesse est inférieur à 12 km/s. L'instabilité de l'orbite nécessite des corrections périodiques. La sonde tourne lentement autour de la droite Terre-astre de sorte que, de la Terre, elle semble circuler en bordure du disque solaire ou lunaire. Ces orbites sont appelées *orbites de halo*. Les sondes d'observation du Soleil *ISEE* 3 et *SOHO* ont été placées sur des orbites de ce type, au point de Lagrange L_2 , la première en 1978 et la seconde en 1995.

6.1.2 Transfert optimal vers les planètes

a. Transfert optimal de Hohmann

Le schéma d'un vol interplanétaire comprend trois étapes : la première conduit la sonde aux confins de la zone d'influence terrestre, la deuxième voit l'engin suivre une trajectoire conique vers la planète - cible. La troisième étape est une trajectoire hyperbolique dans la sphère d'influence de la cible. Atteindre une planète - cible à partir de la Terre revient à exécuter un changement d'orbite dans le plan. La trajectoire la plus économique est l'orbite décrite par *Walter Hohmann* (1880 - 1945) présentée au chapitre 5.2.2 a : c'est la demi-ellipse bitangente aux orbites de départ et d'arrivée, illustrée par les Figs. 5.4 et 6.4.

Pour atteindre les planètes supérieures, le point d'injection est le périhélie de l'orbite de transfert, atteint par une trajectoire terrestre en sens direct. Le lancement a lieu dans le sens direct pour que la vitesse résiduelle à la sortie de la sphère d'influence terrestre (excès hyperbolique v_H) s'ajoute à la vitesse d'entraînement v_T de la Terre pour faire monter la sonde vers l'aphélie. Pour atteindre les planètes inférieures, l'injection solaire a lieu à l'aphélie, après un lancement en sens rétrograde. Les Eqs. (52.1 à 6) sont directement applicables, avec toutefois un léger changement des notations par rapport au chapitre 5.2.1 :

$$v_S = v_1 \quad , \quad v_F = v_2 \quad , \quad v_T = v_{01} \quad , \quad v_C = v_{02} \; . \qquad (61.2)$$

- v_S : vitesse de départ sur orbite solaire, à la sortie de la zone terrestre,
- v_F : vitesse finale à l'arrivée dans la zone de la cible,
- v_T : vitesse de la Terre, v_C : vitesse de la cible.

L'accroissement de vitesse par rapport à la vitesse d'entraînement de la Terre est appelé excès hyperbolique et noté v_H . L'excès hyperbolique est donc imposé par la mission, de même que la vitesse d'injection v_I à communiquer à la sonde lors du passage au périgée.

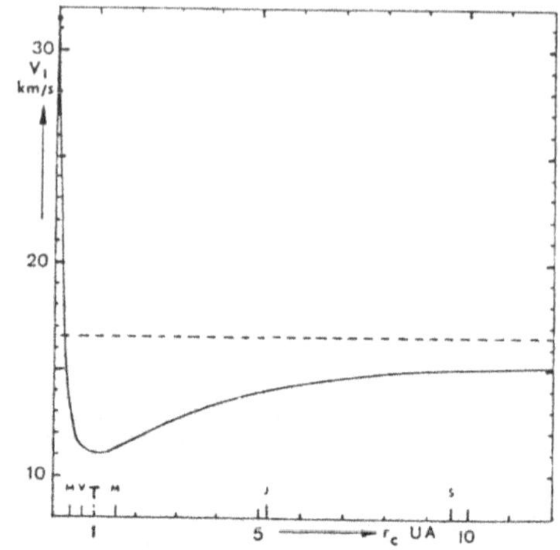

Figure 6.2 : Coût minimal en vitesse initiale

Les Eqs. (21.21 et 34) conduisent aux expressions suivantes :

$$v_H = |v_S - v_T| = v_T \, |\sqrt{1 \pm e} - 1| \, , \qquad \text{et} \quad v_I^2 \approx v_H^2 + v_{LP}^2 \, . \tag{61.3}$$

Le signe supérieur correspond aux cibles supérieures. La partie terrestre des trajectoires interplanétaires est donc hyperbolique, puisque la vitesse d'injection au périgée est sensiblement égale à la somme quadratique de la vitesse de libération en ce point et de l'excès hyperbolique.

L'Eq. (61.3) montre que, pour un lancement à partir de la Terre, la vitesse d'injection ne dépend que de l'éloignement r_c de la cible. Atteindre le Soleil demande 30 km/s : s'évader de l'attraction solaire demande 16.5 km/s. Les autres valeurs sont présentées à la Fig. 6.2 et dans la Table 6.II. Atteindre Vénus et Mars ne requiert qu'un faible supplément de vitesse initiale (500 m/s) par rapport aux missions lunaires, c'est-à-dire une vitesse plus faible que pour satelliser un engin sur l'orbite géostationnaire. En revanche, il est presque aussi difficile d'atteindre Saturne et les planètes plus éloignées que de s'évader du Système solaire.

La durée du trajet peut être estimée par la demi-période de l'orbite de Hohmann : cinq mois sont nécessaires pour atteindre Vénus, Mars demande plus de huit mois. Quant aux planètes géantes, la durée du trajet se compte en années.

b. Trajectoires transplanètes

La trajectoire solaire rencontre la sphère d'influence de la cible à l'extrémité du grand axe : la vitesse v_F de la sonde est parallèle à celle de la cible. La vitesse relative en ce point est notée v_i .

Les caractéristiques de l'orbite relative peuvent être déterminées par les Eqs. (21.21) puis (21.52 à 59) en imposant à la trajectoire transplanète de passer au raz de la surface de la cible ($r_P \approx r_C$) à vitesse v_P . Il vient :

$$v_i = |v_F - v_C| \approx v_C \,|\sqrt{1 \mp e} - 1| \quad et \quad v_P^2 \approx v_i^2 + v_{LP}^2 , \qquad (61.4)$$

Les résultats numériques sont rassemblés dans la Table 6.II ainsi que les caractéristiques de la traversée de la zone terrestre. À la sortie de la zone d'influence, la vitesse est égale en grandeur à la vitesse d'entrée, mais décalée d'un angle 2 α. La vitesse initiale v_S dans la zone adjacente est :

$$v_S^2 = v_C^2 + 2\, v_C\, v_i \,\sin 2\alpha + v_i^2 ,$$

$$avec \quad \alpha = \arcsin\left(\frac{1}{e'}\right) \; et \; e' = \frac{v_P^2 - v_{0P}^2}{v_{0P}^2} . \qquad (61.5)$$

Lorsque la vitesse solaire de sortie v_S est très différente de la vitesse d'entrée v_F , c'est-à-dire si v_i / v_C est grand et que la déviation est forte (α grand), il y a *réaction de gravitation* : voir section 6.2.

c. Capture balistique

La capture balistique (ou naturelle) par un corps céleste est possible lorsque la vitesse relative v_i à l'entrée est tangente à la sphère d'influence, et inférieure à la vitesse circulaire v_{0S} en ce point. Ces conditions peuvent être obtenues avec des transferts de Hohmann rasants, la zone d'influence de la cible étant abordée parallèlement à sa vitesse. Imposer un maximum à la vitesse d'entrée revient à limiter la position de départ des trajectoires de transfert, c'est-à-dire la valeur r_1 dans les Eqs. (52.1). Les trajectoires naturelles de collision correspondent à des vitesses d'entrée encore plus faibles. Le chapelet de débris de la comète *Shoemaker-Levy* 9, s'écrasant sur Jupiter en 1994, en constitue l'exemple le plus spectaculaire.

Les zones de capture balistique sont mentionnées à la Table 6.I : elles sont disjointes pour les planètes terrestres et de l'ordre de 20 à 30 millions de kilomètres. En revanche, elles se chevauchent pour les planètes géantes. Pour la Lune, cette zone s'étend à partir de 14 rayons terrestres. Les conditions de capture balistique ne sont jamais remplies pour les sondes terrestres envoyées vers la Lune ou les planètes.

Quant à d'éventuels transferts indirects passant par une orbite intermédiaire, ils sont, pour les planètes, beaucoup plus coûteux en vitesse que l'économie réalisée par la capture. Pour la Lune, en revanche, le schéma optimal est dérivé des transferts à trois impulsions du chapitre 5.2.2 b : la troisième impulsion est alors remplacée par une capture. Toutefois, le gain est faible par rapport aux transferts de Hohmann : pas plus de 200 m/s. La sonde japonaise *Hiten* (Muses-A) a suivi une trajectoire de ce type en 1991/92.

6.1.3 L'arrivée sur un astre

a. Alunissage

L'opération d'alunissage consiste à annuler la vitesse de la sonde au périlune (2.7 km/s, voir Table 6.II). La descente propulsée sur la Lune peut être étudiée au moyen des trajectoires à accélération constante exposée au chapitre 5.2.3. L'attraction lunaire étant six fois plus faible que celle de la Terre, le nombre de **g** lunaires sera donc six fois plus grand que pour une propulsion terrestre. Ceci permet d'utiliser les moteurs à poussée relativement faible atteignant des accélérations variant de 2 à 4 **g** lunaires. Pour l'application des Eqs. (52.9 à 18), la valeur moyenne est $\boldsymbol{n} = 3$.

Le schéma de la descente sur la Lune commence par un freinage horizontal qui ramène la vitesse hyperbolique (2.7 km/s) à une vitesse quasi circulaire (1.6 km/s) à une altitude d'environ 120 km. L'étage de descente est alors séparé du module orbital et s'engage seul, sur une orbite de transfert à bas périlune.

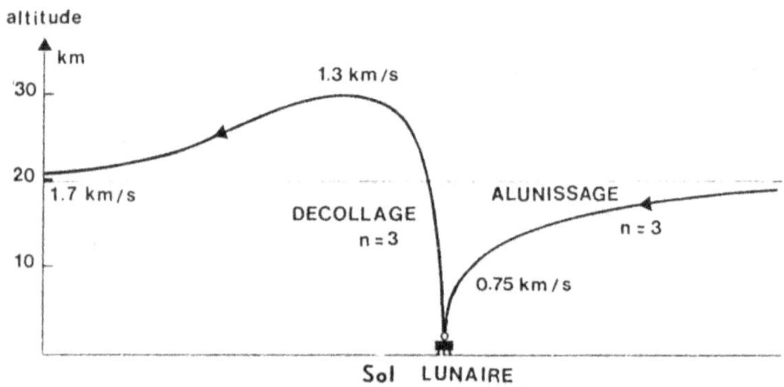

Figure 6.17 : Alunissage et décollage
(avec accélération constante n = 3 g lunaires)

À partir de ce point commence la phase d'alunissage proprement dite, comprenant un freinage horizontal d'après les Eqs. (52.16 à 18), suivi d'une phase de basculement d'après les Eqs. (52.11 à 14), comme illustré à la Fig. 6.3. L'altitude minimale du périlune en-dessous de laquelle il n'est plus possible d'annuler la vitesse au sol est de l'ordre de 20 km. Elle est atteinte par une orbite de transfert 120 / 20, d'excentricité $\boldsymbol{e} = \mathbf{0.03}$, obtenue par une réduction de vitesse d'environ 20 m/s. En ce point, la vitesse atteint 1.7 km/s. Elle est réduite à 150 m/s par freinage horizontal avec perte d'altitude de 9 km d'après les Eqs. (52.17).

Ensuite, la phase de basculement permet, d'après les Eqs. (52.11 à 14), d'annuler la vitesse à la verticale, 11 km plus bas, à proximité du sol. La perte de vitesse globale d'après l'Eq. (52.15) est de l'ordre de 100 m/s.

La remontée vers l'orbite de départ se fait de manière similaire. La vitesse de fin de basculement est égale à 1.3 km/s à 30 km d'altitude. La propulsion horizontale amène l'engin à la vitesse de 1.7 km/s, 10 km plus bas, c'est-à-dire au périlune de l'orbite de transfert 20 / 120.

Pour chacune de ces deux opérations, le bilan en vitesse est de l'ordre de 1.9 km/s, vitesse relativement basse qui peut être obtenue dans chaque cas par un seul étage utilisant des propergols classiques.

Le bilan d'une mission lunaire atteint donc 6 km/s. Cette opération comprend quatre phase et trois étages : le premier étage effectue la satellisation et l'évasion (deux fois 1.1 km/s), le second la descente et le troisième la remontée sur orbite. Une opération lunaire complète requiert donc une vitesse totale de 18.5 km/s, réalisée en six étages propulsifs : aux trois étages lunaires, il convient en effet d'ajouter les trois étages de lancement vers l'orbite de transfert.

b. Cas des planètes

Pour se poser en douceur sur un astre, il faut annuler la vitesse $\boldsymbol{v_P}$ au périastre par une rétropropulsion ou par freinage aérodynamique. Comme l'indique la Table 6.II, les impulsions de vitesse nécessaires sont très élevées, sauf éventuellement pour la planète Mars. Pour satelliser l'engin autour de l'astre, le coût $\boldsymbol{\Delta v}$ en vitesse correspond au freinage nécessaire pour ramener la vitesse hyperbolique au périastre $\boldsymbol{v_P}$ dans la gamme des vitesses elliptiques :

$$v_P - v_{0P} > \Delta v > v_P - v_{LP} . \quad (61.6)$$

Avec des moteurs capables de fournir environ 6 km/s, comme pour les opérations lunaires, la Table 6.II indique qu'il est possible de poser une sonde sur Mars (sondes *Viking* en 1976), ou de satelliser un engin autour des autres planètes, mais sans retour possible (sondes *Galileo* vers Jupiter et *Cassini* vers Saturne).

Le freinage aérodynamique est possible à l'arrivée sur les planètes pourvues d'une atmosphère. Cela permet, sans trop de difficultés, de poser un engin sur les planètes Vénus et Mars. Cela permet également de rentrer sur Terre après un voyage dans l'espace, sans devoir conserver pour cette étape une lourde cargaison de propergols.

L'arrivée directe sur le sol d'un astre, bien qu'ayant été appliquée pour les premières sondes lunaires, présente d'assez grands risques d'insuccès, car les vitesses sont très élevées. Elle nécessite une connaissance très précise de la trajectoire hyperbolique d'arrivée.

	Lune			Mercure	Vénus	Mars	Jupiter	Saturne
Trajectoire terrestre								
Sens	+	+	+	-	-	+	+	+
v_I (km/s)	10.95	11.0	11.1	13.34	11.29	11.38	14.08	15.06
e	0.97	1.0	1.025	1.9	1.1	1.14	2.27	2.74
v_h (km/s)	-	-	-	7.5	2.5	2.9	8.8	10.3
t (h / j)	68 h	41 h	36 h	2.3 j	6.1 j	5.4 j	2.0 j	1.7 j
Transfert de Hohmann								
v_S (km/s)	-	-	-	22.3	27.3	32.7	38.6	40.1
e	-	-	-	0.44	0.16	0.21	0.68	0.81
$T/2$ (j)	-	-	-	107	150	260	1 010	2 231
v_F (km/s)	0.7	1.6	2.0	57.5	37.7	21.5	7.4	4.2
φ (°)	-	-	-	-259	-60	45	101	106
Δt_I (j)	-	-	-	83	98	96	106	110
Trajectoire transplanète								
v_i (km/s)	1.3	1.8	2.2	9.6	2.7	2.6	5.7	5.4
e	1.6	2.1	2.7	11.3	1.14	1.59	1.02	1.05
v_p (km/s)	2.7	3.0	3.3	10.52	10.80	5.52	58.25	36.0
v_{0p}(km/s)	1.7	1.7	1.7	3.0	7.4	3.4	41	25
2α (°)	80	57	44	10	123	78	158	146
t (h / j)	12 h	9 h	7 h	0.3 j	3.7 j	4.3 j	84 j	123 j
Durée de vol totale								
en jours,	3.3	2.1	1.8	115	160	270	1 096	2 365
mois ou années		-	-	3 m	5 m	9 m	3 a	6.5 a

note : vitesse de libération du Système solaire (à partir de la Terre) : **42.3 km/s**, c'est-à-dire v_h = **12.4 km/s** et v_I = **16.5 km/s**.

Table 6.II : Trajectoires lunaires et transferts de Hohmann

C'est pourquoi la sonde est, de préférence, placée sur une orbite d'attente à bas périastre avant d'entamer la phase de descente proprement dite. En général, ce n'est pas l'engin complet qui descend sur l'astre mais bien un module de descente, l'engin restant sur orbite pour assurer la télémétrie et le relais de transmission.

6.1.4 Transferts réels sécants

Les orbites bitangentes de Hohmann, bien qu'étant, dans la plupart des cas, les moins coûteuses en vitesse initiale, présentent néanmoins de nombreux inconvénients :

- elles sont *uniques*, ce qui est une contrainte excessive pour les lancements, qui devraient avoir lieu pratiquement à la seconde près,
- elles ne sont plus optimales lorsque l'orbite de la cible est légèrement en dehors du plan de l'écliptique,
- elles sont trop lentes pour les voyages vers les planètes géantes.

En vue de disposer de *fenêtres de lancement* et de bien maîtriser la distance de passage au voisinage des planètes, des trajectoires non optimales sont préférées. Ce sont des trajectoires *sécantes* qui s'écartent plus ou moins des orbites de Hohmann au prix d'une légère augmentation de la vitesse initiale : elles permettent d'obtenir des fenêtres de lancement de plusieurs jours à plusieurs semaines.

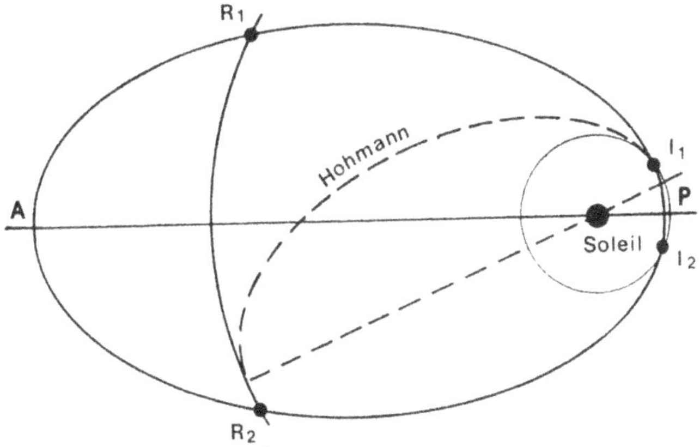

Figure 6.4 : Transferts réels sécants

a. Trajectoires sécantes

Les orbites sécantes sont illustrées à la Fig. 6.4 pour les planètes supérieures. Plusieurs types de trajectoires peuvent être distinguées :

- **sécantes à la rencontre :**
  - trajectoires de *type* 1 ou de *type* 2 avec rencontre *avant* (R_1) ou *après* (R_2) aphélie ou,
  - trajectoires de *type* 3 ou de *type* 4 lorsque la sonde parcourt plus d'un tour complet avant d'atteindre la cible,
- **sécantes à l'injection solaire :**

  injection *après* (I_1) ou *avant* (I_2) périhélie.

Les trajectoires I_1 R_1 (injection *après* et rencontre *avant*) conduisent aux parcours les plus rapides, elles sont utilisées pour les missions vers Jupiter ou vers les planètes plus lointaines.

La Fig. 6.4 illustre également le cas des planètes inférieures : les points I_1 et I_2 correspondent alors à la rencontre et les points R_1 et R_2 à l'injection. Comme l'arrivée dans la sphère d'influence de la cible a lieu avec une incidence τ_F non nulle, la composition des vitesses est vectorielle. L'expression de la vitesse d'entrée v_i est donnée par les Eqs. (62.3).

Les missions réussies vers les planètes Vénus et Mars sont rassemblées dans les Tables 6.VIII et X de l'annexe VI.

b. Trajectoires lunaires

Pour atteindre la Lune, plusieurs types de trajectoires sont possibles : comme les orbites de transfert sont entièrement comprises dans la zone d'influence terrestre, elles peuvent être aussi bien elliptiques qu'hyperboliques et situées dans des plans quelconques. Les orbites hors écliptique sont étudiées plus en détail à la section 6.2.2, dans le cadre de la géométrie des réactions de gravitation. L'orbite elliptique la plus lente permettant d'atteindre la zone d'influence de la Lune a un apogée situé à 324 000 km du centre de la Terre.

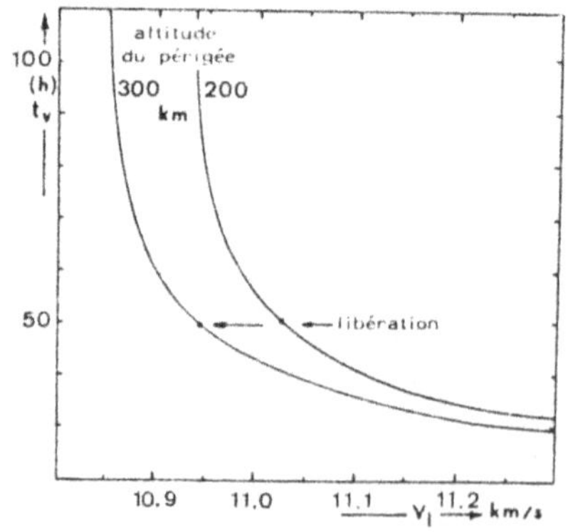

Figure 6.5 : Durée de vol vers la Lune

L'excentricité minimale est égale à 0.964 et la vitesse d'injection (à 200 km d'altitude) est de 10.93 m/s, valeur très proche de la vitesse de libération. La vitesse à l'apogée est très faible, de l'ordre de 200 m/s.

La durée de vol varie suivant la nature de la trajectoire : de cinq jours (ellipse) à un jour et demi (hyperbole), pour de très faibles écarts sur la vitesse à l'injection, comme l'indiquent la Fig. 6.5 et la Table 6.II. Les trajectoires des vols Apollo durent un peu plus de trois jours soit 72 heures. La vitesse à l'injection est de 10.96 km/s à 200 km d'altitude.

La Table 6.IX de l'annexe VI donne la liste des vols réussis vers la Lune, les éléments des trajectoires et les résultats obtenus.

c. Changement de plan d'orbite

Les planètes ne se mouvant pas exactement dans le plan de l'écliptique, des changements de plan d'orbite sont nécessaires. L'Eq. (53.2) permet le calcul de la correction de vitesse requise pour un changement d'inclinaison du plan d'orbite. Ces corrections à appliquer au lancement sont très élevées, car la vitesse de référence est voisine de celle de la Terre : 30 km/s :

Mercure	:	2.7 km/s ,	**Mars**	:	1.1 km/s ,
Vénus	:	1.6 km/s ,	**Jupiter**	:	0.7 km/s .

Il est donc impératif de minimiser ces corrections en recherchant des trajectoires sécantes pour lesquelles la rencontre a lieu à proximité d'un noeud, c'est-à-dire une position de latitude céleste β minimale. C'est pour cette raison que les trajectoires de Hohmann ne sont pas optimales lorsque la cible est en dehors de l'écliptique. La procédure consiste à effectuer la manoeuvre lorsque l'angle au centre restant à parcourir jusqu'à la rencontre est droit : la modification d'inclinaison se limite alors à cette valeur minimale $\Delta i \approx \beta$.

6.1.5 Conditions de rencontre

L'objectif des vols interplanétaires étant une *cible* ***mobile***, la direction du lancement doit être calculée pour rencontrer effectivement la cible, c'est-à-dire être en *avance* par rapport à la position actuelle de l'astre, comme la ligne de visée d'un chasseur tirant sur son gibier en mouvement.

- **Vols vers la Lune** : l'angle d'avance ϕ_A peut être aisément calculé lorsque le temps de vol t de la trajectoire de transfert est connu :

$$\phi_A = n_L \, t \,, \tag{61.7}$$

où n_L est la vitesse de révolution de la Lune autour de la Terre. Il est donc théoriquement possible de lancer des engins vers la Lune à tout moment du mois lunaire.

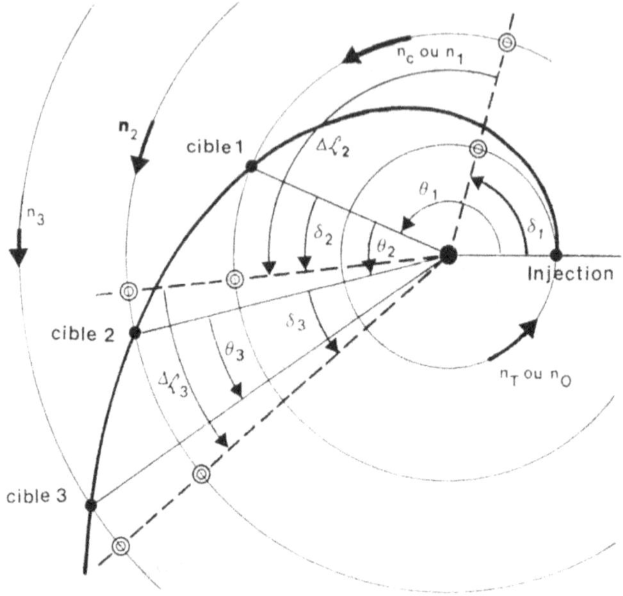

Figure 6.6 : Conditions de rencontre

- **Vol vers les planètes** : en supposant que les cibles décrivent des orbites circulaires dans le plan de l'écliptique, une condition de rencontre simple peut s'écrire sous la forme des Eqs. (61.8). Les notations t et θ correspondent à la durée et à l'angle au centre du vol, n_T et n_C sont les vitesses de révolution de la Terre et de la cible (voir Fig. 6.6). La grandeur caractérisant la condition de rencontre est l'*angle de phase* φ : c'est l'angle au centre séparant la Terre et la cible au moment de l'injection solaire.

$$\varphi = \theta - t\, n_C \,, \qquad \Delta t_I = \frac{\varphi}{n_T - n_C} \,. \tag{61.8}$$

En choisissant comme origine des temps le moment de l'alignement (conjonction ou opposition) entre Terre et cible, il est possible d'exprimer la condition de rencontre de manière plus explicite. L'Eq. (61.8 b) donne *l'avance au lancement* Δt_I, c'est-à-dire l'intervalle de temps séparant l'injection solaire de l'alignement.

Les éphémérides permettent de déterminer le moment où l'écart en longitude céleste atteint la valeur requise de l'angle de phase. Les trajectoires de Hohmann vers les planètes voisines sont caractérisées par les valeurs suivantes de l'angle de phase :

$\varphi \approx$ - **60°** vers Vénus , + **45°** vers Mars et + **101°** vers Jupiter.

L'avance au lancement est voisine de 100 jours pour ces trois planètes. Les lancements ont donc toujours lieu de *trois à quatre mois avant* l'alignement de référence, sauf pour les trajectoires de type 3 ou 4, pour lesquelles le délai est beaucoup plus long.

- **Conditions particulières :** les conditions de rencontre peuvent prendre des formes différentes lorsque la cible n'est pas en orbite quasi circulaire autour du Soleil. C'est le cas des comètes dont les orbites sont parfois hors écliptique et très excentriques. Les trajectoires vers la *comète de Halley* sont étudiées plus en détail à l'article 6.1.8.

6.1.6 Injection sur orbite de transfert

a. Fenêtres de lancement

La plage de variation de l'angle de phase, et plus particulièrement de l'avance au lancement, pour diverses trajectoires de rencontre, porte le nom de *fenêtre de lancement* : c'est l'intervalle de temps pendant lequel un lancement est possible. À chaque instant de lancement dans cette fenêtre correspond une trajectoire différente, avec une vitesse d'injection différente. En pratique, la fenêtre de lancement est conditionnée par la vitesse d'injection la plus élevée que le propulseur peut fournir.

De plus, pour une base de lancement déterminée, en rotation avec la Terre, il n'y a, au cours d'une journée, qu'un petit créneau de temps pendant lequel il est possible d'amener un engin spatial en un point correct d'injection. Une fenêtre de quelques dizaines de minutes se présente donc chaque jour, durant la fenêtre principale. Les lancements sont prévus en début de fenêtre pour conserver une marge suffisante en cas d'incidents techniques ou de circonstances atmosphériques défavorables.

- **Lune** : Il n'y a pas de condition géométrique pour les lancements lunaires, mais des contraintes supplémentaires sont généralement introduites, par exemple l'éclairement de la cible au moment du survol. La fenêtre de lancement se réduit de ce fait à quelques jours par lunaison.
- **Planètes** : Comme le montrent les Figs. 6.9 à 6.11, les fenêtres de lancement vers les planètes voisines peuvent atteindre plusieurs dizaines de jours, au prix d'une augmentation de vitesse initiale relativement faible.

b. Injection lunaire dans un plan quelconque

L'injection sur orbite lunaire a lieu en principe au périgée de la trajectoire de transfert. L'injection se fait généralement à partir d'une orbite d'attente quasi circulaire qui n'est pas située dans le plan orbital de la Lune. Les conditions d'injection oblique sont illustrées par la Fig. 6.7, dessinée pour des trajectoires hyperboliques.

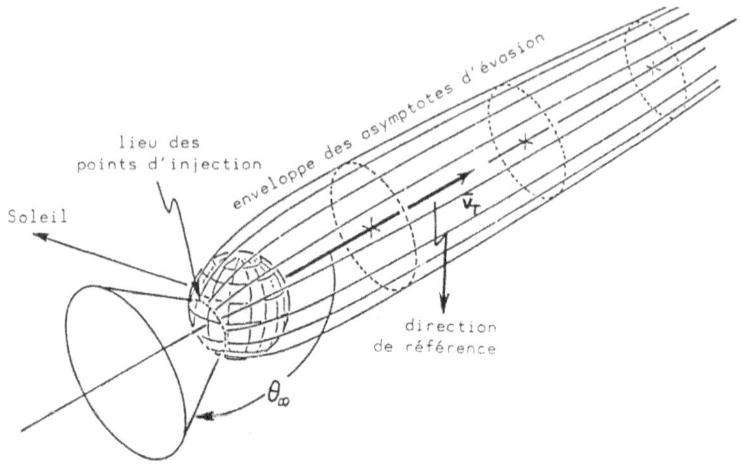

Figure 6.7 : Injection sur orbite de transfert

La direction de référence est celle du point de rencontre avec la sphère d'influence de la Lune. Le lieu des points d'injection est la circonférence intersection de la sphère à l'altitude du vol d'attente et du cône de révolution ayant comme axe la direction de référence et comme ouverture l'angle θ_∞ caractérisant l'ouverture de l'hyperbole de transfert. La mise à feu pour l'injection peut avoir lieu dans le plan de l'orbite d'attente, lorsque la sonde croise cette circonférence. Un même raisonnement peut être tenu pour des orbites elliptiques : l'angle d'ouverture du cône doit être alors égal à l'angle au centre parcouru par la sonde depuis l'injection jusqu'à l'arrivée dans la sphère d'influence de la Lune.

c. Injection solaire dans l'écliptique

Comme pour les trajectoires lunaires, l'injection sur orbite solaire se fait généralement à partir d'une orbite d'attente, circulaire ou non, qui n'est pas située dans le plan de l'écliptique. Il n'est toutefois pas nécessaire que l'hyperbole terrestre soit dans l'écliptique. Il suffit en effet que l'asymptote d'évasion soit parallèle à la vitesse d'entraînement $\vec{v}_T$ de la Terre, qui est alors la direction de référence dans l'illustration donnée à la Fig. 6.7. Le lieu des points d'injection est la circonférence décrite ci-dessus. Lorsque la sonde croise cette circonférence, la mise à feu sur orbite solaire peut avoir lieu dans le plan de l'orbite d'attente.

L'influence combinée de la Terre et du Soleil, aux confins de la zone d'influence terrestre, se charge de gauchir la trajectoire pour l'amener dans un plan parallèle à l'écliptique.

6.1.7 Diagrammes des vols directs vers Vénus, Mars et Jupiter

Les principales caractéristiques des trajectoires interplanétaires directes vers Vénus, Mars et Jupiter sont rassemblées ci-dessous :

- les Figs. 6.9 à 6.11, en fin de section, contiennent les éléments géométriques et gravitationnels des trajectoires vers ces planètes,

De plus, l'annexe VI fournit les éléments suivants :

- les Tables 6.VIII et X décrivent les objectifs et les résultats de toutes les missions réussies vers Vénus et Mars,
- la Table 6.VII comprend la liste des alignements caractéristiques entre planètes, de 1970 à 2020.

a. Description des diagrammes en Figs. 6.9 à 6.11

Les Figs. 6.9 à 6.11 représentent graphiquement les caractéristiques principales des trajectoires directes vers les trois planètes voisines Vénus, Mars et Jupiter. Pour synthétiser en quelques diagrammes la grande multiplicité des trajectoires interplanétaires possibles, les éléments caractérisant les trajectoires ont été limités à trois et font chacun l'objet d'un graphique :

- t_1 : *temps de vol* : graphique *(a)* : c'est le délai entre l'injection terrestre et le passage au périastre de la trajectoire transplanète,
- θ_1 : *angle au centre* : graphique *(b)* : angle balayé par la sonde pendant la durée t_1 ,
- φ_1 : *angle de phase* : graphique *(c)* : écart en longitude céleste entre la Terre et la cible au moment de l'injection, garantissant la rencontre en vertu de l'Eq. (61.8).

Il convient de rappeler que ces diagrammes sont approchés car ils reposent sur l'hypothèse de mouvements circulaires uniformes coplanaires pour Terre et cibles. Cette simplification s'avère moins justifiée pour la planète Mars dont l'excentricité est relativement grande. Les graphiques de cette planète sont donc moins fiables.

La conique solaire de transfert entre Terre et cible est entièrement déterminée dans le plan de l'écliptique par *deux* variables indépendantes : demi-grand axe et excentricité, ou bien par les distances périhélique et aphélique r_P et r_A . Lorsque l'altitude d'injection terrestre est fixée (valeur normalisée à 200 km), la vitesse v_I d'injection sur orbite d'évasion ne dépend que de ces deux paramètres. Il est dès lors possible de décrire l'orbite de transfert par deux variables indépendantes choisies arbitrairement parmi ces trois paramètres. La vitesse v_I d'injection aux apsides est utilisée comme variable indépendante, la deuxième variable apparaît comme paramètre. C'est la distance périhélique r_P ou la distance aphélique r_A .

Les courbes obtenues sont graduées en fonction du troisième paramètre. Afin de conserver la lisibilité des figures, seules les trajectoires de *type* 1 ont été représentées (sauf pour Vénus). De plus, seules les trajectoires conduisant à un survol proche de la cible, à moins de *dix* rayons planétaires, sont représentées.

L'examen des graphiques (c) donnant l'angle de phase et les conditions de rencontre illustre l'énorme éventail des trajectoires possibles, parmi lesquelles la trajectoire optimale de Hohmann, marquée ***H***, semble bien exceptionnelle . . . La grande souplesse dans le choix des solutions résulte donc des transferts sécants.

Pour passer des diagrammes généraux aux dates réelles de ces vols, il faut disposer des éphémérides des planètes (angles de phase φ) ou bien des dates des alignements caractéristiques (voir Table 6.VII).

b. Exemple d'utilisation : Pioneer 10

Ces diagrammes peuvent être utilisés de deux manières différentes suivant que la mission spatiale est en projet ou en cours d'exécution. Ces deux modes d'utilisation sont illustrés ci-dessous pour la sonde Pioneer 10 qui fut la première, en 1973, à survoler Jupiter.

- **Orbitographie d'avant - projet**

Pour l'étude d'avant-projet d'un vol interplanétaire, la vitesse maximale fournie par le lanceur est connue et il faut déterminer les trajectoires possibles et la fenêtre de lancement. Les sondes Pioneer avaient une masse de 260 kg. Le lanceur Atlas-Centaur pouvait leur communiquer une vitesse initiale élevée égale à 14.8 km/s.

- **Fenêtre de lancement** : la Fig. 6.11 montre que, pour cette vitesse initiale, la fenêtre de lancement est ouverte de 135 à 93 jours avant l'opposition, c'est-à-dire du 16 février au 29 mars 1972.
- **Conditions nominales** : pour un lancement avec injection tangente, les conditions nominales sont :

  vitesse d'injection : 14.55 km/s,
  aphélie situé à 1000×10^6 km,
  durée de vol d'environ 600 jours,
  lancement le 08 mars 1972.

- **Orbitographie pour vol en cours ou terminé**

Lorsque le vol est en cours ou terminé, les dates de lancement et de rencontre sont connues et tous les éléments de la trajectoire peuvent être calculés. Pioneer 10 a été lancé le 03 mars 1972 et a rencontré Jupiter le 03 décembre 1973 après un vol de 640 jours. La Fig. 6.11 permet de déduire la vitesse d'injection de 14.45 km/s et les caractéristiques de la trajectoire.

L'avance au lancement est $\Delta t_I = 119\ jours$, dans ces conditions, l'aphélie est à $r_A = 950 \times 10^6\ km$ et le périhélie à $r_P = 149.5 \times 10^6\ km$, l'injection ayant eu lieu *avant* le périhélie.

6.1.8 Avec Giotto vers la comète de Halley

La comète de Halley parcourt en 76 ans une orbite elliptique inclinée et rétrograde ($i = 162°$) dont les éléments figurent dans la Table A.III, en fin de volume. Les dates caractéristiques du passage de 1985/86 sont : périhélie le 09 février 1986 à la distance de 0.587 AU, noeud ascendant le 09 novembre 1985 à 1.83 AU et noeud descendant le 10 mars 1986 à 0.889 AU ($L_\Omega = 238.14°$).

La comète se déplaçant hors de l'écliptique, la rencontre avec une sonde spatiale n'est concevable qu'à proximité d'un noeud. Le noeud descendant a été préféré car la comète y est plus proche du Soleil et sa queue plus importante. La vitesse relative est très élevée : 68 km/s. La rencontre devant se faire à une date et en un lieu imposés, ce sont les caractéristiques de ce point qui fournissent la condition de rencontre. Le 10 mars 1986, la Terre (166.4°) se trouve à 71.74° du noeud descendant. La condition de rencontre exprime le fait que l'angle au centre de l'arc d'ellipse parcouru par la sonde doit être supérieur de cette valeur au déplacement angulaire de la Terre pendant la durée du vol. La rencontre ayant lieu d jours après le 10 mars 1986, il vient :

$$\Delta L_{\Omega T} = \theta - n_T\, t = 71.74 - 2.45\ d \quad (degrés)\ . \qquad (61.9)$$

Le point de rencontre étant fixe dans l'espace, ce sont les transferts sécants qui offrent la seule possibilité d'ouvrir une fenêtre de lancement :

- une fenêtre de lancement de plus d'un mois peut être obtenue au prix d'une vitesse initiale plus élevée d'environ 300 m/s,
- à noter que le périhélie de ces trajectoires, atteint après environ cinq mois, est voisin de l'orbite de Vénus.

La sonde *Giotto* à été lancée le 03 juillet 1985 par l'Agence spatiale européenne (ASE - ESA), sur une trajectoire directe vers la comète. Le survol a eu lieu à très courte distance (500 km) le 14 mars 1986. La Fig. 6.8 illustre cette trajectoire.

Deux sondes expérimentales japonaises *Suisei* (Comète) et *Sakigake* (Pionnier), ont également été lancées sur des trajectoires directes vers le noeud descendant. Elles sont passées à plus de 100 000 km de la comète.

Giotto a résisté de manière inespérée aux impacts de particules lors de la rencontre. Avec les ergols restants, elle a pu être réorientée vers la comète Grigg - Skjellerup. Cette dernière comète porte les noms de l'astronome néo-zélandais qui la découvrit en 1902 et de son confrère australien qui la retrouva vingt ans plus tard.

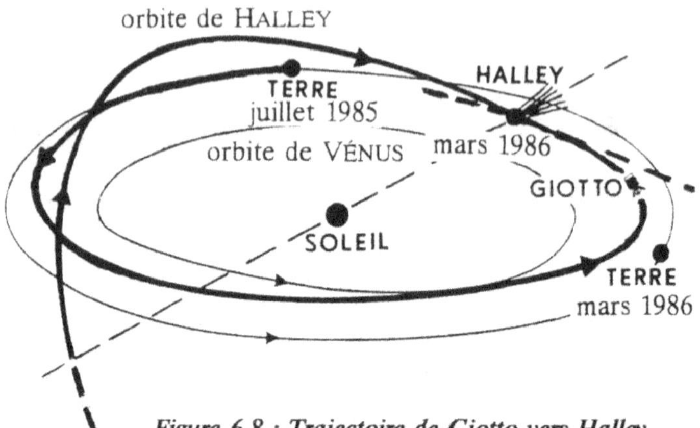

Figure 6.8 : Trajectoire de Giotto vers Halley

Les caractéristiques principales de la comète Grigg - Skjellerup sont : période 5.1 ans, inclinaison 21° et périhélie / aphélie : 0.995 / 4.93 A U. Après une réaction de gravitation à 20 000 km de la Terre en juillet 1990, Giotto a frôlé cette comète le 10 juillet 1992 à moins de 200 km, avec une vitesse relative de 14 km/s et à 1 AU. La dernière activité de la sonde est un survol de la Terre en 1999. □

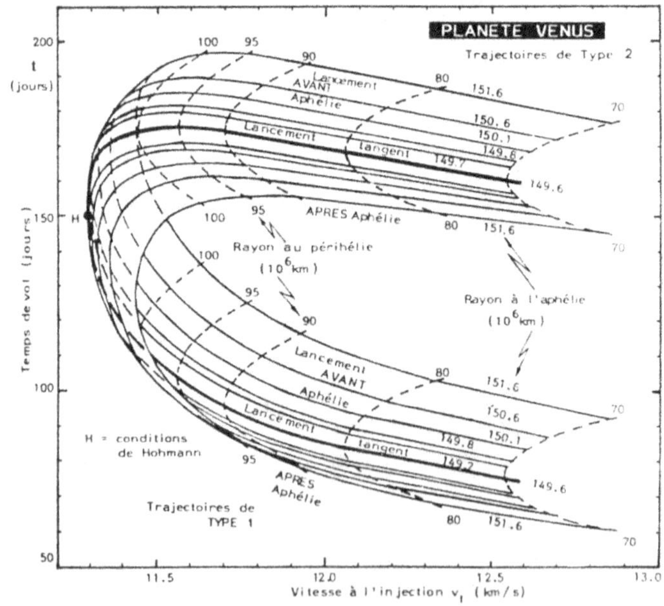

Figure 6.9 : Routes directes vers la planète Vénus
(a) temps de vol

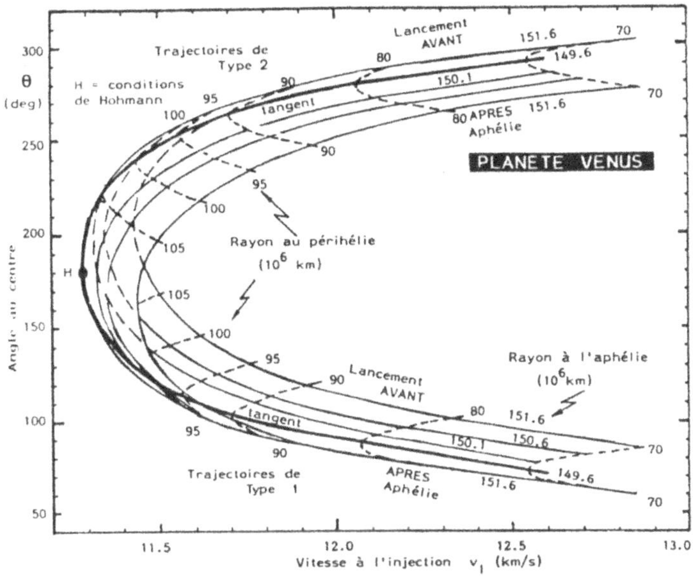

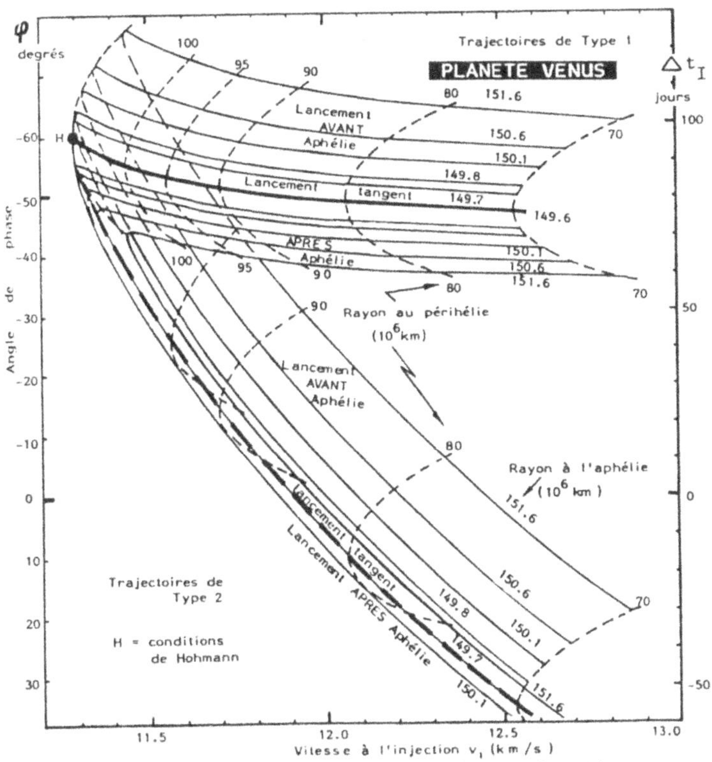

Figure 6.9 : Routes directes vers la planète Vénus
(b) angle au centre (c) angle de phase

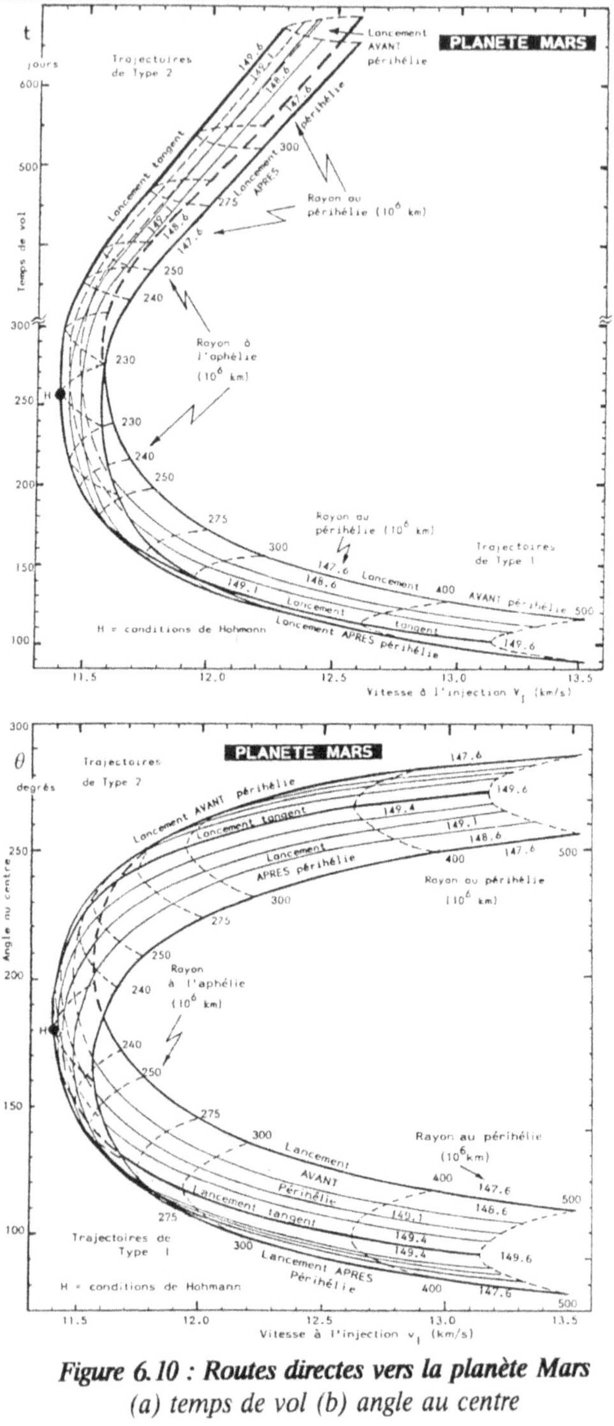

Figure 6.10 : Routes directes vers la planète Mars
(a) temps de vol (b) angle au centre

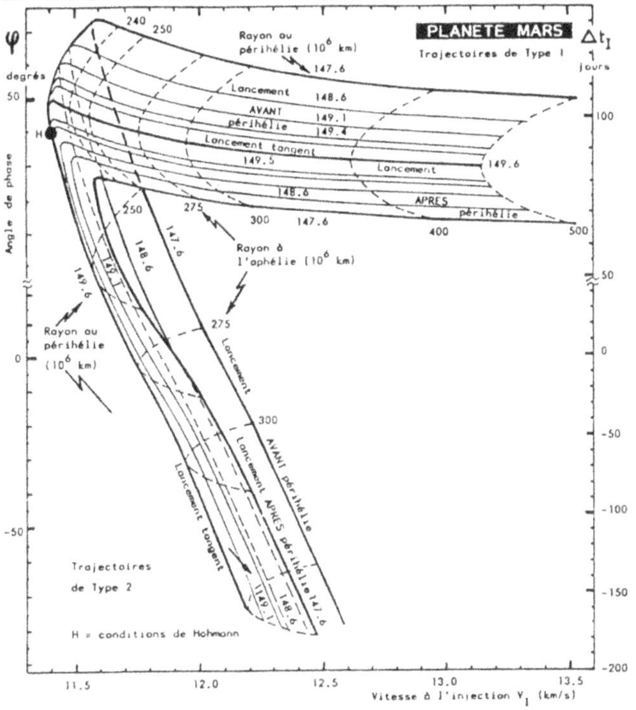

Figure 6.10 : Routes directes vers la planète Mars
(c) angle de phase

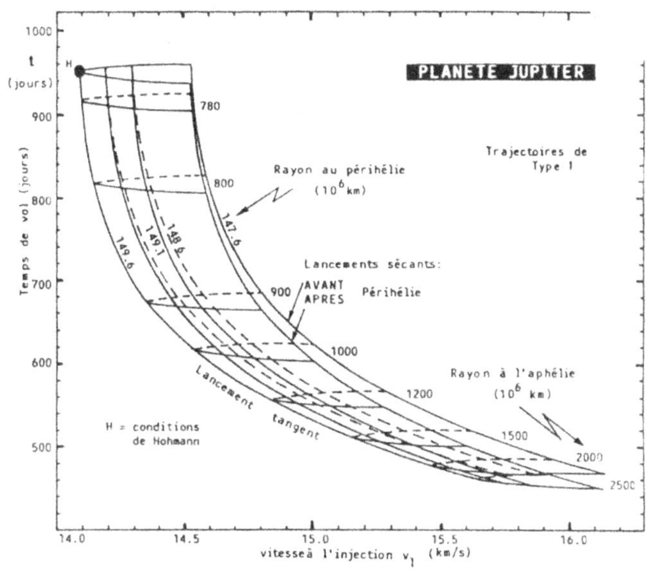

Figure 6.11 : Routes directes vers la planète Jupiter
(a) temps de vol

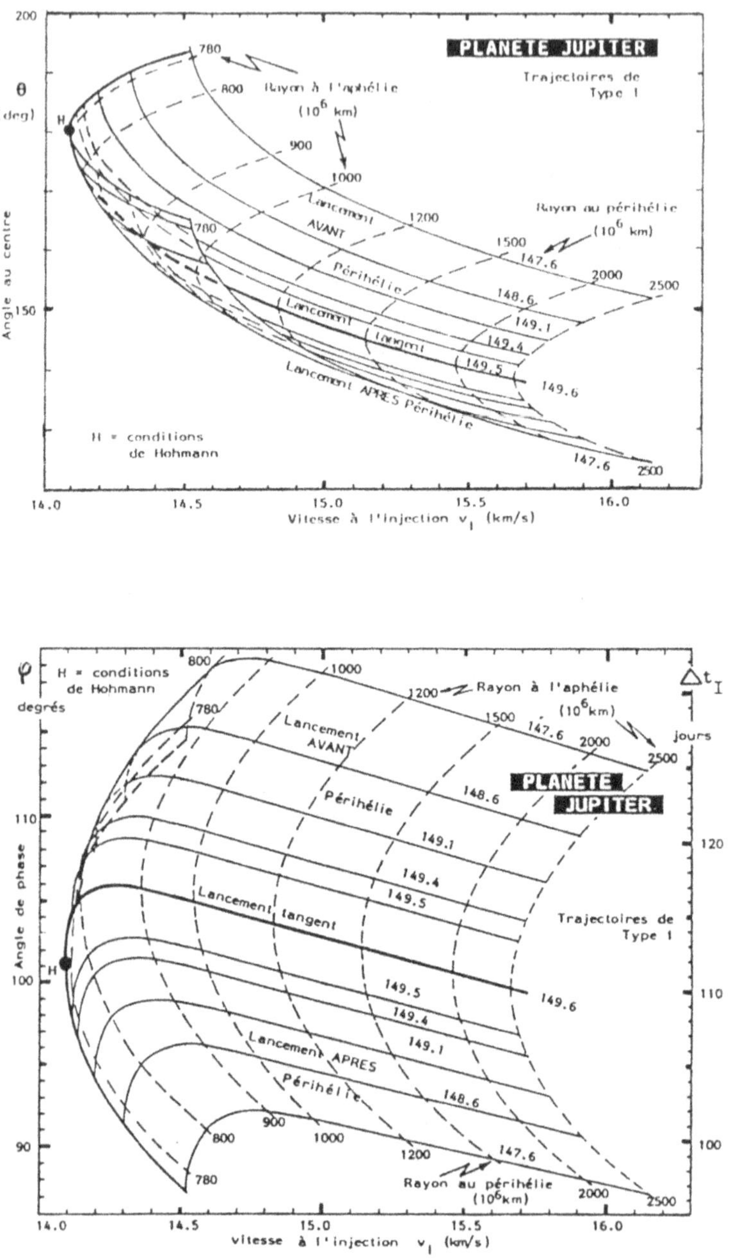

Figure 6.11 : Routes directes vers la planète Jupiter
(b) angle au centre (c) angle de phase

6.2
Réactions de gravitation

6.2.1 Définition succincte

La réaction de gravitation, appelée aussi assistance gravitationnelle, est une technique d'orbitographie qui consiste à utiliser volontairement l'inévitable déviation subie par une sonde au passage à proximité d'un corps céleste, pour obtenir une modification importante de vitesse ou d'orientation dans la zone solaire. Cette technique permet d'importantes économies d'ergols sans lesquelles certaines missions interplanétaires seraient très difficilement réalisables.

La réaction de gravitation est d'autant plus forte que la modification des vitesses solaires est grande en direction et en grandeur (c'est-à-dire le rapport v_S / v_F). Le paramètre le plus important pour évaluer ces effets est la déviation angulaire $2\,\alpha$ que subit la sonde au cours de la traversée de la sphère d'influence (Fig. 6.12). L'expression de cette déviation est donnée par les formules suivantes, établies par *James Jeans* (1877 - 1946) pour évaluer la perturbation des étoiles entre elles (voir Eqs. (61.5 b, 21.51 et 52)) :

$$\tan\alpha = \frac{a}{D} = \frac{M\,G}{v_H^2\,D}\,, \quad \sin\alpha = \frac{1}{e} = 1\,/\,(1 + \frac{r_P\,v_H^2}{M\,G})\,. \qquad (62.1)$$

v_H est l'excès hyperbolique à l'entrée de la sphère d'influence, très proche de la vitesse d'entrée v_i. La distance D entre la planète-cible et l'asymptote d'entrée, est d'ailleurs égale au demi-petit axe b de l'hyperbole.

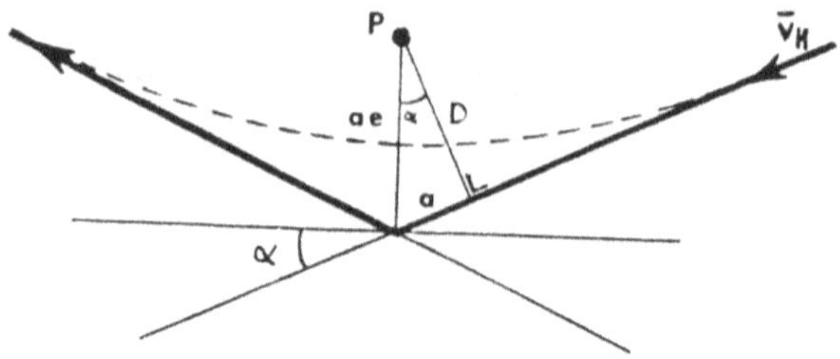

Figure 6.12 : Réaction de gravitation *: schéma simplifié*

Les valeurs nominales des déviations, calculées par l'Eq. (62.1 d) sont similaires aux valeurs apparaissant dans la Table 6.II (section 6.1). À part Mercure, pour lequel la déviation ne dépasse guère 10 degrés, deux groupes de corps sont à distinguer :

- la Lune et la planète Mars provoquent des déviations moyennes, de l'ordre de **60** à **80°**,
- Vénus et les planètes géantes, pour lesquels des déviations importantes, supérieures à **120°**, peuvent être atteintes. Jupiter, par sa masse importante, peut provoquer des déviations encore plus élevées, allant jusque 160° : ceci signifie que la sonde est, dans l'espace relatif de la cible, renvoyée dans la direction d'où elle vient (à 20° près).

L'Eq. (62.1) montre également que la déviation angulaire est d'autant plus forte que la masse de la cible est grande et que le passage a lieu à courte distance et à faible vitesse.

Il y a deux types de réaction, suivant le sens du passage à proximité de la cible, comme l'illustre la Fig. 6.1 :

- **Passage devant la cible :**

  La sonde est envoyée vers le corps central. Cette propriété est utilisée pour assurer le retour vers la Terre des missions vers les planètes supérieures et des missions Terre-Lune : elle permet également de s'approcher du Soleil ou de Mercure par réaction sur Vénus.

- **Passage derrière la cible :**

  La sonde est envoyée dans la direction opposée à son point de départ. Cette propriété permet d'envisager le retour des missions vers les planètes inférieures, elle permet également de propulser une sonde spatiale vers les planètes lointaines ou de s'évader du Système solaire par réaction sur Jupiter.

L'assistance gravitationnelle de la Lune a été utilisée pour placer le satellite terrestre *ISEE* 3 sur une orbite solaire. Ce satellite terminait en 1983 l'exploration de la queue géomagnétique en orbite terrestre haute.

Il a été dévié plusieurs fois par la Lune sur une trajectoire solaire l'amenant à courte distance des comètes Giacobini-Zinner et Halley en 85/86. Il a été rebaptisé *ICE* (*International Cometary Explorer*) pour cette occasion. C'est également par une réaction de gravitation sur la Lune que la sonde japonaise *Hiten* (Muses-A) a atteint les confins de la zone terrestre, permettant ensuite sa capture balistique par la Lune (voir section 6.1.2 c). Enfin, l'assistance gravitationnelle de la Terre a permis de réorienter la sonde européenne *Giotto* vers la comète Grigg-Skjellerup.

6.2.2 Géométrie de la réaction de gravitation

Les trajectoires interplanétaires les plus générales sont situées hors du plan de l'écliptique. L'inclinaison du plan d'orbite est faible lorsque la cible est une planète, car l'influence de la vitesse d'entraînement de la Terre est prépondérante. En revanche, les trajectoires lunaires sont généralement hors de l'écliptique à cause de la forte latitude de la plupart des bases de lancement.

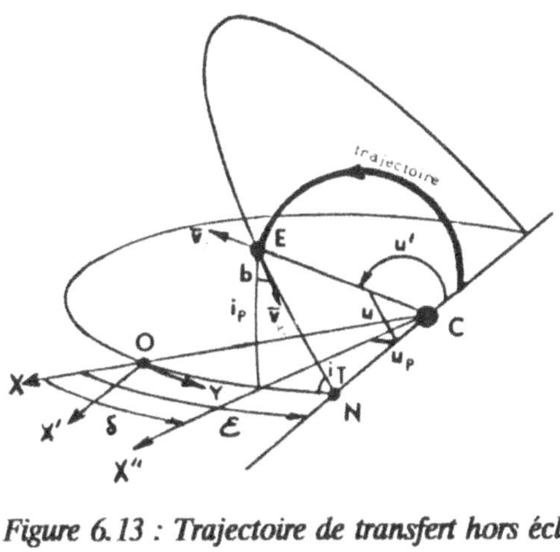

Figure 6.13 : Trajectoire de transfert hors écliptique

a. Composition des vitesses à l'entrée

Comme l'illustrent les Figs. 6.13 et 6.14 (a), le plan de l'orbite de transfert est caractérisé dans les pages qui suivent par son inclinaison i_T (rapportée au plan orbital de la cible) et par la distance L entre la cible et ce plan, au moment de l'entrée (point E) de la sonde dans la sphère d'influence. Dans le repère relatif de la cible (notée O), le plan orbital est le plan de référence. Les deux repères utilisés, décalés d'un angle ε, sont :

O $\bar{X}\,\bar{Y}$ **repère principal :** ***O*** $\bar{X}$ est la direction ***CO***, allant du centre vers la cible et ***O*** $\bar{Y}$ est la direction de la vitesse d'entraînement $\bar{v}_C$ de la cible,

O $\bar{X}'\,\bar{Y}'$ **repère auxiliaire :** ***O*** $\bar{X}'$ est la direction de la ligne des noeuds ***CN*** de l'orbite de transfert, orientée du centre vers la cible.

En vue du calcul de la vitesse d'entrée, les trois angles suivants (voir Fig. 6.13) sont calculés au moyen des relations classiques de trigonométrie sphérique, rappelées au chapitre 4, annexe IV.3 b :

δ : projection horizontale de l'écart angulaire entre le point d'entrée E et la cible, vu du centre d'attraction,

i_p : latitude du point d'entrée E, vu du centre d'attraction,

b : angle entre le méridien et la trace de la trajectoire de transfert.

$$\sin\varepsilon = \frac{L}{r_C \sin i_T}\ , \quad \tan\delta = \frac{Y_E}{r_C + X_E}\ ,$$
$$\sin i_P = \frac{Z_E}{r_E}\ , \quad \sin b = \frac{\cos i_T}{\cos i_P}\ . \qquad (62.2)$$

La vitesse d'entrée $\bar{v}_i$ est obtenue à partir des composantes v_r et v_n de la vitesse au point E :

$$v_{ix} = v_r \cos i_P \cos\delta + v_n \cos b \sin i_P \cos\delta - v_n \sin b \sin\delta$$
$$v_{iy} = v_r \cos i_P \sin\delta + v_n \cos b \sin i_P \sin\delta + v_n \sin b \cos\delta - v_C \qquad (62.3)$$
$$v_{iz} = v_r \sin i_P - v_n \cos b \cos i_P\ .$$

b. Orbite de réaction

L'orbite de réaction est représentée en Fig. 6.14 (d). Le plan d'orbite, figuré par la droite ***ES*** sur la Fig 6.14 (c), est entièrement déterminé par les deux vecteurs ***O*** $\bar{E}$ et $\bar{v}_i$. Les caractéristiques principales de ce plan sont :

- l'inclinaison i_R par rapport au plan de référence,
- la position β_i de la ligne des noeuds (notée ***O*** $\bar{X}_1$), et l'angle γ entre ligne des noeuds et vitesse $\bar{v}_i$, dans le plan de réaction.

L'équation du plan d'orbite est :

$$A\,X + B\,Y + C\,Z = 0 \quad avec \quad \begin{aligned} A &= Y_E\,v_{iz} - Z_E\,v_{iy} \\ B &= Z_E\,v_{ix} - X_E\,v_{iz} \\ C &= X_E\,v_{iy} - Y_E\,v_{ix} \end{aligned} \qquad (62.4)$$

$$\tan i_R = \frac{\sqrt{A^2 + B^2}}{C}\ , \quad \tan\beta_i = -\frac{A}{B}\ ,$$
$$et \quad \cos\gamma = \frac{B\,v_{ix} - A\,v_{iy}}{v_i\,\sqrt{A^2 + B^2}}\ . \qquad (62.5)$$

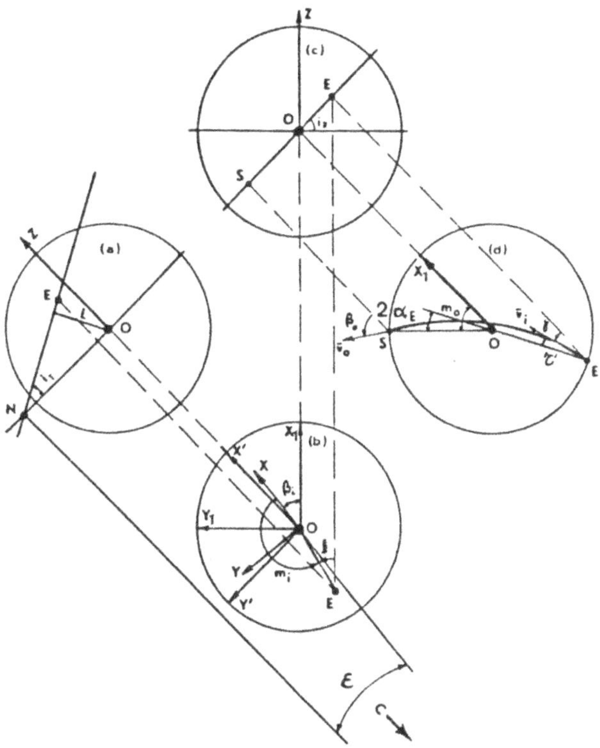

Figure 6.14 : Géométrie de la réaction de réaction

La symétrie de l'orbite de réaction entraîne l'égalité des vitesses ($v_0 = v_i$) et des inclinaisons ($\tau'_i = \tau'_0 = \tau'$) à l'entrée et à la sortie (voir Fig. 6.14 (d)). L'Eq. (21.13) permet de calculer l'argument α_E du point d'entrée, par rapport au petit axe. Les angles β_0 et m_0 traduisent l'orientation par rapport à la ligne des noeuds ($O\,\bar{X}_1$), respectivement de la vitesse $\bar{v}_0$ de sortie et du rayon vecteur $O\,\bar{S}$ du point de sortie. Il vient :

$$\beta_0 = \gamma \pm 2\,(\alpha_E + \tau')\ , \quad m_0 = \beta_0 \mp \tau'\ , \qquad \text{avec} \quad 2\,\alpha_E = \theta_1 + \theta_2 - \pi\ . \tag{62.6}$$

L'angle τ' est décrit par l'Eq. (62.21) : c'est le complément à l'inclinaison τ, illustré par la Fig. 2.4 au chapitre 2.1.4. La convention de signe à utiliser pour les Eqs. (62.6 a et b) est fournie par le signe du produit des trois entiers suivants : nature de la cible (**+ 1** = cible supérieure, **- 1** = inférieure), type de la trajectoire (**+ 1** = type 1, **- 1** = type 2) et sens du survol (**+ 1** = passage derrière, **- 1** = devant). L'angle α_E décrit par l'Eq. (62.6 c) ne diffère que très peu de l'angle α présenté à la Fig. 6.12 et répondant aux Eqs. (62.1) et (61.5 b).

La distance de passage D est approximativement égale à :

$$D \approx r_S \sin \tau' , \qquad (62.7)$$

permettant de calculer l'Eq. (62.1) de manière approchée.

c. Point et vitesse de sortie

Les éléments d'injection sur orbite solaire (ou lunaire) après réaction de gravitation sont la vitesse $\bar{v}_S$ et l'inclinaison τ_S au point de sortie S de la sphère d'influence.

Les coordonnées du point S et les composantes de la vitesse $\bar{v}_S$ s'écrivent aisément par rapport au repère $O\,\bar{X}_1\,\bar{Y}_1\,\bar{Z}$, voir Fig. 6.14 (b). Les expressions finales par rapport au repère $O\,\bar{X}\,\bar{Y}\,\bar{Z}$ s'obtiennent par une rotation d'angle β_i autour de $O\,\bar{Z}$. Les coordonnées du point S sont :

$$\begin{aligned} X_S &= r_S(\cos\beta_i \cos m_0 - \sin\beta_i \sin m_0 \cos i_R) , \\ Y_S &= r_S(\sin\beta_i \cos m_0 + \cos\beta_i \sin m_0 \cos i_R) , \\ Z_S &= r_S \sin m_0 \sin i_R . \end{aligned} \qquad (62.8)$$

De même, les composantes de la vitesse de sortie sont :

$$\begin{aligned} v_{Sx} &= v_i (\cos\beta_i \cos\beta_0 - \sin\beta_i \sin\beta_0 \cos i_R) , \\ v_{Sy} &= v_i (\sin\beta_i \cos\beta_0 + \cos\beta_i \sin\beta_0 \cos i_R) + v_C , \\ v_{Sz} &= v_i \sin\beta_0 \sin i_R . \end{aligned} \qquad (62.9)$$

Les caractéristiques angulaires de la vitesse de sortie et du nouveau plan d'orbite sont :

$$\tan\tau_S = \frac{v_{Sx}}{\sqrt{v_{Sy}^2 + v_{Sz}^2}} , \quad \tan i_S = \frac{v_{Sz}}{v_{Sy}} . \qquad (62.10)$$

6.2.3 Commentaires et discussion

a. Mouvement plan

À l'exception des trajectoires lunaires, les plans de mouvement de la sonde et de la cible sont pratiquement confondus. L'Eq. (62.2 a) indique que les éléments hors écliptique i_T et L ne sont pas indépendants lorsque i_T est très petit. Deux cas simplifiés peuvent être examinés :

- **mouvement quasi écliptique : $i_T \approx 0 , L \neq 0$**

  Pour que l'angle ε conserve un sens, il faut que $\sin i_T = L/r_C$, de sorte que $|\varepsilon| = \pi / 2$. De plus, comme $Z_E \approx L$ est très petit par rapport à la distance de la cible, $i_p \approx 0$ et $b \approx \pi / 2$ entraînent $v_{iz} \approx 0$. Les Eqs. (62.4 et 5) montrent alors que $\gamma \approx 0$: la ligne des noeuds est parallèle à la vitesse d'entrée $\bar{v}_i$ et $\tan\beta_i \approx v_{iy} / v_{ix}$.

- **mouvement dans l'écliptique : $i_T = 0$, $L = 0$**

  En plus des simplifications citées ci-dessus, sont également nulles les grandeurs $\boldsymbol{A}$, $\boldsymbol{B}$, $\boldsymbol{Z_E}$, $\boldsymbol{v_{S_z}}$ ainsi que les angles $\boldsymbol{i_R}$ et i_S . Le mouvement est entièrement plan et les Eqs. (62.8 et 9) se réduisent à des projections simples d'angle $(\boldsymbol{\beta_i} + \boldsymbol{m_\theta})$ pour les coordonnées du point de sortie et d'angle $(\boldsymbol{\beta_i} + \boldsymbol{\beta_0})$ pour les composantes de la vitesse de sortie.

b. Vitesse de sortie très grande (vers une planète supérieure)

Pour que la vitesse de sortie soit très grande, il faut que $\boldsymbol{v_{S_y}} >> \boldsymbol{v_C}$, c'est-à-dire que $(\boldsymbol{\beta_i} + \boldsymbol{\beta_0})$ soit proche de $\pi / 2$: comme $\boldsymbol{\beta_i}$ est situé dans le quatrième quadrant, $\boldsymbol{\beta_0} > \pi / 2$. Les conditions sont :

- α doit être grand : la vitesse d'entrée v_i doit donc être faible, avec passage à courte distance de la cible : c'est une réaction forte d'après l'Eq. (62.1),
- la trajectoire doit être de *type* 1 avec passage *derrière* la cible.

c. Trajectoires solaires hors écliptique : i_S grand

Pour que le plan de la trajectoire de sortie soit nettement incliné sur l'écliptique, il faut que $\boldsymbol{v_{S_z}} >> \boldsymbol{v_{S_y}}$. Cette condition signifie que la vitesse d'entrée v_i doit être très élevée : l'injection doit avoir lieu à très grande vitesse. Il faut de plus que $(\boldsymbol{\beta_i} + \boldsymbol{\beta_0})$ soit proche de $3\pi / 2$: pour les trajectoires de *type* 1, le passage doit avoir lieu *devant* la cible.

Parmi les planètes proches, seule la planète Jupiter permet de réaliser une déviation importante hors du plan de l'écliptique. Cette propriété est à la base de la mission de la sonde *Ulysse*, consacrée à l'exploration des pôles de l'écliptique (voir article 6.2.8 b).

6.2.4 Contraintes pour rencontres multiples

a. Rencontres multiples

L'intérêt majeur des réactions de gravitation réside dans la possibilité d'atteindre les planètes lointaines moyennant des vitesses d'injection raisonnables. La Terre et les planètes-cibles sont supposées se déplacer sur des orbites circulaires, dans le plan de l'écliptique, suivant les mêmes hypothèses qu'à la section 6.1.5. La condition de rencontre décrite par l'Eq. (61.8) est applicable pour les rencontres multiples, mais il est plus commode d'exprimer les différentes conditions sous forme angulaire.

Lorsque le trajet comprend M cibles, avec au moins trois planètes différentes, lancement compris, les équations suivantes sont d'application. L'indice zéro correspond à l'injection solaire : en principe, c'est la planète Terre (Fig. 6.6) :

$$\varphi_i = \theta_i - t_i \, n_i \,, \tag{62.11}$$

$$\delta_i = \varphi_i \, \frac{n_{i-1}}{n_{i-1} - n_i} = \Delta t_i \quad n_{i-1} \qquad (i = 1 \text{ à } M) \,, \tag{62.12}$$

$$\Delta \, L_i = \delta_i + \theta_{i-1} - \delta_{i-1} \qquad (i = 2 \text{ à } M) \,. \tag{62.13}$$

- φ_i : angle de phase défini à la section 6.1.5.
- δ_i : *avance angulaire* : c'est l'écart en longitude céleste entre la position de départ de la sonde (injection au corps i -1) et l'alignement entre les corps i -1 et i. Cet angle est proportionnel à l'avance au lancement Δt_I calculé par l'Eq. (61.8 b).
- ΔL_i : écart en longitude entre deux alignements successifs (i - 2, i - 1) et (i - 1, i). Quand une cible intermédiaire fait l'objet de deux passages successifs, l'un des deux alignements est indéterminé. Pour la première des cibles suivantes, il faut remplacer l'Eq. (62.13) par l'Eq. (62.14) :

$$\Delta L_i = \delta_i + \theta_{i-1} + \theta_{i-2} - \delta_{i-2} - 2 \, m \, \pi \quad (i = 3 \text{ à } M) \,, \tag{62.14}$$

où m est le nombre de tours entre les passages répétés.

Les valeurs des angles ΔL_i sont imposées par le mouvement des cibles autour du Soleil. Elles constituent donc les contraintes auxquelles doit satisfaire la trajectoire de la sonde interplanétaire. Comme chaque couple de corps célestes reprend périodiquement les mêmes positions relatives, ces contraintes varient en fonction de l'époque considérée. Les longitudes célestes et les alignements caractéristiques des planètes moyennes peuvent être calculés à partir des données de la Table A.III en fin de volume et sont résumés à la Table 6.VII de l'annexe VI.

b. Réaction de gravitation sur Vénus

- **en direction de Mercure**

Bien que l'attraction de Vénus soit relativement faible comparativement à celle des planètes géantes, la Table 6.II de la section 6.1 indique que Vénus peut, dans certains cas, dévier une sonde d'un angle important.

Pour déterminer les contraintes angulaires, c'est-à-dire l'écart en longitude céleste ΔL, permettant par les Eqs. (62.11 à 14) de spécifier les conditions de rencontre double, il faut remarquer que pour un alignement Terre - Vénus donné, il y a trois ou quatre alignements possibles entre Vénus et Mercure, ceci à cause de la rapidité de Mercure sur son orbite.

La période de cet alignement est de cinq mois tandis que celle de l'alignement Terre - Vénus est de vingt mois.

La configuration conduisant à la rencontre double comprend le premier alignement Vénus - Mercure suivant l'alignement Terre - Vénus. En effet, les vols vers Vénus et Mercure sont de courte durée : de l'ordre de cinq et trois mois. L'Eq. (62.15) permet dès lors d'exprimer les valeurs numériques de la contrainte angulaire (voir Tables 6.VII et A.III) :

$$\Delta L = 9.06\ m_{TV} + 80.00 \quad (degrés)\ . \qquad (62.15)$$

m_{TV} est le nombre (entier) de périodes synodiques Terre - Vénus écoulées après la conjonction du 21 janvier 1974. Le vol de la sonde Mariner 10 a eu lieu à cette époque et correspond à la valeur $m_{TV} = 0$.

La Fig. 6.16 représente les différentes solutions géométriques permettant d'atteindre l'orbite de Mercure après passage devant Vénus et à courte distance, à moins de *quatre* rayons de la planète. Ces trajectoires demandent une vitesse initiale de l'ordre de 11.6 km/s : c'est légèrement plus que pour atteindre Vénus seule, mais nettement moins que pour un vol direct vers Mercure.

- **vers la comète de Halley**

L'étude des trajectoires directes vers la comète de Halley (voir section 6.1.8) a montré qu'il était possible d'atteindre Halley au noeud descendant après un survol de Vénus. Le 10 mars 1986, la longitude céleste de Vénus est de 16.65°, et l'écart en longitude céleste entre Vénus et Halley atteint 221.49° (-138.51°). La condition de rencontre supplémentaire est que l'anomalie balayée par la sonde à partir de Vénus soit supérieure de cette valeur au déplacement (à 360° près) de la planète pendant ce vol :

$$\varphi_2 = \theta_2 - t_2 n_V = -138.51 - 3.07d - 2m\pi \quad (degrés)\ . \qquad (62.16)$$

Comme le montre la Fig. 6.18 b, c'est une trajectoire de *type* 2, sécante à l'injection et passant *derrière* la planète. Ses caractéristiques sont décrites à l'article 6.2.8 a et dans les Tables 6.III et V.

c. Réaction de gravitation sur Jupiter

- **en direction de Saturne**

L'intense champ de gravitation de Jupiter permet les effets gravitationnels les plus intéressants, comme cela a été montré à l'article 6.2.1. Les alignements Jupiter - Saturne se reproduisent tous les 20 ans environ. Comme la période synodique de Jupiter n'est que de 13 mois, plusieurs oppositions Terre-Jupiter peuvent être prises en compte. L'Eq. (62.17) donne les écarts en longitude céleste ΔL par rapport à l'alignement Jupiter-Saturne de référence du 12 novembre 2000 (d'après les Tables 6.VII et A.III) :

$$\Delta L = -0.73 + 6.11\ k_{JS} - 33.16\ m_{TJ} \quad (degrés)\ . \qquad (62.17)$$

k_{JS} est le nombre de périodes synodiques Jupiter - Saturne écoulées depuis l'opposition de référence : $k_{JS} = -1$ pour l'alignement de 1981 et $k_{JS} = 0$ pour celui de l'an 2000. m_{TJ} est le nombre de périodes synodiques Terre - Jupiter qui suivent l'opposition Jupiter - Saturne de référence, ce nombre étant compté positivement après, et négativement avant.

Les écarts en longitude devant être positifs, comme l'indique la Fig. 6.6, ce sont les valeurs négatives de m_{TJ} qui ont un sens pour les deux alignements considérés. L'Eq. (62.17) décrit donc les conditions de rencontre pour les années qui *précèdent* ces alignements.

La Fig. 6.17 représente différentes trajectoires possibles vers Saturne pour les années de lancement 1968 à 1974, 1976, 1977, 1998 et 1999.

- **vers les autres planètes lointaines**

Tous les 13 ans, Jupiter est en opposition avec chacune des autres planètes lointaines et peut donc servir de tremplin pour les atteindre. Les équations de rencontre et les diagrammes des vols doubles vers ces planètes (Uranus et Neptune) figurent en annexe VI.2 et à la Fig. 6.28.

6.2.5 Assistance gravitationnelle de la Terre

a. Définitions, condition de rencontre avec la Terre

Pour qu'une sonde lancée de la Terre puisse bénéficier d'une réaction de gravitation utile lors d'un passage ultérieur près de notre planète, il faut qu'entretemps, la trajectoire ait subi une modification notable, résultant d'une manoeuvre Δv de quelques centaines de m/s. En effet, si ce n'était pas le cas, la rencontre avec la Terre se ferait dans des conditions symétriques à celles du lancement et ne pourrait conduire qu'à des conditions de sortie similaires à celles pouvant être obtenues lors de l'injection solaire. Cette méthode est appelée Δv ***EGA*** (pour *Earth Gravity Assist*).

La condition de rencontre avec la Terre exprime le fait que l'écart entre les parcours angulaires de la sonde et de la Terre doit être égal à un nombre entier m de tours : c'est la valeur de l'angle de phase φ_1 .

$$\varphi_1 = -2\,m\,\pi\,. \tag{62.18}$$

Dans ce cas, les conditions de rencontre double avec la Terre puis avec la cible, décrites par les Eqs.(62.18) et (61.8), ne sont pas plus contraignantes que pour une trajectoire directe vers la cible. Chaque alignement entre Terre et cible fournit en effet une fenêtre de lancement.

La modification de vitesse peut également être obtenue par l'effet gravitationnel d'une planète voisine. Dans ce cas, les Eqs. (62.11 à 14) restent d'application : c'est un problème de rencontre *triple* (ou multiple).

Le fait qu'une des cibles soit la Terre n'amène aucune simplification particulière. La contrainte porte alors sur des alignements successifs entre les deux mêmes planètes, d'après les Eqs. (62.19) :

$$\Delta L = 2\, m\, \pi\, \frac{n_s}{n_i - n_s}\,, \qquad (62.19)$$

où n_s et n_i sont les vitesses angulaires de la planète supérieure et de l'inférieure. Plusieurs valeurs de l'entier m peuvent être prises en considération, suivant que la rencontre avec la Terre a lieu directement ($m = 0$), ou après plusieurs tours.

a. Familles d'orbites de *deux* ou *trois* ans

L'impulsion de vitesse n'entraînant qu'une modification faible de la trajectoire, la rencontre avec la Terre a lieu sur l'orbite solaire, au voisinage du point d'injection et la durée du vol est voisine d'un nombre entier d'années. D'autres orbites sont possibles, mais devraient être parcourues plusieurs fois avant de revenir vers la Terre : c'est le cas des planètes inférieures. C'est donc principalement vers les planètes supérieures que cette technique est utilisée, le freinage ayant lieu à l'aphélie (Fig. 6.15).

Les trajectoires de *deux ans* permettent d'atteindre Jupiter au prix d'un freinage d'environ 500 m/s, la vitesse d'injection étant égale à 12.2 km/s. L'aphélie est situé à environ 330 × 10^6 km, au-delà de l'orbite de Mars. La durée du vol et l'angle balayé sont respectivement de l'ordre de 22 mois et 320 degrés pour les trajectoires courtes (*type* 1) et de 26 mois et 410 degrés pour les trajectoires longues (*type* 2).

Les trajectoires de *trois ans*, avec aphélie à 480 × 10^6 km, dans la zone des astéroïdes, permettent d'atteindre Jupiter et Saturne au prix d'une vitesse d'injection de 13 km/s et d'une impulsion de freinage de l'ordre de 400 m/s. Durée du vol et parcours angulaire sont d'environ 34 ou 38 mois et 320 ou 410° (*type* 1 ou 2). La vitesse au périgée, lors de la réaction de gravitation, s'élève à près de 16 km/s.

Ces trajectoires présentent l'avantage d'être plus économes d'environ 1.5 km/s que les trajectoires directes équivalentes mais elles sont très lentes. En effet, en plus du trajet initial de deux ou trois années, le dernier tronçon est proche d'un transfert de Hohmann (*Walter Hohmann* : v. 1895 - 1960). En revanche, l'arrivée a lieu quasi tangentiellement à la trajectoire de la cible, ce qui est favorable pour les manoeuvres de satellisation.

Enfin, comme déjà mentionné, la rencontre avec la Terre n'impose aucune condition de rencontre additionnelle. La Fig. 6.15 représente, en fonction de la vitesse d'injection, l'impulsion de vitesse Δv à appliquer à l'aphélie pour obtenir une réaction maximale à 200 km de la surface terrestre.

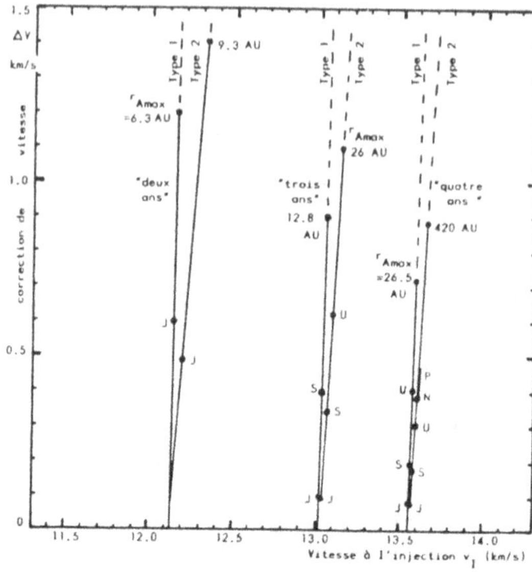

Figure 6.15 : Assistance gravitationnelle de la Terre

c. Autres types de manoeuvres Δv

- **autour d'autres planètes** : appelée **Δv** - *GA*, cette forme de manoeuvre respecte les principes décrits ci-dessus. C'est le cas de la trajectoire de la sonde Cassini : le **Δv** a lieu par rapport à Vénus (voir annexe VI.3).
- **au périastre, lors de la réaction** : manoeuvre permettant une modification légère de la trajectoire solaire. L'objectif n'est pas de s'éloigner ou de se rapprocher plus du Soleil mais bien d'adapter le schéma temporel afin de respecter au mieux les conditions de rencontre.

6.2.6 Diagrammes des réactions sur Vénus et Jupiter

a. Méthode de calcul

Le but de la méthode décrite ci-dessous est de déterminer les familles de trajectoires pouvant conduire aux rencontres multiples par utilisation des Eqs. (62.13 à 19). L'étude des rencontres doubles conduit à introduire une variable indépendante supplémentaire caractérisant l'intensité de la réaction de gravitation. Cette variable est la distance r_{pc} de passage au périastre de la première cible, en valeur réduite par rapport au rayon R_c de la cible, notée K_c :

$$K_C = r_{PC} / R_C \, . \tag{62.20}$$

Les paramètres retenus pour décrire une trajectoire donnée sont :

- **trajectoire de transfert :**

  plan d'orbite : i_T et L ,
  orbite conique : a et e ou r_A et r_p ,
  type (**1** ou **2**) de rencontre,

- **la nature de la réaction :**

  distance r_{pc} du périastre de l'hyperbole transplanète,
  sens de la réaction (*derrière, devant*).

Les coordonnées du point d'entrée étant inconnues, il faut procéder par itérations, la position E de départ étant choisie arbitrairement dans le bon quadrant : par exemple $|x_{E0}| = |y_{E0}| = r_S / 2$ et $z_{E0} = L$. La vitesse d'entrée $\bar{v}_i$ est déterminée par les Eqs. (62.2 et 3). Les Eqs. (62.4 et 5) permettent d'obtenir les caractéristiques β_i , γ et i_R du plan de réaction.

La distance r_{pc} de passage au périastre est alors introduite pour déterminer les caractéristiques de l'hyperbole de réaction au moyen des Eqs. (21.51, 52 et 24). Ces Eqs. fournissent le demi-grand axe et l'excentricité de l'orbite, ainsi que l'inclinaison τ_1' de la vitesse $\bar{v}_i$ à l'entrée :

$$\tau'_1 = \frac{\pi}{2} - \tau_1 \, . \tag{62.21}$$

Cet angle permet de déterminer la position du point d'entrée E_1 que devrait occuper la sonde pour répondre à ces conditions.

La Fig. 6.13 permet d'écrire deux groupes d'équations :

$$\begin{aligned} Z_E &= r_S \sin i_R \sin(\gamma \pm \tau'_1) \, , \\ r'^2_S &= r_S^2 - Z_E^2 \, , \end{aligned} \tag{62.22}$$

$$\begin{aligned} \sin\xi &= \frac{r_S}{r'_S} \cos i_R \sin(\gamma \pm \tau'_1) \, , \\ m_i &= \pi + \beta_i \pm \xi \, . \end{aligned} \tag{62.23}$$

Dans ces équations, les conventions de signes sont les suivantes : $\pm\, \tau'$ pour un passage *derrière* (+) ou *devant* (-) la cible. Dans l'Eq. (62.23 b), le signe de ξ est l'inverse de celui de X_E . Les Eqs. (62.22) sont utilisées pour les trajectoires obliques et les Eqs. (62.23) pour des trajectoires proches de l'écliptique. Un nouveau point d'entrée E_1 peut ainsi être calculé et sa position comparée à la position précédente.

Ce procédé converge rapidement : une précision de 10^{-7} (quelques km) peut être obtenue en quatre ou cinq itérations. La convergence est plus lente près des conditions de Hohmann et aux incidences élevées.

Pour le calculs d'avant-projet, cette méthode offre une précision de l'ordre du pour-cent pour les temps de vol et les angles au centre.

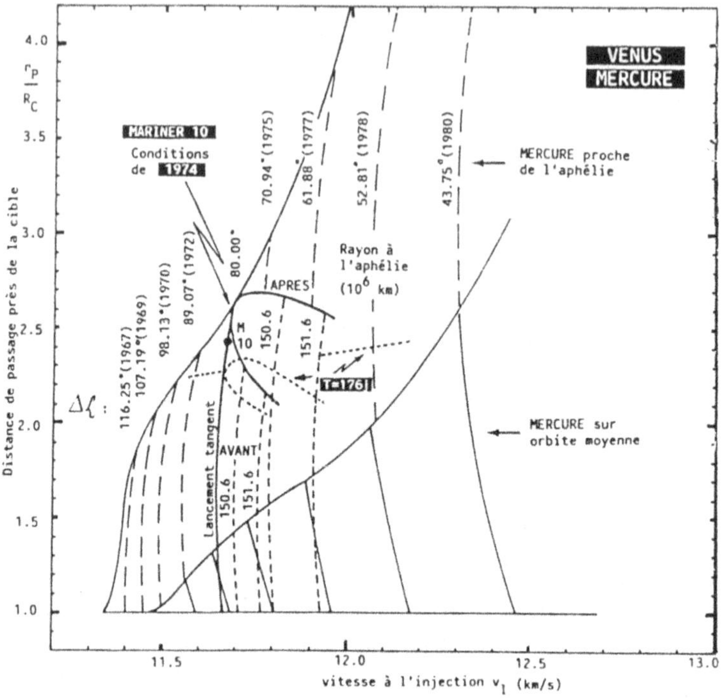

Figure 6.16 : Réaction de Vénus vers Mercure

L'effet principal de l'approximation ne se manifeste en effet qu'aux phases terminales du vol. Ces phases sont relativement courtes par rapport à l'ensemble des trajectoires.

À noter également que l'hypothèse du mouvement circulaire uniforme de la Terre et des cibles introduit une approximation supplémentaire se manifestant principalement pour les planètes à excentricité non négligeable, comme Mercure et Mars.

b. Diagrammes des rencontres doubles

La représentation graphique des rencontres doubles, suivants les principes des Figs. 6.9 à 11 est impraticable, en effet, les éléments t_1 , θ_1 et φ_1 de la première trajectoire devraient être complétés par les trois éléments t_2 , φ_2 et ΔL_2 de la seconde, ces derniers dépendant de trois variables indépendantes. Toutefois, seules les trajectoires vérifiant les conditions de rencontre double demandent à être représentées, c'est-à-dire celles pour lesquelles l'écart en longitude ΔL_2 , calculé par l'Eq. (62.13), prend les valeurs déterminées par les Eqs. (62.15 à 17).

Pour ces contraintes, les trajectoires de rencontre peuvent dès lors être décrites par une relation unique entre les trois variables indépendantes.

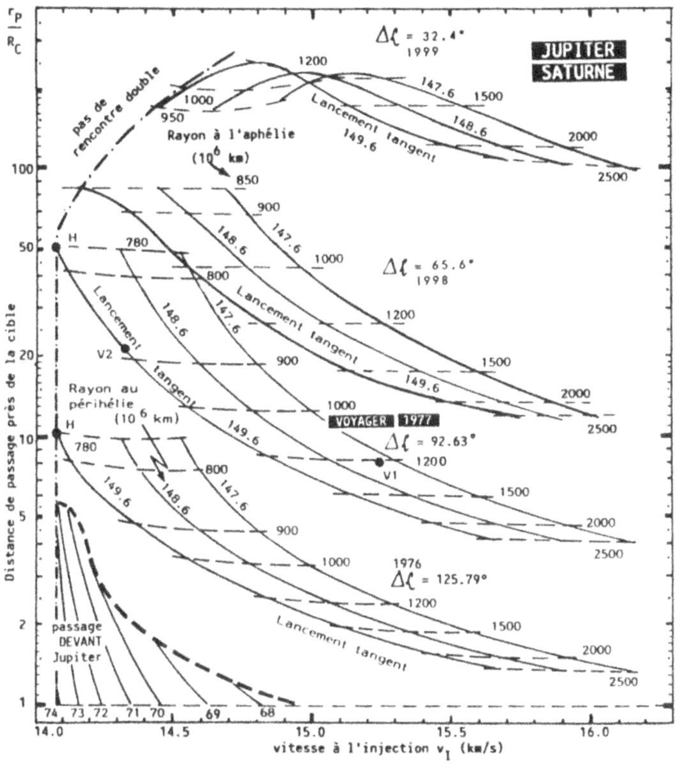

Figure 6.17 : Réaction de Jupiter vers Saturne

Il est donc possible d'établir une représentation graphique de la variable de réaction K_C en fonction des deux autres, en se limitant aux trajectoires de *type* 1 vers les deux cibles. Ces diagrammes sont donnés en Fig. 6.16 pour les rencontres doubles vers Vénus et Mercure, et aux Figs. 6.17 et 6.28 pour les réactions de Jupiter vers les autres planètes supérieures. Les Figs. 6.16 et 6.17 sont établies principalement pour la décennie 1970-1980 et sont applicables aux trajectoires des sondes Mariner 10, Pioneer 11 et Voyager.

- **de Vénus vers Mercure**

Comme l'orbite de Mercure est assez excentrique ($e = 0.2$) deux familles de courbes ont été établies : l'une correspond à la planète moyenne, l'autre à la planète proche de l'aphélie lors de la rencontre. Ces figures ne représentent qu'une partie des solutions possibles : les trajectoires de *type* 2 vers une ou vers les deux cibles conduisent en effet à des graphiques différents.

- **de Jupiter vers Saturne**

Les oppositions Terre-Jupiter de 1968 à 74 conduisent à des fenêtres de lancement étroites, la réaction sur Jupiter ayant lieu à très courte distance et *devant* la planète. Ces trajectoires sont très lentes (ΔL grand).

	Pioneer 11	K	Voyager 1	K	Vega 1	K	Vega 2	K
Lancement	06 04 1973	-	05 09 1977	-	15 12 1984	-	21 12 1984	-
Opposition	03 08 1973	-	15 12 1977	-	01 04 1985	-	01 04 1985	-
Cible 1	03 12 1974	1.6	05 03 1979	4.9	11 06 1985	3.8	15 06 1985	3.6
Cible 2	01 09 1979	2.9	12 11 1980	3.1	06 03 1986	(1)	09 03 1986	(1)

(1) Passage à 8 890 et 8 030 km de la comète de Halley.

	Mariner 10		Voyager 2		Galileo		Ulysse	
Lancement	03 11 1973	-	20 08 1977	-	18 10 1989	-	06 10 1990	-
Alignement	21 01 1974	-	15 12 1977	-	16 01 1990	-	23 01 1991	-
Cible 1	05 02 1974	2.0	09 07 1979	10.2	09 02 1990	3.0	08 02 1992	6.3
Cible 2	29 03 1974	1.14	26 08 1981	2.7	08 12 1990	1.5	08 1994	(3)
Cible 3	21 09 1974	10.85	24 01 1986	4.3	08 12 1992	1.05	07 1995	(3)
Cible 4	16 03 1975	1.07	25 08 1989	1.2	07 12 1995	(2)	-	-

(2) astéroïdes *Gaspra* le 29 10 91 à ± 1 000 km et *Ida* le 28 08 93 à ± 1 500 km.
(3) à ± 2 A U, à l'aplomb des pôles solaires.

Table 6.III : Chronologie des vols interplanétaires avec rencontres multiples

En revanche, les années 1976, 1977 et 1979 peuvent être qualifiées d'années *fastes*, car la réaction derrière la planète accélère la sonde et conduit à des durées de vol relativement courtes. Comme les contraintes en longitude ne diffèrent pas de plus de 6° entre deux cycles successifs, le cycle de l'an 2000 présente des caractéristiques similaires : fenêtres étroites de 1988 à 1994 et fenêtres larges de 1996 à 1999.

Le diagramme de la Fig. 6.28, en annexe VI.2, permet d'évaluer les conditions de rencontre de toutes les planètes supérieures après réaction sur Jupiter : le paramètre $\boldsymbol{\Delta L}$ y apparaît de 10 en 10 degrés.

c. Valeurs numériques pour les trajectoires multiples - Tables 6.III à VII

Les trajectoires doubles ou multiples des sondes principales sont décrites dans les cinq tables suivantes :

- Table 6. III : chronologie des vols principaux,
- Table 6. IV : sondes Mariner 10, Pioneer, Voyager 1 et 2,
- Table 6. V : sondes Vega, Galileo, Ulysse,
- Table 6. VI : Cassini et Rosetta,
- Table 6. VII : alignements caractéristiques 1970 - 2020.

Les deux dernières tables citées figurent en annexe VI.

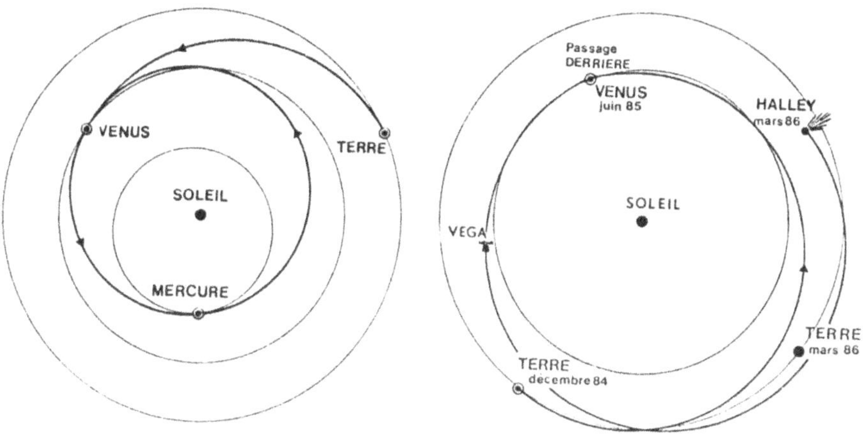

Figure 6.18 : Trajectoires des missions doubles
(a) Mariner 10 vers Mercure (b) VEGA vers Halley

Tous les éléments figurant dans les Tables 6.IV à VI sont décrits en annexe VI.1. L'invariant issu du critère de Tisserand (*Félix Tisserand* : 1845 - 1896, voir chapitre 3.1.6 b, Eq. (31.38)) a également été calculé. Il illustre la validité des approximations qui sont à la base de cette équation.

Les conditions de rencontre sont identifiées comme suit :

δ : angle $\boldsymbol{\delta_i}$ de l'Eq. (62.12) ou angle de phase $\boldsymbol{\varphi}$ de l'Eq. (62.18) pour les trajectoires **Δv** EGA,

Δ : condition de rencontre : avance au lancement $\boldsymbol{\Delta t_I}$ pour la première cible ou écart en longitude $\boldsymbol{\Delta L_i}$ pour les cibles suivantes. Pour la première cible, l'injection terrestre doit avoir lieu $\boldsymbol{\Delta t_I}$ jours avant l'alignement Terre - cible. Pour les cibles suivantes, les écarts $\boldsymbol{\Delta L_i}$ doivent respecter les contraintes des éphémérides, exprimées par les Eqs. (62.15 à 19).

La route de la sonde Voyager 2 illustre ces calculs : elle est détaillée dans la Table 6.IV. (et illustrée à la Fig. 6.25 en section 6.3.3). D'autres conditions de rencontre sont décrites aux articles suivants.

6.2.7 Routes avec rencontres doubles

a. Sonde *Mariner* 10 vers Mercure

L'orbite modifiée par la réaction sur Vénus a une période pouvant varier de 150 à 180 jours. Si la trajectoire est ajustée pour que cette valeur corresponde à deux révolutions de Mercure (176 jours), elle permet de rencontrer la cible plusieurs fois, à environ six mois d'intervalle.

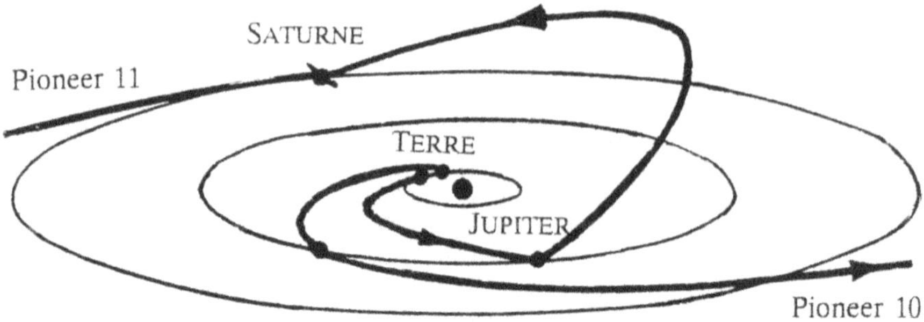

Figure 6.19 : La sonde Pioneer 11 vers Saturne

Cette condition peut être remplie comme l'indique la Fig. 6.16, la rencontre avec Mercure se faisant au voisinage de l'aphélie.

Initialement, la NASA n'avait pas envisagé cette solution. Le professeur italien *Giuseppe Colombo* (1920 - 1984), de l'université de Padoue, prenant connaissance du projet un an avant le lancement, imagina la solution du survol multiple qui fut adoptée par la NASA.

Lancée le 03 novembre 1973, la sonde Mariner 10 a survolé Mercure lors de trois passages successifs : le 29 mars et le 21 septembre 1974 puis le 16 mars 1975. Elle a réalisé la cartographie précise de la surface de la planète (Fig. 6.18 a). L'ajustage de la période de l'orbite a été réalisé par la réaction (légère) à courte distance de Mercure lors du premier passage, avec $K_M = 1.14$.

b. Grand Tour des sondes *Pioneer* et *Voyager* vers Saturne

Comme les rencontres doubles ne sont possibles qu'aux environs de l'alignement entre les deux cibles, une trajectoire vers quatre cibles successives ne peut être envisagée que si les alignements entre les planètes prises deux à deux se suivent régulièrement dans le temps et en des points de longitudes célestes croissantes. Ces conditions sont réalisées entre 1980 et 1995 : d'après la Table 6.VII, en annexe VI, ces alignements successifs ont lieu en 1981 (J - S), 1987 (S - U) et 1995 (U - N), pour les longitudes respectives de 177°, 262° et 294°. Ces conditions sont exceptionnelles, l'alignement Uranus - Neptune ne se reproduisant que tous les 170 ans.

Les configurations favorables permettant d'atteindre Uranus via Saturne ne se représenteront que vers 2020 et 2120, et ce n'est que vers 2160 que Neptune sera de nouveau accessible par cette technique. Pour exploiter cette configuration exceptionnelle, les schémas suivants ont été étudiés :

1 bond vers Saturne : Pioneer 11 (1973), Voyager 1 (1977),

2 bonds : vers Saturne et Pluton ou vers Uranus et Neptune (projet *Grand Tour* non exécuté pour des raisons financières),

3 bonds : vers Saturne, Uranus et Neptune : Voyager 2 (1977-1989).

MARINER 10

Données			
Lancement	après	aphélie	
Rencontre	avant	périhélie	
Passage	devant	Vénus	
Rp = 90.5 E6	Ra = 149.65 E6	Vl = 11.690	K = 2.387
Hyperbole de départ			
a = 26600.	e = 1.247	Vh = 3.946	t = 4.200
Trajectoire de transfert vers Vénus			
a = 120.07 E6	e = 0.246	Is = 0.	t2 = 131.187
to = 129.000	Ao = 177.36	Vs = 25.893	Vf = 36.443
tf = 40.317	Af = 82.35	Ts = 0.86	Tf = - 13.30
Tiss1 =	Tiss2 = 2.943		
		RE	= 109.21 E6
Hyperbole de réaction sur Vénus		Vp = 10.736	Vop = 4.778
a = 4741.	e = 4.050	Al = 13.23	Tp = 1.06
Vi = 8.383	D = 18517.	Ir = 0.	tH = 1.363
angles :	Bi = 177.20	Bo = 28.59	Gm = 0.
			Rs = 107.3 E6
Trajectoire de transfert vers Mercure			
a = 92.661 E6	e = 0.280	Is = 0.	t2 = 88.932
to = 54.934	Ao = 136.84	Vs = 32.306	Vf = 49.764
tf = 6.400	Af = 23.65	Ts = -13.51	Rap = 66.752 E6
Tiss1 = 2.945	Tiss2 =		

RESULTATS	Durée t	Angle θ	δ	
Vénus	93.34	100.78	78.22	79.28
Mercure	49.90	115.15	57.44	80.00

PIONEER 11

Données			
Lancement	avant	périhélie	
Rencontre	avant	aphélie	
Passage	devant	Jupiter	
Rp = 149.5 E6	Ra = 1035.0 E6	Vl = 14.624	K = 1.110
DV = 0.	Hors plan	iT = 0.03	L = 5.836
Hyperbole de départ			
a = 4336.279	e = 2.517	Vh = 9.632	t = 1.783
Trajectoire de transfert vers Jupiter			
a = 592.25 E6	e = 0.748	Is = 0.03	t2 = 1437.037
to = 2.429	Ao = 3.17	Vs = 39.415	Vf = 11.708
tf = 545.674	Af = 149.60	Ts = 1.36	Tf = 46.80
Tiss1 =	Tiss2 = 2.474		
		RE	= 735.51 E6
Hyperbole de réaction sur Jupiter		Vp = 55.618	Vop = 38.777
a = 1393237.	e = 1.057	Al = 70.51	Tp = 0.53
Vi = 9.53	D = 465489.	Ir = -72.02	tH = 56.690
angles :	Bi = -30.03	Bo = -142.09	Gm = 0.
			Rs = 740.26 E6
Trajectoire de transfert vers Saturne			
a = 3324.9 E6	e = 0.820	Is = 20.05	t2 = 19114.830
to = 383.024	Ao = 54.94	Vs = 17.870	Vf = 12.087
tf = 1293.762	Af = 106.88	Ts = -24.53	Rap = 6051.4 E6
Tiss1 = 2.455	Tiss2 =		

RESULTATS	Durée t	Angle θ	δ	Δ
Jupiter	606.58	57.86	117.31	118.89
Saturne	1733.48	168.45	184.78	225.33

VOYAGER 2

Données			
Lancement	avant	périhélie	
Rencontre	avant	aphélie	
Passage	derrière	Jupiter	
Rp = 149.59 E6	Ra = 884.0 E6	Vl = 14.331	Kj = 20.730
		Ks = 3.670	Ku = 2.600
Hyperbole de départ			
a = 4775.	e = 2.378	Vh = 9.181	t = 1.870
Trajectoire de transfert vers Jupiter			
a = 516.80 E6	e = 0.711	Is = 0.	t2 = 1171.358
to = 0.556	Ao = 0.72	Vs = 38.997	Vf = 10.143
tf = 616.0	Af = 156.88	Ts = 0.30	Tf = 38.84
Tiss1 =	Tiss2 = 2.653		
			RE = 738.40 E6
Hyperbole de réaction sur Jupiter		Vp = 14.730	Vop = 8.973
a = 2144247	e = 1.695	Al = 32.86	Tp = 3.23
Vi = 7.795	D = 2816572.	Ir = .0	tH = 69.348
angles :	Bi = -39.19	Bo = 72.17	Gm = 0.
			Rs = 822.07 E6
Trajectoire de transfert vers Saturne			
a = 6987.2 E6	e = 1.104	Is = 0	t2 = 58231.91
to = 319.427	Ao = 39.35	Vs = 18.510	Vf = 14.618
tf = 1007.843	Af = 84.02	Ts = 20.69	Tf = 44.55
Tiss1 = 2.687	Tiss2 = 1.860		
			RE = 1366.6 E6
Hyperbole de réaction sur Saturne		Vp = 21.179	Vop = 13.101
a = 360955.	e = 1.613	Al = 37.89	Tp = 0.41
Vi = 10.320	D = 454418.	Ir = 0.	tH = 69.278
angles :	Bi = 4.08	Bo = 76.60	Gm = 0
			Rs = 1441.4 E6
Trajectoire de transfert vers Uranus			
a = 629.05 E6	e = 3.281	Is = 0.	t2 = 1573.015
to = 91.724	Ao = 6.29	Vs = 19.899	Vf = 17.499
tf = 1637.185	Af = 68.77	Ts = 4.82	Tf = 54.42
Tiss1 = 1.873	Tiss2 = -1.647		
			RE = 2806.9 E6
Hyperbole de réaction sur Uranus		Vp = 19.332	Vop = 8.912
a = 25129.	e = 3.706	Al = 15.58	Tp = 0.073
Vi = 14.664	D = 89632.	Ir = 0.	tH = 55.149
angles :	Bi = 13.01	Bo = 31.31	Gm = 0.
			Rs = 2925.5 E6
Trajectoire de transfert vers Neptune			
a = 429.38 E6	e = 6.675	Is = 0.	t2 = 887.108
to = 984.246	Ao = 36.12	Vs = 20.017	Vf = 19.204
tf = 2319.453	Af = 61.83	Ts = 31.61	Rap = ∞
Tiss1 = -1.594	Tiss2 =		

RESULTATS	Durée t	Angle θ	δ	Δ
Jupiter	687.77	163.50	116.10	117.67
Saturne	827.05	54.69	45.23	92.63
Uranus	1669.89	68.24	4.96	84.41
Neptune	1390.36	27.31	38.79	32.07

Table 6.IV : Missions doubles

Mariner 10 - Pioneer 11 - Voyager 2

- **Sonde *Pioneer* 11**

À l'opposition de 03 août 1973 correspond un écart en longitude $\mathbf{\Delta}\ L_{73}$ = **225.3°**. Pioneer 11 a atteint Saturne par une trajectoire elliptique, inclinée d'environ 20° sur l'écliptique, décrite à la Fig. 6.19 et aux Tables 6.III et IV. Cette trajectoire, provoquée par le survol des hautes latitudes de Jupiter, n'a été possible que grâce au fait que l'arc Jupiter - Saturne devait être voisin de 180° pour respecter les conditions de rencontre double.

- Sondes *Voyager* 1 et 2

Les oppositions de 1976, 1977 et 1979 correspondent à des fenêtres de lancement relativement larges, la réaction a lieu *derrière* la planète et le mouvement est direct. Ces trois fenêtres conduisent à des trajectoires hyperboliques très rapides vers les planètes extérieures. L'opposition du 15 décembre 1977 correspond à la relation $\mathbf{\Delta} L_{77} = \mathbf{92.6°}$. L'épopée de la sonde Voyager 2 est racontée à la section 6.3.3. et décrite dans les Tables 6.III et 6.IV.

6.2.8 Sondes spéciales : Vega et Ulysse

a. Sondes *Vega* vers la comète de Halley

Les deux sondes Vega (*Venera* - *Galley*), envoyées vers la comète de Halley, sont des sondes vénusiennes *Venera* modifiées. Elles ont été lancées vers Vénus les 15 et 21 décembre 1984. Elles ont survolé Vénus à courte distance (8 000 km) les 11 et 15 juin 1985, sur des trajectoires de *type* 2, sécantes à l'injection et passant *derrière* Vénus (voir Fig. 6.18 b). Les conditions de rencontre sont obtenues à partir des deux Eqs. (61.9 et 62.16) :

$$\begin{array}{lll} \text{Vega 1 : 06 mars} : & \boldsymbol{\delta_2 = 81.5°} , & \boldsymbol{\Delta_2 = -126.2°} , \\ \text{Vega 2 : 09 mars} : & \boldsymbol{\delta_2 = 74.2°} , & \boldsymbol{\Delta_2 = -135.4°} , \\ \text{Giotto : 14 mars} : & \boldsymbol{\delta_2 = 61.9°} . & \end{array} \qquad (62.24)$$

b. Sonde Ulysse

La sonde Ulysse (350 kg) a pour objectif l'exploration des pôles solaires. Elle a été développée par l'ESA et lancée par la NASA afin d'atteindre les régions de haute latitude héliocentrique. L'assistance gravitationnelle de Jupiter est nécessaire pour lui faire quitter le plan de l'écliptique sur une orbite très inclinée, à près de 80 degrés.

Lancée le 06 octobre 1990 sur une ellipse solaire très excentrique, la sonde Ulysse a atteint Jupiter après quinze mois (Fig. 6.20). La vitesse d'injection était supérieure à 15.5 km/s. L'aphélie de orbite résultante est proche de Jupiter. La mission comprend deux passages à l'aplomb des pôles solaires : le premier en 1995, en période d'activité solaire faible et le second en période d'activité élevée en 2001.

Les caractéristiques de ce vol sont reprises à la Table 6.V, le paramètre principal de la réaction sur Jupiter n'est pas la rencontre avec un autre corps céleste, mais bien l'inclinaison $\boldsymbol{i_s}$ du plan de sortie qui atteint la valeur élevée de **78°**.

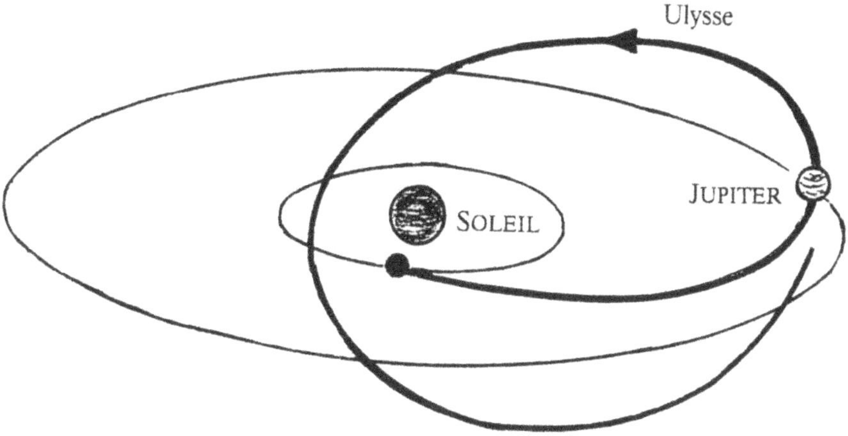

Figure 6.20 : Route hors écliptique de la sonde Ulysse

6.2.9 Sonde Galileo : passages successifs sur une même cible

a. Trajectoire

La sonde Galileo a pour objectif l'exploration de Jupiter et de ses principaux satellites. Elle comprend un orbiteur ainsi qu'une capsule de descente atmosphérique pour l'étude des couches nuageuses de la planète.

La masse totale de la sonde est de 2.4 tonnes. Pour propulser une telle masse vers Jupiter, un ensemble complexe de réactions de gravitation en cascade a été nécessaire. Un passage près de la planète Vénus fournit une impulsion de vitesse permettant un effet Δv EGA. Cette impulsion est toutefois insuffisante pour atteindre la vitesse requise en un seul passage près de la Terre. Deux rencontres sont nécessaires, à deux ans d'intervalle.

La trajectoire de Galileo est dès lors une rencontre quadruple Vénus - Terre - Terre - Jupiter, illustrée à la Fig. 6.21.

Les conditions à respecter pour réussir ce périple sont :

$$\begin{aligned} \Delta_1 &= \Delta t_I \quad , \quad \Delta_2 = 0.0 \ , \\ \delta_3 &= -360° \quad , \quad \Delta_4 = 73.3° \ . \end{aligned} \tag{62.25}$$

Pour atteindre Vénus comme première cible, le lancement doit avoir lieu Δt_I jours avant l'alignement Terre - Vénus. La sonde revenant ensuite vers la Terre, l'écart en longitude doit s'annuler. Ensuite, revenant une deuxième fois vers la Terre, l'angle de phase φ (noté δ_3) doit être égal à un tour complet. Enfin, la rencontre avec Jupiter n'a lieu que pour une valeur déterminée de l'écart en longitude ΔL_4 entre l'alignement Terre - Vénus du 16 janvier 1990 et l'alignement Terre - Jupiter du 30 mars 1993.

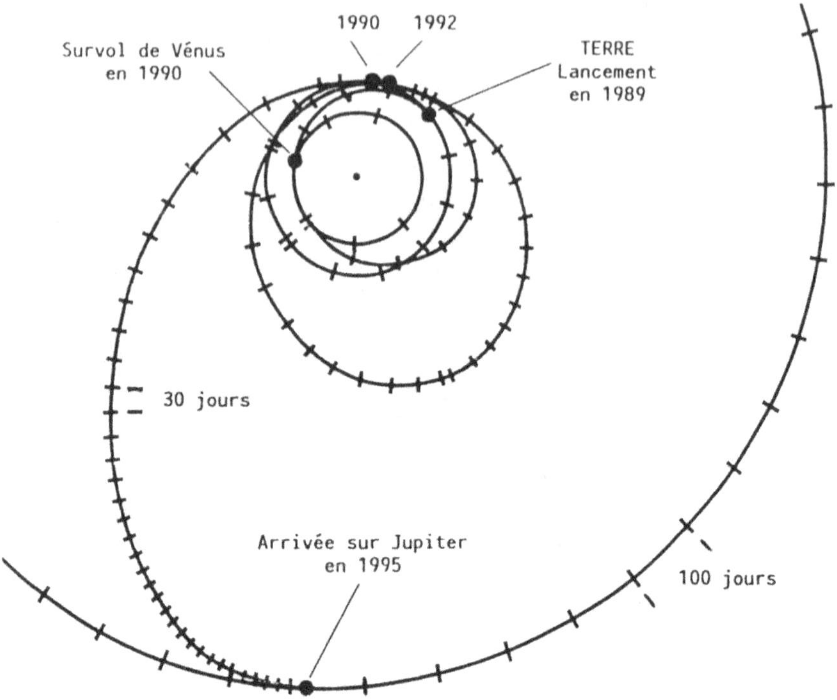

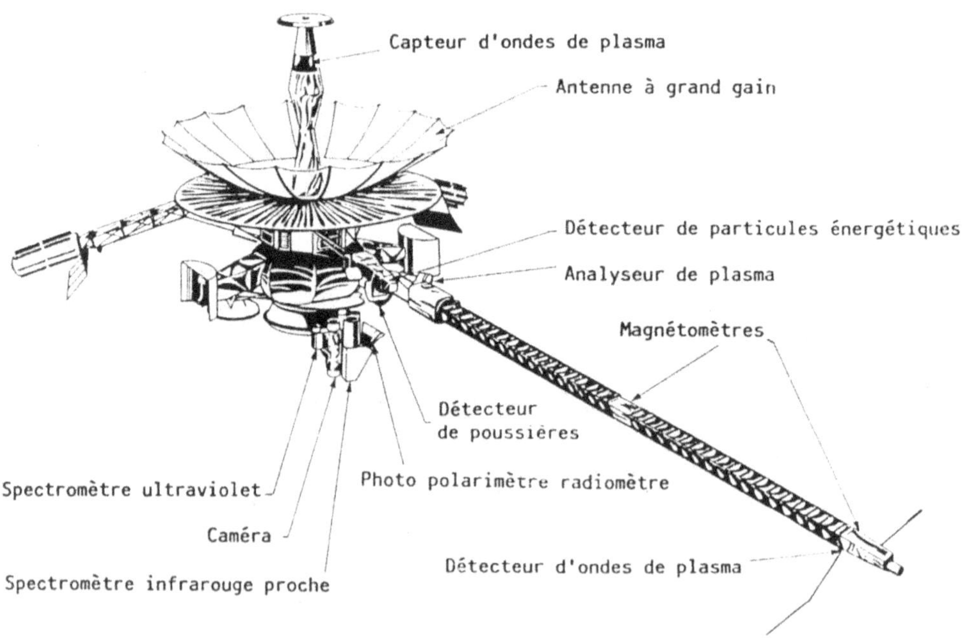

Figure 6.21 : Sonde Galileo vers Jupiter

Cette trajectoire complexe illustre de manière idéale l'intérêt de l'assistance gravitationnelle. Les éléments des trajectoires de transferts Terre - Vénus et Terre - Jupiter sont trouvés dans la Table 6.V et permettent de déterminer les points représentatifs dans les diagrammes des Figs. 6.9 et 6.11. Le lancement vers Jupiter correspond à une injection terrestre fictive à la vitesse de 14.4 km/s, alors que le lancement préliminaire vers Vénus n'a demandé qu'une vitesse d'injection réelle de 11.5 km/s. Le gain réalisé est très important, il approche 3 km/s.

b. Mission d'exploration

Galileo a été lancée le 18 octobre 1990 et a atteint Jupiter à la fin de l'année 1995. La capsule atmosphérique a enregistré pendant près d'une heure les caractéristiques physiques et chimiques de la haute atmosphère. L'orbiteur s'est placé sur une orbite elliptique très excentrique (200 000 / 15×10^6 km), le 07 décembre 1995, en partie grâce à un coup de frein gravitationnel provoqué par Io. Un défaut à l'ouverture de l'antenne à haut gain a limité le débit de transmission à quelques octets par seconde et donc le nombre d'images de Jupiter et de ses satellites transmises vers la Terre. La sonde orbitale a sillonné pendant plus de deux ans l'ensemble du système jovien et a survolé plusieurs fois et à courte distance les satellites galiléens. Elle a confirmé les découvertes les plus spectaculaires de Voyager 2 : l'activité volcanique intense de Io et les possibilités d'existence d'eau liquide sur Europe. Un léger champ magnétique a été détecté sur Ganymède, ce pourrait être également le cas d'Io.

Selon une tradition inaugurée en 1993 avec la sonde vénusienne Magellan, les dernières réserves d'ergol sont consacrées à quelques manoeuvres sans retour. Il s'agit, pour les dernières orbites de Galileo en 1998, de survols très proches du satellite Europe, les deux dernières orbites étant réservées à un plongeon de *kamikaze* dans l'atmosphère sulfureuse d'Io, jusqu'à destruction de l'électronique de bord sous l'effet de l'intense champ magnétique de Jupiter.

VEGA 2

Données			
Lancement	avant	aphélie	
Rencontre	après	périhélie	
Passage	derrière	Vénus	
Rp = 106.00 E6	Ra = 150.0 E6	VI = 11.354	K = 2.850
Hyperbole de départ			
a = 54904.	e = 1.120	Vh = 2.796	t = 5.739
Trajectoire de transfert vers Vénus			
a = 128.0 E6	e = 1.172	Is = 0.	t2 = 144.386
to = 134.082	Ao = 170.77	Vs = 27.185	Vf = 37.876
tf = 14.365	Af = 25.48	Ts = 1.90	Tf = 3.66
Tiss1 =		Tiss2 = 2.988	
			RE = 107.53 E6
Hyperbole de réaction sur Vénus		Vp = 7.222	Vop = 4.372
a = 23703.	e = 1.728	Al = 33.46	Tp = 1.87
Vi = 3.819	D = 32647.	Ir = 0.	tH = 2.885
angles :	Bi = 45.47	Bo = 70.66	Gm = 0.
			Rs = 107.80 E6
Trajectoire de transfert vers Halley			
a = 135.24 E6	e = 0.207	Is = 0.	t2 = 156.808
to = 8.234	Ao = 14.66	Vs = 38.523	Vf = 31.885
tf = 64.083	Af = 97.43	Ts = -2.50	Rap = 163.28 E6
Tiss1 = 2.987		Tiss2 =	

RESULTATS	Durée t	Angle θ	δ	Δ
Vénus	177.68	224.82	96.17	97.47
Halley	260.65	282.34	74.67	-135.71

ULYSSE

Données			
Lancement	tangent		
Rencontre	avant	aphélie	
Passage	devant	Jupiter	
Rp = 149.60 E6	Ra = 2500.0 E6	VI = 15.660	K = 7.0
DV = 0	Hors plan	iT = 0.04	L = 7.8
Hyperbole de départ			
a = 3235.	e = 3.033	Vh = 11.143	t = 1.545
Trajectoire de transfert vers Jupiter			
a = 132.48 E6	e = 0.887	Is = 0.04	t2 = 4807.677
to = 0.0	Ao = 0.0	Vs = 40.960	Vf = 16.231
tf = 421.796	Af = 133.79	Ts = 0.0	Tf = 58.91
Tiss1 =		Tiss2 = 1.792	
			RE = 731.07 E6
Hyperbole de réaction sur Jupiter		Vp = 26.065	Vop = 15.441
a = 592459.	e = 1.850	Al = 31.68	Tp = 1.04
Vi = 14.4	D = 911049	Ir = -40.78	tH = 38.955
angles :	Bi = -17.78	Bo = -65.45	Gm = 0.
			Rs = 789.95 E6
Trajectoire de sortie			
a = 525.27 E6	e = 0.563	Is = 78.11	t2 = 1200.300
to = 926.692	Ao = 165.77	Vs = 9.139	Vf =
tf =	Af =	Ts = 16.973	Rap = 821.24 E6
Tiss1 = 1.761		Tiss2 =	

RESULTATS	Durée t	Angle θ	δ	Δ
Jupiter	462.30	137.88	108.59	110.06

GALILEO

Données			
Lancement	tangent		
Rencontre	avant	périhélie	
Passage	derrière	Vénus	
Rp = 98.0 E6	Ra = 149.60 E6	VI = 11.485	Kv = 3.660
		KT1 = 1.448	KT2 = 1.0
Hyperbole de départ			
a = 38916.	e = 1.169	Vh = 3.288	t = 4.961
Trajectoire de transfert vers Vénus			
a = 123.80 E6	e = 0.208	Is = 0.	t2 = 137.336
to = 137.336	Ao = 180.0	Vs = 26.529	Vf = 36.905
tf = 34.830	Af = 66.04	Ts = 0.0	Tf = -9.96
Tiss1 =		Tiss2 = 2.966	
			RE = 109.18 E
Hyperbole de réaction sur Vénus		Vp = 8.400	Vop = 3.858
a = 8089.	e = 3.740	Al = 13.84	Tp = 1.66
Vi = 6.439	D = 28924.	Ir = 0.	tH = 1.764
angles :	Bi = 168.32	Bo = 31.00	Gm = 0.
			Rs = 107.46 E
Trajectoire de transfert vers la Terre			
a = 147.97 E6	e = 0.297	Is = 0.	t2 = 179.467
to = 16.103	Ao = 30.52	Vs = 39.707	Vf = 29.359
tf = 76.849	Af = 111.09	Ts = -6.85	Tf = -17.23
Tiss1 = 2.965		Tiss2 = 2.910	
			RE = 151.07 E
Hyperbole de réaction sur la Terre		Vp = 12.878	Vop = 6.581
a = 5049.	e = 2.829	Al = 20.19	Tp = 0.51
Vi = 8.930	D = 13318.	Ir = 0.	tH = 1.922
angles :	Bi = 191.57	Bo = -41.40	Gm = 0
			Rs = 148.29 E
Trajectoire de transfert vers la Terre			
a = 237.46 E6	e = 0.428	Is = 0.	t2 = 364.841
to = 34.155	Ao = 43.80	Vs = 35.124	Vf = 34.671
tf = 37.981	Af = 48.10	Ts = -12.74	Tf = -13.90
Tiss1 = 2.908		Tiss2 = 2.908	
			RE = 150.95 E
Hyperbole de réaction sur la Terre		Vp = 14.385	Vop = 7.919
a = 4909	e = 2.299	Al = 25.39	Tp = 0.39
Vi = 9.056	D = 10130	Ir = 0.	tH = 1.894
angles	Bi = 154.68	Bo = -51.56	Gm = 0
			Rs = 149.25 E
Trajectoire de transfert vers Jupiter			
a = 466.43 E6	e = 0.681	Is = 0	t2 = 1004.35
to = 5.839	Ao = 7.52	Vs = 38.692	Vf = 7.525
tf = 901.496	Af = 175.20	Ts = -3.05	Rap = 784.12 E
Tiss1 = 2.906		Tiss2 =	

RESULTATS	Durée t	Angle θ	δ	Δ
Vénus	109.23	121.23	86.26	87.4
Terre	301.87	284.40	- 34.96	0.0
Terre	729.67	360.00	-359.95	0.0
Jupiter	909.23	185.15	119.63	78.9

Table 6.V : Missions multiples

Vega 2 - Galileo - Ulysse

6.3
Éléments de planétologie

L'exploration de l'espace, entamée il y a seulement quelques décennies, a connu un progrès très rapide. À peine les premiers satellites artificiels étaient-ils lancés que le vieux rêve des précurseurs, le voyage interplanétaire, devint objectif prioritaire. L'étude physique des corps du Système solaire est, en effet, l'objectif le plus passionnant de la conquête de l'espace. Cette discipline, la *planétologie*, a connu véritablement son essor avec l'ère spatiale. Atteindre la Lune n'a pris que quelques années, et les premières tentatives vers les planètes voisines, Mars et Vénus, suivirent dès 1960, mais connurent l'échec, à cause des distances incomparablement plus grandes à parcourir et des difficultés de télécommunications. En effet, rien ne sert de survoler les planètes, encore faut-il que les informations reviennent vers la Terre. Une dizaine d'années de mise au point ont été nécessaires pour maîtriser la fiabilité des matériels et des communications.

Les autres planètes demandent des vitesses d'injection nettement plus élevées, c'est pourquoi il est fait appel à des techniques plus sophistiquées comme l'assistance gravitationnelle. Rodée dès 1973 avec l'exploration de Mercure par *Mariner 10* et de Saturne par *Pioneer*, cette technique a connu un sommet avec le superbe billard cosmique de plus de cinq milliards de kilomètres réalisé par la sonde *Voyager 2*. Depuis lors, l'assistance gravitationnelle est couramment utilisée : elle permet, en effet, de lancer plus loin des charges plus lourdes et permet également la conception de missions à objectifs multiples.

Après les survols de reconnaissance, première phase de l'exploration planétaire, vient le temps de l'exploration approfondie par sondes orbitales (orbiteurs) et modules de descente (atterrisseurs - *landers*) ou capsules atmosphériques. Ces phases ont été entamées pour la Lune, Mars et Vénus.

Des explorations similaires vers Jupiter et Saturne sont prévues de 1995 à 2005 avec les sondes lourdes Galileo et Cassini. Titan, le satellite de Saturne possédant une atmosphère, sera également exploré. Les quatrième et cinquième phases : retour de matériaux vers la Terre et enfin vol habité, n'ont encore été menées que pour la Lune.

Enfin, d'autres missions très importantes ont pour objet l'étude des autres corps du Système solaire, comètes et astéroïdes : ces corps très primitifs sont considérés comme des témoins des premiers âges du Système solaire.

6.3.1 Exploration de la Lune

Dans le Système solaire, aucune association planète-satellite n'est comparable à celle du système Terre - Lune. Les satellites naturels sont, en général, très petits par comparaison avec leur planète-mère. Or, à une distance de près de soixante rayons terrestres, la Terre est accompagnée d'un satellite constituant un corps céleste à part entière. La présence d'un compagnon aussi énorme est une énigme qui, après avoir inspiré les poètes et les rêveurs pendant plusieurs siècles, se devait d'exciter la curiosité des explorateurs de l'ère spatiale.

a. L'épopée lunaire

Les premières tentatives vers la Lune suivirent de près les premiers satellites artificiels : *Lunik* 2 (ou *Luna*) atteint la Lune en 1959 et Luna 3 fournit les premières photos (médiocres) de la face cachée. Au total, l'exploration de la Lune a concerné une quarantaine de missions jusque 1976 (voir annexe VI, Table 6.IX). Le choix des États-Unis d'envoyer des engins habités sur la Lune avait un double objectif : tout d'abord redresser le prestige de la nation après les succès et les premières spatiales russes et ensuite doter le pays d'une puissante industrie d'avant-garde.

Après le survol simple ou l'abordage par les *Rangers*, la phase orbitale des *Lunar Orbiter* a permis la reconnaissance photographique et la cartographie, suivi des modules de descente *Surveyor* pour reconnaître le sol. L'étape suivante est le retour avec ou sans rendez-vous sur orbite.

Les sondes automatiques soviétiques *Luna* et *Zond* ont suivi la même progression : la trajectoire de retour choisie est directe.

Le programme *Apollo* proprement dit comprend neuf vols lunaires habités (Apollo 8 puis 10 à 17) dont trois vols circumlunaires (Apollo 8, 10 et 13) et six alunissages avec séjour de deux astronautes sur le sol lunaire. Le premier vol circumlunaire a été réalisé le 25 décembre 1968 par Apollo 8, commandé par *Frank Borman* (n. 1928). La révélation de ce vol est l'image extraordinaire de la *planète bleue* Terre vue de l'espace.

Le globe terrestre apparaît bleuté, c'est le signe de la présence de molécules d'oxygène, et parcouru de traînées blanchâtres de vapeurs d'eau, traduisant l'activité incessante de l'atmosphère. Le premier débarquement sur la Lune a été réalisé lors de la mission Apollo 11.

Le *petit pas* de *Neil Armstrong* (n. 1930), le 21 juillet 1969 à 3 h 56 m 20 s UT, est *un pas de géant pour l'humanité.*

b. Constitution de la Lune

La Lune est un astre mort, sans atmosphère et constellé de cratères météoritiques. Son champ magnétique est très faible, moins d'un centième de celui de la Terre. Des mesures sismiques exécutées sur la Lune ont permis d'identifier un noyau de fer liquide assez petit (rayon d'environ 100 km). Ceci explique assez bien la masse spécifique plus faible que celle des planètes telluriques (3.3 contre 5.5 g/cm^3). Les températures sont très basses : -10° côté Soleil et -120° côté nuit.

L'analyse des 400 kg de roches lunaires ramenés sur Terre de 1969 à 1976 a révélé que la Lune n'est pas un astre homogène entièrement composé de matières chondritiques. La composition chimique des roches lunaires est proche de celle des roches terrestres. Tous les éléments sont connus sur Terre, mais leurs proportions sont différentes : il y a moins d'éléments volatils, moins de fer, d'azote et de carbone et pratiquement pas d'eau ni de minéraux hydratés. En revanche, il y a nettement plus d'éléments réfractaires. Pour obtenir les roches lunaires à partir des roches terrestres, il faudrait porter ces dernières à des températures très élevées. Leur âge est compris entre 3.1 et 4.2 milliards d'années, ce qui indique d'une part que la Lune s'est formée en même temps que la Terre et d'autre part que la surface de la Lune est figée depuis près de trois milliards d'années. Un élément important découvert dans les roches lunaires est la trace d'un très important bombardement météoritique, situé entre 4.0 et 3.8 milliards d'années. Cette période pourrait correspondre à la création des *mers* lunaires par impact avec des corps très grands, comme les astéroïdes.

L'évolution de la Lune peut dès lors être schématisée comme ceci : formée voici environ 4.5 milliards d'années, en même temps que la Terre et que les planètes voisines, la Lune a connu pendant un bon milliard d'années une activité interne alimentée par la chaleur des roches radioactives. Pendant cette période, un bombardement intense de corps de grandes dimensions a eu lieu entre 3.8 et 4.0 milliards d'années conduisant à la naissance des mers lunaires, vastes bassins gardant la trace de ces collisions gigantesques. Sous l'effet du volcanisme interne, ces mers se remplirent progressivement de laves, d'où la couleur plus sombre de ces régions. Ensuite, l'activité volcanique s'est progressivement arrêtée et la Lune s'est refroidie, laissant le champ libre au bombardement météoritique normal qui lui a donné la surface cratérisée qui est la sienne aujourd'hui.

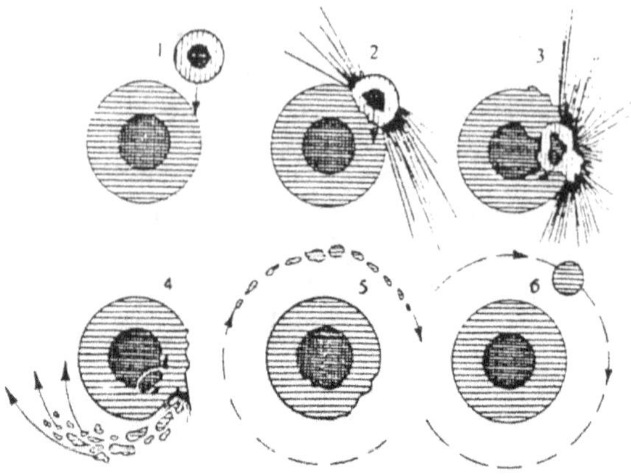

Figure 6.22 : Hypothèse de formation de la Lune

c. Hypothèses de formation

Trois hypothèses ont été envisagées par le passé, pour rendre compte de l'origine du système Terre - Lune. Dans les deux premiers modèles : Lune constituée d'un morceau arraché à la Terre ou bien formée en même temps et à proximité, les différences de composition chimique des roches ne s'expliquent pas. Le troisième modèle présente la Lune comme une planète à part entière, capturée par la Terre. Ce modèle rend difficilement compte des similitudes existant entre les deux corps.

Une quatrième hypothèse, introduite en 1976 par *Donald Cameron* (n. 1912) est illustrée par la Fig. 6.22 : c'est une combinaison du premier et du troisième modèle. La formation de la Lune y apparaît comme le résultat de la collision rasante de la Terre, encore partiellement liquide, avec une planète vagabonde d'un dixième de masse terrestre, similaire à la planète Mars. Dans deux variantes simulées, la dislocation de la petite planète provoque un rejaillissement de matériaux qui rend compte de la formation d'un objet en orbite circumterrestre à partir des débris légers provenant des manteaux des deux planètes. Le noyau de fer de la planète errante serait resté mélangé au noyau terrestre.

6.3.2 Les planètes proches

Les premières photos des planètes Vénus et Mars ont été obtenues par les sondes américaines *Mariner* 2 et 4 en 1962 et 1964. À partir de 1970, l'époque des éclaireurs était terminée et l'exploration proprement dite commençait avec diverses sondes orbitales et modules de descente.

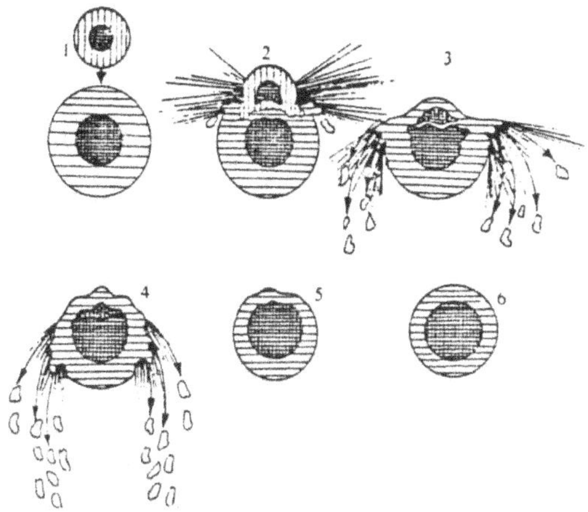

Figure 6.23 : Formation de la planète Mercure

a. Mercure

Mercure ne s'écarte jamais de plus de 28° du Soleil. Les observations au télescope sont donc toujours effectuées dans des conditions défavorables, à proximité de l'horizon. Les astronomes du XIXe siècle pensaient que la rotation de Mercure était synchrone mais les mesures radar effectuées dès 1962 ont montré que la période de rotation de Mercure était de 58.7 jours terrestres, dans le rapport 2 / 3 avec sa période orbitale. Mercure ne connaît pas de saisons, mais la proximité du Soleil et l'absence d'atmosphère entraînent des différences de température considérables entre face éclairée (de 350 à 420° C) et ombre (-170° C). Enfin, au voisinage du périhélie, le mouvement angulaire orbital est plus rapide que la rotation de la planète. Un observateur sur Mercure verrait le Soleil rétrograder, c'est-à-dire rebrousser chemin vers l'est, durant huit jours terrestres, avant de reprendre sa course normale.

Mercure a été survolé trois fois par la sonde *Mariner* 10 en 1974 et 75. Le premier et le troisième survol ont eu lieu du côté nuit et le deuxième du côté éclairé, tous trois au-dessus du même hémisphère. Un faible champ magnétique, du même ordre de grandeur que celui de la Lune, a été détecté. La surface est couverte de nombreux cratères, un gigantesque bassin circulaire de plus de 1 300 km de diamètre, baptisé *Caloris*, rappelle les mers lunaires. Il est entouré de montagnes s'élevant à plus de 2 000 m. Le phénomène topographique le plus spectaculaire est constitué de longues falaises présentant des escarpements lobés qui sont interprétés comme signes d'une compression due au refroidissement des roches et au rétrécissement correspondant. Certaines parties de la surface sont plissées comme la peau d'une pomme séchée. Tous ces éléments conduisent à postuler pour Mercure une évolution semblable à celle de la Lune.

- **Hypothèse de formation**

La planète Mercure possède un noyau de fer trop important pour sa taille. D'après diverses simulations, la planète devrait atteindre une masse double (0.14 m_T), avec comme la Terre un manteau de silicates. Le scénario catastrophe qui a été mis au point est celui d'un impact de front, à la vitesse de 20 km/s, avec un corps similaire à la Lune (0.02 m_T), comme illustré à la Fig. 6.23. Les noyaux se mélangent, mais une partie importante du manteau est éjectée sans pouvoir former de satellite. Le résultat correspond assez bien à ce qu'est Mercure aujourd'hui.

b. Vénus, déesse de la beauté

La planète Vénus est l'astre le plus brillant du ciel terrestre, souvent visible en plein jour. Vénus était considérée dans l'antiquité comme patronne des chasseurs et symbole de la fécondité, de l'amour et de la beauté féminine. Elle est restée très mystérieuse, car voilée en permanence d'une épaisse couche nuageuse empêchant de distinguer aucun détail de son sol. Sa rotation diurne n'a pu être déterminée que vers 1970 par radar : elle est rétrograde et sa période est de 243 jours terrestres, alors que les nuages tournent en quatre jours seulement. Le champ magnétique et les saisons y sont inexistants, le jour succède à la nuit tous les deux mois terrestres environ.

L'exploration de Vénus débuta par l'envoi de sondes atmosphériques qui eurent beaucoup de difficultés à survivre dans les conditions extrêmes de pression et de température qui règnent à la surface. La première sonde ayant fourni des données exploitables (pression, température) est *Venera* 7, en décembre 1970, après s'être posée sur la planète par freinage aérodynamique. Les premières photos transmises du sol en octobre 1975 sont dues à *Venera* 9, qui fut également le premier orbiteur vénusien. Une carte altimétrique de la planète, avec une résolution de 200 m, fut relevée en 1978 par la sonde orbitale *Pioneer - Venus* 1. Les sondes *Venera* 15 et 16, en 1983, et *Magellan*, en 1990/93, en ont établi une cartographie détaillée par radar à ouverture de synthèse. La résolution horizontale est passée de 2 km à 200 m, et pour l'altitude, elle est de 30 m.

L'atmosphère de Vénus comprend 96 % d'anhydride carbonique CO_2 et est de ce fait le siège d'un important effet de serre : de jour, la température au sol est de 480° C. La pression atmosphérique atteint plus de 90 bars. Cette atmosphère épaisse véhicule des nuages chargés d'acide sulfurique concentré et connaît des vents violents à 300 km/h. Les pointes atteignent 1 000 km/h à la limite jour - nuit où d'importantes zones d'orages électriques ont été détectées. Malgré cette épaisse atmosphère, la visibilité au sol est bonne, comme en témoignent les photos de Venera 9. Le relief est uniforme : 75% de la planète ne présente pas de dénivellation supérieure à 500 m.

Les structures géologiques de Vénus comprennent trois masses continentales principales. La première, la Terre d'*Ishtar*, est une chaîne de montagnes élevées, culminant à 11 km avec le mont *Maxwell*, les autres sont la Terre d'*Aphrodite* et une zone volcanique de type hawaiien appelée région *Beta*, comprenant des structures volcaniques nouvelles en forme de dômes ou de *soufflés*. D'importants plissements et de multiples chaînes montagneuses parallèles, séparées par de gigantesques canyons, semblent indiquer une forte érosion passée, due à des fluides en mouvement tels des laves ou de l'eau. La surface de Vénus est jeune, mais de nombreuses questions restent ouvertes : le volcanisme semble y être encore actif mais la tectonique reste mal comprise. *Rifts* et failles existent, mais sont nettement plus localisées et fragmentaires que sur Terre. Enfin, pour comprendre le mécanisme d'évolution de Vénus, il faut connaître sa structure interne : les sondes futures devront pouvoir survivre longtemps à la surface pour exécuter des mesures in situ, en particulier des mesures sismiques.

c. Mars, la planète rouge

La durée du jour martien est, à une demi-heure près, identique au jour terrestre et les saisons sont bien marquées. Les calottes polaires sont nettement observables et s'étendent considérablement en hiver. L'ensemble de ces similitudes, ainsi que les fameux canaux que certains astronomes du siècle dernier avaient cru y observer, ont contribué à créer l'illusion d'une planète habitable. Qualifiée de planète rouge et associée par les anciens au dieu de la guerre, Mars doit sa couleur aux oxydes de fer de son sol.

Les premiers renseignements fournis par les éclaireurs *Mariner* 4, 6 et 7 donnaient de la planète Mars une image décevante, similaire à celle de la Lune. Fin novembre 1971, les sondes *Mariner* 9 et *Mars* 2 et 3 se satellisèrent autour de la planète. À ce moment sévissait une gigantesque tempête de sable qui ne se calma qu'en janvier 1972. Mariner 9 découvrit alors des volcans de type terrestre hawaiien et des failles immenses, là où les canaux avaient jadis été observés. Les conditions externes de température et de pression sont assez rigoureuses : la température moyenne est de − 50° C, avec des extrêmes allant de + 20 à - 140° C. L'atmosphère est très ténue, la pression atteint à peine 8 millibars : c'est moins d'un pour-cent de la pression atmosphérique terrestre.

Le sommet de l'exploration martienne revient en 1976 aux sondes jumelées *Viking* 1 et 2, constituées chacune d'un orbiteur et d'un atterrisseur (*lander*). Aux orbiteurs était confiée la cartographie photographique de la planète et aux atterrisseurs, diverses expériences scientifiques dont plusieurs tests biologiques destinés à détecter la présence de la vie. Ces tests ont été négatifs, mais il s'est avéré ultérieurement que ces mêmes tests pouvaient également être négatifs à certains endroits de la Terre. La question de la vie sur Mars n'est donc pas encore entièrement résolue.

Les planétologistes regroupent les structures géologiques martiennes en quatre catégories principales :

- des structures volcaniques de type hawaiien, dont les plus grandes sont les monts *Olympe* et *Elysée*, culminant à près de 27 km,
- un plateau surélevé, la région de *Tharsis*, s'étendant sur un quart de la planète et situé à plus de 6 km du niveau de référence,
- un réseau impressionnant de failles ou canyons gigantesques, à bords escarpés, s'étendant sur près de 5 000 km : le canyon équatorial de la vallée des *Mariner* est peut-être à l'origine de l'observation des canaux au siècle dernier,
- les calottes polaires, dont les dimensions varient avec les saisons, sont constituées de glaces d'eau et de glaces carboniques.

Sur Mars, les cratères d'impact sont nettement moins nombreux que sur Mercure ou la Lune : la surface est donc nettement plus jeune. Ceci est dû aux phénomènes d'érosion qui sont ou ont été très actifs : érosion éolienne et érosion ancienne par liquides en mouvement (laves ou eau). Si c'était de l'eau, où donc a-t-elle disparu aujourd'hui ? Une hypothèse plausible est qu'elle serait conservée dans le sol sous forme de pergélisol (*permafrost*) martien !

À l'issue de la période de fusion radioactive, le refroidissement de la planète doit avoir entraîné des pluies diluviennes et causé un important ruissellement superficiel. La planète Mars apparaît *in fine* assez semblable à la Terre, ayant connu jusqu'à un passé relativement proche, une intense activité volcanique et tectonique, avec sans doute de l'eau liquide en surface. Ensuite l'eau disparut de la surface tandis que l'activité volcanique se poursuivait jusqu'il y a environ 500 millions d'années, époque à laquelle l'évolution de Mars semble s'être figée.

Les deux satellites de Mars, *Phobos* et *Déïmos* sont deux cailloux irréguliers d'environ 20 km de diamètre. Phobos présente une série de rainures isolées, des champs de sillons et des enfilades de creux paraissant associés au grand cratère *Stickney*, dont le diamètre atteint 10 km. À noter que Phobos orbite trois fois plus vite que Mars ne tourne autour de son axe.

Les dernières explorations réussies sont : en 1996/8 *Mars Global Surveyor* (orbiteur) et *Mars Pathfinder* (atterrisseur à *airbag* emmenant un mini robot à roues). Six échecs ont été enregistrés de 1989 à 1999 : deux *Phobos* en 1989, *Mars Observer* en 1992, *Mars* 96 et deux *Mars Surveyors* (orbiteur et atterrisseur) en 1999, les trois premiers par perte de télécommunications aux approches de la planète, le suivant par échec du lanceur et les deux derniers par défaillance de la programmation.

Des lancements sont prévus lors de chaque alignement Terre - Mars. Le prélèvement d'échantillons avec retour sur Terre pourrait être programmé pour 2005. Des missions habitées sont envisagées à terme, avec l'installation de la station spatiale internationale (voir annexe VI.5).

6.3.3 L'odyssée de Voyager 2

Dès la fin des années 1960, les spécialistes des planètes s'étaient rendu compte que les deux décennies suivantes allaient voir les planètes géantes occuper les positions favorables décrites à la section 6.2.7 b. Le projet retenu comprenait le survol de Jupiter et de Saturne au moyen du vol jumelé des sondes *Voyager* 1 et 2. Ces opérations devaient être précédées, vers 1973, de vols de reconnaissance par *Pioneer* 10 et 11, afin de reconnaître la zone des astéroïdes et de mesurer le champ magnétique intense de Jupiter. La durée de vie programmée des sondes était de quelques années, mais les trajectoires permettaient en cas de réussite, de dépasser les objectifs initiaux.

Les sondes Pioneer et Voyager ont dépassé la vitesse de libération solaire au passage près de Jupiter. Équipées de générateurs atomiques, elles peuvent rester en communication avec la Terre jusque 1995. Les trajectoires solaires finales permettent l'exploration de la frontière entre l'espace interstellaire et la zone du vent solaire : l'*héliopause.*

Chacune de ces sondes emporte un *message aux extraterrestres* : message graphique symbolique (Fig. 6.24) imaginé par *Carl Sagan* (1934 - 1996), sur les sondes Pioneer, et disque comprenant divers enregistrements sonores caractéristiques des sons de la Terre, à bord des sondes Voyager. Ces messages sont adressés par l'humanité aux autres habitants de l'univers.

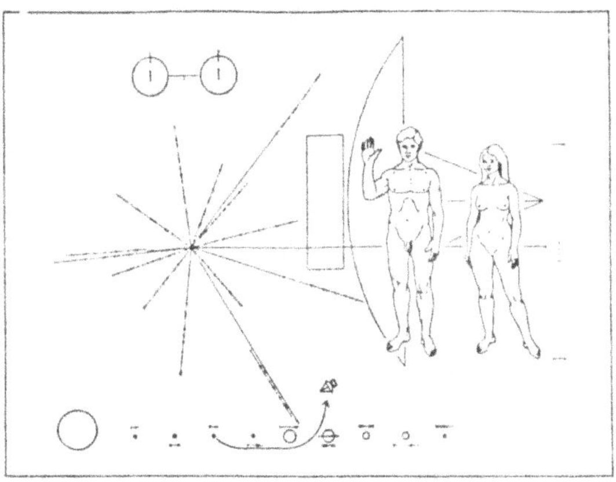

Figure 6.24 : Message aux extraterrestres

a. Pioneer en reconnaissance

Les sondes Pioneer étaient de conception assez simple : 260 kg au total dont 25 kg seulement d'équipement scientifique. Comme moyen d'imagerie, elles ne disposaient que d'un photo-polarimètre sans aucun moyen de pointage. C'est la rotation du système de stabilisation qui assurait le balayage.

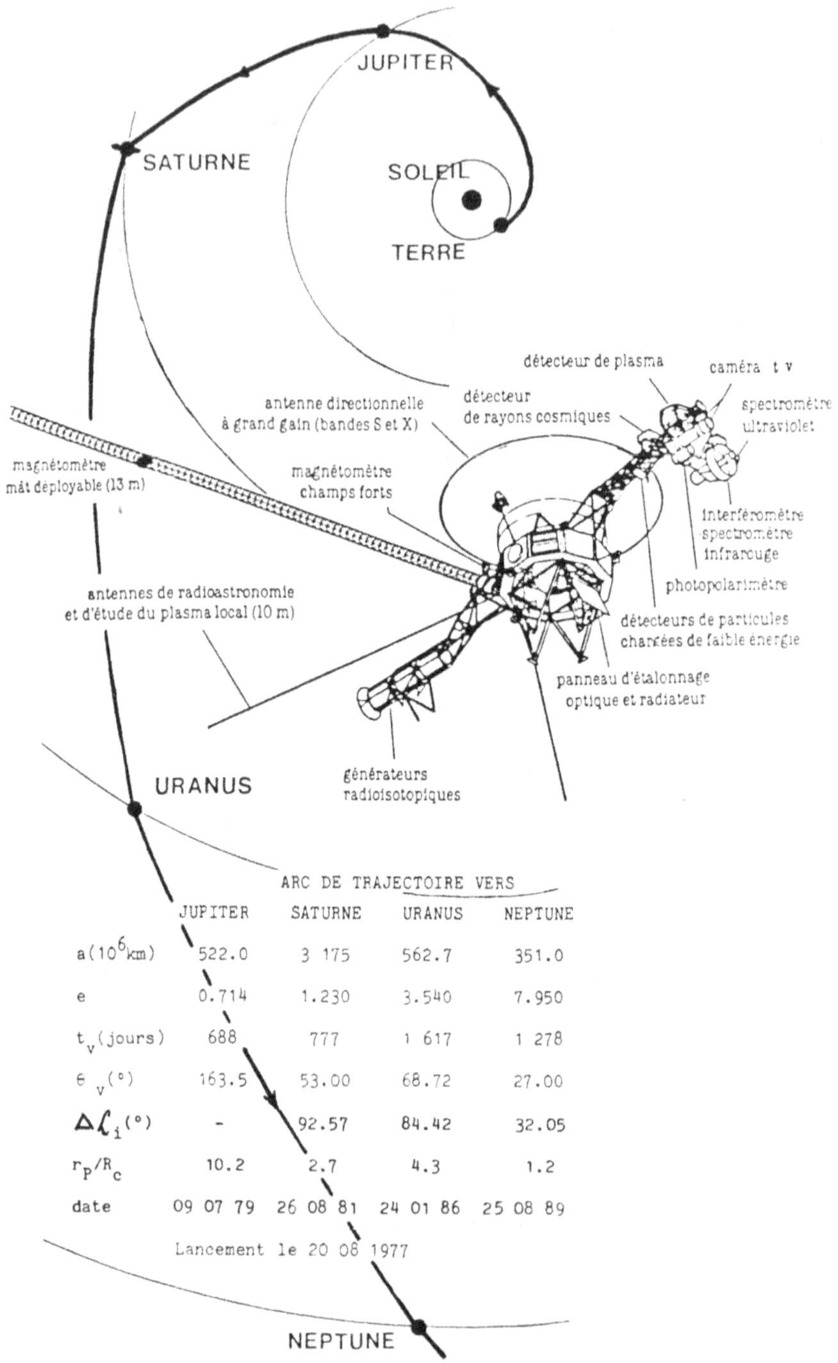

	JUPITER	SATURNE	URANUS	NEPTUNE
$a(10^6 km)$	522.0	3 175	562.7	351.0
e	0.714	1.230	3.540	7.950
t_v(jours)	688	777	1 617	1 278
$\theta_v(°)$	163.5	53.00	68.72	27.00
$\Delta \ell_i(°)$	-	92.57	84.42	32.05
r_P/R_c	10.2	2.7	4.3	1.2
date	09 07 79	26 08 81	24 01 86	25 08 89

Lancement le 20 08 1977

Figure 6.25 : L'odyssée de Voyager 2

Des images exploitables ne pouvaient être obtenues qu'après restitution par ordinateur. En 1974, le pari était gagné au-delà de toute espérance, Pioneer 10 avait réussi et les approches de Jupiter étaient praticables. Pioneer 11, devenue redondante, pouvait être poussée jusque Saturne. Pour étudier les ceintures de radiations dans les trois dimensions, Pioneer 11 aborda Jupiter par les latitudes élevées (Fig. 6.19). De ce fait, la trajectoire subissait une torsion et sortait de l'écliptique avec une inclinaison voisine de 20°. Après avoir retraversé tout le Système solaire en sens inverse par une demi-ellipse légèrement inclinée, la sonde atteignait Saturne en 1979, à l'issue d'un vol de près de cinq ans.

Bien que peu spectaculaires, les résultats des missions Pioneer constituent une moisson très riche. Malgré l'absence d'images détaillées de Jupiter et de Saturne, de nombreuses mesures physiques, chimiques et radioactives ont permis de mieux connaître l'environnement de ces deux planètes, préparant ainsi le terrain aux sondes Voyager.

b. Le *Grand Tour* de Voyager 2

Les sondes Voyager sont des engins Mariner évolués, conçus suivant les techniques disponibles au début des années 1970, affinées par Mariner 10 et les Vikings martiens. L'effort principal a porté sur les trois ordinateurs de bord et surtout sur les télécommunications. Il en résulte une sonde d'environ 800 kg, stabilisée suivant trois axes et pilotée par ordinateur, capable de s'ausculter elle-même. Elle emporte onze équipements scientifiques destinés à l'analyse physique, chimique et nucléaire et à l'imagerie (caméras de télévision, spectromètres IR et UV et photopolarimètre).

Voyager 1 était spécialement conçu pour l'exploration de Saturne. Le passage à courte distance de Titan lui a fait perdre toute possibilité de rencontre avec les planètes plus lointaines. Voyager 2, en revanche, pouvait entreprendre ces étapes supplémentaires. Malgré la vitesse toujours plus élevée et les conditions d'éclairement nettement défavorables vu l'éloignement du Soleil, les passages auprès d'Uranus et de Neptune ont été de grands succès. Ces mondes glacés et mystérieux ont enfin pu être observés de près. La moisson scientifique de Voyager 2 est extraordinaire, comme le montre l'article suivant, mais la masse d'informations récoltées entraîne de nombreuses questions nouvelles. La connaissance du Système solaire extérieur a fait plus de progrès grâce à Voyager 2 que pendant tous les siècles d'observations astronomiques qui précèdent.

6.3.4 Planètes géantes et autres objets

Les planètes géantes présentent plusieurs caractéristiques voisines qui ont toutes été mises en évidence lors du la mission d'exploration de la sonde Voyager 2.

Ces planètes de faible densité sont constituées, comme les étoiles, principalement d'hydrogène et d'hélium mais comprennent également un noyau rocheux plus dense. Leurs températures superficielles sont très basses : -130° pour Jupiter et -230° pour Neptune. Elles tournent rapidement en moins de 20 heures et présentent un champ magnétique comparable à celui de la Terre, sauf celui de Jupiter qui est dix fois plus intense. Elles produisent deux fois plus de chaleur qu'elles n'en reçoivent du Soleil.

Le panorama de la haute atmosphère de Jupiter est orné de bandes parallèles faites de volutes et de festons très colorés. Une gigantesque tache rouge témoigne de l'ampleur et de la violence des orages atmosphériques. Saturne est moins contrasté, Uranus est uniformément grisâtre tandis que Neptune apparaît comme un globe bleuâtre, marqué de traînées plus sombres ou les orages apparaissent sous forme de taches noires.

Enfin, ces quatre planètes sont entourées chacune d'un grand nombre de satellites et surtout d'un système complexe d'anneaux, dont celui de Saturne constitue le joyau le plus spectaculaire.

a. Jupiter

Jupiter possède un anneau ténu et 16 satellites (connus en 1990), qui ne sont, pour la plupart, que des rochers similaires aux astéroïdes. Les quatre satellites galiléens, *Io, Europe, Ganymède et Callisto* sont plus intéressants. Io et Europe, sont de nature tellurique et possèdent une surface jeune. Ganymède et Callisto sont moins denses et présentent une surface criblée de cratères météoritiques.

- **Io** est le siège d'un volcanisme très actif et semble posséder un léger champ magnétique. Le volcanisme d'Io est dû, sans doute, au gradient de gravité qu'induit Jupiter dans sa masse. La chatoyante coloration rouge-orange-jaune qui en résulte traduit la violence de la chimie du souffre qui s'y déroule,
- **Europe** a l'aspect d'une sphère de glace quasi parfaite mais parcourue de multiples craquelures faisant penser à des alternances de gel et de fonte de sa surface,
- **Ganymède** semble posséder un faible champ magnétique détecté par la sonde Galileo (1/50e de celui de la Terre),
- **Callisto** présente un gigantesque bassin d'impact dénommé *Walhalla*, entouré de failles et de crêtes disposées en structures annulaires.

b. Saturne

Saturne apparaît comme un globe rosâtre, auréolé par un extraordinaire système d'anneaux. Les quatre anneaux *D*, *E*, *F* et *G*, découverts par les sondes spatiales, s'étendent au-delà des orbites des premiers satellites. À l'exception de *Mimas* et de *Titan*, les nombreux satellites de Saturne sont des blocs rocheux sans grand intérêt.

- **Mimas** est défiguré par un énorme cratère baptisé *Arthur*, qui s'étend sur un tiers de son diamètre,
- **Titan** est un satellite volumineux, de 2 500 km de rayon, qui possède une atmosphère dense (1.6 bars) d'azote et de méthane.

c. Uranus -Neptune

- **Uranus** : présente un globe verdâtre où peu de détails sont visibles, ainsi que de nombreux satellites et quelques anneaux très fins qui semblent avoir déjà été observés par *William Herschel* (1738 - 1822). Son axe magnétique est incliné de 55°.

  Miranda présente un relief tourmenté comprenant un plissement gigantesque en chevron, dont l'origine reste mystérieuse.

- **Neptune** : possède cinq anneaux d'épaisseur variable visibles sous certaines conditions comme des arcs interrompus. Son axe magnétique est incliné de 50°, et excentré de près de 80%.

  Triton connaît un volcanisme actif à base d'azote liquide, dans un monde fait de glaciers de méthane et d'azote, où la température de surface n'atteint que 37 K.

d. Autres objets

L'exploration des comètes *Giacobinni-Zinner*, *Halley* et *Grigg-Skjellerup* a confirmé les hypothèses émises précédemment sur leur composition. Les comètes sont des masses informes de roches et de glaces sales. Les phénomènes observés, coma et queue, sont bien dus à la sublimation des glaces, réchauffées à l'approche du Soleil, et éjectées dans l'espace.

Les astéroïdes *Gaspra* et *Ida* ont été observés de près par la sonde Galileo : ce sont des rochers irréguliers d'une dizaine de kilomètres, constellés de cratères d'impact, tout comme les petits satellites rocheux de Mars et des planètes géantes. *Dactyl*, le minuscule satellite d'Ida, a été découvert lors de ce survol.

6.3.5 Cosmogonies antiques

Au cours des deux millénaires précédant l'ère chrétienne, la représentation du monde est, à quelques variantes près, la même dans toutes les grandes civilisations antiques. Pour les Égyptiens et les Chinois, la Terre est plate, limitée en surface et en profondeur. Elle est isolée dans l'espace ou bien flotte sur l'océan. Pour les Mésopotamiens et les Hébreux, la Terre est une montagne et le ou les dieux règnent sur le Monde au sommet du pic central. Le ciel est le séjour des morts et des dieux. Il est vu comme un toit constellé d'étoiles et soutenu par des montagnes ou par des piliers inaccessibles.

Les astres-dieux, le Soleil, la Lune et éventuellement d'autres planètes, y circulent dans leur véhicule d'apparat : un char pour les Mésopotamiens et une barque sur le fleuve céleste chez les Égyptiens. Les éclipses sont considérées comme des agressions perpétrées par des animaux dangereux tentant de croquer le Soleil ou la Lune. Ce sont des dragons en Chine et des truies en Égypte. C'est en Grèce qu'apparut l'interprétation correcte du phénomène grâce aux travaux de *Thalès de Milet* (v. -625 à -545) et de ses successeurs, principalement *Anaxagore* (-500 à -428), vers 450 av. J.-C. (voir chapitre 1.1.4 a).

Pour les Chinois, un cataclysme ancien a détruit les piliers soutenant le dais céleste au Nord, c'est pourquoi la Polaire a glissé vers le Nord. De plus, la Terre a glissé aussi, mais vers l'Est, expliquant ainsi le sens d'écoulement des fleuves. Comme le Nil, le fleuve céleste déborde chaque année, rapprochant le dieu Râ (le Soleil) des hommes d'Égypte : c'est l'été.

Dans certaines mythologies plus anciennes, le Soleil meurt à chaque coucher, mais renaît le lendemain au lever. Il en est de même chez les Aztèques, mais le risque de disparition définitive du Soleil est extrême à la fin de chaque cycle de 52 ans : cérémonies expiatoires et sacrifices humains se succèdent alors pour garantir le retour du Soleil au cycle suivant.

Pour les Grecs de l'École ionienne, en particulier *Anaximandre* (de -610 à -547), la Terre est cylindrique, isolée au centre d'une sphère creuse constituant le Monde. La Terre sphérique apparaît avec l'École Pythagoricienne. En revanche, pour *Philolaos* (v. -440 à -390), le centre du Monde est occupé par le feu central, et Zeus y est aux commandes. Viennent ensuite l'Anti-Terre, puis la Terre tournant en 24 heures, ensuite les planètes et enfin la sphère des étoiles. La spécialité des Grecs réside dans la prédiction des mouvements des planètes : les modèles élaborés par *Eudoxe de Cnide* (de -406 à -355), *Aristote* (de -383 à -321), puis *Claude Ptolémée* (v. 90 - 168) sont universellement connus, ils ont été évoqués au chapitre 1.1.

La cosmogonie nordique de l'Edda, est vraiment très vague : au commencement, il n'y avait rien, ni Terre, ni Ciel au-dessus, il y avait un gouffre béant, encadré au nord et au sud par les régions de glace et de feu, d'où naquirent l'eau, puis un géant etc . . .

La cosmogonie la plus célèbre est sans doute celle de la *Genèse*, mais la création du Monde en six jours reste tout aussi vague : le Ciel et la Terre ne demandent au Dieu unique des Hébreux qu'un seul jour d'effort, tandis que cinq autres jours sont nécessaires pour modeler et peupler la Terre. Elle fut complétée par les néo-platoniciens puis par Saint *Augustin d'Hippone* (354 - 430) avec divers niveaux d'êtres célestes chargés d'entretenir les mouvements harmonieux des sphères planétaires, comme décrit au chapitre 1.1.8.

6.3.6 Hypothèse cosmogonique moderne

Une bonne théorie de formation du Système solaire se doit d'expliquer à partir des lois éprouvées de la physique, comment arriver aux caractéristiques connues du système : nombre et emplacement des planètes et des satellites, compositions chimiques etc . . . Le problème est a priori insoluble, car partant d'un état inconnu, qu'il faut imaginer, il s'agit d'atteindre un état final imparfaitement connu, mais excessivement complexe.

De nombreux schémas différents peuvent sans doute faire l'affaire, aussi faut-il se contenter de respecter les grandes lignes de la réalité actuelle pour bâtir une théorie plausible.

a. La nébuleuse de Laplace

L'observation indique que les étoiles très jeunes sont en général groupées dans le ciel et le plus souvent entourées de nuages denses de gaz et de poussières. Au sein de ces nuages existent des zones où la densité peut être trente fois plus forte qu'ailleurs. Ces zones mesurent de une demi à une année de lumière (A L) et représentent des masses allant de une à vingt masses solaires.

C'est le point de départ de la théorie de *Pierre-Simon de Laplace* (1749 - 1827) qui imaginait la formation du Système solaire à partir de la contraction d'un nuage de gaz, animé d'une rotation de plus en plus rapide et éjectant la matière la plus dense pour former les planètes dans son plan équatorial. Cette théorie s'est heurté pendant 150 ans au problème du moment cinétique, Eq. (21.69) : celui du Soleil est aujourd'hui bien trop faible pour avoir pu lancer les planètes dans l'espace avec le moment cinétique élevé qui est le leur. C'est la raison pour laquelle diverses autres théories, du type cataclysmiques, ont vu le jour au début du siècle, sous l'impulsion de *James Jeans* (1877 - 1946) et d'*Eddington* (1882 - 1944).

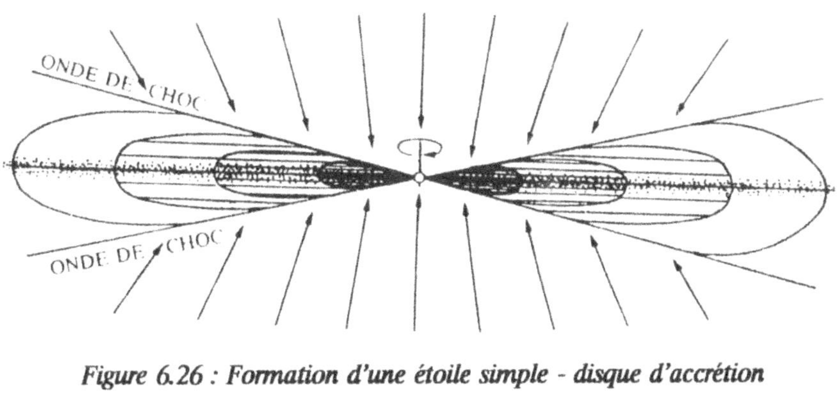

Figure 6.26 : Formation d'une étoile simple - disque d'accrétion

Ces modèles comprennent le passage d'une étoile étrangère à proximité du Soleil et conduisent rapidement à des difficultés insurmontables. Ce n'est qu'après 1950 que divers mécanismes de type magnétique et convectif ont permis de trouver un schéma plausible de contraction gravitationnelle avec perte importante de moment cinétique pour l'étoile centrale. Ces théories nouvelles sont associées aux noms de *Carl von Weiszäcker* (n. 1912) pour l'idée de convection, *Fred Hoyle* (n. 1915) pour les effets magnétiques, *Safronov* (n. v. 1920), et surtout *Gerard Kuiper* (1905 - 1973) et Cameron.

La formation d'une étoile simple semble nécessiter la formation d'un disque transitoire et épais dans le plan équatorial de la masse en condensation, comme illustré par la Fig. 6.26. Ce disque, appelé *disque d'accrétion*, est composé de gaz et de poussières animés de turbulences et de mouvements de convection : sa température peut atteindre localement 1 400 K. Il canalise vers lui la chute de la matière en contraction et l'accumule progressivement pour en nourrir ultérieurement l'étoile naissante. Ce disque est très différent de l'anneau planétaire de Saturne : il s'étend à grande distance de l'étoile centrale et peut être représenté par un tore en double cône. Les modèles numériques et la mécanique des fluides décrivent ces phénomènes de manière satisfaisante. Le disque devient de plus en plus étendu, sa masse diminue tandis que la masse de l'étoile centrale augmente.

La phase suivante, lorsque l'étoile est déjà bien constituée et que la turbulence du disque est apaisée, se joue dans le disque soumis aux seuls effets de la gravitation. Le disque a évolué, il ne comprend plus qu'une partie gazeuse très dispersée et des poussières solides concentrées près du plan équatorial. À cette époque, les poussières microscopiques se sont déjà agglomérées en petites pelotes de quelques millimètres. C'est ce que suggère l'examen des *chondrules*, ces petites gouttes millimétriques de silice qui sont les constituants principaux des *chondrites*. Les chondrites sont des corps primordiaux supposés avoir été créés à ce moment et être parvenus sur Terre sous la forme de météorites.

La sédimentation a ainsi rassemblé dans un même corps des constituants ayant été soumis, dans le disque, à des températures très différentes, de 200 à 1 400 K : d'une part des poussières contenant encore des composés volatils, et d'autre part des poussières et des inclusions réfractaires, ces dernières formées d'oxydes et de silicates de calcium et d'aluminium. Cette phase constitue en quelque sorte le point de départ de la nébuleuse solaire à la base de l'hypothèse de Laplace.

b. Formation des systèmes planétaires

Les poussières s'agglutinent et des milliards de petits corps appelés *planétésimales* se forment en quelques milliers d'années.

C'est ce qui résulte de l'application de la limite de Roche (*Edouard Roche* : 1820 - 1883) par l'Eq. (32.14), compte tenu de la distance au Soleil et de la densité locale de poussières. La masse de ces corps est trop faible pour garder les composés volatils, ce qui explique la grande rareté des gaz nobles (hélium, néon . . .).

Au cours de la période de compétition qui s'ensuit, les corps les plus gros absorbent les plus petits. Par le jeu de la gravitation, c'est l'avalanche autour des corps les plus massifs. Finalement, le disque se dépeuple au profit des gagnants de ce processus que sont les planètes.

Le dualisme du Système solaire met en présence deux types de planètes, des planètes de poussières et des géantes gazeuses. Dans la zone des planètes telluriques, la simulation conduit en quelques centaines de milliers d'années à la formation d'une vingtaine de corps de dimensions comparables à la Lune, situés entre 0.2 et 2 AU, sur des orbites pratiquement circulaires ($e < 10^{-4}$). Pourquoi dès lors quatre planètes seulement et pas vingt ? Il semble que l'influence de Jupiter soit à l'origine de l'ovalisation des orbites et de collisions supplémentaires entre certains de ces corps. D'autres planétésimales ont été éjectées sur des orbites plus inclinées et plus excentriques. Dans ces conditions, l'accumulation s'arrête et la fragmentation par collision l'emporte. C'est ce qui pourrait s'est passé entre Mars et Jupiter, sous l'influence de la planète géante.

La formation des planètes géantes est nettement plus complexe. Les chercheurs ont abandonné pour Jupiter le schéma de l'étoile ratée, consistant en une concentration gravitationnelle d'une partie de la nébuleuse gazeuse, car la densité y est trop faible. Les recherches s'accordent maintenant sur la nécessité de former initialement de gros embryons rocheux d'environ vingt masses terrestres, avant de pouvoir provoquer l'effondrement gazeux. Ces embryons, qui seraient constitués de silicates et de neiges, n'ont toutefois pas encore été prédits par les modèles.

Il convient de noter que la position de Jupiter à 5 AU constitue la limite à partir de laquelle l'eau se présente sous forme de glace et non plus sous forme de vapeur. La présence de glace sur les grains de poussières peut multiplier leurs masses par un facteur 2.5. Ceci constitue un argument en faveur de la formation de ces gros embryons. La diminution importante des proportions d'hydrogène et d'hélium présentes sur Uranus et Neptune indique sans doute que les embryons de ces deux dernières planètes n'ont atteint une taille suffisante que bien plus tard, après quelques dizaines de millions d'années, alors que la nébuleuse solaire avait déjà été dispersée par le vent solaire qui a suivi l'allumage du Soleil.

De plus, la présence de satellites autour des planètes géantes implique sans doute l'existence de petits disques d'accrétion autour d'elles, en tous points analogues au grand disque du Soleil.

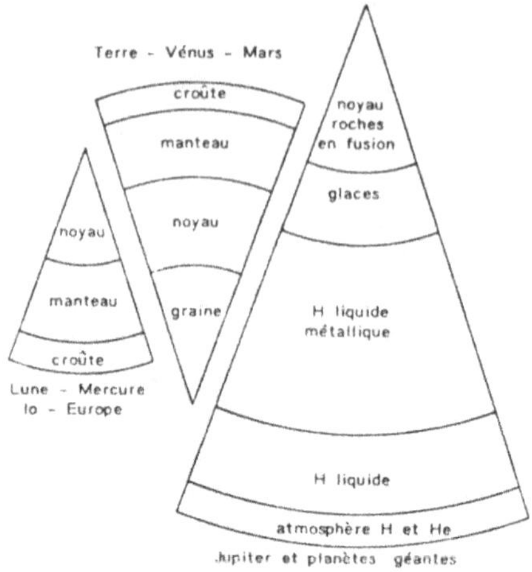

Figure 6.27 : Composition interne des planètes

Enfin, ces simulations indiquent que les structures planétaires obtenues dépendent assez peu du taux de poussières, c'est dire que le Système solaire a sans doute de nombreux aînés qui lui ressemblaient beaucoup.

6.3.7 Évolution des planètes telluriques

a. Radioactivité - volcanisme - atmosphère initiale

La production de chaleur joue un rôle important dans la vie des planètes. Pendant les phases d'accrétion et de queue d'accrétion, la planète est chauffée de l'extérieur par de multiples collisions météoritiques. Avec le temps, ces collisions vont devenir de plus en plus rares. Un échauffement interne durable est provoqué par la radioactivité naturelle des éléments lourds instables (uranium et thorium par exemple) englobés dans sa masse. Cette chaleur s'accumule d'abord à l'intérieur car les matériaux constitutifs des planètes sont en général mauvais conducteurs de la chaleur. Les matériaux à haute température (4 000 K) peuvent s'échapper à la surface : c'est le volcanisme. Plus une planète est massive, plus grande est sa chaleur initiale héritée de ces deux sources. Les gaz issus du volcanisme et du dégazage du magma refroidissant peuvent jaillir à la surface en puissants geysers : les planètes telluriques s'habillent d'une atmosphère dense comprenant des constituants similaires : gaz carbonique, vapeur d'eau, méthane et un peu d'ammoniac. La taille des planètes est déterminante pour conserver ou non cette atmosphère, suivant que l'attraction à la surface est forte ou pas. La limite estimée se situe aux environs de la moitié d'une masse terrestre, c'est la *taille critique*.

Les petits corps, astéroïdes, météorites, se refroidissent très vite et leurs gaz se diluent dans le vide. Figés ensuite pour l'éternité, ils se contentent d'enregistrer sous forme de cratères, les chocs des collisions ultérieures.

La Lune et Mercure ont perdu leur atmosphère et atteint ce stade en quelques centaines de millions d'années, tandis que Mars est actuellement en train d'épuiser ses dernières réserves thermiques et atmosphériques.

b. Différenciation entre Vénus et Terre - l'eau liquide et la vie

À la surface de la Terre, l'eau existe à l'état liquide par la combinaison pression-température qui y règne. La vapeur d'eau présente dans l'atmosphère se condense en pluie et rejoint la surface. C'est le *cycle de l'eau* : condensation, ruissellement, océan, évaporation, concentration en nuages etc . . . Ce cycle est vital pour la Terre, car il est à la base de la constitution et de l'entretien de l'hydrosphère terrestre. Les océans recouvrent rapidement la quasi entièreté du globe et vont subsister durant toute la vie de la Terre. La transformation de la Terre en *planète océan* conditionne toute l'évolution ultérieure, tout d'abord en modifiant profondément la composition de l'atmosphère. En effet, le cycle de l'eau élimine rapidement le gaz carbonique de l'atmosphère par précipitation en carbonate et formation de calcaire à la surface, ou par dissolution dans l'océan. Cela signifie que les deux principaux produits de l'activité volcanique, vapeur d'eau et gaz carbonique, disparaissent rapidement de l'atmosphère.

La jeune Terre devait être assez semblable à Vénus : en effet, nées à la même époque d'un même processus d'accrétion, avec des masses voisines et des atmosphères initiales similaires, ces deux planètes ont tout pour être soeurs jumelles. Mais le scénario est tout différent : située plus près du Soleil, Vénus a une température superficielle au-dessus du point d'ébullition de l'eau. Aussi a-t-elle conservé son atmosphère de gaz carbonique qui agit à la manière d'une serre et en augmente encore la température.

Aux premiers temps de la Terre couverte d'océans, l'eau et l'atmosphère sont encore tièdes. La production de chaleur interne par désintégration est nettement plus forte qu'aujourd'hui, aussi le gradient de température dans le manteau est important, et avec lui l'agitation de ce magma par différents courants de convection. La croûte terrestre en formation est submergée par les océans, et les continents qui émergent sont rapidement ré-engloutis dans le manteau. De violents orages agitent l'atmosphère de méthane et d'ammoniac, les éclairs provoquent des zones à forte ionisation.

Ces conditions, dites de la *soupe primitive*, reproduites en laboratoire, conduisent à l'apparition de composés organiques tels les acides nucléiques et les acides aminés. Ce sont les principales briques de la vie. Ainsi tout s'accorde à indiquer que la vie, tout au moins sous sa forme la plus primitive (virus ou bactéries), a pu se manifester très tôt sur Terre.

Cette vie est essentiellement marine, car elle craint le rayonnement ultraviolet du Soleil, que laisse abondamment passer l'atmosphère dépourvue d'oxygène et d'ozone. Les premiers continents permanents n'émergent de l'océan primitif qu'il y a environ 3.8 milliards d'années, lorsque les gradients de température et les courants de convection se sont trouvés suffisamment atténués. Les plus vieilles roches continentales datant de cette époque proviennent du Groenland et du Labrador.

6.3.8 La Terre devient une planète bleue

C'est de la lente transformation de l'atmosphère que doit venir l'étape suivante dans l'évolution de la Terre : l'apparition de l'oxygène. Dans l'atmosphère méthane - ammoniac de la jeune planète océan, une petite quantité de vapeur d'eau est décomposée en oxygène et en hydrogène par le rayonnement ultraviolet du Soleil, mais l'oxygène brûle directement avec le méthane CH_4. Au fil du temps, la quantité de méthane diminue tandis que les gaz de combustion sont éliminés par le cycle de l'eau. Diverses simulations mathématiques indiquent que le taux de méthane baisse progressivement de 80 à 50% jusqu'il y a 2.5 milliards d'années, puis chute brutalement. L'issue de cette évolution est une atmosphère où ne subsiste pratiquement que l'azote issu de l'ammoniac initial avec quelques traces d'oxygène et de gaz carbonique. Le changement se traduit par de profondes modifications de la nature des roches : l'action du soufre et du plomb avait précédemment engendré la galène. Ensuite, c'est du sulfate qui se forme.

Pendant 1.5 milliards d'années, la quantité d'oxygène dans l'atmosphère augmente jusqu'à atteindre 2%. À partir de ce seuil, l'oxygène constitue une barrière d'ozone suffisante pour bloquer le rayonnement ultraviolet du Soleil. C'est alors la grande explosion de la *vie*. Cet événement majeur s'est produit il y a environ 500 millions d'années, c'est-à-dire dans un passé tout récent, à l'ère primaire du silurien. Les continents que la vie envahit, subissent une véritable métamorphose. Les plantes se développent de manière anarchique. Cette végétation est une grande fabrique d'oxygène dont la production par photosynthèse va se trouver assurée à une toute autre échelle. Depuis lors, le taux d'oxygène dans l'atmosphère n'a cessé d'augmenter jusqu'à 5% d'abord, avec apparition de la vie animale, puis plus lentement, jusqu'aux 23% actuels.

La Terre actuelle, entourée de son atmosphère d'oxygène, devient ainsi la *planète bleue* du Système solaire, car les molécules d'oxygène produisent une coloration bleue lorsqu'elles diffusent la lumière solaire. D'où la teinte caractéristique du ciel vu de la surface terrestre et la couleur de la planète elle-même vue de l'espace. C'est un monde singulièrement changeant, remodelé en permanence par l'érosion et par le volcanisme, sa surface se transforme sans cesse.

Les continents eux-mêmes ne sont pas fixes, ils sont entraînés par le mouvement des grandes plaques tectoniques de l'écorce terrestre, tout comme dans la théorie de la dérive des continents imaginée par *Alfred Wegener* (1880 - 1930).

Ces processus ont joué durant toute la vie de la Terre. Ils constituent, avec les variations climatiques, le moteur de la sélection naturelle des espèces vivantes, débouchant sur l'avènement des mammifères. Compte tenu du rythme extrêmement lent de la désintégration des éléments radioactifs qui entretiennent la chaleur de la Terre, l'activité interne de la planète se poursuivra encore pendant plusieurs milliards d'années.

Grâce à la très longue période de stabilité du Soleil sur la série principale, une planète privilégiée, la Terre, a bénéficié de sa chaleur et transformé son atmosphère. La Terre est bien le joyau du Système solaire : habillée d'une atmosphère vivifiante, elle a produit la vie et l'*homme*. Mais, comme cela a été dit au chapitre 4.3.9, dans cinq milliards d'années environ, le Soleil quittera la série principale pour se transformer en géante rouge, transformant en brasiers la Terre et les autres planètes telluriques.

□

Annexe VI Trajectoires interplanétaires - compléments

VI.1 Légende des tables numériques

Les trajectoires doubles ou multiples des sondes principales sont rassemblées dans les cinq tables suivantes : les trois premières figurent en section 6.2, les deux dernières sont données dans la présente annexe :

- Table 6.III : chronologie des vols principaux,
- Table 6.IV : missions doubles : Mariner 10, Pioneer 11, Voyager 1 et Voyager 2,
- Table 6. V : missions multiples : Vega, Galileo et Ulysse,
- Table 6.VI : missions pour le XXIe siècle : Cassini, Pluton via Jupiter, retour de Mars via Vénus,
- Table 6.VII : Alignements caractéristiques 1970-2020.

L'interprétation des trajectoires interplanétaires décrites dans ces tables a été donnée à la section 6.2.6 c. Leur utilisation pratique a été explicitée en 6.2.7 pour les conditions de rencontre ainsi qu'en 6.2.8 pour quelques cas spéciaux.

a. Notations

Les unités et symboles suivants sont utilisés :

distances en **km**, vitesses en **km/s**,
angles en **degrés**, durées et temps en **jours**.

a :	demi-grand axe	***e*** :	excentricité	***RP*** :	rayon au périhélie,
RA :	rayon à l'aphélie	***vI*** :	vitesse d'injection	***t 2*** :	demi-période,

vs et ***vf*** : vitesses solaires en début et en fin de trajectoire solaire,

Ts et ***Tf*** : inclinaison des vitesses définies ci-dessus,

Ao et ***Af*** : anomalies en début et en fin de trajectoire solaire,

to et ***tf*** : durées (rapportées au périastre) en début et fin de trajectoire solaire,

iT et ***Is*** : inclinaisons du plan de l'orbite solaire,

Kc : voir Eq. (62.20) : caractéristique de la réaction de gravitation : rayon du périastre de l'orbite transplanète, rapporté au rayon de la planète-cible,

L : Eq. (VI.1) : distance ℓ entre le plan de l'orbite de transfert et le centre de la cible, rapportée au rayon de la cible :

$$L = \ell \,/\, R_C \,. \qquad \text{(VI.1)}$$

Rap : aphélie ou périhélie de la trajectoire solaire vers la cible suivante,

Dv : impulsion de vitesse à appliquer pour les trajectoires utilisant l'assistance gravitationnelle de la Terre (Δv EGA).

***Tiss*1** et ***Tiss*2** :

critère de Tisserand (*Félix Tisserand* : 1845 -1896), d'après l'Eq. (31.38) du chapitre 3.1.6 b. L'invariant d'indice 2 est calculé avec le rayon orbital R_C de la planète-cible où a lieu la réaction de gravitation, l'indice 1 correspond à la planète de départ. La valeur ***Tiss*2** de la trajectoire de transfert d'arrivée doit être proche de la valeur ***Tiss*1** de la trajectoire de sortie, après déviation.

Les Tables 6.IV, V et VI présentent les résultats numériques en six, huit ou dix groupes de données décrits ci-dessous, les groupes 3.1 et 3.2 étant répétés pour chacune des cibles intermédiaires :

b. Présentation des éléments numériques

1. Données

Type de lancement et de rencontre, ainsi que les variables définissant la première trajectoire solaire (***Ra, Rp, vl, Kc*** et, le cas échéant, ***Dv*** et ***iT***),

2. Hyperbole de départ

Quatre éléments : ***a, e, vh*** (excès hyperbolique) et ***t*** (durée du vol dans la sphère d'influence de la planète de départ).

3. Vers les cibles successives

3.1 Trajectoire de transfert

Quatorze éléments dont la signification est donnée ci-dessus : ***a, e, Is, t* 2, *to, tf, Ao, Af, vs, vf, Ts, Tiss*1, *Tiss*2** et ***Tf*** ou ***Rap*** .

3.2 Hyperbole de réaction

Quinze éléments provenant des Eqs. (62.2) à (62.9) :

a, e, vi : vitesse initiale, ***vp*** : vitesse au périastre,
vop : vitesse circulaire au périastre,
RE et ***RS*** : rayons d'entrée et de sortie de la sphère d'influence,
Al et ***Tp*** : angles α_E et τ' de la Fig. 6.14 d et de l'Eq. (62.6),
Ir : inclinaison du plan de l'orbite de réaction,
Gm : angle γ : voir Eq. (62.5),
Bi et ***Bo*** : angles β_i et β_0 : voir Eq. (62.6),
tH : demi-durée de la trajectoire hyperbolique,
D : distance de passage : distance entre la cible et la droite passant par le point d'entrée et orientée suivant la direction de la vitesse d'entrée $\bar{v}_i$, voir Eq. (62.7).

4. Résultats

Les résultats reprennent, par trajectoire, le temps de vol t, l'angle au centre θ, ainsi que les éléments caractéristiques des conditions de rencontre, notés δ et Δ :

δ : avance angulaire δ_i de l'Eq. (62.12) ou angle de phase φ de l'Eq. (62.18) pour cibles répétées ou trajectoires Δv EGA,

Δ : avance temporelle au lancement Δt_I de l'Eq. (62.12) pour la première cible ou écart en longitude ΔL_i de l'Eq. (62.13) pour les cibles suivantes. Pour la première cible, l'injection terrestre doit avoir lieu Δt_I jours avant l'alignement Terre - cible. Pour les cibles suivantes, les écarts ΔL_i doivent respecter les contraintes fournies par les éphémérides et exprimées par les Eqs. (62.15 à 19) et (VI.2 à 4).

VI.2 Vers Uranus, Neptune et Pluton via Jupiter

Le diagramme de la Fig. 6.28 reprend, avec Jupiter comme première cible, l'écart en longitude ΔL de l'Eq. (62.13) entre alignements successifs correspondants, de 30 à 150°, par pas de 10° en fonction de la vitesse d'injection terrestre. Il est établi pour les lancements tangents et dans les conditions les plus courantes (rencontre avant aphélie et passage derrière Jupiter). C'est une forme généralisée et simplifiée du diagramme de la Fig. 6.17. Il identifie les zones où les rencontres doubles avec les autres planètes lointaines sont possibles ou non. Au plus lointaine est la planète visée, au plus la réaction sur Jupiter doit être forte (distance r_{pc} faible).

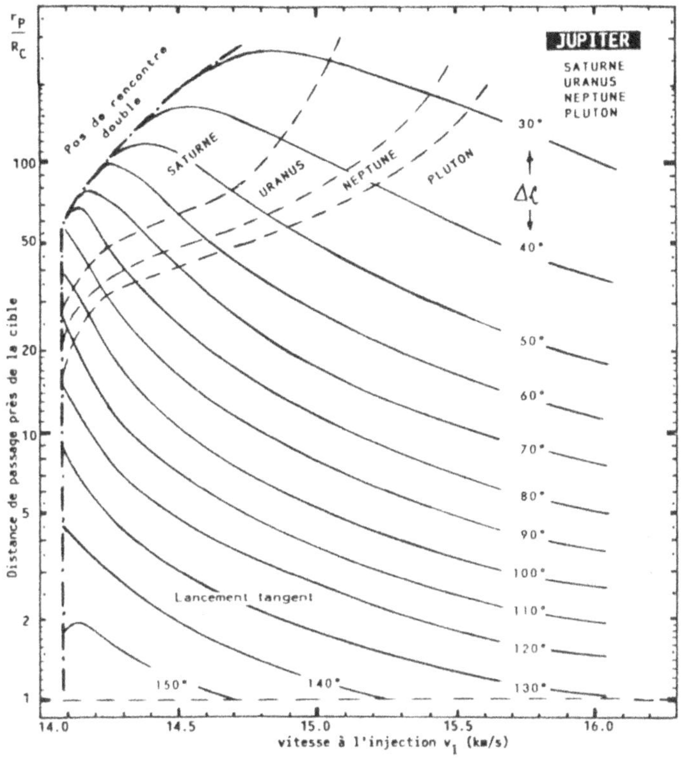

Figure 6.28 : De Jupiter vers les planètes supérieures

Toutefois, il apparaît clairement que toutes les planètes sont accessibles via Jupiter pour autant que le passage se fasse à moins de 15 ou 20 rayons joviens. Les Eqs. (VI.2 et 3) constituent les conditions de rencontre avec Uranus et Neptune, après réaction sur Jupiter (d'après les Tables 6.VII et A.III)

$$\Delta L_{JU} = 0.34 - 11.69\, k_{JU} - 33.16\, m_{TJ} \quad (degrés)\,. \quad \text{(VI.2)}$$

$$\Delta L_{JN} = -1.27 - 9.80\, k_{JN} - 33.16\, m_{TJ} \quad (degrés)\,. \quad \text{(VI.3)}$$

k_{Jc} est le nombre d'alignements Jupiter - cible, comptés à partir des alignements de référence de 2010 (Uranus) ou 2009 (Neptune), m_{TJ} est le nombre d'oppositions Terre - Jupiter comptées à partir de ces alignements de référence.

- **Vers Pluton**

Pluton est la seule planète du Système solaire a ne pas avoir encore été survolée, c'est aussi la seule dont la trajectoire est essentiellement elliptique et inclinée (voir Table A.III en fin de volume).

Toutefois, de 1979 à 1999, la planète est plus proche du Soleil que Neptune : le passage au périhélie a eu lieu le 04 septembre 1989.

Compte tenu de la trajectoire elliptique de Pluton, l'hypothèse des mouvements circulaires est trop éloignée de la réalité pour être d'une réelle utilité : une condition de rencontre spécifique est nécessaire. Pluton atteint le noeud descendant (L_p = **290.33°**) le 02 septembre 2018, à une distance de 33.7 A.U. du Soleil. À cette date, la longitude céleste de Jupiter est L_J = **241.17°**. La condition de rencontre au noeud descendant est donc :

$$\theta - n_J\, t = 49.16 \ (degrés) \ . \qquad \text{(VI.4)}$$

Une éventuelle mission vers Pluton doit être conçue autour d'une sonde très légère (200 kg au maximum), avec une charge utile extrêmement miniaturisée. Lancée vers 2004, cette sonde, qui pourrait s'appeler *Pluton Express*, atteindrait Jupiter en 2006 et le système Pluton / Charon 12 ans plus tard. Une trajectoire possible figure dans la Table 6.VI b.

VI.3 Exploration de Saturne et Titan : Cassini

La sonde Cassini est la dernière des sondes planétaires de prestige (*planetary flagship*) de la NASA. Similaire à Galileo mais dirigée vers Saturne, la sonde Cassini comprend un orbiteur et une capsule pour la descente dans l'atmosphère de Titan (capsule *Huygens* de l'Agence spatiale européenne ESA). Le lancement était initialement envisagé en 1994 par une trajectoire Δv EGA de *trois ans*, avec freinage de 467 m/s à l'aphélie. Saturne étant atteinte directement après la réaction sur la Terre.

Dans un premier temps, le lancement a été reporté à 1996 et un survol de Jupiter a été ajouté pour profiter des conditions de rencontre Jupiter - Saturne favorables de 1996 à 1998 (similaires à celles de 1976 à 1979 pour les sondes Voyager). Une trajectoire Δv EGA de *deux ans* était alors retenue, les conditions de rencontre (départ de la Terre en 1998) sont données en Fig. 6.17. En supplément, le survol d'un astéroïde était également possible.

Mais la sonde s'est alourdie en cours de développement, passant de 4 900 kg à près de 5 600 kg, dont plus de 3 100 kg d'ergols. Une telle masse demande un lanceur lourd (Titan IV B avec étage Centaur) pour s'arracher à l'attraction terrestre. Le lancement a été reporté et a eu lieu le 15 octobre 1997 : la trajectoire est du type Δv EGA de *deux ans* particulière : la correction de vitesse comprend deux passages successifs près de Vénus, la correction Δv de vitesse a lieu entre ces deux passages. C'est une trajectoire compliquée, dont l'acronyme est EV-Δv-VEJS pour *Earth-Venus-Δv-Venus-Earth-Jupiter-Saturn*.

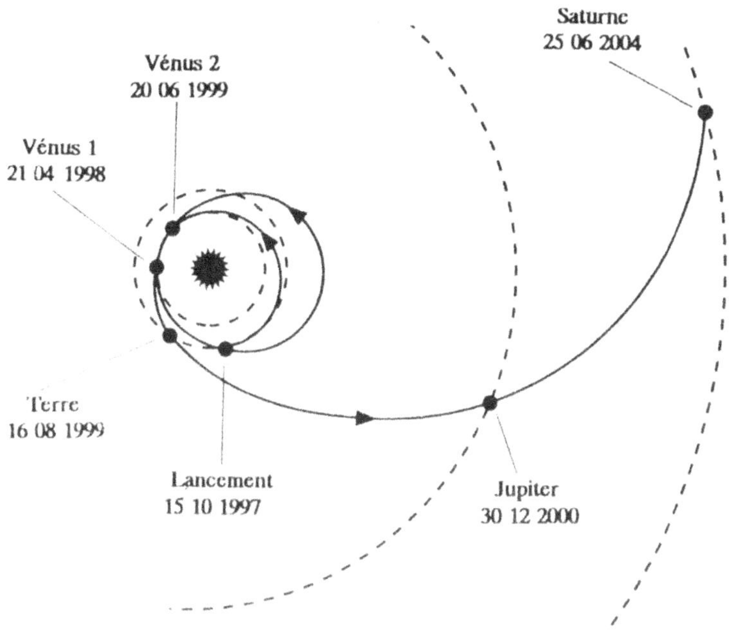

Figure 6.29 : Vers Saturne avec Cassini

La satellisation autour de Saturne doit être facilitée par une réaction de gravitation sur Titan. Le programme d'exploration comprend environ quarante orbites, de formes et de positions variables par suite de passages répétés au voisinage de Titan. La mission doit se terminer sur une orbite quasi-polaire pour fournir des images plongeantes du système des anneaux.

Les conditions de rencontre issues des éphémérides de la Table A.III de l'annexe sont rassemblées ci-dessous.

Planète	Date	$t(j)$	$\theta(°)$	δ	Δ
Terre	15-10-97				
Align. T-V	14-01-98	91			
Vénus	21-04-98	189	245.8		**89.7**
Vénus	20-06-99	425	321.0	**- 360**	-
Terre	16-08-99	57	95.2		**215.9**
Jupiter	30-12-00	502	100.6		**58.2**
Saturne	25-06-04	1272	40.3		**32.4**

Table 6.VI a : Mission Cassini : conditions de rencontre

Pour atteindre Vénus comme première cible, le lancement doit avoir lieu Δt_I jours avant l'alignement Terre-Vénus. La sonde revenant à nouveau vers Vénus, l'angle de phase φ (noté δ_2) doit être égal à un tour complet, voir Eq. (62.18).

Les trois derniers angles Δ de la Table correspondent aux écarts entre les alignements suivants (voir Table 6.VII a) :

Δ_3 : Terre-Vénus en 1998 et Terre-Vénus en 1999, d'après l'Eq. (62.19),
Δ_4 : Terre-Vénus et Terre-Jupiter, tous deux en 1999,
Δ_5 : Terre-Jupiter en 1999 et Jupiter-Saturne en 2000, voir l'Eq. (62.17) ou bien la Fig. 6.17.

VI.4 Sondes vers comètes et astéroïdes

- **survol d'astéroïdes**

Plusieurs survols d'astéroïdes ont été planifiés ou réalisés. Une mission franco-soviétique à destination de la petite planète *Vesta* a été étudiée en 1986/88 mais ne s'est pas concrétisée. Les astéroïdes *Gaspra* et *Ida* ont été survolés par la sonde Galileo, en route vers Jupiter. La sonde *NEAR* (*Near Earth Asteroïd Rendezvous*) s'est envolée en février 1996 pour rencontrer *Eros* en 2000. Au passage, l'astéroïde *Mathilde* à été survolé mi-1997. Enfin, une sonde japonaise devrait être lancée en 2003 vers l'astéroïde Néréus.

- **Note : caractéristiques gravifiques des petits corps**

La sphère d'influence des petits corps, comètes ou astéroïdes, est suffisante pour envisager de placer les sondes spatiales en orbite périodique autour d'eux. En effet, cette zone peut s'étendre de 500 à 25 000 km, suivant la masse du corps et sa position vis-à-vis du Soleil. La rencontre avec un de ces corps doit plutôt être vue comme un rendez-vous en orbite solaire.

• Sonde Rosetta vers une comète

La mission Rosetta était initialement une mission conjointe des agences spatiales européenne et américaine. Elle a pour objectif l'exploration d'une comète et le retour sur Terre d'échantillons de matière cométaire.

Lors des études préliminaires, un schéma Δv EGA de deux ans avait été retenu pour l'exploration de la comète écliptique *Chiurimov-Gerasimenko*, l'impulsion de vitesse à l'aphélie étant de 600 m/s. Au passage à 300 km de la surface terrestre, la sonde devait être propulsée sur une orbite de près de 6 A.U., rejoignant la comète à proximité de l'aphélie, au-delà de l'orbite de Jupiter. Cette orbite a pour période un nombre entier d'années, de sorte que la sonde devait repasser naturellement à proximité de la Terre six ans plus tard, la capsule de rentrée subissant un freinage aérodynamique dans l'atmosphère terrestre.

Le rendez-vous consiste à annuler la vitesse relative d'environ 1 km/s entre sonde et comète. Vu la très faible gravité de la cible, ce rendez-vous ne modifie pratiquement pas la trajectoire solaire de la sonde. Avec la manoeuvre symétrique de décrochage, ces opérations coûtent environ 2 km/s. La trajectoire doit répondre au conditions suivantes pour rencontrer la Terre après deux puis six ans : $\delta_1 = -360°$ et $\delta_2 = -1\ 800°$.

Les objectifs de cette mission ont été revus suite au retrait de la NASA. La mission réduite sera limitée à l'analyse *in situ* d'échantillons. C'est la comète périodique *Wirtanen* qui sera visée : son orbite est légèrement inclinée (13°), son aphélie est situé au-delà de l'orbite de Jupiter et son périhélie, à 1.6 A.U., est atteint le 21 octobre 2013.

La trajectoire de la sonde doit faire appel à l'assistance gravitationnelle de la planète Mars et deux fois à celle de la Terre. La sonde doit rejoindre sa cible au voisinage du noeud de l'orbite cométaire, en août 2011. Ensuite, les éléments de sa trajectoire devront être adaptés à ceux de la comète. Un module d'atterrissage et d'analyse se posera sur Wirtanen en 2012, tandis que la sonde accompagnera la comète jusqu'après son passage au périhélie.

VI.5 Aller - retour habité vers Mars

Pour réaliser l'aller-retour vers la planète Mars, deux conditions de rencontre doivent être successivement respectées, chacune d'entre elles se rapportant à une opposition Terre - Mars, l'une à l'aller et l'autre au retour. L'aller durant environ neuf mois, la seconde condition de rencontre se rapporte à une opposition ultérieure qui a lieu au mieux 26 mois plus tard. La sonde et ses passagers devraient donc patienter plus d'un an sur Mars avant de pouvoir s'envoler pour le retour. La durée totale de trois ans semble excessive pour un vol habité. C'est la raison pour laquelle d'autres solutions sont recherchées, avec par exemple d'autres modes de propulsion plus performants.

Une autre méthode consiste à rechercher une autre fenêtre pour le voyage de retour, afin de limiter le séjour sur Mars à environ deux mois.

Une telle fenêtre peut être trouvée en visant une autre planète. Vénus convient parfaitement et un schéma de vol possible est décrit ci-dessous :

- départ 3 mois avant une opposition Terre - Mars,
- arrivée sur Mars 9 mois plus tard,
- séjour de un à deux mois sur place,
- départ vers Vénus 5 mois avant l'opposition Mars - Vénus,
- réaction de gravitation sur Vénus 6 mois plus tard,
- retour sur Terre 4 mois plus tard.

CASSINI

Données

Lancement	avant	aphelie	
Rencontre	après	périhélie	
Passage	derrière	Vénus	
Rp = 99.6 E6	Ra = 150.5 E6	VI = 11.533	KV1 = 1.0
DV2 = 0.46	KV2 = 1.0	KT = 1.5	KJ = 180.

Hyperbole de départ

a = 35134.7	e = 1.187	Vh = 3.452	t = 4.746

Première trajectoire de transfert vers Vénus

a = 125.05 E6	e = 0.204	Is = 0.	t2 = 139.424
to = 125.188	Ao = 167.53	Vs = 26.731	Vf = 37.629
tf = 28.940	Af = 54.78	Ts = 3.14	Tf = 8.46
Tiss1 =	Tiss2 = 2.970		

Première hyperbole de réaction sur Vénus

			RE = 107.28 E6
		Vp = 12.041	Vop = 7.381
a = 9162.8	e = 1.661	Al = 36.32	Tp = 0.69
Vi = 6.056	D = 12042.	Ir = 0.	tH = 1.860
angles :	Bi = 20.71	Bo = 74.02	Gm = 0.
			Rs = 108.14 E6

Deuxième trajectoire de transfert vers Vénus

a = 168.83 E6	e = 0.404	Is = 0.	t2 = 218.713
to = 1.362	Ao = 2.56	Vs = 41.10	Vf = 40.632
tf = 21.438	Af = 42.99	Ts = -0.697	Tf = -12.00
Tiss1 = 2.926	Tiss2 = 2.926		

Deuxième hyperbole de réaction sur Vénus

			RE = 109.07 E6
		Vp = 14.104	Vop = 7.381
a = 3668.6	e = 2.651	Al = 21.65	Tp = 0.51
Vi = 9.519	D = 8974.	Ir = 0.	tH = 1.201
angles :	Bi = 150.25	Bo = -44.32	Gm = 0.
			Rs = 107.93 E6

Trajectoire de transfert vers la Terre

a = 264.40 E6	e = 0.594	Is = 0.	t2 = 428.655
to = 4.451	Ao = 9.08	Vs = 44.289	Vf = 35.956
tf = 46.083	Af = 74.78	Ts = -3.38	Tf = 26.36
Tiss1 = 2.925	Tiss2 = 2.705		

Hyperbole de réaction sur la Terre

			RE = 148.12 E6
		Vp = 18.582	Vop = 6.466
a = 1528.7	e = 7.258	Al = 7.50	Tp = 0.42
Vi = 16.192	D = 10978.	Ir = 0.	tH = 1.068
angles :	Bi = 8.43	Bo = 15.84	Gm = 0.
			Rs = 150.97 E6

Trajectoire de transfert vers Jupiter

a = 622.21 E6	e = 0.796	Is = 0.	t2 = 1547.431
to = 33.426	Ao = 50.15	Vs = 39.347	Vf = 12.278
tf = 498.821	Af = 149.75	Ts = 22.03	Tf = 52.08
Tiss1 = 2.709	Tiss2 = 2.333		

Hyperbole de réaction sur Jupiter

			RE = 729.76 E6
		Vp = 11.580	Vop = 3.045
a = 1.039 E6	e = 13.461	Al = -11.76	Tp = 15.86
Vi = 10.970	D = 13.66 E6	Ir = 0.	tH = 50.652
angles :	Bi = -29.33	Bo = 8.20	Gm = 0.
			Rs = 818.78 E6

Trajectoire de transfert vers Saturne

a = 970.49 E6	e = 0.754	Is = 0.	t2 = 3014.358
to = 599.186	Ao = 130.37	Vs = 13.705	Vf = 7.454
tf = 1480.330	Af = 157.53	Ts = 48.30	Tf = 43.52
Tiss1 = 2.269	Tiss2 =		

RESULTATS	Durée t	Angle θ	δ	Δ
Vénus	189.20	254.54	78.21	79.27
Vénus	427.70	325.28	-360.70	0.00
Terre	52.80	87.44	91.84	233.44
Jupiter	517.11	104.18	66.81	62.42
Saturne	1040.02	31.24	- 5.87	31.50

vers PLUTON via Jupiter

Données

Lancement	tangent		
Rencontre	avant	aphélie	
Passage :	derrière	Jupiter	
Rp = 149.6 E6	Ra = 1000.0 E6	VI = 14.545	K = 19.4

Hyperbole de départ

a = 4447.8	e = 2.479	Vh = 9.511	t = 1.806

Trajectoire de transfert vers Jupiter

a = 574.8 E6	e = 0.740	Is = 0.	t2 = 1373.99
to = 0.0	Ao = 0.0	Vs = 39.328	Vf = 11.429
tf = 555.941	Af = 150.81	Ts = 0.0	Tf = 45.53
Tiss1 =	Tiss2 = 2.511		

Hyperbole de réaction sur Jupiter

			RE = 734.78 E6
		Vp = 15.893	Vop = 9.275
a = 1.4899 E6	e = 1.936	Al = 28.31	Tp = 2.75
Vi = 9.238	D = 2.400 E6	Ir = 0.	tH = 59.432
angles :	Bi = -31.33	Bo = 62.11	Gm = 0.
			Rs = 822.76 E6

Trajectoire de transfert vers Pluton

a = -2353 E6	e = 1.298	Is = 0.	t2 = 11379.89
to = 320.549	Ao = 42.32	Vs = 19.489	Vf = 1.3600
tf = 5043.965	Af = 122.21	Ts = 24.03	Rap = ∞
Tiss1 = 2.548	Tiss2 =		

RESULTATS	Durée t	Angle θ	δ	Δ
Jupiter	617.18	156.24	114.58	116.13
Pluton	4782.85	86.48	-5085.35	-311.21

Retour de MARS via Vénus

Données

Lancement	tangent		
Rencontre	avant	périhélie	
Passage	devant	Vénus	
Rp = 70.0 E6	Ra = 227.94 E6	VI = 9.003	K = 1.05

Hyperbole martienne de départ

a = 693.905	e = 5.926	Vh = 7.597	t = 1.671

Trajectoire de transfert vers Vénus

a = 148.97 E6	e = 0.530	Is = 0	t2 = 181.284
to = 181.284	Ao = 180.00	Vs = 16.558	Vf = 39.280
tf = 33.765	Af = 92.08	Ts = 0.0	Tf = -28.38
Tiss1 =	Tiss2 = 2.716		

Hyperbole de réaction sur Vénus

			RE = 109.21 E6
		Vp = 21.266	Vop = 7.203
a = 946.95	e = 7.716	Al = 7.03	Tp = 0.42
Vi = 18.685	D = 7238.	Ir = 0.	tH = 0.617
angles :	Bi = 181.55	Bo = 14.89	Gm = 0.
			Rs = 107.25 E6

Trajectoire de retour vers la Terre

a = 104.50 E6	e = 0.516	Is = 0.	t2 = 106.509
to = 37.503	Ao = 123.55	Vs = 34.749	Vf = 22.481
tf = 77.210	Af = 160.83	Ts = -31.05	Rap = 158.45 E6
Tiss1 = 2.719	Tiss2 =		

RESULTATS	Durée t	Angle θ	δ	Δ
Vénus	149.81	89.49	73.29	139.71
Terre	115.33	285.22	85.49	101.69

Table 6.VI b : Trajectoires interplanétaires : Cassini - Pluton retour de Mars

Les époques favorables pour ce type de vol sont caractérisées par le fait que les alignements de Mars avec la Terre puis avec Vénus doivent se succéder à 12 mois d'intervalle. La Table A.III, en fin de volume, permet de vérifier que ces conditions se reproduisent tous les 6.5 ans et ont lieu en 1999, 2005, 2012, 2018, 2025, 2030 . . .

Les écarts ΔL_2 entre les alignements de planètes correspondant aux dates ci-dessus s'étendent de **106°** (1999) à **92°** (2030) par pas de 2.8°. Une trajectoire possible de retour via Vénus est décrite à la Table 6.VI b.

Le bilan des vitesses d'une telle mission est impressionnant : il s'établit à 18 km/s, dont 8 km/s pour le retour, sans compter la mise en orbite terrestre basse et les pertes de vitesses aux deux décollages. C'est une valeur énorme car elle concerne une masse de plus de 1 000 tonnes à lancer vers Mars, due aux ergols et aux équipements de survie pour une durée de deux ans.

Avec les moyens de propulsion actuels, il n'est pas possible de faire décoller une masse aussi importante en une seule opération. Un tel vaisseau doit être assemblé en orbite, après une série de lancements partiels. Une première option consiste à assembler ce vaisseau sur orbite terrestre, dans le cadre d'une station spatiale.

Une autre option consiste à lancer plusieurs vaisseaux automatiques vers Mars, en préparation du lancement du vaisseau habité. Le nombre minimum de vaisseaux automatiques est de six, se répartissant comme suit :

sur la planète : un module de survie et deux modules de décollage,
en orbite : un module de descente et deux vaisseaux de retour.

La redondance de ces équipements a pour but de garantir la sécurité des équipages. Divers rendez-vous sur orbite martienne et sur la planète elle-même sont nécessaires, ils ne sont pas fondamentalement différents du schéma des missions lunaires. En revanche, le budget nécessaire est colossal : de l'ordre de 40 milliards de dollars. La réalisation d'un tel programme reste donc peu plausible dans un avenir proche.

VI.6 Tables chronologiques

La Table 6.VII comprend tous les alignements caractéristiques des planètes pour le calcul des trajectoires et des conditions de rencontre. En concordance avec la théorie de la section 6.2, ce sont les alignements entre planètes moyennes (mouvements circulaires) qui figurent dans cette table.

Les Tables 6.VIII à X apparaissant aux pages suivantes rassemblent toutes les missions réussies vers les planètes Vénus, Mars et vers la Lune, arrêtées à l'année 2000.

JUPITER	06 06 1995			
	09 07 1996	**MARS**		
	12 08 1997			
30 06 1972	13 09 1998	24 06 1969	28 04 2014	
03 08 1973	19 10 1999	13 08 1971	16 06 2016	16 01 1990
05 09 1974	21 11 2000	01 10 1973	05 08 2018	23 08 1991
09 10 1975	25 12 2001	20 11 1975	23 09 2020	29 03 1993
11 11 1976	27 01 2003	08 01 1978		03 11 1994
15 12 1977	02 03 2004	27 02 1980	**VÉNUS**	09 06 1996
18 01 1979	04 04 2005	17 04 1982		14 01 1998
21 02 1980	08 05 2006	05 06 1984	30 08 1967	21 08 1999
26 03 1981	10 06 2007	25 07 1986	04 04 1969	27 03 2001
29 04 1982	14 07 2008	13 09 1988	10 11 1970	01 11 2002
02 06 1983	17 08 2009	01 11 1990	16 06 1972	07 06 2004
04 07 1984	20 09 2010	21 12 1992	21 01 1974	11 01 2006
07 08 1985	24 10 2011	08 02 1995	28 08 1975	18 07 2007
10 09 1986	25 11 2012	29 03 1997	02 04 1977	24 03 2009
14 10 1987	29 12 2013	18 05 1999	08 11 1978	29 10 2010
16 11 1988	01 02 2015	05 07 2001	13 06 1980	04 06 2012
20 12 1989	06 03 2016	24 08 2003	19 01 1982	09 01 2014
23 01 1991	09 04 2017	12 10 2005	25 08 1983	16 08 2015
26 02 1992	13 05 2018	01 12 2007	01 04 1985	22 03 2017
30 03 1993	16 06 2019	19 01 2010	05 11 1986	27 10 2018
03 05 1994	19 07 2020	11 03 2012	11 06 1988	03 06 2020

(a) entre Terre et planètes voisines

Alignement			Date	Périodicité		L	ΔL
				jours	années	(°)	(°)
Terre	-	**Vénus**	21 01 1974	583.9	1.60	121.50	-
			01 04 1985			190.28	-
Vénus	-	**Mercure**	12 03 1974	144.6	0.40	201.50	Eq.(62.15)
Terre	-	**Mars**	20 11 1975	779.9	2.14	60.02	-
Terre	-	**Jupiter**	26 03 1981	398.9	1.09	184.56	-
			10 09 1986			350.35	-
Terre	-	**Saturne**	13 10 1997	378.1	1.04	22.97	-
Jupiter	-	**Saturne**	04 01 1981	7 253.5	19.86	177.71	Eq.(62.17)
			12 11 2000			60.69	Eq.(62.17)
			20 09 2020			303.67	Eq.(62.17)
Jupiter	-	**Uranus**	25 09 2010	5 044.8	13.81	0.19	Eq. (VI.2)
Jupiter	-	**Neptune**	02 08 2009	4 668.7	12.78	325.42	Eq. (VI.3)
Saturne	-	**Uranus**	26 11 1987	16 567.8	45.36	262.06	84.35
Uranus	-	**Neptune**	16 04 1995	62 621.0	171.4	294.17	32.11

(b) Alignements planétaires

Table 6.VII : Alignements caractéristiques des planètes du Système solaire *(moyens mouvements)*

Sonde	Date	Lanceur	Masse (kg)	Réalisation
Mariner 2 (USA)	27 08 1962	Atlas - Agena	203	Premières mesures lors du survol de Vénus le 14 12 1962,
Venera 3 (URSS)	16 11 1965	Molnya	1 106	Premier impact sur le sol de Vénus le 01 03 1966,
Venera 4 (URSS)	12 06 1967	Molnya	1 106	Premières mesures de l'atmosphère de Vénus,
Mariner 5 (USA)	14 06 1967	Atlas - Agena	245	Mesures de l'atmosphère,
Venera 5 et 6 (URSS)	5/10 01 1969	Molnya	1 130	Mesures de l'atmosphère par capsule de descente,
Venera 7 (URSS)	17 08 1970	Molnya	1 180	Capsules de descente posées au sol et renvoyant des mesures vers la Terre,
Venera 8 (URSS)	27 03 1972	Molnya	1 180	
Mariner 10 (USA)	03 11 1973	Atlas-Centaur	582	Un survol de Vénus et trois de Mercure, cartographié à 70%,
Venera 9 et 10 (URSS)	8/14 06 1975	Proton	≈ 5 000	Orbiteurs et capsule de descente : premières photos de la surface,
Pioneer-Venus 1 (USA)	20 05 1978	Atlas-Centaur	582	Orbiteur avec radar à ouverture de synthèse (SAR),
Pioneer-Venus 2 (USA)	08 08 1978	Atlas-Centaur	904	Sondes d'analyse de l'atmosphère et des nuages,
Venera 11 et 12 (URSS)	9/14 09 1978	Proton	≈ 5 000	Données sur l'atmosphère et la surface,
Venera 13 et 14 (URSS)	10/11 1981	Proton	≈ 5 000	Idem, ainsi que photos en couleur de la surface,
Venera 15 et 16 (URSS)	02 06 1983	Proton	≈ 5 000	Orbiteur avec radar SAR pour la cartographie,
Vega 1 et 2 (URSS)	15/21 12 1984	Proton	≈ 5 000	Capsules atmosphériques sur Vénus, survol de Halley les 6/8 03 86,
Magellan (USA)	05 05 1989	navette - IUS	3 442	Orbiteur avec radar SAR de haute précision.

Table 6.VIII : Missions réussies vers la planète Vénus

Sonde	*Date*	*Lanceur*	*Masse (kg)*	*Réalisation*
Luna 2 (URSS)	12 09 1959	Vostok	390	Impact près du centre visible,
Luna 3 (URSS)	04 10 1959	Vostok	278	Photos de la face cachée (70 %),
Ranger 7 (USA)	28 07 1964	Atlas - Agena	366	Impact dans la mer des Nuages, 4 300 photos,
Ranger 8 (USA)	17 02 1965	Atlas - Agena	368	Impact dans la mer de la Tranquilité, 7 000 photos,
Ranger 9 (USA)	21 03 1965	Atlas - Agena	368	Impact dans le cratère Alphonse, 5 800 photos,
Zond 3 (URSS)	18 07 1965	Molnya	870	Photos complémentaires de la face cachée,
Luna 9 (URSS)	31 01 1966	Molnya	100 *	Premier alunissage, photos de l'océan des Tempêtes,
Luna 10 (URSS)	31 03 1966	Molnya	245 *	Premier orbiteur lunaire, mesures en infrarouge et gamma,
Surveyor 1 (USA)	30 05 1966	Atlas-Centaur	995	Alunissage près du cratère Flamsteed, 11 000 photos,
Lunar Orbiter 1 (USA)	10 08 1966	Atlas - Agena	385	Cartographie photographique de la face visible,
Luna 11 (URSS)	24 08 1966	Molnya	245 *	Même mission que Luna 10,
Luna 12 (URSS)	22 10 1966	Molnya	1 636	Orbiteur : mesures physiques et photographies,
Lunar Orbiter 2 (USA)	06 11 1966	Atlas - Agena	390	Orbiteur : photos des sites Apollo et de la face cachée,
Luna 13 (URSS)	21 12 1966	Molnya	1 590	Alunissage dans l'océan des Tempêtes,
Lunar Orbiter 3 (USA)	05 02 1967	Atlas - Agena	385	Cartographie photographique,
Surveyor 3 (USA)	17 04 1967	Atlas-Centaur	1 035	Analyse du sol dans l'océan des Tempêtes,
Lunar Orbiter 4 (USA)	04 05 1967	Atlas - Agena	390	Cartographie photographique,
Explorer 35 (USA)	19 07 1967	Delta	104	Mesures du champ magnétique terrestre sur orbite lunaire,
Lunar Orbiter 5 (USA)	01 08 1967	Atlas - Agena	390	Cartographie photographique,
Surveyor 5 (USA)	08 09 1967	Atlas-Centaur	1 005	Analyse du sol dans la mer de la Tranquilité, 19 000 photos,
Surveyor 6 (USA)	07 11 1967	Atlas-Centaur	1 008	Tests chimiques et mécaniques (baie du Milieu), 30 000 photos,
Surveyor 7 (USA)	07 01 1968	Atlas-Centaur	1 040	Même mission que Surveyor 6 (cratère Tycho), 21 000 photos,
Luna 14 (URSS)	07 04 1968	Molnya	245 *	Mesure des interactions Terre-Lune, potentiel d'attraction lunaire,
Zond 5 (URSS)	14 09 1968	Proton	5 600	Missions biologiques circumlunaires avec retour sur Terre,
Zond 6 (URSS)	10 11 1968	Proton	5 600	

Apollo 8 (USA)	21/27 12 1968	Saturn V	30 385	Premier vol circumlunaire habité (Borman, Lovell et Anders),
Apollo 10 (USA)	18/26 05 1969	Saturn V	42 953	Idem avec essai du module lunaire LEM à 14 km de la surface,
Apollo 11 (USA)	16/24 07 1969	Saturn V	42 953	Armstrong et Aldrin débarquent sur la Lune, Collins en orbite,
Zond 7 (URSS)	07 08 1969	Proton	6 000	Vol circumlunaire non habité et retour sur Terre,
Apollo 12 (USA)	12/24 11 1969	Saturn V	43 997	Prise et retour de 35 kg d'échantillons dans l'océan des Tempêtes,
Luna 16 (URSS)	12 09 1970	Proton	1 880	Prise et retour de 100 g d'échantillons dans la mer de la Fécondité,
Zond 8 (URSS)	20 10 1970	Proton	6 000	Mission biologique comme Zond 5 et 6,
Luna 17 (URSS)	10 11 1970	Proton	1 836	Véhicule automatique Lunokhod 1 dans la mer des Pluies,
Apollo 14 (USA)	1/9 02 1971	Saturn V	50 547	Prise et retour de 43 kg d'échantillons au site Fra Mauro,
Apollo 15 (USA)	7/8 1971	Saturn V	48 720	Circuits en "Jeep lunaire" (monts Apennins), retour d'échantillons,
Luna 19 (URSS)	28 09 1971	Proton	4 280	Mesures diverses en orbite lunaire,
Luna 20 (URSS)	14 02 1972	Proton	1 880	Prise et retour de 100 g d'échantillons de la mer des Crises,
Apollo 16 (USA)	16/27 04 1972	Saturn V	52 892	Circuits en "Jeep lunaire", expériences diverses et retour d'échantillons de roches lunaires (plateau Descartes et monts Taurus),
Apollo 17 (USA)	7/19 12 1972	Saturn V	52 849	
Luna 21 (URSS)	08 01 1973	Proton	5 600	Circuits avec Lunokhod 2 dans le cratère Le Monnier,
Explorer 49 (USA)	10 06 1973	Delta	328	Observations astronomiques à l'ombre de la Lune,
Luna 22 (URSS)	29 05 1974	Proton	5 600	Mesure de radiations et photos en orbite,
Luna 23 (URSS)	28 10 1974	Proton	5 600	Alunissage dans la mer des Crises, appareillage de forage défectueux pour Luna 23, retour de 100 g d'échantillons par Luna 24,
Luna 24 (URSS)	09 08 1976	Proton	5 600	
Clementine (USA)	26 01 1994	Titan II G	220	Photos multispectrales à haute résolution.
Lunar Prospector (USA)	06 01 1998	Athena 2	300	

Note * : masse sèche.

Table 6.IX : Missions réussies vers la Lune

Mariner 4 (USA)	28 11 1964	Atlas - Agena	261	Survol de Mars ainsi que 22 photos en juillet 1965,
Mariner 6 et 7 (USA)	2/3 1969	Atlas-Centaur	413	Idem : une centaine de photos à chaque survol,
Mars 2 et 3 (URSS)	19/28 05 1971	Proton	4 650	Orbiteurs autour de la planète, capsules de descente défaillantes,
Mariner 9 (USA)	30 05 1971	Atlas-Centaur	1 030	Cartographie photographique de la planète,
Mars 5 (URSS)	25 07 1973	Proton	4 650	Photos en orbite,
Viking 1 et 2 (USA)	8/9 1975	Titan III - Centaur	4 650	Chacune des deux sondes comprend orbiteur et atterrisseur : cartographie photographique, tests physiques et biologiques au sol,
Surveyor / Pathfinder (USA)	11/12 1996	Delta 2	1000/700	Orbiteur, atterrisseur (parachute-airbag), laboratoire et mini-robot.

Note : Nombreux échecs : sondes soviétiques Mars 4, 6 et 7 (1973/75), Phobos 1 et 2 (1989/90), une sonde russe Mars 96 (1996), ainsi que trois sondes américaines en 1993 et 1999/2000, principalement par perte de communications.

Table 6.X : Missions réussies vers la planète Mars

Chapitre 7

ÉLÉMENTS de COSMOLOGIE

Le premier jour, Dieu créa le Ciel et la Terre . . .

Depuis le début des temps, philosophes et astronomes tournent et retournent dans leur esprit le problème de l'origine de l'univers. L'avènement de la révolution copernicienne mettait un terme à l'univers clos des Anciens, au bénéfice d'un univers pouvant être spatialement infini. Toutefois, les bases théoriques étaient insuffisantes et les observations inexistantes pour appuyer ces recherches sur autre chose que des spéculations philosophiques plus ou moins logiques mais entièrement gratuites. Cette situation s'est complètement modifiée au cours du XXe siècle, avec, d'une part, la formulation de la relativité générale constituant un cadre théorique global et, d'autre part, avec une série d'observations fondamentales touchant la structure générale de l'univers.

Cette nouvelle science s'appelle ***cosmologie***. Elle a pour objet l'étude des lois générales gouvernant l'univers pris dans son ensemble. Elle se distingue de la notion de *cosmogonie*, qui englobe les différentes hypothèses, mythiques ou non, de formation et d'évolution des structures cosmiques, liées de près ou de loin à l'espèce humaine.

Les faits d'observation considérés comme d'importance *cosmologique* sont actuellement au nombre de trois. Toute tentative de cosmologie se doit d'en rendre compte. Ce sont :

- la récession des galaxies, découverte en 1929,
- l'abondance des éléments légers, hydrogène, hélium et deutérium, inexpliquée par les réactions de nucléosynthèse au sein des étoiles (1957),
- le rayonnement du corps noir *cosmologique* à 3 kelvins remplissant uniformément l'univers, découvert en 1964.

Le premier phénomène fait l'objet de la **section 7.1** : c'est la cosmologie observationnelle et le mouvement de fuite des galaxies ainsi que sa modélisation simple en cosmologie newtonienne. La **section 7.2** est consacrée à la cosmologie mathématique, c'est-à-dire au modèle d'expansion de l'espace-temps relativiste. La **section 7.3** aborde la cosmologie physique de l'explosion initiale : c'est le modèle standard du Big Bang chaud et dense, conduisant à la synthèse des noyaux d'hélium et des autres éléments légers. C'est aussi, après quelque cent mille ans, la formation des atomes et l'émission du flash cosmologique, observé de nos jours sous forme du rayonnement de corps noir à très basse température. Enfin l'**annexe VII** aborde diverses théories avancées et spéculatives, non confirmées par l'expérience : grande unification, supersymétrie, gravité quantique, inflation, principe anthropique, cosmologie fractale . . .

□

7.1
L'univers en expansion

7.1.1 Fondements de la cosmologie

a. Historique et définition

Le modèle héliocentrique de *Nicolas Copernic* (1473 - 1543) comportait en son sein les germes d'une nouvelle science : la cosmologie. La Terre en mouvement autour du Soleil imposait aux étoiles d'être situées à des distances énormes, défiant l'imagination, pour qu'elles continuent à apparaître immobiles. L'astronome et mathématicien anglais *Thomas Digges* (1543 - 1595) et plus tard le moine dominicain *Giordano Bruno* (1548 - 1600) sont les précurseurs de la cosmologie pré-relativiste. Le premier proposa en 1576 d'abandonner la rigide sphère des fixes, pour la remplacer par un espace illimité peuplé de soleils. Le second y ajouta la pluralité des mondes habités mais paya cette hypothèse de sa vie sur un bûcher en 1600.

L'analyse infinitésimale qu'*Isaac Newton* (1642 - 1727) avait mis au point pour bâtir ses théories n'était pas assez puissante pour permettre aux mathématiciens de l'époque d'appréhender correctement l'infiniment grand. Si l'univers avait des limites, pensait Newton, il y aurait quelque part un centre privilégié. La gravitation devrait faire s'effondrer vers ce point toutes les parties de l'univers pour y former une grande concentration centrale, ce qui n'est pas conforme aux observations. L'univers devait donc être infini. C'est la réponse que Newton donnait à la question de l'évêque anglais *Richard Bentley* (1662 - 1742) lui demandant pourquoi l'univers ne s'effondrait pas sur lui-même. Newton se trompait !

D'autre part, dès 1720, *Edmund Halley* (1656 - 1742) s'était posé une autre question fondamentale dont la solution contenait certains éléments de réponse. Cette question est : *pourquoi la nuit est-elle noire ?* Elle fait l'objet du paradoxe de *Wilhelm Olbers* (1758 - 1840) : c'est certainement la plus ancienne interrogation à caractère cosmologique.

L'astronome anglais *Arthur Milne* (1896 - 1950) a développé vers 1934 une cosmologie purement basée sur la théorie classique de Newton. Les résultats auxquels elle aboutit sont remarquables et très proches des modèles relativistes les plus plausibles. Bien que née après la relativité, elle a été appelée cosmologie newtonienne. Elle est exposée aux articles 7.1.8 et 7.1.9.

- **Définition de la cosmologie**

La cosmologie peut se définir comme l'étude de l'univers considéré comme un tout. Une telle science est-elle possible ? Seul l'univers observable est directement accessible, sa connaissance globale demande d'extrapoler les données d'observation au moyen d'un modèle théorique. De plus, et contrairement aux autres sciences physiques, la cosmologie ne peut se baser sur des expérimentations de laboratoire. Elle doit donc faire appel à quelques hypothèses, dont certaines sont partiellement vérifiables, et à d'autres qui ne le sont pas et qui restent au niveau du postulat.

En cosmologie, ces postulats portent le nom de *principes*. Il importe de bien garder présent à l'esprit que ce ne sont que des hypothèses de travail et que toute construction théorique qui en résulte n'a comme statut que celui des hypothèses qui en sont à la base.

b. Principe d'*universalité*

Le postulat d'universalité suppose que les lois de la physique terrestre s'appliquent à l'univers dans son ensemble. Il constitue la réponse positive de l'esprit humain à la perte du centre qu'entraîne le principe de Copernic. Ce postulat est sous-jacent à toute la physique, mais il est particulièrement nécessaire à l'astronomie et à la cosmologie qui étudient les domaines les plus reculés dans l'espace et le temps, les conditions les plus extrêmes, au-delà des réalisations possibles en laboratoire. Il permet d'appliquer à l'astrophysique les théories construites sur Terre en se fondant sur les expériences de laboratoire. Cela revient à postuler que les quatre forces fondamentales - gravitation, électromagnétisme, interactions nucléaires faible et forte - gouvernent de la même manière la physique en tout point de l'univers, aussi éloigné et aussi ancien soit-il.

Les observations démontrent que l'interaction électromagnétique, telle qu'elle est connue sur Terre, régit les phénomènes atomiques pour les objets les plus lointains : ces derniers présentent les mêmes raies spectrales que celles observées dans les laboratoires terrestres. Les interactions nucléaires faible et forte constituent le moteur de la nucléosynthèse et de l'évolution des étoiles proches et lointaines.

En ce qui concerne la gravitation, c'est sur la relativité générale que se fonde la cosmologie théorique. Sa validité a été démontrée dans des conditions bien plus extrêmes que celles du champ faible du Soleil.

Le principe d'universalité reste une pure hypothèse, non directement vérifiée mais non infirmée jusqu'ici : les résultats et la capacité de prédiction des sciences physiques montrent la cohérence de ce postulat.

c. Principe d'*uniformité*

Une deuxième hypothèse érigée au rang de principe est l'hypothèse d'uniformité, par laquelle est postulée l'existence de classes d'objets astronomiques semblables, au moins pour certains paramètres. Ce n'est pas vraiment un principe, il faut plutôt le voir comme une *méthodologie* permettant de simuler des expériences d'astrophysique. L'absence de possibilité de reproduction et de variation des paramètres des dispositifs expérimentaux est ainsi compensé par le grand nombre des objets accessibles et par leur diversité.

En pratique, les difficultés sont multiples : certains paramètres anormaux peuvent conduire tel ou tel objet observé à s'écarter notablement du comportement moyen de la classe à laquelle il est supposé appartenir. Le principe d'uniformité doit en conséquence être manipulé avec précaution. Il a déjà apporté bien des déboires aux astronomes, comme l'illustre le problème de l'estimation des distances des galaxies lointaines, exposé à l'article 7.1.3 a. Ainsi, le principe d'uniformité s'éprouve par la cohérence des conclusions qu'il permet de tirer : il se trouvera toujours mis en défaut à un certain niveau, l'augmentation et l'affinement des observations menant souvent à une complication et à une diversification de la nature des objets astronomiques.

7.1.2 Le royaume des galaxies

L'observation des étoiles a véritablement débuté au XVIIIe siècle avec *John Flamsteed* (1646 - 1719) et surtout *William Herschel* (1738 - 1822). Les premiers éléments de cette histoire, racontés au chapitre 1.3.5 b, mettent très tôt en question certaines structures remarquables appelées nébuleuses. La première et la plus aisément observable est cette longue traînée blanchâtre, la Voie lactée, qui barre un grand morceau du ciel nocturne.

Les nébuleuses cataloguées par *Charles Messier* (1730 - 1817) furent rapidement soupçonnées d'être également des *îles d'univers*, de vastes concentrations d'étoiles à l'instar de la Voie lactée. C'est du moins la thèse défendue par *Thomas Wright* (1711 - 1786) et *Emmanuel Kant* (1724 - 1804) vers 1750. Herschel put résoudre en étoiles certaines nébuleuses, mais d'autres, telles les nébuleuses planétaires, avec leur étoile excitatrice au centre, n'appartenait manifestement pas à la même catégorie. En 1845, *William Parsons* (Lord *Rosse* : 1800 - 1867) observa la structure spirale de certaines nébuleuses, ce qui remit à la mode les îles d'univers (le mot allemand *Weltinseln* semble dater de cette époque).

a. Nature des nébuleuses

La véritable nature des nébuleuses demande la détermination de leurs éloignements. Ce n'est qu'en 1838, que les premières mesures de distances stellaires sont réalisées par *Friedrich Bessel* (1784 - 1846). Toutefois, ces mesures ne concernent que des étoiles très proches.

À la fin du XIXe siècle, plusieurs explosions d'étoiles furent observées dans les nébuleuses d'*Andromède* (M 31) et des *Chiens de chasse* (M 55). Identifiés erronément à des novae, ces phénomènes furent supposés être relativement proches. En effet, s'ils avaient été à grande distance, ces objets auraient dû présenter une luminosité d'une valeur incroyablement grande. C'était pourtant le cas, il s'agissait de supernovae : phénomènes nettement plus puissants que les novae observées jusque-là. Ainsi apparaît une première difficulté de l'application du principe d'uniformité.

En 1908, sont mis en service l'observatoire du mont Wilson et le télescope de 60 pouces (1.5 m) financés par *George Ellery Hale* (1868 - 1938). Des progrès considérables sont enregistrés dans les méthodes d'estimation des distances stellaires (voir chapitre 4.3.2 b et c) : des indicateurs primaires représentatifs sont enfin identifiés. C'est le cas des étoiles variables du type céphéides dont la relation période-luminosité avait été mise en évidence, en 1912, par l'américaine *Henrietta Leavitt* (1868 - 1921) avec des étoiles du Petit Nuage de Magellan. De 1916 à 1921, d'autres observations et quelques extrapolations malheureuses alimentèrent le débat. Ces erreurs étaient dues à la trop faible résolution du télescope de 1.5 m. *Harlow Shapley* (1885 - 1972), qui s'était distingué en arpentant la Voie lactée et en y positionnant le Soleil, opta pour la thèse, maintenant abandonnée, d'objets proches et intérieurs à la Galaxie.

La controverse se termina avec la mise en service du deuxième télescope de Hale au mont Wilson en 1923 (100 pouces, 2.5 m). En 1925, *Edwin Hubble* (1889 - 1953) avait réussi à résoudre en étoiles la nébuleuse d'Andromède et à y repérer des céphéides. La distance pouvait donc être évaluée dans de bonnes conditions : située à plus d'un million d'années de lumière, la galaxie d'Andromède était bien un objet extragalactique. Un débat long de deux siècles trouvait ainsi sa conclusion, grâce à la mise en service d'un instrument d'observation plus performant que ses prédécesseurs.

b. Principe de Copernic

En plongeant de plus en plus loin dans la troisième dimension, l'homme se voit infliger une fois de plus une leçon d'humilité. Il découvre que sa Galaxie, si imposante soit-elle, n'est qu'une galaxie banale parmi des milliards d'autres qui lui sont semblables. C'est le *principe de Copernic* qui se manifeste une fois de plus : après la Terre et le Soleil, c'est maintenant la Voie lactée qui abandonne le centre de l'univers. Ni la Terre, ni le Soleil, ni même la Voie lactée, notre île d'univers, ne sont des lieux privilégiés.

Ce principe, l'homme va en faire l'axiome fondamental de sa construction intellectuelle. Associé au principe d'universalité, il permet d'étendre à l'ensemble de l'univers tout ce que l'homme observe et déduit à partir de de sa plate-forme d'observation terrestre.

L'humiliation est compensée par l'enthousiasme de la victoire de l'esprit car l'univers devient un objet d'études scientifiques et non plus seulement l'objet de spéculations épistémologiques.

c. Classification des galaxies

La classification des galaxies en types morphologiques est due principalement à Hubble. Les critères utilisés sont essentiellement les dimensions relatives de la condensation centrale et du disque aplati, l'aspect des bras spiraux et la richesse en régions d'hydrogène ionisé et en étoiles brillantes. Certaines galaxies n'ont aucune structure apparente : ce sont les galaxies elliptiques. Ce sont simplement des ellipsoïdes, allant de la sphère parfaite à des objets plus aplatis, mais jamais autant que le disque d'une spirale. Elles sont classées en fonction de leur degré d'aplatissement et notées E - pour elliptique - de E0 à E7.

Inversement, les galaxies spirales montrent une étonnante diversité de structures. Les variations observées dans l'ouverture des bras, l'importance de la condensation centrale ou l'aspect de la matière absorbante permettent de les classer dans une séquence continue. Elles sont notées S - pour spirale - Sa, Sb, Sc et Sm (voir ci-dessous). Une galaxie Sa vue par la tranche montre une importante composante sphéroïdale, une Sb (comme la Voie lactée) est un cas intermédiaire, alors qu'une spirale Sc se réduit pratiquement à un disque. Certaines d'entre elles possèdent des barres qui les traversent de part en part et d'où s'étendent parfois les bras. Elles sont désignées SBa, SBb ou SBc, suivant la même séquence que les spirales normales. Les galaxies lenticulaires S0, très aplaties mais sans structure spirale, se trouvent à la jonction entre galaxies elliptiques et spirales.

Il existe également une population de galaxies chaotiques, bizarres ou inclassables qui ont été appelées irrégulières (Irr I ou Irr II) par Hubble. À noter également le cas des galaxies en interaction qui peuvent être parfois fortement déformées par effet de marée.

Le Grand Nuage de Magellan, galaxie satellite de la Voie lactée, était classée initialement comme irrégulière. Une structure barrée faible y a été identifiée. Elle constitue le prototype des spirales magellaniques, notées Sm.

D'autres classifications des galaxies ont été développées, elles ne modifient pas fondamentalement celle de Hubble évoquée ci-dessus.

7.1.3 Indicateurs de distance et principe cosmologique

a. Distances extragalactiques

La mesure ou l'estimation des distances stellaires a été exposée au chapitre 4.3.2, pour les objets internes à la Voie lactée, ou qui lui sont proches, jusque 10 millions d'A L.

Avec la mise en service en 1948 du troisième télescope de Hale au mont Palomar (200 pouces, 5 mètres), *Walter Baade* (1893 - 1960) identifia deux types distincts d'étoiles variables parmi les céphéides. Les variables observées dans les régions de population I (étoiles jeunes des bras spiraux) sont bien des céphéides classiques, elles sont quatre fois plus lumineuses que celles des régions de population II (étoiles vieilles des amas globulaires et du halo), appelées *WW Virginis*. C'était le cas des indicateurs primaires utilisés par Shapley au sein de la Voie lactée, tandis que ceux du Petit Nuage de Magellan, utilisés par Leavitt pour calibrer la relation période-luminosité étaient des céphéides classiques. La distance des galaxies devait donc être multipliée par un facteur 2.

Les nouveaux télescopes (voir annexe IV.7) permettent d'identifier ces indicateurs primaires à des distances plus grandes. Le télescope spatial et les engins terrestres avec optique adaptative permettent d'observer des céphéides dans l'amas de la Vierge (*Virgo*), à 50 millions d'A L.

- **Indicateurs secondaires**

Les *indicateurs secondaires* sont des objets identifiables à grandes distances en tant qu'objets séparés, dont les caractéristiques sont des moyennes statistiques. C'est le cas de l'étoile la plus lumineuse d'une galaxie, des supernovae ou des amas globulaires. Ces méthodes, introduites par Shapley, Hubble et leurs successeurs, permettent aujourd'hui d'atteindre 200 millions d'A L.

Une seconde révision importante est intervenue en 1958 lorsque *Allan Sandage* (n. 1926) s'avisa que les étoiles les plus lumineuses sélectionnées par Hubble n'étaient pas des étoiles isolées, mais bien des amas d'étoiles chaudes entourées de gaz ionisés (zone H II). Les étoiles les plus brillantes ont un éclat six fois plus faible que l'éclat total de ces régions. Cette nouvelle révision entraînait une nouvelle multiplication des distances par un facteur 2.5.

- **Indicateurs tertiaires**

Au-delà de cette limite, les grandes concentrations d'étoiles n'apparaissent plus que comme des objets uniques et diffus. Les indicateurs tertiaires sont la dimension apparente ou la magnitude moyenne de l'objet concerné. Ces méthodes permettent d'atteindre environ un milliard d'A L.

Au-delà, il ne reste que l'effet Doppler (*Christian Doppler* : 1803 - 1853) et la loi de Hubble, décrite ci-après, à l'article 7.1.4.

Bien qu'imprécises - le degré d'incertitude atteint un facteur deux - ces méthodes permettent de reculer les limites de l'univers observable à quelques milliards d'années de lumière.

b. Principe *cosmologique*

Le principe cosmologique est une hypothèse qui suppose vérifiée le caractère d'homogénéité et d'isotropie de l'univers à grande échelle. C'est la généralisation de la symétrie sphérique du champ de gravitation solaire. Il en résulte que chaque galaxie présente les mêmes propriétés de mouvement relativement aux autres. Elle est de ce fait appelée *galaxie typique*. Le principe cosmologique a été introduit par Milne en 1934.

- **homogénéité spatiale**

Le principe d'homogénéité exige qu'un observateur d'une galaxie typique voit l'ensemble des autres galaxies se déplacer avec la même distribution de vitesses, quelle que soit le lieu d'où il effectue son observation.

C'est une conséquence mathématique immédiate de ce principe que la vitesse relative de deux galaxies quelconques doit être proportionnelle à la distance qui les sépare, exactement comme le prescrit la loi de Hubble. En effet : soient plusieurs galaxies typiques A, B, C etc . . , alignées et régulièrement espacées, quelle que soit la vitesse de B vue de A, le principe d'homogénéité impose que C ait la même vitesse relativement à B. C étant deux fois plus éloigné de A que ne l'est B, il s'en éloigne aussi deux fois plus vite. Il en est de même avec toutes les autres galaxies : la vitesse de l'une par rapport à l'autre est proportionnelle à leur distance mutuelle.

- **isotropie**

Si l'espace est isotrope au voisinage de deux galaxies typiques, il est aisé de montrer que l'univers est alors homogène, c'est-à-dire que les conditions en A, à proximité de la première galaxie sont les mêmes qu'en B, au voisinage de la seconde. Soit un point C situé à la même distance de la première galaxie que le point A et de l'autre que le point B. L'isotropie autour de la première galaxie entraîne l'équivalence des conditions aux deux points A et C, situés à même distance. De la même manière, l'isotropie au voisinage de la deuxième galaxie exige que les conditions soient les mêmes aux deux points C et B. Elles sont donc les mêmes aux points A et B : l'univers isotrope est donc homogène.

7.1.4 La récession des galaxies

En 1912, *Vesto Slipher* (1875 - 1969) réussissait, à l'observatoire de Flagstaff (Arizona), les premières mesures de vitesse radiale d'Andromède.

Ces mesures sont basées sur la décomposition de la lumière issue des galaxies et sur le décalage observé des raies spectrales. L'effet Doppler est décrit par l'Eq. (43.3) au chapitre 4.3.2 a. Les raies spectrales d'Andromède sont décalées vers le bleu : cette nébuleuse s'approche du Soleil avec une vitesse de 50 km/s. C'était la plus grande vitesse jamais mesurée en astronomie : plus de cent mille kilomètres à l'heure ! Dans quelques milliards d'années, Andromède pourrait entrer en collision avec la Voie lactée !

a. Loi de Hubble

Lorsqu'en 1914, une vingtaine de mesures similaires furent disponibles, un décalage vers le rouge (*redshift*) systématique se manifesta. Ces mesures traduisaient un mouvement d'éloignement - une ***récession*** - par rapport à la Voie lactée. Le décalage spectral est noté z, l'Eq. (43.3) permet d'écrire :

$$z = \frac{\Delta\lambda}{\lambda} = \frac{\lambda'}{\lambda} - 1 \quad et \quad \frac{v_r}{c} = \frac{(z+1)^2 - 1}{(z+1)^2 + 1} . \qquad (71.1)$$

La formule approchée (43.3 b) n'est applicable que pour les valeurs très faibles de z . En effet, la correction relativiste devient assez importante pour $z > 0.1$.

En 1929, les vitesses d'une cinquantaine de galaxies proches avaient été mesurées par Hubble et par son collaborateur *Milton Humason* (1891 - 1973). Le phénomène général de récession était nettement confirmé. D'autre part, des indicateurs secondaires avaient permis à Hubble d'estimer la distance d'une vingtaine de ces galaxies. Les vitesses de récession étaient grossièrement proportionnelles à l'éloignement. C'est la loi de Hubble donnée par l'Eq. (71.2) :

$$v = H_0 \, D \quad , \qquad t_U < t_0 = \frac{1}{H_0} , \qquad (71.2)$$

H_0 est la valeur actuelle de la constante de Hubble, son inverse t_0 est le temps de Hubble dont la signification cosmologique est liée à l'*âge* t_U *de l'univers*. L'estimation de Hubble avait conduit à la valeur :

$$H_0 = 526 \, km \, s^{-1} \; M p c^{-1} = 160 \, km \, s^{-1} \; M A L^{-1} . \qquad (71.3 \text{ a})$$

Cette constante est exprimée en km/s par million de parsecs ou d'années de lumière. C'est une unité étonnante qui découle directement de la loi de Hubble en donnant la vitesse de récession par unité d'éloignement de l'objet. En pratique, elle correspond à l'inverse d'un temps, de l'ordre de quelques milliards d'années.

Le principe cosmologique énoncé à l'article 7.1.3 b implique la proportionnalité de la vitesse avec l'éloignement et inversement, la loi de Hubble en montre la pertinence. Pourtant, les premières mesures de vitesses radiales concernaient des galaxies proches, avec des vitesses de récession faibles et biaisées par la composante locale du mouvement.

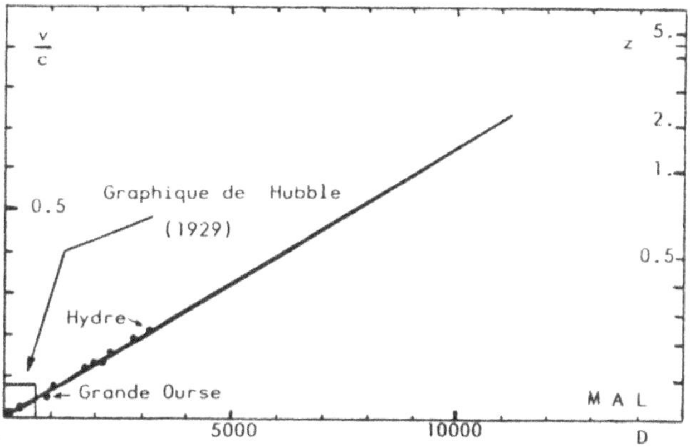

Figure 7.1 : Récession des galaxies

Il est difficile de ne pas supposer que Hubble, se basant sur les arguments théoriques développés ci-dessus, connaissait la réponse qu'il voulait obtenir. Quoi qu'il en soit, quelques années plus tard, les vitesses de récession mesurées atteignaient plus de 10% de la vitesse de la lumière. La proportionnalité entre vitesse radiale et éloignement était bien confirmée.

b. L'âge de l'univers

Le temps de Hubble t_0 est une bonne estimation de l'âge de l'univers. Dans le passé, la distance séparant les galaxies était plus faible et le champ de gravitation plus fort. Avec le temps, le champ de gravitation a diminué et l'expansion s'est ralentie. L'âge t_U de l'univers est donc plus petit que le temps t_0 de Hubble. Avec la valeur estimée par Hubble en 1929, l'âge correspondant était inférieur à 2 milliards d'années ! C'était nettement trop jeune pour un univers comprenant sur Terre des roches âgées de plus de trois milliards d'années, et dans la Galaxie, certains amas globulaires datés de 10 à 15 milliards d'années.

Ces premiers pas tournaient à la confusion et jetaient, pour une trentaine d'années, un doute sur les prémices de la cosmologie expérimentale. Les recherches s'orientèrent alors vers des modèles théoriques présentant un palier temporel permettant d'allonger arbitrairement l'âge de l'univers (voir les modèles de *Georges Lemaître* (1894 - 1966) à la section 7.2.7 a).

Pourtant, le raisonnement inverse aurait pu être appliqué : vu l'inconsistance des résultats, l'élément le moins sûr de la chaîne de raisonnement pouvait être suspecté. En effet, l'échelle des distances a été revue plusieurs fois au cours des décennies. L'ensemble des révisions atteint un facteur voisin de 10 et longtemps a subsisté une incertitude d'un facteur deux. L'estimation correspondante de la constante de Hubble est :

$$H_0 = 75 \pm 25 \quad km\, s^{-1}\, Mpc^{-1} . \qquad (71.3\ b)$$

La révision des échelles primaires obtenue grâce aux résultats des mesures de haute précision du satellite astrométrique Hipparcos, ainsi que l'observation des céphéides de la galaxie M 100, dans l'amas de la Vierge, a réduit cette plage d'incertitude :

$$H_0 = 72 \pm 15\ km\ s^{-1}\ M p c^{-1}. \qquad (71.3\ c)$$

Une autre famille d'indicateurs tertiaires, les supernovae de type Ia, conduit à une valeur environ 15% plus faible. Pour les valeurs de l'Eq. (71.3 b), le temps de Hubble t_0 prend des valeurs s'étendant de 10 à 20 milliards d'années. La valeur intermédiaire de 15 milliards d'années est utilisée dans l'ensemble de l'exposé, elle correspond à la valeur moyenne 75 km s^{-1} Mpc^{-1} .

- **Paradoxe de la nuit noire**

Le paradoxe de la nuit noire est fondé sur la constatation qu'un univers statique infini, peuplé uniformément d'étoiles devrait contenir une telle quantité de lumière que le ciel nocturne devrait apparaître très lumineux, ce qui n'est manifestement pas le cas. Les éléments principaux d'explication de la noirceur du ciel nocturne sont : l'expansion de l'univers et sa durée de vie limitée dans le passé, ainsi que celle des étoiles. Les photons ne sont pas émis depuis un temps infini et, de plus, ils atteignent la Terre avec une énergie moindre, c'est ce que traduit le décalage spectral vers le rouge.

7.1.5 Structures à grande échelle

a. Structure cellulaire

- **Des vides et des bulles**

La loi de Hubble permet d'étudier la répartition tridimensionnelle des champs de galaxies. De curieuses concentrations de galaxies, de nature uni- et bidimensionnelles ont été mises en évidence. Le plus caractéristique est l'existence, dans cette structure, d'immenses *vides* quasi sphériques de l'ordre de 200 millions d'A L de diamètre (par exemple le vide du *Bouvier*). Tout se passe comme si les galaxies étaient distribuées sur les parois d'un vaste réseau de polyèdres déformés, organisés en structure cellulaire. L'intérieur de ces cellules ou *bulles* est pratiquement vide de galaxies.

- **Feuillets et filaments**

Les rassemblements bidimensionnels de galaxies se trouvent sur les surfaces de séparation des cellules : ce sont les *feuillets* de galaxies. Les alignements unidimensionnel se trouvent sur les arêtes - les intersections de deux faces, donc plus peuplées - ce sont les *filaments*, constitués d'amas de galaxies. Enfin, les sommets, les plus riches, sont occupés par des fortes concentrations de galaxies : ce sont les superamas (voir ci-après).

- **Le Grand Attracteur**

L'analyse des vitesses propres des galaxies tend à indiquer un mouvement d'ensemble vers une zone située derrière le superamas de l'*Hydre - Centaure*, à environ 200 millions d'A L de la Voie lactée. Cette énorme concentration inconnue de matière, appelée provisoirement *le Grand Attracteur*, serait responsable du mouvement d'entraînement de la Galaxie à la vitesse de 600 km/s.

b. Amas et superamas

- **Groupe local**

La Voie lactée et la nébuleuse d'Andromède M 31 sont les deux galaxies spirales géantes d'un groupe (c'est-à-dire un petit amas peu dense) d'une trentaine de galaxies, occupant une zone de 3 millions d'A L de rayon. Il est appelé *Groupe local* et comprend également la galaxie spirale du Triangle M 33, les deux Nuages de Magellan et plusieurs galaxies naines. Le groupe le plus proche, celui du Sculpteur (*Sculptor*), est relativement isolé à environ 10 millions d'A L. Dans un rayon de 50 millions d'A L, 54 groupes assez semblables au Groupe local ont été recensés, dont la plupart alignés en filaments vers la constellation de la Vierge.

- **Amas de galaxies** (*cluster*)

À 50 millions d'A L, apparaît une structure nouvelle : l'Amas de la Vierge (ou *Virgo*) qui, dans un volume équivalent, comprend vingt fois plus de galaxies que le Groupe local. C'est une concentration centrale de galaxies elliptiques entourées d'un nuage allongé de spirales et d'irrégulières.

À environ 400 millions d'A L, se trouve un amas très riche, l'Amas de la Chevelure de Bérénice (ou *Coma*). Dans un rayon de 5 millions d'A L sont concentrées plus de mille galaxies. Sa luminosité totale est cinq fois plus grande que celle de Virgo et sa masse dépasse 10^{15} masses solaires. Les amas aussi riches que Coma sont assez rares, mais les concentrations intermédiaires entre Virgo et Coma sont courantes.

- **Superamas de galaxies** (*supercluster*)

Certains amas sont rassemblés en *superamas*, comprenant une dizaine d'amas riches dans une zone de 200 millions d'A L. Les amas ne font pas tous partie de superamas, les trois-quart sont libres, en paires ou en triplets. Vu leur extension, le contraste en densité des superamas par rapport à la densité moyenne de l'univers est peu marqué et nettement moins bien défini que pour les amas, ce qui a longtemps entretenu le doute sur leur existence, postulée par *Gérard de Vaucouleurs* (1918 - 1995) dès 1950.

Il n'existe donc probablement pas de structure d'ordre supérieur. L'univers apparaît ainsi constitué de cellules de l'ordre de 500 millions d'A L, représentant environ un trentième de son rayon actuel !

Le principe cosmologique - homogénéité et isotropie - ne peut être envisagé qu'à des échelles supérieures à la dimension de ces cellules. C'est le prix à payer pour s'affranchir des irrégularités locales et de la structure hiérarchisée en amas et superamas.

7.1.6 Autres éléments d'observation

L'observation de l'univers à très grande distance comprend de très nombreux phénomènes remarquables. Quelques uns d'entre eux ont été sélectionnés en fonction de leur intérêt cosmologique et sont décrits ci-dessous : ce sont les galaxies actives et les quasars, les associations discordantes de galaxies ainsi que le phénomène de lentille gravitationnelle.

a. Galaxies actives et quasars

La fenêtre radio a permis de découvrir que les galaxies étaient des sources de rayonnement hertzien. Certaines d'entre elles, les radiogalaxies, sont des sources extrêmement puissantes. La géométrie de leurs émissions radio est caractérisée par une zone centrale active et par deux lobes latéraux quasi alignés et très étendus.

Certaines des radiosources détectées ont posé problème lors de l'identification de leur contrepartie optique. Ces objets se sont révélés quasi ponctuels (stellaires) et présentent des raies spectrales très larges ainsi qu'un décalage Doppler très important ($z > 0.4$), correspondant à des vitesses de récession proches de la vitesse de la lumière. Ils ont été baptisés quasars (***qua**si **st**ellar **r**adio **s**ources*). Situés à des milliards d'A L, ce sont les objets les plus lointains détectés dans l'univers. La plupart des quasars n'émettent pas en ondes radio, ce sont des noyaux actifs de galaxies très lointaines.

La question se pose alors de la nature de leur source d'énergie et des processus violents dont ils sont le siège et qui les rendent visibles à des distances aussi grandes. La réponse à cette interrogation n'est pas encore connue. Cette activité violente pourrait être le fait d'un trou noir occupant le noyau des galaxies actives et absorbant de grandes quantités de matière stellaire ? D'autre part, comme voir loin signifie aussi voir tôt, les quasars sont des objets très jeunes, observés dans les premiers moments de l'univers. Le quasar le plus lointain observé en 1995 est situé à $z = 5$. Avec une vitesse de récession égale à 92 % de la vitesse de la lumière, son âge est inférieur à 8% de l'âge total de l'univers : il n'est donc âgé que d'environ un milliard d'années. Les galaxies étaient peut-être, dans leurs jeunes années, nettement différentes de ce qu'elles sont maintenant ?

Certaines des *galaxies compactes*, étudiées dans les années 1940 par l'astronome suisse *Fritz Zwicky* (1898 - 1974) sont maintenant classées comme quasars. Ces galaxies possèdent une très forte brillance superficielle.

Leur émission d'énergie lumineuse est concentrée dans un diamètre angulaire très réduit. Il en est de même de certaines galaxies proches, découvertes en 1943 par *Carl Seyfert* (1911 - 1960), dont les noyaux montraient des signes d'activité intense se marquant par des spectres à fortes raies d'émission.

b. Associations discordantes de galaxies

La cosmologie actuelle repose sur l'interprétation du décalage vers le rouge comme conséquence de l'expansion de l'univers. Pourtant, certains astronomes comme *Halton Arp* (n. 1930) et d'autres, n'ont pas hésité à remettre en cause l'universalité de la loi de Hubble sur la foi d'observations étonnantes : certains objets qui semblent situés à la même distance de l'observateur présentent des décalages spectraux complètement différents. Ces associations discordantes concernent généralement des couples ou groupements galaxies-quasar ou galaxie-galaxie présentant des effets d'interaction par la présence de bras de matière, d'anneaux d'absorption ou de filaments. Les cas les plus connus sont :

- *triplet de Zwicky* : deux galaxies (7 000 km/s) sont en contact apparent par un bras avec une galaxie très proche (100 km/s),
- *quintette de Stephan* (n. v. 1930), (800 et 6 400 km/s),
- *quintette de Seyfert* (4 400 et 20 000 km/s),
- *quintette VV* 172 comprenant cinq galaxies alignées : le décalage spectral de l'une est double de celui des quatre autres (15 800 et 36 800 km/s).
- *association NGC* 1199 (2 600 km/s) et un compagnon compact éloigné (13 400 km/s) qui paraît situé devant car la lumière de NGC 1199 semble absorbée dans un anneau de poussière entourant le compagnon compact.

Figure 7.2 : Associations étonnantes
(a) quintette de galaxies VV 172 (b) Croix d'Einstein G 2237 + 305

Bien que de telles observations puissent résulter d'effets de projection, les marques d'interaction étaient suffisamment plausibles pour constituer un véritable problème pour la cosmologie des années 1970.

La théorie d'*Albert Einstein* (1879 - 1955) recélait pourtant bien des potentialités qui n'avaient pas encore été totalement exploitées. L'effet de lentille gravitationnelle, effet généralisé de déviation des rayons lumineux par gravité (voir chapitre 2.3.8 a), est décrit à l'article suivant.

7.1.7 Lentilles gravitationnelles

a. Mirages cosmiques

La déviation des rayons lumineux par les masses est une des vérifications expérimentales célèbres de la relativité générale. Dès 1920, *Arthur Eddington* (1882 - 1944) nota que cette déviation pouvait conduire à des dédoublements d'images. D'autres chercheurs montrèrent que deux étoiles alignées, observées dans l'axe, devaient donner une image annulaire. En 1936, Einstein reprit cette idée et montra que la luminosité d'une étoile pouvait être fortement amplifiée par la lentille gravitationnelle. À cette occasion, il redécouvrit théoriquement le phénomène d'anneau qui, depuis lors, est appelé *anneau d'Einstein*. Si l'alignement n'est qu'approximatif, l'anneau est incomplet ou déformé et apparaît sous forme d'arcs ou de structures en fer à cheval. Einstein pensait que l'alignement de deux étoiles avec la Terre était trop improbable et que ce phénomène resterait une curiosité théorique. L'année suivante, Zwicky reprit cette idée en notant que les galaxies ou amas de galaxies feraient de bien meilleures lentilles que les étoiles, d'autant plus qu'il était à l'époque convaincu de l'existence de grandes quantités de matière invisible au sein des amas de galaxies.

Les choses en restèrent là pendant plus de quarante ans, lorsqu'en 1979, deux quasars très proches et de caractéristiques spectrales identiques furent observés (quasar double QSR 0957 + 561). En scrutant attentivement la région du ciel entourant les quasars, une galaxie jouant lentille gravitationnelle fut découverte, superposée à l'une des images qui était donc bien le premier mirage cosmique identifié.

Depuis lors, une vingtaine de mirages ont été détectés : anneaux, arcs (jusque 60 degrés) et arclets (petits arcs de quelques degrés) ainsi que des structures plus complexes, comme par exemple une *croix d'Einstein* aussi appelée *trèfle à quatre feuilles* (voir Figs. 7.2 b et 7.3).

b. Lentilles cosmologiques

Au-delà des effets visuels spectaculaires de ces mirages, les lentilles gravitationnelles prennent une grande importance en cosmologie observationnelle, car elles ne se manifestent que pour les objets très éloignés, d'intérêt cosmologique. Les géodésiques radiales ne sont les trajectoires des photons que dans un univers de densité constante. Les géodésiques réelles doivent tenir compte de la répartition de la matière sur tout leur parcours.

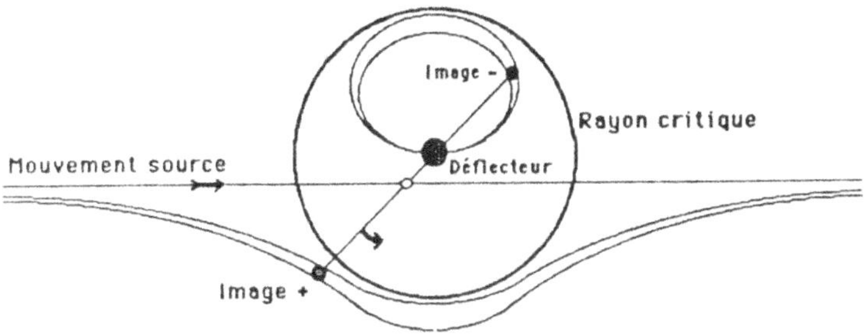

Figure 7.3 : Lentilles gravitationnelles

Le calcul des équations d'Einstein fournit donc des informations sur les hétérogénéités de masse, visibles ou cachées, situées le long de la ligne de visée. Les effets d'amplification, dûs aux concentrations de matière, peuvent être assez forts (facteur 10, exceptionnellement 100), tandis que les atténuations, généralement faibles, correspondent aux trajets dans des régions où la densité de matière est plus faible que la densité moyenne de l'univers, c'est-à-dire dans les grandes bulles cosmiques vides décrites à l'article 7.1.5 a.

- **Détection de la matière invisible**

L'optique gravitationnelle - observation et modélisation - constitue une nouvelle méthode d'évaluation de la masse des objets d'avant-plan et à ce titre permet d'espérer dans un avenir proche une meilleure connaissance de la matière invisible présente dans les halos des galaxies et dans les amas lointains.

- **Microlentilles (*microlensing*)**

Cette méthode peut également être appliquée pour détecter des étoiles faibles ou même des naines brunes par la scintillation que provoque leur passage sur la ligne de visée vers des objets plus lointains. Ce phénomène, appelé effet de microlentille, permettra peut-être dans un avenir proche de détecter les objets massifs du halo des galaxies et ainsi contribuer à la mesure de la densité de matière de l'univers. L'effet de microlentille constitue déjà une explication plausible aux fluctuations de luminosité allant de quelques semaines à quelques années observées sur une classe d'objets *violemment variables*.

- **Nouveaux tests cosmologiques**

Les astronomes se sont rendu compte que les lentilles cosmiques, avec leurs effets de forte amplification risquent de biaiser complètement certains échantillons observationnels, compte tenu du fait que ces observations se font à la limite de sensibilité des instruments.

Les résultats des tests cosmologiques classiques évoqués à la section 7.3.7 semblent devoir être soumis à une analyse critique, à la lumière de ce nouveau type de phénomènes optiques. En effet, les échantillons de galaxies lointaines sont sélectionnés, soit jusqu'à une magnitude m_V, soit jusqu'à un décalage z donnés. Ils sont, de ce fait, vraisemblablement entachés d'un biais d'amplification important.

- **Décalages discordants**

Les associations discordantes, rassemblées par Arp et évoquées à l'article précédent, doivent également être réanalysées cas par cas. Les signes visibles d'association physique sont, en effet, une des caractéristiques des lentilles gravitationnelles qui mélangent, en une image déformée, des éléments de l'objet lointain (décalage spectral) et des éléments morphologiques de son déflecteur.

7.1.8 Cosmologie newtonienne

Un ensemble fini d'étoiles ou de galaxies possède un centre de masse vers lequel, disait Newton, devait s'effondrer tous ses constituants. Il tournait alors la difficulté en concluant que l'univers devait être infini. Une approche similaire, purement statique, conduisit *Seeliger* (v. 1850-1915) et *Carl Neumann* (1832-1925) à introduire vers 1890, une force répulsive proportionnelle à la distance au centre D, comme c'est le cas pour les forces de gravitation pour un ensemble homogène de corps, d'après l'Eq. (31.19).

$$\bar{F} = -\frac{4}{3}\pi G \varrho D \bar{u}_r + \lambda D \bar{u}_r , \quad (\lambda = \Lambda c^2) . \tag{71.4}$$

C'est ainsi qu'apparut pour la première fois la *constante cosmologique* (λ ou Λ) destinée à stabiliser l'univers statique.

Il existe un autre moyen de stabilisation, nettement plus simple et plus naturel, c'est de rechercher un équilibre *dynamique*. C'est le cas des amas globulaires de la Galaxie, décrits par les Eqs. (31.19 à 23), l'équilibre est obtenu par le mouvement de rotation d'ensemble autour du centre de masse.

Une troisième possibilité d'équilibre dynamique a été étudiée au chapitre 3.1.9 : elle implique l'hypothèse d'une expansion cosmique respectant le principe cosmologique avec conservation de la masse. Deux galaxies séparées par une distance D répondent aux Eqs. (31.42 à 44), reprises ci-dessous :

$$v^2 = D^2 \times \frac{8}{3}\pi G \varrho \left[1 - k \frac{D}{R_M} \right] \quad avec \quad R_M = 2a . \tag{31.42}$$

La relation apparente de proportionnalité de l'Eq. (31.42) est la loi de Hubble. Comme la masse de matière présente dans la sphère considérée est constante, la densité de masse ϱ varie comme le cube de la distance D.

La constante H de Hubble est donc une fonction du temps. Il vient :

$$H^2(t) = \frac{8}{3}\pi G\, \varrho_c(t)\,, \tag{31.43}$$

$$\varrho_c = \varrho\,(1 - k\,\frac{D}{R_M})\,. \tag{31.44}$$

Le rapport Ω de la densité de masse à la *densité critique* ϱ_c est un paramètre important pour la caractérisation de l'univers car il est directement lié à la constante de Hubble :

$$\Omega = \frac{\varrho}{\varrho_c}\,, \quad \frac{\Omega - 1}{\Omega} = k\,\frac{D}{R_M}\,. \tag{71.5}$$

En vertu du principe d'isotropie, les vitesses figurant dans l'équation de départ (31.42) sont des vitesses radiales. Il faut donc faire appel aux trajectoires coniques *rectilignes verticales*, étudiées au chapitre 2.1.8.

a. Modèle parabolique

Le modèle parabolique présente des avantages au point de vue du calcul, grâce à la valeur nulle de k, mais aussi grâce à la disponibilité d'équations explicites en fonction du temps pour les trajectoires paraboliques classiques (voir chapitre 2.1.8, Eqs. (21.67), avec notation D au lieu de r) :

$$D^3 = \frac{9}{2}\,\mu\, t^2\,, \quad v^3 = \frac{4}{3}\frac{\mu}{t}\,, \qquad \text{ou} \quad v = \frac{2}{3\,t}\,D\,. \tag{21.67}$$

L'expression de la constante de Hubble en fonction du temps est immédiate et permet de déduire l'âge t_{Uc} de l'univers pour ce modèle :

$$H(t) = \frac{2}{3\,t} \quad \text{et} \quad t_{Uc} = \frac{2}{3\,H_0} = \frac{2}{3}\,t_0\,, \tag{71.6}$$

où H_0 est l'estimation actuelle de la constante de Hubble.

Enfin, les Eqs. (71.3 et 6) permettent de calculer la valeur expérimentale actuelle de la densité critique à partir de la constante de Hubble et de déterminer son évolution dans le temps :

$$\varrho_c\,(t) = \frac{1}{6\pi G\;t^2}\,, \tag{71.7}$$

$$\text{avec} \qquad 3 < \varrho_c < 12\ p\,/\,m^3\,.$$

ou p représente une particule élémentaire.

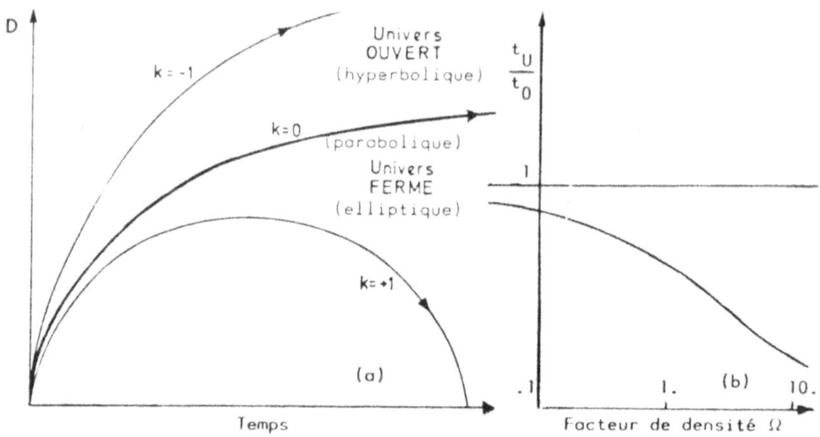

Figure 7.33 : Les trois univers newtoniens

b. Modèle elliptique

Le modèle d'univers elliptique comprend une densité de masse supérieure à la densité critique. L'attraction des masses en présence est prépondérante sur le mouvement : la vitesse est toujours inférieure à la vitesse de libération et le mouvement est borné :

$$k_E = +1 \quad , \quad \Omega_E > 1 \quad , \quad \varrho_E > \varrho_c \ . \tag{71.8}$$

En phase d'expansion, la vitesse augmente moins vite que dans le modèle parabolique : la courbe $D(t)$ de la Fig. 7.4 a indique une décélération. L'expansion ralentit, s'arrête, puis est suivie d'une phase de contraction se terminant en un collapse général.

Il est fait appel aux Eqs. (21.64) où D remplace r :

$$D = a\,(1 - \cos\omega) \quad , \quad v = \sqrt{\frac{\mu}{a}}\ \cot\frac{\omega}{2} \ , \qquad t = \frac{1}{n}\,(\omega - \sin\omega) \ . \tag{21.64}$$

Chacune de ces équations contient trois paramètres : a est lié à la borne inconnue R_M, μ est lié à la masse ou à la densité, également inconnue et enfin ω est la variable indépendante, remplaçant le temps. Un couple de valeurs v et D fourni par l'observation ne permet donc pas de résoudre complètement le problème.

La donnée manquante est la densité de masse, son influence sur l'âge de l'univers est illustré par le graphique $t_U / t_0\ (\Omega_0)$ de la Fig. 7.4 b. À titre d'exemple, lorsque la densité de masse est double de la densité critique, les calculs intermédiaires donnent :

$$\Omega = 2\,, \quad D = a\,, \quad \omega = \frac{\pi}{2}\,, \quad t = \frac{D}{v}\left(\frac{\pi}{2} - 1\right), \qquad (71.9)$$
$$\text{et} \quad t_{U\,2.0} = \left(\frac{\pi}{2} - 1\right) t_0\,.$$

Pour des valeurs plus élevées de la densité de masse, l'âge de l'univers représente une fraction de plus en plus petite du temps t_0 de Hubble.

c. Modèle hyperbolique

Le modèle hyperbolique correspond à des situations très rapides : la vitesse des galaxies est toujours supérieure à la vitesse de libération :

$$k_H = -1\,, \quad \Omega_H < 1\,, \quad \varrho_H < \varrho_c\,. \qquad (71.10)$$

Ceci indique que la composante gravitationnelle, c'est-à-dire la quantité de matière, est trop faible pour contrecarrer la vitesse acquise. Dès lors, l'expansion se poursuit indéfiniment (voir Figs. 7.4 a et 7.6 b). Les Eqs. (21.65) donnent :

$$D = a\,(\cosh\omega - 1)\,, \quad v = \sqrt{\frac{\mu}{a}}\,\coth\frac{\omega}{2}\,, \qquad (21.65)$$
$$t = \frac{1}{n}\,(\sinh\omega - \omega)\,.$$

Comme ci-dessus, le facteur de densité permet l'étude paramétrique de cet univers. À titre d'exemple, lorsque la densité de masse est le dixième de la densité critique, les résultats sont :

$$\Omega = 0.1\,, \quad D = 18\,a\,, \quad \omega = 3.64\,, \quad t = 0.9\,\frac{D}{v}\,, \qquad (71.11)$$
$$\text{et} \quad t_{U\,0.1} = 0.9\,t_0\,.$$

Pour des valeurs plus faibles du facteur de densité, l'âge t_U de l'univers tend asymptotiquement vers le temps t_0 de Hubble : voir Fig. 7.4 b.

7.1.9 L'univers hyperbolique

La fuite des galaxies, enregistrée à partir de l'observatoire terrestre, semble indiquer que le Système solaire (ou la Galaxie) exerce une répulsion étonnante sur tous les constituants de l'univers. Mais le principe de Copernic interdit cette interprétation. Il faut considérer que l'univers est en quelque sorte en train d'exploser, processus au cours duquel chaque galaxie typique s'éloigne de chacune des autres. Cette phase d'expansion est compatible avec chacun des trois modèles.

- **Nature du modèle**

Pour pouvoir sélectionner le modèle applicable, deux méthodes expérimentales sont possibles :

- la première est le *programme de Hubble*, consistant à mesurer à très grande distance le décalage spectral en fonction de l'éloignement,
- la seconde consiste à déterminer le facteur de densité.

Un effort considérable a été apporté à la réalisation du programme par Hubble, Sandage et d'autres.

L'objectif est de déterminer la concavité de la courbe $D(t)$ de la Fig. 7.4 a. Malheureusement, ce n'est qu'à très grande distance que l'inflexion des courbes permettrait de trancher. Jusqu'à présent, les résultats n'ont pas été concluants, car l'estimation de ces grandes distances est très délicate. La conclusion la plus plausible est que le ralentissement de l'expansion est assez faible : les galaxies sont plus rapides que la vitesse de libération, l'univers serait ouvert et en expansion indéfinie.

Une conclusion similaire est obtenue de l'estimation de la densité cosmique. D'une part, la matière visible dans les galaxies ne semble pas dépasser 1% de la densité critique. D'autre part, la masse dynamique repérée par la rotation des galaxies spirales et par les mouvements d'ensemble des amas, bien que plus importante, ne dépasserait pas 10% de cette densité. Cette masse dynamique non visible est appelée *masse cachée*, *matière invisible* ou encore *matière noire* (voir section 7.3.6 b). Avec les éléments disponibles actuellement, il semble aujourd'hui que l'univers est hyperbolique et destiné à rester en perpétuelle expansion.

- **Âge de l'univers**

L'estimation de la densité de masse décrite ci-dessus permet d'affiner le calcul de l'âge de l'univers. En effet, pour un univers hyperbolique en expansion indéfinie, caractérisé par un facteur de densité de 10% ($\boldsymbol{\Omega} = \mathbf{0.1}$), les Eqs. (71.3 c et 71.11) conduisent à :

$$t_U = 12.9 \pm 2.6 \times 10^9 \ (années) \ . \qquad (71.12)$$

L'existence de corps célestes très vieux dans les amas globulaires de la Voie lactée, datés par des méthodes entièrement différentes, à 15.0 ± 3.0 milliards d'années s'avère compatible avec les données issues de la modélisation. Ces deux approches conduisent à dater l'univers de 12 à 15 milliards d'années.

À noter que le rêve de certains physiciens nucléaires est que la densité cosmique soit précisément égale à la densité critique. L'univers serait ainsi parabolique et parfaitement plat.

7.2
Cosmologie relativiste

La relativité générale d'*Albert Einstein* (1879 - 1955), exposée au chapitre 2.3, est à la fois la généralisation de la relativité restreinte et une nouvelle théorie de la gravitation. Elle constitue le cadre naturel pour l'étude de la cosmologie.

Dès 1917, cette théorie fut utilisée par Einstein et d'autres pour décrire les propriétés de l'univers dans son ensemble. Cette démarche s'est faite de manière naturelle pour plusieurs raisons. Tout d'abord la gravitation, bien que la plus faible des forces de la nature au niveau microscopique, est l'interaction qui domine à grande échelle. En relativité générale, l'effet d'une masse n'est pas de créer une force dans un espace euclidien, mais de changer la nature de l'espace. C'est le contenu en matière et en énergie qui courbe l'espace-temps et qui en détermine la géométrie.

Le concept de force newtonienne ne décrivant que l'interaction entre deux masses ne se prête pas naturellement à l'étude globale de l'univers. Au contraire, tout modèle établi dans le cadre de la relativité générale possède un caractère global : si simple soit-il, il constitue une cosmologie, au sens où la métrique qui le résume donne la géométrie de l'espace-temps en tous ses points et à tous les instants. La structure de la théorie d'Einstein, mêlant intimement géométrie, matière et énergie, implique que les solutions cosmologiques recherchées ne pourront être construites que si une bonne représentation de la distribution de la matière dans l'univers est disponible.

7.2.1 Métrique cosmologique

a. Caractéristiques de l'espace-temps

L'équation du champ de gravitation obtenue par Einstein est :

$$R_{\mu\nu} - g_{\mu\nu}\left(\frac{R}{2} - \Lambda\right) = -\kappa T_{\mu\nu} , \tag{23.19}$$

$$avec \quad E_{\mu\nu} = R_{\mu\nu} - g_{\mu\nu}\frac{R}{2} \quad et \quad \kappa = \frac{8\pi G}{c^4} . \tag{23.20}$$

Le tenseur $R_{\mu\nu}$ est composé d'éléments quadratiques et de dérivées du deuxième ordre. Dans un espace-temps riemannien à quatre dimensions, les Eqs. (23.19 et 20) d'Einstein correspondent à un système de *seize* équations différentielles quadratiques du deuxième ordre, chacune d'entre elles comprend plus de 4500 termes. Les inconnues sont les *seize* composantes du tenseur fondamental $g_{\mu\nu}$, appelés *potentiels de métrique*. La résolution demande un choix judicieux de l'espace-temps afin de réduire autant que possible le nombre de composantes inconnues. Le système de coordonnées doit tenir compte des éléments suivants :

- espace courbe de Riemann (*Bernhard Riemann* : 1826 - 1866),
- symétrie et réversibilité spatiale et temporelle : $g_{\mu\nu} = g_{\nu\mu} = 0$ pour $\mu \neq \nu$. Seules quatre inconnues, notées g_μ, subsistent ($\mu = \nu$),
- isotropie spatiale : les coordonnées sphériques sont retenues. La longitude φ et la colatitude θ n'apparaissent jamais indépendamment l'une de l'autre. Elles sont toujours combinées sous la forme de l'élément sphérique :

$$d\psi^2 = d\theta^2 + \sin^2\theta \, d\varphi^2 . \tag{72.1}$$

Une relation similaire existe entre les deux inconnues g_2 et g_3

$$g_3 = g_2 \sin^2\theta . \tag{72.2}$$

Avec ces éléments de symétrie d'espace et de réversibilite spatio-temporelle, la forme la plus générale de la métrique peut s'écrire sous forme de l'Eq. (23.22) :

$$ds^2 = a(r,t)c^2dt^2 - R^2(t)[b(r,t)dr^2 + r^2(d\theta^2 + \sin^2\theta \, d\varphi^2)] ,$$
$$avec \quad g_0 = g_4 = a(r,t) \quad et \quad g_1 = R^2(t)\, b(r,t) . \tag{23.22}$$

Le problème général est ainsi réduit de seize a trois fonctions inconnues $a(r,t)$, $b(r,t)$ et $R(t)$.

Le choix de ces coordonnées est suffisamment général pour ne comprendre aucune hypothèse nouvelle. Il s'applique aussi bien à la mécanique classique - la loi d'attraction est isotrope - qu'à un univers répondant au principe cosmologique.

Les deux fonctions $a\,(r,t)$ et $b\,(r,t)$ sont des fonctions positives et sans dimension. Dans certains ouvrages, elles sont notées $a = e^{\lambda}$ et $b = e^{\mu}$, afin d'inclure ce caractère positif dans leur définition.

b. Commentaires

- **fonction de métrique ou *rayon* d'univers** : dans l'Eq. (23.22), l'élément sphérique est multiplié par le carré de la coordonnée radiale r. Pour respecter l'isotropie spatiale, ce terme ne peut pas être fonction des coordonnées angulaires mais peut l'être éventuellement du temps. Il ne peut apparaître que sous la forme $R^2(t)\, r^2$, terme qui peut être interprété comme si la coordonnée radiale $r^*(t) = R\, r$ était fonction du temps.
- **particule *comobile*** : une particule au repos par rapport à l'espace subit l'évolution temporelle (expansion ou contraction) de cet espace dont elle est solidaire : cette particule est dite *comobile*. Les conditions de comobilité d'une particule P_0 sont :

$$\frac{dx_0^1}{ds} = \frac{dx_0^2}{ds} = \frac{dx_0^3}{ds} = 0\,. \tag{72.3}$$

- **temps *cosmique*** : lorsque le potentiel de métrique $a\,(r,t)$ (ou g_0) est constant, il peut aisément être rendu égal à l'unité : le temps t est dit *orthogonal*. Dans un système où les corps sont comobiles avec le système de coordonnées, la variable t désigne alors le temps propre de chaque corps, d'où le nom de *temps cosmique* qui lui est alors donné.

  Lorsque a est uniquement fonction du temps, son effet de distorsion du temps peut être éliminé par le changement de variable suivant :

$$\tau = \int\sqrt{a(t)}\; dt \quad , \qquad d\tau^2 = a(t)\; dt^2\,. \tag{72.4}$$

  Lorsque a est également fonction de r, il est possible, dans certains cas, de restituer le temps cosmique par un changement de variables adéquat (voir par exemple l'Eq. (72.32)).

7.2.2 Forme générale de l'équation d'Einstein

Avant d'entreprendre le calcul de l'équation d'Einstein, il faut préciser la forme du tenseur impulsion-énergie $T_{\mu\nu}$ figurant au deuxième membre.

a. Tenseur impulsion - énergie

Pour un gaz de particules, la forme contrevariante de ce tenseur s'écrit, dans le système de coordonnées le plus général :

$$T^{\mu\nu} = \begin{pmatrix} p_{11} & p_{12} & p_{13} & q_1 c \\ p_{21} & p_{22} & p_{23} & q_2 c \\ p_{31} & p_{32} & p_{33} & q_3 c \\ q_1 c & q_2 c & q_3 c & \varrho c^2 \end{pmatrix}, \tag{72.5}$$

où les $p_{\mu\nu}$ représentent les composantes de la pression totale (statique plus dynamique) au point courant, q_μ les composantes de la densité de quantité de mouvement, ϱ la masse spécifique et c la vitesse de la lumière.

La méthode la plus courante consiste à utiliser la forme développée du tenseur impulsion-énergie pour un fluide parfait, caractérisé par sa pression p_0 et sa masse spécifique ϱ_0 :

$$T^{\mu\nu} = (p_0 + \varrho_0 c^2) \frac{dx^\mu}{ds} \frac{dx^\nu}{ds} - p_0 g^{\mu\nu}. \tag{72.6}$$

Il est aisé de vérifier que la divergence de ce tenseur est nulle, tout comme celle du tenseur d'Einstein.

b. Équations de gravitation

Le calcul des Eqs. (23.19) pour une métrique répondant à l'Eq. (23.22) comprend une quarantaine de termes pour chacune des trois équations de champ. Les notations sont : l'accent pour une dérivée partielle d'espace, et le point pour une dérivée partielle par rapport au temps :

$$a' = \frac{\partial a}{\partial r}, \quad \dot{a} = \frac{\partial a}{\partial t}. \tag{72.7}$$

Le développement des équations de champ conduit aux Eqs. (72.8 à 10) :

$$E_0 : \kappa \varrho c^2 = \frac{1}{R^2}\left(\frac{b'}{rb^2} + \frac{b-1}{r^2 b}\right) - \Lambda + \frac{1}{ac^2}\left(\frac{3\dot{R}^2}{R^2} - \frac{\dot{R}\dot{b}}{4Rb} - \frac{\ddot{b}}{2b}\right). \tag{72.8}$$

$$E_1 : \kappa p = \frac{1}{R^2}\left(\frac{a'}{rab} - \frac{b-1}{r^2 b}\right) + \Lambda - \frac{1}{ac^2}\left(\frac{\dot{R}^2}{R^2} + \frac{2\ddot{R}}{R} - \frac{\dot{R}\dot{a}}{Ra} - \frac{\dot{R}\dot{b}}{4Rb} - \frac{\ddot{b}}{2b}\right). \tag{72.9}$$

$$E_2 \ : \ \kappa p = \frac{1}{R^2}\left(\frac{a'}{2rab} - \frac{b'}{2rb^2} - \frac{a'b'}{4ab^2} - \frac{a'^2}{4a^2b} + \frac{a''}{2ab}\right) + \\ + \Lambda - \frac{1}{ac^2}\left(\frac{\dot{R}^2}{R^2} + \frac{2\ddot{R}}{R} - \frac{\dot{R}\dot{a}}{Ra} + \frac{5\dot{R}\dot{b}}{4Rb} + \frac{\ddot{b}}{b} - \frac{\dot{a}\dot{b}}{4ab} - \frac{\dot{b}^2}{4b^2}\right) . \qquad (72.10)$$

Il est également possible de combiner les Eqs. (72.8 et 9) pour éliminer la constante cosmologique et faire apparaître la dérivée du produit $a\ b$. L'Eq. (72.11) peut remplacer, au choix, l'une de ces deux équations :

$$E_{0/1} \ : \ \kappa\,(p + \varrho\, c^2) = \frac{1}{R^2 rb}\left(\frac{a'}{a} + \frac{b'}{b}\right) + \\ + \frac{1}{R^2 ac^2}\left(2\dot{R}^2 - 2R\ddot{R} + R\dot{R}\frac{\dot{a}}{a}\right) . \qquad (72.11)$$

c. Méthode de résolution

Dans les Eqs. (72.8 à 10), les dérivées partielles spatiales et temporelles ont été regroupées dans deux parenthèses séparées. Ce mode d'écriture fait apparaître des pistes simples pour la résolution du système. Comme les membres de gauche sont exclusivement fonction du temps, des solutions relativement simples peuvent être trouvées en imposant à chacune des parenthèses d'être elles-mêmes uniquement des fonctions du temps. La deuxième parenthèse répond à cette condition pour :

- modèle avec temps cosmique, afin d'éliminer la dépendance du facteur $1\,/\,a$. De plus, pour neutraliser les termes $\dot{b}\,/\,b$ et $\ddot{b}\,/\,b$, la fonction b doit être indépendante du temps ou bien séparable en r et t, suivant les Eqs. (72.12) :

$$a(r,t) = a(t) = 1 \quad et \quad \begin{matrix} b(r,t) = b_1(r)\ b_2(t) \quad ou \\ b(r,t) = b_1(r) \ , \quad \dot{b} = 0 \ . \end{matrix} \qquad (72.12)$$

- modèles statiques : toutes les dérivées partielles par rapport au temps sont identiquement nulles, seule subsiste la première parenthèse.

Les conditions pour que la première parenthèse soit indépendante du rayon et uniquement fonction du temps sont :

- temps cosmique : $b\,(r,\,t)$ est détermine par l'Eq. (E_1 : 72.9) :

$$a(r,t) = a(t) = 1 \ , \\ \frac{b-1}{r^2\, b} = A(t) \ , \quad b(r,t) = \frac{1}{1 - A(t)\, r^2} \ . \qquad (72.13)$$

De plus, la première parenthèse est nulle (voir Eq. ($E_{0/1}$: 72.11)) pour :

$$a(r,t)\ b(r,t) = K(t) \ . \qquad (72.14)$$

Le mode de résolution privilégié qui apparaît à l'issue de cette discussion est caractérisé par un temps orthogonal ou cosmique, avec $a = 1$. *Richard Tolman* (1881 - 1948) a montré en 1930 que cette condition pouvait être déduite directement du principe cosmologique. À noter que remplacer $a(t)$ par une constante revient au changement de variable décrit par l'Eq. (72.4).

7.2.3 Décalage spectral cosmologique

L'effet Doppler (*Christian Doppler* : 1803 - 1853), a été décrit succinctement au chapitre 4.3.2 a. Il joue un rôle important en cosmologie, c'est la raison pour laquelle il est étudié en détail ci-dessous.

L'expression de référence est la métrique générale rappelée à l'article précédent : c'est l'Eq. (23.22), avec les hypothèses suivantes, compatibles avec les Eqs. (72.12 et 13) :

- temps cosmique : $a(t)$ est uniquement fonction du temps,
- $b(r)$ uniquement fonction du rayon.

L'élément métrique *spatial* étant noté $d\rho^2$, la vitesse totale d'une particule cosmique conduit aux relations suivantes :

$$d\rho^2 = R(t)^2 \, [\, b(r)\, dr^2 + r^2\, d\psi^2 \,]$$

$$v^2 = \left(\frac{d\rho}{dt}\right)^2 = \frac{c^2\, dt^2 - ds^2}{dt^2} \quad et \quad \frac{ds}{c\, dt} = \sqrt{1 - \frac{v^2}{c^2}} \, . \tag{72.15}$$

La vitesse radiale de cette particule est :

$$v_r^2 = \frac{d\rho^2_{(\psi=0)}}{dt^2} \quad d'où \quad v_r^2 = R(t)^2\, b(r)\, \frac{dr^2}{dt^2} \, . \tag{72.16}$$

La trajectoire radiale d'un photon issu de la particule cosmique en mouvement et observé au centre O des coordonnées est caractérisée par :

$$ds = d\psi = d\theta = d\varphi = 0 \, , \qquad \sqrt{b}\, dr = \frac{c\, dt}{R} \, . \tag{72.17}$$

La période d'oscillation du rayonnement électromagnétique émis est :

$\dfrac{ds_e}{c}$:	période propre : c'est l'invariant caractérisant l'onde,
dt_e :	période à l'émission,
dt_o :	période à la réception.

La différence entre les périodes d'oscillation à l'émission et à la réception, notées dt_e et dt_o est :

$$\sqrt{b}\; dr_e = c\,(\frac{dt_o}{R_o} - \frac{dt_e}{R_e}) \quad : \quad \frac{dt_o}{dt_e}\,\frac{R_e}{R_o} = 1 + \frac{v_r}{c}\,. \qquad (72.18)$$

Le décalage Doppler s'exprime alors par la relation générale suivante :

$$\frac{\lambda_o}{\lambda_e} = 1 + z = \frac{c\; dt_o}{ds_e} = \frac{1 + \frac{v_r}{c}}{\sqrt{1 - \frac{v^2}{c^2}}}\;\frac{R_o}{R_e}\,. \qquad (72.19)$$

Cette démonstration fait apparaître clairement les trois composantes principales du décalage Doppler généralisé :

- la composante classique en numérateur, fonction linéaire de la vitesse radiale,
- la composante relativiste en dénominateur : c'est le terme en β_0 qui apparaît dans l'Eq. (23.11), au chapitre 2.3.2,
- la composante cosmologique formée du rapport des valeurs de la fonction de métrique, à l'émission et à la réception.

La quatrième composante du décalage spectral est la composante gravitationnelle qui a été étudiée au chapitre 2.3.8 b, Eq. (23.46). Cette dernière étant obtenue à partir de la métrique particulière de *Karl Schwarzschild* (1873 - 1916) pour le problème des deux corps, il n'est pas possible de l'intégrer dans la formule générale de l'Eq. (72.19).

- **Loi de Hubble**

Pour interpréter les observations de *Edwin Hubble* (1889 - 1953) en fonction de ces formules, il faut imaginer que la fonction de métrique varie très lentement par rapport à la durée de trajet des photons observés, de sorte qu'une distance D peut être définie. Une pseudo-vitesse radiale apparaît alors, provenant de la variation de la fonction $R\,(t)$ de métrique :

$$D = r\,\sqrt{b}\;R(t_0)\;,\quad v_r \approx r\,\sqrt{b}\;\dot{R}(t_0) = D\,\frac{\dot{R}(t_0)}{R(t_0)}\,,$$
$$H = \frac{\dot{R}}{R}\,,\quad \dot{H} = -\,H^2\,(1 - q)\quad et\quad q = -\,\frac{R\,\ddot{R}}{\dot{R}^2}\,. \qquad (72.20)$$

La constante de Hubble n'est donc pas une vraie constante, elle évolue avec le temps cosmique. Cette variation est mise en évidence par les Eqs. (72.20 d à f) qui introduisent le *paramètre de décélération* $q\,(t)$. Ce paramètre est l'un des trois paramètres cosmologiques utilisés dans les tests cosmologiques décrits à la section 7.3.7.

7.2.4 Modèles statiques

a. Équations générales

Dans les modèles statiques, toutes les fonctions inconnues sont indépendantes du temps et la deuxième parenthèse des Eqs. (72.8 à 11) est identiquement nulle. R est une constante qui peut être, sans perte de généralité, prise égale à l'unité. Deux méthodes de résolution sont alors possibles pour résoudre la première parenthèse. Pour la facilité de la résolution, les trois équations qui sont prises en compte sont les Eqs. E_0, $E_{0/1}$ et E_2, c'est-à-dire les Eqs.(72.8, 10 et 11). Une équation d'état entre les variables intensives p et ϱ peut être obtenue en calculant :

$$E_{1/2} \equiv \frac{\partial\,(Eq.\ E_1)}{\partial\, r} - \frac{2}{r}\,(Eq.\ E_2) = \ldots$$

$$\ldots = \frac{\partial\, p}{\partial\, r} + \frac{a'}{2a}\,(p + \varrho\, c^2) = 0\,. \tag{72.21}$$

Comme le gaz cosmique, formé d'étoiles ou de galaxies, est supposé être sans collision, sa pression est nulle. Les modèles statiques doivent donc répondre à l'une des deux conditions suivantes :

$$a' = 0 \quad ou \quad p + \varrho\, c^2 = 0\,. \tag{72.22}$$

Ces conditions sont conformes aux conditions générales discutées à l'article précédent et ont donné lieu, en 1917, aux deux premiers modèles cosmologiques : celui d'Einstein avec temps cosmique - Eq. (72.13 ou 22 a), exposé au b ci-dessous et celui de l'astronome néerlandais *Willem De Sitter* (1872 - 1934), avec espace vide de matière, pour l'Eq. (72.14 ou 22 b). Ce dernier modèle est exposé à l'article 7.2.5 c.

b. Modèle statique d'Einstein

La version initiale des équations de champ (23.22) ne comportait pas de constante Λ. En 1917, Einstein appliqua ces équations à un univers statique formé d'un gaz homogène d'étoiles à pression nulle. Mais en choisissant les Eqs. (72.13 ou 22 a) pour le modèle avec temps cosmique, les Eqs. (72.8, 10 et 11) sans constante cosmologique conduisent à la solution triviale de l'espace-temps vide de *Hermann Minkowski* (1864 - 1909) :

$$A(t) = 0\,,\quad a = b = 1\,,\quad \varrho = p = 0\,,\ \Lambda = a' = 0\,. \tag{72.23}$$

Pour sortir de l'impasse, Einstein introduisit alors la constante cosmologique Λ. En 1923, le mathématicien français *Élie Cartan* (1869 - 1951) démontra que le tenseur d'Einstein ainsi modifié constituait la forme la plus générale de tenseur répondant aux spécifications énoncées au chapitre 2.3.4.

La constante cosmologique était notée initialement λ (petit lambda) et était appelée familièrement petit agneau (en anglais : *small lamb*). La solution des équations modifiées est :

$$\Lambda_E = A = \frac{b'}{2rb^2} = \frac{\kappa \varrho c^2}{2} = \frac{1}{R_E^2} \quad et \quad b = \frac{1}{1 - \frac{r^2}{R_E^2}} . \tag{72.24}$$

La constante cosmologique est l'inverse du carré d'une longueur R_E, qui apparaît comme la borne supérieure de la coordonnée radiale, valeur pour laquelle la métrique devient singulière. Le changement de variable suivant fait apparaître la nature de cet espace-temps :

$$\sin\chi = \frac{r}{R_E} , \quad ds^2 = c^2\, dt^2 - R_E^2 \left(d\chi^2 + \sin^2\chi\, d\psi^2\right) , \tag{72.25}$$

La métrique spatiale est celle d'une hypersphère de rayon R_E, dont l'antipode se trouve à la distance $\pi\, R_E$. La grandeur du rayon R_E peut être déterminée à partir de l'estimation de la densité de masse : il est de l'ordre de 3.3×10^{26} m ou 33 milliards d'A L. Cette valeur est cohérente avec les données expérimentales spatiales et temporelles fournies par l'observation astronomique.

7.2.5 Métrique de Schwarzschild

a. Solution extérieure de Schwarzschild

En 1916, Schwarzschild établit la première solution des équations du champ de gravitation autour d'un corps sphérique. C'est la solution relativiste du problème des deux corps dans un espace vide de matière. L'espace-temps considéré est entièrement statique, sa partie spatiale possède la symétrie sphérique. Le tenseur impulsion-énergie T_{ik} est nul à l'extérieur du corps central, car l'espace y est vide. Les conditions aux limites de l'Eq. (72.22 b) sont applicables et conduisent aux Eqs. (72.14). La valeur de K est égale à l'unité, car pour r tendant vers l'infini, la métrique tend vers celle de Minkowski : a et b tendent vers l'unité. Les autres équations permettent d'écrire :

$$\begin{aligned} a(r) &= 1 + \frac{a'' r^2}{2} = 1 - a' r - \Lambda r^2 , \\ a(r) &= 1 - \frac{B}{r} - \frac{\Lambda}{3} r^2 . \end{aligned} \tag{72.26}$$

La solution du problème des deux corps est obtenue avec $\Lambda = 0$. Initialement, cette constante ne figurait pas dans les équations de champ.

Il reste à déterminer l'expression de la constante B en intégrant l'Eq. E_0 :

$$d\,(r\,a) = dr - \kappa\,\varrho\,c^2\,r^2\,dr\,,$$
$$r\,a = r - \frac{8\,\pi\,G}{c^2}\int_0^R \varrho(r)\,r^2\,dr\,. \qquad (72.27)$$

Le terme résultant de l'intégrale du deuxième membre est la masse M comprise dans le volume de la sphère euclidienne de rayon R. Cette masse répondant à l'Eq. (21.6) est appelée *émergence euclidienne* de la masse. Elle conduit aux Eqs. (23.25 a et 29) du chapitre 2.3.6 :

$$B = R_c = \frac{2\,G\,M}{c^2}\,. \qquad (72.28)$$

La constante B est ainsi égale au rayon critique R_c de Schwarzschild. La métrique est singulière si la coordonnée radiale peut atteindre cette valeur tout en restant à l'extérieur du corps. Si c'est le cas, la matière comprise à l'intérieur de ce rayon caractéristique constitue un corps appelé *trou noir*, succinctement évoqué aux chapitres 2.3.6 c et 4.3.8.

b. Solution intérieure

En tout point r intérieur à une masse sphérique fluide de rayon R, répondant à l'équation d'état (72.21), la métrique prend la forme suivante :

$$a = \left[\frac{3}{2}\sqrt{1 - \frac{R_c}{R}} - \frac{1}{2}\sqrt{1 - \frac{r^2}{R^2}\frac{R_c}{R}}\ \right]^2,$$
$$b = \frac{1}{1 - \dfrac{r^2}{R^2}\dfrac{R_c}{R}}\,. \qquad (72.29)$$

Les formes intérieure et extérieure de la métrique se raccordent à la surface de la sphère : la propriété des points intérieurs en théorie newtonienne (chapitre 3.2.1) est donc confirmée en relativité générale, comme l'a démontré *George Birkhoff* (1884 -1944) en 1923.

Par analogie avec l'Eq. (23.46 d), les décalages gravitationnels z_c au centre et z_s à la surface s'écrivent :

$$1 + z_S = \frac{1}{\sqrt{1 - \dfrac{R_c}{R}}} \quad et \quad \frac{1 + z_C}{1 + z_S} = \frac{2}{2 - z_S}\,. \qquad (72.30)$$

En cas de collapse gravitationnel, le rayon de l'astre diminue. Les Eqs. (72.30), valables tant que le gaz reste parfait, montrent que le décalage spectral z_c au centre tend vers l'infini. À la surface, z_s tend vers 2. Le rayon R de l'astre tend vers 9 R_c / 8 , valeur voisine mais néanmoins supérieure au rayon critique de Schwarzschild.

c. Modèle vide de De Sitter

En 1917, De Sitter utilisa la métrique statique de Schwarzschild comme solution cosmologique. L'expression mathématique est identique, mais son interprétation est différente. La constante B est nulle puisqu'il n'y a pas de masse centrale. Comme pour le modèle d'Einstein, la constante cosmologique ne peut être nulle, sinon la métrique se réduit à celle de Minkowski. La constante K peut être ramenée à l'unité par un changement de variable du type de l'Eq. (72.4). La solution de De Sitter est donnée par les Eqs. (72.31) :

$$a(r) = \frac{1}{b(r)} = 1 - \frac{r^2}{R_S^2} , \quad R_S^2 = \frac{3}{\Lambda_S} . \tag{72.31}$$

Physiquement, le modèle de De Sitter n'a qu'un intérêt marginal, car l'espace-temps y est entièrement vide. En revanche, il présente une caractéristique assez étonnante : l'espace est courbe malgré l'absence de matière. Le succès éphémère qu'a connu ce modèle est dû au fait que vers 1920, il était le seul à pouvoir rendre compte des décalages systématiques vers le rouge, mesurés dans le spectre des galaxies lointaines. En pratique, ce modèle n'est stationnaire qu'en apparence, car un facteur d'échelle spatial apparaît lorsque le temps cosmique est restitué par le changement de variables :

$$\rho = \frac{r}{\sqrt{1 - \frac{r^2}{R_S^2}}} e^{\frac{-ct}{R_S}} , \quad \tau = t + \frac{R_S}{2} \ln(1 - \frac{r^2}{R_S^2}) , \tag{72.32}$$

$$d'où \quad a^* = b^* = 1 \; et \quad R^*(\tau) = R_0 \, e^{\sqrt{\frac{\Lambda}{3}} c\tau} = R_0 \, e^{\frac{c}{R_S}\tau} .$$

Cette autre forme du modèle peut être déduite de l'Eq. (72.20 d) lorsque H_0 est une vraie constante. Elle apparaît à l'article 7.2.7 c comme modèle F-L-R-W à densité de masse nulle, dénommé modèle *stationnaire*.

Les Eqs. (72.32) permettent de calculer la valeur numérique du rayon caractéristique à partir de la valeur expérimentale actuelle de la constante de Hubble, donnée par l'Eq. (71.3 c). Sa valeur, $R_S = 1.3 \times 10^{26}$ m ou 13 milliards d'A L, est compatible avec les observations, comme c'est aussi le cas du rayon R_E de l'univers d'Einstein.

7.2.6 Modèles de Friedmann - Lemaître - Robertson - Walker

Les métriques statiques qui viennent d'être étudiées ne fournissent pas une bonne représentation de l'espace réel : elles sont incompatibles avec les observations de Hubble ou correspondent à un univers vide de matière.

a. Historique succinct

La recherche de solutions cosmologiques non statiques a débuté dès 1922 avec le russe *Alexandre Friedmann* (1888 - 1925) et le chanoine belge *Georges Lemaître* (1894 - 1966).

Friedmann soumit à Einstein la première solution des équations de champ sans constante cosmologique, mais avec expansion, sept ans avant la découverte de la loi de Hubble. Einstein n'appréciait pas cette solution qui ne s'accordait pas avec son image d'un univers immuable. Il retarda donc la publication de la note de Friedmann. Il s'opposa ensuite à Lemaître qui, dès 1927, proposait diverses solutions non statiques et les interprétait comme des modèles possibles de l'univers physique présentant une singularité initiale : l'explosion primordiale. À ce titre, Lemaître peut être regardé comme le précurseur des théories modernes du Big Bang.

En 1929-1930, les américains *Howard Robertson* (1903 - 1961), *Arthur Walker* (v. 1900 -1970) et Tolman formalisèrent la métrique d'espace-temps donnée par les Eqs. (23.19 et 20) et en donnèrent la solution générale. D'après l'article 7.2.2 c, la solution résulte des Eqs. (72.13). Le temps cosmique fournit la condition commune pour rendre tous les seconds membres des Eqs. (72.8 à 11) indépendants de la variable r. Il faut de plus que la fonction b soit indépendante du temps. La fonction $R\,(t)$ a la dimension d'une longueur et $A\,(t)$ est une constante sans dimension :

$$\frac{\dot{b}}{b} = 0\ , \quad A(t) = k\ , \quad b(r) = \frac{1}{1 - k\,r^2}\ , \qquad (72.33)$$
$$\text{et} \quad k = 0 \quad \text{ou} \quad \pm 1\ .$$

b. Équations des cosmologies

L'autre fonction inconnue, $R\,(t)$, peut être déterminée en résolvant le système des équations dites *des cosmologies*, qui sont obtenues à partir des Eqs. (72.8 à 11), en remplaçant $b\,(r)$ par sa forme tirée de l'Eq. (72.33). Compte tenu des Eqs. (72.13), seules les secondes parenthèses des Eqs. (72.8 à 11) doivent être prises en compte :

$$\begin{aligned} E_0 &: \frac{\kappa\varrho}{3}\,c^4 = \frac{k\,c^2}{R^2} + \frac{\dot{R}^2}{R^2} - \frac{\Lambda}{3}\,c^2\ , \\ E_1 &: \kappa\,p\,c^2 = -\frac{k\,c^2}{R^2} - \frac{\dot{R}^2}{R^2} - 2\,\frac{\ddot{R}}{R} + \Lambda\,c^2\ . \end{aligned} \qquad (72.34)$$

Les trois équations de base se réduisent à deux, la troisième étant remplacée par celle de la fonction $b\,(r)$. Elles vérifient la relation suivante :

$$\frac{d}{dt}\,(R^3 \times Eq.\ E_0) + R^2\,\dot{R} \times Eq.\ E_1 = 0\ ,$$

permettant d'obtenir une équation d'état : l'Eq. (72.35) :

$$\frac{d}{dR}(\varrho R^3) + 3\frac{p}{c^2}R^2 = 0 \quad ou \quad R\,\frac{d\varrho}{dR} + 3\,(\frac{p}{c^2} + \varrho) = 0\;. \quad (72.35)$$

Cette équation est l'intégrale première des équations des cosmologies. Physiquement, elle représente la relation thermodynamique de conservation de la masse-énergie. Les cas suivants sont à distinguer, suivant la nature de l'énergie en présence :

- **univers de matière :**
  Lorsque l'univers est constitué d'un gaz d'étoiles (ou de galaxies) à pression nulle, l'Eq. (72.36) traduit la conservation de la masse :

$$\varrho_m(t)\; R^3(t) \;=\; C^{te}\;. \quad (72.36)$$

- **univers de radiations :**
  La pression de radiation est proportionnelle à la densité :

$$p_r = \frac{\varrho_r\, c^2}{3}\;, \qquad \varrho_r\, R^4 = C^{te} \quad ou \quad R\,T = C^{te}\;. \quad (72.37)$$

  L'Eq. (72.37 c) résulte de l'Eq. (73.4) (loi de Stefan-Boltzmann : *Josef Stefan* : 1835 - 1893 et *Ludwig Boltzmann* : 1844 - 1906). Il y a donc proportionnalité inverse entre la fonction de métrique ***R (t)*** et la température *T* de l'univers.

- ***énergie* du vide :**
  L'enthalpie moyenne décrite par l'Eq. (72.22 b) doit être nulle. Le tenseur impulsion-énergie de l'Eq. (72.6) se réduit alors à la même forme que celle de la constante cosmologique dans le membre gauche des Eqs. (23.19) du champ :

$$\tilde{p}_v = -\,\tilde{\varrho}_v\, c^2 = -\,\frac{8\pi G}{\Lambda} = C^{te} \quad car \quad T^{\mu\nu} = \tilde{\varrho}_v\, c^2\, g^{\mu\nu}\;. \quad (72.37\ d)$$

La signification physique de la constante cosmologique est donc liée à l'énergie moyenne du vide.

7.2.7 Trois familles de modèles F-L-R-W

La métrique F-L-R-W s'écrit à la manière de l'Eq. (72.25) en posant :

- modèle hyperbolique : $k = -1$: $r = \sinh\chi$,
- modèle euclidien : $k = 0$: $r = \chi$, (72.38)
- modèle elliptique : $k = +1$: $r = \sin\chi$.

Grâce à ce mode d'écriture, les trajectoires lumineuses ($d\,s = d\,\psi = d\,\theta = d\,\varphi = 0$) sont décrites par une seule équation qui est applicable aux trois familles de modèles. Le modèle euclidien est également appelé modèle cylindrique ou modèle parabolique.

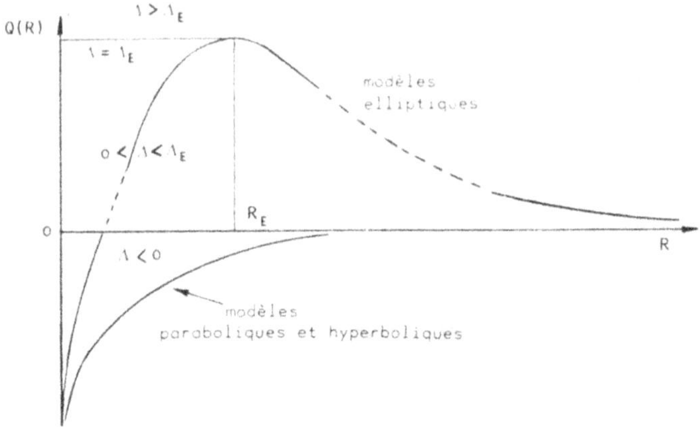

Figure 7.5 : Fonction de réalité Q(R)

a. Modèles elliptiques : $k = 1$

- **Condition de *réalité***

Dans la première équation cosmologique (72.34 a), la dérivée de R apparaît au carré et doit donc être positive. La condition de *réalité* est :

$$\dot{R}^2 = R^2 \frac{c^2}{3} (\Lambda - Q) > 0 \,, \quad Q(R) = \frac{3k}{R^2} - \kappa \varrho c^2 \,, \quad \text{et} \quad \Lambda > Q(R) \,. \tag{72.39}$$

La fonction $Q(R)$ tend vers $-\infty$ pour R tendant vers zéro et vers zéro pour R tendant vers l'infini, d'après les Eqs. (72.36 et 37). Entre ces deux valeurs, $Q(R)$ présente un maximum pour :

$$R_E^2 = \frac{2}{\kappa (p + \varrho c^2)} \,, \quad Q_E = \Lambda_E = \frac{\kappa}{2} (3p + \varrho c^2) \,. \tag{72.40}$$

Le rayon R_E et la constante cosmologique Λ_E de l'univers d'Einstein sont donc des éléments caractéristiques des modèles F-L-R-W.

- $\Lambda > \Lambda_E$

R peut varier de 0 à ∞, comme le montre la Fig. 7.5. Comme $\dot{R} > 0$, la fonction $R(t)$ est de type M_1 à expansion monotone, voir Fig. 7.6 a. Ce modèle est à explosion initiale et à accélération initiale infinie. En effet, la tangente en $R = 0$ est verticale car $\dot{R}(0) = \infty$. Sur la Fig. 7.6 a, R_i est l'absisse du point d'inflexion.

- $\Lambda = \Lambda_E$

Le modèle est de type M_1 comme ci-dessus, mais comme $\dot{R}_E = \ddot{R}_E = 0$, le point d'inflexion en R_E est à l'horizontale : ce modèle est noté M_E.

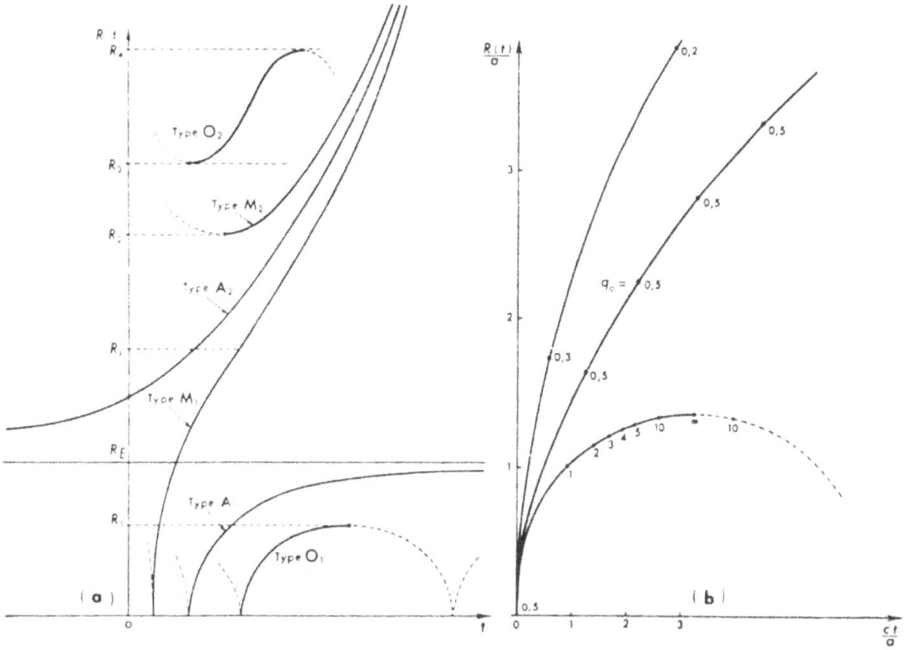

Figure 7.6 : Modèles F-L-R-W
(a) elliptiques (b) Friedmann

Il existe également deux modèles asymptotiques A_1 et A_2 comme indiqué sur la Fig. 7.6 a.

- $0 < \Lambda < \Lambda_E$

Deux zones de variation sont permises : $0 < R < R_1$ et $R_2 < R < \infty$. Dans le premier cas, le modèle est de type O_1 oscillant borné et dans le second, il est de type M_2 à expansion monotone.

- $\Lambda \leq 0$

Il n'y a qu'une seule plage de variation de $R(t)$, le modèle est du type O_1 oscillant borné comme ci-dessus.

- **Note : univers de Lemaître et d'Eddington**

En 1927, le chanoine Lemaître montra, par une théorie similaire à celle exposée ci-dessus, que l'univers d'Einstein était instable. En effet, compte tenu des fluctuations locales de densité se répercutant sur la constante cosmologique, l'univers d'Einstein doit basculer vers un modèle asymptotique A_2, ou vers un modèle oscillant O_1. Pour sa part, Lemaître proposa un modèle monotone croissant M_1, avec constante cosmologique légèrement supérieure à Λ_E. Ce modèle permettait d'allonger l'âge de l'univers qui était alors anormalement trop court suite à l'estimation dix fois trop élevée de la constante de Hubble.

Un modèle A_2, statique et infini dans le passé, a été proposé en 1931 par *Arthur Eddington* (1882 - 1944), qui, comme Einstein, repoussait l'idée d'une explosion initiale.

b. Modèles hyperboliques et euclidiens : $k = -1$ et $k = 0$

La discussion des modèles hyperboliques et euclidiens est directe car la fonction $Q(R)$ est toujours négative. Elle tend vers $-\infty$ pour $R = 0$ et vers 0 pour $R = \infty$. Pour $\Lambda \geq 0$, le modèle est en expansion monotone de type M_1 à explosion initiale. Pour $\Lambda < 0$, le modèle est de type oscillant O_1 à explosion initiale.

c. Modèle stationnaire à création continue

L'espace vide de De Sitter, décrit par les Eqs. (72.31 et 32), correspond à un espace en expansion à taux constant. Par l'Eq. (72.20 d), il vient :

$$H = H_0 = c\sqrt{\frac{\Lambda_S}{3}} \,. \tag{72.41}$$

L'absence de matière de cet espace provient du choix de la condition de pression nulle dans l'Eq. (72.22 b).

D'autres modèles à pression non nulle peuvent être envisagés, mais leur interprétation physique est plus délicate car la pression doit y être négative, la densité de masse étant toujours positive. C'est le cas du modèle stationnaire de *Hermann Bondi* (n. 1919), *Thomas Gold* (n. 1920) et *Fred Hoyle* (n. 1915). Une nouvelle hypothèse esthétique et philosophique est introduite : le *principe cosmologique parfait*, qui complète le principe cosmologique par l'homogénéité temporelle. Une densité de masse ϱ_0 constante dans un espace en expansion implique une augmentation de la masse.

$$\varrho = C^{*} = \varrho_0 \,, \qquad \frac{dM}{M} = 3\, H_0\, dt \,. \tag{72.42}$$

Il faut donc qu'un processus de création continue de matière soit actif pour remplir le volume d'espace qui augmente (par exemple dans des mini-big bangs convenablement répartis). C'est ce qu'exprime l'Eq. (72.42 c).

7.2.8 Modèles de Friedmann : $\Lambda = 0$

Comme l'indiquent les équations (72.34) des cosmologies, la valeur nulle de la constante cosmologique ne présente pas de caractère particulier. Ce n'est qu'une valeur possible parmi d'autres. Mais le principe d'économie (*rasoir* d'Ockham, *Guillaume d'Ockham* : v. 1295 - 1349) recommande de préférer l'hypothèse contenant le minimum de paramètres arbitraires. De plus, le choix de Friedmann est pleinement justifié par l'étude gravitationnelle des astres du Système solaire.

a. Caractéristiques

De la discussion de l'article précédent, il ressort que ces modèles sont tous caractérisés par une explosion initiale. Le modèle elliptique est de type oscillant O_1 . Les modèles euclidiens et hyperboliques sont du type M_1 à expansion monotone et présentent la particularité de ne pas avoir de point d'inflexion car $\ddot{R}$ reste constamment négatif. L'avantage des hypothèses introduites par Friedmann est de permettre le calcul de la fonction $R\ (t)$ dans chacun des trois cas.

En utilisant l'Eq. (23.20 b) de l'article 7.2.1, et les notations des Eqs. (21.4 b et 21.6) du chapitre 2.1.2, la première équation des cosmologies Eq. (72.34 a) permet d'écrire la dérivée $\dot{R}\ (t)$ sous la forme simple suivante :

$$\frac{dR}{dt} = c \sqrt{\frac{\kappa c^2}{3} \varrho R^2 - k} = \sqrt{\frac{2\,\mu}{R} - k\, c^2}\ , \qquad d'où \quad \frac{\dot{R}^2}{2} - \frac{\mu}{R} = -k\,\frac{c^2}{2}\ . \tag{72.43}$$

C'est l'équation de l'énergie pour les orbites coniques classiques qui débouche sur les Eqs. (21.64, 65 et 67) du chapitre 2.1.7 / 8. Ces équations sont utilisées, à la section 7.1.8 / 9, pour l'étude de la cosmologie newtonienne. Elles sont entièrement applicables aux modèles d'univers de Friedmann, moyennant les substitutions suivantes :

$$\frac{\mu}{a} \rightarrow c^2 \quad et \quad n \rightarrow \frac{c}{a}\ . \tag{72.44}$$

En appelant a la constante d'échelle et ω l'angle de développement de l'univers, les équations obtenues pour les modèles de Friedmann sont :

- **Modèle euclidien**

$$R^3 = \frac{9}{2}\, a\, (ct)^2\ . \tag{72.45}$$

- **Modèle elliptique**

$$R = a\,(1 - \cos\omega)\ , \quad c\,t = a\,(\omega - \sin\omega)\ . \tag{72.46}$$

- **Modèle hyperbolique**

$$R = a\,(\cosh\omega - 1)\ , \quad c\,t = a\,(\sinh\omega - \omega)\ . \tag{72.47}$$

Le modèle *euclidien* de Friedmann est parfois appelé modèle EDS (pour Einstein - De Sitter), à la suite de l'étude présentée en 1932 par ces deux auteurs, qui s'étaient finalement ralliés aux modèles à singularité initiale après la découverte de l'expansion de l'univers par Hubble en 1929.

b. Distance métrique

La distance métrique est le produit $R(t)\,r$ qui s'écrit en fonction de la variable $1 + z$:

$$1 + z = \frac{R(t_0)\,r}{R(t)\,r} \,. \tag{72.48}$$

Cette variable constitue un meilleur choix pour le repérage des événements que la variable t elle-même, car elle est indépendante du modèle retenu.

D'autre part, disposant des expressions complètes de $R(t)$ pour les trois modèles de Friedmann, il est relativement aisé de trouver les formules analytiques caractérisant certains phénomènes. L'expression de la distance métrique des univers de Friedmann est très utile. Elle est tirée de la relation métrique des géodésiques radiales de longueur nulle (photons) par les intégrales suivantes (cas elliptique) :

$$\int_{t_e}^{t_0} \frac{c\,dt}{R(t)} = \int_e^0 d\omega = \omega_e - \omega_0 = \int_0^r \frac{dr}{\sqrt{1 - k\,r^2}} \,, \tag{72.49}$$

$$d'où \quad r = \sin(\omega_e - \omega_0) \,.$$

En introduisant les valeurs expérimentales actuelles du décalage spectral z, de la constante de Hubble H_0 et du paramètre de décélération q_0, la distance métrique actuelle $r\,R_0$ s'écrit :

$$r\,R_0 = c\,\frac{q_0\,z + (q_0 - 1)\left(\sqrt{1 + 2\,z\,q_0} - 1\right)}{q_0^2\,(1 + z)\,H_0} \,. \tag{72.50}$$

L'Eq. (72.50) a été établie en 1958 par *Mattig* (n. v. 1925), elle est applicable quel que soit le modèle de Friedmann considéré et ne dépend que de valeurs mesurées actuelles.

7.2.9 Tests de relativité générale

Tous les modèles décrits dans ce chapitre sont basés sur l'Eq. (23.19) du champ de gravitation d'Einstein. Divers tests de relativité générale ont été réalisés ces dernières années, ou sont en préparation.

a. Vérifications modernes

En plus des vérifications expérimentales classiques dans le champ faible du Soleil décrites au chapitre 2.3.7/8, deux confirmations supplémentaires ont été obtenues ces dernières années pour des champs forts, mettant en jeu les termes non linéaires des équations d'Einstein. Ce sont :

- de spectaculaires effets de mirages et de lentilles gravitationnelles décrits à la section 7.1.7,
- l'avance du périastre des pulsars binaires en association serrée, tel que le pulsar PSR 1913 + 16, découvert en 1974 par *Russel Hulse* (n. 1950) et *Joseph Taylor* (n. 1941). La perturbation est de 4 degrés par an.

Le pulsar PSR 1913 + 16 présente également un ralentissement de sa rotation de 10^{-9} s par période (59 ms), soit environ une seconde par an, attribué à l'émission d'ondes gravitationnelles.

b. Ondes gravitationnelles

Un autre domaine en cours d'exploration est celui des ondes gravitationnelles qui constituent les solutions ondulatoires des équations du champ relativiste dans l'espace-temps vide.

- **approximation des champs faibles**

Si la métrique est très proche de celle de Minkowski, il vient :

$$g_{\mu\nu} = m_{\mu\nu} + h_{\mu\nu} , \qquad (72.51)$$

$m_{\mu\nu}$ est le tenseur fondamental de Minkowski (signature : + - - -) et $h_{\mu\nu} << 1$ représente la contribution faible à la courbure de l'espace-temps.

Moyennant quelques conditions simples, le tenseur de Ricci (*Gregorio Ricci* : 1853 - 1925) peut se ramener à la forme suivante :

$$R_{\mu\nu} = \frac{1}{2}\nabla^2 h_{\mu\nu} - \frac{1}{2c^2}\frac{\partial^2 h_{\mu\nu}}{\partial t^2} , \quad R = \frac{1}{2}\nabla^2 h - \frac{1}{2c^2}\frac{\partial^2 h}{\partial t^2} . \qquad (72.52)$$

et les équations d'Einstein deviennent :

$$\frac{1}{2}\nabla^2 \varepsilon_{\mu\nu} - \frac{1}{2c^2}\frac{\partial^2 \varepsilon_{\mu\nu}}{\partial t^2} = \kappa T_{\mu\nu} = 0 , \quad \varepsilon_{\mu\nu} = h_{\mu\nu} - \frac{1}{2}m_{\mu\nu}h . \qquad (72.53)$$

Pour des ondes planes, la solution approchée à grande distance est :

$$\varepsilon_{\mu\nu} = R_e [A_{\mu\nu} e^{j\omega(t - \frac{x}{c})}] . \qquad (72.54)$$

Les $A_{\mu\nu}$ sont les amplitudes complexes de l'onde, elles sont indépendantes de x et de t. Les pulsations ω sont reliées à la distance r entre les deux corps par la troisième loi de Kepler (*Johannes Kepler* : 1571 - 1630), Eqs. (21.44). Elles se situent dans les fréquences acoustiques : 10 Hz à 10 kHz.

Malheureusement, ces solutions ondulatoires peuvent être éliminées par un choix adéquat des coordonnées. Il faut donc encore prouver que cette approximation ne débouche pas sur des "ondes de coordonnées", ce qui a été démontré vers 1960, prouvant ainsi la réalité théorique des ondes gravitationnelles.

- **Détection des ondes gravitationnelles**

Les ondes gravitationnelles peuvent être détectées au moyen d'un système oscillant suffisamment sensible, bien protégé des influences extérieures. Le problème réside dans leur très grande faiblesse ! Pour fixer les idées, l'énergie moyenne δE dissipée par orbite sous forme d'ondes est :

$$\delta E = -\frac{32\,G}{5\,c^2}\left(\frac{M_1\,M_2}{M_1 + M_2}\right)^2 \omega^6\,r^4\,. \qquad (72.55)$$

La perturbation séculaire δr du rayon est :

$$\delta r = -\frac{64\,G^3}{5\,c^5\,r^3}\,M_1\,M_2\,(M_1 + M_2)\,. \qquad (72.56)$$

Pour le système Terre - Soleil, $\delta r / r \approx 10^{-24}$ (par an) : cet effet est trop faible pour pouvoir être détecté avec les moyens techniques actuels. Il faut donc se tourner vers des phénomènes nettement plus violents tels les supernovae ou des objets massifs en collapse, comme les pulsars binaires.

Les barres de Weber (*Joseph Weber* : n. v. 1930) sont des cylindres d'aluminium de plusieurs tonnes, refroidis à très basse température. Des variations de leurs dimensions de 10^{-15} à 10^{-18} peuvent être détectées. Un réseau de barres de Weber est en service depuis 1970 mais aucune onde gravitationnelle n'a encore été formrllrmrnt détectée.

L'objectif actuel est d'atteindre des sensibilités de 10^{-21} pour la détection d'événements extragalactiques au moyen d'antennes interférométriques de grandes dimensions à laser. Ces événements galactiques à haute énergie peuvent se contenter d'une sensibilité moindre. Malheureusement, ils sont beaucoup plus rares : ils ne s'en présentent que quelques uns par siècle.

Plusieurs observatoires gravitationnels sont en construction ou en projet :

- l'antenne franco-italienne VIRGO de 3 km de long, orientée vers l'amas de la Vierge,
- le projet européen LISA (*Laser Interferometric Space Antenna*) avec six satellites formant une base triangulaire de plus de cinq millions de kilomètres et
- le projet américain LIGO (*Large Interferometric Gravitational Observatory*) de 4 km d'extension.

La détection d'ondes gravitationnelles permettrait un test très efficace de la relativité générale. C'est un défi ambitieux que les physiciens tentent de relever pour le XXIe siècle.

□

7.3
Modèle standard du Big Bang chaud

Que la lumière soit !

7.3.1 "Le maître" du Big Bang

Les modèles d'univers étudiés dans les années 1920 et 1930 étaient surtout des curiosités mathématiques aux yeux de certains chercheurs comme *Alexandre Friedmann* (1888 - 1925). D'autres, en revanche, comme *Georges Lemaître* (1894 - 1966), tentaient de les mettre en parallèle avec les connaissances physiques de l'époque. D'autres, enfin, veillaient surtout à les aligner avec leurs convictions philosophiques. *Albert Einstein* (1879 - 1955) et sir *Arthur Eddington* (1882 - 1944) sont de ceux-là, ils repoussèrent dans un premier temps les modèles à explosion initiale, celui de Friedmann en 1922 puis celui de Lemaître. En marge du congrès Solvay (*Ernest Solvay* : 1838 - 1922) de Bruxelles en 1927, Einstein s'adressait ainsi à Lemaître :

" *vos mathématiques sont excellentes, mais votre physique est abominable.*"

Lemaître avait étudié la relativité générale avec Eddington. En 1924, il préparait un doctorat en astronomie à Harvard et était confronté aux premières mesures de décalages spectraux vers le rouge des galaxies proches. Dans son premier article de cosmologie, il montre que le modèle de *Willem De Sitter* (1872 - 1934) correspondait à un espace régulier et homogène en expansion répondant aux Eqs. (72.32). Ensuite, il découvre les modèles en expansion de Friedmann, mais il y conserve la constante cosmologique. La grande nouveauté réside dans la recherche d'une solution compatible avec les données astronomiques de l'époque : le décalage vers le rouge et la présence de matière. Lemaître y donne une des premières estimations de la constante de proportionnalité entre décalages et distances, en soulignant que cette loi n'est pas encore établie.

En 1929, la publication par *Edwin Hubble* (1889 - 1953) de la loi qui porte son nom, conforte les modèles à expansion et conduit Einstein et De Sitter à associer en 1932 leurs noms au modèle euclidien de Friedmann. Il apparut bientôt que le phénomène d'expansion résultait uniquement de l'homogénéité et de l'isotropie de l'univers (principe cosmologique), comme expliqué à la section 7.1.3 b. Il n'était donc point besoin de mathématiques très complexes et de relativité générale pour aboutir à ce résultat, les modèles newtoniens associés au principe cosmologique rendent parfaitement compte de l'expansion (voir section 7.1.8 / 9). D'autres éléments observationnels étaient nécessaires pour assurer ces modèles.

Lemaître imagine alors, en 1933, que les débuts de l'univers correspondent à un état extrêmement condensé et très chaud de la matière. Il considère le moment où la matière est si dense que les atomes sont en contact et envisage cet instant comme un état quantique unique appelé *atome primitif*. Ainsi, la première hypothèse physique du Big Bang est celle d'une gigantesque explosion atomique résultant de la désintégration d'un monstrueux atome unique et instable. Cette hypothèse n'est pas étonnante pour l'époque, car pendant près de quinze ans les physiciens vont tout mettre en oeuvre pour maîtriser la fission nucléaire, contrôlée ou explosive.

Visionnaire, Lemaître était persuadé que des traces de cette titanesque explosion devaient subsister de nos jours. Malheureusement, il se trompait en croyant voir dans les rayons cosmiques les témoins de cette époque primitive. Il écrivait :

> " *L'évolution du monde peut être comparée à un feu d'artifice qui vient de se terminer : quelques mèches rouges, cendres et fumées. Debout sur une escarbille mieux refroidie, l'homme contemple les soleils qui s'éteignent doucement et tente de reconstituer* ***l'éclat disparu*** *de la formation des mondes.* "

Ce vestige du passé lointain existe, il a été prédit assez correctement en 1948 par un autre précurseur, le physicien russe *George Gamow* (1904 - 1968), sous la forme d'un rayonnement thermique de corps noir à quelques degrés au-dessus du zéro absolu. C'est la trace d'un équilibre thermique régnant au moment où l'univers est passé de l'état de plasma ionisé et opaque à celui de gaz transparent. Cette phase est la *phase de recombinaison* : elle correspond à la formation des atomes stables par capture des électrons libres par les noyaux (ions) positifs, lorsque la température n'est plus que de quelques milliers de degrés. Cet événement remonte à quelques centaines de milliers d'années après l'explosion initiale. Ce rayonnement a été découvert fortuitement en 1964 par deux chercheurs du *Bell Telephone Laboratory* : *Arno Penzias* (n. 1933) et *Robert Wilson* (n. 1926) et identifié au rayonnement cosmologique en 1965 par *Peter Peebles* (n. v. 1925) de Princeton. Les deux découvreurs ont été récompensés par le prix Nobel de physique en 1978.

7.3.2 Big-bangers contre steady-staters

La Deuxième Guerre mondiale s'est terminée par l'explosion de deux bombes atomiques sur le Japon. Un effort de guerre gigantesque a rassemblé aux États-Unis les meilleurs physiciens mondiaux, des centaines d'ingénieurs et de chercheurs pour maîtriser cette colossale énergie nucléaire présente dans les noyaux lourds instables.

Gamow est un jeune physicien russe émigré aux États-Unis en 1935. Friedmann a été son professeur de mathématiques à Saint-Pétersbourg : les modèles à singularité initiale de Friedmann font donc partie de sa formation de base. N'ayant pas le niveau de classification requis, il est tenu à l'écart des recherches militaires. Toutefois, dès 1946, certains éléments sont publiés en vue des applications nucléaires civiles. Gamow confie alors à deux collaborateurs, *Ralph A. Alpher* (n. v. 1922) et *Robert Herman* (1914 - 1997), l'étude de la synthèse des éléments chimiques à partir d'un univers hypothétique dense et chaud constitué de neutrons. La décomposition des neutrons en protons par radioactivité β permettait alors par fusion nucléaire de former les éléments plus lourds.

Les résultats sont publiés en 1948 dans un article célèbre, cosigné par Alpher, Bethe et Gamow. Le facétieux Gamow y avait associé le célèbre physicien allemand *Hans Bethe* (n. 1906), pour que la liste des auteurs corresponde aux trois premières lettres de l'alphabet grec, ce qui était particulièrement approprié pour une théorie traitant des premiers instants de l'univers. À noter qu'il n'avait pas réussi à convaincre Herman de changer son nom en Delter pour y ajouter la quatrième lettre δ. La théorie α β γ n'a pas reçu un très bon accueil car bien des éléments restaient inconnus et demandaient des hypothèses osées qui se révélèrent ultérieurement incorrectes. Cette étude, aussi imparfaite soit-elle, a toutefois le mérite d'avoir établi une forme générale de la distribution des abondances et de suggérer les raisons de l'abondance relativement élevée de l'hélium.

À partir des abondances observées pour les éléments légers, Alpher et Herman trouvèrent qu'il devait y avoir environ un milliard de photons par particule élémentaire. Il furent alors en mesure de prévoir, dès 1948, l'existence d'un fond de rayonnement thermique, observable aux environs de 5 K, vestige de la phase de recombinaison. Les années suivantes, ces deux chercheurs et Gamow publient diverses études à ce sujet, situant la température de ce rayonnement entre 3 et 30 K, suivant les hypothèses plus ou moins correctes qu'ils étaient amenés à faire. Le raisonnement d'Alpher de 1948 a été repris à la lumière des informations modernes : les calculs conduisent à une température de 2.7 K pour ce rayonnement thermique.

En 1950, les modèles explosifs n'avaient pas bonne presse dans la communauté scientifique, sans doute en raison du caractère biblique marqué de ce commencement du monde et de la trop grande constante de Hubble.

Alexandre Friedmann (1888-1925)
Mathématicien et météorologiste russe, proposa en 1922 les premiers modèles d'univers en expansion : ce sont les modèles de Friedmann.

Georges Lemaître (1894-1966)
Astrophysicien belge, proposa en 1927 l'hypothèse cosmologique relativiste de l'expansion de l'univers à partir d'une formidable explosion initiale : le ***Big Bang*** *!*

Edwin Hubble (1889 - 1953)
Astronome américain au grand télescope (2.5 mètres) du mont Wilson, prouva en 1924 l'existence des galaxies et découvrit leur mouvement de récession en 1929.

George Gamow (1904-1968)
Élève d'Alexandre Friedmann, étudia en 1948 les conditions physiques du Big Bang chaud et préfigura les abondances des éléments légers et le rayonnement cosmologique.

Les modèles stationnaires (*steady state*) étaient préférés. Parmi les chercheurs engagés dans les études de ce dernier type de modèles, figure *Fred Hoyle* (n. 1915) qui le premier, en 1952, utilisa le terme de *Big Bang* pour tourner en dérision les modèles explosifs et leurs partisans. Gamow et son équipe sont *les big-bangers*, opposés aux *steady-staters* de Hoyle.

Les partisans du modèle stationnaire tentent d'expliquer la synthèse des éléments chimiques par les réactions de fusion au sein des étoiles. Cette étude demanda près de vingt ans pour atteindre ses conclusions finales. Les résultats principaux allant jusqu'à la synthèse du fer ont été publiés en 1957 par *Margareth Burbidge-Peachey* (n. 1925), *Geoffrey Burbidge* (n. 1925), *William Fowler* (1911 - 1995) et Hoyle dans l'article célèbre B^2FH. En particulier, Hoyle y décrit la réaction triple alpha, Eq. (43.15), et la découverte d'un niveau intermédiaire d'excitation du carbone sans lequel l'oxygène ne peut être formé. Cette étude, résumée au chapitre 4.3.7 b, constitue une splendide réussite. Pourtant c'est un échec pour le modèle stationnaire, car la synthèse des éléments légers est nettement déficitaire : la nucléosynthèse stellaire ne rend compte que d'un maximum de 5% d'hélium. En effet, la plus grande partie de l'hélium synthétisé dans les étoiles est détruit lors de la synthèse des éléments plus lourds : il faut en effet 14 atomes d'hélium (^4He) pour former un atome de fer (^{56}Fe).

Les abondances primordiales d'hydrogène et d'hélium ont été calculées en 1967 par Fowler, Hoyle et *Robert Wagoner* (n. v. 1935). Cette dernière étude conduisait à la vision moderne des premiers instants de l'univers, connue sous la dénomination de *modèle standard* du Big Bang, exposée succinctement ci-après. Hoyle, fervent partisan du modèle stationnaire, a été associé à la découverte de la nucléosynthèse primordiale ayant conduit au succès de la théorie concurrente. Fowler a reçu le prix Nobel de physique en 1983.

7.3.3 Éléments de physique quantique

En 1900, *Max Planck* (1858 -1947) introduisait le concept de *quantum* d'énergie, proportionnel à la fréquence ν, pour modéliser le rayonnement du corps noir en équilibre thermique :

$$E_\nu = h\,\nu\,, \qquad (73.1)$$

h étant une constante universelle appelée constante de Planck.

Le concept de quantification se révéla extrêmement fécond et permit au danois *Niels Bohr* (1885 - 1962) de donner, en 1913, la description moderne de la structure électronique des atomes, clef de leurs propriétés chimiques et spectrales. Dans ce contexte, la dualité onde-particule est mise en évidence par *Louis de Broglie* (1892 - 1987) en 1924 et une mécanique ondulatoire s'avère nécessaire.

La mécanique quantique est établie par *Wernher Heisenberg* (1901 - 1976) et *Erwin Schrödinger* (1887 - 1961) en 1926, puis par *Paul Dirac* (1902 - 1984) et *Wolfgang Pauli* (1900 - 1958) quelques années plus tard. Elle est construite sur les relations d'incertitudes d'Heisenberg et constitue un monde particulièrement flou et aléatoire : les particules n'y ont plus une position et une vitesse données, mais bien un état quantique, qui est une combinaison des deux. L'interprétation de Copenhague convient, de plus, qu'il n'y a pas un état unique, mais bien un certain nombre d'états possibles ainsi que leurs probabilités respectives.

L'interprétation de *Richard Feynman* (1918 - 1988) : l'*intégrale de chemins*, a été introduite en 1948. La particule ne suit pas un chemin unique entre deux points mais parcourt toutes les trajectoires possibles. La probabilité est l'intégrale de tous ces chemins différents. Quelques compléments sont donnés en annexe VII.2.

La mécanique quantique présente un concept très éloigné du déterminisme classique auquel Einstein est toujours resté très attaché. Quelles que soient les difficultés conceptuelles que cette théorie présente, son pouvoir prédictif s'est révélé excellent et en a fait un outil indispensable aux mains des physiciens.

a. Loi du corps noir de Planck

La distribution d'énergie en fonction de la longueur d'onde répond, pour le corps noir, à la loi de Planck :

$$dE = 8\pi hc \,[\, e^{\frac{h\nu}{kT}} - 1 \,]^{-1} \,\frac{d\lambda}{\lambda^5}\,, \tag{73.2}$$

où $d\,E$ est la densité d'énergie par unité de volume, comprise dans l'intervalle élémentaire de longueurs d'onde $d\,\lambda$, k est la constante de Boltzmann (*Ludwig Boltzmann* : 1844 - 1906). Le maximum correspond à la longueur d'onde λ_M :

$$\lambda_M = 0.2014052 \,\frac{h\,c}{k\,T}\,. \tag{73.3}$$

La densité totale d'énergie est obtenue en intégrant l'Eq. (73.2) : c'est la loi de Stefan-Boltzmann (*Josef Stefan* : 1835 - 1893) :

$$E = \frac{8\pi^5\,(kT)^4}{15\,(hc)^3} = 7.56464 \times 10^{-16}\; T^4 \quad [\,\frac{J}{m^3}\,]\,. \tag{73.4}$$

L'énergie moyenne $\tilde{E}_{ph}$ par photon résulte de la séquence des Eqs. (73.5) et conduit à l'Eq. (73.6) :

$$E_{ph} = \frac{hc}{\lambda}\,, \quad N = \int \frac{dE}{E_{ph}}\,, \quad \tilde{E}_{ph} = \frac{E}{N}\,. \tag{73.5}$$

$$\tilde{E}_{ph} = 3.73 \times 10^{-23} \; T \quad [\,J\,] \, . \tag{73.6}$$

L'Eq. (73.6) est la loi de Stefan par laquelle l'énergie des photons est proportionnelle à la température absolue. Elle met en évidence la perte d'énergie des photons dans un univers en expansion.

b. Particules élémentaires

La compréhension de la structure atomique et de la composition des noyaux mettait en évidence l'existence de deux nouvelles interactions fondamentales, nettement plus vigoureuses que les interactions déjà connues mais dont le rayon d'action est nettement plus court. Ces deux interactions nucléaires (ou forces) sont : la *force faible* intervenant dans la désintégration β et la *force forte* (ou de couleur) assurant la cohésion des noyaux atomiques.

La théorie électrofaible unifie les interactions faible et électromagnétique. Elle est due en 1968 / 71 à *Steven Weinberg* (n. 1933), *Abdus Salam* (1926 - 1996) et *John Ward* (v. 1940). La chromodynamique quantique ou force de couleur a été introduite en 1963 par *Murray Gell-Mann* (n. 1929) pour modéliser l'interaction nucléaire forte. Elle a été complétée en 1971 par *Sheldon Glashow* (n. 1932). Ces deux théories ont apporté une extraordinaire simplification dans la jungle des particules élémentaires qui se ramènent actuellement à deux familles : les *hadrons* et les *leptons*.

Les hadrons répondent aux interactions faible et forte et se décomposent en *baryons* à spin demi-entier (*protons, neutrons*) et en *mésons* à spin entier (*pions*). Les hadrons sont constitués d'entités de base appelées *quarks*, répartis en trois familles : quarks ***u*** - ***d*** (*up, down*), ***s*** - ***c*** (*strange, charmed*) et ***b*** - ***t*** (*bottom, top*) ou quarks haut - bas, étrange - charmé et fond - sommet. Les quarks ont une charge électrique fractionnaire (2/3 et -1/3), leur spin vaut 1/2 et ils interagissent entre eux par l'intermédiaire d'un nouveau type de charge : la *charge de couleur* (conventionnellement rouge, jaune et bleu). Les quarks n'existent pas à l'état libre, ils sont confinés à l'intérieur des protons et neutrons.

La famille des leptons, sensibles uniquement à la force faible, comprend trois leptons chargés (*électron, muon* et *tauon*) et trois leptons neutres qui leur sont associés, les *neutrinos électronique, muonique* et *tauonique*.

Chaque particule possède son antiparticule de même masse mais dont les différentes charges (électrique, couleur) sont opposées. Le positron (e^+) est l'antiparticule de l'électron (e^-), l'antiproton (p^-) a une charge opposée à celle du proton (p^+). Certaines particules, comme le photon, sont leur propre antiparticule. La matière ordinaire est formée à partir de la première famille de particules élémentaires : de quarks ***u*** et ***d*** et d'électrons. Le proton de charge +1 est formé des trois quarks ***u***, ***u*** et ***d***, le neutron de charge nulle est formé des trois quarks ***u***, ***d*** et ***d***.

Protons et neutrons forment les noyaux des atomes autour desquels orbitent les électrons. Chaque particule ou antiparticule est caractérisée par plusieurs nombres quantiques tels que : charge, spin, nombre baryonique et nombres leptoniques (électronique, muonique et tauonique), tels que leur conservation au cours des réactions entre particules puisse rendre compte des phénomènes observés.

c. Interactions nucléaires, matérialisations et désintégrations

Les interactions électrofaible et forte sont modélisées par l'échange de particules virtuelles appelées *bosons*, servant de vecteurs à l'interaction : gravitons et photons pour la gravitation et l'électromagnétisme. Les vecteurs de la force faible sont les bosons W^+, W^- et Z^0 et ceux de la force forte sont les gluons colorés, au nombre de huit.

Particule et antiparticule ne peuvent pas coexister à portée d'interaction l'une de l'autre : elles sont vouées à la destruction par annihilation. Le résultat de l'annihilation de paires proton-antiproton ou électron-positron est un rayonnement de photons γ très énergétiques. La réaction inverse, c'est-à-dire la matérialisation d'une paire particule-antiparticule, est possible, mais doit répondre à des conditions physiques très strictes. Une telle paire ne peut être créée que si l'énergie des photons incidents est supérieure à l'énergie de masse au repos de la paire, suivant l'Eq. (23.18) d'Einstein. Cette énergie se répartit donc dans la création des masses au repos des deux particules matérialisées, le surplus est converti en énergie cinétique, c'est-à-dire en vitesse initiale des deux particules.

Un milieu constitué de rayonnement à très haute température comprend des photons énergétiques en grand nombre ainsi qu'un gaz de particules animées de vitesses élevées et subissant un processus continu d'annihilations et de matérialisations. Vu la grande agitation de tous les constituants, ce milieu est homogène et en équilibre thermique : c'est un corps noir thermodynamique répondant aux caractéristiques décrites ci-dessous.

7.3.4 Les trois premières minutes

a. Évolution de la température

L'évolution de l'univers primordial est rythmé par l'énergie disponible pour ses constituants, particules ou rayonnement. Pour les modèles d'univers F-L-R-W, les équations des cosmologies (section 7.2.6 b) conduisent à une relation de proportionnalité entre la température absolue $T(t)$ du rayonnement et l'inverse du rayon d'univers $R(t)$: Eq. (72.37 c). L'expansion se traduit par un refroidissement, donc par une diminution d'énergie.

Si, de plus, l'univers est représenté par un modèle de Friedmann, l'explosion initiale est caractérisée par les conditions mathématiques suivantes, découlant de l'Eq. (72.43 a) :

$$R(0) = 0 \quad , \quad \dot{R}(0) \approx c^2 \sqrt{\frac{\kappa}{3}\, \varrho\, R^2} = \infty\,. \tag{73.7}$$

Les équations des cosmologies se traduisent par deux équations d'état : ce sont les Eqs. (72.36 et 37) qui s'appliquent la première à la matière et la seconde au rayonnement. La phase primordiale de rayonnement est décrite par une loi en $t^{1/2}$ pour tous les modèles, d'après les Eqs. (72.37 et 73.7 b) :

$$R\,\dot{R} = C^{te} \quad , \quad R(t) \propto \sqrt{t} \quad , \quad T(t) \propto \frac{1}{\sqrt{t}}\,. \tag{73.8}$$

La densité d'énergie du rayonnement est initialement supérieure à la densité de matière, mais diminue plus vite, d'après les Eqs. (73.9) :

$$\varrho_r \propto \frac{1}{R^4} \propto t^{-2} \quad , \quad \varrho_m \propto \frac{1}{R^3} \propto t^{-\frac{3}{2}}\,. \tag{73.9}$$

Lorsque la matière est devenue nettement prédominante, la température suit une loi en $t^{-2/3}$, conformément aux Eqs. (72.36 et 73.7 b) :

$$R\,\dot{R}^2 = C^{te} \quad , \quad R(t) \propto t^{2/3} \quad , \quad T(t) \propto t^{-2/3}\,. \tag{73.10}$$

Mathématiquement, il n'y a qu'une seule fonction continue $T\,(\,t)$ qui varie d'abord en $t^{-1/2}$, puis évolue vers une forme en $t^{-2/3}$ pour la matière, tant que l'approximation de l'Eq. (73.7 b) reste applicable. Lorsque ce n'est plus le cas, la loi de variation dépend du modèle d'univers.

Pour le modèle de Friedmann euclidien, la loi est également en $t^{-2/3}$, conformément à l'Eq. (72.45). Pour les autres modèles, il convient d'utiliser la forme paramétrique (72.46 ou 47) adéquate, avec une préférence pour le modèle hyperbolique (72.47), voir section 7.1.9.

Dans l'état hyperdense qui prévaut pour l'univers primordial, la matière n'existe que sous forme d'énergie et l'espace est rempli de rayonnement à très haute température, constituant un corps noir thermodynamique. L'expansion dilue rapidement l'énergie dans un espace de plus en plus grand et la température diminue : différents processus vont se succéder.

L'énergie des photons devient insuffisante pour faire apparaître des particules dont l'énergie de masse est supérieure à celle de leurs géniteurs. Les particules lourdes ne se forment donc plus. Comme elles continuent de s'annihiler avec leurs antiparticules, elles disparaissent pratiquement de la scène. Toutefois, une faible quantité de matière subsiste sous forme de particules stables. En effet la perte de confinement du milieu a fait chuter les probabilités de rencontre et donc celles d'annihilation. Ce phénomène est appelé le *découplage* de la particule.

b. La première seconde

La première seconde d'existence de l'univers est habituellement appelée *l'ère quantique*. Elle est subdivisée en deux phases successives reproduisant chacune les conditions d'équilibre puis de découplage décrites ci-dessus. La première période est *l'ère des hadrons* qui se termine par le découplage des neutrons et des protons, lorsque la température descend en-dessous de 10^{12} K. Il ne subsiste alors qu'un baryon (proton ou neutron) par milliard de photons. Ce chiffre est le nombre baryonique $\eta = 10^{-9}$. Ce n'est toutefois qu'un ordre de grandeur, le nombre baryonique peut varier entre 10^{-8} et 10^{-10}. La seconde période est *l'ère des leptons* qui se termine après environ une seconde, par le découplage des électrons et autres leptons. La proportion d'électrons est la même que celle des protons.

À l'issue de la première seconde d'existence, l'univers mesure environ un centième d'année de lumière et ses constituants se présentent dans les proportions suivantes (ordres de grandeur) : une très faible quantité de matière électriquement neutre, représentée par 1 proton, 1 électron et 1/4 neutron, baignée dans un intense rayonnement de photons, comprenant 10^9 photons et un peu moins de neutrinos (10^8). Les neutrons sont en réalité des particules instables qui, aux conditions actuelles, se transforment en protons par réaction β, avec une demi-vie de 15 minutes. Les trois-quarts des neutrons découplés à l'issue de l'ère des hadrons se sont désintégrés lorsque se termine l'ère des leptons. Le rayonnement domine l'univers de manière écrasante.

Les neutrinos se sont découplés depuis une demi-seconde, suite à leur faible interaction avec les autres constituants, y compris leurs antiparticules. Ils sont donc moins chauds que les photons car ils n'ont pas été chauffés par l'annihilation des électrons/positrons qui a clôturé l'ère des leptons.

c. Nucléosynthèse primordiale

À l'issue de la première seconde, commence une nouvelle période : *l'ère du rayonnement*. La température a baissé considérablement. Les particules nucléaires peuvent maintenant s'associer sans être immédiatement détruites. Un proton s'associe d'abord avec un neutron pour former un noyau de deutérium ou deutéron, l'isotope lourd de l'hydrogène.

Mais pendant une centaine de secondes, le deutérium est détruit aussi rapidement qu'il est créé. Ce n'est qu'après trois minutes environ, grâce à la diminution de la température, que la chicane du deutérium est franchie.

Suit alors un enchaînement de réactions nucléaires qui permettent la synthèse de noyaux plus lourds : un deutéron s'associe par exemple à un autre neutron pour former un noyau de tritium (^3H), ou bien à un proton libre pour former un noyau d'hélium ^3He. Ajouter encore un proton ou un neutron conduit à l'hélium ^4He, noyau très stable, comprenant deux protons et deux neutrons.

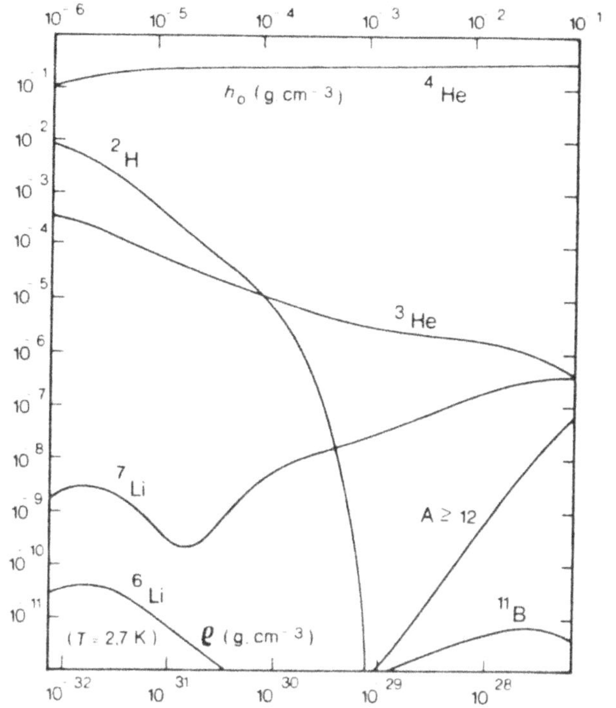

Figure 7.7 : Abondances cosmiques

Malheureusement, il n'existe pas de noyaux stables à trois ou quatre protons, de sorte que pratiquement tous les neutrons disponibles sont transformés en hélium. Ce verrouillage de l'hélium empêche la formation des noyaux plus lourds.

À la fin de cette période, après environ quatre minutes, la composition chimique de l'univers est fixée, la nucléosynthèse primordiale est terminée car la température est devenue trop basse. L'univers est constitué d'un plasma ionisé et opaque de photons et d'électrons, comprenant 75% d'hydrogène, 25% d'hélium et des traces des autres isotopes légers : deutérium, tritium, hélium 3, lithium et béryllium.

Ces résultats ont été obtenus en 1967 par Fowler, Hoyle et Wagoner. Calculant précisément le rendement des réactions à l'aide des sections efficaces mesurées en physique nucléaire, ils obtenaient des valeurs en accord remarquable avec les abondances effectivement observées. D'après la Fig. 7.7, ces abondances sont fortement liées à la densité actuelle de matière baryonique. La détermination de l'abondance actuelle du deutérium permet d'estimer la densité de matière baryonique.

7.3.5 Le rayonnement cosmologique

. . . " l'éclat disparu de la formation des mondes "

a. L'ère du rayonnement

L'issue de la nucléosynthèse, avec une température de quelques dizaines de millions de kelvins, signifie la fin des processus nucléaires. *L'ère du rayonnement* se poursuit pour plusieurs centaines de milliers d'années. L'univers est constitué d'un plasma chaud et très lumineux composé de photons, d'électrons et d'ions légers.

Il ne se passe rien d'autre que d'incessantes collisions entre les différents protagonistes, avec comme seul résultat une grande homogénéisation du milieu qui se maintient en équilibre thermique. Le rayonnement domine une matière qui n'est présente qu'à l'état de traces.

Il faut attendre que la température descende d'un facteur mille, jusqu'à quelques milliers de degrés, pour qu'un nouveau phénomène se manifeste. À cette température, les électrons libres commencent à être capturés par les noyaux positifs et à former les premiers atomes stables.

Physique nucléaire				*Modèle standard*		
T(K)	*eV*	*Ère*	*composition*	*t (s)*	ϱ g/cm^3	*R(AL)*
		hadrons	photons			
10^{12}	10^{8}	-------------	----> $p^+ + n$	10^{-4}	10^{12}	0.1
		leptons				
10^{10}	10^{6}	-------------	---> électrons	1	10^{4}	10
10^{9}	10^{5}	Nucléosynt.	$p + n \rightarrow D^+$	100	1	100
$7.\ 10^{8}$	$7.\ 10^{4}$	primordiale	$D + D \rightarrow He^+$	200	0.25	140
10^{8}	10^{4}	***rayon-nement***		10^{4}	10^{-4}	1 000
$3.\ 10^{3}$	0.3	-------------	----> atomes	3.10^{5} a	10^{-20}	$3.\ 10^{7}$
		stellaire	H et He			
3	$3.\ 10^{-4}$	***actuelle***	étoiles	10^{10} a	10^{-30}	$3.\ 10^{10}$

note : 1 électron - Volt (**eV**) → 10 000 K,

Table 7.1 : L'univers primordial

Ce processus se généralise avec la diminution de la température et bientôt, quasi tous les électrons libres sont associés aux noyaux. Cette phase est appelée *période de recombinaison*. La matière atomique neutre et stable telle que nous la connaissons de nos jours fait son apparition et avec elle, l'univers devient transparent aux photons. En effet, la disparition des électrons libres a fait chuter la probabilité de collision entre photons et électrons.

N'ayant plus aucune entrave dans leurs mouvements, les photons peuvent enfin se propager sans rencontrer d'obstacles importants. Il y a *découplage* de la matière et du rayonnement. Cet événement majeur survient après environ 500 000 ans. Le rayonnement thermique cosmologique date de ce moment. C'est la plus ancienne image de l'univers qu'il nous est possible de capter : c'est l'image d'une boule de feu vue de l'intérieur, encore observable de nos jours mais à une température 1 000 fois plus faible (3K).

Ce rayonnement a été analysé par le satellite COBE (*Cosmic Background Explorer*) en 1992. Il présente une homogénéité extraordinaire : les fluctuations de température sont plus faibles que 3×10^{-5}, dans des cellules angulaires de 7 degrés sur 7 degrés. Des mesures plus fines, dans des cellules angulaires de 0.2° × 0.2°, sont à l'agenda des satellites MAP (*Microwave Anisotropy Probe*, USA) et PLANCK (ESA), prévus vers 2005.

b. Ère stellaire

À la même époque survient un autre événement important : la densité d'énergie du rayonnement devient inférieure à la densité d'énergie de la matière. L'ère du rayonnement est bien terminée car l'évolution ultérieure est alors dominée par la matière : la loi d'expansion, jusqu'ici en $t^{1/2}$, prend sa forme définitive : la gravitation entre en action !

La phase stellaire, qui se poursuit encore de nos jours, a conduit à la formation des galaxies et de leur structure à grande échelle en amas, superamas, filaments, feuillets et vides, comme décrit à la section 7.1.5. L'hypothèse la plus simple consiste à supposer que c'est la gravitation qui est à l'origine de ces structures irrégulières. Mais la gravitation ne peut rien créer par elle-même, elle ne peut qu'amplifier et faire croître des structures préalablement existantes. La diversité observée semble donc être en contradiction avec la très grande homogénéité du rayonnement thermique cosmologique mesuré par le satellite COBE.

7.3.6 Questions non résolues

Les articles précédents ont montré que le modèle standard du Big Bang, représenté par un modèle de Friedmann pouvait rendre compte de manière cohérente des différentes observations cosmologiques. Toutefois, comme c'est souvent le cas dans le domaine scientifique, à mesure que nous avançons, la piste ne cesse de s'allonger et le poteau d'arrivée de s'éloigner.

Les nouvelles questions peuvent être classées en quatre familles :

- Pourquoi autant de matière neutre (nombres baryonique et leptonique η par photon),
- pourquoi l'univers est-il si plat ? cette question englobe également le problème de la matière invisible,
- pourquoi l'univers est-il si régulier ? cette question comprend également le problème de l'horizon et celui de la formation des galaxies,
- le problème de la constante de Hubble et l'âge de l'univers, qui a été évoqué à la section 7.1, aux articles 7.1.4 b et 7.1.9.

Enfin, il convient de signaler que le phénomène d'expansion de l'univers n'a de signification que s'il existe des échelles non affectées par l'expansion. En effet, si toutes les échelles subissaient le même phénomène, l'expansion serait indécelable à l'observation. Il en résulte que seul l'espace intergalactique subit l'expansion, contrairement aux distances interplanétaires et interstellaires qui ne sont pas affectées.

a. Rapport matière - antimatière

Matière et antimatière ont des propriétés élémentaires qui sont, en principe, complètement symétriques. L'étude détaillée des processus d'annihilation et des probabilités de rencontre dans les conditions ayant succédé au découplage conduisent à un rapport de baryons à photons ne dépassant pas 10^{-18}, alors que l'observation indique une valeur d'environ 10^{-9}. Pourquoi l'univers a-t-il privilégié la matière au détriment de l'antimatière ? Dans le même ordre d'idées, pourquoi l'univers est-il électriquement neutre, ou pourquoi y a-t-il autant d'électrons que de protons ? Les physiciens nucléaires répugnent à accepter ces rapports fondamentaux comme de simples conditions initiales et préfèrent en rechercher des causes physiques dans les époques plus reculées (voir annexe VII.3 et 4).

b. Univers très (trop ?) plat - masse invisible

L'univers apparaît très voisin du modèle euclidien, tellement proche qu'il n'est pas encore possible aujourd'hui de trancher entre les trois familles de modèles de Friedmann.

Depuis les années trente, l'astronome suisse *Fritz Zwicky* (1898 - 1974) avait attribué les mouvements des galaxies de l'amas de la Vierge à l'existence d'une importante masse non lumineuse qui les attirait. Considéré longtemps comme un marginal par ses collègues, Zwicky a vu ses déductions confirmées quarante ans plus tard lorsque différentes courbes de vitesses de galaxies spirales purent être mesurées. Elles présentent toutes l'allure de la Fig. 4.15 (chapitre 4.3.5 c). L'anomalie est un plateau qui s'étend bien plus loin que les limites du disque visible et qui semble traduire la présence d'une masse importante.

Cette composante de masse déborde largement la partie visible des galaxies. Elle est appelée masse dynamique et représente environ 5 à 10 fois la masse visible. Cette dernière ne représente que 1 à 2% de la valeur critique. Ceci conduit à une densité de masse totale comprise entre 10 et 20% de la densité critique, valeur parfaitement compatible avec les graphiques des abondances primordiales de la Fig. 7.7. C'est le cas pour celle du deutérium. L'expansion de l'univers ne s'appuie donc que sur l'observation de 10% de la matière réellement détectée.

Il peut sembler malsain de fonder une théorie cosmologique sur des observations aussi maigres. Heureusement, la masse dynamique est intimement associée aux galaxies et de ce fait présente la même structure spatiale que la partie visible.

Il n'est toutefois pas exclu qu'une quantité encore plus importante de masse invisible doive être prise en compte, s'il se confirme que l'amas de la Vierge et le superamas de l'Hydre-Centaure sont bien attirés par une structure inconnue et supposée gigantesque appelée le *Grand Attracteur.* Dans ce cas, la densité de matière ne serait plus compatible avec l'abondance du deutérium. C'est alors une autre forme de matière, une forme non *baryonique*, qui est envisagée par les physiciens nucléaires. Et tant qu'à faire, pourquoi ne pas pousser jusqu'à la densité critique comme le prévoient certaines théories avancées (voir annexe VII.4 b), ou même au-delà, afin de refermer l'univers par un modèle elliptique, comme l'univers phénix de Lemaître ?

c. Univers très (trop ?) isotrope - horizon

Dans le modèle standard, la fonction $R(t)$ possède une tangente à l'origine verticale : l'extension spatiale de l'univers croît avec une vitesse initiale infinie $\dot{R}_0(t) = \infty$, c'est-à-dire supérieure à la vitesse de la lumière. Cela signifie que des portions éloignées de l'univers n'ont aucun lien de causalité, car elles sont nettement trop éloignées les unes des autres : la distance qui les sépare est supérieure à la distance qu'aurait pu parcourir la lumière depuis l'instant du Big Bang. Il est dès lors très étonnant que le rayonnement thermique cosmologique, vestige de l'époque de la recombinaison, présente une homogénéité aussi grande. En effet, les irrégularités présentes dans le gaz initial ne pouvaient que subsister sans espoir d'uniformisation, aucun échange n'étant possible.

Le problème est lié à celui de la formation des galaxies qui ne peut être compris que par contraction gravitationnelle à partir d'irrégularités de densité présentes avant la recombinaison. Ce problème est difficile à traiter, faute de disposer d'un ensemble de conditions physiques initiales.

Le modèle *adiabatique* propose une coalescence partant d'agrégats de 10^{13} à 10^{14} masses solaires (amas de galaxies) qui d'abord s'individualisent puis se fragmentent en nuages plus petits, destinés à devenir des galaxies.

Le modèle *isotherme* propose une coalescence de nuages de 10^5 à 10^6 masses solaires (amas d'étoiles), conduisant aux galaxies puis ultérieurement aux amas. Mais si les irrégularités initiales sont trop ténues, comme semblent l'indiquer les données récentes, alors les galaxies ont du mal à s'ordonner dans des délais acceptables et avec les structures observées.

7.3.7 Tests cosmologiques

Les tests cosmologiques ont pour but de déterminer la nature du modèle représentant l'univers. Comme les modèles de Friedmann comportent un minimum d'hypothèses tout en rendant très bien compte, jusqu'à preuve du contraire, des éléments observationnels, les tests cosmologiques sont en priorité adaptés à ces modèles. L'univers de Friedmann est-il elliptique, c'est-à-dire borné et cyclique, ou bien hyperbolique à expansion indéfinie ? c'est la question que ces tests se proposent de résoudre.

a. Paramètre de décélération

Les Eqs. (72.20 et 34 b) permettent d'écrire :

$$\frac{k\,c^2}{R^2} = H^2\,(2\,q - 1)\,. \qquad (73.11)$$

La constante k a donc le signe de $2q - 1$ et la valeur $q = 1/2$ sépare les modèles hyperboliques ($q < 1/2$) des modèles elliptiques ($q > 1/2$). La somme des deux équations (72.34) conduit, dans les hypothèses de Friedmann, à une relation simple entre le paramètre de décélération et la densité de masse ϱ :

$$\kappa\frac{\varrho c^4}{6} = q\,H^2\,, \qquad q = \frac{4\,\pi\,G}{3\,H^2}\,\varrho = \frac{1}{2}\,\frac{\varrho}{\varrho_c}\,. \qquad (73.12)$$

L'Eq. (73.12 c) est obtenue à partir de l'Eq. (31.43) du chapitre 3.1.9, rappelée à la section 7.1.8. Le paramètre de décélération n'apporte donc rien de plus que le test de densité évoqué à la section 7.1.9. et illustré par la Fig. 7.6 b.

b. L'effet de diamètre apparent

Les photons provenant des extrémités du diamètre d'une galaxie parcourent des trajectoires purement radiales. Le diamètre apparent est donc conservé au cours du temps. Dans un espace de Friedmann euclidien, si d est le diamètre, l'Eq. (72.50) conduit à :

$$\Delta\phi = \frac{d}{r\,R_e} = \frac{d\,(1+z)}{r\,R_0} = \frac{d\,H_0}{2\,c}\,\frac{(1+z)^2}{1+z-\sqrt{1+z}}\,. \qquad (73.13)$$

Cette expression est représentée en Fig. 7.8.

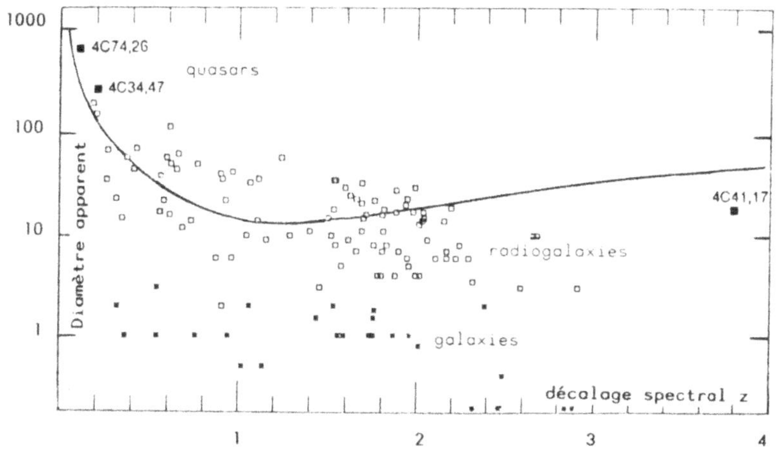

Figure 7.8 : Effet de diamètre apparent

Elle présente un minimum pour $z = 1.25$, qui peut se comprendre de la manière suivante : les galaxies très éloignées ont émis leur lumière à une époque reculée où l'univers était très compact. Le diamètre apparent à l'émission était donc plus grand.

C'est un test cosmologique très important qui permet de distinguer les modèles F-L-R-W du modèle de Hoyle ou du modèle classique qui ne présentent pas cet effet de minimum. Les grands télescopes du XXIe siècle (voir chapitre 4, annexe IV.7), permettront sans doute l'application de ce test. En effet, ils permettront d'atteindre des décalages spectraux de $z \geq 5$.

c. Relation magnitude apparente - décalage spectral

L'énergie émise pendant l'intervalle de temps dt_e est notée $L\, dt_e$. À l'instant t_0 , l'éclat E capté par l'observateur pendant dt_0 est :

$$E = \frac{L}{4\,\pi\, R_0^2\, r^2\, (1+z)^2} \qquad (73.14)$$

Cette équation peut être exprimée en fonction des éléments actuels d'observation en remplaçant la distance métrique par sa valeur tirée de l'Eq. (72.50). Il est alors possible de construire un diagramme paramétré en q_0 , présentant la variation du décalage z en fonction de la magnitude. La Fig. 7.9 en donne un exemple.

Les télescopes actuels ne permettent pas un diagnostic définitif par cette méthode. Toutefois, *Allan Sandage* (n. 1926), au télescope du mont Palomar, a permis de resserrer la marge d'incertitude sur le paramètre de décélération qui est $0 < q_0 < 3$. Cela ne permet pas de trancher entre modèles de Friedmann, mais semble exclure le modèle à création continue.

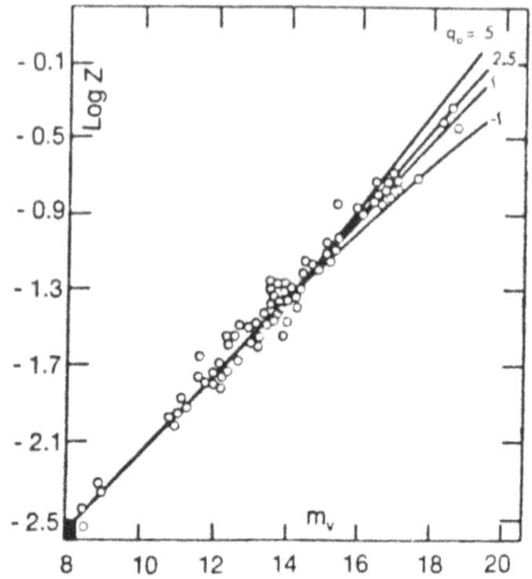

Figure 7.9 : Test de magnitude apparente

d. Dénombrement des radiosources

Le nombre N de galaxies présentant un décalage spectral inférieur à z est le nombre de galaxies comprises dans le volume d'un espace de Riemann (*Bernhard Riemann* : 1826 - 1866) délimité par la sphère de rayon $r\,R_0$. Si ϱ_0 représente le nombre de galaxies par unité de volume, il vient :

$$N = 4\,\pi\,R(t)^3\,\varrho_0 \int_0^{\chi} \begin{matrix} \sin^2\chi \\ \chi^2 \\ \sinh^2\chi \end{matrix} \, d\chi \,. \qquad (73.15)$$

Dans le modèle euclidien, le volume exploré est égal au volume de la sphère qui le limite :

$$\sinh^2\chi \;>\; \chi^2 \;>\; \sin^2\chi \,, \qquad (73.16)$$

Le dénombrement de galaxies jusqu'au décalage z conduit à un nombre plus grand dans un espace hyperbolique que dans un espace euclidien. Ce dernier nombre est lui-même plus grand que dans un espace elliptique. C'est donc bien un test cosmologique.

La forme particulière donnée à ces dénombrements est connue sous le nom de *relation* **log N_S - log S**, où N_S est le nombre de galaxies présentant des éclats radioélectriques supérieurs à une valeur donnée S. Dans l'espace classique, cette relation est représentée par une droite de pente -1.5. En effet, si la distance des galaxies présentant l'éclat S est notée D, alors N_S est proportionnel à D^3, et S à D^{-2}.

Malheureusement, comme pour les autres tests cosmologiques, trop de paramètres mal maîtrisés empêchent de trancher avec certitude entre les différents modèles de Friedmann. Toutefois, ce dernier test semble également exclure l'espace classique et le modèle à création continue de Hoyle.

7.3.8 Problèmes de fond

a. La singularité initiale

La singularité initiale du Big Bang pose de sérieuses difficultés aux deux grandes théories modernes : la relativité générale et la physique quantique. En effet, c'est dans le cadre de la relativité générale que l'expansion de l'univers apparaît naturellement.

La singularité initiale (et finale pour les modèles elliptiques fermés) est la marque de la défaillance de la théorie elle-même qui ne peut s'accommoder d'une métrique infiniment petite, ni d'une densité de matière ou d'énergie infiniment grande. Cette difficulté existe également pour la singularité des trous noirs, mais elle est cachée par l'horizon du trou noir : il y a en quelque sorte une *censure cosmique* masquant la singularité.

En physique quantique, les difficultés fondamentales apparaissent au quantum de temps (temps de Planck : 5.39×10^{-44} s) et au quantum de longueur (longueur de Planck : 1.62×10^{-35} m) : seraient-ce là le point initial du Big Bang ?

En conduisant au Big Bang, ces théories atteignent leur propres limites et démontrent qu'elles sont incomplètes et imparfaites. Aux niveaux d'énergie rencontrés dans les premières fractions de secondes, seule une théorie quantique de la gravitation semble capable de surmonter ces problèmes. Malheureusement, toutes les tentatives effectuées à ce jour ont connu l'échec. Elles sont présentées succinctement en annexe VII.4.

b. La flèche du temps

Les lois physiques sont réversibles : elles ne font aucune distinction entre passé et futur. Or l'expérience quotidienne révèle que le temps coule de manière irréversible du passé vers le futur : les verres brisés ne se reconstituent pas spontanément, et la goutte de colorant diluée dans l'eau ne se reforme jamais. Différentes manières de caractériser la flèche du temps sont énoncées ci-dessous.

La *flèche thermodynamique* indique la croissance de l'entropie dans les systèmes macroscopiques isolés : c'est-à-dire le sens de l'augmentation du désordre ou de la perte d'information (la goutte de colorant). La *flèche psychologique* nous apprend sans aucun doute possible où se trouve le passé, c'est celui dont nous avons le souvenir, tandis que le futur ne nous est jamais dévoilé. La *flèche de causalité* qui indique que la cause précède toujours l'effet. Enfin, la *flèche cosmologique* marque le sens de l'expansion de l'univers.

Une première question est de savoir pourquoi ces flèches si différentes marquent toutes la même direction ? Qu'en serait-il si l'univers était en contraction ? De plus, alors que la flèche thermodynamique tend vers l'état de désordre maximal, c'est au contraire une marche vers la complexité qui caractérise l'évolution de l'univers : formation d'éléments chimiques, d'étoiles chaudes et de structures galactiques. Et que dire de l'évolution biologique qui produit des cellules et des organismes d'une extrême complexité. Ce ne semble toutefois pas en contradiction avec le deuxième principe de la thermodynamique. En effet, l'ordre n'est pas exclu localement, pour autant que l'entropie totale du système augmente, ce qui est toujours le cas. D'ailleurs, à très long terme, l'ordre est condamné à disparaître avec l'extinction ou l'explosion des étoiles.

Le problème de la ou des flèches du temps reste une question controversée : la *concordance des temps* est à l'ordre du jour de la physique. Les théories fondamentales de demain pourraient naître de ces interrogations !

□

Annexe VII
Au-delà du Big Bang . . .

VII 1 Modèles concurrents VII 2 Théorie quantique VII 3 Théories unifiées VII 4 Gravité quantique et inflation VII 5 Principe anthropique VII 6 Relativité d'échelle et cosmologie fractale.

L'annexe VII rassemble différentes théories spéculatives, sorties de l'imagination féconde des physiciens pour tenter de répondre aux difficultés que le modèle standard du Big Bang chaud a fait surgir. Ces théories sont soit totalement invérifiables, soit non vérifiables avec les moyens actuels, ou bien se sont révélées contraires à l'observation.

VII.1 Modèles concurrents

Certaines hypothèses générales du modèle standard sont indispensables pour construire une théorie quantitative. C'est le cas du principe cosmologique, du principe d'universalité, de la validité de la relativité générale d'*Albert Einstein* (1879 - 1955) ou même de la différentiabilité ou du nombre de dimensions de l'espace-temps. Diverses théories alternatives ont été bâties pour s'affranchir de telle ou telle hypothèse qui semblait trop arbitraire, ou pour éviter des conclusions philosophiquement insupportables aux yeux de certains. Les théories concurrentes peuvent être classées à partir de l'hypothèse du modèle standard qu'elles remettent en question.

- **Principe cosmologique**

Le principe cosmologique est bien plus qu'une simplification adéquate permettant la résolution des équations de gravitation. Le présenter comme une prolongation du principe de Copernic (*Nicolas Copernic* : 1473 - 1543) est une tentative en ce sens. Deux théories, le modèle *hiérarchique* et le modèle *inhomogène*, ont été construites en niant le principe cosmologique. Elles n'apportent aucun nouveaux résultats quantitativement vérifiés.

- **Singularité initiale - expansion**

Un autre problème fondamental est semble-t-il celui de la singularité initiale elle-même qui, pour certains, sent trop le soufre avec son caractère de création divine. Diverses théories alternatives ont été proposées.

Le modèle *stationnaire* de *Fred Hoyle* (n. 1915) introduit un principe cosmologique parfait (hypothèse supplémentaire d'homogénéité temporelle) qui nécessite une création continue de matière, pouvant être envisagée sous forme de mini-big bangs. Ce modèle rend compte de l'expansion et de l'abondance des éléments légers. Il ne semble pas vérifié par les tests cosmologiques de la section 7.3.7, mais surtout, il butte sur le rayonnement cosmologique qui ne peut être introduit que par une hypothèse artificielle. Il faut remplir l'univers d'une densité élevée de micro-aiguilles métalliques que l'expérience n'a encore jamais détectées. Une nouvelle théorie thermodynamique de création de matière à partir du vide quantique est développée par l'école de Bruxelles à laquelle *Ilya Prygogine* (n. 1917) prête son concours. L'interprétation en terme d'expansion du décalage spectral vers le rouge a été également fortement controversé par divers astrophysiciens, principalement après la découverte des quasars. Le décalage spectral gravitationnel ne peut convenir car nettement trop faible (voir chapitre 2.3.8 b). Plusieurs théories de *lumière fatiguée* ont été proposées : elles nécessitent l'existence de particules nouvelles et inconnues.

- **Symétrie matière - antimatière**

Diverses théories tentent de résoudre le problème de l'absence d'antimatière en supposant que la si petite valeur observée du rapport η des baryons aux photons ne peut qu'être une erreur de mesure, ce nombre devant être exactement égal à zéro. Toutefois, les modèles symétriques se heurtent à de graves difficultés théoriques et observationnelles.

- **Relativité générale**

De nombreuses théories concurrentes à la relativité générale ont vu le jour, mais aucune aujourd'hui n'a résisté au verdict de l'observation aussi bien que la théorie d'Einstein (voir section 7.2.9).

La théorie de la *gravité induite* est due principalement à *Andreï Sakharov* (1921 - 1989). Cette théorie se présente comme une interprétation quantique de la gravitation. L'élasticité du vide quantique y fait apparaître un champ, qui mathématiquement se comporte exactement comme le champ de gravitation.

VII.2 Théorie quantique : compléments

La mécanique quantique n'a été qu'effleurée à la section 7.3.3. Certains concepts fondamentaux demandent d'être précisés : c'est le cas de la fonction d'onde, des relations d'incertitude et d'autres propriétés importantes.

a. Mécanique ondulatoire

- **Relations d'incertitude**

L'hypothèse quantique de *Max Planck* (1858 - 1947), énoncée à la section 7.3.3, a des implications importantes sur le déterminisme. Toute mesure ou observation demande l'utilisation de lumière. La plus petite parcelle utilisable est le quantum de Planck. Au plus grande est la précision désirée sur la position d'une particule, au plus petite doit être la longueur d'onde ($\lambda = 1 / \nu$) du quantum utilisé : l'énergie du quantum est donc grande et grande est la perturbation introduite par la mesure dans le comportement de la particule observée. Il en résulte une grande indétermination sur la vitesse de la particule. En 1928, ces phénomènes ont été codifiés par *Wernher Heisenberg* (1901 - 1976) : ce sont les relations d'incertitude d'Heisenberg :

$$m \, \Delta v \, \Delta x = \sigma_p \, \sigma_x \geq \frac{h}{2\pi} = \hbar \, . \qquad \text{(VII.1)}$$

Le symbole p signifie la quantité de mouvement $m\, v$, tandis que Δ et σ sont utilisés pour représenter l'incertitude ou la précision.

- **Équation d'onde - fonction d'onde**

La dualité onde / particule a été décrite en 1926 par *Erwin Schrödinger* (1887 - 1961) dans l'équation qui porte son nom. Toutes les propriétés de l'onde sont contenues dans la *fonction d'onde* ψ : c'est une fonction complexe, c'est-à-dire qu'elle comprend les deux termes, amplitude et phase, nécessaires à la description complète d'une onde la plus générale :

$$H \, \psi = j \, \hbar \, \frac{\partial \psi}{\partial t} \, , \qquad \text{(VII.2)}$$

H représente l'opérateur hamiltonien. Dans l'interprétation de Copenhague, il n'y a plus de trajectoire : l'onde / particule répond à une équation. Toutefois, la phase n'est jamais connue, le module de l'amplitude représente la probabilité d'arrivée de l'événement dans l'état décrit par la fonction d'onde. La réalisation d'une expérience ou d'une mesure entraîne la manifestation corpusculaire de l'onde lors de la *contraction* de la fonction d'onde.

- **L'intégrale de chemins**

Introduite en 1948, par l'américain *Richard Feynman* (1918 - 1988), l'intégrale de chemins est une autre façon de visualiser la dualité onde / particule. Toutes les trajectoires allant d'un point A à un autre point B doivent être considérées. À chaque trajectoire sont associés une amplitude et une phase. La probabilité d'atteindre B est l'intégrale des différents chemins possibles. Ces trajectoires sont les orbites électroniques autorisées. Cette approche permet le calcul de molécules complexes, ce qui n'était pas le cas de l'Eq. de Schrödinger qui se limitait à l'atome d'hydrogène.

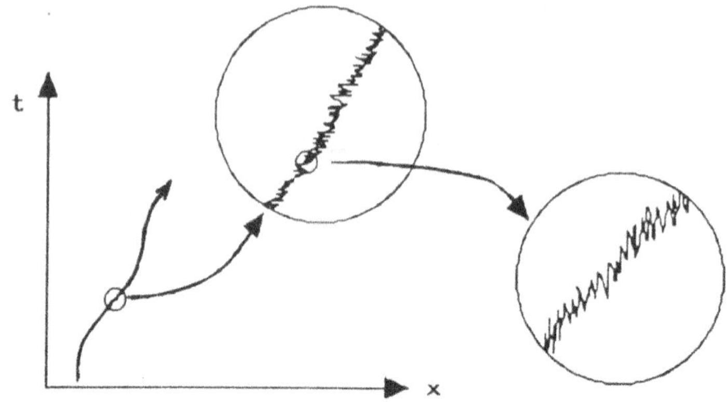

Figure 7.10 : Chemin d'espace-temps d'une particule quantique

- **Non-différentiabilité et caractère *fractal***

Le paradoxe dans l'approche de Feynman est que tous les chemins sont équiprobables, en termes de mécanique classique, c'est-à-dire lorsque la résolution (ou la précision) est sans limite. Au contraire, lorsque la résolution est limitée par les relations d'incertitude, les trajectoires éloignées des formes classiques sont affectées d'interférences destructrices. Seules des groupes de trajectoires proches des trajectoires classiques pourront subsister par interférences constructives : les probabilités sont significatives.

Dans le domaine des trajectoires probables d'une particule quantique, la plupart des chemins typiques, bien que continus, sont très irréguliers à petite échelle. Une vitesse moyenne peut être définie, mais pas une vitesse unique en chaque point. C'est le propre des trajectoires non-différentiables, illustrées par la Fig 7.10.

La non-différentiabilité constitue une propriété fondamentale du monde quantique. Aujourd'hui, cette propriété est qualifiée de *fractale*, suivant la terminologie introduite par *Benoît Mandelbrot* (n. 1924) en 1975.

b. Coïncidences cosmiques - variation des constantes

Diverses coïncidences numériques ont été mises en lumière par *Arthur Eddington* (1882 - 1944) et reprises par *Paul Dirac* (1902 - 1984) en 1937. Le rapport entre interaction électromagnétique et de gravitation pour la paire proton / électron est un nombre très grand, de l'ordre de 10^{40}.

Cette même valeur numérique apparaît également entre les échelles de temps de l'univers et de l'électron : Eq. (VII.3 a). De plus, le rapport entre la masse de l'univers et celle du proton est le carré de ce nombre :

$$\frac{e^2}{G\, m_p\, m_e} \approx \frac{m_e\, c^3\, t_0}{e^2} \approx 10^{40} \quad et \quad \frac{\varrho\, c^3\, t_0^3}{m_p} \approx 10^{80}\,. \qquad \text{(VII.3)}$$

Le signe ≈ signifie une équivalence en ordre de grandeur et $t_0 = 1 / H_0$ est le temps de Hubble (*Edwin Hubble* : 1889 - 1953). Pour que ces nombres, ainsi que la charge élémentaire e, la vitesse c de la lumière dans le vide et les masses m_p et m_e du proton et de l'électron soient des constantes absolues, il faut que G varie en raison inverse du temps :

$$G \propto H_0 \propto \frac{1}{t_0} \quad : \quad G \propto \frac{1}{t} \, . \qquad \text{(VII.4)}$$

G diminuant au cours du temps, les Eqs. (21.13 et 14) du chapitre 2 montrent que le grand axe des orbites solaires devraient augmenter. L'orbite de la Terre aurait été, il y a cinq milliards d'années, proche de celle de Vénus aujourd'hui. La plus grande proximité du Soleil aurait provoqué une température terrestre excessive, empêchant l'apparition de l'eau liquide et de la vie pendant plus de trois milliards d'années.

VII.3 Théories physiques unifiées

a. Symétries de jauge

L'idée maîtresse qu'a vainement poursuivi Einstein jusqu'à la fin de sa vie est la recherche d'une théorie du champ unitaire, réunissant toutes les interactions de la nature dans une même formulation. Son modèle était l'électromagnétisme de *James Clerk Maxwell* (1831 - 1879) qui constitue la première théorie unifiée de l'électricité et du magnétisme. Une première tentative infructueuse est due en 1918 à *Hermann Weyl* (1885 - 1955) pour la gravitation et l'électromagnétisme. Son mérite est d'avoir mis en évidence l'intérêt des symétries de jauge, qu'il appelait *Eich Invarianz* ou invariance d'étalonnage, et qui caractérisent la théorie de Maxwell. Un exemple de symétrie de jauge *globale* est celui de la charge électrostatique : inverser les charges ne change pas les forces. Toutefois, l'intérêt réside dans les symétries *locales* qui sont beaucoup plus contraignantes : la symétrie globale étant rompue par le mouvement des charges, la symétrie locale est obtenue par le champ magnétique produit par les charges en mouvement. Il est tel que le champ mixte électromagnétique reste invariant. De plus, ces symétries sont de préférence commutatives (abéliennes).

Dans les années 1920, le développement de la théorie quantique et de deux nouvelles interactions nucléaires sont venus compliquer le processus. L'électrodynamique quantique (QED : ***Q**uantum **E**lectro**D**ynamics*) apparaît en 1948 avec Feynman et *Julian Schwinger* (1918 - 1994). Le premier veillant à décrire systématiquement tous les états ou chemins quantiques possibles (diagrammes de Feynman), le second réussissant à éliminer les infinis parasites par une technique mathématique dite de *renormalisation*.

Des difficultés plus aiguës encore apparurent lors de la mise au point, en 1968, de la théorie électrofaible par *Stephen Weinberg* (n. 1933), *Abdus Salam* (1926 - 1996) et *John Ward* (n. v. 1920), ainsi qu'en 1970 pour la chromodynamique quantique (QCD : ***Q**uantum **C**hromo**D**ynamics*) de *Murray Gell-Mann* (n. 1929) et *Sheldon Glashow* (n. 1932) : les infinis indésirables ne furent renormalisés qu'en 1971 grâce aux efforts conjugués de *Martin Veltman* (n. 1931) et de son doctorant *Gerard 't Hooft* (n. 1946).

Encouragés par l'efficacité du concept des symétries de jauge abéliennes, les chercheurs poursuivent l'objectif d'unification, mais en se limitant aux toutes premières fractions de secondes de l'univers, au temps de Planck. L'hypothèse qui prévaut est que les quatre interactions étaient alors fusionnées en une seule et que leur séparation serait la conséquence du refroidissement de l'univers. La séparation se situerait vers 10^{15} GeV.

b. Théorie de Grande Unification (GUT)

Les théories de grande unification ont pour objectif l'unification des interactions électrofaible et forte dans un schéma théorique commun. Dans la lignée de la théorie électrofaible, la théorie de Grande Unification (GUT : *Grand Unified Theory*) a été proposée par Salam et Glashow en 1974. Elle permet d'intégrer plusieurs faits d'observation et de faire des prédictions vérifiables en laboratoire. Les théories de grande unification sont caractérisées par :

- existence d'une cinquième force *hyperfaible*, conduisant à la désintégration du proton en 10^{30} ans. Le vecteur d'action est le boson de Higgs (*Peter Higgs* : n. 1929) ou boson X superlourd de plus de 10^{15} GeV. La désintégration du proton est source de l'asymétrie matière-antimatière,
- égalité de charge entre proton et électron,
- nombre de familles de particules : ne dépasse pas trois, ce qui a été confirmé expérimentalement en 1993,
- prédiction de l'*angle de mélange* (ou angle de Weinberg) de la théorie électrofaible,
- possibilité de neutrinos avec masse,
- formation d'une quantité énorme de monopôles magnétiques superlourds (10^{16} GeV), dus à des défauts spatiaux de magnétisation.

Les nombreuses promesses de ces théories ne se sont pas concrétisées : les prédictions de durée de vie du proton et de l'angle de mélange sont en désaccord avec les observations, et les monopôles magnétiques se sont révélés introuvables.

c. Superthéories

- **Kaluza-Klein :** Une théorie partielle unifiant la gravitation et l'électromagnétisme avait été soumise à Einstein dès 1919 par le jeune physicien polonais *Theodor Kaluza* (v. 1885 - 1950).

En transcrivant les équations de gravitation dans un espace-temps à cinq dimensions, la dimension d'espace supplémentaire conduit aux équations de l'électromagnétisme. Cette approche fut adaptée au monde quantique en 1926 par le suédois *Oskar Klein* (v. 1895 - 1960). Malheureusement, d'autres besoins étaient apparus avec les deux nouvelles interactions nucléaires et la théorie de Kaluza-Klein tomba dans l'oubli. Aujourd'hui, toute théorie qui représente les champs dans un espace-temps à plus de quatre dimensions est appelée théorie de Kaluza-Klein.

- **Supersymétrie** : les théories à supersymétrie supposent une symétrie quantique complète entre les fermions à spin demi-entier et les bosons à spin entier : à chaque fermion correspondrait un boson symétrique et vice versa. Aucune de ces hypothétiques particules n'a été décelée aujourd'hui.

- **Supergravité** : c'est une tentative supersymétrique de quantification de la gravitation de type Kaluza-Klein à onze dimensions. La renormalisation ne permet malheureusement pas l'élimination de toutes les quantités infinies qui apparaissent. Seules trois des dix dimensions d'espace auraient été affectées par l'expansion du Big Bang, conduisant à l'univers actuel, les sept autres se seraient enroulées en une hypersphère minuscule, de l'ordre de la longueur de Planck, la *compactification*. C'est une hypothèse cosmologique séduisante, mais totalement invérifiable !

- **Supercordes** : c'est une théorie à dix dimensions où les particules ponctuelles sont remplacées par des *cordes* à une dimension d'espace. L'évolution d'une corde dans le temps est une surface d'univers au lieu de la ligne d'univers classique. Les cordes sont ouvertes ou fermées, peuvent interagir par cassure et collage et sont caractérisées par leur tension. Cette théorie prévoit un très grand nombre de particules élémentaires non détectables et ne conduit à aucune prédiction vérifiable expérimentalement.

VII.4 Gravité quantique et inflation

a. Géométrodynamique et gravité quantique

La géométrodynamique quantique (QGD : *Quantum GeometroDynamics*) est due à *John Wheeler* (n. 1911) et *Bernard de Witt* (n. v. 1938). Elle a été proposée en 1968 pour décrire la gravitation en termes quantiques avant le temps de Planck. L'équation de Wheeler - De Witt, traduisant l'équation d'onde de Schrödinger, est remarquable parce qu'elle ne contient pas explicitement le temps. Toutefois, la chronologie des événements peut être retrouvée lorsque les fluctuations quantiques de gravitation deviennent négligeables, en revenant aux équations classiques par le biais du paramètre d'échelle. *Stephen Hawking* (n. 1942) tente de trouver une solution simplifiée de l'Eq. de Wheeler - de Witt en choisissant (c'est une hypothèse), comme condition aux limites, l'absence de limite.

Le modèle quantique de Hawking n'a pas de bord : il est à la fois fini et sans borne, dans l'espace comme dans le temps. Pour obtenir ce résultat, il faut passer au temps imaginaire $j\,c\,t$ de la relativité restreinte. La fonction d'onde obtenue est régulière, c'est-à-dire sans singularité : le Big Bang et l'éventuel *Big Crunch* final sont des points réguliers.

Cet univers présente plusieurs autres caractéristiques intéressantes : il est isotrope et homogène et devrait être vaste comme l'univers actuel. Il serait dans une phase d'expansion décélérée qui aurait été précédée d'une inflation importante (voir article b ci-dessous) et serait suivie d'une phase de contraction. Enfin, il semble qu'il puisse fournir une justification intéressante à la concordance des flèches du temps.

D'autres conditions aux limites conduisent sans doute à des modèles totalement différents. La faiblesse principale de cette théorie est qu'elle n'est pas unifiée aux autres interactions de la nature.

b. Inflation cosmologique

Le problème des monopôles introuvables, prédits par la théorie de Grande Unification, a conduit les physiciens à rechercher un processus permettant de les éliminer ou de les diluer dans une phase postérieure à l'ère de Planck. Ce mécanisme est une phase appelée *inflation*, pendant laquelle la taille de l'univers subit une expansion exponentielle énorme, pouvant correspondre aux Eqs. (72.32) du modèle de *Willem De Sitter* (1872 - 1934), alimenté par l'énergie du vide de l'Eq. (72.37 d). Ainsi, la taille de chaque domaine qui se trouvait relié causalement avant l'inflation, peut augmenter en diamètre d'un vingtaine d'ordre de grandeur et disperser les monopôles très loin les uns des autres. Ce modèle ne fonctionne qu'avec une densité de matière égale à la densité critique $\boldsymbol{\Omega} = 1$.

Ce scénario présente surtout l'avantage d'éliminer les deux problèmes les plus gênants du Big Bang, celui de la trop grande platitude et celui de la trop grande homogénéité et de l'horizon (voir section 7.3.6). Dans cette théorie, l'univers observable devient homogène et isotrope à grande échelle et apparaît très grand, très vieux et très plat aux observateurs actuels.

La théorie de l'inflation apparaît donc très séduisante aux physiciens car elle semble apporter une réponse satisfaisante à la plupart des problèmes posés par le scénario du Big Bang.

La phase d'inflation était initialement un complément à la théorie de Grande Unification pour éliminer le problème des monopôles. Elle est désormais postulée pour résoudre le problème de l'horizon et ne découle plus de principes fondamentaux ou de faits observationnels. Des ingrédients adéquats sont introduits spécialement dans l'univers planckien pour provoquer cette phase qui est invérifiable expérimentalement.

VII.5 Observateurs et principe anthropique

Délogé de sa place centrale par Copernic, l'homme a pris conscience de son insignifiance par rapport à l'immensité de l'espace et du temps. Sa présence peut n'apparaître que comme un accident de parcours, un simple fait du hasard dans la longue évolution de l'univers.

Dès les années 1960, quelques physiciens réagirent et refusèrent d'accepter l'insignifiance de l'homme face à l'univers. Ils énoncent un nouveau principe : le *principe anthropique*, qui pose que l'univers ne peut être dissocié de l'existence d'observateurs. En pratique, deux versions de ce principe existent.

La forme *faible* note que la présence d'observateurs dans l'univers impose des contraintes temporelles et spatiales aux variables cosmologiques. Ce n'est en somme que la reconnaissance du fait que les paramètres de l'univers doivent vérifier certaines conditions pour que l'apparition de la vie soit possible. L'étonnant est le nombre important de ces conditions et leur plage de variation extrêmement limitée, de sorte que l'émergence de la vie est hautement improbable.

Le pas suivant est le principe anthropique *fort* qui stipule que l'univers est spécialement ajusté pour permettre l'apparition d'observateurs. C'est une position téléologique (avec un but précis) qui sous-tend l'existence d'une volonté extérieure ayant sélectionné les *bonnes* valeurs des paramètres afin de permettre l'avènement des observateurs.

Les quelques dix à quinze constantes fondamentales de la physique doivent être en effet finement ajustées pour conduire à la vie. Une interaction nucléaire forte trop intense conduirait à former trop d'éléments lourds ; trop faible, elle ne formerait que de l'hydrogène et pas de fusion dans les étoiles. Dans les deux cas, il y aurait un net déficit en carbone.

Une force électromagnétique trop forte rend improbable la plupart des réactions chimiques ; trop faible, il n'y a plus de cohésion atomique ou moléculaire. Dans les deux cas, les molécules organiques ne se forment pas.

Avec une constante de gravitation plus grande, la fusion du coeur des étoiles est trop rapide. Si cette constante est trop petite, ce sont les étoiles et donc le carbone qui ne se forment pas.

Si la densité de masse de l'univers était plus élevée, il serait fermé (elliptique) et sa durée nettement trop courte pour permettre l'apparition de la vie. Inversement, une densité trop faible empêcherait la formation des galaxies et des étoiles.

Enfin, le nombre de dimensions d'espace doit impérativement être égal à trois, sinon il ne peut y avoir de potentiel de gravitation. Cela a été montré au chapitre 2, article 2.1.9 c.

Il est vrai que les coïncidences et fins réglages sont très nombreux, mais le principe anthropique fort ne semble pas permettre des déductions ou prédictions particulièrement intéressantes. Toutefois, Hoyle y a vu sa marque, a posteriori, lors de sa quête du secret de fabrication du carbone dans l'alambic stellaire.

Le principe anthropique fort constitue une matière très controversée, plus proche de la philosophie, de l'épistémologie et même de la foi, que de la physique. Cette matière permet aux physiciens d'aborder les questions philosophiques.

VII.6 Relativité d'échelle et cosmologie fractale

a. Espace-temps fractal

Les propriétés fractales des trajectoires quantiques, mises en évidence par Feynman vers 1950, ont conduit certains chercheurs à traquer les étranges propriétés du monde quantique dans des relations de dépendance d'échelle, comme le suggère d'ailleurs les relations d'incertitude d'Heisenberg. *Laurent Nottale* (n. v. 1955), de l'observatoire de Paris-Meudon, suggère que les concepts de non-différentiabilité, de dépendance d'échelle et de trajectoires fractales appliqués à la microphysique donnent à l'univers quantique une structure cohérente.

Les relations d'incertitude peuvent être traduites en termes d'espace-temps fractal, par un hyperellipsoïde à quatre dimensions traduisant les résolutions finies ($\boldsymbol{\Delta x^{i}}$: $\boldsymbol{i = 0}$ **à 4**). La dimension fractale saute de la dimension $\boldsymbol{D = 2}$ à la dimension $\boldsymbol{D = 1}$ (non fractal) lors de la *décohérence* (passage au domaine classique), qui est identifiée à l'échelle $\boldsymbol{\lambda_0}$ de Broglie (*Louis de Broglie* : 1892 - 1987). Les coordonnées classiques sont alors obtenues par lissage des coordonnées fractales, lorsque la résolution diminue et dépasse cette échelle $\boldsymbol{\lambda_0}$.

La dimension fractale $\boldsymbol{D = 2}$ signifie qu'une ligne d'extension limitée peut avoir une longueur infinie et être suffisamment dense pour couvrir une surface à deux dimensions. L'exemple classique que donne Mandelbrot est celui de la longueur de la côte de Bretagne. Avec une résolution de 1 km, la côte bretonne mesure 1 200 km, mais un piéton, avec une résolution d'un mètre, devra parcourir toutes les petites criques et contourner tous les rochers : il relèverait une longueur dix fois plus grande.

Une nouvelle formulation de la mécanique quantique permet d'identifier l'Eq. (VII.2) de Schrödinger avec l'équation fondamentale de la dynamique d'*Isaac Newton* (1642 - 1727), écrite dans un espace non-différentiable. La dualité onde / particule apparaît ainsi comme résultant d'une famille infinie de géodésiques équiprobables de l'espace-temps fractal.

Les propriétés finales résultent donc d'un effet statistique. Il peut y avoir deux vitesses ($\bar{v}_-$ et $\bar{v}_+$) en chaque point. Ces deux vecteurs peuvent définir un plan comparable au plan complexe de la fonction d'onde.

b. Relativité d'échelle

Dans le domaine classique, les transformations d'échelles sont régies par une relation très simple de proportionnalité entre l'échelle λ de départ et une nouvelle échelle λ' contractée :

$$\lambda' = \rho \, \lambda \quad , \quad \ln\lambda' = \ln\rho + \ln\lambda \, . \qquad \text{(VII.5)}$$

Le passage aux logarithmes de l'Eq. (VII.5 b) a pour but d'obtenir une relation additive du type de la transformation de Galilée (*Galileo Galilei* : 1564 - 1642). La généralisation du principe de relativité consiste alors à appliquer la transformation de Lorentz (*Hendrik Lorentz* : 1853 - 1928) entre échelles réduites, en appliquant la méthodologie de la composition des vitesses relativistes, décrite par l'Eq. (23.17) :

$$\ln\frac{\lambda'}{\lambda_0} = \frac{\ln\dfrac{\lambda}{\lambda_0} + \ln\rho}{1 + \dfrac{\ln\dfrac{\lambda}{\lambda_0}\,\ln\rho}{\ln^2\dfrac{\lambda_P}{\lambda_0}}} \, . \qquad \text{(VII.6)}$$

Dans l'Eq. (VII.6), λ_0 est l'échelle de référence et λ' est la nouvelle échelle relativiste contractée. La constante λ_P joue pour l'échelle le même rôle que la vitesse de la lumière pour le mouvement. Cet invariant est l'échelle de Planck qui ne peut se transformer qu'en elle-même et qui joue le rôle du point zéro.

Les relations de de Broglie et d'Heisenberg peuvent alors être généralisées : la quantité de mouvement tend vers l'infini et l'espace-temps dégénère complètement, ce qui entraîne des conséquences observables dans le domaine accessible à l'expérimentation. Une première échelle correspond à la rupture de symétrie de la force électrofaible et une seconde échelle apparaît, dont le rapport à l'échelle de Planck est en bon accord avec l'échelle de Grande Unification. Les quatre interactions convergent, aux environs de 10^{19} GeV, vers la même échelle, qui n'est rien d'autre que l'échelle de Planck pour la masse / énergie.

Les difficultés de la Grande Unification disparaissent : la valeur théorique de l'angle de Weinberg s'accorde alors aux mesures et le proton peut vivre jusque 10^{37} ans.

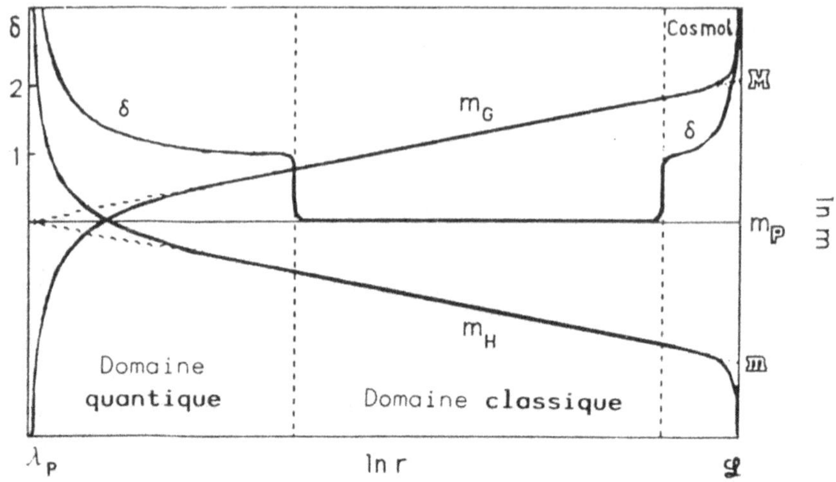

Figure 7.11 : Relativité d'échelle

c. Cosmologie fractale

Ces principes de relativité d'échelle sont applicables à la cosmologie qui est elle-même fondamentalement dépendante de l'échelle, comme l'illustre l'expansion.

Il existerait une échelle $\mathcal{L}$ limite supérieure dans la nature, invariante aux dilatations, qui pourrait être l'inverse du carré de la constante cosmologique, et apporter une solution au problème de l'âge de l'univers :

$$\Lambda = \frac{1}{\mathcal{L}^2} = 1.36 \times 10^{-52} \ m^{-2} \ , \quad \mathcal{L} = 8.57 \times 10^{25} \ m \ . \qquad \text{(VII.7)}$$

Enfin, la valeur actuelle de la constante de Hubble pourrait être déterminée théoriquement et conduire à une valeur compatible avec les dernières observations (voir section 7.1.4 b, Eq. (71.3 c)) :

$$H_0 = 80 \pm 4 \ km \ s^{-1} \ Mpc^{-1} \ . \qquad \text{(VII.8)}$$

Dans le cadre de la cosmologie fractale, les grands nombres de Dirac trouvent une interprétation totalement nouvelle.

★
★ ★

Annexe :

Tables de référence

TABLES de RÉFÉRENCE

A.I	:	**Constantes astronomiques,**
A.II	:	**Planètes,**
A.III	:	**Éléments orbitaux des planètes,**
A.IV	:	**Satellites naturels.**

L'objectif de cette annexe est de rassembler sous forme condensée un maximum d'informations astronomiques de référence : constantes astronomiques de base, caractéristiques physiques et orbitales des constituants du Système solaire : planètes et satellites naturels ainsi que quelques petites planètes ou astéroïdes. Ces données sont rassemblées dans les quatre tables décrites ci-dessus.

La Table A.III reprend les éléments orbitaux des planètes exprimés par un développement en série du temps ($T_{r\ 1900.0}$), sous la forme générale donnée par l'Eq. (41.4), d'après Meeus 1986 :

$$X = X_0 + a\ T_r + b\ T_r^2 + c\ T_r^3\ , \tag{41.4}$$

Les éléments tabulés sont : la longitude céleste moyenne L, le demi grand axe a (constant), l'excentricité e, l'inclinaison i du plan d'orbite, l'argument du périhélie ϖ et la longitude Ω du noeud ascendant. Pour la Terre, les valeurs tabulées sont celles du mouvement apparent du Soleil et les angles indéterminés ϖ et Ω sont remplacés par la longitude L_p du périhélie. Toutes les valeurs angulaires apparaissant dans cette table sont rapportées à l'équinoxe moyen du moment. Cela implique qu'elles comprennent les variations lentes du point vernal dues à la précession des équinoxes.

Pour la planète Pluton et pour la comète de Halley, la table se limite aux éléments orbitaux moyens. Pour la comète, les éléments tabulés sont les éléments osculateurs à la date du 19 février 1986, dix jours après le passage au périhélie, tandis que les éléments angulaires sont rapportés à l'équinoxe de référence de 1950.0.

Constante de définition

1. k = **0.017 202 098 95** = **0.985 607 668 6 °** : constante de Gauss.

Constantes primaires

2. c = **299 792 458** m/s : vitesse de la lumière,
3. τ_{AU} = **499.004 782** s : temps de lumière pour l'unité de distance,
4. R_T = **6 378 140** m : rayon équatorial de la Terre, **(41.1 a)**
5. J_2 = **0.001 082 63** : facteur d'ellipticité géopotentiel de la Terre,
6. μ_T = **3.986 005** $\times 10^{14} m^3 s^{-2}$: constante géocentrique de gravitation,
7. G = **6.672 59** $\times 10^{-11}$ $m^3\ kg^{-1}\ s^{-2}$: constante universelle de gravitation *, **(21.3)**
8. **0.012 300 02** = 1 / 81.300 680 81 : rapport des masses de la Lune et de la Terre,
9. p = **5 029.096 6″** = 24 381.748 3 μrad : précession générale de la longitude par siècle julien, pour J 2000.0,
10. ε_0 = **23°26′21.448″** = 84 381.448″ = 409 092.804 30 μrad : obliquité de l'écliptique pour J 2000.0.

Constantes dérivées

11. N_0 = **9.202 5″** = 44.614 98 μrad : constante de nutation pour J 2000.0,
12. a_T = **1.495 978 70** $\times 10^{11}$ m : unité astronomique (A U), **(41.16)**
13. π_S = **8.794 148″** = **arcsin** (R_T / a_T) = 42.635 23 μrad : parallaxe solaire,
14. κ = **20.495 52″** = 99.365 08 μrad : constante de l'aberration pour J 2000.0, **(IV.5 c)**
15. α = **1 / 298.257** = **0.003 352 81** : aplatissement de la Terre, **(41.1 d)**
16. μ_S = **1.327 124 38** $\times 10^{20}$ $m^3\ s^{-2}$: constante solaire de gravitation,
17. **332 946.0** : rapport des masses du Soleil et de la Terre,
18. M_S = **1.989 1** $\times 10^{30}$ kg : masse du Soleil.

Système des masses

19. Rapports de la masse du Soleil à celles des planètes :

Mercure	**6 023 600.**	Jupiter	**1 047.355**
Vénus	**408 523.5**	Saturne	**3 498.5**
Terre-Lune	**328 900.5**	Uranus	**22 869.**
Mars	**3 098 710.**	Neptune	**19 314.**
		Pluton	**130 000 000.**

* : les deux derniers chiffres significatifs sont moins fiables.

Table A.I : Système UAI des constantes astronomiques (1976 / 84)

Nom	P_s (a) révol. sid.	T_ω (j) rot. sid.	ε (°) obliquité	R (km)	m 10^{24} kg	ϱ (10^3 kg/m^3)	Ch.magn G	Tempér K	Alb. géom.	v_L km/s	Constituants surface	atmosphère
Soleil	≈ 11.86	25.38	7.25	695 700	1 990 000	1.41	≈ 5 000	6 000	-	617.8	H + He	H + He
Mercure	87.969 j	58.65	0.0	2 436	0.33	5.42	0.0015	620	0.11	4.3	basaltes	-
Vénus	224.701 j	243.01	178.0	6 053	4.869	5.25	0.0	750	0.72	10.3	basalt, gran.	CO_2
Terre	365.256 j	1.0	23.45	6 378	5.974	5.52	0.308	295	0.39	11.2	eau, bas, gran.	$N_2 + O_2$
Mars	686.98 j	1.03	23.98	3 400	0.642	3.94	0.001	250	0.16	5.0	basalt, pouss.	CO_2
1 Cérès	4.60	0.38	?	500	?	?	-	150 ?	0.06	0.65	carbon, pouss.	-
2 Pallas	4.62	0.33	?	269	?	?	-	150 ?	0.08	0.34	silicates	-
3 Junon	4.36	?	?	100	?	?	-	150 ?	?	0.13	?	-
4 Vesta	3.63	0.22	?	275	0.000 25	2.9 ?	-	150 ?	0.24	0.35	basalt, pouss.	-
Jupiter	11.86	0.41	3.07	71 492	1 899.2	1.314	4.28	170	0.52	59.6	?	H_2 + He
Saturne	29.46	0.43	27.0	60 268	568.56	0.69	0.218	135	0.47	35.6	?	H_2 + He
Uranus	84.01	0.72	97.9	25 559	86.8	1.3	0.228	80	0.51	21.2	?	H_2 + He
Neptune	164.79	0.67	28.8	24 764	102.99	1.66	0.113	50	0.41	23.8	?	H_2 + He
Pluton	248.5	6.39	122	1 160	0.0136 ?	2.1 ?	?	40 ?	0.3	1.41	méth + boue	CH_4 ténu

Table A.II : Caractéristiques physiques du Soleil et des planètes

	X_0	a	b (10^{-6})	c (10^{-6})
	Mercure			
L	178.179 078	+ 149 474.07078	+ 301.1	-
a	0.387 098 6	-	-	-
e	0.205 614 21	+ 0.000 020 46	- 0.03	-
i	7.002 881	+ 0.001 860 8	- 18.3	-
ϖ	28.753 753	+ 0.370 280 6	+ 120.8	-
Ω	47.145 944	+ 1.185 208 3	+ 173.9	-
	Vénus			
L	342.767 053	+ 58 519.211 91	+ 309.7	-
a	0.723 331 6	-	-	-
e	0.006 820 69	+ 0.000 092 064	+ 0.091	-
i	3.393 631	- 0.000 675	- 1.0	-
ϖ	54.384 186	+ 1.069 766 7	- 1.386 4	-
Ω	75.779 647	+ 0.770 991 7	+ 410.0	-
	Terre			
L	99.696 68	36 000.768 92	+ 302.5	-
a	1.000 000 2	-	-	-
e	0.016 751 04	- 0.000 041 8	- 0.126	-
L_p	101.220 85	+ 1.719 17	+ 452.5	+ 3.3
ε	23.452 294	- 0.013 012 5	- 1.64	+ 0.503
	i = 0.0,	ϖ et Ω : indéterminés		
	Mars			
L	293.737 334	+ 19 141.695 51	+ 310.7	-
a	1.523 688 3	-	-	-
e	0.093 312 9	+ 0.000 092 064	- 0.077	-
i	1.850 333	- 0.000 675	+ 12.6	-
ϖ	285.431 761	+ 1.069 766 7	+ 131.3	+ 4.14
Ω	48.786 442	+ 0.770 991 7	- 1.4	- 5.33
	Jupiter			
L	238.049 257	+ 3 036.301 986	+ 334.7	- 1.65
a	5.202 561	-	-	-
e	0.048 334 75	+ 0.000 164 18	- 0.467 6	- 1.7 10^{-3}
i	1.308 736	- 0.005 696 1	+ 3.9	-
ϖ	273.277 558	+ 0.599 431 7	+ 704.05	+ 5.08
Ω	99.443 414	+ 1.010 53	+ 352.22	- 8.51

	X_0	a	b (10^{-6})	c (10^{-6})
	Saturne			
L	266.564 377	+ 1 223.509 884	+ 324.5	- 5.8
a	9.554 747	-	-	-
e	0.055 892 32	- 0.000 345 5	- 0.728	+ .74 10^{-3}
i	2.492 519	- 0.003 918 9	- 15.49	+ 0.04
ϖ	338.307 8	+ 1.085 220 7	+ 978.54	+ 9.92
Ω	112.790 414	+ 0.873 195 1	- 152.18	- 5.31
	Uranus			
L	244.197 47	+ 429.863 546	+ 316.0	- 0.6
a	19.218 14	-	-	-
e	0.046 344 4	- 0.000 026 58	+ 0.077	-
i	0.772 464	+ 0.000 625 3	+ 39.5	-
ϖ	98.071 581	+ 0.985 765	- 1 074.5	- 0.61
Ω	73.477 411	+ 0.498 667 8	+ 1 311.7	-
	Neptune			
L	84.457 994	+ 219.885 914	+ 320.5	- 0.6
a	30.109 57	-	-	-
e	0.008 997 04	+ 0.000 006 33	- 0.002	-
i	1.779 242	- 0.009 543 6	- 9.1	-
ϖ	276.045 975	+ 0.325 639 4	+ 140.95	+ 4.113
Ω	130.681 389	+ 1.098 935	+ 249.87	- 4.718

	Pluton			**Halley**	
a	39.529 4		a	17.939 011 5	
e	0.248 2		e	0.967 272 5	
i	17.148		i	162.239 32	
ϖ	224.42		ϖ	111.846 58	
Ω	110.33		Ω	58.143 97	
t_p	1989, sept.	04.5	t_p	1986, février	09.438 67
T	2.4854	siècles jul.	T	0.861 079772	siècle jul.

Notes : angles L, i, ε, ϖ et Ω en degrés (°), demi-grands axes a en Unités astronomiques (A U),
éléments a / e / i des petites planètes : **Cérès** 2.77 / 0.08 / 10.6, **Pallas** 2.77 / 0.23 / 35., **Junon** 2.67 / 0.09 / 7., **Vesta** 2.36 / 0.09 / 7..

Table A.III : Éléments orbitaux des planètes

Nom	a 10^3 km	e	i °	P_S (j) rév. sid.	T_ω (j) rot. sid	R km	m 10^{18} kg	ϱ (10^3 kg/m^3)	Ch.mag G	Alb. géom.	Constituants surface	Constituants atmosph.
Terre												
Lune	384.4	0.055	18/29	27.32	27.32	1 738	73 500	3.34	0.003	0.12	basalt, pous.	-
Mars												
Phobos	9.38	0.015	1.0	0.32	?	13/10/10	?	?	-	0.06	carb, pous.	-
Déïmos	23.46	0.001	2.0	1.26	?	08/06/05	?	?	-	0.06	carb, pous.	-
Jupiter												
Métis	128	0.0 ?	0.0	0.30	0.30	20	0.095	3.0	-	0.05	roches	-
Adrastée	129	0.0 ?	0.0	0.30	0.30	10	0.019	4.7	-	0.05	roches	-
Amalthée	181	0.003	0.46	0.49	0.49	135/85/75	7.2	2.1	-	0.05	roch, sulf.	-
Thébé	221	0.0 ?	1.3	0.67	0.67	40	0.76	3.0	-	0.05	roches	-
Io	422	0.004	0.03	1.77	1.77	1 815	89 300	3.4	?	0.61	sulfures	SO_2 ténu
Europe	671	0.0	0.47	3.55	3.55	1 569	48 600	3.0	-	0.64	glace d'eau	-
Ganymède	1 070	0.001	0.18	7.16	7.16	2 631	149 000	2.0	0.006	0.42	gl. eau, carb	-
Callisto	1 883	0.010	0.25	16.69	16.69	2 400	106 000	1.8	-	0.20	gl. eau, carb	-
Léda	11 094	0.148	26.7	240	?	5	0.006 ?	?	-	?	gl. eau, carb	-
Himalia	11 480	0.158	27.6	251	?	90	9.5	3.1	-	0.03	gl. eau, carb	-
Lysithée	11 720	0.107	29.0	260	?	10	0.08 ?	?	-	?	gl. eau, carb	-
Élara	11 737	.0207	24.8	260	?	40	0.76	3.0	-	0.03	gl. eau, carb	-
Ananké	21 200	0.169	147	617	?	10	0.04 ?	?	-	?	gl. eau, carb	-
Carme	22 600	0.210	163	692	?	15	0.10 ?	?	-	?	gl. eau, carb	-
Pasiphaé	23 500	0.380	147	735	?	20	0.20 ?	?	-	?	gl. eau, carb	-
Sinopé	23 700	0.280	156	758	?	15	0.08 ?	?	-	?	gl. eau, carb	-
Saturne												
6 Anneaux	75/240	-	0.0	0.2/0.6	-	-	-	-	-	-	roches, gl.	-
Atlas	137.7	0.002	0.3	0.60	?	20/20/10	?	?	-	?	glace d'eau	-
Pan *	138.7	0.0	0.0	0.60	?	10	?	?	-	?	glace d'eau	-
Prométhée *	139.4	0.004	0.0	0.61	?	70/50/40	?	?	-	?	glace d'eau	-
Pandore *	141.7	0.004	0.05	0.63	?	55/45/35	?	?	-	?	glace d'eau	-
Épiméthée	151.4	0.009	0.34	0.69	?	70/60/50	?	?	-	?	glace d'eau	-
Janus	151.5	0.007	0.14	0.69	?	110/100/80	?	?	-	?	glace d'eau	-
Mimas	185.54	0.020	1.52	0.94	0.94	196	40	1.2	-	0.53	glace d'eau	-

Encelade	238.04	0.005	0.02	1.37	1.37	250	73	1.1	-	0.99	glace d'eau	-
Thétys	294.67	0.0 ?	1.09	1.89	1.89	530	730	1.2	-	0.88	glace d'eau	-
Télesto	294.67	0.0 ?	1. ?	1.89	?	17/14/13	?	?	-	0.6	glace d'eau	-
Calypso	294.67	0.0 ?	1. ?	1.89	?	17/11/11	?	?	-	0.8	glace d'eau	-
Dioné	377.42	0.002	0.02	2.74	2.74	560	1 000	1.4	-	0.65	glace d'eau	-
Hélène	377.42	0.005	0.15	2.74	?	18/16/15	?	?	-	0.5	glace d'eau	-
Rhéa	527.04	0.001	0.35	4.52	4.52	765	2 500	1.3	-	0.67	glace d'eau	-
Titan	1 221.86	0.029	0.33	15.95	15.95	2 575	137 000	1.9	-	0.21	CH_4 liquid.	N_2
Hypérion	1 481.10	0.104	0.5 ?	21.28	12.90	205/130/110	?	?	-	0.3	glace d'eau	-
Japet	3 561.30	0.028	14.7	79.33	?	730	1 900	1.2	-	.5/.05	gl. eau, boue	-
Phoébé	12 954	0.163	150.	550.4	?	110	?	?	-	0.06	gl. eau, carb	-
	Notes : Le petit satellite Pan, découvert en 1991, semble être la cause de la division de Encke. Divers objets ont été observés en 1995 à proximité de l'anneau F. Ce seraient des condensations temporaires de matière dans les anneaux intérieurs, plutôt que des corps solides.											
Uranus												
11 Anneaux	38/52	.0/.005	.0/.02	.33/.37	-	-	-	-	-	-	roche, silic.	-
Juliette	49.30	0.01 ?	0.0 ?	0.33	?	40	?	?	-	?	?	-
Puck	53.30	0.01 ?	0.0 ?	0.37	?	40	?	?	-	?	?	-
Bianca	59.10	0.01 ?	0.0 ?	0.43	?	40	?	?	-	?	?	-
Cordélia	61.75	0.01 ?	0.0 ?	0.46	?	40	?	?	-	?	?	-
Cressida	62.70	0.01 ?	0.0 ?	0.47	?	40	?	?	-	?	?	-
Desdémone	64.35	0.01 ?	0.0 ?	0.49	?	40	?	?	-	?	?	-
Ophélie	66.09	0.01 ?	0.0 ?	0.51	?	40	?	?	-	?	?	-
Rosalinde	69.92	0.01 ?	0.0 ?	0.56	?	40	?	?	-	?	?	-
Portia	75.10	0.01 ?	0.0 ?	0.62	?	40	?	?	-	?	?	-
Bélinda	85.89	0.01 ?	0.0 ?	0.76	?	40	?	?	-	?	?	-
Miranda	130.00	0.003	0.0 ?	1.41	?	240	170	5.1	-	?	gl. eau, boue	-
Ariel	191.02	0.003	0.0 ?	2.52	?	590	1 600	1.3	-	0.2	gl. eau, boue	-
Umbriel	267.00	0.005	0.0 ?	4.14	?	610	1 000	1.4	-	0.1	gl. eau, boue	-
Titania	438.00	0.002	0.0 ?	8.71	?	810	5 900	2.7	-	0.21	gl. eau, boue	-
Obéron	586.00	0.001	0.0 ?	13.46	?	785	6 000	2.6	-	0.16	gl. eau, boue	-

Table A. IV : Caractéristiques des satellites naturels *(à suivre)*

Nom	a 10^3 km	e	i °	P_S (j) rév. sid.	T_ω (j) rot. sid.	R km	m 10^{18} kg	ϱ (10^3 kg/m^3)	Ch.mag G	Alb. géom.	Constituants surface	Constituants atmosph.
Neptune												
Anneaux :												
Galle	42.0	-	0.0	-	-	-	-	-	-	-	?	-
Le Verrier	53.2	-	0.0	-	-	-	-	-	-	-	?	-
Adams *	62.9	-	0.0	-	-	-	-	-	-	-	?	-
Naïade	48.2	0.01 ?	0.0 ?	0.29	?	29	?	?	-	?	?	-
Thalassa	50.0	0.01 ?	0.0 ?	0.31	?	40	?	?	-	?	?	-
Despine	52.5	0.01 ?	0.0 ?	0.34	?	74	?	?	-	?	?	-
Galatée	62.0	0.01 ?	0.0 ?	0.43	?	79	?	?	-	?	?	-
Larissa	73.6	0.01 ?	0.0 ?	0.56	?	100	?	?	-	?	?	-
Protée	117.6	0.01 ?	0.0 ?	1.12	?	208	?	?	-	0.06	?	-
Triton	355.3	0.005	159.9	5.88	5.88	1 353	50 000 ?	4.82 ?	-	0.40	méth, boue	CH_4 ténu
Néréide	5 513.4	0.748	27.6	360.1	360.1	170	43.4 ?	2.11 ?	-	0.11	?	-
	Note : l'anneau d'Adams présente 5 arcs de luminosités nettement différentes : ils semblent se déplacer avec le satellite Galatée qui orbite à moins de 1 000 km. Les trois arcs principaux sont appelés "Liberté, Égalité, Fraternité".											
Pluton												
Charon	19.64	0.01	122.0	6.39	6.39	860	1 130 ?	1.3 ?	-	0.2	?	?

***Table A. IV : Caractéristiques des satellites naturels** (fin)*

LISTES

BIBLIOGRAPHIE

et

INDEX

LISTE des FIGURES, TABLES et ILLUSTRATIONS

LISTE DES NOTATIONS

Notes préliminaires :

Tenter d'assurer la cohérence des notations dans un ouvrage qui englobe des matières aussi différentes que l'astronomie, la mécanique céleste, la relativité ainsi que des éléments d'aérodynamique et de cosmologie . . . est une véritable gageure. Chacune de ces matières consomme à elle seule un grand nombre de symboles grecs ou latins. Les traiter ensemble déborde l'ensemble de ces deux alphabets, minuscules et majuscules comprises. Il ne faut donc pas s'étonner de trouver plusieurs significations différentes pour un même symbole, la distinction se faisant le plus souvent par le jeu des indices.

Les lettres grecques en indice sont utilisées exclusivement lorsqu'il y a quatre dimensions d'espace-temps. Pour des raisons typographiques, les vecteurs sont surmontés d'un trait (exemple : $\bar{v}$) et non d'une flèche ($\vec{v}$) suivant la pratique mathématique.

Les tenseurs de rang ***N*** sont notés par une majuscule avec ***N*** indices à droite : indices hauts pour la partie contrevariante et indices bas pour la partie covariante, exemple : $A^{i}{}_{k}$.

Dans le mouvement elliptique, les notations de l'anomalie vraie sont habituellement ***v*** dans les ouvrages français ou ***f*** pour les anglo-saxons. Il y a donc risque de confusion avec la vitesse, la distance focale ou le foyer. Pour éviter ces difficultés, dans le présent ouvrage, l'anomalie vraie a été notée **θ**, comme l'angle polaire. Les coordonnées sphériques reprennent les notations classiques : rayon ***r***, colatitude **θ** et longitude **φ**.

Enfin, pour les fonctions trigonométriques et hyperboliques, les notations anglo-saxonnes **tan**, **sinh** et **cosh** ont été préférées car elles correspondent à la symbolique de la plupart des langages de programmation.

a - *A* - α

a : demi-grand axe de l'orbite elliptique ou hyperbolique ainsi que demi-grand axe de l'ellipsoïde ; fonction auxiliaire de la transformation de Lorentz ou de l'équation de métrique relativiste (terme temporel),

A : azimut ou aire ; indice de l'apoastre / aphélie ; constante d'intégration ; fonction auxiliaire dans l'Eq. (22.10) de Gauss ; moment d'inertie suivant l'axe ***a***,

α : (alpha) ascension droite ; angle auxiliaire ; déviation angulaire des rayons lumineux (α_E : cas euclidien et α_R : cas relativiste) ; aplatissement de l'ellipsoïde ; rapport du paramètre ***p*** au rayon (III.11) ; amplitude de la perturbation ; rapport des demi-grands axes en transfert de Hohmann ; angle de basculement (fusées, phase propulsée) ; déviation angulaire lors de la réaction de gravitation ; particule nucléaire (noyau d'hélium) ; en indice (et autres lettres grecques) : entier valant habituellement de 0 à 3 ou de 1 à 4 (espace-temps),

a, b, (c) : demis axes de l'ellipse, de l'hyperbole ou de l'ellipsoïde,

A, B, C : moments d'inertie de l'ellipsoïde,

A, B, C, D : constantes de Oort ; ***A, B, F, G*** : éléments de Thiele,

A, B, C, D, E, F, G : constantes du mouvement de la Lune.

b - *B* - *Be* - β

b : demi-petit axe de l'orbite elliptique ou hyperbolique ainsi que demi-petit axe de l'ellipsoïde ; $\bar{b}$: vecteur binormal du trièdre de Frenet ; latitude céleste ou galactique ; fonction auxiliaire de la transformation de Lorentz ou de l'équation de métrique relativiste (terme spatial) ; b_{ik} : sensibilité de la $k^{\text{ème}}$ mesure (2.2.6),

B : constante d'intégration ou fonction auxiliaire ; tableau (matrice) des coefficients de sensibilité b_{ik} (2.2.6) ; symbole chimique du bore ; moment d'inertie ; coefficient balistique, ***Be*** : symbole chimique du béryllium,

β : (beta) rapport des aires du secteur conique au triangle dans les Eqs.(22.7 à 10) de Gauss ; facteur de proportionnalité de la transformation de Lorentz ; aplatissement du sphéroïde à trois axes ; argument de la correction relativiste du temps dans l'Eq. (IV.20) ; rapport des demi-grands axes r_1 et r_3 en transfert à trois impulsions (5.2.2) ; excentricité réduite (frottement atmosphérique 5.3.5).

c - C - CH_4 - Cu

c : vitesse de la lumière, demi-petit axe de l'ellipsoïde (le plus petit),
C : équation du Centre ; constante ou fonction auxiliaire ; centre d'attraction sur les Figs. ; $\bar{C}$: vecteur force centrifuge Eq. (32.40) ; moment d'inertie ; l'un de six éléménts d'orbite ; symbole chimique du carbone ; C_D : coefficient de traînée,
CH_4 : symbole chimique du méthane,
Cu : symbole chimique du cuivre,
crochets de Lagrange : voir après lettre Z.

d - D - div - δ - Δ

d : distance ou écart en distance ; portée ; symbole de la dérivée ou de la différentielle,
D : distance ou diamètre ; symbole chimique du deutérium ; portée d'un projectile d'artillerie ou d'un missile ; déterminant dans les méthodes de Laplace et de Gauss pour la détermination d'orbites (2.2.3) ; $\bar{D}$: vecteurs des écarts,
δ : (delta minuscule) déclinaison ; variation finie ; $\delta^i{}_k$: symbole de Kronecker et tenseur fondamental mixte d'après l'Eq. (II.4 d) ; avance angulaire au lancement (écart en longitude céleste entre lancement et alignement),
∂ : (d rond) symbole de la dérivée partielle,
Δ : (delta majuscule) variation finie ; laplacien, également noté $\bar{\nabla}^2$ (nabla carré) ; Δ/∂ : symbole de la dérivée covariante ; Δt_l : avance temporelle au lancement ; ΔL : écart en longitude céleste entre deux alignements successifs ; Δv : accroissement de vitesse pour lancements ou pour manoeuvres orbitales,
div : divergence d'un vecteur : produit scalaire par le vecteur $\bar{grad}$ ou $\bar{\nabla}$ (nabla).

e - E - ε

e : excentricité ; nombre de Néper ; $\bar{e}$: vecteur excentricité (2.1.4 c) ; $\bar{e}_i$: vecteurs de base (voir aussi $\bar{u}$) ; $\bar{\bar{e}}_i$: vecteurs de base après changement de coordonnées,
E : anomalie excentrique ; E_0 : énergie totale dans l'Eq. d'Einstein (23.18) ; E_{ik} : tenseur d'Einstein,
ε : (epsilon) obliquité de l'écliptique sur l'équateur terrestre ; portée angulaire d'un missile ; facteur de structure.

f - F - Fe

f : symbole général pour une fonction ou pour un champ ; f et g : fonctions particulières pour l'étude des coniques ; distance focale d'une conique ; abscisse du foyer principal ; fréquence,
F : sur une Fig., indique le foyer d'une conique ; $\bar{F}$: force ou poussée d'une tuyère,
Fe : symbole chimique du fer.

g - G - $\bar{grad}$ - γ - Γ

g : accélération de la pesanteur terrestre ; g_{ik} : tenseur métrique fondamental covariant ; f et g : fonctions particulières pour l'étude des coniques,
G : constante universelle de gravitation ; facteur de croissance ; terme de la correction grégorienne dans les Eqs. (IV.23 et 24) ; G^{ik} : mineur de l'élément g_{ik},
$\bar{grad}$: opérateur vectoriel gradient = $\bar{u}_r\ \partial/\partial r$, également noté $\bar{\nabla}$ (nabla),

γ : (gamma) chaleur spécifique ; point vernal ; noeud ascendant de l'orbite solaire vue de la Terre ; représente le photon dans les réactions chimiques et nucléaires,

Γ : (gamma majuscule) symboles de Christoffel à trois indices :
$\Gamma_{ik,m}$ symbole de première espèce ; $\Gamma_{i\ k}^{m}$ symbole de deuxième espèce ou connexion (voir Eqs. (II.10 et 30)),

$[\,i\,k\,,\,n\,]$: parfois utilisé comme représentation du symbole de Christoffel de première espèce (aussi noté $\Gamma_{ik,m}$, voir Eq. (II.30)).

h - *H* - *He* - ħ

h : hauteur ; vitesse aréolaire du mouvement conique ($\bar{h}$) ; constante de Planck,

$\hbar$: (h barré) constante de Planck réduite,

H : anomalie excentrique de l'hyperbole ; symbole chimique de l'hydrogène ; hauteur de l'atmosphère standard ; constante de Hubble ; opérateur hamiltonien ; angle horaire ; H_{γ} : temps sidéral,

He : symbole chimique de l'hélium.

i - *I*

i : inclinaison du plan d'orbite par rapport au plan de référence ; éclat apparent d'une étoile ; en indice (et autres lettres latines) : entier valant habituellement de 1 à 3, mais peut également signifier intérieur, par opposition à extérieur (cas du potentiel),

I : éclat d'une étoile ; symbole chimique de l'iode,

I_{sp} : impulsion spécifique.

j - *J*

j : symbole utilisé pour le nombre imaginaire $j = \sqrt{-1}$; nombre entier lorsque utilisé comme indice,

J : matrice jacobienne d'une transformation de coordonnées ; en indice, se rapporte à la planète Jupiter ; $\bar{J}$: vecteur moment cinétique ; J_2 : coefficient du deuxième harmonique du potentiel.

k - *K* - κ - χ

k : constante ou facteur de proportionnalité ; indice constructif ; nombre entier lorsque utilisé comme indice ; constante de Boltzmann,

K : constante ou facteur de proportionnalité ; courbure d'une courbe ; K_c : distance réduite de passage au périastre lors d'une réaction de gravitation ; K_s : courbure globale d'une surface ou courbure de Gauss ; K_G : courbure géodésique,

κ : (kappa) constante de proportionnalité entre courbure et énergie de masse dans les Eqs. (23.19 et 20) d'Einstein ; constante de l'aberration annuelle,

χ : (khi) argument de l'hypersphère d'univers.

l - *L* - *Li* - λ - Λ - ℓ - 𝔏

l : angle de résonance ou de libration, voir Eqs. (42.4 et 5),

L : longitude céleste ou galactique ; rayon orbital minimal (limite de Roche) ; points de Lagrange (L_1 à L_5) ; en indice, se rapporte à la Lune ; ΔL : écart en longitude céleste pour les conditions de rencontre ; $\bar{L}$: vecteur position décrivant une courbe ; $\overline{L/S}$: courbe $\bar{L}$ tracée sur une surface $\bar{S}$,

Li : symbole chimique du lithium,

λ : (lambda) paramètre de l'équation d'une courbe plane ; longitude en coordonnées géographiques terrestres ; moyen mouvement relatif ; longueur d'onde ; facteur de charge ; symbole d'une échelle, $\boldsymbol{\lambda}$ et $\boldsymbol{\lambda'}$: rapports quadratiques des axes de l'ellipsoïde,

Λ : (lambda majuscule) constante cosmologique,

ℓ : (l rond) longueur parcourue le long d'une orbite,

$\mathcal{L}$: (L rond) échelle limite supérieure de la nature en relativité d'échelle.

m - M - Mg - μ

m : masse ou masse secondaire dans un systèmes de deux masses ; mesures d'une orbite ; fonction auxiliaire dans les Eqs. (22.8 à 10) de Gauss ; magnitude apparente ; représente généralement un nombre entier lorsque utilisé comme indice sauf pour les trajectoires balistiques où il se rapporte aux éléments optimaux,

M : masse principale dans un système de deux masses ; masse totale d'un système à plusieurs corps ; anomalie moyenne ; magnitude absolue ; en indice, se rapporte à la planète Mercure ou Mars selon le cas,

Mg : symbole chimique du magnésium,

μ : (mu) constante locale de gravitation ; mouvement propre d'une étoile.

n - N - Ne - NH_4 - υ - $\bar{\nabla}$

n : moyen mouvement ; indice d'une loi polytropique ; indice de réfraction ; nombre de g pour la propulsion à accélération constante ; représente généralement un nombre entier lorsque utilisé comme indice sauf lorsqu'il identifie la composante normale ;

N : nombre entier d'objets, de corps ou d'équations (généralement supérieur à trois) ; nutation en longitude ; composante normale de la perturbation (perpendiculaire au rayon-vecteur) ; symbole chimique de l'azote ; en indice, se rapporte à la planète Neptune ; $\bar{\boldsymbol{N}}$: vecteur orientation (2.1.4 c),

Ne : symbole chimique du néon,

NH_4 : symbole chimique de l'ammoniac,

υ : (nu) non utilisé vu la confusion possible avec la vitesse $\boldsymbol{v}$,

$\bar{\nabla}$: (nabla) opérateur vectoriel gradient ($\overline{\boldsymbol{grad}}$),

R, N, Z : trièdre local radial organisé autour du rayon vecteur.

o - O - ω - Ω

o : en indice, indique la position de l'observateur,

O : sur les Figs., indique le centre du repère ; symbole chimique de l'oxygène,

ω : (omega) vitesse angulaire ; rotation diurne de la Terre ; angle de développement de l'univers ; pulsation,

Ω : (omega majuscule) longitude du noeud ascendant ; vitesse réduite de rotation de l'ellipsoïde de révolution ; fréquence ; vitesse de précession ; nutation en obliquité ; paramètre de masse : rapport entre densité de masse de l'univers et densité de masse critique.

p - P - Pb - ϖ - π - ϕ - φ - Φ - ψ

p : paramètre de l'orbite ; pression,
P : angle de parallaxe ; indice du périastre / périgée / périhélie ou de la planète Pluton selon le cas ; vecteur perturbation ; P_i : polynômes de Legendre ; P_{ik} : fonctions sectorielles et tessérales ; P_s : période sidérale,
Pb : symbole chimique du plomb,
ϖ : (pi, variante) argument du périastre,
π : (pi) nombre pi ; pôle de l'écliptique,
ϕ : (phi) vecteur accélération $\bar{\phi}$,
φ : (phi, variante) longitude en coordonnées sphériques ; latitude géographique ; angle de phase pour le lancement vers les planètes,
Φ : (phi majuscule) angle d'avance pour les lancements vers la Lune,
ψ : (psi) invariant sphérique ; fonction d'onde.

q - Q

q : paramètre de décélération,
Q : couple de précession ; fonction de réalité.

r - R - ρ - ϱ

r : rayon polaire, vecteur radial ($\bar{r}$), avec indices A ou P, rayon au périastre ou à l'apoastre respectivement ; en indice, indique la composante radiale,
R : rayon d'une sphère ou rayon de courbure, ou invariant de courbure ; composante radiale de la perturbation ; réduction à l'équateur ; correction de réfraction ; potentiel de perturbation ; $\bar{R}$: vecteur centre de masse ; R_{ik} : tenseur de Ricci ; R_c : rayon critique de Schwarzschild ; R_0 : constante des gaz parfaits ; R_s : rayon de la sphère d'influence d'un corps ; $R(t)$: fonction d'échelle de l'univers,
ϱ : (rho, variante) masse spécifique ou densité de masse,
ρ : (rho) distance géocentrique ; écart angulaire radial (étoiles doubles) ; facteur de contraction d'échelle,
R, N, Z : trièdre local radial organisé autour du rayon vecteur.

s - S - Si - $\int$ - σ - Σ

s : abscisse curviligne ; vitesse caractéristique d'un propergol,
S : aire du secteur elliptique ; sommets du petit axe ; surface ; critère de stabilité ; symbole chimique du soufre ; en indice, se rapporte au Soleil ou à la planète Saturne selon le cas ; $\bar{S}$: vecteur position décrivant une surface,
Si : symbole chimique du silicium,
$\int$: symbole de l'intégrale au sens de Riemann,
σ : (sigma) rapport de la force centrifuge à la pesanteur ; écart-type ou déviation standard,
Σ : (sigma majuscule) symbole de la sommation,
Symboles de Christoffel : voir lettre G (gamma Γ) et après lettre Z .

t - T - τ - θ - Θ - ~

t : variable temps, t_U : âge de l'univers ; $\vec{t}$: normale principale dans le trièdre de Frenet,

T : période d'une orbite elliptique ; torsion d'une courbe gauche ; énergie cinétique ; température absolue ; composante tangentielle de la perturbation ; aire du triangle ; force de traînée $\vec{T}$; en indice, se rapporte à la planète Terre ; T_0 : période osculatrice ; T_R : période relative (synodique) ; T_p : période anomalistique ; T_Ω : période nodale ; T_s : temps sidéral ; T_{SG} : temps sidéral fondamental ; T_r : temps réduit pour calculs astronomiques ; T_v : longévité d'une étoile ; T_{ik} : tenseur impulsion-énergie ; $T_{i\ k}^{m}$: tenseur de torsion,

τ : (tau) inclinaison du vecteur vitesse ; temps propre d'une particule ou d'une galaxie,

θ : (theta) angle au centre en coordonnées polaires ; anomalie vraie du mouvement conique ; colatitude en coordonnées sphériques ; température réduite du polytrope,

Θ : (theta majuscule) énergie thermique,

~ : (tilda) au-dessus d'une lettre, indique un deuxième système de coordonnées lors d'un changement de coordonnées ou bien indique la valeur moyenne pour un grand nombre de corps,

W, T, Z : trièdre local tangentiel organisé autour de la direction du mouvement (trièdre de Frenet).

u - U

u : inverse du rayon dans les diverses formes de l'Eq. de Binet ; cosinus directeurs ; position angulaire du corps par rapport à la droite des noeuds ; $\vec{u}_i$: vecteurs de la base naturelle,

U : potentiel de gravitation (scalaire : énergie potentielle) ; symbole chimique de l'uranium ; en indice, se rapporte à la planète Uranus.

v - V

v : vecteur vitesse $\vec{v}$; v' : en relativité restreinte, vitesse réduite ou vitesse résultante ; v_0, v_L : vitesses de satellisation, de libération ; v_H : excès hyperbolique,

V : volume de gaz ; vitesse d'ensemble d'un grand nombre d'étoiles ; en indice, se rapporte à la planète Vénus.

w - W

w : poids des mesures,

W : matrice de pondération des mesures ; viriel ; composante de perturbation perpendiculaire au vecteur vitesse,

W, T, Z : trièdre local tangentiel organisé autour de la direction du mouvement (trièdre de Frenet).

x - y - z - X - Y - Z - Xe - ξ

x : variable auxiliaire ; rapport propulsif de l'étage,

x, y : variables universelles ou unifiées (2.1.4 c),

$\bar{X}$: vecteur corrections différentielles,

X, Y : coordonnées dans le plan de l'orbite réelle de l'étoile double,

x, y, z : coordonnées cartésiennes ; x^i avec indices $i = 0$ à 4 : les quatre coordonnées (quelconques) de l'espace-temps ; x^4 ou x^0 : coordonnée temporelle ($= j\,c\,t$) : indices hauts pour les composantes contrevariantes, par opposition aux composantes covariantes notées par des indices bas ; $\tilde{x}$: coordonnées transformées par changement de variables,

Xe : symbole chimique du xénon,

ξ : (xi) résidu dans l'Eq. (22.10) de Gauss,

z : hauteur zénitale ; décalage Doppler des étoiles ; z_F : flèche d'une trajectoire balistique tendue,

Z : composante orthogonale de la perturbation (perpendiculaire au plan orbital).

W, T, Z : trièdre local tangentiel organisé autour de la direction du mouvement (trièdre de Frenet).

$[C_i\,,\,C_k]$ - $[i\,k\,,\,n]$

$[C_i\,,\,C_k]$: crochet de Lagrange, C_i est un des six éléments de l'orbite,

$[\,i\,k\,,\,n\,]$: parfois utilisé comme représentation du symbole de Christoffel de première espèce (aussi noté $\Gamma_{ik,m}$).

BIBLIOGRAPHIE

La présente bibliographie est articulée en deux volets distincts. La première partie rassemble les documents de référence, livres et articles, consultés lors de la rédaction de ce livre ainsi que quelques titres d'ouvrages historiques de Kepler, Newton et de quelques autres. Cette partie bibliographique est classée par ordre alphabétique des auteurs (ou des titres pour les ouvrages collectifs) et porte un numéro d'ordre, pour l'identification ultérieure.

La deuxième partie regroupe ces ouvrages suivant l'ordre des chapitres et sections de ce livre, afin de permettre au lecteur désireux d'approfondir l'un ou l'autre aspect particulier, d'identifier aisément les documents de référence qu'il peut consulter. Ces ouvrages sont identifiés par leur numéro d'ordre provenant de la partie bibliographique.

[1] ANDRILLAT H. (1970) : *Introduction à l'étude des cosmologies*, Éd. Armand Colin - Intersciences, Paris,

[2] *Astronomie Flammarion* (1985) : coordonné par Jean-Claude PECKER, Éd. Flammarion, Paris,

[3] BATE Roger (1971), MUELLER D. et WHITE J. de l'USAF Academy : *Fundamentals of astrodynamics*, Éd. Dover Publ. Inc., New York,

[4] BLAMONT Jacques (1987) : *Vénus dévoilée*, Éd. Odile Jacobs, Paris,

[5] BORELLI Giovanni (1666) : *Theorica medicearum planetum ex causis physicis deducta*, Florence,

[6] BOORSTIN Daniel (1983) : *Les découvreurs* (titre original, *The discoverers)*, Éd. Robert Laffont (Bouquins), Paris,

BUREAU DES LONGITUDES (1980 - 1986),
Encyclopédie scientifique de l'Univers, Gauthier - Villars, Paris :

[7] (1980) *La Terre, les eaux, l'atmosphère*,

[8] (1986) *Les Étoiles et le Système solaire*,

[9] (1984) *La Galaxie et l'univers extragalactique*,

[10] CHADRASEKHAR Subrahmanyan (1939) : *An introduction to the study of stellar structure*, University of Chicago Press, Chicago,

[11] *Aux* CONFINS *de l'univers* (1987), coordonné par Jean SCHNEIDER : Éd. Fayard (Fondation Diderot), Paris,

[12] COPERNIC Nicolas (1543) : *De revolutionibus orbium caelestium*,

[13] COPPENS Yves (1983) : *Le singe, l'Afrique et l'homme*, Éd. Fayard (Pluriel), Paris,

[14] DANLOUX - DUMESNILS Maurice (1985) : *Éléments d'astronomie fondamentale*, Éd. Albert Blanchard, Paris,

[15] DANJON André (1959) : *Astronomie générale*, Éd. Albert Blanchard (1980), Paris,

[16] DELSEMME Armand (1988), J.-C. PECKER et H. REEVES : *Pour comprendre l'univers*, Éd. De Boeck-Wesmael, (1988), Bruxelles, Éd. Flammarion (Champs - 1990), Paris,

[17] DEMARET Jacques (1991) : *Univers*, Éd. Le Mail, Aix-en-Provence,

[18] DEVILLERS Charles (1989) et CHALINE Jean : *La Théorie de l'évolution*, Éd. Bordas, Dunod, Paris,

[19] DORNBERGER Walter (1954) : *V 2, l'arme secrète de Peenemünde* (titre original : *Schuss ins Weltall*), Éd. Arthaud, Paris, Lyon,

[20] DUCROCQ Albert (1948) : *Les armes secrètes allemandes*, Éd. Berger Levrault, Paris,

[21] DUCROCQ Albert (1963) : *Le roman de la matière*, Éd. Julliard, Paris,

[22] DUCROCQ Albert (1979) : *La chaîne bleue*, Édition° 1, Paris,

[23] EDDINGTON Arthur (1946) : *The expanding universe*, Éd. Cambridge Univ. Press, Londres,

[24] EINSTEIN Albert (1923), H. LORENTZ, H. MINKOWSKI, H. WEYL et A. SOMMERFELD : *The principle of relativity*, Éd. Dover Publ. Inc., New York,

[25] El'YASBERG P. E. (1967) : *Introduction to the theory of artificial Earth satellites*, Éd. IPST, Jérusalem,

[26] FEYNMAN Richard (1963) : *Le cours de physique de Feynman* (titre original : *The Feynman lectures on physics*), Éd. InterÉditions (1979), Paris,

[27] GALILEE (1632) : *Dialogue au sujet des deux principaux systèmes du monde, celui de Ptolémée et celui de Copernic*,

[28] GAMOW George (1951) : *La création de l'univers* (titre original : *The creation of the universe*, Viking Press. Inc., N. Y.), Éd. Dunod (1954), Paris,

[29] GAMOW George (1962) : *La gravitation*, Petite Bibliothèque Payot, Paris, (Fig. 25 p. 132),

[30] GODART Odon (1978) : *Astronomie et Géophysique*, Éd. Oyer, Louvain, Bruxelles, Paris,

[31] GOFFART Georges (1980) : *Étoiles - Soleil - Terre*, distribué par Servedi (Dunod-Bordas), Bruxelles,

[32] GRIBBIN John (1986) : *In search of the Big Bang*, Éd. Bantam Books, New York, Toronto, Londres, Sydney, Auckland,

[33] GRIBBIN John (1989) : *Cosmic coïncidences*, Éd. Bantam Books, New York, Toronto, Londres, Sydney, Auckland,

[34] HAWKING Stephen (1988) : *Une brève histoire de temps*, Éd. Flammarion (1989), Paris,

[35] HOHMANN Walter (1925) : *Die Erreichbarkeit der Himmelkörper*, Berlin,

[36] HUBBLE Edwin (1936) : *The realm of the nebulae*, Éd. Yale University Press, New Haven,

[37] JACOBI Karl (1884) : *Vorlesüngen über Dynamik*, Collected work supplement,

[38] JANSSENS P.-F. : *L'univers vit*, Éd. Nauwelaerts, r. de l'Église Saint-Sulpice 19 B-1320 Beauvechain, Belgique, 1993,

[39] KEPLER Johannes (1609) : *Astronomia Nova, seu Commentarium de motibus stellae Martis*, Heidelberg,

[40] KEPLER Johannes (1618) : *Harmonices mundi, quorum primus geometricus*,

[41] KOYRE Alexandre (1957) : *Du monde clos à l'univers infini*, (titre original : *From the closed word to the infinite universe*), Éd. Gallimard (1973), Paris,

[42] LAGRANGE Joseph (1772) : *Collected Works*, Éd. Gauthier - Villars (1873), Paris,

[43] LAPLACE Pierre Simon (1782) : *Le système du Monde*,

[44] LAWDEN Derek (1962) : *An introduction to tensor calculus and relativity*, Éd. Methuen and Co Ltd, Londres,

[45] LEMAÎTRE Georges (1946) : *L'hypothèse de l'atome primitif*, Éd. Culture et Civilisation (1972), Bruxelles,

[46] MACGOVERN J. (1965) : *La chasse aux armes secrètes allemandes*, Éd. Stock, Paris,

[47] MASON S. (1956) : *Histoire des Sciences*, Éd. Armand Colin, Paris,

[48] *Mécanique Spatiale* (1995) : ouvrage collectif coordonné par le CNES Centre National d'Études Spatiales, Éd. Cepadues, Toulouse,

[49] MEEUS Jean (1986) : *Calculs astronomiques à l'usage des amateurs*, Éd. SAF, Société d'astronomie de France, Paris,

[50] MOULTON Forest Ray (1902, 1914) : *An introduction to celestial mechanics*, Éd. Dover Publ. Inc. (1970), New York,

[51] MICHEL Henri (1966) : *Instruments des sciences*, Éd. Albert De Visscher, Compagnie Belge d'Édition SPRL, Rhode St Genèse, Belgique,

[52] MICHINE Vassily (1990) : *Pourquoi nous ne sommes pas allés sur la Lune*, Éd. Cepadues, Toulouse,

[53] NEWTON Isaac (1687) : *Principiae mathematica philosophiae naturalis*,

[54] NOTTALE Laurent (1993) : *Fractal space-time and microphysics*, Éd. World Scientific Publ. Inc., Londres New Jersey,

[55] NOTTALE Laurent (1994) : *L'univers et la lumière*, Éd. Flammarion (Nouvelle Bibliothèque Scientifique), Paris,

[56] PASCOLI Gianni (1989) : *La gravitation*, Éd. PUF Presse Universitaires de France (Que sais-je n° 2489), Paris,

[57] PETIT Jean-Pierre (1990) : *Enquête sur les* OVNI, Éd. Albin Michel, Paris,

[58] PEEBLES P. (1980) : *The large scale structure of the universe*, Éd. Princeton University Press, Princeton,

[59] POINCARÉ (1892) : *Les méthodes nouvelles de la mécanique céleste*, Éd. Gautier-Villars, Paris,

[60] PRIGOGINE Ilya (1988) et STENGERS Isabelle : *Entre le temps et l'éternité*, Éd. Arthème Fayard, Paris,

[61] REEVES Hubert (1981, 1984, 1986) : *Patience dans l'azur*, *Poussières d'étoiles*, *L'heure de s'enivrer*, Éd. du Seuil, Paris,

[62] REEVES Hubert (1996), DE ROSNEY Joël, COPPENS Yves et SIMONNET Dominique : *La plus belle histoire du monde*, Éd. du Seuil, Paris.

[63] RIABOV Youri (1967) : *Les mouvements des corps célestes*, Éd. Mir, Moscou,

[64] ROY Archie (1988) : *Orbital motion*, Éd. Adam Hilger, Bristol, Philadelphie,

[65] SMOOT George (1994), DAVIDSON Keay : *Les rides du temps* (*Wrinkles in time*), Éd. Flammarion, Paris,

[66] SUNDMAN Karl (1912) : *Mémoire sur le problème des trois corps*, Acta mathematica, Vol. 36,

[67] TISSERAND Félix (1888) : *Traité de mécanique céleste*, Éd. Gauthier Villars 1960), Paris,

[68] TOLMAN Richard (1934) : *Relativity, thermodynamics and cosmology*, Éd. Clarendon Press, Oxford,

[69] TRIN XUAN THUAN (1988) : *La mélodie secrète*, Éd. Gallimard, Paris,

[70] TSIOLKOVSKI Constantin (1911) : *L'exploration des espaces interplanétaires par des appareils à réaction*, Journal de la Navigation Aérienne, St Pétersbourg,

[71] WEINBERG Steven (1976) : *Les trois premières minutes de l'univers*, Éd. du Seuil (1978), Paris,

[72] ZARROUATI Olivier (1987) : *Trajectoires spatiales*, Éd. Cepadues, Toulouse.

CRÉDITS GRAPHIQUES

La reproduction des figures et illustrations mentionnées ci-dessous a reçu l'aimable autorisation des éditeurs et auteurs indiqués.

Fig. 2.15	p. 91 :	Librairie scientifique et technique Albert BLANCHARD, Paris : [14] p. 371,
Fig. 2.16	p. 92 :	Librairie scientifique et technique Albert BLANCHARD, Paris : [15] p. 392,
Fig. 2.17	p. 95 :	Éd. PAYOT - RIVAGE, Paris : [29] p. 111, dessin de *George Gamow*,
Fig. 2.19	p. 104 :	Éd. PAYOT - RIVAGE, Paris : [29] p. 132, dessin de *George Gamow*,
Fig. 3. 4	p. 138 :	DOVER Publications, Inc., New York : [50] pp. 283-284,
Fig. 4. 9	p. 220 :	documents NASA, Washington,
Fig. 4.14	p. 244 :	Éd. NAUWELAERTS, Beauvechain (B) : [38] p. 20,
Fig. 4.18	p. 255 :	Éd. BORDAS - LAROUSSE, Paris : [9] p. 191,
Fig. 4.22	p. 274 :	Librairie scientifique et technique Albert BLANCHARD, Paris : [15] pp. 75 et 76,
Fig. 6.21	p. 398 :	document NASA, Washington,
Fig. 6.22	p. 404 :	Éd. DE BOECK-WESMAEL, Bruxelles : [16] p. 85,
Fig. 6.23	p. 405 :	Éd. DE BOECK-WESMAEL, Bruxelles : [16] p. 87,
Fig. 6.24	p. 409 :	document NASA, Washington,
Fig. 6.25	p. 410 :	document NASA, Washington,
Fig. 6.26	p. 415 :	Éd. DE BOECK-WESMAEL, Bruxelles : [16] p. 60,
Fig. 6.29	p. 427 :	document NASA, Washington,
Fig. 7. 3	p. 453 :	Éd. FLAMMARION, Paris : [55] p. 219,
Fig. 7. 6	p. 473 :	Éd. DUNOD (Armand COLIN), Paris : [1] pp. 159 et 172,
Fig. 7. 7	p. 489 :	Éd. BORDAS - LAROUSSE, Paris : [9] p. 205,
Fig. 7. 8	p. 495 :	Éd. Albin MICHEL, Paris : [57] p. 341, d'après Barthel et Miley (1988),
Fig. 7. 9	p. 496 :	Éd. Arthème FAYARD, Paris : [11] p. 65,
Fig. 7.10	p. 502 :	World Scientific Publishing Co., New York, Londres et Laurent NOTTALE : [54] p. 90,
Fig. 7.11	p. 510 :	World Scientific Publishing Co., New York, Londres et Laurent NOTTALE : [54] p. 304.

RÉFÉRENCES

Chapitre 1 : ÉVOLUTION DES IDÉES EN ASTRONOMIE
- section 1.1 : [2], [13], [41], [47], [50], [51], [62], [69],
- section 1.2 : [2], [4], [5], [6], [41], [47], [50], [51], [69],
- section 1.3 : [2], [4], [6], [47], [50],
- annexe I : [13], [47], [62].

Chapitre 2 : LE PROBLÈME DES DEUX CORPS
- section 2.1 : [3], [8], [15], [25], [30], [50], [53], [63], [64], [72],
- section 2.2 : [3], [15],
- section 2.3 : [1], [9], [24], [30], [44], [55], [72],
- annexe II : [1], [44], [72].

Chapitre 3 : ORBITES RÉELLES PERTURBÉES
- section 3.1 : [3], [15], [50], [59], [64],
- section 3.2 : [9], [10], [30], [67],
- section 3.3 : [3], [15], [25], [48], [72],
- annexe III : [3], [48], [72].

Chapitre 4 : SYSTÈME SOLAIRE ET GALAXIE
- section 4.1 : [2], [7], [14], [15], [72],
- section 4.2 : [2], [8], [14], [15], [31],
- section 4.3 : [2], [9], [10], [16], [21], [61],
- annexe IV : [8], [14], [15], [49], [72].

Chapitre 5 : SATELLITES ARTIFICIELS
- section 5.1 : [19], [20], [46], [48], [52], [71],
- section 5.2 : [48], [63],
- section 5.3 : [48], [63],
- annexe V : [19], [20], [46], [48].

Chapitre 6 : SONDES ARTIFICIELLES DANS LE SYSTÈME SOLAIRE
- section 6.1 : [8], [48], [63],
- section 6.2 : [8], [14], [48], [63],
- section 6.3 : [2], [14], [16], [22], [61],
- annexe VI : [8], [14], [48], [63].

Chapitre 7 : ÉLÉMENTS DE COSMOLOGIE
- section 7.1 : [2], [9], [11], [17], [23], [34], [36], [55], [68], [69], [71],
- section 7.2 : [1], [9], [11], [24], [30], [45], [56], [58], [60], [68],
- section 7.3 : [2], [11], [16], [17], [28], [32], [33], [34], [45], [61], [69], [71],
- annexe VII : [11], [16], [17], [32], [33], [34], [54], [60], [61], [69].

ANNEXE - TABLES DE RÉFÉRENCE : [2], [8], [49].

INDEX

Note préliminaire

L'index comprend tous les personnages marquants cités dans le texte, avec leur millésime de naissance et de décès. Dans le corps du texte, ces noms sont notés en caractères italiques et accompagnés de ces deux dates lorsqu'ils apparaissent pour la première fois dans une section. Les dates de naissance et de décès proviennent par priorité des dictionnaires Larousse (inventeurs et scientifiques) et Robert (noms propres). Pour les contemporains, la date de naissance est précédée de l'abréviation n. (= né en). Lorsque seule une date marquante de la vie du personnage est connue, les dates approximatives sont déduites en supposant que la date connue correspond à l'âge de 40 ans environ, et le décès est estimé vers 60 ans. Ces dates approximatives sont arrondies au multiple de 5 et précédées de l'abréviation v. (= vers).

Pour les dates situées avant l'ère chrétienne (av. J.-C.), c'est la notation des astronomes avec années négatives qui a été retenue : l'an zéro correspond ainsi à l'an 1 av. J.-C., et l'an -383 à l'an 384 av. J.-C. etc . . .

B

C

E

H

I

J

K

N

O

P

T

W

X

Y

Z

★ ★ ★

www.ingramcontent.com/pod-product-compliance
Lightning Source LLC
LaVergne TN
LVHW010632051026
849532LV00001B/38